멀티 유니버스

THE HIDDEN REALITY
by Brian Greene

Copyright ⓒ 2011 by Brian Greene All rights reserved.
Korean edition copyright ⓒ 2012 by Gimm-Young Publishers, Inc.
This Korean edition is published by arrangement with
Brian Greene through Brockman, Inc.

멀티 유니버스

지은이_브라이언 그린
옮긴이_박병철

1판 1쇄 발행_2012. 1. 25.
1판 13쇄 발행_2024. 3. 4.

발행처_김영사
발행인_박강휘

등록번호_제406-2003-036호
등록일자_1979. 5. 17.

경기도 파주시 문발로 197(문발동) 우편번호 10881
마케팅부 031)955-3100, 편집부 031)955-3200, 팩스 031)955-3111

이 책의 한국어판 저작권은 Brockman, Inc.를 통한 저자와의 독점계약으로 김영사에 있습니다.
저작권법에 의해 한국 내에서 보호를 받는 저작물이므로 무단 전재와 복제를 금합니다.

값은 뒤표지에 있습니다.
ISBN 978-89-349-5605-1 03420

홈페이지_ www.gimmyoung.com   블로그_ blog.naver.com/gybook
인스타그램_ instagram.com/gimmyoung   이메일_ bestbook@gimmyoung.com

좋은 독자가 좋은 책을 만듭니다.
김영사는 독자 여러분의 의견에 항상 귀 기울이고 있습니다.

멀티 유니버스

우리의 우주는 유일한가?

브라이언 그린
Brian Greene

박병철 옮김

김영사

차례

서문_ 우리의 우주는 유일한 것인가? 8

1 실체의 경계 _다중세계에 대하여

우주와 우주들 15 | 다양한 평행우주 17 | 우주적 질서 24

2 끝없이 늘어선 도플갱어들 _누벼 이은 다중우주

빅뱅의 아버지 30 | 일반상대성이론 32 | 우주와 주전자 37 | 중력계산서 42 | 원시원자 45 | 모형과 데이터 47 | 우리의 우주 50 | 무한우주 속의 실체 54 | 무한공간, 그리고 누벼 이은 퀼트 57 | 유한한 가능성 61 | 우주적 반복 66 | 오로지 물리학뿐! 69 | 다양한 의심과 가설들 73

3 영원과 무한 _인플레이션 다중우주

뜨거운 창조의 잔해 77 | 신기할 정도로 균일하게 퍼져 있는 초창기 광자들 83 | 빛보다 빠르게! 85 | 지평선 넓히기 88 | 양자장 94 | 양자장과 인플레이션 97 | 영원한 인플레이션 103 | 스위스 치즈와 우주 107 | 달라지는 전망 109 | 인플레이션 다중우주 탐사하기 114 | 호두 껍질 속의 우주 121 | 거품우주의 공간 125

THE HIDDEN REALITY

4 자연법칙의 통일 _끈이론으로 가는 길

통일의 간략한 역사 133 | 양자장이론의 컴백 138 | 끈이론 143 | 끈과 점, 그리고 양자중력 145 | 공간의 차원 149 | 커다란 기대 157 | 입자의 특성과 끈이론 157 | 끈이론의 실험적 검증 162 | 끈이론과 특이점, 그리고 블랙홀 167 | 끈이론과 수학 170 | 끈이론의 현재 상황과 평가 174

5 이웃한 차원에서 우주를 날다 _브레인 다중우주와 주기적 다중우주

근사식을 넘어서 182 | 듀얼리티 188 | 브레인 191 | 브레인과 평행우주 194 | 끈끈이 브레인과 중력촉수 197 | 시간, 순환주기, 그리고 다중우주 202 | 주기적 우주의 과거와 미래 205 | 다발 209

6 오래된 상수에 대한 새로운 고찰 _랜드스케이프 다중우주

우주상수의 재림 217 | 우주의 밀도 219 | 거리와 밝기 220 | 무엇과 무엇 사이의 거리인가? 224 | 우주론의 색깔 227 | 우주의 팽창가속도 232 | 우주상수 234 | 우주상수를 왜 0이라고 생각했을까? 236 | 우주적 인류원리·243 | 생명과 은하, 그리고 자연의 숫자들 250 | 결점이 장점으로 바뀌다 254 | 마지막 발걸음 256 | 끈경관 257 | 양자터널 259 | 나머지 물리학은 어떻게 되는가? 265 | 과연 이것을 과학이라 할 수 있을까? 267

I

7 과학과 다중우주 _추론과 설명, 그리고 예측에 관하여

과학의 정신 271 | 접근 가능한 다중우주 273 | 과학, 그리고 도달할 수 없는 세계 1 275 | 과학, 그리고 도달할 수 없는 세계 2 280 | 다중우주이론의 예측 1 282 | 다중우주이론의 예측 2 286 | 다중우주이론의 예측 3 288 | 다중우주이론의 예측 4 293 | 무한대 나누기 295 | 반대론자들의 관심사 299 | 미스터리와 다중우주 302

8 양자적 관측의 다중세계 _양자 다중우주

양자적 실체 309 | 선택의 수수께끼 314 | 양자적 파동 318 | 속단은 금물! 321 | 불완전한 선형성 328 | 다중세계 336 | 두 가지 이야기 340 | 다른 우주는 언제 나타나는가? 355 | 첨단이론의 불확실함 357 | 있을 법한 문제 359 | 확률과 다중세계 363 | 예측과 이해 374

9 블랙홀과 홀로그램 _홀로그램 다중우주

정보 379 | 블랙홀 381 | 제2법칙 384 | 열역학 제2법칙과 블랙홀 390 | 호킹 복사 394 | 엔트로피와 숨은 정보 398 | 엔트로피와 숨은 정보, 그리고 블랙홀 402 | 블랙홀의 숨은 정보 찾기 406 | 블랙홀을 넘어서 411 | 세부사항들 415 | 끈이론과 홀로그래피 416 | 평행우주인가, 아니면 평행수학인가? 426 | 끈이론의 미래 429

10 우주와 컴퓨터, 그리고 수학적 실체
_시뮬레이션 다중우주와 궁극의 다중우주

우주 창조하기 436 | 생각의 재료 444 | 시뮬레이션 우주 452 | 당신은 시뮬레이션에서 살고 있는가? 455 | 시뮬레이션을 넘어서 458 | 바벨의 도서관 464 | 다중우주의 합리화 471 | 바벨 시뮬레이션 476 | 실체의 뿌리 482

11 탐구의 한계 _다중우주와 미래

코페르니쿠스의 패턴은 근본적인 것인가? 490 | 다중우주에 기초한 과학이론은 검증될 수 있는가? 491 | 지금까지 논의된 다중우주이론들은 검증될 수 있는가? 494 | 다중우주는 자연을 과학적으로 서술하는 데 어떤 영향을 미치는가? 499 | 수학은 신뢰할 만한가? 503

역자후기 508
후주 512
참고문헌 556
찾아보기 559

서문
우리의 우주는 유일한 것인가?

　20세기와 21세기를 겪으면서 우리가 얻은 과학적 교훈은 너무나 자명하다. 자연의 실체는 일상적인 경험과 완전 딴판이라는 것이다. 하지만 과거를 돌이켜보면 그리 놀랄 일도 아니다. 아프리카의 사바나 초원에서 먹잇감을 사냥하던 선조들에게, 전자의 양자적 거동을 계산하고 블랙홀의 물리적 특성을 알아내는 능력은 생존에 별로 도움이 되지 않았을 것이다. 그러나 두뇌의 용량이 커지고 지적능력이 향상되면서 인간은 주변환경을 더욱 면밀히 들여다보게 되었다. 그 와중에 어떤 이는 우리의 감지범위를 크게 확장시켜주는 도구를 만들었고, 또 어떤 이들은 자연에 나타나는 패턴을 감지하고 설명하는 체계적인 방법, 즉 수학을 탄생시켰다. 그 후로 인류는 감지도구와 수학을 도구 삼아 일상적인 현상의 저변에 숨어 있는 비밀을 캐내기 시작했다.
　그동안 우리는 새로운 사실을 발견할 때마다 기존의 우주관을 송두리째 바꿔야 했다. 물리학적 직관과 수학적 엄밀함으로 단단히 무장한 채 수많은 실험과 관측을 통해 자연의 특성을 규명해왔지만, 눈앞에 드러난 시간과 공간, 그리고 물질과 에너지는 기존의 어떤 논리로도 설명될 수 없었다. 우리는 또 한 번 날카로운 통찰력과 분석력을 발휘해야 했고, 그 와중에 새로운 사실들이 속속 발견되면서 바야흐로 과학의 새로운 격동기를 코앞에 두게 되었다—우리의 우주가 유일하지 않을 수도 있다는 놀라운 사실을 알게 된 것이다. 그 가능성을 탐색하는 것이 이 책의 목적이다.

《멀티 유니버스(The Hidden Reality)》는 수학과 물리학에 전혀 익숙하지 않은 독자들을 위한 책이다. 몇 해 전에 출간했던 나의 전작 《엘러건트 유니버스(Elegant Universe)》와 《우주의 구조(The Fabric of the Cosmos)》가 그랬던 것처럼, 이 책에서도 가능한 한 많은 비유와 역사적 사례를 소개할 예정이다. 신기하면서도 의미심장한 현대물리학의 핵심을 전달하는 데 이보다 좋은 방법은 없는 것 같다. 이 책에 등장하는 개념들을 제대로 이해하기를 원한다면, '편안한 사고 모드'를 잠시 포기하고 예측을 불허하는 진실의 세계로 과감하게 들어서야 할 것이다.

그렇다고 지레 겁 먹을 필요는 없다. 내가 장담하건대, 분명히 흥미진진한 여행이 될 것이다. 여기에 약간의 집중력을 발휘한다면 거의 모든 내용을 이해할 수 있다. 나는 일상적인 세계에서 완전히 생소한 현대물리학의 세계로 자연스럽게 넘어가기 위해, 적절한 사례를 고르는 데 최선을 다했다.

이 책이 나의 전작과 다른 점은 일반적인 배경지식을 위한 도입부, 즉 특수 및 일반상대성이론과 양자역학을 생략했다는 점이다. 그 대신 책의 내용을 이해하는 데 '반드시 필요한' 기본지식을 골라서 소개하는 데 주력했고, 이 책을 읽으면서 다른 책을 뒤져야 하는 번거로운 상황이 일어나지 않도록 약간의 고급지식을 필요한 곳에 추가했다. 그리고 배경지식이 충분한 독자들을 위해 굳이 읽을 필요가 없는 부분을 따로 언급해두었다.

각 장의 마지막 절에는 관심 있는 독자들을 위해 좀 더 심도 있는 내용이 소개되어 있다. 물론 생소한 독자들을 위해 본론으로 들어가기 전에 간략한 설명을 앞에 달았으며, '읽지 않아도 된다'는 코멘트가 있으면 과감하게 건너뛰어도 전체적인 내용을 파악하는 데에는 아무런 지장이 없다. 그러나 가능한 한 모든 내용을 빠짐없이 읽을 것을 권하고 싶다. 약간의 인내력을 발휘한다면 분명히 그에 상응하는 보상(또는 즐거움)이 따를 것이다. 각 장에 이 부분이 추가되면서 책의 분량은 좀 많아졌지만, 이 책은 넓은 독자층을 염두에 두고 씌어졌으므로 도중에 읽기를 포기하는 불상사는 일어나지 않을 것이다(부디 그렇기를 기원한다).

이 책의 뒷부분에 수록된 후주는 사정이 좀 다르다. 수학이나 물리학에 익숙하지 않은 독자들은 후주를 깡그리 무시해도 상관없다. 본문만으로는 설명이 부족하다고 생각되는 부분에 후주를 달아놓았는데, 익숙한 독자라면 개념을 정리하는 데 도움이 될 것이고, 그렇지 않은 독자들에게는 후주 덕분에 본문이 쓸데없이 길어지지 않았으므로 역시 도움이 될 것이다. 후주의 대부분은 수학과 물리학에 어느 정도 능숙한 독자들을 위한 것이다.

나는 이 책을 집필하면서 친구들과 연구 동료들, 그리고 원고를 미리 읽어본 가족들로부터 많은 조언과 충고를 들을 수 있었다. 그중에서도 데이비드 앨버트(David Albert), 트레이시 데이(Tracy Day),

리처드 이스더(Richard Easther), 리타 그린(Rita Greene), 사이먼 주디스(Simon Judes), 다니엘 카바트(Daniel Kabat), 데이비드 케이건(David Kagan), 폴 카이저(Paul Kaiser), 라파엘 캐스퍼(Raphael Kasper), 후안 말다세나(Juan Maldacena), 카틴카 맷슨(Katinka Matson), 마울릭 패릭(Maulik Parikh), 마르쿠스 포셀(Marcus Poessel), 마이클 포포비츠(Michael Popowits), 켄 바인버그(Ken Vineberg)에게 각별한 감사의 말을 전한다. 또한 이번에도 노프(Knopf) 출판사의 편집자 마티 애셔(Marty Asher)와 함께 일할 수 있었던 것은 너무나 큰 행운이었다. 마지막 단계에 전문가적 식견으로 책의 마무리를 도와준 앤드류 칼슨(Andrew Carlson)에게도 감사드린다. 품격 있는 일러스트로 책의 질을 한층 높여준 제이슨 시버스(Jason Severs)도 빼놓을 수 없다. 특히 그의 재능과 인내심에 깊은 찬사를 보내는 바이다. 그리고 나의 출판 에이전트인 카틴카 맷슨과 존 브록만(John Brockman)에게도 깊은 감사를 드린다.

집필에 필요한 자료를 수집하면서 동료들과 나눴던 대화도 나에게 커다란 도움이 되었다. 앞에서 언급된 사람들 이외에 라파엘 부소(Raphael Bousso)와 로버트 브란덴버거(Robert Brandenberger), 그리고 프레더릭 데니프(Frederik Denef)와 자크 디슬러(Jacques Distler), 마이클 더글라스(Michael Douglas), 람 휴이(Lam Hui), 로렌스 크라우스(Lawrence Krauss), 자나 레빈(Janna Levin), 안드레이 린데(Andrei Linde), 세스 로이드(Seth Lloyd), 베리 로워(Barry Loewer), 사울 펄무터(Saul Perlmutter), 유르겐 슈미트허버(Jürgen Schmidhuber), 스티브 센커(Steve Shenker), 폴 스타인하르트(Paul Steinhardt), 앤드류 스트로밍거(Andrew Strominger), 레너드 서스킨드(Leonard Susskind), 막스 테

그마크(Max Tegmark), 헨리 타이(Henry Tye), 쿰룬 바파(Curmrun Vafa), 데이비드 월러스(David Wallace), 에릭 와인버그(Erick Weinberg), 싱-퉁 야우(Shing-Tung Yau)에게 고마운 마음을 전한다.

1996년에 나의 첫 교양과학서인《엘러건트 유니버스》를 출간했으니, 벌써 15년 전의 이야기가 되었다. 그 후로 나는 학교와 출판계를 오락가락하면서 많은 사람들과 좋은 영향을 주고받을 수 있었다. 항상 열정적인 자세로 연구를 수행해온 컬럼비아대학의 동료들과 학생들, 그리고 컬럼비아 연구센터의 연구원들이 끈이론과 우주론, 입자물리학 등을 계속 연구할 수 있도록 지원을 아끼지 않은 펜티 쿠리(Pentti Kouri)에게 감사드린다.

마지막으로, 수많은 우주들 중 지금 내가 속한 곳을 최고의 우주로 만들어준 트레이시(Tracy)와 알렉(Alec), 그리고 소피아(Sophia)에게 깊은 사랑을 보내며 서문을 마친다.

1

The Hidden Reality

실체의 경계

다중세계에 대하여

어린 시절 내 방에 거울이 하나밖에 없었다면 나는 상상력을 마음대로 펼치지 못했을 것이다. 그러나 다행히도 내 방에는 거울이 두 개 있었다. 매일 아침마다 옷을 꺼내기 위해 옷장 문을 열면 문 안쪽에 달려 있는 거울과 벽에 걸려 있는 거울이 서로 마주보면서 그 사이에 있는 물건의 상을 무한연속으로 만들어냈던 것이다. 어린 나의 눈에 그것은 마술이나 다름없었다. 나는 마주보고 있는 두 개의 거울 사이에 서서 끝없이 반복되는 상들을 바라보며 말 그대로 '마술의 세계'에 빠져들었다. 바라보는 각도를 바꿀 때마다 그 많은 거울상들은 마치 숙련된 군인들처럼 한 치의 오차도 없이 일사불란하게 움직였다. 그러나 그것은 인간이 갖고 있는 지각력의 한계를 보여주는 사례였다.

당시 나는 어린 소년이었지만 빛의 속도가 유한하다는 사실을 어디선가 들어서 알고 있었다. 그러니까 나의 눈은 두 거울 사이를 끊임없이 왕복하고 있는 빛을 보고 있는 셈이었다. 나의 얼굴과 팔은 조용한 침묵 속에서 두 거울 사이에 빛의 메아리를 만들어냈고, 각각의 상은 그다음 상을 만들어내고 있었다. 어쩌다가 반복되는 거울상이 식상해지면, 나 스스로 빛이 되어 정해진 길로 가지 않고 엉뚱한 길로 벗어나서 단조로운 반복을 끊고 새로운 상을 만들어내는 상상에 빠지기도 했다. 학교에 가서도 쉬는 시간이 되면 내가 아침에 켰던 실내등에서 방출된 빛이 아직도 두 거울 사이를 오락가락하고 있는 모습을 상상하면서, 거울 속의 내가 빛과 환상으로 이루어진 상상 속의 다중세계로 들어가는 광경을 떠올리곤 했다.

물론 거울 속에 비친 나는 영혼도, 마음도 없다. 그것은 빛이 만들어낸 허구의 세계에 존재하는 허상일 뿐이다. 그러나 과거 어린 소년의 머릿속을 맴돌던 다중세계의 환상은 이제 현대물리학의 흥미로운 주제가 되었다. 우리가 사는 세상 외에 또 다른 세상이 있을 수도 있다는, 그야말로 공상과학소설 같은 가설이 이론물리학의 핵심 주제로 떠오른 것이다. 지금부터 평행우주의 이곳저곳을 돌아보면서 그 가능성을 타진해보기로 한다.

우주와 우주들

과거에는 '우주'라는 말이 "모든 것을 포함하는 세상 전체"를 의미했다. 이 세상 모든 것이 우주 안에 들어 있으므로, 우주에 없는 것은 이 세상에 없는 것이었다. 우주(UNI-verse)가 두 개 이상 있다거나, '모든 것'의 다른 세트가 어딘가에 또 존재한다는 것은 단어의 원래 의미와도 부합되지 않는다. 그러나 물리학이론은 '우주'라는 개념을 서서히 수정해왔다. 이제 우주는 기존의 뜻을 탈피하고 배경지식에 따라 다른 의미로 해석되어야 한다. 지금도 가끔씩은 우주가 "모든 것을 포함하는 전체"를 의미할 때도 있고, "이 세상에서 우리가 보거나 접할 수 있는 일부분"을 의미할 때도 있지만, 또 어떤 경우에는 "부분적 또는 전체적으로, 그리고 단기적 또는 장기적으로 우리와 접할 수 없는 분리된 세상"을 뜻하기도 한다. 마지막의 경우라면 우리의 우주는 "수많은(또는 무한히 많은) 우주들 중 하나"라는 별 볼일 없는 신세로 전락하게 된다.

이 책에서 '우주'라는 단어를 새로 정의하는 것은 무리겠지만, 어쨌거나 우주가 실체의 전부를 포함하는 의미로 확대된 것만은 분명한 사실이다. 평행세계(parallel worlds), 평행우주(parallel universes), 다중우주(multiple universes), 또 다른 우주(alternate universes), 메타버스(metaverse), 메가버스(megaverse), 그리고 멀티버스(multiverse)—이들은 모두 비슷한 단어들로서, 우리 우주뿐만 아니라 어딘가에 있을 다른 우주들까지 모두 포함하는 포괄적인 개념으로 사용되고 있다.

그러나 이 단어들의 의미는 그리 명백하지 않다. 이 세계(또는 이 우주)는 정확하게 무엇으로 이루어져 있는가? 하나의 우주와 다른 우주를 구별하는 기준은 무엇인가? 앞으로 언젠가는 다중우주에 대한 개념이 확실하게 정립되어 위의 질문에 답할 수 있는 날이 오겠지만, 지금 당장은 포터 스튜어트(Potter Stewart) 판사가 포르노그래피를 정의할 때 썼던 기준을 적용하기로 한다. 그는 미국 연방대법원에서 포르노그래피의 판정기준을 놓고 한창 설전이 오가고 있을 때, 짤막한 한 마디로 결론을 내렸다. "눈으로 보면 알 수 있다."

결국 한 우주와 다른 우주를 구별하는 것은 단순히 '언어상의 문제'일 뿐이다. 중요한 것은 그동안 우리가 '우주'라고 생각해왔던 것이 실체의 전부인지, 아니면 더 크고, 더 희한하면서 더욱 은밀한 어떤 실체(reality)의 일부분인지를 판단하는 것이다.

다양한 평행우주

정말 신기하게도, 그동안 물리학을 크게 발전시켰던 기본이론들(상대성이론, 양자역학, 우주론, 통일장이론, 전산물리학 등)은 한결같이 다양한 평행우주를 예견하고 있다(이것은 내가 이 책을 쓰게 된 이유이기도 하다). 앞으로 나는 몇 개의 장에 걸쳐 아홉 가지 버전의 다중우주이론을 간략하게 소개할 예정이다. 각 이론을 보면 우리의 우주는 '훨씬 큰 전체'의 일부이며, 다양한 우주는 서로 분명하게 구별되는 특징을 갖고 있다. 어떤 이론에서는 평행우주들이 방대한 시간이나 공간을 경계로 우리 우주와 분리되어 있는가 하면, 다른 이론에서는 평행우주가 우리와 불과 몇 밀리미터 거리에서 진행되기도 한다. 심지어는 평행우주의 위치를 논하는 것 자체가 무의미한 이론도 있다.

또한 평행우주를 지배하는 물리법칙도 다양한 가능성을 제시하고 있다. 어떤 이론에서는 우리 우주와 물리법칙이 동일하고, 또 어떤 우주에서는 뿌리는 같지만 다른 법칙이 적용되고 있으며, 개중에는 우리와 전혀 다른 법칙이 적용되는 우주도 있다. 이제 독자들은 여러 이론들을 접하면서 실체라는 것이 얼마나 광범위하고 다양한지를 다시 한 번 실감하게 될 것이다.

평행우주이론이 물리학에 처음으로 등장한 것은 1950년대의 일이었다. 당시 물리학자들은 원자 또는 그보다 작은 미시세계의 현상을 설명하는 양자역학을 연구하다가 어려운 난관에 부딪혔다. 양자역학은 과학적 예견이 '확률'로밖에 주어지지 않는다는 사실을 천명함으로써 기존의 고전역학 체계를 송두리째 갈아엎었다. 우리는 어떤 사건이 일어날 확률을 계산할 수 있고, 그와 반대되는 사건이 발생할 확률도 계산할 수 있지만, 둘 중 어떤 사건이 실제로 일어날지는 예측할 수 없다. 이는 지난 수백 년 동안 세상을 지배해온 고전적 과학관과 정면으로 상치된다.

그러나 양자역학에는 사람들이 별로 신경 쓰지 않았던 더 큰 문제가 있었다. 물리학자들은 수십 년 동안 충분한 지식과 데이터를 쌓으면서 확률에 기반을 둔 양자역학의 이론체계를 굳건하게 다졌지만, 나타날 수 있는 많은 결과들 중에서 왜 항상 '하나만' 나타나는지 그 이유를 설명할 수가 없었다. 과학적 실험을 하거나 일상적인 세상을 바라볼 때 우리가 얻게 되는 것은 결국 단 하나의 명확한 실체뿐이다. 그렇다면 나머지 가능성은 다 어디로 갔는가? 양자혁명이 일어난 지 어언 100년이 다 되어 가는데도, 이론의 수학적 체계와 눈앞에 나타나는 현실은 아직도 매끄럽게 연결되지 않은 채로 남아 있다.

물리학자들은 이 심각한 문제를 해결하기 위해 수많은 대책을 내놓았는데, 가장 처음 제시된 아이디어가 가장 파격적이었다. 이것은 "한 번의 실험에서 오직 하나의 결과만이 얻어진다는 기존의 관념이 틀렸을지도 모른다"는 가설에서 시작된다. 양자역학을 서술하는 수학적 논리에 의하면 '모든' 가능한 결과들이 한꺼번에 나오지 않을 이유가 없다. 그래서 최초의 다중세계이론은 "모든 가능한 결과들은 각자 분리된 우주에서 하나의 결과로 나타나며, 그 나름대로 모순 없이 진행된다"고 제안했다. 양자역학적 계산을 통해 하나의 입자가 '이곳' 또는 '저곳'에 존재할 수 있다는 결과가 얻어졌다면, 하나의 우주에서는 입자가 '이곳'에 있고, 또 다른 우주에서는 입자가 '저곳'에 존재한다는 식이다. 그리고 각 우주에는 당신의 복사본이 살고 있어서, 한 우주에 사는 당신은 '이곳'에서 입자를 발견하고, 다른 우주에 사는 사람은 '저곳'에서 입자를 발견한다. 그리고 이들은 자신이 보고 듣는 것만이 유일한 실체라는 착각 속에서 살아간다. 핵융합에서 두뇌의 사고작용에 이르는 모든 물리적 과정이 양자역학에 의해 좌우되고 있음을 상기할 때, 이 가설의 의미는 너무도 자명하다—이 세상에 '가지 않은 길'이란 없다! 단지 우리 눈앞에 보이는 하나의 실체를 제외한 모든 실체들이 은밀한 곳에 숨어 있을 뿐이다.

이 감질나는 '다중세계해석(Many Worlds interpretation)'은 최근 수십 년 동안 물리학자들 사이에서 많은 관심을 끌었으나, 결론은 "이론 자체가 너무 미묘하고 확인하기 어렵다"는 것이었다(자세한 내용은 8장에서 다룰 예정이다). 처음 제안된 후로 50여 년이 지났는데도, 아직도 다중세계해석은 논란의 대상이 되고 있다. 일각에서는 "이미 사실로 입증된 이론"이라고 주장하는가 하면, "대담하지만 수학적 근거가 없는 가설"이라고 주장하는 학자들도 많이 있다.

다중우주이론의 초기버전이라 할 수 있는 다중세계해석은 과학적인 불확실성에도 불구하고 각종 소설과 TV, 영화 등에 단골소재로 등장하는 등 사회 전반에 걸쳐 커다란 반향을 불러일으켰다(어린 시절부터 내가 즐겨 읽어왔던 《오즈의 마법사The Wizard of Oz》와 《원더풀 라이프It' s a Wonderful Life》가 바로 이런 유의 책이다. 그 외에 〈스타트렉〉 시리즈인 〈영원의 경계에 선 도시The City on the Edge of Forever〉와 호르헤 보르헤스Jorge Borges의 〈갈림길의 정원The Garden of Forking paths〉이 있으며, 비교적 최근에 개봉된 영화로는 〈슬라이딩 도어스Sliding Doors〉와 〈런 롤라 런Run Lola Run〉 등을 들 수 있다). 그 후 세월이 흐르면서 이러한 유행은 하나의 문화적 시대사조로 자리 잡았고, 지금도 '다른 우주에서 동시에 진행되는 실체'라는 테마는 대중들의 시선을 끌기에 부족함이 없다. 그러나 양자역학은 평행우주의 개념을 이끌어내는 여러 물리학 분야들 중 하나일 뿐이다. 그리고 사실 평행우주를 언급한 이론은 양자역학이 처음은 아니었다.

이 책의 2장에서는 조금 다른 방식으로 평행우주를 도입할 것이다(아마도 이것은 평행우주를 도입하는 가장 간단한 논리일 것이다). 거기서 우리는 "공간이 무한히 크다면(아직까지는 이 가정을 뒤집을 만한 증거가 발견되지 않았다. 그래서 많은 물리학자들과 천문학자들은 무한공간 우주모형을 선호하는 편이다) 그 바깥에 다른 세계(또는 다른 곳으로 가는 통로)가 존재해야만 한다"는 사실을 알게 될 것이다. 그곳에는 당신과 나, 그리고 모든 만물들이 또 다른 버전의 실체를 경험하면서 살고 있을지도 모른다.

3장에서는 우주론을 심도 있게 다룰 예정이다. 인플레이션이론에 의하면 우주 초기에 공간이 엄청난 속도로 팽창했는데, 여기에도 다중세계 가설을 적용할 수 있다. 인플레이션은 다양한 관측을 통해 거의 사실로 인정되고 있는 이론이다. 만일 이 이론이 맞다면, 현재의 공간을 창출한 폭발 이외에 또 다른 폭발이 일어났을 가능성도 있다. 그렇다면 지금 먼 영역에서 또 다른 인플레이션이 일어나 또 다른 우주가 탄생하고, 이것이 팽창하면서 또 다른 우주를 낳고…… 이런 식으로 영원히 반복된다. 게다가 이 우주들은 각자 무한한 공간을 점유하고 있으므로 2장에서 접하게 될 다중세계를 무한히 포함하고 있을 것이다.

4장의 주제는 끈이론(string theory)이다. 여기서는 끈이론의 기초를 간략하게 언급한 후 자연의 모든 법칙을 하나로 통일하는 작업이 어디까지 진행되었는지 소개할 것이다. 그 뒤로 이어지는 5장과 6장에서는 최근에 끈이론이 새롭게 제안한 세 가지 평행우주를 다룰 예정이다. 그중 하나는 우리의 우주가 "고차원 공간을 표류하는 거대한 널판(이것을 '브레인brane'이라고 한다)들 중 하나"라는 브레인세계 시나리오(braneworld scenario)이다. 이 시나리오에서 전체 우주를 거대한 빵 덩어리에 비유한다면, 우리의 우주는 그 빵을 얇게 잘라낸 조각에 해당한다.[1] 우리에게 운이 따른다면 멀지 않은 미래에 스위스 제네바에 있는 대형 강입자충돌기(Large Hadron Collider, LHC)가 이 가설의 사실여부를 밝혀줄 것이다.

끈이론에서 파생된 두 번째 평행우주는 두 개의 우주, 즉 브레인끼리 충돌했을 때 나타난다. 이들이 고차원 공간을 표류하다가 서로 충돌하면 그 안에 포함되어 있던 모든 만물은 깨끗이 사라지고 새로운 빅뱅이 일어나면서 두 우주는 새로운 시작을 맞이하게 된다. 이런 사건은 마치 거대한 두 손으로 박수를 치듯이 주기적으로 반복되는데, 두 브레인이 서로 충돌하면 한동안 되튀었다가 중력에 의해 서로 끌어당겨지면서 또 다른 충돌을 일으킨다. 이 경우에 우주는 공간적 의미의 평행우주가 아니라 '시간적 의미'의 평행우주가 된다.

세 번째 평행우주 가설은 끈이 살고 있는 배경공간의 특성에서 기인한다. 끈이론에 의하면 우리가 속해 있는 시공간은 4차원이 아니라 이보다 훨씬 높은 차원이다. 즉, 4차원 이외에 눈에 보이지 않는 여분의 차원이 더 존재하는 것이다. 앞으로 언급되겠지만, 여기에 인플레이션 다중우주를 결합하면 여분차원 조건을 만족하는 무수히 많은 우주들을 만들어낼 수 있다.

 6장에서는 지난 세기에 이루어진 가장 놀라운 발견에 초점을 맞출 것이다. 천문학자들은 반복되는 관측을 통해 우주공간이 균일한 에너지로 가득 차 있다는 결론에 도달했는데, 놀라운 것은 이 에너지의 정체가 아인슈타인의 그 악명 높은 '우주상수(cosmological constant)'와 비슷하다는 점이다. 학자들은 여기서 영감을 받아 또 다른 평행우주이론을 떠올렸고, 이 가설은 지난 수십 년 동안 뜨거운 논쟁을 일으켜왔다.

 7장에서는 이 주제를 일반화하여 우리의 우주 외에 또 다른 우주가 있다는 것이 과학적으로 수용 가능한 주장인지를 엄밀하게 따져볼 것이다. 그런데 다중우주는 과연 검증 가능한 이론일까? 이 이론을 이용하여 다른 중요한 문제의 해답을 찾을 수 있을까? 혹시 어려운 문제를 결코 들출 수 없는 우주의 양탄자로 덮어두는 것은 아닐까? 나는 이 책에서 사실을 전달하는 데 최선을 다하겠지만, 나의 개인적인 관점도 간간이 피력할 생각이다. 내가 보기에 특별한 조건이 충족되면 다중우주 가설은 명확한 과학이론으로 손색이 없다.

 8장의 주제는 다중세계이론의 양자역학 버전이다. 여기서는 양자역학의 기본적인 특성을 소개한 후 가장 어려운 난제를 공략할 것이다. 수학적으로는 명확하지만 형체가 없는 확률의 안개 속에 서로 상반되는 여러 개의 실체들이 어떻게 공존할 수 있을까? 이 문제는 양자적 실체들이 수많은 다중세계에 존재한다는 가설을 도입하여 나름대로의 결론을 내리고자 한다.

9장에서는 다중우주 가설의 가장 희한한 버전을 소개할 것이다. 이 가설은 물리학자들이 지난 30년 동안 블랙홀의 양자적 특성을 연구해 오면서 서서히 대두되어 오다가 지난 10년 사이에 끈이론과 결합되면서 놀라운 결과를 낳았는데, 그 내용은 다음과 같다—먼 거리에서 우리를 에워싸고 있는 어떤 표면이 있는데, 우리가 경험하는 모든 것은 그 표면 위에서 진행되는 과정이 홀로그램으로 투영된 것에 불과하다. 당신은 몸을 꼬집을 수 있고, 그때 느껴지는 따끔함은 분명한 현실이다. 그러나 당신이 느끼는 현실은 멀리서 일어나고 있는 다른 현실이 반영된 결과이다.

마지막으로 10장에서는 더욱 환상적인 '인공적 우주'가 등장한다. 여기서는 무엇보다 "우리가 물리학의 법칙을 이용하여 새로운 우주를 만들어낼 수 있는가?"라는 질문이 최고의 현안으로 대두된다. 만일 결론이 'yes'로 내려진다면, 초고성능 슈퍼컴퓨터로 시뮬레이션되는 우주를 상상해볼 수 있다. 그런데 생각이 여기까지 이르면 갑자기 섬뜩한 의문이 떠오른다. "그렇다면 지금 우리도 어떤 우월한 존재가 컴퓨터로 만들어낸 시뮬레이션 속에서 살고 있는 건 아닐까?" 이것은 철학자들 사이에서 제기된, 가장 자유분방한 다중우주 가설이다. 모든 가능한 우주들은 어딘가에 있을 가장 큰 우주에서 시뮬레이션으로 구현된 결과라는 것이다. 다소 황당한 발상이긴 하지만, 이 가설은 수학이 과학의 미스터리를 해결할 수 있는지, 그리고 궁극적으로 우리가 가장 깊은 실체를 이해할 수 있는지의 여부를 가늠하는 중요한 잣대가 될 수 있다.

우주적 질서

평행우주는 다분히 사변적인 주제이다. 지금까지 어떤 실험이나 관측도 평행우주의 존재를 증명하지 못했다. 나 역시 "우리는 다중우주 중 하나의 우주에 살고 있다"고 독자들을 설득할 마음은 없다. 나는 정밀한 데이터가 없는 그 어떤 주장도 믿지 않는 편이다(사실 이런 주장에 설득될 사람은 없을 것이다). 그러나 현대물리학을 깊이 파고들다 보면 어쩔 수 없이 다중우주이론과 마주치게 되고, 그럴 때마다 회의적인 생각과 함께 매력을 느끼는 것도 사실이다. 물리학자는 다중우주용 덫을 쳐놓고 가만히 서서 그곳을 지나가는 여러 이론들 중 하나가 걸리기를 기다리지 않고, 다중우주라는 패러다임 속으로 직접 들어가고 있다. 앞으로 이 책에서 접하게 될 다양한 다중우주 가설은 관측데이터를 설명하기 위해 개발된 수학적 이론에서 자연스럽게 도출된 것들이다.

  이 책의 목적은 다중우주 가설이 물리학이론에 필연적으로 도입된 과정과 그것을 이해하는 데 필요한 지식을 간단하면서도 명료하게 소개하는 것이다. 나는 이 공상과학 같은 다중우주가 현대과학에 어떻게 도입되었는지를 (내가 어린 시절에 경험했던 거울마술 같은 것에 얽매이지 않고) 독자들에게 보여주고 싶다. 또 나는 설명하기 어려운 관측결과들이 다중우주 가설을 통해 얼마나 명쾌하게 설명되는지를 보여주고 싶다. 물론 이 책에서 제안된 가설의 입지를 위협하는 중요한 의문점들도 함께 소개할 것이다. 나는 독자들이 이 책의 마지막 장을 덮을 때 실체에 대한 개념이 더욱 선명하고 풍부해지기를 바라며, 이와 동시에 실체의 경계라는 것이 과학에 의해 얼마든지 달라질 수 있음을 깨닫기 바란다.

독자들 중에는 평행우주라는 개념에 반감을 갖는 사람도 있을 것이다. 우리가 수많은 우주들 중 하나에 살고 있다면, 우주에서 우리의 입지와 중요성이 그만큼 줄어든다고 생각할 수도 있다. 그러나 내 생각은 다르다. 우리의 가치는 상대적인 희귀성에 영향을 받지 않는다. 인간으로서 만족감을 느끼고 과학의 한 부분에 일조하면서 흥미를 느끼는 것은 우리가 오직 사고(思考)의 힘만으로 아득히 멀리 떨어져 있는 곳까지 다리를 놓을 수 있기 때문이다. 이 책의 내용이 사실로 밝혀진다면, 이 다리는 우주를 넘어 더 먼 곳까지 다다를 수 있다. 암흑과 침묵에 싸여 있는 춥고 위험한 우주에서 우리 인간은 오랜 세월 동안 바깥을 관측하고 탐구하려는 의지를 키워왔다. 우주에 대한 우리의 이해가 깊어지면 우리의 사고력은 방대한 실체를 가로질러 우주 전역에 도달할 것이고, 가는 곳마다 우리의 도착을 알리게 될 것이다.

The Hidden Reality

끝없이 늘어선 도플갱어들

누벼 이은 다중우주

지금 당신은 우주선을 타고 망원경으로도 볼 수 없는 먼 우주를 날아가고 있다. 집에서 너무 멀리 왔다고 생각하는 순간, 갑자기 한 가지 의문이 떠오른다. 우주공간은 끝없이 뻗어 있는가? 아니면 어디선가 갑자기 끝나는가? 그것도 아니라면 배를 타고 지구를 한 바퀴 돌았던 프랜시스 드레이크(Francis Drake, 엘리자베스 1세 시대 때 영국의 항해가—옮긴이)처럼 계속 가다가 출발점으로 되돌아올 것인가? 지금까지 얻어진 관측자료로는 두 가지 경우(우주의 크기가 무한하다는 것과 크기는 하지만 유한하다는 것) 중 어느 쪽이 맞는지 확인할 수 없으며, 지난 수십 년 동안 천문학자들은 두 가지 가능성을 모두 연구해왔다. 그러나 만일 우주가 무한히 크다고 가정하면, 그로부터 정말로 놀라운 결과가 얻어진다. 그런데 이 결과는 천문학의 다른 현안들에 비해 그다지 큰 관심을 끌지 못했다.

무한히 큰 우주의 머나먼 곳에는 은하수처럼 보이는 은하가 있다. 거기에는 우리의 태양과 비슷한 별이 있고, 그 주변에는 지구와 똑같이 닮은 행성이 있다. 그곳을 자세히 들여다보면 당신의 집과 구별이 안 될 정도로 똑같은 집이 있으며, 그 안에는 당신과 똑같이 생긴 사람이 바로 이 책을 읽으면서 머나먼 은하에 있을 당신의 존재를 상상하고 있다.

게다가 이렇게 똑같은 복사본은 하나만 있는 게 아니다. 무한히 큰 우주에는 똑같은 복사본들이 무한개 존재한다. 어떤 곳에서는 당신의 도플갱어(doppelgänger, 나와 동일한 현상을 보고 있는 다른 생명체—옮긴이)가 당신과 똑같이 이 책의 바로 이 부분을 읽고 있으며, 다른 곳에 사는 도플갱어는 이 부분을 건너뛰거나 책을 잠시 덮고 간식거리를 찾고 있다. 그런가 하면 또 다른 곳에 사는 도플갱어는 밤길에 절대 마주치고 싶지 않을 정도로 성미가 고약하다.

그와 마주칠 걱정은 안 해도 된다. 그가 사는 곳은 빅뱅 직후에 그곳에서 방출된 빛이 아직 지구에 도달하지 않았을 정도로 멀기 때문이다. 그러나 그곳을 관측할 수 없더라도, 물리학의 기본원리를 이용하여 "무한히 큰 우주에는 무한히 많은 평행우주가 존재한다"는 사실을 증명할 수 있다. 그들 중 어떤 곳은 우리와 똑같고, 또 어떤 곳은 조금 다르지만, 대부분은 우리가 사는 세계와 완전히 딴판이다.

이 평행우주를 이해하려면 우주의 기원과 진화과정을 연구하는 우주론(cosmology)에 대하여 약간의 기본지식이 필요하다.

그럼, 지금부터 시작해보자.

빅뱅의 아버지

"당신의 수학 실력은 인정하지만, 물리학적 식견은 정말 형편없소!" 이것은 1927년에 개최된 솔베이 물리학회(Solvay Conference on Physics)에서 알베르트 아인슈타인(Albert Einstein)이 벨기에의 물리학자 조르주 르메트르(Georges Lemaître)에게 했던 말이다. 당시 르메트르는 아인슈타인이 10년 전에 발표했던 일반상대성이론의 방정식을 연구하다가 놀라운 결론에 도달했다. 그의 계산에 의하면 우주는 밀도가 엄청나게 높은 작은 점(그는 이것을 '원시원자primeval atom'라고 불렀다)에서 시작되어 오랜 세월 동안 팽창을 거듭한 끝에 지금과 같은 모습이 되었다.

수십 명의 세계적인 물리학자들 사이에서 르메트르는 거의 무명이나 다름없었다. 당시 아인슈타인은 브뤼셀의 메트로폴 호텔에서 양자역학을 도마 위에 올려놓고 수주일 동안 열띤 논쟁을 벌이던 중이었다. 르메트르는 1923년에 물리학 박사과정과 성 롬바우트(Saint Rombaut)에서의 공부를 동시에 마치고 예수회의 사제가 되었다. 솔베이 학회가 한창 진행되던 어느 날, 성직자 옷을 말끔하게 차려입은 르메트르는 잠시 쉬는 시간을 틈타 우주의 기원을 밝혀줄 과학이론의 기초를 세운 위대한 물리학자에게 다가갔다. 그 장본인인 아인슈타인은 르메트르의 논문을 몇 달 전에 이미 읽어보았는데, 일반상대성이론의 방정식을 주무르는 수학적 테크닉에는 틀린 곳이 전혀 없었다.

사실 아인슈타인에게 이 결과를 보고한 사람은 르메트르가 처음이 아니었다. 1921년에 러시아의 물리학자이자 기상학자였던 알렉산더 프리드만(Alexander Friedmann)이 아인슈타인 방정식의 다양한 해를 구했는데, 그가 얻은 결과에 의하면 우주는 팽창하고 있어야 했다. 이 소식을 들은 아인슈타인은 크게 당황하여 프리드만의 계산 과정에 오류가 있을 것이라고 주장했다가 상황이 자신의 뜻대로 흘러가지 않자 주장을 철회했다. 그러나 수학 때문에 자신의 신념이 흔들리는 것을 몹시 싫어했던 아인슈타인은 일반상대성이론에서 예견되는 우주가 자신의 우주관에 부합되도록 방정식을 뜯어고쳤다. 아인슈타인이 생각했던 우주는 항상 같은 모습으로 영원히 유지되는 불변, 불사의 우주였던 것이다. 그는 르메트르에게 점잖게 충고했다. "지금 우주는 팽창하고 있지 않고, 과거에도 그런 적은 없었소."

그로부터 6년 후, 르메트르는 캘리포니아 윌슨산 천문대의 세미나실에서 한층 개선된 자신의 이론을 자세히 설명했다. "이 우주는 커다란 섬광에서 태어났고, 그 후로 계속 팽창하고 있습니다. 그 섬광의 잔해가 팽창하는 공간 속을 표류하고 있는데, 그것이 바로 은하입니다."

아인슈타인은 심각한 표정으로 귀를 기울이다가 르메트르의 설명이 끝나자 벌떡 일어나서 "내가 지금까지 들어본 우주창조이론 중 가장 아름답고 만족스러운 이론"이라며 찬사를 아끼지 않았다.[1] 세계에서 가장 유명한 물리학자가 세계에서 가장 커다란 수수께끼를 대하는 태도를 완전히 바꾼 것이다.

일반상대성이론

프리드만과 르메트르가 개발한 우주론의 출발점은 1915년 11월 25일에 아인슈타인이 독일의 물리학 학술지 〈물리학 연감(Annalen der Physik)〉에 제출한 한 편의 논문이었다. 아인슈타인은 거의 10년에 걸친 수학적 여행 끝에 그의 일생을 통틀어 최고의 업적이라 할 수 있는 일반상대성이론(Theory of General Relativity)을 완성했다. 그는 이 아름답고 완벽한 이론을 통해 아이작 뉴턴(Isaac Newton)의 고전 중력이론을 완전히 새로운 모습으로 재탄생시켰다. 일반상대성이론의 기초와 우주론과의 상호관계를 어느 정도 아는 독자들은 앞으로 이어지는 세 개의 절을 건너뛰어도 상관없다. 그러나 간단한 복습을 원한다면 계속 읽어보기 바란다.

아인슈타인은 1907년부터 일반상대성이론을 연구하기 시작했는데, 당시만 해도 대부분의 과학자들은 아이작 뉴턴의 이론이 중력의 모든 것을 설명해준다고 굳게 믿고 있었다. 지금도 전 세계의 고등학생들은 뉴턴이 1600년대에 발견한 중력, 즉 만유인력법칙(Universal Law of Gravity)을 배우고 있다. 이것은 자연에 존재하는 힘을 수학적으로 표현한 최초의 이론이다. NASA의 연구원들과 천문학자들은 아직도 뉴턴의 중력법칙을 이용하여 우주선의 궤적을 계산하거나 혜성과 별, 그리고 은하의 운동을 예측하고 있다. 뉴턴의 중력이론은 그 정도로 정확하다.[2]

그러나 20세기 초에 아인슈타인은 지난 250년 동안 수많은 실험을 통해 검증된 뉴턴의 중력이론에서 심각한 결함을 발견했다. 이 문제는 간단한 질문에서 시작된다. 아인슈타인은 스스로 자문해보았다. 중력은 어떻게 작용하는가? 태양과 지구 사이에는 1억 5천만km에 걸쳐 거대한 공간이 놓여 있다. 태양의 중력은 이 먼 거리를 어떻게 날아와서 지구의 운동에 영향을 주고 있는가? 지구와 태양 사이를 밧줄이나 체인으로 연결시켜놓은 것도 아닌데 중력은 어떻게 영향력을 행사하고 있는가?

뉴턴이 1687년에 발표한 불후의 명저 《프린키피아(Principia)》를 보면 그도 이 문제를 알고 있었던 것 같다. 뿐만 아니라 자신이 발견한 중력법칙으로는 해답을 제시할 수 없다는 사실도 알고 있었다. 뉴턴은 한 장소에서 다른 장소로 무언가가 전달된다고 확신했으나, 그 '무언가'의 정체를 밝히지는 못했다. 그는 《프린키피아》에 "독자들이 각자 생각해보기 바란다"고 장난처럼 적어놓았다. 그로부터 근 250년간 수많은 사람들이 뉴턴의 책을 읽었지만 아무도 구체적인 아이디어를 떠올리지 못했다. 그러나 단 한 사람만이 예외였으니, 그가 바로 알베르트 아인슈타인이었다!

아인슈타인은 중력의 저변에 깔려 있는 수학적 특성을 10년 동안 연구한 끝에, 1915년에 드디어 결론을 내렸다. 그것은 전례를 찾아볼 수 없을 정도로 커다란 개념적 비약이었고 수학도 엄청나게 복잡했지만, 핵심은 처음 떠올렸던 질문만큼이나 간단명료했다. 중력은 어떤 과정을 거쳐 빈 공간을 통해 전달되는가? '텅 빈 공간'은 말 그대로 아무것도 존재하지 않을 것 같다. 그러나 거기에는 분명히 무언가가 있다. 바로 '공간'이 있는 것이다. 그래서 아인슈타인은 중력의 매개체가 바로 텅 빈 공간이라고 생각했다.

기본 아이디어는 다음과 같다. 여기 금속으로 만든 커다란 테이블 위에 작은 구슬이 굴러가고 있다. 테이블 면은 평평하기 때문에, 구슬은 직선경로를 따라 얌전하게 굴러간다. 그런데 누군가가 테이블 면을 토치램프로 가열하여 울퉁불퉁하게 만들었다. 그러면 구슬은 면의 요철에 영향을 받아 이전과는 다른 구불구불한 경로를 그리게 된다. 아인슈타인은 이 원리가 공간에도 거의 똑같이 적용된다고 생각했다. 완전히 텅 빈 공간은 평평한 테이블과 비슷해서, 그 안에 있는 물체는 아무런 방해도 받지 않고 똑바로 나아간다. 그러나 질량을 가진 물체가 공간 속에 포진해 있으면 이들의 존재 자체가 공간의 모양을 왜곡시키는데, 이것은 울퉁불퉁해진 테이블과 비슷하다. 예를 들어 태양은 자신의 주변공간에 움푹 파인 홈을 만들어서 그 근처를 지나가는 물체의 운동에 영향을 미친다. 움푹 파인 곡면 위에서 구슬을 굴리면 곡선궤적을 그리는 것처럼, 태양 주변에서 움직이는 행성들은 휘어진 공간의 영향을 받아 지금과 같은 곡선궤적을 그리는 것이다.

대략적인 설명은 이렇다. 그러나 그 안을 좀 더 깊이 들여다보면 더욱 심오한 사실들이 굴비처럼 줄줄이 엮여 나온다. 휘어지는 것은 공간만이 아니다. 질량은 시간까지 휘어지게 만든다(그래서 '시공간의 곡률spacetime curvature'이라는 용어가 탄생한 것이다). 테이블 위를 굴러가는 구슬은 지구의 중력 때문에 표면을 이탈하지 않지만(아인슈타인은 시간과 공간의 휘어진 형태를 굳이 다른 것에 비유하지 않았다. 그는 휘어진 시공간 자체가 곧 '중력'이라고 생각했기 때문이다), 공간은 2차원이 아닌 3차원이므로 사정이 많이 다르다. 공간이 휘었다는 것은 물체를 떠받치는 아래쪽 면이 휘었다는 뜻이 아니라, 물체를 에워싸고 있는 공간 자체가 휘었다는 뜻이다. 그러나 공간을 2차원으로 단순화시켜서 금속 테이블에 비유해도 아인슈타인의 아이디어를 이해하는 데는 큰 지장이 없다. 일반상대성이론이 등장하기 전까지는 중력이 공간을 가로질러 먼 곳까지 전달되는 원리가 커다란 미스터리로 남아 있었다. 그러나 아인슈타인이 역사에 길이 남을 아이디어를 제안한 이후로 중력은 "물체의 질량이 주변환경을 왜곡시키는 현상"으로 이해될 수 있었다. 이 아이디어에 의하면 지금 당신의 몸은 지구가 만들어낸 시공간의 굴곡을 따라 아래로 움직이려고 하기 때문에 바닥에 고정되어 있는 것이다.■

아인슈타인은 자신의 아이디어를 수학적으로 정리하기 위해 몇 년을 더 고생한 끝에 마침내 일반상대성이론의 핵심이라 할 수 있는 '아인슈타인 장방정식(Einstein Field Equation)'을 유도해냈다. 이 방정식에 질량의 분포상태를 대입하면 시공간의 휘어진 정도, 즉 곡률을 알 수 있다(엄밀하게 말하면 질량뿐만 아니라 에너지도 고려해야 한다. 아인슈타인의 그 유명한 방정식 $E=mc^2$에 의하면 질량은 에너지로, 그리고 에너지는 질량으로 언제든지 전환될 수 있기 때문이다. 여기서 E는 에너지이고, m은 물체의 질량, c는 빛의 속도(광속)이다).[3] 뿐만 아니라 휘어진 시공간이 그곳으로 이동해오는 물체(별과 행성, 혜성, 심지어는 빛까지)에 미치는 영향을 정

■ 일반적으로 휘어진 시간보다는 휘어진 공간을 떠올리기가 훨씬 쉽다. 그래서 아인슈타인의 중력이론(일반상대성이론)을 설명하는 많은 책들은 공간에 초점을 맞추고 있다. 그러나 지구와 태양과 같이 우리에게 친숙한 물체들이 행사하는 중력의 경우에는 공간왜곡보다 시간왜곡이 훨씬 크게 나타난다. 예를 들어 똑같은 시계 두 개를 구해서 시간을 맞춘 후 하나는 지상에 놓고 다른 하나는 엠파이어스테이트 빌딩 꼭대기에 놓았다고 가정해보자. 지상에 있는 시계는 지구의 중심에 더 가깝기 때문에 빌딩 꼭대기에 있는 시계보다 조금 더 강한 중력을 느낄 것이다. 그런데 일반상대성이론에 의하면 중력이 강하게 작용하는 지상의 시계가 조금 더 느리게 간다(빌딩 꼭대기에 있는 시계보다 1년에 수십억 분의 1초 정도 느려진다). 이 시간적인 차이가 '휘어진 시간'의 한 사례이다. 그러니까 물체가 중력에 끌린다는 것은 "모든 물체는 시간이 느리게 흐르는 쪽으로 이동하려는 경향이 있다"는 뜻으로 해석할 수 있다. 비유적으로 말하자면, 모든 물체는 가능한 한 서서히 늙고 싶어 한다는 것이다. 위로 던져진 물체가 다시 아래로 떨어지는 것도 이 논리로 설명할 수 있다.

확하게 계산할 수 있다. 물리학자들이 우주의 미래를 세세한 부분까지 예견할 수 있는 것은 그들이 점쟁이여서가 아니라, 바로 이 방정식을 확보하고 있기 때문이다.

일반상대성이론이 발표된 후, 이론의 타당성을 입증하는 관측도 비교적 빠르게 수행되었다. 당시 천문학자들은 수성의 공전궤도가 뉴턴의 이론으로 계산된 값에서 조금 벗어난다는 사실을 알고 있었지만, 아무도 그 이유를 설명하지 못하고 있었다. 그런데 1915년에 아인슈타인이 자신의 방정식으로 수성의 궤도를 다시 계산하여 관측과 일치하는 결과를 얻었고, 이 소식을 전해 들은 그의 동료 에이드리언 포커(Adrian Fokker)는 너무 흥분하여 몇 시간 동안 몸을 제대로 가누지 못했다고 한다. 그 후 1919년에 영국의 물리학자 아서 에딩턴(Arthur Eddington)과 그의 동료들은 태양 주변을 스쳐서 지구로 날아오는 별빛을 직접 관측하여 빛의 경로가 휘어진 정도를 계산했는데, 이들이 얻은 값은 일반상대성이론에서 예견된 값과 정확하게 일치했다.[4] 이 소식은 〈뉴욕타임즈〉의 헤드라인에 "열광하는 과학자들—빛은 하늘에서 구부러진다"라는 제목으로 대서특필되었고, 그날부터 아인슈타인은 과학의 새로운 천재로 국제적인 명성을 얻었을 뿐만 아니라, 아이작 뉴턴의 계보를 잇는 '인류 역사상 가장 위대한 물리학자'로 인정받게 된다.

그러나 일반상대성이론의 가장 극적인 검증은 그 후에 이루어졌다. 1970년대에 일단의 물리학자들이 수소 메이저 시계(maser. 메이저는 레이저와 비슷하지만 가시광선이 아닌 마이크로파를 증폭하는 장치이다)를 이용하여 지구의 중력에 의해 나타나는 시공간의 왜곡을 1만 5,000분의 1까지 측정하는 데 성공했고, 2003년에는 카시니-호이겐스 우주선(Cassini-Huygens spacecraft)이 태양 근처를 지나가는 라디오파의 궤적을 정밀하게 측정하여 일반상대성이론이 예견한 시공간의 왜곡이 옳다는 것을 5만 분의 1이라는 작은 오차범위 안에서 입증했다. 이제 일반상대성이론은 이론물리학자들에게 없어서는 안 될 최상의 도구로 자리 잡았다. 요즘 우리가 거의 끼고 살다시피 하는 스마트폰의 GPS(global positioning system, 지구 위치추적 시스템)는 위성과의 교신을 통해 자신의 현재 위치를 파악하는 장비인데, 이 위성에 탑재된 장치는 지구의 중력에 의한 시공간의 왜곡을 고려하도록 설계되어 있다. 그렇지 않으면 GPS는 오차가 계속 누적되어 무용지물이 되어버린다. 1916년에 아인슈타인이 추상적인 수학방정식으로 재구성한 시공간과 중력의 개념이 지금은 주머니 안에 들어가는 소형 단말기 속에 압축되어 있는 것이다.

우주와 주전자

아인슈타인은 지난 수천 년 동안 수많은 사람들이 일상적인 경험을 통해 쌓아왔던 직관, 즉 시간과 공간이 우주만물의 저변에 깔려 있는 불변의 배경이라는 관념을 한방에 무너뜨렸다. 그전에 과연 어느 누가 시공간을 "수시로 뒤틀리거나 구부러지면서 우주의 안무를 관장하는 적극적인 객체"라고 상상할 수 있었을까? 그것은 아인슈타인이 발견한 '혁명의 춤'이었으며, 관측을 통해 틀림없는 사실로 확인되었다. 그러나 과학자로서 최고의 지위에 오른 그는 얼마 지나지 않아 근거 없는 오래된 편견에 사로잡혀 위기에 봉착하게 된다.

일반상대성이론을 발표한 다음 해에 아인슈타인은 자신의 이론을 가장 큰 스케일인 우주에 적용해보았다. 내용을 잘 모르는 사람들에게는 무슨 엄청난 작업처럼 들리겠지만, 이론물리학자들은 끔찍하게 복잡한 대상을 단순화시키는 데 거의 도사들이다. 물론 이 과정에서 대상의 물리적 특성은 변하지 않아야 한다. 이론적 분석이 가능할 정도로 단순화시키되 기본적 특성은 유지하는 것, 이것이 바로 이론물리학의 예술이다. 이 분야에서 성공하려면 무엇이 중요하고 무엇을 무시해도 되는지를 빠르고 정확하게 판단해야 한다. 아인슈타인은 소위 말하는 '우주원리(cosmological principle)'에 입각하여 우주를 단순화시킴으로써 이론적 우주론의 기틀을 마련했다.

우주원리란 "가장 큰 스케일에서 보면 우주는 균일하다"는 것이다. 당신이 아침에 마시는 차를 생각해보라. 미시적인 스케일에서 보면 차의 내부는 전혀 균일하지 않다. 곳곳에 H_2O분자가 있고 그 옆은 비어 있으며, 그 옆에는 폴리페놀(polyphenol)과 타닌(tannin)분자가 떠다니고, 그 옆은 또 비어 있고…… 기타 등등이다. 그러나 거시적 스케일, 즉 맨눈으로 바라보면 차는 지극히 균일한 액체이다. 아인슈타인은 우리의 우주가 찻잔 속에 담긴 차와 비슷하다고 생각했다. 여기 지구가 있고, 그 옆은 비어 있고, 달이 있고, 그 옆은 더 넓게 비어 있고, 금성, 수성, 그리고 태양 등이 불규칙적으로 늘어서 있다. 그러나 이들은 작은 스케일에서 나타나는 불균일성일 뿐, 우주 전체를 놓고 보면 찻잔 속의 차처럼 균일하다.

아인슈타인이 활동하던 시대에는 우주원리를 입증할 만한 관측자료가 별로 없었다. 그러나 그는 우주 안의 어떤 지점도 다른 지점보다 특별하지 않다고 굳게 믿었다. 평균적으로 볼 때 우주의 모든 지점은 서로 동일하여, 물리적 특성도 근본적으로 거의 같다고 생각한 것이다. 그 후로 몇 년 동안 얻어진 천문관측 데이터는 우주원리를 강력하게 지지하는 것처럼 보인다. 그러나 이것은 적어도 1억 광년 이상의 규모에서 그렇다는 뜻이다(1억 광년은 은하수 폭의 약 1,000배에 해당하는 거리이다). 예를 들어 각 변의 길이가 1억 광년인 상자 하나를 '여기'에 놓고, 같은 크기의 상자를 '저기('여기'로부터 1억 광년 떨어진 곳)'에 놓았다고 가정해보자. 이제 각 상자 내부의 평균적인 특성(은하의 평균밀도, 물질의 평균밀도, 공간의 평균온도 등)을 관측해보면 거의 구별하기 어려울 정도로 똑같다. 간단히 말해서, 1억 광년짜리 '조각 우주'를 보았다면 그로부터 우주 전체의 특성을 유추해도 크게 틀리지 않는다는 뜻이다.

일반상대성이론으로 우주 전체의 특성을 연구할 때 균일성(uniformity)은 매우 중요한 정보이다. 그 이유를 이해하기 위해 아름답고 균일하면서 잔잔한 파도가 이는 해변가로 나가보자. 단, 당신에게는 하나의 임무가 주어져 있다. 해변가를 둘러본 후 작은 규모의 특성을 내가 알아듣도록 설명하는 것이다. 여기서 '작은 규모'란 모래 한 알 한 알의 물리적 특성을 일일이 조사한 후 그 결과를 보고해야 한다는 뜻이다. 당신은 임무가 너무 과하다며 강하게 항의한다. 하긴 어느 세월에 모래알을 일일이 들여다본다는 말인가? 그래서 나는 친절을 베풀어 당신의 임무를 조금 수정했다. 해변가의 특성을 탐색하되, $1m^3$당 모래의 평균무게와 $1m^3$당 햇빛의 평균반사율, 해변가의 평균온도 등 정보의 내용을 조금 큰 스케일로 바꿨다. 그랬더니 당신은 안도의 한숨을 쉬며 고맙다는 인사까지 한다.

이 작업이 만만해 보이는 이유는 해변가가 전체적으로 균일하기 때문이다. 이제 당신은 멀리 갈 것도 없이 지금 서 있는 근처에서 모래의 평균무게와 평균반사율, 그리고 평균온도를 재빨리 측정한 후 남은 시간을 느긋하게 즐기면 된다. 멀리까지 가서 같은 측정을 반복해봐야 달라질 것이 없기 때문이다. 균일한 우주도 이와 비슷하다. 우주를 분석하기 위해 행성과 별, 은하 등 모든 천체를 일일이 고려해야 한다면 천문학은 별로 희망이 없다. 그러나 균일한 우주의 평균적인 특성을 서술하는 것은 비교가 안 될 정도로 쉽다. 여기에 일반상대성이론까지 주어졌으니, 천문학자들에게는 이보다 좋은 소식이 없을 것이다.

 방정식을 통해 우주의 특성이 밝혀지는 과정은 다음과 같다. 방대한 공간 속에 들어 있는 모든 것의 총량은 물질의 밀도, 더욱 정확하게는 '물질과 에너지의 밀도'로 결정된다. 그리고 일반상대성이론의 방정식은 이 밀도가 시간에 따라 어떻게 달라지는지를 서술하고 있다. 그러나 여기에 우주원리를 도입하지 않으면 방정식을 푸는 것이 거의 불가능하다. 방정식은 모두 10개인데, 각 방정식은 고르디우스의 매듭(Gordian knot, 프리지아의 고르디우스왕이 매어놓은 매듭으로, 이것을 푸는 자가 아시아를 지배한다고 예언되었다. 흔히 '풀기 어려운 문제'를 비유하는 말로 사용된다―옮긴이)을 연상케 할 정도로 다른 방정식과 복잡하게 얽혀 있다. 그런데 다행히도 아인슈타인은 균일한 우주에 이 방정식을 적용하면 문제가 크게 단순해진다는 사실을 발견했다. 우주가 균일하다고 가정하면 10개의 방정식들 중 대부분이 중복된 내용을 담고 있어서 단 하나의 방정식만 풀면 된다. 우주원리가 고르디우스의 매듭을 풀어서 수학이 크게 단순해졌고, 그 덕분에 아인슈타인은 우주에 퍼져 있는 물질과 에너지를 단 하나의 방정식으로 연구

할 수 있게 된 것이다.[5]

그러나 아인슈타인이 방정식을 풀어서 얻은 결과는 그의 입맛에 맞지 않았다. 자신도 전혀 예상하지 못한 뜻밖의 결과가 나온 것이다. 당시 과학자들과 철학자들 사이에는 우주가 큰 스케일에서 균일할 뿐만 아니라, 영원히 변하지 않는다는 믿음이 팽배해 있었다. 찻잔 속의 분자들이 복잡한 운동을 하고 있지만 이들의 운동을 전체적으로 평균해서 거시적으로 보면 잔잔한 액체가 되듯이, 태양 주변을 공전하는 행성이나 은하의 가장자리를 돌고 있는 태양의 움직임 등을 모두 평균하면 변하지 않는 우주가 얻어진다. 이 정적인 우주관에 집착했던 아인슈타인은 계산결과를 그대로 받아들일 수가 없었다. 그러나 그의 장방정식은 물질과 에너지의 밀도가 시간에 따라 더 높아지거나 낮아지는 사실을 분명하게 보여주고 있었다.

수학적인 과정은 꽤나 복잡하지만, 여기 담겨 있는 물리학적 의미는 매우 단순하다. 야구장의 홈플레이트에서 출발하여 중견수 쪽 담장을 향해 날아가는 야구공을 생각해보자. 처음에 공은 로켓처럼 위로 솟구쳤다가 속도가 서서히 줄어들면서 최고점에 도달한 후 어딘가에 떨어진다. 이 공은 날아가는 동안 비행선처럼 공중에 머물렀던 순간이 단 한 번도 없었다. 중력이 공을 항상 아래쪽으로 잡아당기고 있었기 때문이다. 비행선의 경우에는 기압에 의한 부력이 아래로 향하는 중력과 상쇄되기 때문에 공중에 가만히 떠 있을 수 있다(비행선의 풍선은 공기보다 가벼운 헬륨가스로 가득 차 있다). 그러나 허공을 날아가는 야구공에는 중력을 상쇄시키는 힘이 전혀 없으므로(공기저항이 야구공의 운동에 영향을 미치긴 하지만 정지상태를 연출할 수는 없다) 공이 공중에 가만히 떠 있다는 것은 있을 수 없는 일이다.

끝없이 늘어선 도플갱어들 | 41

아인슈타인은 이 우주가 비행선보다 야구공에 더 가깝다는 사실을 발견한 것이다. 무조건 잡아당기기만 하는 중력을 상쇄시킬 만한 외향력(外向力, outward force)이 우주에는 존재하지 않기 때문에, 일반상대성이론으로 계산된 우주는 정적인 상태를 유지할 수 없었다. 우주공간이 외부로 뻗어나가거나 안으로 수축될 수는 있어도, 고정된 상태를 유지하는 것은 불가능했다. 정육면체 공간의 각 변이 오늘 1억 광년이었다면, 내일은 더 이상 1억 광년이 아닌 것이다. 부피가 더 커진다면 그 내부의 물질밀도는 작아질 것이고(공간의 크기에 비해 물질이 더 드물게 존재할 것이고), 부피가 작아진다면 물질의 밀도는 더 커질 것이다(물질이 더 촘촘하게 존재할 것이다).[6]

아인슈타인은 한 걸음 뒤로 물러설 수밖에 없었다. 일반상대성이론의 수학에 의하면, 공간이 변하고 있기 때문에 가장 큰 스케일에서 본다고 해도 우주는 변해야만 했다. 아인슈타인이 기대했던 '정적이고 영원한' 우주는 방정식의 답이 아니었다. 그는 우주론을 창시한 장본인이었지만, 수학이 인도하는 길을 곧이곧대로 따라가다가 커다란 난관에 부딪힌 것이다.

중력계산서

사람들은 아인슈타인이 진실을 외면한다며 수군거렸고, 세간에는 "아인슈타인이 연구노트를 다시 펼쳐놓고 '균일하면서 영원히 변치 않는 우주'를 이론적으로 구현하기 위해 그 아름다웠던 방정식에 칼을 들이대기 시작했다"는 소문이 나돌았다. 완전히 틀린 말은 아니지만, 사실 이 소문은 다소 과장된 것이다. 아인슈타인이 방정식을 수정하여 정적인 우주를 구현한 것은 사실이었으나, 그것은 '최소한'의 수정이었으며 수학적으로나 물리학적으로 완벽하게 타당한 조치였다.

그 속사정을 알아보기 위해, 당신이 세금계산서를 작성한다고 가정해보자. 계산서에는 여기저기 숫자가 기입된 칸이 있고, 빈칸으로 남겨놓은 항목도 있다. 빈칸은 수학적으로 0을 뜻하지만, 심리적으로는 그 이상의 의미를 담고 있다. 당신은 그 항목이 자신의 재정상태와 무관하다고 생각했기 때문에 빈칸으로 남겨놓았을 것이다(예를 들어 가족 없이 혼자 사는 사람은 가족부양비용을 산출하는 난을 빈칸으로 남겨놓을 것이다. 이는 곧 부양비용이 '0원'이라는 뜻이며, "가족 같은 것에는 관심 없다"는 의사표현으로 해석할 수도 있다).

일반상대성이론의 수학을 세금계산서와 비슷한 형식으로 만들면 세 개의 항목으로 요약된다. 첫 번째는 중력에 의해 시공간의 뒤틀리고 휘어진 정도, 즉 시공간의 기하학적 구조이고, 두 번째는 중력의 원인(또는 휘어진 공간의 원인)이 되는 물질의 분포상태이다. 아인슈타인은 근 10년 동안 연구에 몰입한 끝에 이 두 가지 항목을 정확하게 채워 넣을 수 있었다. 그러나 일반상대성이론이 완벽해지려면 또 하나의 항목을 채워 넣어야 한다. 이 항목은 앞의 두 항목과 마찬가지로 수학적 근거가 확실하지만, 물리학적 의미는 좀 더 미묘하다. 시공간은 뉴턴의 고전역학에서 모든 운동의 배경에 불과했으나, 일반상대성이론을 통해 우주의 운명을 결정하는 역동적인 주체로 다시 태어났다. 무언가 사건이 일어났을 때 그 위치와 시기를 나타내는 언어에 불과했던 시간과 공간이 고유의 특성을 갖는 물리적 객체가 된 것이다.

일반상대성이론 전용 세금계산서의 세 번째 항목에는 중력과 관련된 시공간의 고유한 특성이 기입되어야 한다. 그것은 바로 "공간이라는 직물에 꿰매어진 에너지의 양"이다. 넓은 바닷물 $1m^3$당 특정 양의 에너지가 함유되어 있듯이, 공간도 $1m^3$당 특정 양의 에너지를 갖고 있으며, 이것이 바로 세 번째 항목에 기입되어야 할 양이다. 아인슈타인은 일반상대성이론을 처음 세상에 공개할 때 세 번째 항목을 고려하지 않았다. 위에서 말한 것처럼 '고려하지 않았다'는 것은 그 값을 0으로 간주했다는 뜻이다. 그러나 세금계산서의 빈칸이 그렇듯이, 아인슈타인이 이 항목을 비워둔 것은 치밀하게 계산된 결과가 아니라 단순히 그 값을 무시했기 때문이다.

일반상대성이론이 정적인 우주와 양립될 수 없다는 사실이 밝혀지자 아인슈타인은 세 번째 항목으로 시선을 돌렸다. 그리고 관측과 실험으로 얻은 데이터를 주도면밀하게 분석해보니, 세 번째 항목을 0으로 간주할 근거는 어디에도 없었다. 뿐만 아니라 세 번째 항목에는 전에 보지 못했던 놀라운 물리학이 담겨 있었다.

세 번째 항목에 0 대신 양수를 기입하면 공간은 균일한 양의 에너지를 갖게 되고, 공간의 모든 영역은 서로 밀쳐내는 경향을 띠게 된다(그 이유는 다음 장에서 설명할 것이다). 이것이 바로 '밀어내는 중력(repulsive gravity)'으로서, 지금까지 그 어떤 물리학자도 생각하지 못한 것이었다. 게다가 아인슈타인은 세 번째 항목에 기입할 숫자를 잘 조정하면 우주 전역에서 발생한 '밀어내는 중력'이 물질에 의해 나타나는 '끌어당기는 중력'을 정확하게 상쇄시켜서 정적인 우주가 된다는 사실도 알아냈다. 위로 떠오르지도, 아래로 추락하지도 않고 공중에 가만히 떠 있는 비행선처럼, 영원히 변하지 않는 우주를 기어이 만들어낸 것이다.

아인슈타인은 세 번째 항목을 '우주항(cosmological member)', 또는 '우주상수(cosmological constant)'라고 불렀다. 장방정식에 이 항을 끼워 넣은 후에야 그는 비로소 안도의 한숨을 내쉬었다. 만일 우주가 적절한 크기의 우주상수를 갖고 있다면(즉 공간이 적절한 양의 에너지를 품고 있다면) 아인슈타인의 중력이론은 영원히 변하지 않는 우주와 정확하게 맞아떨어진다. 그런데 우주공간은 왜 하필 그렇게 적절한 양의 에너지를 갖고 있는 것일까? 아인슈타인도 이 질문에는 해답을 제시하지 못했지만, 어쨌거나 그는 적절한 우주상수를 방정식에 끼워 넣음으로써 일반상대성이론으로부터 정적인 우주를 이끌어내는 데 성공했다.[7]

원시원자

1927년 브뤼셀의 솔베이 학회에서 르메트르가 아인슈타인에게 다가와 "일반상대성이론이 우주의 팽창을 예견하고 있다"고 밝힌 것도 바로 이 무렵의 일이었다. 당시 아인슈타인은 한동안 수학과 씨름을 벌인 끝에 정적인 우주를 간신히 되살려놓은 상태였고, 프리드만의 팽창이론도 이미 들어본 터여서 르메트르의 말에 별로 관심을 기울이지 않았다. 그 대신 아인슈타인은 르메트르에게 짤막한 충고의 말을 던졌다. "수학을 맹신하지 말게. 명백하게 틀린 결론을 고집하다 보면 엉터리 물리학에 빠지기 십상이라네."

세계적인 석학에게 비난을 받은 르메트르는 크게 낙담했으나 그 느낌은 오래 가지 않았다. 1929년에 미국의 천문학자 에드윈 허블(Edwin Hubble)이 윌슨산 천문대에서 세계최대의 천체망원경을 이용하여 멀리 있는 은하들이 은하수로부터 일제히 멀어지고 있다는 증거를 발견한 것이다. 멀리서 날아온 광자는 허블에게 "우주는 정적이지 않다. 우주는 팽창하고 있다!"는 메시지를 분명하게 전하고 있었다. 이로써 아인슈타인이 도입한 우주상수는 졸지에 설자리를 잃었고, 아주 작은 무언가가 대대적인 폭발을 일으켜 우주가 탄생한 후 지금까지 계속 팽창하고 있다는 빅뱅이론(big bang theory)이 과학적 창조론으로 수용되기 시작했다.[8]

르메트르와 프리드만은 실추된 명예를 회복했다. 프리드만은 우주가 팽창하고 있다는 사실을 처음으로 알아낸 과학자로 인정받았고, 프리드만과 무관하게 우주 시나리오를 개발한 르메트르도 현대천문학의 선구자로 확실한 입지를 굳혔다. 사람들은 이들의 업적이 천문학의 위대한 승리라며 찬사를 아끼지 않았다. 반면에 아인슈타인은 일반상대성이론 세금계산서에 세 번째 항목을 끼워 넣은 것을 깊이 후회하며 조용히 입을 다물 수밖에 없었다. 그가 정적인 우주에 그토록 집착하지 않았다면 우주상수를 도입하지 않았을 것이고, 허블보다 10년이나 앞서서 우주의 팽창을 이론적으로 예견한 영웅이 되었을 것이다.

그러나 우주상수로 야기된 혼란은 이제 서막이 끝났을 뿐이었다.

모형과 데이터

우주론의 빅뱅모형은 단순히 폭발만을 주장하는 것이 아니라, 중요한 사항들을 매우 자세하게 열거하고 있다. 이 모형에는 여러 개의 우주상수가 등장하는데 이들 모두가 팽창하는 우주를 예견하고 있다. 그러나 공간의 전체적인 형태는 우주상수의 값에 따라 달라지며, 공간의 유한-무한성도 이 값에 따라 좌우된다. 공간은 유한한가, 무한한가? 이 문제는 다중세계와도 밀접하게 연관되어 있기 때문에 지금부터 그 가능성을 하나씩 따져보기로 한다.

우주원리(우주가 균일하다는 가정)는 공간의 기하학적 형태에 커다란 제한을 가한다. 대부분의 형태는 균일성을 유지할 수 없기 때문이다. 그러나 우주원리를 적용해도 3차원 공간의 형태는 유일하게 결정되지 않고 몇 개의 후보로 압축된다. 이 공간을 시각화하는 것은 전문가들에게도 만만치 않은 작업인데, 차원을 하나 줄여서 2차원으로 단순화시키면 문제의 본질을 왜곡시키지 않으면서 그 형태를 비교적 쉽게 상상할 수 있다.

제일 먼저 당구공처럼 완벽하게 둥근 구체를 생각해보자. 구의 표면은 2차원 곡면이며(지구의 표면이 그렇듯이, 하나의 지점을 정의하려면 두 개의 정보(경도와 위도)가 필요하다. 그래서 구면은 2차원 도형에 속한다) "어떤 각도에서 바라봐도 똑같다"는 의미에서 완벽하게 균일하다. 수학자들은 당구공의 표면을 '2차원 구(2-dimensional sphere)'라 부르고, "일정한 양의 곡률(constant positive curvature)을 가진 도형"이라고 말한다. 여기서 '양'이란 대충 말해서 구형 거울에 얼굴을 비췄을 때 얼굴 면적이 실제보다 넓어진다는 뜻이고, '일정하다'는 말은 구형 거울을 멋대로 돌려도 넓어진 정도가 항상 똑같다는 뜻이다.

그다음으로 매끈한 테이블 면을 생각해보자. 당구공의 표면과 마찬가지로 테이블의 표면도 균일하다. 엄밀하게 말하면 '테이블 면의 거의 대부분'이 균일하다. 당신이 테이블 위를 기어가는 개미라면 어느 곳에서 바라봐도 테이블의 모습은 똑같을 것이다. 단, 이것은 테이블의 가장자리에서 멀리 떨어진 곳(즉 테이블의 '내륙')에서만 성립하는 이야기다. 테이블의 가장자리는 특별한 곳이다. 여기서는 마음만 먹으면 투신자살도 가능하다. 이런 끔찍한 경우를 고려하기 싫다면 테이블을 무한히 넓게 늘이면 되는데, 그 방법은 두 가지가 있다. 하나는 테이블의 좌-우와 앞-뒤를 무한히 길게 잡아 늘이는 것이다. 물론 현실세계에서는 불가능하지만 아무리 헤매고 다녀도 투신할 곳이 없으므로 '가장자리가 없는 테이블'임은 분명하다. 또 한 가지 방법은 테이블 면을 비디오게임이 진행되는 스크린으로 만드는 것이다. 팩맨(Pack Man, 입이 달린 동그란 얼굴이 이리저리 돌아다니면서 먹이를 주워 먹는 비디오게임—옮긴이)이 왼쪽 모서리로 사라지면 오른쪽에서 다시 나타나고, 아래쪽으로 사라지면 위에서 다시 나타난다. 일상적인 테이블에는 이런 기능이 없지만 수학적으로는 완전히 타당한 공간으로서, 흔히 '2차원 원환면(2-dimensional torus)'이라고 한다. 자세한 설명은 후주에 적어놓았으니 관심 있는 독자들은 읽어보기 바란다.[9] 여기서 중요한 것은 비디오게임을 닮은 테이블도 모서리가 없이 완벽하게 균일한 2차원 평면이라는 사실이다. 팩맨 게임에서 눈에 보이는 모서리는 실제로 없는 거나 마찬가지다. 팩맨이 한쪽 모서리로 사라져도 반대편 모서리에서 재등장하기 때문에 계속 게임을 진행할 수 있다.

수학자들은 무한히 넓은 테이블 면이나 팩맨 비디오게임 스크린을 가리켜 "일정한 제로 곡률(constant zero curvature)을 가진 도형"이라고 말한다. 여기서 '제로(0)'란 테이블 면이나 비디오 스크린에 얼굴을 비췄을 때 상이 왜곡되지 않는다는 뜻이며, '일정하다'는 말은 상이 어디에 맺히건 항상 똑같다는 뜻이다. 무한 테이블과 비디오 스크린의 차이점은 거시적 관점에서 본 크기뿐이다. 무한 테이블 면에서 임의의 방향을 향해 똑바로 나아가면 결코 출발점으로 되돌아올 수 없지만, 비디오 스크린에서 한쪽 방향으로 계속 나아가면 같은 지점을 주기적으로 반복해서 지나치게 된다. 도중에 방향을 바꾸지 않아도 출발점으로 돌아올 수 있다는 이야기다.

마지막으로 고려할 것은 프링글스(Pringles) 감자칩을 닮은 도형이다(과자를 좋아하지 않는 사람들은 말 안장을 떠올리면 된다). 감자칩을 무한히 넓게 확장시키면 이전과 완전히 다른 또 하나의 균일한 도형이 얻어지는데, 수학자들은 이것을 두고 "일정한 음의 곡률(constant negative curvature)을 가진 도형"이라고 말한다. 감자칩에 거울코팅을 한 후 얼굴을 비추면 안으로 찌그러든 듯한 상이 맺혀지기 때문에 곡률이 음수이고, 찌그러진 형태가 어디서나 똑같기 때문에 곡률이 일정한 것이다.

다행히도 지금까지 언급된 '균일한 2차원 도형들'은 별 어려움 없이 3차원 우주로 확장될 수 있다. 양의 곡률과 음의 곡률, 그리고 제로 곡률(바깥쪽으로 퍼지는 상, 안쪽으로 찌그러든 상, 그리고 아무런 왜곡이 없는 상)은 3차원 도형에도 똑같이 적용된다. 또 한 가지 다행스러운 것은 3차원 도형을 시각화하기가 어려움에도 불구하고(우리는 도형을 머릿속에 그릴 때 공간 속의 비행기나 공간 속의 행성 등 어떤 주변환경 속에 놓여 있는 모습을 떠올리곤 한다. 그러나 지금은 공간 자체가 휘어진 경우를 논하고 있으므로 그것을 에워싸고 있는 주변환경이라는 것이 아예 존재하지 않는다) 앞에서 언급된 2차원 도형과 수학적으로 매우 유사하다는 것이다. 그래서 물리학자들도 3차원 도형을 머릿속에 애써 그리지 않고, 그와 유사한 2차원 도형을 이용하여 모든 논리를 풀어나가고 있다.

[표 2.1]에는 지금까지 다뤘던 도형의 특성이 요약되어 있다. 이들 중에는 크기가 유한한 것도 있고(구, 비디오게임 스크린) 무한히 큰 것도 있다(무한 테이블, 무한 프링글스칩). 그러나 [표 2.1]은 아직 미완성이다. 여기 나열된 목록 이외에 '이원 사면체 공간(binary tetrahedral space)'과 '푸앵카레 12면체 공간(Poincaré dodecahedral space)'도 균일한 곡률을 갖고 있지만, 일상적인 물체로 비유를 들기가 어렵기 때문에 목록에서 제외시켰다. 이들은 지금 목록에 올라와 있는 도형들을 주의 깊게 자르거나 이어서 만들 수 있는데, 우리에게는 별로 중요한 기술이 아니므로 생략한다. 지금 당장은 [표 2.1]만으로도 충분하다.

이 절의 내용을 간단히 요약하면 다음과 같다. "우주의 균일성은 우주원리로 적절하게 표현될 수 있고, 우주원리를 적용하면 우주공간의 가능한 형태가 몇 가지로 추려진다. 이들 중에는 크기가 유한한 것도 있고, 무한히 큰 것도 있다."[10]

우리의 우주

프리드만과 르메트르가 수학적 계산을 통해 발견한 '공간의 팽창'은

모양	곡률	크기
구(sphere)	양(positive)	유한
무한 테이블	제로(또는 '평평함')	무한
비디오게임 스크린	제로(또는 '평평함')	유한
프링글스 감자칩	음(negative)	무한

[표 2.1] "우주의 모든 지역은 다른 모든 지역과 동등하다"는 우주원리(cosmological principle)를 사실로 가정했을 때 논리적으로 가능한 우주공간의 후보들.

〔표 2.1〕의 모든 후보에 적용될 수 있다. 곡률이 양인 경우에는 2차원으로 단순화시켜서 '공기가 주입되면서 부풀어오르는 풍선'을 떠올리면 되고, 곡률이 0인 경우는 '사방에서 잡아당기고 있는 고무재질의 평면'을 떠올리면 된다. 그리고 음의 곡률은 '모든 방향으로 확장되고 있는 고무재질의 프링글스칩'을 상상하면 된다. 이들 중 하나의 공간에 은하들이 균일하게 분포된 우주모형을 가정하여 팽창시키면 각 은하들 사이의 간격이 일제히 멀어지게 되는데, 이는 1929년에 허블이 먼 은하를 관측해서 얻은 결과와 정확하게 일치한다.

이 정도면 꽤 그럴듯하게 들린다. 그러나 완벽한 이론이 되려면 〔표 2.1〕의 후보들 중(생략된 후보까지 포함해서) 어떤 공간이 우리의 우주에 부합되는지를 알아내야 한다. 이들 중 하나를 골라 이리저리 변형시켜서 도넛이나 야구공, 또는 얼음 조각 등 우리에게 친숙한 물체들 중 하나로 결정할 수도 있다. 그러나 우주공간을 마음대로 주무를 수는 없으므로 간접적인 방법을 통해 공간의 형태를 결정해야 한다.

수학적인 방법은 일반상대성이론의 방정식이 제공하고 있다. 이 방정식에 의하면 공간의 곡률은 관측 가능한 하나의 양에 의해 결정되는데, 그것은 바로 공간에 퍼져 있는 물질의 밀도이다(더 정확하게는 물질과 에너지의 밀도이다). 우주에 물질이 충분히 많으면 중력에 의해 휘어진 공간이 자신과 다시 합쳐지면서 구형공간이 형성되고, 물질의 양이 적으면 공간은 자유롭게 밖으로 뻗어나가 프링글스칩 모양이 된다. 그리고 물질의 양이 적절하면 우주는 곡률 제로의 평평한 공간이 된다.[*]

또한 일반상대성이론의 방정식은 세 가지 가능성의 정확한 '경계선'까지 알려준다. 수학계산에 의하면 '물질의 적절한 양' 즉 임계밀도(critical density)는 $1cm^3$당 $2 \times 10^{-29}g$인데, 이는 $1cm^3$당 수소원자 6개가 들어 있는 밀도에 해당한다. 좀 더 실감나게 말하자면 지구만 한 크기의 공간에 빗방울 하나가 들어 있는 꼴이다.[11] 우리 주변을 둘러보면 우주의 밀도는 임계밀도를 훨씬 웃돌 것 같지만, 성급한 판단은 금물이다. 위에서 언급한 임계밀도는 우주 전체가 균일하다는 가정 하에 계산된 것이다. 그러므로 이 가정에 맞추려면 지구와 달, 태양 등 모든 천체들을 원자단위로 분해하여 우주 전체에 골고루 퍼뜨렸다고 생각해야 한다. 자, 머릿속에서 분해가 끝났는가? 그렇다면 이제 질문을 던져도 된다. $1cm^3$ 공간 안에 들어 있는 물질이 수소원자 6개보다 무거울까? 가벼울까? 아니면 똑같을까?

독자들도 짐작하겠지만, 이 값은 우주론의 향방을 좌우할 정도로 중요한 양이다. 그래서 천문학자들은 지난 수십 년 동안 물질의 평

---

* 앞에서 우리는 물질의 질량이 공간을 휘어지게 만든다는 사실을 확인했다. 그렇다면 질량이 분명히 존재하는데 어떻게 공간이 평평할 수 있을까(다시 말해서, 어떻게 곡률이 0일 수 있을까)? 일반적으로 물질이 균일하게 분포되어 있으면 '시공간(spacetime)'은 반드시 휘어진다. 물질의 밀도가 적절하면 공간의 곡률은 0이 될 수 있지만, 이 경우에도 시공간의 곡률은 0이 아니다.

균밀도를 알아내기 위해 수많은 관측을 시도해왔는데, 방법은 의외로 간단하다. 고성능 천체망원경으로 가능한 한 넓은 지역을 관측하여 눈에 보이는 별과 눈에 보이지 않는 천체(이들의 존재는 그 주변에 있는 별이나 은하의 움직임으로부터 간접적으로 알아낼 수 있다)의 질량을 모두 더한 후 공간의 부피로 나누면 된다. 얼마 전까지 알려진 평균밀도는 임계밀도의 약 27퍼센트로서($1m^3$당 수소원자 약 2개) 우주공간의 곡률이 음수임을 시사하고 있었다.

그러다가 1990년대 말에 놀라운 사건이 일어났다. 6장에서 알게 되겠지만, 정밀한 관측과 일련의 논리를 통해 물질명단에서 무언가 아주 중요한 항목이 누락되었음을 알게 된 것이다. 자료를 아무리 검토해봐도 전체 공간에 어떤 에너지가 균일하게 퍼져 있다는 것 외에는 달리 설명할 방법이 없었고, 이 사실을 접한 천문학자들은 벌어진 입을 다물지 못했다. 에너지가 공간을 가득 채우고 있다고? 80년 전에 아인슈타인이 도입했다가 곧바로 철회해버린 우주상수가 다시 천문학의 중앙무대로 등장하는 순간이었다. 그동안 우주상수가 어설픈 과학자들에게 천대를 받아오다가, 관측자료가 정밀해지면서 다시 부활한 것은 아닐까?

아직은 단언할 수 없다. 미지의 에너지가 발견된 지 10년이 넘었지만, 천문학자들은 그것이 균일한 값으로 고정되어 있는지, 아니면 주어진 영역에 할당된 에너지가 시간에 따라 변하는지를 아직도 확인하지 못하고 있다. 우주상수는 이름이 암시하듯이 변하지 않는 양일 수도 있다(일반상대성이론의 세금계산서에서도 우주상수는 하나의 고정된 숫자로 표현된다). 대체 이 에너지의 정체는 무엇이란 말인가?

천문학자들은 모든 가능성을 포함시키면서 그 에너지가 빛을 발하지 않는다는 점을 강조하기 위해(오랜 세월 동안 발견되지 않았던 이유가 바로 이것이다!) 새로 발견된 에너지를 '암흑에너지(dark energy)'라고 불렀다. 여기서 '암흑'이라는 말은 검다는 뜻도 있지만 비행기의 블랙박스처럼 "알려진 것이 거의 없다"는 뜻이기도 하다. 암흑에너지의 기원과 구성성분, 물리적 특성 등은 아직도 완전한 미지로 남아 있으며 지금도 활발한 연구가 진행되고 있는데, 자세한 내막은 나중에 소개할 것이다.

이렇게 모르는 것이 태반이지만, 천문학자들은 허블우주망원경과 지상의 천체망원경에서 얻은 정밀한 관측자료를 토대로 공간에 퍼져 있는 암흑에너지의 양을 조심스럽게 추정하고 있다. 현재 산출된 값은 아인슈타인이 제안했던 값과 다른데, 이것은 별로 놀랄 일이 아니다(아인슈타인은 방정식의 해가 '정적인 우주'로 나오도록 우주상수의 값을 강제로 조정했으나, 실제 우주는 팽창하고 있다). 정작 놀라운 것은, 관측결과를 설명하려면 암흑에너지가 임계밀도의 약 73퍼센트를 차지해야 한다는 점이다. 여기에 이미 관측된 27퍼센트를 더하면 물질과 에너지의 평균밀도가 임계밀도와 정확하게 일치하고, 우주공간은 곡률이 0인 평평한 공간이 된다.

지금까지 얻어진 관측데이터는 우주가 3차원의 무한 테이블이거나 유한한 비디오게임 스크린이라는 것을 강하게 시사하고 있다.

무한우주 속의 실체

이 장의 서두에서 나는 우주가 유한한지 무한한지 알 수 없다고 했다. 그리고 앞 절에서는 우주론을 통해 두 가지 가능성이 자연스럽게 대두되며 두 경우 모두 관측결과와 일치한다고 했다. 정말 감질나는 상황이 아닐 수 없다. 둘 중 어느 쪽이 진실인지 어떻게 알 수 있을까? 진실이 밝혀지는 날이 과연 오기나 할까?

정말 어려운 질문이다. 공간이 유한하다면 별이나 은하에서 방출된 빛은 우주를 몇 바퀴 돈 후에 우리의 망원경에 도달하게 된다. 빛이 두 개의 평행한 거울 사이를 오가면서 반복되는 상을 만드는 것처럼, 공간을 주기적으로 가로지르는 빛도 별과 은하의 반복영상을 만들어낸다. 천문학자들은 이런 다중영상을 열심히 찾고 있지만 아직 발견된 사례는 없다. 물론 그렇다고 해서 우주가 무한하다는 뜻은 아니다. 우주가 유한하더라도 규모가 충분히 크면 별이나 은하에서 방출된 빛이 아직도 우주 레이스트랙을 도는 중이어서 지구의 망원경에 도달하지 않았을 수도 있다. 즉 유한한 우주는 규모가 클수록 자신의 몸집이 무한대인 척 위장하기가 쉽다는 것이다.

우주의 나이 등 우주론과 관련된 일부 질문에서는 공간의 유한-무한의 여부가 아무런 역할도 하지 않는다. 지금 공간이 유한하건 무한하건 간에, 우주탄생 초기에는 은하들이 아주 가까이 뭉쳐 있어서 밀도가 높고 뜨거웠으며, 다른 환경도 매우 극단적이었다. 우리는 관측을 통해 알아낸 현재의 팽창속도와, 이론적 분석을 통해 알아낸 과거 팽창속도의 변천사를 종합하여 우주가 탄생한 후로 시간이 얼마나 흘렀는지를 추적할 수 있다. 우주가 유한하건 무한하건 상관없이, 최신이론으로 계산된 우주의 나이는 약 137억 살이다.

그러나 유한-무한의 여부가 중요한 경우도 있다. 예를 들어 공간이 유한한 경우에는(우리는 우주 초기에 이런 시기가 있었다고 믿고 있다) 전체 공간이 수축되는 상황을 머릿속에 그려볼 수 있다. 시간이 0이 되면 수학이 더 이상 먹혀들지 않지만, 시간이 거의 0에 가까웠을 때 우주가 아주 작은 점이었다는 가정은 수학적으로 아무런 하자가 없다. 그러나 공간이 무한한 경우에는 더 이상 이런 논리를 적용할 수 없게 된다. 우주의 크기가 정말로 무한대라면, 우주는 과거에도 항상 있어 왔고 앞으로도 영원히 존재할 것이다. 무한대의 우주가 오그라들면 그 안에 들어 있는 천체들이 서로 가까워지면서 물질의 밀도는 한없이 커지겠지만, 그래도 공간은 여전히 '무한대'이다. 예를 들어 무한히 큰 우주가 반으로 작아졌다면 어떻게 될 것인가? 무한대의 반은 여전히 무한대이다. 백만 분의 1로 줄어든다면? 그래도 여전히 무한대다. 무한히 큰 우주의 시간을 거의 0 근처로 되돌리면 모든 지점의 밀도는 엄청나게 커지겠지만, 공간은 꿋꿋하게 무한대로 남아 있다.

관측만으로는 유한-무한을 가려낼 수 없지만, 물리학자와 천문학자들이 발표한 논문을 보면 대체로 우주가 무한하다는 가정을 선호하는 것 같다. 내가 보기에 이것은 우주가 무한하다는 오래된 관념이 아직도 어딘가에 남아 있어서 유한 비디오스크린에 관심을 덜 둔 탓도 있고, 결정적인 이유는 유한한 우주가 수학적으로 훨씬 다루기 어렵기 때문일 것이다. 이러한 추세는 우주의 유한-무한을 따지는 것이 순전히 학술적인 행위라는 세간의 오해를 반영하는 것 같기도 하다. 우리가 볼 수 있는 것이 전체 공간의 극히 일부분에 불과하다면, 유한-무한을 따지는 것이 무의미하지 않을까?

아니다. 의미가 있다. 유한-무한의 여부는 자연의 실체에 중요한 영향을 미치기 때문이다. 왜 그런가? 이 장의 주제가 바로 이것이다. 우선 우주가 무한할 가능성과 거기서 파생되는 의미를 생각해보자. 약간의 논리를 거치면 우리가 무수히 많은 평행우주들 중 하나에 살고 있다는 놀라운 결론이 내려진다.

무한공간, 그리고 누벼 이은 퀼트

무한한 우주는 잠시 접어두고, 가까운 지구에서 시작해보자. 평소 옷차림에 관심이 지대한 당신의 친구 이멜다는 아름다운 수가 놓인 500벌의 옷과 1,000켤레의 수제구두를 보유하고 있다. 이멜다가 매일같이 옷과 신발을 갈아입는다면(또는 신는다면) 언젠가는 가능한 조합이 모두 소진되어 예전과 같은 차림새로 나타날 것이다. 그 시점이 언제인지는 간단한 계산을 통해 알아낼 수 있다. 500벌의 옷과 1,000켤레의 신발이면 총 50만 가지의 조합이 가능하다. 따라서 이멜다는 50만 일, 그러니까 약 1,400년 동안 매일같이 변신을 시도할 수 있다. 만일 그녀가 충분히 오래 산다면 언젠가는 옛날과 같은 옷차림으로 돌아갈 것이다. 그런데 만일 이멜다가 신의 축복을 받아 수명이 무한대로 길어졌다면 1,400년을 주기로 똑같은 패션을 반복적으로 선보일 것이고, 시간이 계속 흐르다 보면 동일한 패션을 무한번 반복하게 될 것이다. 시행 횟수가 무한대인데 나올 수 있는 경우의 수가 유한하다면, 각각의 경우는 결국 무한번 나타나게 된다.

　이번에는 트럼프 카드를 자유자재로 다루는 랜디에게 시선을 돌려보자. 지금 랜디는 엄청나게 많은 카드를 열심히 섞는 중이다. 카드 한 세트(한 벌)는 52장이지만, 세트의 수가 엄청나게 많다. 그래도 랜디는 능숙한 솜씨로 한 세트씩 카드를 섞은 후 테이블 위에 차곡차곡 쌓아가고 있다. 과연 이들 중에서 52장의 카드 순서가 완전히 똑같은 세트가 있을 것인가? 있다면 몇 개나 있는가? 그 해답은 세트의 수에 따라 달라진다. 52장의 카드가 나열될 수 있는 경우의 수는 80,658,175,170,943,878,571,660,636,856,403,766,975,289,505,440,883,277,824,000,000,000,000,000가지이다(제일 위에 올 수 있는 카드가 52가지이고, 그다음에 올 수 있는 카드는 51가지, 그다음은 50가지, 49가지……이므로, 전체 경우의 수는 이 모든 숫자를 곱한 $52 \times 51 \times 50 \times 49 \times \cdots \times 3 \times 2 \times 1 = 52!$이다). 만일 랜디가 섞은 카드의 세트 수가 위의 숫자보다 많다면, 개중에 어떤 세트들은 52장의 카드 순서가 완전히 일치할 수도 있다. 그리고 랜디가 섞은 카드 세트가 무한개였다면, 배열이 일치하는 세트의 수도 무한대가 된다. 이멜다의 경우와 마찬가지로, 나올 수 있는 경우의 수는 유한한데(위에 나열한 숫자) 시행 횟수가 무한대이면 각각의 경우는 무한번 반복된다.

바로 이 개념이 무한우주이론(우주가 무한히 크다는 이론)의 핵심이다. 이제 두 단계의 논리만 거치면 된다.

무한히 큰 우주에서 대부분의 영역은 우리의 시야를 벗어나 있다. 초대형 천체망원경을 동원한다 해도 관측 가능한 범위가 조금 더 늘어날 뿐, 전체의 극히 일부분이라는 사실은 달라지지 않는다. 빛이 제아무리 빠르다고는 하지만, 별까지의 거리가 충분히 멀면 그 별이 빅뱅 직후에 빛을 방출했다고 해도 아직 우리에게 도달하지 않았을 것이다. 우주의 나이는 137억 년이므로, 지구로부터 137억 광년 이상 떨어진 천체들은 모두 이 범주에 속한다.

지금 막 펼친 논리에는 틀린 점이 없지만, 우주가 팽창하고 있다는 사실을 고려하면 결과는 조금 달라진다. 과거 어느 순간에 어떤 별에서 빛이 방출되었고, 그 빛이 지구를 향해 머나먼 항해를 하는 동안 우주는 계속해서 팽창되었다. 그러므로 이제 막 그 빛이 지구의 망원경에 도달했다면, 지금 그 별은 눈에 보이는 것보다 훨씬 멀리 달아났을 것이다. 그래서 우리가 관측할 수 있는 최대거리는 무려 410억 광년이나 된다.[12] 사실 이 숫자는 별로 중요하지 않다. 여기서 중요한 것은 "지구로부터 얼마 이상 떨어진 곳은 아무리 뛰어난 장비로도 관측할 수 없다"는 것이다. 배가 수평선을 넘어가면 해변가에 서 있는 사람의 눈에 보이지 않는 것처럼, 천문학자들은 너무 멀어서 관측할 수 없는 천체를 두고 "우주지평선(cosmic horizon) 너머에 있다"고 말한다.

그 반대도 마찬가지다. 지구에서 방출된 빛은 아직 우주지평선 너머로 도달하지 않았다. 그곳에 사는 생명체들에게는 우리가 우주지평선 너머에 있는 것이다. 우주지평선은 눈에 보이고 안 보이는 여부만 결정하는 것이 아니다. 아인슈타인의 특수상대성이론에 의하면 신호나 요동, 정보 등 이 세상 그 어떤 것도 빛보다 빠르게 전달될 수 없다. 그러므로 우주의 두 지점이 빛을 교환하기에 너무 멀리 떨어져 있다면 이들 사이에는 어떤 영향도 오갈 수 없다. 두 지점의 생명체들은 서로 완전히 고립된 채 살아가야 한다.

이 모든 상황을 2차원으로 줄여서 생각해보자. 주어진 어느 한순간에 전체 우주공간을 커다란 천이라고 하자. 이 천은 동그란 조각 천들(이것을 '패치'라 하자)을 누벼 이어서 만들었고, 패치의 테두리, 즉 동그라미는 우주지평선을 의미한다. 패치의 중심에 생명체가 산다

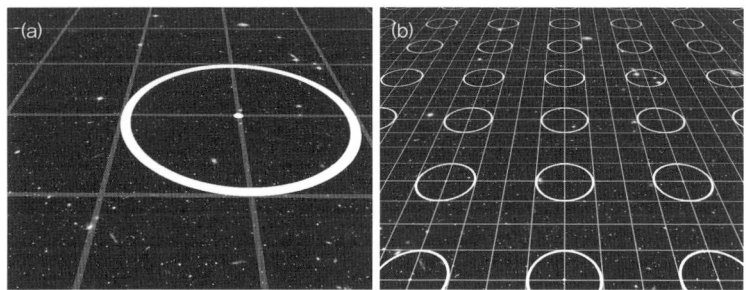

[그림 2.1] (a)빛의 속도는 유한하므로 임의의 패치(동그란 조각)의 중심에 사는 관측자는 자신이 속한 패치 안에 있는 대상들하고만 신호를 교환할 수 있다(그에게 패치의 경계선은 우주지평선에 해당한다). (b)이런 패치들이 충분한 거리를 두고 배열되어 있으면 각 패치들은 이웃한 패치와 아무런 영향도 주고받지 않은 채 각자 독립된 세상으로 진화할 것이다.

면 그는 자신이 속한 패치에 사는 대상들하고만 연락을 주고받을 수 있으며, 다른 패치에 사는 생명체와는 거리가 너무 멀기 때문에 어떤 방법을 동원해도 접촉이 불가능하다([그림 2.1](a) 참조). 두 패치 사이에서 경계 근처에 있는 점들은 패치의 중심까지의 거리보다 자기들 사이의 거리가 더 가깝기 때문에 상호연락이 가능하다. 그러나 우주 천을 이루는 모든 패치들이 가로와 세로로 충분히 떨어져 있다고 가정하면, 서로 다른 패치에 속하는 점들끼리는 거리가 너무 멀어서 신호를 교환할 수 없다([그림 2.1](b) 참조). 이것을 다시 3차원으로 확장하면 우주지평선(우주 천을 이루는 패치)은 원이 아닌 구의 표면이 되지만, 그 외에는 똑같은 결론이 내려진다. 패치들 사이의 간격이 충분히 멀면 각 패치들은 이웃한 패치로부터 어떤 영향도 받지 않는, 완전히 독립적인 세상이 된다.

공간이 매우 크긴 하지만 유한하다면, 우리는 이 공간을 유한한 개수의 고립된 패치로 나눌 수 있다. 그 반대로 공간이 무한하다면 고립된 패치가 무한개 존재하게 된다. 여기서 우리의 관심을 끄는 것은 후자의 경우이다. 이제 한 단계의 논리만 더 거치면 그 이유를 알게 될 것이다. 독자들도 짐작하겠지만, 임의의 패치에서 물질(좀 더 정확하게는 물질과 모든 형태의 에너지)을 이루는 입자들이 배열될 수 있는 가능한 조합의 수는 분명히 유한하다. 그리고 우주가 무한히 크면 패치의 수는 무한개이다. 이로부터 무언가 떠오르지 않는가? 이멜다와 랜디의 사례에서 확인한 바와 같이, 나올 수 있는 경우의 수가 유한한데 시행 횟수가 무한히 많아지면 각각의 경우는 무한번 나오게 된다. 즉, 무한개의 패치들이 서로 충분한 거리를 두고 반복적으로 배열되어 있으면(각 패치는 우리가 사는 공간과 비슷하고, 이런 패치들이 무한히 나열되어 있다) 입자의 배열이 완전히 똑같은 패치들이 반드시 존재해야 한다!

유한한 가능성

어느 더운 여름날 밤, 파리 한 마리가 당신의 침실로 날아 들어와 잠을 방해하고 있다. 당신은 파리채를 휘둘러보고 살충용 스프레이도 뿌려봤지만 별 효과가 없다. 기진맥진해진 당신은 침대에 앉아 그 이유를 생각해본다. "그래, 내 침실은 너무 커서 파리가 존재할 수 있는 장소가 너무 많아. 그러니까 파리 소리가 내 귀에 들리는 경우는 그리 많지 않을 거야." 그러자 파리가 회심의 미소를 지으며 묻는다. "정말 그럴까? 그 장소라는 것이 얼마나 많은데?"

고전 우주론의 관점에서 본다면 답은 "무한히 많다"이다. 당신이 파리와 논쟁을 벌이는 동안 파리(더욱 정확하게는 파리의 무게중심)는 왼쪽으로 3m 이동했거나, 오른쪽으로 2.5m 이동했거나, 위로 2.236m 올라갔거나, 아래로 1.195829m 내려갔거나…… 기타 등등이다. 즉, 파리의 위치는 연속적으로 변할 수 있기 때문에 파리(의 무게중심)가 위치할 수 있는 자리는 무한히 많다.

당신은 이 사실을 파리에게 설명하다가 또 하나의 사실을 깨닫는다. 무한히 많은 것은 위치만이 아니다. 파리의 속도도 무한한 다양성을 갖고 있지 않은가! 어느 순간에 파리는 오른쪽으로 시속 1km의 속도로 날아갈 수도 있고, 왼쪽으로 시속 0.5km로 날아갈 수도 있으며, 위쪽으로 시속 0.25km로 올라갈 수도 있고, 아래로 시속 0.349283km로 내려갈 수도 있고…… 기타 등등이다. 물론 파리의 속도는 몇 가지 요인에 의해 제약을 받겠지만(파리가 보유하고 있는 에너지도 그중 하나이다. 빠르게 날수록 에너지가 많이 소비되기 때문이다), 파리가 낼 수 있는 속도범위 안에서는 속도를 연속적으로 변화시킬 수 있다. 따라서 파리의 위치뿐만 아니라 속도도 무한대의 다양성을 갖고 있다.

그러나 파리는 쉽게 설득되지 않는다. "1cm나 0.5cm, 또는 0.25cm 정도의 차이는 나도 구별할 수 있어요. 이 정도 스케일에서는 당신 말에 동의해요. 하지만 만 분의 1cm나 10만 분의 1cm만큼 떨어져 있다고 해서 두 지점을 다르다고 말하는 데에는 동의할 수가 없네요. 똑똑한 사람들은 이 차이를 구별할 수 있겠지만, 10억 분의 1cm밖에 차이 나지 않는 두 장소를 구별하는 건 무리라고 봐요. 나는 그 차이를 감지할 수 없기 때문에 그 두 곳을 다른 장소로 간주하지 않는다고요. 속도도 마찬가지예요. 물론 시속 1km와 시속

0.5km의 차이는 나도 감지할 수 있어요. 그런데 시속 0.25km와 시속 0.249999999km가 서로 다르다고요? 이것 보세요, 내가 무슨 원자시계라도 차고 다니는 줄 알아요? 이 세상에 그 작은 차이를 감지할 수 있는 파리는 없어요. 나한테 그 둘은 완전히 같은 속도라고요. 따라서 내가 취할 수 있는 위치와 속도의 다양성은 당신이 말한 것보다 훨씬 적어요. 무슨 말인지 알아듣겠어요?"

지금 파리는 중요한 점을 지적했다. 원리적으로 파리가 취할 수 있는 위치와 속도는 무한히 많지만, 현실적으로 파리가 감지할 수 있는 차이에는 한계가 있다. 파리가 최신장비를 갖추고 있다 해도 사정은 마찬가지다. 제아무리 정밀한 장비라고 해도 위치와 속도의 증가분(또는 감소분)을 측정하는 정밀도에는 한계가 있기 마련이다. 감지할 수 있는 최소범위가 얼마이건 간에, 그 값이 0이 아닌 이상 파리가 경험하는 위치와 속도의 다양성은 크게 줄어들 수밖에 없다.

예를 들어 파리가 감지할 수 있는 거리변화의 한계가 100분의 1cm라고 가정해보자(이보다 작은 거리변화는 파리에게 감지되지 않는다). 그렇다면 1cm 범위 안에서 파리가 '서로 다른 장소'라고 느낄 수 있는 위치는 무한개가 아니라 100개에 불과하다. 그러므로 $1cm^3$의 공간에서 파리가 취할 수 있는 위치는 $100^3 = 100$만 개이며, 당신의 침실에는 (평범한 크기라면) 파리가 볼 때 약 100조 개의 '서로 다른 위치'가 존재한다. 파리가 이 많은 옵션들을 충분히 감지하여 당신의 귀로부터 멀리 떨어진 곳을 골라서 날아다닐지는 나도 잘 모르겠다. 아무튼 여기서 우리가 얻은 결론은 다음과 같다. "아무리 장비가 우수해도 일단 측정이 가해지면 무한히 많았던 가능성은 유한개로 줄어든다."

당신은 위치나 속도의 미세한 차이를 구별할 수 없는 것이 기술상의 한계라고 생각할지도 모른다. 기술이 발달하면 관측장비의 정밀도도 개선되기 마련이고, 최신장비를 탑재한 파리라면 그가 인지할 수 있는 위치와 속도의 '가짓수'도 많아질 것이다. 이 시점에서 어쩔 수 없이 양자역학의 기본원리를 언급해야 할 것 같다. 양자역학에 의하면 모든 관측의 정밀도에는 분명한 한계가 있으며, 제아무리 장비가 개선된다고 해도 이 한계는 결코 극복될 수 없다. 그렇다, 절대로 불가능하다! 이 한계는 양자역학의 기본원리인 '불확정성원리(uncertainty principle)'에서 비롯된 것이다.

불확정성원리에 의하면 당신이 어떤 장비를 사용하건, 또는 어떤 관측기술을 사용하건 간에, 관측의 정밀도를 높이면 그에 상응하는 대가를 치러야 한다. 즉 당신이 관측하려는 물리량과 상보적(相補的) 관계에 있는 다른 물리량의 정확한 측정을 포기해야 하는 것이다. 가장 대표적인 사례가 위치와 속도이다. 한 물체의 위치를 정확하게 측정할수록 그 물체의 속도는 불확실해진다. 그 반대도 마찬가지여서 물체의 속도를 정확하게 측정할수록 위치가 불확실해진다. 둘 다 정확하게 측정하는 방법은 이 세상에 존재하지 않는다.

우리의 직관과 잘 일치하는 고전물리학의 관점에서 보면 이런 한계가 존재할 이유가 없다. 그러나 양자역학은 고전물리학을 대신한 최신버전의 물리학이므로 이 점에서는 양자역학을 믿어야 한다. 예를 들어 당신이 날아가는 파리에게 카메라를 들이댔다고 가정해보자. 카메라의 셔터스피드가 빨랐다면(노출시간이 짧았다면) 영상이 선명하여 파리의 위치를 정확하게 파악할 수 있을 것이다. 그러나 이런 사진이라면 파리가 어느 쪽으로 날아가고 있는지 알 수가 없다.

사진 속의 파리는 완전히 정지해 있는 것처럼 보이기 때문이다. 즉 선명한 사진에는 파리의 속도에 대한 정보가 전혀 없는 것이다. 이와 반대로 셔터스피드를 느리게 조절했다면 파리 몸뚱이의 외곽선이 희미하게 나올 것이고, 이로부터 운동에 관한 정보를 얻을 수 있다. 그러나 외곽선이 희미하기 때문에 파리의 정확한 위치를 알 수가 없다. 카메라를 어떻게 조작해도 파리의 위치와 속도를 동시에 정확하게 알려주는 사진은 결코 찍을 수 없다.

베르너 하이젠베르크(Werner Heisenberg)는 양자역학의 수학적 테크닉을 활용하여 속도와 위치측정에 기할 수 있는 정확성의 한계를 구체적으로 명시했다. 물리학자들이 말하는 '불확정성(uncertainty)'이란 바로 이 필연적인 오차를 뜻하는 말이다. 이제 불확정성원리를 우리의 목적에 맞게 재구성해보자. 선명한 사진을 찍으려면 셔터스피드가 빨라야 하는 것처럼, 물체의 위치를 정확하게 측정하려면 에너지가 큰 탐색자(probe)를 사용해야 한다. 당신이 침대 머리맡에 있는 전등을 켜서 파리를 비추었다면(전등 빛은 넓게 퍼지면서 에너지가 작은 빛이다) 파리의 다리와 눈 등 대략적인 형태를 파악할 수 있다. 반면에 X-선과 같이 에너지가 큰 빛을 비추면(파리가 익지 않도록 노출시간을 최소한으로 줄일 것!) 영상이 훨씬 선명해져서 파리의 날개를 움직이는 미세한 근육까지 볼 수 있다. 그러나 하이젠베르크의 불확정성원리가 말해주듯이 완벽한 해상도를 원한다면 무한대의 에너지로 파리를 비춰야 한다. 무한대의 빛에너지를 발하는 관측장비? 이 세상에 그런 것은 없다.

이제 중요한 결론을 내릴 때가 됐다. 완벽한 해상도를 얻는 것이 현실적으로 불가능하다는 점에는 고전역학도 동의한다. 그러나 양자역학은 한 걸음 더 나아가 완벽한 해상도를 얻는 것이 원리적으로 불가능하다고 단언한다. 만일 당신이 어떤 물체(파리 또는 전자)의 속도와 위치가 동시에 아주 조금(엄청나게 조금) 변하는 상황을 상상한다면, 당신은 아무 의미 없는 것을 상상하고 있는 것이다. 그 변화가 관측될 수 없을 정도로 미세하다면 변하지 않은 것과 같다. 대충 같은 것이 아니라, 완전히 똑같다! 이것은 경험에 의한 단순화가 아니라 우주를 지배하는 원리이다.[13]

앞에서 파리에 적용했던 것과 동일한 논리를 적용하면, 해상도의 한계 때문에 물체가 취할 수 있는 위치와 속도의 가짓수도 무한에서 유한으로 줄어든다. 양자역학이 부과한 '해상도의 한계'는 물리학의 모든 법칙과 복잡하게 얽혀 있기 때문에, 가능성이 유한으로 줄어드는 상황은 피할 수도 없고 타개할 수도 없다.

우주적 반복

침실에 들어온 파리 이야기는 이 정도로 충분한 것 같다. 이제 공간의 규모를 화끈하게 키워서, 현재 반경 410억 광년에 달하는 우주 지평선을 무대로 삼아보자. 이것은 앞 절에서 말한 우주라는 천의 패치 한 개에 해당하는 공간이다. 이 광활한 공간을 파리 한 마리가 독점하고 있다는 것은 아니고, 온갖 입자들과 물질, 그리고 복사(radiation)가 곳곳에 분포되어 있다. 여기서 떠오르는 질문 하나—이 공간을 채우고 있는 입자들이 배열될 수 있는 경우의 수는 몇 가지나 될까?

레고(Lego) 상자 안에 블록의 개수가 많을수록(공간에 물질과 복사를 더 많이 채워 넣을수록) 가능한 조합의 수는 기하급수적으로 늘어난다. 그러나 상자의 크기가 유한하기 때문에 블록을 무한정 담을 수는 없다. 입자는 에너지를 운반하고 있으므로 입자가 많다는 것은 에너지가 많다는 뜻이다. 공간의 한 영역에 입자가 너무 많으면 자체중력을 이기지 못하여 한 곳으로 모여들고, 결국은 블랙홀(black hole)이 된다.* 블랙홀이 형성된 후 그 영역에 더 많은 물질과 에너지를 투입하면 블랙홀의 경계선(이것을 '사건지평선event horizon'이라고 한다)이 커지면서 더 많은 공간을 차지하게 된다. 그러므로 주어진 크기의 영역에 존재할 수 있는 물질과 에너지의 양에는 한계가 있다. 현재 우주지평선 안에 있는 공간은 이 한계값이 충분히 크다(약 10^{52}g). 그러나 여기서 중요한 건 크기가 아니다. 중요한 것은 공간이 제아무리 커도 무한대가 아닌 한 분명한 '한계'가 존재한다는 사실이다.

유한한 크기의 우주지평선 안에는 유한한 개수의 입자들이 존재한다. 이들은 주로 전자와 양성자, 중성자, 뉴트리노(neutrino, 중성미자), 뮤온(muon, 중간자), 광자 등 이미 알려져 있는 입자들일 것이고, 그 외에 아직 알려지지 않은 입자들도 얼마든지 존재할 수 있다. 그런데 우주지평선은 크긴 하지만 분명히 유한하기 때문에, 침실에 날아든 파리의 경우처럼 이들이 취할 수 있는 위치와 속도(구별이 가능한 위치와 속도의 경우의 수)도 유한하다. 입자의 개수가 유한하고, 각 입

---

* 블랙홀에 관한 이야기는 나중에 자세히 다룰 예정이다. 지금은 지극히 상식적인 내용만 알고 있으면 된다. 블랙홀은 공간을 점유하고 있는 구형 천체로서, 그 경계선을 넘어선 물체는 결코 빠져 나올 수 없다. 블랙홀은 질량이 클수록 덩치도 크다. 그래서 무언가가 그 안으로 빨려 들어가면 블랙홀의 질량이 증가하면서 덩치도 함께 커진다.

자가 취할 수 있는 위치와 속도의 '경우의 수'도 유한하기 때문에, 임의의 우주지평선 내부에서 입자들이 배열될 수 있는 경우의 수도 유한할 수밖에 없다(8장에서 보게 되겠지만, 좀 더 세련된 양자역학식 언어에서는 '위치'나 '속도'라는 용어를 쓰지 않고 이들을 한데 묶어서 '양자상태quantum state'라고 표현한다. 이 용어를 여기에 적용하면 "하나의 우주패치 안에서 입자들이 취할 수 있는 구별 가능한 양자상태의 수는 유한하다"고 말할 수 있다). 간단한 계산을 거치면(구체적인 과정이 궁금한 독자들은 후주를 참고하기 바란다) 우주지평선 내부의 입자들이 배열될 수 있는 경우의 수가 약 $10^{10^{122}}$임을 알 수 있다(1 다음에 0이 10^{122}개 붙은 수이다!). 이 정도면 정말 엄청나게 큰 수지만, 분명히 무한대는 아니다.[14]

패션의 여왕 이멜다는 자신이 갖고 있는 옷과 신발의 개수가 유한하기 때문에, 오랜 세월 동안 갈아입다 보면 똑같은 패션이 반복될 수밖에 없다. 카드 섞기의 달인인 랜디 역시 52장의 카드가 섞일 수 있는 경우의 수가 유한하기 때문에, 많은 세트(벌)를 섞다 보면 배열이 일치하는 세트가 나오기 마련이다. 이와 동일한 논리를 우주패치에 적용해보자. 하나의 패치, 즉 하나의 우주지평선 안에서 입자가 배열될 수 있는 경우의 수는 분명히 유한하다(각 패치들끼리는 서로 완전히 독립되어 있다). 그런데 패치의 수가 충분히 많으면, 우주 어딘가에는 입자의 배열이 완전히 똑같은 패치가 반드시 존재한다! 당신이 모든 우주패치를 마음대로 주무를 수 있는 전능한 디자이너라고 가정해보자. 당신은 모든 패치들을 서로 다르게 디자인하고 싶었다. 그래서 같은 배열이 반복되지 않도록 새로운 패치를 만들 때마다 입자의 배열을 조금씩 바꾸었다. 그러던 어느 날, 드디어 가능한 배열이 바닥났는데도 만들어야 할 패치는 아직 산더미처럼 쌓여 있다.

그렇다면 그 후에 만들어진 패치는 아무리 변형을 줘봐야 이전에 만든 패치들 중 어느 하나와 완전히 일치할 수밖에 없지 않은가.

우주가 무한히 크다면 똑같은 패치가 '어딘가에 있는' 정도가 아니다. 이런 우주에는 패치의 수도 무한대일 것이므로 완전히 똑같은 패치가 무한개 존재하게 된다.

이것이 바로 우리가 내릴 수 있는 최종 결론이다.

오로지 물리학뿐!

솔직히 말하자면, 위에서 내려진 결론에는 나의 주관적인 견해가 스며들어 있다. 나는 물리계의 모든 특성이 오로지 입자의 배열에 따라 좌우된다고 믿는 사람이다. 지구와 태양, 은하 등 우주의 모든 만물을 이루는 입자들이 어떻게 배열되어 있는지 정확하게 파악하여 그와 똑같은 배열을 어딘가에 재현한다면, 이들은 동일한 존재일 수밖에 없지 않은가.

이와 같은 환원주의적 관점은 물리학자들 사이에 널리 퍼져 있지만 다르게 생각하는 사람도 많다. 특히 생명에 관해서는 정말로 의견이 분분하다. 어떤 이들은 물리적인 몸뚱이에 비물리적인 속성들(정신, 영혼, 생명력 등)이 곁들여져야 비로소 생명체가 된다고 주장하기도 한다. 물론 나도 그 가능성을 열어놓고는 있지만, 그것을 입증한 사례는 단 한 번도 본 적이 없다. 내가 아는 것은 생명체의 육체와 정신이 몸을 구성하는 입자의 배열상태에 의해 전적으로 좌우된다는 사실뿐이다. 입자의 배열이 결정되면 모든 것이 결정된다.[15]

이 관점을 수용한다면 다음과 같은 추론이 가능하다. 우리가 살고 있는 우주패치와 입자배열이 완전히 똑같은 다른 패치가 존재한다면, 그 세계는 모든 것이 우리와 구별할 수 없을 정도로 똑같을 것이다. 다시 말해서 우주가 무한히 크다면, 지금의 당신과 같이 행동하면서 당신과 동일한 실체를 느끼는 존재가 우주 어딘가에 또 있다는 뜻이다. 무한한 우주에는 당신과 똑같은 것을 느끼고 생각하는 복사본이 무한히 존재하며, 이들 중 어느 것이 '진정한' 당신인지 판별할 방법도 없다. 모든 버전은 물리적으로나 정신적으로 완전히 동일하다.

당신의 복사본이 살고 있는 가장 가까운 패치까지의 거리도 알아낼 수 있다. 각 패치에서 입자들이 완전 무작위로 분포되어 있다고 가정하면(이 가정은 다음 장에서 언급될 '수정된 우주론'과 일치한다) 똑같은 배열이 반복되는 빈도를 계산할 수 있다. 하나의 우주패치 안에서 입자들이 배열될 수 있는 경우의 수가 $10^{10^{122}}$개라고 했으므로, 패치가 $10^{10^{122}}$개 반복될 때마다 평균적으로 한 개가 우리의 패치와 똑같을 것이다. 즉 우주에는 매 $10^{10^{122}}$m마다 우리와 완전히 똑같은 복사본이 존재한다는 뜻이다(엄밀히 말하면 $10^{10^{122}}$×820억 광년이지만, 앞의 숫자에 비해 820억 광년이 너무 작은 양이므로 1m로 줄여도 큰 차이가 없다―옮긴이). 이곳에는 또 다른 당신이 살고 있을 뿐만 아니라, 지구와 은하 등 모든 것이 우리의 우주지평선 안에 있는 것들과 완전히 똑같다.

우리의 우주지평선 안에 있는 '모든' 것들이 완전히 일치하는 패치를 찾는 대신, 조건을 조금 완화시켜서 태양을 중심으로 몇 광년 거리 이내에 있는 것들만 똑같은 패치를 찾는다면 일은 훨씬 쉬워진다. 이런 우주는 $10^{10^{100}}$m마다 하나씩 있다. 완전히 똑같지 않고 대충 비슷한 패치를 찾는다면 이 간격은 더 작아질 것이다. 완전히 같은 경우는 단 하나밖에 없지만, 대충 비슷한 경우는 엄청 많기 때문이다. 만일 당신이 '대충 비슷한' 패치를 방문한다면 우리가 사는 세상과 거의 구별되지 않겠지만, 배열이 전혀 다른 곳을 방문한다면 너무나 다른 모습에 기겁을 할지도 모른다. 당신이 지금까지 살아오면서 내렸던 모든 결정은 입자들을 어떤 특별한 배열상태로 만든 것에 해당된다. 당신이 길을 가다가 좌회전을 했다는 것은 당신의 몸을 이루는 입자들이 일제히 왼쪽으로 이동했다는 뜻이며, 우회전을 했다면 그 입자들이 오른쪽으로 이동했다는 뜻이다. 또한 당신이 'yes'라고 말했다는 것은 당신의 뇌와 입술, 목청 등을 이루는 입자들이 일제히 하나의 패턴을 따라 움직였다는 뜻이고, 'no'라고 말했다면 그 반대의 패턴으로 움직였다는 뜻이다.

모든 가능한 행동들, 당신이 내린 모든 선택은 어딘가 다른 패치에서 이미 행해졌거나 앞으로 행해질 것이다. 어떤 패치에서는 당신이 가장 두려워하는 상황이 지금 벌어지고 있으며, 또 어떤 패치에서는 당신의 꿈이 이루어지고 있다. 그리고 또 다른 패치에서는 입자의 배열이 우리와 아주 조금 다른데, 그 효과가 누적되어 완전히 다른 환경이 조성되어 있을 수도 있다. 그러나 대부분의 패치에서는 입자의 배열이 생명체의 조성과 전혀 딴판으로 이루어져서, 적어도 우리가 아는 생명체는 존재하지 않을 것이다.

그림 [2.1](b)에 제시된 우주패치는 시간이 흐를수록 커진다. 시간이 흐르면 빛이 도달할 수 있는 거리의 범위가 넓어져서 여행 중인 빛이 지구에 속속 도달할 것이고, 그에 따라 관측 가능한 우주의 범위(우주지평선)도 넓어질 것이기 때문이다. 이런 식으로 계속 시간이 흐르다 보면 한 패치의 우주지평선은 이웃한 패치와 겹쳐질 것이고, 이렇게 되면 두 패치는 더 이상 분리된 세계가 아니다. 평행우주가 더 이상 평행관계를 유지하지 못하고 하나로 합쳐지는 것이다. 그러나 이런 경우에도 우리가 내린 결론은 여전히 유효하다. 시간이 흐르면 그 시점에 맞는 우주지평선 격자를 새로 만들어서(물론 격자의 눈금 간격은 이전보다 크다) 우주 천 위에 올려놓으면 된다. 그러면 각 패치의 중심들끼리는 거리가 더 멀어지겠지만, 애초에 공간이 무한히 크다고 가정했기 때문에 이들을 모두 수용하는 데에는 아무런 문제가 없다.[16]

이로써 우리는 일반적이면서도 실감나는 결론에 도달했다. 무한히 큰 우주에 존재하는 실체라는 것은 우리의 짐작과 엄청나게 다를 수도 있다는 것이다. 과거이건 미래이건, 모든 순간에 우주에는 우리의 관측 범위를 벗어난 고립된 세계가 무수히 많이 존재하며, 우리의 세계는 그들 중 하나일 뿐이다(나는 이 모든 것들이 모여서 형성된 전체우주를 '누벼 이은 다중우주Quilted Multiverse'라고 부른다). 이렇게 고립된 세계(패치)들이 무수히 많다면, 그중에는 입자의 배열이 완전히 똑같은 세계도 무수히 많을 것이다. 우리는 우리에게 할당된 패치를 그냥 '우주'라고 부른다. 그렇다면 우리의 우주를 포함한 임의의 우주에 존재하는 실체들은 누벼 이은 다중우주 속에서 무수히 반복되고 있을 것이다.[17]

다양한 의심과 가설들

독자들 중에는 위에서 내린 결론이 워낙 생소하여 모든 논리를 처음부터 다시 따져보고 싶은 사람도 있을 것이다. "우주에 우리 세계와 똑같은 복사본이 무한히 존재한다"는 것은 중간에 무언가를 잘못 가정했기 때문에 내려진 결론이라고 생각할지도 모르겠다.

입자가 우주 전체에 걸쳐 존재한다는 가정이 잘못되었을까? 우리의 우주지평선을 넘어선 우주는 아무것도 없는 텅 빈 공간일지도 모른다. 물론 가능한 이야기다. 그러나 이런 특수한 가정 하에 펼쳐진 이론은 별로 설득력이 없다. 앞으로 소개될 가장 최신버전 우주론에 의하면 그럴 가능성은 거의 없다.

우리의 우주지평선 바깥에서 물리학의 법칙이 돌변하여 우리가 지금까지 실행해왔던 이론적 분석이 먹혀들지 않을 수도 있을까? 이것도 가능한 시나리오이긴 하지만, 다음 장에서 소개될 최근 연구 결과에 의하면 물리법칙이 변한다 해도 누벼 이은 다중우주와 관련된 결론은 여전히 유효하다.

우주가 무한히 크지 않고 유한할 수도 있지 않을까? 물론이다. 이것은 정말로 가능한 이야기다. 우주가 유한해도 충분히 크기만 하다면, 우리의 우주지평선 바깥에는 흥미로운 패치가 여전히 존재할 수 있다. 그러나 우주가 충분히 크지 않다면 똑같은 패치는 고사하고 서로 다른 패치조차 수용할 만한 공간이 부족할 것이다. 그러므로 '유한우주 가설'은 '누벼 이은 다중우주 가설'을 뒤엎을 수 있는 가장 유력한 후보인 셈이다.

그러나 지난 수십 년 동안 물리학자들은 빅뱅이론을 '시간 0'의 시점으로 밀어붙이기 위해 안간힘을 써왔고(이 모든 것은 르메트르가 말했던 '원시원자'와 우주의 기원을 밝히기 위한 몸부림이었다), 그 결과 '인플레이션 우주론(inflationary cosmology)'이라는 값진 결과물을 낳았다. 이 이론에서 우주가 무한히 크다는 가정 하에 내려진 결론들은 이론 및 관측결과와 잘 일치할 뿐만 아니라, (다음 장에서 보게 되겠지만) 필연적으로 그렇게 될 수밖에 없는 결론들이다. 또한 인플레이션이론은 지금까지 서술한 것과 전혀 다른, 희한한 다중세계의 존재를 암시하고 있다.

The Hidden Reality

영원과 무한

인플레이션 다중우주

1900년대 중반에 한 무리의 물리학자들이 놀라운 사실을 깨달았다. 지금 당장 태양을 없애고 은하수에 있는 모든 별도 꺼버리고, 멀리 있는 은하들까지 모두 치워버린다고 해도, 공간은 칠흑처럼 어두워지지 않는다는 것이었다. 우리 눈에는 검게 보일 수도 있지만, 만일 사람 눈의 가시광선 영역이 확장되어 마이크로파까지 볼 수 있다면, 우주공간은 균일한 빛으로 가득 차 있다는 것이다.

그 기원은 어디인가? 바로 우주의 기원과 일치한다. 놀랍게도 이 물리학자들은 빅뱅 이후로 지금까지 남아서 우주공간을 가득 채우고 있는 우주창조의 잔해, 즉 마이크로복사파(microwave radiation)를 발견한 것이다. 이 역사적인 발견은 한동안 빅뱅이론의 증거로 간주되었지만, 얼마 지나지 않아 바로 이것 때문에 빅뱅이론에 심각한 결함이 발견되었다. 그 후에 프리드만과 르메트르의 선구적인 연구에 힘입어 새롭게 탄생한 인플레이션이론이 우주론에 혁명을 불러일으킬 때에도, 마이크로복사파는 여전히 핵심적인 역할을 했다.

인플레이션 우주론은 빅뱅이론을 수정한 우주탄생이론이다. 빅뱅이 일어난 것은 맞지만, 그 직후에 공간이 상상을 초월할 정도로 빠르게 팽창했다는 것이 인플레이션이론의 핵심이다. 앞으로 알게 되겠지만, 이 수정된 내용은 마이크로복사파의 특성을 설명하는 데 결정적인 역할을 한다(인플레이션을 도입하지 않으면 달리 설명할 방법이 없다). 뿐만 아니라 인플레이션 우주론은 이 책에서도 가장 중요한 이론이다. 왜냐하면 과학자들은 가장 설득력 있는 이론들이 한결같이 다중우주라는 파격적인 개념을 시사해왔다는 것을 지난 수십 년 동안 서서히 깨달았기 때문이다.

뜨거운 창조의 잔해

러시아 태생의 물리학자 조지 가모프(George Gamow)는 20세기 초반에 양자역학과 핵물리학 분야에 중요한 업적을 남긴 사람이다. 그는 키가 거의 190cm에 달하는 거구였지만 머리회전이 매우 빠르고 재치가 넘쳤으며, 결코 순탄치 않은 삶을 살면서도 항상 농담을 좋아했다(가모프와 그의 아내는 1932년에 소련연방 탈출을 기도한 적이 있다. 이 부부는 초콜릿과 브랜디를 잔뜩 실은 카약을 타고 흑해를 건너려고 했으나 때마침 역풍이 부는 바람에 다시 해변가로 떠밀려 내려왔고, 그곳에서 기관원들과 마주쳤다. 그러나 가모프는 조금도 당황한 기색 없이 "과학실험을 실행 중이었는데 바람 때문에 실패했다"고 재치 있게 둘러대어 위기를 모면했다). 1940년대에 철의 장막을 성공적으로 빠져나온 가모프는(이때는 육로를 이용했고 초콜릿도 많이 휴대하지 않았다) 세인트루이스에 있는 워싱턴대학(Washington Univ.)에 자리를 잡았고, 그때부터 우주론을 본격적으로 연구하기 시작했다. 특히 제자이자 탁월한 실력의 대학원생이었던 랄프 알퍼(Ralph Alpher)의 도움을 받은 가모프는 프리드만(그는 한때 레닌그라드에서 가모프를 가르친 적이 있다)과 르메트르의 이론보다 훨씬 구체적이고 생생한 우주 초기의 모습을 그려내는 데 성공했다. 가모프와 알퍼의 이론을 현대식으로 재구성하면 대략 다음과 같다.

탄생 직후에 매우 뜨겁고 밀도가 높았던 우주는 곧 광란의 상태로 빠져들었다. 공간이 빠르게 팽창하면서 온도가 내려갔고, 그로 인해 원시 플라즈마 상태의 입자들은 서서히 응고되기 시작했다. 탄생 후 처음 3분 동안은 온도가 급격하게 떨어졌지만, 그래도 우주는 핵용광로가 되기에 충분할 정도로 뜨거워서 수소, 헬륨, 그리고 소량의 리튬원자핵이 생성되었다. 그러나 몇 분이 더 지난 후에는 온도가 절대온도 10^8K까지 떨어졌는데, 이는 태양 표면온도의 1만 배에 해당한다. 이 정도면 우리에게는 엄청난 고온이지만, 핵융합이 일어나기에는 부족한 온도이다. 그래서 이때부터 입자의 격렬한 운동이 차츰 진정되기 시작했다. 그 뒤로 이어지는 시기에는 공간이 계속 팽창하여 온도가 내려간 것 외에는 별다른 일이 없었다.

그로부터 약 37만 년 후, 우주의 온도가 태양 표면온도의 절반인 3,000K까지 떨어지면서 단조로웠던 우주에 극적인 사건이 일어났다. 이 무렵에 공간은 전하를 띤 입자의 플라즈마로 가득 차 있었는데, 이들 중 대부분은 양성자와 전자였다. 그런데 전하를 띤 입자들끼리는 광자(빛의 입자)를 서로 교환하는 독특한 능력을 갖고 있어서, 원시 플라즈마는 불투명한 상태였다. 광자가 전자와 양성자에게 계속 얻어맞으면서 확산광(diffuse glow)을 만들어냈기 때문이다. 이것은 자동차의 전조등이 짙은 안개 속에서 퍼지는 것과 비슷한 현상이다. 그러나 온도가 3,000K 아래로 떨어지자 전자와 원자핵의 운동속도가 느려졌고, 이들이 하나로 결합하면서 드디어 원자가 탄생했다. 전자가 원자핵에 포획되어 그 주변을 돌기 시작한 것이다. 이것은 우주의 앞날을 결정한 일대 변혁이었다. 양성자와 전자는 전하의 양은 같지만 부호가 반대이기 때문에, 이들이 결합한 원자는 전기적으로 중성이다. 그리고 전기적으로 중성인 플라즈마 속의 광자는 버터 속의 나이프처럼 매끄럽게 통과할 수 있기 때문에, 이때 형성된 원자들은 우주의 안개를 걷어내고 빅뱅의 메아리인 빛에 처음으로 자유를 부여했다. 이때 풀려난 원시광자는 지금도 우주공간을 돌아다니고 있다.

여기서 한 가지 짚고 넘어갈 것이 있다. 광자는 하전입자(전하를 띤 입자)에게 이리저리 걷어채는 신세를 면하긴 했지만 다른 중요한 영향을 받았다. 공간이 팽창하면 물질의 밀도와 온도가 낮아지는데, 광자는 다른 입자와 달리 온도가 내려가도 속도는 느려지지 않는다. 광자는 빛을 구성하는 입자로서 예나 지금이나 항상 광속으로 움직이고 있다. 그 대신 온도가 내려가면 광자의 진동수가 감소하는데, 이 변화는 빛의 색깔로 나타난다. 즉 보라색 광자는 푸른색이 되고, 푸른색은 초록색으로, 초록색은 노란색으로, 노란색에서 다시 붉은색으로 옮겨간다. 여기서 온도가 더 낮아지면 적외선으로 넘어가 마이크로파(오븐 속에서 음식을 데워주는 전자기파)가 되었다가 결국에는 라디오파 영역까지 도달하게 된다.

그러므로 빅뱅이론이 옳다면 지금 우주공간은 창조의 순간에 방출된 광자의 잔해들로 가득 차 있어야 한다. 단, 그 사이에 시간이 많이 흘렀으므로 광자의 진동수가 크게 줄어들었을 텐데, 그 구체적인 값은 우주가 팽창한 정도와 온도가 내려간 정도에 따라 달라질 것이다. 이 사실을 처음 간파한 사람이 바로 가모프였고, 알퍼와 그의 동료인 로버트 허먼(Robert Herman)이 이론적인 계산을 통해 가모프의 심증을 더욱 굳혀주었다. 이들의 계산에 의하면 광자는 거의 0K(-273°C)까지 식어서 마이크로파의 형태로 남아 있어야 했다. 이들은 자신이 예견한 빅뱅의 잔해를 '마이크로파 우주배경복사(cosmic microwave background radiation)'라고 불렀다.

나는 가모프와 알퍼, 그리고 허먼이 1940년대에 공동 집필한 논문을 최근에 다시 읽어보았는데, 역시 그들은 뛰어난 물리학자였다. 논문에 사용된 분석기술을 보면 당시 알퍼와 허먼이 대학원생이었다는 게 믿기지 않을 정도이다. 게다가 이들이 내린 결론은 명쾌하면서도 의미심장하다. 불 속에서 태어난 우주가 우리에게 광자를 상속했고, 그 유산이 지금까지도 우주공간을 가득 채우고 있다는 것이다.

그런데 놀랍게도 이들의 논문은 학자들 사이에서 거의 무시되었다. 아마도 가장 큰 이유는 당시 물리학자들이 양자역학과 핵물리학에 온 정신을 빼앗겨서 다른 분야에 관심을 가질 여력이 없었기 때문일 것이다. 1940년대의 우주론은 첫걸음을 막 뗀 상태였으므로, 대부분의 과학자들은 우주론을 변두리 물리학으로 취급하면서 눈길을 거의 주지 않았다. 이 논문이 무시된 또 한 가지 이유는 가모프의 개인적인 성향 때문이다. 그는 워낙 농담을 좋아하고 쾌활한 성격이어서, 일부 물리학자들은 은근히 그를 무시하는 경향이 있었다 (한때 가모프는 알퍼와 함께 쓴 논문을 발표하면서 저자 이름을 기입하는 난에 자신의 친구인 한스 베데Hans Bethe의 이름을 끼워 넣은 적이 있다. 훗날 베데는 노벨상을 받게 되지만, 당시에는 논문과 별로 상관이 없는 인물이었다. 그런데 왜 베테를 공동저자로 올렸을까? 이유는 간단하다. '알퍼-베테-가모프Alpher-Bethe-Gamow'라고 쓰면 그리스 알파벳 '알파-베타-감마'와 발음이 비슷해지기 때문이다!). 가모프와 알퍼, 그리고 허먼은 그들이 예견한 우주배경복사를 천문학자들이 관측해주기를 바랐지만, 시도는커녕 일말의 관심조차 보이지 않았다. 빅뱅의 잔해를 예견했던 역사적인 논문이 깊은 서랍 속으로 들어가버린 것이다.

1960년대 초에 프린스턴의 물리학자 로버트 디키(Robert Dicke)와 짐 피블스(Jim Peebles)는 가모프와 비슷한 논리를 거쳐 빅뱅의 유산인 배경복사가 우주공간을 가득 메우고 있다는 결론에 도달했다(이들은 1940년대에 가모프가 이와 비슷한 주장을 펼쳤다는 사실을 전혀 모르고 있었다).[1] 그러나 가모프의 연구팀과 달리 디키는 저명한 실험물리학자였기에, 관측을 해달라고 다른 사람을 설득할 필요가 전혀 없었다. 자신이 직접 관측하면 그만이었다. 디키는 자신의 제자였던 데이비드 윌킨슨(David Wilkinson)과 피터 롤(Peter Roll)의 도움을 받아 관측장비를 설계했다. 그러나 관측을 시도하기 전에 디키는 과학역사에 길이 남을 전화 한 통을 받게 된다.

디키와 피블스가 한창 계산에 몰입하고 있을 때, 프린스턴에서 50km 거리에 있는 벨연구소의 물리학자 아노 펜지어스(Arno Penzias)와 로버트 윌슨(Robert Wilson)은 라디오 통신용 안테나와 씨름을 벌이고 있었다(우연히도 이 안테나는 1940년대에 디키가 디자인한 것이었다). 아무리 조정을 해봐도 안테나에 이상한 배경 잡음이 끊임없이 수신되었다. 펜지어스와 윌슨은 장비에 결함이 있다고 생각했으나, 그 뒤에 이어진 일련의 '운 좋은' 대화를 통해 이들 두 사람은 일약 천문학의 스타로 떠오르게 된다.

첫 발단은 1965년 2월 존스홉킨스대학(Johns Hopkins Univ.)에서 열린 학회에서 시작되었다. 이 자리에서 피블스가 강연을 했고, 좌중에 앉아 있던 카네기 라디오연구소의 천문학자 케니스 터너(Kenneth Turner)는 피블스의 연구결과를 MIT의 버나드 버크(Bernard Burke)에게 들려주었는데, 우연히도 버크는 벨연구소의 펜지어스와 가까운 사이였다. 프린스턴 팀의 결과를 전해들은 벨연구소의 연구팀은 드디어 안테나에서 들려왔던 잡음의 정체를 알아차렸다. 그것은 바로 우주 전역에 깔려 있는 빅뱅의 메아리, 즉 마이크로파 배경복사였던 것이다. 펜지어스와 윌슨은 곧바로 디키에게 전화를 걸어 흥분에 찬 목소리로 "우리가 빅뱅의 흔적을 잡았다"고 소리쳤다. 그동안 이론으로만 존재했던 빅뱅이 드디어 '실제 있었던 사건'으로 확인되는 순간이었다.

두 연구팀은 상호 협의 하에 각자의 연구결과를 〈애스트로피지컬 저널(Astrophysical Journal)〉에 동시에 발표했다. 프린스턴의 연구팀은 배경복사의 우주적 근원을 이론적으로 규명했고, 벨연구소 팀은 우주론을 전혀 언급하지 않은 채 차분한 어조로 공간에 균일하게 퍼져 있는 마이크로복사파를 발견했다고 선언했다. 그러나 이들 중 어느 누구도 가모프의 논문을 언급한 사람은 없었다. 펜지어스와 윌슨은 이 공로를 인정받아 1978년에 노벨 물리학상을 수상했다.

이 소식을 듣고 크게 당황한 가모프와 알퍼, 그리고 허먼은 향후 몇 년 동안 자신들의 과거 업적을 인정받기 위해 무진 애를 썼지만, 이들의 주장이 학계에 수용되기까지는 꽤 오랜 시간이 걸렸다. 물론 지금 물리학자와 천문학자들 중에는 가모프 팀의 업적을 인정하지 않는 사람이 거의 없다.

신기할 정도로 균일하게 퍼져 있는 초창기 광자들

마이크로파 우주배경복사는 처음 발견된 후 수십 년 동안 우주론을 연구하는 핵심적인 도구로 사용되어 왔다. 그 이유는 자명하다. 대부분의 학문분야에서 학자들의 가장 큰 소원은 바로 '과거를 직접 보는' 것이다. 그러나 타임머신이 발명되지 않는 한 이것은 불가능하기 때문에 학자들은 화석을 발굴하고, 방사능을 이용하여 고문서의 연대를 추정하고 미라를 분석하는 등 간접적으로나마 과거를 보기 위해 노력하고 있다.

그러나 과거를 직접 볼 수 있는 분야가 딱 하나 있으니, 그것이 바로 천문학이다. 맨눈으로 보이는 별빛은 수년, 또는 수천 년 동안 공간을 여행해온 광자의 흐름이며, 고성능 천체망원경에 포착된 빛은 여행기간이 훨씬 길어서 거의 수십억 년에 달한다. 당신이 이런 빛을 본다는 것은 수십억 년 전의 과거를 직접 본다는 뜻이다. 그런데 밤하늘을 바라보면 우주에는 천체들이 꽤 균일하게 분포되어 있는 것 같다. 이는 곧 "그곳에서 일어나는 일은 이곳에서도 일어난다"는 점을 강하게 시사하고 있다. 우리는 하늘을 바라보면서 우리 자신을 돌아보고 있는 셈이다.

우주 마이크로파 광자는 우리를 과거의 세계로 안내해준다. 관측 기술이 아무리 개선된다고 해도, 마이크로파 광자는 우리가 볼 수 있는 가장 오래된 빛이다. 이보다 오래된 빛은 우주 초기에 짙은 안

개 속에 갇혀버렸기 때문이다. 마이크로파 우주배경복사를 관측하는 것은 거의 140억 년 전의 과거를 관측하는 것과 마찬가지다.

이론적 계산에 의하면 우주공간에 퍼져 있는 마이크로파 광자의 수는 $1m^3$당 약 4억 개로 추정된다. 사람의 눈으로는 이들을 볼 수 없지만, 구식 TV를 통해 그 존재를 확인할 수 있다. 방송국과 연결이 끊겼거나 송출이 되지 않는 채널에 맞췄을 때 TV화면에 나타나는 스노우 노이즈(snow noise, 전파장애 등으로 화면에 나타나는 흰 반점 — 옮긴이)의 1퍼센트는 빅뱅 때 발생한 광자 때문에 생긴 것이다. 참으로 신기하지 않은가? 우주에서 가장 오래된 화석이 〈올 인 더 패밀리(All in the Family)〉나 〈신혼여행객들(The Honeymooners)〉 같은 연속극 화면에 끼어들어 우리와 교신을 시도하고 있으니 말이다.

이로써 마이크로파 배경복사의 존재를 예견했던 빅뱅이론은 위대한 승리를 거두었다. 불과 300년 사이에 인류는 단순한 망원경으로 별을 바라보거나 기울어진 탑에서 물건을 떨어뜨리던 수준에서, 우주탄생 직후에 일어난 물리적 과정을 직접 다루는 수준까지 발전한 것이다. 그러나 마이크로파 배경복사는 천문학자들에게 만만치 않은 수수께끼를 던져주었다. TV 수상기가 아닌 역사상 정교한 장비를 동원하여 복사의 온도를 측정해보니, 그 값이 관측 가능한 우주 전역에 걸쳐 너무나 균일하게 나타났다. 감지기를 어느 방향으로 향하건 상관없이 배경복사의 온도는 항상 2.725K(-270.275°C)였던 것이다. 그토록 넓은 우주공간이 무슨 수로 이렇게 균일한 온도를 유지한다는 말인가?

2장에서 언급된 내용과 이 절의 서두에서 했던 말을 종합해볼 때, 나는 독자들이 어떤 반응을 보일지 짐작할 수 있을 것 같다. "그거야 당연히 우주원리가 맞다는 증거 아냐? 우주에는 특별한 장소가 없다고 했으니까, 모든 곳에서 온도가 같은 건 당연하지!" 그렇다. 충분히 그렇게 생각할 수 있다. 그러나 이 점을 상기해보라—우주원리는 아인슈타인을 비롯한 물리학자들이 복잡한 우주를 수학적으로 취급 가능하도록 단순화시키기 위해 내세운 가정이었다. 마이크로파 배경복사는 '실제로' 공간 전체에 걸쳐 균일하게 퍼져 있으므로 우주원리를 입증하는 증거인 동시에, 그로부터 파생된 모든 결론에 타당성을 부여한다.

그러나 배경복사의 놀라운 균일성은 우리로 하여금 우주원리 자체를 다시 돌아보게 만들었다. 우주원리가 가설이었던 시절에는 그로부터 다른 결과를 유도하기에 바빠서 원인을 생각해볼 겨를이 없었다. 그러나 이제 우주원리는 가설이 아닌 현실이 되었으므로, 본격적으로 그 이유를 따질 때가 된 것이다.

빛보다 빠르게!

다른 사람과 악수를 할 때 그 사람의 손이 뜨겁거나(이 경우에는 기분이 그리 나쁘지 않다) 아주 차갑게 느껴질 때가 있다(이건 기분이 좀 나쁘다). 그러나 손을 잡은 채 한동안 가만히 있으면 온도의 차이에서 오는 이질감은 금방 사라진다. 두 물체가 맞닿으면 열은 뜨거운 곳에서 차가운 곳으로 흐르고, 이 흐름은 두 물체의 온도가 같아질 때까지 계속된다. 이것은 우리가 매일같이 겪는 현상이다. 펄펄 끓는 커피를 테이블 위에 놔둔 채 한동안 전화통화를 하다 보면, 어느새 커피는 실내온도와 비슷할 정도로 식어버린다.

마이크로파 배경복사에도 이와 비슷한 논리를 적용할 수 있다. 악수하는 손이나 테이블 위의 커피처럼, 배경복사의 균일성은 아마도 주변 환경이 동일한 온도로 통일된 사례일 것이다. 한 가지 신기한 것은 이 통일이 우주전체에 걸쳐 일어났다는 점이다.

그러나 빅뱅이론에서는 이런 식의 설명이 통하지 않는다.

어떤 장소나 물체들의 온도가 같아지려면 이들 사이에 어떻게든 '접촉'이 이루어져야 한다. 그것은 악수와 같은 직접적인 접촉일 수도 있고, 정보교환을 통해 멀리 떨어진 두 지점의 물리적 조건이 서로 연결된 경우일 수도 있다. 공통적인 환경이 조성되려면 어떻게든 서로 영향을 주고받아야 한다. 보온병은 이와 반대로 주변과의 상호작용을 완전히 차단하여 안과 밖의 온도차이가 계속 유지되도록 만든 장치이다.

이 점을 생각하면 우주온도의 균일성이 단순한 논리로 설명될 수 없음을 알 수 있다. 우주에서 아주 멀리 떨어져 있는 지역들(예를 들어 당신의 오른쪽 방향에 있는 별들 중에서 과거에 최초로 방출된 빛이 지금 막 당신의 눈에 도달한 별과, 왼쪽 방향에 있는 별들 중에서 과거에 최초로 방출된 빛이 지금 막 당신의 눈에 도달한 별)은 우주의 역사를 통틀어 단 한 번도 상호작용을 교환한 적이 없다. 당신은 두 지역을 모두 볼 수 있지만, 이들 사이에 빛이 교환되려면 아직도 엄청난 거리를 더 가야 한다. 이 두 지역에 우주탄생 초기부터 관측자들이 살고 있었다면, 이들은 상대방을 한 번도 본 적이 없고 어떤 방식으로든 신호를 교환한 적도 없다. 어떤 신호나 정보도 빛보다 빠르게 전달될 수 없기 때문이다. 앞 장에서 도입했던 용어를 사용하면 이들은 서로 상대방의 우주지평선 너머에 살고 있다.

　배경복사의 온도가 균일한 것이 왜 문제가 되는지 이제 이해가 갈 것이다. 이렇게 먼 곳에 사는 어떤 종족이 우리와 똑같은 언어를 사용하고 그들의 도서관에 우리 것과 똑같은 책이 꽂혀 있다면 당신은 기절초풍할 것이다. 단 한 번도 접촉한 적이 없는데 어떻게 우리와 똑같은 문화가 형성되었다는 말인가? 두 지점의 온도가 같다는 것도 이에 못지않게 신기한 일이다. 대충 같은 게 아니라 소수점 이하 셋째 자리까지 똑같다.

　나는 몇 년 전에 이 수수께끼를 처음 듣고 완전히 뒤로 넘어갔다. 그런데 조금 더 생각해보니 수수께끼 자체가 또 다른 수수께끼를 낳았다. 과거 한때 가까이 있었던 두 물체가(빅뱅이 일어나던 무렵에는 우주 전체가 관측 가능한 범위 안에 있었다) 어떻게 빛조차 도달할 수 없을 정도로 빠르게 멀어졌다는 말인가? 이 세상에 빛보다 빠른 것은 없을진대, 빛이 도달하지 못한다면 이들은 무슨 수로 빛보다 빠르게 멀어졌다는 말인가?

　이것은 중요한 의문점이다. 그런데 희한하게도 그 이유를 후련하게 설명해주는 문헌은 그리 많지 않다. 빛의 속도는 모든 속도의 상한선이지만, 이것은 "공간을 배경으로 그곳을 가로질러 가는 물체"에 국한된 이야기다. 그러나 은하들이 서로 멀어지는 것은 이들이 공간을 가로질러 이동하기 때문이 아니라, 공간 자체가 부풀어오르면서 은하들이 밀려나고 있기 때문이다.[2] 그리고 또 하나 중요한 사실—상대성이론은 공간의 팽창속도에 아무런 제한도 부과하지 않았다. 따라서 팽창하는 공간을 따라 은하들이 멀어지는 속도에 제한 같은 것은 없다. 즉 임의의 두 은하가 서로 멀어져 가는 속도는 빛보다 얼마든지 빠를 수 있다.

실제로 일반상대성이론의 수학을 사용하면 우주탄생 직후에 공간이 매우 빠르게 팽창하여 공간상의 각 지점들이 빛보다 빠르게 멀어졌다는 것을 증명할 수 있다. 그래서 이런 지역들은 어떤 형태로든 서로에게 영향을 줄 기회가 전혀 없었다. 그렇다면 남은 문제는 이렇게 무관한 지역들의 온도가 거의 동일한 이유를 설명하는 것이다. 우주론 학자들은 이 수수께끼를 '지평선문제(horizon problem)'라고 불렀다.

지평선 넓히기

1979년, 앨런 구스(Alan Guth, 당시 그는 스탠퍼드 선형가속기센터에서 연구를 진행하고 있었다)의 머릿속에 환상적인 아이디어가 떠올랐다. 그 후 이 아이디어는 안드레이 린데(Andrei Linde, 모스크바 레베데프 물리학연구소)와 폴 스타인하르트(Paul Steinhardt), 그리고 안드레아스 알브레히트(Andreas Albrecht, 당시 학생이자 교수 신분이었으며, 후에 펜실베이니아대학의 교수가 되었다)에 의해 더욱 세련된 형태로 다듬어지면서 지평선문제의 해결책으로 널리 수용되었다. 이것이 바로 그 유명한 '인플레이션 우주론'이다. 이 이론은 일반상대성이론의 미묘한 특성과 관련되어 있는데, 자세한 이야기는 뒤로 미루고 일단은 전체적인 흐름을 정리하고 넘어가는 게 좋을 것 같다.

빅뱅이론의 입장에서 볼 때 지평선 문제는 고문이나 다름없었다. 빅뱅 직후에 공간의 각 지역들이 열적 평형상태를 유지한 채 그토록 빠르게 멀어져 갔다는 것을 기존의 빅뱅이론으로는 설명할 방법이 없었기 때문이다. 그러나 인플레이션이론은 빅뱅 직후에 각 지점들이 멀어지는 속도를 크게 낮춰서 이 문제를 해결했다. 아주 초기에는 팽창속도가 느려서 공간의 각 지점들이 동일한 온도로 통일될 시간이 충분했다는 것이다. 이 '우주적 악수'가 끝난 후, 우주는 아주 짧은 시간 동안 그야말로 '말도 안 될 정도로' 빠르게 팽창하여(이것을 인플레이션 팽창inflationary expansion이라고 한다) 공간의 각 지점들을 엄청나게 먼 곳으로 옮겨놓았다. 이것이 사실이라면 균일한 온도는 더 이상 미스터리가 아니다. 공간이 급속도로 팽창하기 전에 우주는 이미 온도가 균일했기 때문이다.[3] 이것이 바로 인플레이션 우주론의 핵심이다.*

그런데 여기서 한 가지 짚고 넘어갈 것이 있다. 우주가 팽창하는 방식을 결정하는 주체는 물리학자가 아니다. 지금까지 얻어진 최신 관측자료로 미루어볼 때, 우리는 그저 "아인슈타인의 일반상대성이론 방정식이 그것을 결정한다"고 말할 수 있을 뿐이다. 인플레이션이론의 진위 여부는 이 이론으로 표준 빅뱅이론을 수정한 결과가 아인슈타인의 수학에서도 똑같이 도출되는지의 여부에 달려 있다. 일단 언뜻 보기에는 분명한 것이 하나도 없다.

당신이 타임머신을 타고 17세기로 가서 아이작 뉴턴을 만난 후, 그를 잘 설득하여 지금 이 세상으로 데려왔다고 가정해보자. 그에게 휘어진 시공간과 팽창하는 우주 등 아인슈타인의 일반상대성이론

---

* 공간이 초고속으로, 그것도 점점 빠르게 팽창되었다는 것은(가속팽창) 오늘날 서로 멀리 떨어져 있는 지역들이 우주초기에는 빅뱅이론의 예측보다 훨씬 가까웠음을 의미한다. 이것은 초고속 팽창이 일어나기 전에 우주의 온도가 균일했다는 가정을 뒷받침하는 증거이기도 하다.

을 약 5분에 걸쳐 간단하게 교육시킨 후 인플레이션이론의 핵심을 설명한다면 뉴턴은 당장 이렇게 말할 것이다. "당신, 미친 거 아니요?" 뉴턴은 수학이 아무리 아름답고 아인슈타인의 신식언어가 아무리 효율적이라고 해도, 중력이 잡아당기는 힘이라는 사실만은 결코 포기하지 않을 것이다. 그는 책상을 마구 내리치며 중력은 모든 사물을 잡아당기고, 멀어져 가는 모든 것의 속도를 늦춘다고 주장할 것이다. 우주가 느린 팽창으로 시작해서 어느 순간 갑자기, 그것도 아주 짧은 시간 동안 엄청나게 빠르게 팽창했다고 하면 지평선 문제를 해결할 수는 있지만, 이것은 어디까지나 가설일 뿐이다. 뉴턴은 위로 던져진 야구공이 중력 때문에 속도가 느려지는 것처럼, 우주가 팽창하는 속도 역시 시간이 흐를수록 느려져야 한다고 주장할 것이다. 뉴턴의 말이 맞는다면 우주는 어느 순간 팽창을 멈추고 안으로 수축될 것이며, 아래로 떨어지는 야구공이 중력 때문에 점점 빨라지는 것처럼 수축되는 속도도 점점 빨라질 것이다. 그러나 밖으로 팽창하는 속도는 결코 빨라질 수 없다.

뉴턴은 실수를 범하고 있지만 그를 비난할 수는 없다. 그에게 일반상대성이론을 너무 날림으로 설명한 것이 문제였다. 주어진 시간이 5분이라면(그중 일부는 야구공을 설명하는 데 써야 한다) 중력의 원천인 '휘어진 공간'을 강조할 수밖에 없다. 뉴턴은 중력을 최초로 발견한 장본인이지만, 중력이 전달되는 원리는 본인도 알지 못했다. 그래서 그는 이 부분이 자신이 창시한 중력이론의 유일한 허점이라고 항상 생각해왔다. 그러므로 당신은 당연히 이 부분을 강조해서 설명해주고 싶었을 것이다. 그러나 아인슈타인의 중력이론은 뉴턴 물리학의 빈틈을 채우는 것으로 끝나지 않는다. 일반상대성이론의 중력은 뉴턴의 중력과 근본적으로 다르다. 그리고 이제 우리는 그 다른 점 중 하나를 강조해야 할 시점에 이르렀다.

뉴턴의 이론에 의하면 중력의 근원은 오직 물체의 질량뿐이다. 질량이 크면 당기는 힘도 커진다. 아인슈타인의 이론에서도 중력의 근원은 질량(그리고 에너지)이지만, 그 외에 '압력(pressure)'도 원인으로 작용한다. 한 가지 예를 들어보자. 감자스낵이 들어 있는 밀봉된 봉지를 저울에 올려놓고 무게를 잰다. 그다음, 봉지를 뜯지 않고 쥐어짜서 내부의 압력이 높아진 상태로 무게를 잰다. 뉴턴에 의하면 두 경우에 질량이 완전히 같으므로 무게도 같아야 한다(봉지는 물론이고 공기와 감자칩 등 그 안의 내용물도 추가되거나 덜어낸 것이 없다). 그러나 아인슈타인에 의하면 쥐어짠 봉지가 조금 더 무겁다. 질량은 똑같지만 압력이 높아졌기 때문이다.[4] 물론 일상생활 속에서는 다른 점을 느낄 수 없다. 무게의 차이가 너무나 미미하기 때문이다. 그러나 지금까지 실행된 실험에 의하면, 압력이 중력에 기여한다는 것은 분명한 사실이다.

이것이 아인슈타인의 일반상대성이론과 뉴턴의 중력이론 사이의 결정적인 차이점이다. 스낵봉지 속에 든 공기이건, 부풀은 풍선이건, 또는 당신이 앉아 있는 사무실 안의 공기이건 간에, 모든 기압은 양(positive)으로 작용한다. 즉 공기에 의한 압력은 항상 바깥쪽으로 작용한다는 뜻이다. 일반상대성이론에 의하면 양의 압력(양압, positive pressure)은 양의 질량(positive mass)과 비슷해서 중력을 더 강하게 만드는 쪽으로 작용하기 때문에 무게가 증가하는 것이다. 그런데 질량은 항상 양수이지만, 압력은 음(negative)으로 작용하는 경우도 있다. 길게 잡아당겨진 고무줄의 복원력은 바깥쪽으로 밀어내는 힘이 아니라 안쪽으로 잡아당기는 힘이다. 물리학자들은 이런 종류의 압력을 '음압(negative pressure)'이라고 부른다('장력tension'이라는 말을 쓰기도 한다). 양압이 잡아당기는 중력을 만드는 것처럼, 음압은 그 반대의 중력, 즉 '밀어내는 중력(repulsive gravity)'을 만들어낸다.

뭐? 밀어내는 중력이라고?

뉴턴은 이 한 마디에 뒤로 넘어갈 것이다. 그에게 있어 중력이란 오직 잡아당기는 힘이기 때문이다. 그러나 당신은 예전에 일반상대성이론의 세금계산서를 작성하면서 희한한 항목을 이미 접한 적이 있다. 2장에서 말한 우주상수를 기억하는가? 거기에서 나는 공간에 균일한 에너지를 할당하면 우주상수가 밀어내는 중력을 낳는다고 자신 있게 선언했다. 그러나 몇 가지 빠진 요소가 있어서 그 이유를 설명하지 않고 넘어갔는데, 이제는 그것도 설명할 수 있게 되었다. 우주상수는 공간이라는 직물에 상수로 결정되는 균일한 에너지를 부여할 뿐만 아니라(상대성이론 세금계산서의 세 번째 항목), 공간을 균일한 음압으로 가득 채우기도 한다(그 이유는 곧 알게 될 것이다). 그리고 위에서 말한 대로 음압은 양의 질량과 양압에 저항하여 '밀어내는 중력'을 만들어낸다.■

아인슈타인은 잘못된 동기에서 밀어내는 중력을 도입했다. 그는 일상적인 물체들이 발휘하는 끌어당기는 중력과 새로 도입한 밀어

■ 독자들은 이렇게 생각할지도 모른다 "음압이 안쪽으로 작용하면 밖으로 밀어내는 중력과 반대 아닌가?" 사실 '균일한' 압력은 부호에 상관없이 어느 것도 밀거나 당기지 않는다. 당신의 고막은 내부와 외부의 압력이 다를 때만 진동할 수 있다. 그러나 여기서 말하는 '밀어내는 힘'은 압력 자체가 행사하는 것이 아니라, '균일한 음압에 의해 생성된 밀어내는 중력'이 행사하는 것이다. 쉽게 이해가 가진 않겠지만 이것은 매우 중요한 부분이다. 다시 한 번 강조하지만, 양의 질량이나 양압은 '끌어당기는 중력'을 낳고, 음압은 우리에게 생소한 '밀어내는 중력'을 낳는다.

내는 중력이 정확하게 상쇄되도록 만들기 위해 음압의 양을 적절히 조절했다. 자신의 창조물인 일반상대성이론으로 자신이 생각하는 정적인 우주를 유도하려면 이 방법밖에 없었던 것이다. 그러고는 얼마 지나지 않아 자신의 실수를 인정하면서 이 수정안을 철회해버렸다. 그로부터 60년 후, 인플레이션 우주론의 창시자들도 밀어내는 중력을 제안했으나, 아인슈타인의 버전과는 조금 달랐다. 그들이 원한 것은 적절한 힘으로 꾸준하게 바깥쪽으로 작용하여 우주를 정적인 상태로 유지시켜주는 척력이 아니라, 아주 짧은 시간 동안 엄청난 위력을 발휘하여 순식간에 공간을 팽창시킨 괴물 같은 척력이었다. 이 사건이 일어나기 전에 공간의 각 지점들은 서로 영향을 줄 시간이 충분하여 온도가 같아졌으며, 이어지는 팽창(인플레이션)의 물결을 타고 방대한 거리를 이동하여 현재의 위치에 도달했다.

이 시점에서 뉴턴은 다시 한 번 이맛살을 찌푸리며 당신의 설명에서 또 다른 문제점을 제기할 것이다. 그사이에 뉴턴은 일반상대성이론 교과서를 자세히 읽고, 중력이 (원리적으로) 사물을 밀어내는 쪽으로 작용할 수도 있다는 것을 사실로 받아들였다. 그러나 그는 여전히 의문스럽다. 공간을 채우고 있다는 음압의 정체는 무엇인가? 늘어난 고무줄을 안쪽으로 잡아당기는 힘이 음압의 사례라는 것은 이미 들어서 알고 있다. 그러나 빅뱅이 일어나던 무렵에 엄청난 양의 균일한 음압이 잠시 동안 공간 속에 퍼져 있었다는 주장은 또 다른 이야기다. 도대체 무엇이, 또는 어떤 과정이, 또는 어떤 존재가 그토록 방대한 양의 음압을 균일하게 공급할 수 있다는 말인가?

어려운 질문이다. 그러나 인플레이션이론의 개척자들은 천재적인 재능을 발휘하여 이미 적절한 답을 준비해놓았다. 이들은 반중력 폭발을 일으키는 데 필요한 음압이 '양자장(quantum fields)'이 개입된 어떤 과정에서 생성될 수 있음을 증명했다. 지금 우리에게 이 내용은 매우 중요하다. 왜냐하면 인플레이션이 일어나는 과정은 우리의 주 관심사인 평행우주와 밀접하게 관련되어 있기 때문이다.

양자장

뉴턴의 시대에 물리학의 주 관심사는 돌멩이나 대포알, 행성 등과 같이 눈에 보이면서 움직이는 물체의 운동을 서술하는 것이었다. 뉴턴이 발견한 운동방정식도 여기에 초점이 맞춰져 있다. 뉴턴의 운동법칙은 이런 물체들을 밀거나 당기거나 허공으로 던졌을 때 나타나는 운동을 수학적으로 표현한 것이다. 이런 식의 접근법은 향후 100여 년 동안 완벽하게 작동했고, 과학자들은 이로부터 수많은 지식을 새로 쌓을 수 있었다. 그러나 1800년대 초에 영국의 과학자 마이클 패러데이(Michael Faraday)는 발상을 완전히 전환하여, 눈에 보이진 않지만 물체의 운동을 직접 서술하는 것보다 훨씬 강력한 '장(場, field)'이라는 개념을 도입했다.

강력한 냉장고용 자석을 손에 잡고 종이클립 위로 가까이 가져가 보라. 무슨 일이 일어날지 잘 알고 있을 것이다. 클립이 위로 튀어올라 자석의 표면에 들러붙는다. 이것은 너무도 친숙한 광경이어서 얼마나 신기한 현상인지를 간과하기 쉽다. 생각해보라. 자석은 클립을 건드리지 않고서도 그것을 움직이게 만들지 않았는가. 이런 일이 어떻게 가능하다는 말인가? 클립과 아무런 접촉도 하지 않았는데 어떻게 자석이 클립에게 영향력을 행사할 수 있다는 말인가? 패러데이는 이와 같은 의문을 품고 한동안 고민하던 끝에 하나의 가설을 내놓았다. 자석은 클립을 직접 건드리지 않았지만, 자석이 생성한 무언가가 클립을 건드렸다고 생각한 것이다. 그는 이 '무언가'에 '자기장(magnetic field)'이라는 이름을 붙였다.

우리는 자석이 만든 장을 볼 수 없고 들을 수도 없으며, 냄새도 맡지 못한다. 인간의 감각기관으로는 장을 감지할 수 없다. 그러나 이것은 인간에게 부과된 생리학적 한계일 뿐이다. 불꽃이 열을 생성하듯이 자석은 자기장을 생성한다. 자기장은 고체 자석의 표면경계선을 초월하여 안과 밖을 메우고 있는 일종의 '안개'나 '본질(essence)'로 생각할 수 있다.

그러나 자기장은 자연에 존재하는 수많은 장들 중 하나에 불과하다. 전하를 띤 입자도 자신의 주변에 장을 형성한다. 이것이 바로 '전기장(electric field)'으로서, 카펫을 밟은 채 문에 달린 금속 손잡이를 잡았을 때 가끔씩 당신을 깜짝 놀라게 만드는 범인이기도 하다. 그런데 놀랍게도 패러데이는 실험을 통해 전기장과 자기장이 서로 밀접하게 연관되어 있다는 사실을 발견했다. 전기장이 변하면 자기장이 유도되고, 자기장이 변하면 전기장이 유도되었던 것이다. 그 후 1800년대 말에 영국의 물리학자 제임스 클럭 맥스웰(James Clerk Maxwell)은 패러데이의 밑그림에 수학의 옷을 입혀 전기장과 자기장을 하나로 망라한 전자기학(electromagnetics)을 탄생시켰다. 그의 이론에서 전기장과 자기장은 공간의 각 지점에 할당된 숫자로 표현되며, 각 숫자의 크기는 그 지점에서 장이 발휘할 수 있는 영향력을 나타낸다. 자기장의 숫자가 큰 지역(예를 들면 '자기공명영상MRI' 장치의 내부)은 "이곳에 금속물체가 놓이면 인력이나 척력을 강하게 받는다"는 뜻을 지닌 곳이다. 또한 전기장을 나타내는 숫자가 큰 지역(예를 들면 천둥치는 구름 속)에서는 번개와 같은 강력한 전기방전이 일어나기 쉽다.

맥스웰이 발견한 방정식(그의 이름을 따서 '맥스웰 방정식'이라 한다)은 전기장과 자기장이 시간과 장소에 따라 변해가는 양상을 수학적으로 서술한 것으로서 전기장과 자기장의 파도, 즉 전자기파(electromagnetic wave)의 거동은 이 방정식에 의해 좌우된다. 전자기파는 매순간 당신의 몸과 주변을 가득 메운 채 조용히, 그러나 아주 빠르게 흘러가고 있다. 그러다가 당신이 휴대폰이나 라디오, 무선컴퓨터 등을 켜면 전자기파의 극히 일부가 기계장치로 수신된다. 무엇보다 놀라운 사실은 맥스웰 방정식이 "인간의 눈에 보이는 빛, 즉 가시광선도 전자기파의 일부"임을 입증했다는 점이다.

20세기 후반부에 접어들어 물리학자들은 미시세계의 물리적 현상을 서술하는 양자역학에도 장의 개념을 도입했다. 여기서 태어난 양자장이론(quantum field theory)은 자연의 힘과 물질을 설명하는 최신이론에 수학적 기초를 제공했다. 그 덕분에 물리학은 기존의 전기장과 자기장 이외에 강한 핵력장, 약한 핵력장, 전자장, 쿼크장, 뉴트리노장 등 모든 장을 두루 갖춘 단단한 갑옷을 입게 되었다. 하지만, 인플레이션 우주론의 이론적 기초를 제공하는 인플라톤장

▪인플레이션은 공간의 '빠른 팽창'을 의미한다. 그런데 입자(장)의 이름 끝에 '-on'을 붙이는 것이 물리학의 오랜 전통이기 때문에(electron, proton, neutron, muon 등) 인플레이션을 일으키는 장에도 이 규칙을 적용하여 inflation의 두 번째 'i'를 빼고 끝에 '-on'을 붙여서 inflaton이라는 신조어를 만든 것이다(inflation의 오타가 아님!).

(inflaton field)은 아직까지 가설로 남아 있다.[*]

양자장과 인플레이션

장은 에너지를 운반한다. 장이 하는 일(종이클립의 이동 등)이 에너지를 필요로 하는 일이라는 점을 상기하면 쉽게 이해할 수 있을 것이다. 양자장이론의 방정식을 이용하면 특정한 위치에서 특정 값을 갖는 장이 얼마만큼의 에너지를 보유하고 있는지 알 수 있다. 일반적으로 장에 할당된 숫자(장의 세기)가 클수록 에너지도 크다. 장의 값은 장소에 따라 변할 수 있지만, 공간의 모든 지점에서 에너지가 똑같다면 장의 값도 모든 지점에서 똑같아야 한다. 즉 이런 경우에 장은 상수(constant)가 된다. 앨런 구스는 이렇게 균일한 장의 배열이 공간을 에너지로 가득 메우고 있을 뿐만 아니라, '균일한 음압'도 공간을 가득 메우고 있다고 생각했다. 그리고 이런 상황에서 밀어내는 중력이 작용하는 물리학적 근거를 찾아냈다.

 균일한 장이 음압을 생성하는 이유를 이해하기 위해 좀 더 친숙한 양압의 경우부터 살펴보자. 지금 당신 앞에는 돔 페리뇽(Dom Pérignon, 프랑스산 샴페인—옮긴이) 한 병이 놓여 있다. 코르크마개를 천천히 따면 샴페인 속의 이산화탄소가 코르크를 밖으로 밀어내면서 당신의 손에 양압이 느껴지고, 그와 동시에 샴페인에 보관되어 있던 에너지의 일부가 밖으로 유출된다. 코르크마개가 완전히 제거되었을 때 병목 근처에서 덩굴처럼 피어오르는 증기를 본 적이 있는가? 이것은 샴페인이 코르크를 밀어내려고 에너지를 소모하면서 온도가 내려갔기 때문에 나타나는 현상이다. 다시 말해 온도가 떨어지면서 주변의 수증기가 응축된 것이다. 추운 겨울날 숨을 내쉴 때 김이 서리는 것도 이와 비슷한 현상이다.

이제 조금 아쉽지만 과학을 위해 샴페인은 따라 버리고, 모든 곳에서 균일한 값을 갖는 장으로 병 속을 가득 채웠다고 상상해보자. 이 상태에서 코르크마개를 밖으로 잡아당기면 병 안에는 장이 스며들 수 있는 여분의 공간이 생긴다. 그런데 균일한 장은 모든 지점에 똑같은 에너지를 부여하기 때문에, 장이 점유하고 있는 부피가 커질수록 병 속에 포함된 총 에너지는 증가한다. 다시 말해서, 샴페인의 경우와는 정반대로 코르크마개를 제거하려는 행위 자체가 병 속의 에너지를 키운다는 것이다.

어떻게 그럴 수 있을까? 추가된 에너지는 대체 어디서 온 것인가? 병 속의 내용물이 코르크를 밖으로 밀어내지 않고 병 안쪽으로 잡아당긴다면 어떤 일이 벌어질지 생각해보라. 이런 상황을 만들려면 당신은 코르크마개를 잡아 빼는 쪽으로 힘을 줘야 하고, 당신의 근육에서 발휘된 에너지는 병 속의 내용물로 전달된다. 그러므로 병 속의 에너지가 증가한 상황을 설명하려면, 코르크마개를 밖으로 밀어내는 샴페인의 경우와 달리 균일한 장은 마개를 안으로 빨아들인다고 결론짓는 수밖에 없다. 균일한 장이 (양압이 아닌) 음압을 만들어낸다는 것은 바로 이런 의미이다.

우주에는 마개를 따주는 소믈리에(sommelier, 와인전문가—옮긴이)가 따로 없지만, 그래도 위의 논리를 비슷하게 적용할 수 있다. 공간의 한 영역에 걸쳐 균일한 값을 갖는 장(가상의 인플라톤장)이 깔려 있다면, 그 영역은 에너지와 함께 음압으로 가득 차 있다는 것이다. 그리고 이젠 독자들도 익숙하겠지만, 음압은 밀어내는 중력을 낳아서 공간의 팽창을 가속시킨다. 그러나 앨런 구스가 적절한 인플라톤장의 값과 초기우주의 극단적 환경을 고려한 에너지와 압력을 아인슈타인의 방정식에 대입하고 풀었더니 밀어내는 중력이 턱도 없이 큰 값으로 나왔다. 이 값은 과거에 아인슈타인이 우주상수를 도입하여 계산했던 밀어내는 중력과 비교가 안 될 정도로 컸다. 이것만으로도 충분히 흥미롭지만, 구스는 아주 유용한 보너스까지 얻었다.

균일한 장이 음압을 만들어낸다는 논리는 우주상수에도 똑같이 적용될 수 있다(병 속을 우주상수가 부여된 텅 빈 공간이라 가정하고 코르크마개를 위로 천천히 당기면 병 속에 여분의 공간이 생기면서 에너지가 증가한다. 추가된 에너지는 당신의 근육에서 공급된 것이므로, 당신의 근육은 안으로 잡아당기는 힘에 대항하는 쪽으로 작용했다고 할 수 있다. 즉 우주상수에 의해 음압이 생겨난 것이다). 균일한 장과 마찬가지로 우주상수에 의해 생겨난 음압은 밀어내는 중력을 낳는다. 그러나 여기서 중요한 것은 균일한 장과 우주상수의 유사성이 아니라 둘 사이의 차이점이다.

우주상수는 그냥 상수일 뿐이다. 이것은 수십억 년 전이나 지금이나 똑같은 강도의 밀어내는 중력이 작용하도록 일반상대성이론의 세 번째 항목에 끼워넣은 고정된 숫자이다. 그러나 이와는 달리 장의 값은 변할 수 있으며, 실제로 대부분은 변한다. 부엌에 있는 마이크로파 오븐을 켜면 그 내부를 가득 채우고 있는 전자기장이 변하고, 기술자가 MRI의 스위치를 올리면 장치 내부의 전자기장이 변한다. 구스는 공간을 채우고 있는 인플라톤장도 이와 비슷하다고 생각했다. 스위치가 켜졌을 때 폭발적으로 변했고 그 후에 다시 스위치가 꺼졌다면, 밀어내는 중력이 아주 짧은 시간 동안 집중적으로 작용한 이유를 설명할 수 있다. 이것은 매우 중요한 발견이다. 정밀한 관측으로 얻은 데이터는 다음의 사실을 말해주고 있다—만일 급격한 팽창이 어떻게든 일어났다면 그것은 수십억 년 전에 일어났어야 하고, 이 기세는 곧바로 완만한 팽창으로 누그러졌어야 한다. 그러므로 인플레이션 우주론에서 가장 중요한 핵심은 밀어내는 중력이 강력하게 작용한 시기가 매우 짧았음을 입증하는 것이다.

급격한 팽창모드를 켜고 끄는 원리는 구스가 개발한 물리학에서 찾을 수 있다(이 이론은 나중에 린데와 알브레히트, 그리고 스타인하르트에 의해 더욱 정교하게 다듬어졌다). 그 원리를 이해하기 위해, 동그란 공 하나가 사우스파크의 눈 덮인 산꼭대기에 위태롭게 놓여 있다고 가정해보자. 물리학자가 그 광경을 본다면 고도가 높기 때문에 그 공이 에너지를 갖고 있다고 말할 것이다. 좀 더 정확하게 말하면 이 공은 '겉으로 드러나진 않지만 언제든지 발휘될 준비가 되어 있는' 위치에너지(potential energy)를 갖고 있다. 무언가가 공을 건드리면 아래로 굴러떨어지면서 위치에너지가 운동에너지(kinetic energy)로 변환된다. 이것은 독자들도 경험을 통해 잘 알고 있는 사실로서 물리학의 법칙이 그것을 보증한다. 위치에너지를 품고 있는 물리계는 이 에너지를 발휘할 기회를 호시탐탐 노리고 있다. 간단히 말해서 모든 물체는 아래로 떨어진다.

0이 아닌 장이 실어 나르는 에너지도 위치에너지다. 장의 에너지도 무언가가 살짝 건드리면 산꼭대기의 공과 똑같이 반응한다. 누군가가 공을 들고 산 위로 올라갈 때 공의 위치에너지가 증가하는 양상은 경사면의 생긴 모습(기울기)에 의해 결정된다(경사가 약한 지역에서는 아무리 걸어도 위치에너지가 조금밖에 증가하지 않지만, 경사가 급한 곳에 다다르면 조금만 걸어도 위치에너지가 크게 증가한다). 이와 비슷하게, 장의 위치

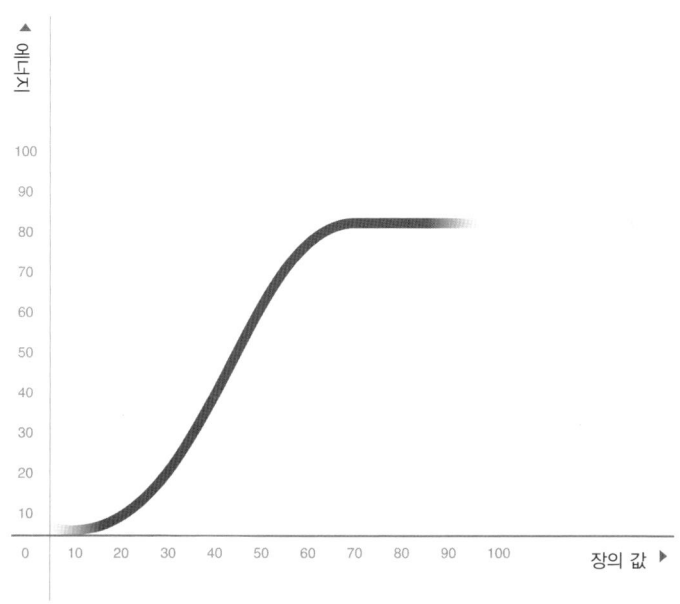

[그림 3.1] 주어진 장의 값(수평축)에 대한 '인플라톤장에 포함된 에너지(수직축)'의 변화를 보여주는 위치에너지곡선.

에너지는 '위치에너지곡선(potential energy curve)'에 의해 결정된다([그림 3.1] 참조). 이것은 장의 값이 변할 때 위치에너지가 어떤 식으로 변하는지를 보여주는 곡선이다.

이제 인플레이션이론의 선구자들이 했던 대로, 공간이 인플라톤장으로 균일하게 차 있고 장의 값이 에너지곡선의 정점에 와 있는 우주탄생 직후의 모습을 상상해보자. 그리고 위치에너지곡선의 기울기가 완만해서([그림 3.1]처럼) 인플라톤이 꼭대기 근처에서 오래 머물 수 있다고 가정하자. 과연 어떤 일이 벌어질 것인가?

이런 상황에서는 두 가지 중요한 사건이 발생한다. 인플라톤이 꼭대기의 평평한 곳에 머무는 동안 공간은 높은 위치에너지와 음압으로 가득 차서 급격한 인플레이션 팽창을 일으킨다. 그러나 산꼭대기에 있던 공이 아래로 굴러떨어지면 위치에너지가 감소하듯이, 인플라톤도 낮은 값으로 굴러떨어지면서 공간에 위치에너지를 방출한다. 그리고 인플라톤의 값이 작아지면 그것이 갖고 있던 에너지와 음압이 소모되어 급격한 팽창기가 마무리된다. 그러나 인플라톤이 방출한 에너지는 무(無)로 사라지지 않는다. 증기가 냉각조를 통과하면서 물방울로 맺히는 것처럼, 방출된 에너지는 입자로 변환되어 공간을 균일하게 가득 채운다. 이 두 가지 과정(급격한 팽창과 에너지의 입자변환)이 연달아 일어나면 장차 별이나 은하와 같이 우리에게 친숙한 천체를 구성하게 될 물질이 방대하고 균일한 공간에 남게 된다.

지금의 이론이나 관측자료로는 세세한 과정(인플라톤장의 초기값, 위치에너지곡선의 정확한 형태 등[5])을 알 수 없지만, 전형적인 계산에 의하면 인플레이션 에너지는 10^{-35}초라는 극히 짧은 시간에 바닥으로 떨어졌고, 잠시 후에 공간은 거의 10^{30}배로 팽창했다. 이 숫자들은 상상을 초월할 정도로 크거나 작아서 감을 잡기가 쉽지 않다. 굳이 비유를 하자면 눈 깜짝할 사이의 '100만×10억×10억×10억 분의 1' 이라는 말도 안 될 정도로 짧은 시간 동안 완두콩만 했던 공간이 오늘날 관측 가능한 우주만큼 커진 셈이다.

스케일의 감을 잡기가 쉽지 않겠지만, 어쨌거나 여기서 중요한 것은 현재 우리에게 관측 가능한 공간이 과거에는 매우 작았기 때문에, 급속팽창이 일어나기 전에 같은 온도로 통일될 기회가 충분히 있었다는 점이다. 상상을 초월하는 규모의 인플레이션과 수십억 년에 걸친 후속진화를 통해 우주는 지금과 같이 차갑게 식었지만, 초창기의 균일성은 지금까지 그대로 남아 있다. 이것이 바로 지평선문제에 대한 가장 최신버전의 해답이다. 인플레이션이론에 의하면 우주의 온도가 균일한 것은 필연적인 결과였다.[6]

영원한 인플레이션

인플레이션이론은 처음 탄생한 후 거의 30년 동안 우주론의 대표주자로 등극해왔다. 사실 인플레이션이 우주론의 기초를 제공하고 있긴 하지만, 그 자체가 명확한 이론은 아니다. 인플레이션은 음압을 공급하는 인플라톤장의 개수를 바꾸거나 위치에너지곡선의 형태에 변형을 주는 등 여러 가지 버전이 가능하다. 그러나 다행히도 여러 인플레이션이론들이 어떤 공통점을 갖고 있기 때문에 특별한 버전에 의존하지 않고서도 일반적인 결론을 내릴 수 있다.

최초로 완벽한 형태를 갖춘 인플레이션이론을 개발한 사람은 터프츠대학(Tufts Univ.)의 알렉산더 빌렌킨(Alexander Vilenkin)이다. 그의 이론은 나중에 린데 등에 의해 더욱 정교하게 다듬어졌는데, 여러 가지 면에서 매우 중요한 의미를 갖고 있다.[7] 인플레이션이론의 기초를 설명하는 데 이 장의 절반을 할애한 것도 그런 이유 때문이다.

다양한 버전의 인플레이션이론들은 공간의 급속한 팽창을 일회성 사건으로 취급하지 않는다. 우리의 관측 가능한 우주가 형성된 과정(공간의 빠른 팽창과 그 뒤로 이어진 완만한 팽창, 그리고 입자의 생성 등)은 우주의 다양한 지역에서 끊임없이 일어날 수 있다. 우주 전체를 한눈에 볼 수 있다면 우주는 서로 멀리 떨어진 수없이 많은 지역들로 이루어져 있고, 각 지역에는 폭발적인 인플레이션의 흔적이 남아 있을 것이다. 우리가 '우주'라고 알고 있는 곳도 방대한 우주를 떠다니는 수많은 소 지역들 중 하나일 수도 있다. 다른 지역에 지적 생명체가 살고 있다면 그들도 그 지역을 우주라고 생각할 것이다. 결국 인플레이션 우주론은 또 다른 '평행우주'의 세계로 우리를 인도하고 있다.

인플레이션 다중우주의 도입과정을 이해하기 위해, 산꼭대기에 놓인 공으로 다시 돌아가보자.

첫째, 산꼭대기에 있는 공은 높은 에너지와 음압을 가진 인플라톤장이 낮은 값으로 굴러떨어질 준비를 하고 있는 상황과 비슷하다. 그러나 공이 놓여 있는 산봉우리는 단 하나인 반면, 인플라톤장은 공간의 각 지점마다 값이 할당되어 있다. 인플레이션이론에서는 인플라톤장의 값이 초기지역의 모든 지점에서 똑같았던 것으로 가정하고 있다. 그러므로 실제상황과 좀 더 비슷하려면 공간 전역에 걸쳐 촘촘하게 늘어서 있는 똑같은 높이의 산꼭대기에 수없이 많은 공들이 하나씩 놓여 있는 모습을 상상하면 된다.

둘째, 나는 지금까지 양자장이론의 양자적 특성을 거의 언급하지 않았다. 양자적 우주에 존재하는 모든 만물이 그렇듯이, 인플라톤장도 불확정성원리의 지배를 받는다. 인플라톤장의 값은 '이곳'에서 잠깐 커지고 '저곳'에서 잠깐 작아지는 등 양자적 요동을 무작위로 겪고 있다. 양자적 요동은 규모가 너무 작기 때문에 일상생활 속에서는 전혀 느낄 수 없다. 그러나 계산에 의하면 인플라톤의 에너지가 클수록 양자적 불확정성에 의한 요동도 커진다. 인플레이션 팽창이 진행되는 동안 인플라톤의 에너지는 엄청나게 컸으므로, 초기우

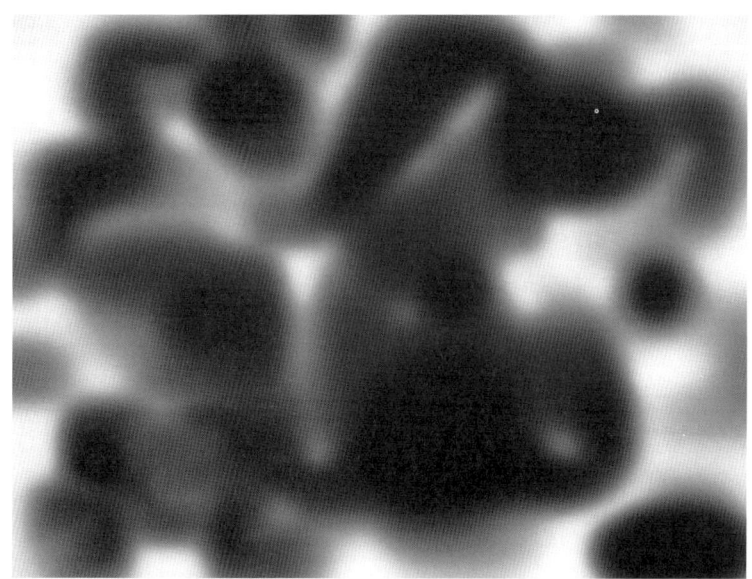

[그림 3.2] 여러 구획으로 나뉜 공간의 모습. 어떤 영역에서는 인플라톤장이 바닥으로 떨어지고(어두운 부분), 또 어떤 영역에서는 꼭대기에 그대로 남아 있다(밝은 부분).

주의 양자적 요동도 상상을 초월했을 것이다.[8]

따라서 우리는 수없이 많은 산봉우리에 놓여 있는 여러 개의 공과 함께, 이 공들이 무작위로 진동하는 모습까지 떠올려야 한다. 여기 있는 공은 크게 떨고 있고, 저기 있는 공은 얌전하게 떨고 있으며, 저 멀리 있는 공은 거의 경련을 일으키고 있다. 이런 상황에서 과연 어떤 일이 벌어질 것인가? 지금 여러 개의 공들이 각기 다른 봉우리에 놓여 있고, 이들이 봉우리에 머무는 시간도 제각각이다. 어떤 지역에서는 진동이 심해서 대부분의 공들이 바닥으로 굴러떨어지는가 하면, 다른 지역에서는 진동이 경미하여 단 몇 개의 공만 바닥으로 떨어진다. 또 다른 지역에서는 처음부터 공들이 굴러떨어지다가 강한 진동이 발생하여 떨어지던 공이 다시 꼭대기로 올라가는 경우도 있다. 이런 식으로 얼마의 시간이 지나면 공간은 몇 개의 종류로 나뉘게 된다. 마치 미국이 여러 개의 주로 나뉘어져 있는 것과 비슷하다. 개중에는 공들이 산봉우리에 하나도 남아 있지 않은 지역도 있고, 상당수의 공들이 아직 꼭대기에 남아 있는 지역도 있다.

인플라톤장의 경우에도 양자적 요동의 무작위성 때문에 비슷한 결과가 초래된다. 처음에 인플라톤장은 공간의 모든 점에서 위치에너지곡선의 꼭대기에 놓여 있었으나, 양자적 요동이 일어나면서 공간은 순식간에 여러 개의 영역으로 나누어진다([그림 3.2] 참조). 어떤 영역에서는 양자적 요동 때문에 인플라톤장이 바닥으로 떨어지고, 또 어떤 영역에서는 꼭대기에 그대로 남아 있다.

여기까지는 별문제 없다. 그런데 지금부터가 중요하니까 나의 설명에 좀 더 집중해주기 바란다. 지금부터 우주론과 공의 차이점이 드러나기 시작한다. 에너지곡선의 꼭대기에 있는 인플라톤장이 주변에 미치는 영향은 산꼭대기에 있는 공의 경우보다 훨씬 막대하다. 앞에서 여러 번 강조했던 사실 — "장이 갖고 있는 균일한 에너지와 음압은 밀어내는 중력을 낳는다"는 사실로부터, 인플라톤장이 퍼져 있는 지역은 엄청난 속도로 팽창한다는 것을 짐작할 수 있다. 이는 곧 인플라톤장이 공간 속에서 두 가지 상반된 과정을 겪는다는 것을 의미한다. 양자적 요동은 인플라톤장의 에너지를 바닥으로 끌어내리려는 경향이 있으므로, 높은 에너지로 가득 찬 영역의 수를 '감소시킨다'. 또한 인플레이션 팽창은 장의 값이 큰 채로 남아 있는 공간의 부피를 빠르게 '확장시킨다'.

두 과정 중 과연 누가 최후의 승자일까?

인플레이션 우주론의 대부분 버전에서는 증가하는 속도가 감소하는 속도보다 "적어도 느리지는 않다"고 말한다. 왜냐하면 인플라톤장의 값이 너무 빠르게 떨어지면 인플레이션 팽창이 충분하게 일어나지 않아서 지평선 문제를 해결할 수 없기 때문이다. 그래서 인플레이션이론의 성공적인 버전에서는 증가가 감소를 이겨서 '장의 값이 큰' 공간의 총 부피는 시간이 흐를수록 증가한다. 이런 공간은 언제든지 인플레이션을 또 겪을 수 있으므로, 인플레이션이 한 번 일어나면 그것으로 끝나지 않고 영원히 반복된다.

이것은 바이러스가 퍼지는 양상과 비슷하다. 바이러스를 완전히 멸종시키려면 바이러스의 번식속도보다 박멸속도가 더 빨라야 한다. 인플레이션 바이러스는 박멸당하는 속도보다 번식속도가 더 빠르기 때문에(값이 큰 장이 빠른 팽창을 유도하고, 이 과정에서 장의 값이 큰 채로 남아 있는 영역이 확장되어 새로운 인플레이션을 일으킴) 영원히 멸종되지 않는다.[9]

스위스 치즈와 우주

지금까지의 이야기를 종합해볼 때, 인플레이션 우주론은 완전히 새로운 우주를 암시하고 있는 듯하다. 구멍이 숭숭 뚫려 있는 스위스 치즈를 전체 우주라고 가정해보자. 치즈의 몸체는 인플라톤장의 값이 큰 영역이고, 안에 뚫려 있는 구멍은 장의 값이 작은 영역이다. 즉 치즈의 구멍은 우리가 속해 있는 세계처럼 급속한 팽창을 겪으면서 인플라톤장의 에너지가 입자로 전환되어 은하와 별, 행성 등으로

[그림 3.3] 인플라톤장의 값이 큰 영역은 영원히 팽창하고, 그 안에 있는 거품우주들이 다중우주를 형성한다.

진화한 영역에 해당된다. 그렇다면 이 우주치즈는 시간이 흐를수록 구멍이 점점 많아질 것이다. 왜냐하면 양자적 과정이 위치에 관계없이 인플라톤의 값을 하락시킬 것이기 때문이다. 그리고 이와 동시에 인플라톤의 값이 큰 치즈 부분은 인플레이션 팽창을 겪으면서 점점 더 커진다. 이 두 가지 효과가 합쳐지면서 우주치즈는 한없이 커지고 그 안에 나 있는 구멍의 수도 한없이 늘어나게 된다. 우주론 학자들은 이 구멍을 '거품우주(bubble universe),' 또는 '주머니우주(pocket universe)'라고 부른다.[10] 각각의 거품우주는 초고속으로 팽창하는 우주에 나 있는 구멍으로 생각할 수 있다([그림 3.3] 참조).

'거품(bubble)'이라는 용어는 오해의 소지가 다분하다. 일반적으로 거품이라고 하면 작고 연약한 존재를 떠올리지만, 사실 우리의 우주(우리에게 관측 가능한 공간)는 엄청나게 크다. 우리의 우주는 '우주(cosmos)'라는 더욱 방대한 구조 안에 박혀 있는 하나의 영역(방대한 치즈 속에 나 있는 여러 구멍들 중 하나)에 해당된다. 이것은 다른 거품들도 마찬가지다. 각각의 거품은 우리의 우주처럼 나름대로 크고 역동적인 지역우주를 형성하고 있다.

인플레이션이론 중에는 인플레이션이 영원히 지속되지 않는다고 주장하는 이론도 있다. 인플라톤장의 개수와 위치에너지곡선을 적절히 변형시키면 인플레이션이 도중에 끝나도록 만들 수 있는데, 사실 이런 것은 법칙이라기보다 하나의 '예외조항'에 가깝다. 그 외에 다양한 인플레이션이론들은 영원히 팽창하는 우주 속에 무수한 거품우주들이 자리 잡고 있는 우주모형을 제시하고 있다. 인플레이션 이론이 옳다면, 그리고 여러 이론들이 예측한 대로 인플레이션이 영원히 지속된다면 이로부터 인플레이션 다중우주가 필연적으로 유도된다.

달라지는 전망

1980년대에 알렉산더 빌렌킨은 영원히 지속되는 인플레이션 팽창이 다중우주를 낳는다는 사실을 간파하고 몹시 흥분하여 MIT의 앨런 구스를 찾아갔다. 그러고는 자신의 결과를 설명했는데, 중간쯤 지났을 때 구스는 고개를 반쯤 떨군 채 졸고 있었다. 다행히도 이것은 그다지 나쁜 징조가 아니었다. 구스는 원래 물리학 세미나에서도 잘 조는 사람으로 유명했고(그는 내가 강연을 할 때도 몇 번이나 졸다가 깨곤 했다), 도중에 간간이 깨어나 심오한 질문을 던지곤 했다. 그러나 물리학계의 반응은 구스의 수준을 넘지 않았다. 그래서 빌렌킨은 논문을 서랍 속에 넣어두고 다른 연구를 진행했다.

그로부터 20여 년이 지난 지금, 상황은 크게 달라졌다. 빌렌킨이 인플레이션 다중우주를 처음 떠올렸던 무렵에는 이론 자체에서 그것을 입증하는 직접적인 증거를 찾기가 쉽지 않았다. 다중우주에 별 관심을 보이지 않았던 물리학자들은 빌렌킨의 주장이 '가설 위에 가설을 또 쌓는' 무의미한 짓이라고 생각했다. 그러나 정확한 관측자료가 차츰 쌓여가면서 빌렌킨의 주장도 서서히 설득력을 얻게 되었는데, 이번에도 일등공신은 단연 마이크로파 우주배경복사였다.

마이크로파 우주배경복사가 균일하게 나온 덕분에 인플레이션이론이 날개를 달긴 했지만, 초기 연구자들은 공간의 급속한 팽창이 '완벽한' 균일성을 낳지 않는다는 사실을 잘 알고 있었다. 그들은 양자역학적 요동이 인플레이션에 의해 크게 확장되면서, 잔잔한 호수에 작은 파문이 이는 것처럼 균일한 공간에 약간의 변화가 생길 것으로 예상했다. 결국 이들의 예상은 훗날 사실로 드러났고, 그 여파는 가히 상상을 초월했다.*

양자적 불확정성은 인플라톤장의 값을 요동치게 만든다. 인플레이션이론이 옳다면 폭발적인 인플레이션 팽창은 더 이상 일어나지 않아야 한다. 왜냐하면 140억 년 전에 대규모의 '운 좋은' 양자적 요동이 공간을 지금과 같은 규모로 이미 키워놓았기 때문이다. 그런데 여기에는 또 다른 비밀이 숨어 있다. 인플라톤장의 값이 위치에

---

* 이 분야에서 중요한 역할을 한 사람은 비아체슬라프 무카노프(Viatcheslav Mukhanov), 제너디 치비소프(Gennady Chibisov), 스티븐 호킹(Stephen Hawking), 알렉세이 스타로빈스키(Alexei Starobinsky), 앨런 구스, 제임스 바딘(James Bardeen), 폴 스타인하르트, 마이클 터너(Michael Turner), 피소영 등이다.

너지곡선의 경사로를 따라 바닥에 이르면 우리 거품우주의 인플레이션은 마무리되지만, 인플라톤장의 값은 여전히 양자적 요동을 겪는다. 그리고 이 요동 때문에 인플라톤장의 값은 장소에 따라 조금씩 다른 값을 갖게 되고(마치 두 손으로 한쪽 끝을 잡고 던져서 편 침대시트가 매트리스 위로 떨어지면서 물결이 이는 것과 비슷하다), 공간 전체에 퍼져 있는 인플라톤장의 에너지에도 약간의 변화가 초래된다. 일반적으로 양자적 진동에 의한 변화는 너무도 미미하여 우주적 스케일에서는 별로 중요하지 않다. 그러나 인플레이션 팽창은 어느 모로 보나 일반적인 사건이 아니다.

인플레이션이 끝나가는 동안에도 공간은 너무나 빠르게 팽창하여 미시적 스케일이 거시적 스케일로 바뀐다. 오므라든 풍선에 조그맣게 써놓은 글도 풍선이 부풀면 쉽게 읽을 수 있는 것처럼, 인플레이션이 진행되면 양자적 요동의 영향도 눈에 보일 정도로 커진다. 특히 양자적 요동 때문에 생긴 아주 작은 에너지의 차이가 우주적 스케일로 확장되면서 마이크로파 우주배경복사의 미세한 온도차이로 남게 되었다.

이론적 계산에 의하면 이 온도차이는 약 1/1,000도 수준이다. 즉 한 지역의 온도가 2.275K라면 그 주변지역은 양자적 요동의 영향을 받아 2.7245K로 낮아지거나 2.7255K로 높아질 수 있다.

천문학자들은 이 미세한 온도차를 감지하기 위해 무진 애를 써오다가, 드디어 역사에 길이 남을 쾌거를 이루었다. 그들이 감지한 차이는 이론에서 예견된 1/1,000도와 거의 일치했다([그림 3.4] 참조). 더욱 인상적인 것은 온도의 분포상황까지 이론과 정확하게 일치했다는 점이다. [그림 3.5]는 이론적으로 계산된 두 지역 사이의 거리

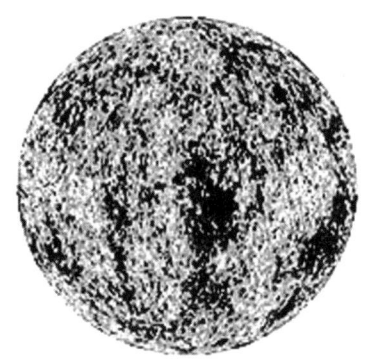

[그림 3.4] 우주론에서 말하는 공간의 '가공할 팽창'은 미시적 스케일의 양자적 요동을 거시적 스케일로 키워놓았으며, 그 결과는 마이크로파 우주배경복사의 지역에 따른 온도차이로 남아 있다(그림에서 어두운 부분은 밝은 부분보다 온도가 낮은 지역을 나타낸다).

에 따른 온도변화를 실제 관측 값과 비교한 것이다(두 지역 사이의 거리는 지구에서 바라본 두 지역 사이의 분리각으로 표현되어 있다).

2006년도 노벨 물리학상은 조지 스무트(George Smoot)와 존 매터(John Mather)에게 돌아갔다. 이들은 1990년대 초에 수천 명의 연구원들로 구성된 우주배경복사 관측팀(Cosmic Background Explorer Team)을 진두지휘하면서 지역에 따른 온도차이를 최초로 관측하는 데 성공했다. 지난 10년 사이에 얻어진 정밀한 데이터들은 [그림 3.5]의 실선(이론적으로 예견된 온도차이)을 더욱 정확하게 재현하고 있다.

우주론은 참으로 파란만장한 길을 걸어왔다. 아인슈타인과 프리드만, 그리고 르메트르가 창시하여 가모프와 알퍼, 허먼의 세밀한 계산을 통해 날카롭게 다듬어지고, 디키와 피블스의 아이디어로 재탄생한 후 펜지어스와 윌슨의 관측으로 세계적인 주목을 받았으며,

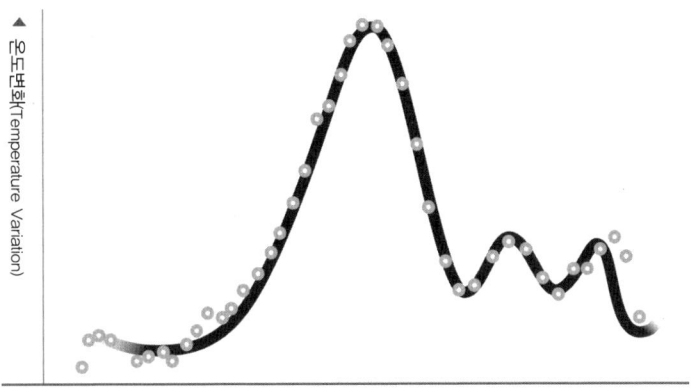

[그림 3.5] 마이크로파 우주배경복사의 온도차이가 거리에 따라 변하는 패턴. 세로축은 온도의 차이를 나타내고, 가로축은 두 지점 사이의 거리를 나타낸다(두 지역 사이의 거리는 지구에서 바라본 두 지역 사이의 분리각으로 표현되어 있다 – 그림에서는 왼쪽으로 갈수록 각도가 크고, 오른쪽으로 갈수록 각도가 작다).[11] 실선은 이론적으로 계산된 값이고, 작은 원은 실제 관측을 통해 얻은 값이다.

그 후 수많은 천문학자와 물리학자, 그리고 공학자들의 노력에 힘입어 수십억 년 전에 새겨진 미세한 흔적을 관측하고 분석하는 수준까지 이르게 된 것이다.

〔그림 3.2〕에 나타난 얼룩은 너무나 소중한 정보를 담고 있다. 우리의 거품우주가 인플레이션을 마감할 무렵, 다른 곳보다 에너지가 조금 큰 지역은(질량과 에너지는 $E=mc^2$을 통해 서로 연결되어 있으므로, 에너지가 크다는 것은 질량이 크다는 말과 동일하다) 조금 더 강한 중력을 발휘하여 주변에서 더 많은 입자를 끌어모았으므로 다른 지역보다 더 크게 자라날 수 있었다. 그런데 덩치가 커지면 중력도 따라서 강해지므로 눈덩이 효과가 극명하게 나타난다. 한 번 커지기 시작한 지역은 주

변물질을 더 많이 끌어모으면서 몸집을 더욱 키우는 것이다. 이 효과가 수십억 년 동안 누적되어 나타난 것이 별과 은하이다. 인플레이션이론은 이와 같은 방법으로 우주에서 가장 큰 구조와 가장 작은 구조를 연결시켰다. 은하와 별, 행성, 심지어는 생명체까지도 미시적 스케일의 양자적 불확정성이 인플레이션을 통해 증폭되면서 나타난 결과이다.

인플레이션의 이론적 기초는 그리 확고하지 않다. 인플라톤장이 여러 가지를 설명해주고는 있지만, 이것은 어디까지나 가설상의 장으로서 그 존재는 아직 입증되지 않았다. 또한 위치에너지곡선도 학자들이 가설로 제안한 것이지 관측으로 얻어진 것이 아니다. 인플라톤장이 공간의 한 영역에 걸쳐 이 곡선의 꼭대기에 있었다는 것도 희망사항일 뿐이다.

그러나 인플레이션이론의 일부가 틀렸다고 해도 상당부분이 관측결과와 일치하고 있으므로, 우주의 진화과정을 설명하는 가장 설득력 있는 이론임은 분명하다. 인플레이션이론의 다양한 버전들은 인플레이션이 영원히 계속되고 거품우주가 영원히 증가한다는 공통점을 갖고 있다. 이론과 관측결과를 종합해볼 때, 두 번째 버전의 평행우주가 존재한다는 것은 간접적이긴 하지만 꽤 설득력 있는 주장이라고 생각한다.

인플레이션 다중우주 탐사하기

2장에서 언급한 '누벼 이은 다중우주'에서는 하나의 우주와 다른 우주 사이에 명확한 경계선이 존재하지 않았다. 모든 평행우주들은 거대한 우주의 한 부분이며, 거의 비슷한 특성을 갖고 있다. 그러나 좀 더 깊이 파고 들어가면 놀라운 사실들이 드러난다. 대부분의 사람들은 똑같은 세상이 여러 개 있다고 생각하지 않는다. 나와 나의 가족들, 친구들이 어딘가에 또 있다는 것은 그다지 유쾌한 상황이 아니다. 그러나 공간을 가로질러 충분히 멀리 갈 수 있다면 결국은 원치 않았던 광경을 목격하게 된다.

인플레이션 다중우주에서는 우주들 사이의 경계가 뚜렷하다. 개개의 우주는 거대한 우주치즈에 나 있는 구멍으로서, 인플라톤장이 큰 값으로 남아 있는 영역을 사이에 두고 서로 확실하게 분리되어 있다. 이 중간영역에서는 아직도 인플레이션이 진행되고 있기 때문에 거품우주들이 빠르게 멀어져 가고 있으며, 중간영역의 부피가 클수록 멀어지는 속도도 빨라진다. 그러므로 충분히 멀리 떨어져 있는 거품우주들은 빛보다 빠르게 멀어질 수도 있다. 인류의 문명이 아무리 오래 유지되고 기술이 제아무리 발달한다 해도 이런 식으로 분리된 두 우주를 연결할 방법은 없다. 연결은커녕 신호조차 교환할 수 없다.

그래도 다른 거품우주로 여행하는 상상은 해볼 수 있다. 이 여행길에서 과연 무엇을 발견할 것인가? 모든 거품우주들은 동일한 과정에서 탄생했으므로(인플라톤장이 꼭대기에서 바닥으로 떨어지는 바람에 인플레이션 팽창에서 제외되었다) 동일한 물리학이론으로 설명될 수 있고, 따라서 동일한 물리법칙이 적용될 것이다. 그러나 일란성 쌍둥이도 성장환경이 다르면 전혀 다른 성격을 갖게 되는 것처럼, 거품우주도 환경이 다르면 동일한 물리법칙 하에서도 크게 달라질 수 있다.

예를 들어 다른 거품우주가 우리의 거품우주와 비슷하게 은하, 별, 행성들로 이루어져 있다고 상상해보자. 단, 이 우주는 전 공간이 MRI 장치보다 수천 배 강한 자기장으로 가득 차 있으며, 자기장을 끄는 스위치도 없다고 가정하자. 이 정도로 강한 자기장이 깔려 있으면 모든 환경이 크게 달라진다. 철을 함유한 모든 물체들이 자기장의 방향을 따라 정신없이 날아다니는 것은 물론이고, 입자와 원자, 분자의 기본적 성질도 우리의 우주와 사뭇 다를 것이다. 자기장이 지나치게 강하면 생명체를 구성하는 세포들도 제 기능을 하지 못한다.

그러나 MRI 장치의 내부와 외부에 동일한 물리법칙이 적용되는 것처럼, 자기장으로 가득 찬 우주도 우리의 우주와 동일한 물리법칙이 적용되고 있을 것이다. 두 개의 거품우주에서 자연을 관측했을 때 나타나는 차이는 전적으로 환경에서 기인한 것이다. 즉 강한 자기장이 모든 차이를 만들어낸다. 자기장우주에 똑똑한 과학자가 살고 있다면, 그는 머지않아 이 사실을 알아차리고 우리가 알고 있는 것과 똑같은 수학법칙을 사용하여 자기장의 거동을 예측하게 될 것이다.

물리학자들은 지난 40년 동안 우리의 거품우주에서 이와 비슷한 과정을 거쳐 가장 성공적인 이론을 만들어냈다. 그것이 바로 '입자물리학의 표준모형(Standard Model in Particle Physics)'인데, 이 이론에 의하면 '힉스장(Higgs field, 영국의 물리학자 피터 힉스Peter Higgs의 이름에서 따온 것이다. 힉스의 이론은 1960년대에 로버트 브라우트Robert Brout와 프랑수아 엥글럿François Englert, 제럴드 구랄니크Gerald Guralnik, 칼 헤이건Carl Hagen, 톰 키블Tom Kibble 등의 선구적인 연구에 기초를 두고 있다)'이라는 가상의 장이 공간을 가득 메우고 있다. 힉스장과 자기장은 둘 다 눈에 보이지 않기 때문에 자신의 존재를 드러내지 않은 채 공간을 가득 메울 수 있다. 그러나 현대 입자물리학이론에 의하면 힉스장의 위장술은 자기장보다 훨씬 뛰어나다. 공간을 균일하게 채우고 있는 힉스장 속을 입자가 지나가면 속도가 빨라지지도 느려지지도 않고, 특별한 궤적으로 따라가지도 않지만(자석에 붙지 않는 물체가 자기장 속을 지나갈 때와 비슷하다) 미묘하면서도 깊은 영향을 받게 된다.

힉스장 속에 놓인 기본입자들은 우리가 실험을 통해 알고 있는 '질량'을 획득하고 그 값을 유지한다. 다시 말해서 입자들이 질량을 갖는 이유가 힉스장 때문이라는 것이다. 이 아이디어에 의하면 전자나 쿼크의 속도를 바꾸기 위해 살짝 밀었을 때 느껴지는 저항감은 입자가 '당밀같이 걸쭉한' 힉스장 속에서 일으키는 일종의 마찰에 기인한다. 우리가 '질량'이라고 부르는 물리량은 바로 이 저항력의 척도인 셈이다. 한 지역의 힉스장을 완전히 제거한다면 그곳을 지나는 입자는 갑자기 질량을 잃게 된다. 그리고 특정지역에서 힉스장의 값을 두 배로 키우면 그곳을 지나는 입자의 질량도 두 배가 된다.*

물론 힉스장의 값을 인위적으로 바꿀 수는 없다. 작은 공간이라고 해도 그 안에서 힉스장을 눈에 뜨일 정도로 바꾸려면 엄청난 에너지가 투입되어야 하는데, 지금의 기술로는 어림도 없는 이야기다(힉스

---

* 본문에서 전자와 쿼크 같은 '기본입자(fundamental particles)'를 강조한 이유는 양성자, 중성자 등 혼합입자의 질량이 상호작용을 통해 나타나기 때문이다. 예를 들어 양성자와 중성자는 기본입자가 아니라 세 개의 쿼크로 이루어진 혼합입자인데, 이들 질량의 상당부분은 구성입자들 사이의 상호작용을 통해 생성된 것이다(양성자와 중성자의 내부에 있는 세 개의 쿼크는 글루온(gluon)이라는 입자를 교환하면서 강한 핵력으로 단단하게 결합되어 있으며, 이 글루온은 양성자(또는 중성자) 질량의 대부분을 차지한다).

장의 존재는 아직 확인되지 않은 가설이므로 질량이 바뀐다는 보장도 없다. 이론물리학자들은 강입자충돌기로 양성자끼리 충돌시켜서 힉스장의 작은 덩어리(힉스입자)가 발견되기를 학수고대하고 있다). 그런데 다양한 인플레이션이론들은 "서로 다른 거품우주에서는 힉스장의 값도 다를 것"으로 예견하고 있다.

인플라톤장과 마찬가지로 힉스장도 에너지곡선을 따라 다양한 값을 가질 수 있다. 그러나 인플라톤장과 달리 힉스장은 0이 될 수 없고, [그림 3.6](a)에 제시된 여러 개의 에너지 골짜기들 중 하나에 위치할 수 있다. 예를 들어 이제 막 탄생한 두 개의 거품우주(우리의 거품우주와 또 하나의 거품우주)를 상상해보자. 두 우주는 힉스장이 요동치면서 매우 뜨겁고 혼란스러운 상태일 것이다. 그 후 시간이 흐르면 힉스장은 [그림 3.6](a)와 같은 에너지 골짜기를 찾아가고, 우주는 안정된 상태로 접어든다. 우리의 거품우주에서 힉스장은 (예를 들어) [그림 3.6](a)의 왼쪽 골짜기에 자리를 잡았고, 그 결과 입자들은 지금 우리가 알고 있는 것과 같은 특성을 갖게 되었다. 그러나 다른 거품우주에서는 힉스장이 우리와 다른 에너지 골짜기를 찾아갔다면, 그곳은 우리와 완전히 다른 세상일 것이다. 그 우주를 지배하는 물리법칙은 이곳과 똑같겠지만, 입자의 질량을 비롯한 여러 특성들은 이곳과 완전히 다를 것이다.

기본입자의 특성이 지금과 조금만 달라도 완전히 다른 세상이 될 수 있다. 만일 다른 거품우주에서 전자의 질량이 이곳보다 몇 배쯤 컸다면, 전자와 양성자가 하나로 결합하여 중성자가 되면서 수소원자의 생성을 심각하게 방해했을 것이다. 또한 자연에 존재하는 근본적인 힘들[전자기력, 핵력, 중력(이라고 우리가 믿는 그것)]은 입자에 의

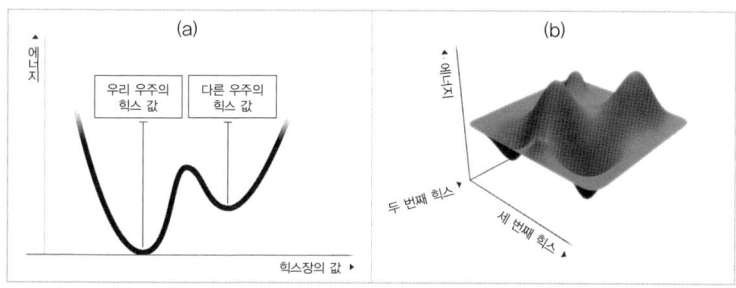

[그림 3.6] (a)힉스장의 위치에너지곡선에 존재하는 골짜기들. 우리가 살고 있는 거품우주의 물리적 특성은 힉스장이 (예를 들어) 왼쪽 골짜기에 자리를 잡으면서 비롯되었다. 그러나 다른 거품우주에서는 힉스장이 오른쪽 골짜기에 자리를 잡았고, 그 결과 이곳과는 전혀 다른 세상이 되었다. (b)두 개의 힉스장이 존재하는 이론에서 제시된 위치에너지곡선의 예.

해 매개되고 있으므로, 입자의 특성이 달라지면 힘의 특성도 완전히 달라진다. 예를 들어 입자가 무거우면 행동도 느려져서 힘이 전달되는 거리도 그만큼 짧아진다. 우리의 거품우주에서 원자들이 안정된 상태를 유지할 수 있는 것은 전자기력과 핵력의 세기가 적절하기 때문이다. 만일 누군가가 이 힘의 강도를 변형시킨다면 원자는 당장 분해되거나 완전히 찌그러들 것이다. 기본입자의 특성에 가시적인 변화가 생기면 우리의 우주는 지금과 같은 모습을 유지할 수 없다.

〔그림 3.6〕(a)는 힉스장이 한 종류밖에 없는 간단한 경우이고, 여러 종류의 힉스장이 도입된 복잡한 이론도 있다(앞으로 보게 되겠지만, 끈이론을 도입하면 이 가능성이 자연스럽게 유도된다). 이런 경우에는 거품우주의 종류도 다양해지는데, 〔그림 3.6〕(b)는 힉스장이 두 종류인 경우의 위치에너지곡선을 3D 그래프로 재현한 것이다. 앞의 경우와 마찬가지로 거품우주의 힉스장 값은 그래프에 나타난 다양한 골짜

영원과 무한 | 119

[그림 3.7] 인플레이션 다중우주에 존재하는 수많은 거품우주에서 장의 값은 얼마든지 다를 수 있으므로, 개개의 거품우주들은 동일한 물리법칙을 따르면서도 완전히 다른 세상일 수 있다.

기들 중 하나에 놓일 수 있다.

 힉스장의 값이 이곳과 다른 거품우주는 모든 면에서 크게 다를 것이다. 이 사실을 시각적으로 표현한 것이 [그림 3.7]이다. 이 그림을 보면 거품우주들 사이를 여행하는 것이 얼마나 위험한 시도인지 감이 올 것이다. 대부분의 거품우주들은 이곳과 완전히 다른 세상이어서 생존 자체에 위협을 받을 수도 있다. "집 떠나면 고생이다. 이 세상에 집만 한 곳은 없다"는 격언은 평행우주에도 그대로 적용된다. 인플레이션 다중우주에서 우리의 우주는 거대하고 척박한 우주의 다도해에 외롭게 떠 있는 유일한 오아시스일지도 모른다.

호두껍질 속의 우주

누벼 이은 다중우주와 인플레이션 다중우주는 근원이 다르기 때문에, 언뜻 보기에는 서로 무관한 것처럼 보인다. 누벼 이은 우주의 다양성은 무한히 큰 공간에서 비롯된 반면, 인플레이션 다중우주의 다양성은 인플레이션 팽창의 영속성에서 나온 것이다. 그러나 이들 사이에는 심오하면서도 매우 만족스러운 상호관계가 존재하는데, 그 이유를 논하려면 앞의 두 장에 걸친 내용을 다시 떠올려야 한다. 결론부터 말하자면 인플레이션에서 유래된 다중우주는 필연적으로 누벼 이은 우주를 낳고, 이 과정에서 가장 중요한 역할을 하는 것은 다름 아닌 '시간'이다.

아인슈타인이 밝힌 수많은 사실들 중에서 가장 이해하기 어려운 것이 '시간의 유연성'이다. 우리의 일상적인 경험에 의하면 시간은 누구에게나 똑같은 속도로 흐르는 것처럼 보인다. 다시 말해서, 시간의 흐름은 객관적인 개념인 것 같다. 그러나 아인슈타인의 상대성이론에 의하면 그것은 속도가 느리고 중력이 약할 때 일어나는 착각에 불과하다. 속도가 빨라지거나 중력이 강해지면 균일한 시간개념은 더 이상 발붙일 곳이 없어진다. 당신이 빠른 속도로 나를 지나치고 있을 때 어떤 두 개의 사건이 내가 보기에 동시에 일어났다면, 당신이 보기에는 동시가 아니다. 또한 당신이 블랙홀의 가장자리에 매달려 있을 때 당신의 시계로 측정한 한 시간은 지구에 있는 나의 한 시간보다 훨씬 길어진다. 이것은 마술이나 최면효과가 아니라 실제로 일어나는 현상이다. 시간의 흐름은 관측자가 처한 상황(이동경로나 중력)에 따라 얼마든지 달라질 수 있다.[12]

이와 같은 시간개념을 인플레이션이 낳은 우주 전체, 또는 우리의 거품우주에 적용하다 보면 당장 하나의 질문이 떠오른다. "시간이 관측자의 운동상태나 중력의 강도에 따라 변하는 것이라면, 절대적인 우주시간의 개념에 어떻게 부합된다는 말인가?" 우리는 우주의 '나이'라는 말을 자주 사용한다. 하지만 은하들이 서로 빠르게 멀어져 가고 이들 사이의 속도는 은하마다 제각각인데, 여기에 상대론적 시간개념을 적용한다면 그 복잡한 상황을 무슨 수로 다룬다는 말인가? 우주의 나이가 140억 년이라는 것은 특별한 시계로 측정했을 때 그렇다는 뜻인가?

그렇다. 게다가 우주적 시간을 분석하다 보면 인플레이션 다중우주와 누벼 이은 다중우주 사이의 연결관계가 분명하게 드러난다.

시간을 측정한다는 것은 특정 시간 간격 동안 어떤 물리계에 일어난 변화를 관측한다는 뜻이다. 벽시계를 사용할 때는 시계바늘의 위치변화를 관측하고, 태양을 사용할 때는 시간에 따른 태양의 위치변화를 관측한다. 또한 탄소의 동위원소인 ^{14}C를 이용할 때는 주어진 샘플에서 방사성붕괴가 일어나 질소(^{14}N)로 바뀐 비율을 측정한다. 우리는 오랜 전통과 많은 경험을 통해 지구의 회전을 기준으로 삼는 것이 가장 편리하다는 사실을 깨달았다. 우리가 말하는 날짜와 연도는 모두 지구의 위치변화로부터 산출된 값이다. 그러나 우주적 스케일에서 시간을 계산할 때에는 이보다 훨씬 편리한 방법이 있다.

앞서 말한 바와 같이 인플레이션 팽창이 일어나면 평균적 특성이 거의 균일하면서 방대한 영역이 만들어진다. 하나의 거품우주 안에서 서로 멀리 떨어져 있는 두 개의 넓은 지역을 선정하여 온도와 압력, 물질의 평균밀도 등을 관측하면 거의 동일한 결과가 얻어진다.

관측 값 자체는 시간에 따라 달라질 수도 있지만, 두 지역에서 관측된 값은 마치 약속이나 한 듯이 항상 동일하다(이를 두고 "장거리 균일성 long-scale uniformity이 유지된다"고 말한다). 즉 '이곳'에서 변화가 생기면 '저곳'에서도 똑같은 변화가 생긴다는 뜻이다. 우리의 거품우주는 지난 수십억 년 동안 꾸준히 팽창해왔고, 그 결과 물질의 밀도는 꾸준히 낮아졌다. 그러나 이 변화는 항상 균일하게 나타나서, 지금도 물질의 밀도는 어디서나 거의 동일하다. 우주가 아무리 팽창해도 장거리 균일성은 깨지지 않는 것이다.

이것은 매우 중요한 사실이다. 유기물 속에서 꾸준히 감소하는 ^{14}C의 양으로부터 지구에서 경과한 시간을 추정하는 것처럼, 공간 속에서 꾸준히 감소하는 질량의 밀도는 우주적 스케일의 시간을 말해준다. 그리고 이 변화는 균일하게 일어나기 때문에, 질량의 밀도로부터 추정된 시간은 우리의 거품우주 전체에 걸쳐 표준시간으로 사용될 수 있다. 만일 모든 사람들(그리고 외계인들)이 평균 물질밀도를 기준으로 시계를 맞춰놓는다면(그리고 블랙홀 근처를 지나가거나 광속에 가까운 속도로 여행할 때마다 시간지연효과를 고려하여 시계를 다시 맞춰준다면), 이 시계들 사이의 동시성은 우리의 거품우주 전역에 걸쳐 항상 유지될 것이다. 우주의 나이(우리가 속해 있는 거품우주의 나이)를 언급할 때에는 이런 식으로 맞춰진 시계를 기준으로 삼아야 한다.

우리의 거품우주가 갓 태어났을 때에도 같은 논리가 적용된다. 그러나 여기에는 한 가지 다른 점이 있다. 이때는 일상적인 물질이 형성되기 전이어서 물질의 밀도를 언급하는 것 자체가 무의미하기 때문에 우주의 에너지 저장소인 인플라톤장을 기준으로 삼는 수밖에 없다(잠시 후 인플라톤장은 입자로 바뀔 것이다). 따라서 이 시기에는 우리의 시계를 인플라톤장의 에너지밀도에 맞춰야 한다.

　인플라톤의 에너지는 에너지곡선에 나와 있는 값에 의해 결정된다. 그러므로 우리의 거품우주의 주어진 한 장소에서 시간을 결정하려면 그 지점에서 인플라톤의 값부터 결정해야 한다. 이 값이 정해지면 그다음은 별문제가 없다. 두 나무의 나이테가 똑같으면 나이가 같고, 빙하침전물 속에서 채취한 두 표본의 방사성탄소 함유율이 같으면 나이가 같은 것처럼, 공간 속의 두 지점에서 인플라톤장의 값이 같으면 두 지점은 동일한 시간대를 거쳐온 것으로 간주할 수 있다. 이것이 바로 거품우주에서 시계를 맞추는 방법이다.

　지금까지 시간 맞추는 방법을 다소 장황하게 설명한 이유는 인플레이션 다중우주의 '우주적 스위스 치즈'에 이 논리를 적용하면 우리의 직관과 상반되는 놀라운 결과가 얻어지기 때문이다. "나는 호두껍질 속에 갇혀 있으면서 스스로 무한한 공간의 제왕이라고 생각할 수도 있다"는 햄릿의 대사처럼, 밖에서 볼 때 각각의 거품우주는 크기가 유한하지만 그 안에서는 무한히 큰 것처럼 보인다. 여기가 바로 핵심이다. '무한히 큰 우주'는 누벼 이은 다중우주가 존재하기 위해 반드시 필요한 조건이었다. 따라서 우리는 누벼 이은 다중우주를 인플레이션이론에 접목시킬 수 있다.

　안에 있는 관측자와 바깥에 있는 관측자의 관점이 이토록 극단적으로 다른 것은 그들이 갖고 있는 시간개념이 크게 다르기 때문이다. 당장은 감이 오지 않겠지만, 외부 관측자에게 '무한히 긴 시간'은 내부 관측자에게 매순간 '무한히 넓은 공간'으로 인식된다.[13]

거품우주의 공간

그 이유를 이해하기 위해, 인플라톤장으로 가득 찬 채 빠르게 팽창하는 공간의 한 지역에서 우리의 관찰자 트릭시(Trixie)가 가까운 거리에서 형성되고 있는 거품우주를 바라보고 있다고 상상해보자. 그녀는 '인플라톤 계측기'라는 첨단장비를 갖고 있어서, 이것을 자라나고 있는 거품 쪽을 향해 들고 있으면 인플라톤장의 변화를 실시간으로 측정할 수 있다. 거품(우주치즈 속에 뚫린 구멍)은 3차원이지만, 상황을 좀 더 단순화하기 위해 거품의 직경을 따라 나 있는 1차원 단면에 대해서만 측정을 시도했다고 하자. 트릭시는 측정결과를 꼼꼼하게 정리하여 〔그림 3.8〕(a)와 같은 데이터를 얻었다. 제일 아래쪽에 적힌 값은 트릭시의 관점에서 볼 때 초기의 측정값이고, 위로 올라갈수록 나중에 측정한 값을 나타낸다. 그리고 가로방향은 자라나는 거품의 왼쪽과 오른쪽에 해당한다. 그림에서 보는 바와 같이, 트릭시가 바라보는 거품우주는 시간이 흐를수록 점점 커진 것이 분명하다(각 사각형은 인플라톤장의 값이 작을수록 희미한 색으로 칠해져 있다).

또 한 사람의 관측자인 노턴(Norton)은 똑같은 상황을 거품의 내부에서 관측하고 있다. 그 역시 인플라톤 계측기를 동원하여 인플라톤장의 변화를 측정하는 중이다. 그런데 트릭시와는 달리 노턴은 인플라톤장의 값을 기준으로 맞춰진 시간개념을 사용하고 있다. 이 점은 우리가 앞으로 내릴 결론의 핵심이기 때문에 좀 더 정확하게 명시해두는 게 좋을 것 같다. 거품우주 안에 있는 모든 사람들이 인플라톤장의 현재 값을 액면 그대로 나타내는 특이한 시계를 차고 있다고 가정해보자. 노턴은 주변사람들에게 파티를 예고하면서 "인플라

[그림 3.8](a) 각각의 가로줄은 거품우주의 외부에 있는 관측자가 주어진 한 순간에 측정한 인플라톤장의 값을 나타내며, 위쪽으로 갈수록 나중에 측정한 값이다. 그리고 각각의 세로줄은 위치를 나타낸다. 거품의 내부에서는 인플레이션이 진행되면서 인플라톤장의 값이 점차 감소하고 있다(값이 작을수록 옅은 색으로 칠해져 있다. 따라서 거품의 내부와 외부는 색으로 확연하게 구별된다). 외부에 있는 관측자가 볼 때, 이 거품우주는 시간이 흐를수록 커지고 있음이 분명하다.

톤장의 값이 60을 가리킬 때 파티장으로 오라"고 공고했다. 사람들은 모두 표준시계(인플라톤장의 값을 나타내는 시계)를 차고 있었으므로 파티는 순조롭게 진행되었다. 모든 시계가 동일한 개념의 '동시성'을 따르고 있기에, 파티에 늦는 사람은 한 명도 없었다.

 이 사실을 알고 있기만 하면 노턴은 임의의 시간(그의 시간)에 거품우주의 크기를 쉽게 알아낼 수 있다. 사실 이것은 어린애 장난이나 마찬가지다. 인플라톤장의 값이 같은 점들을 연결하기만 하면, 그는

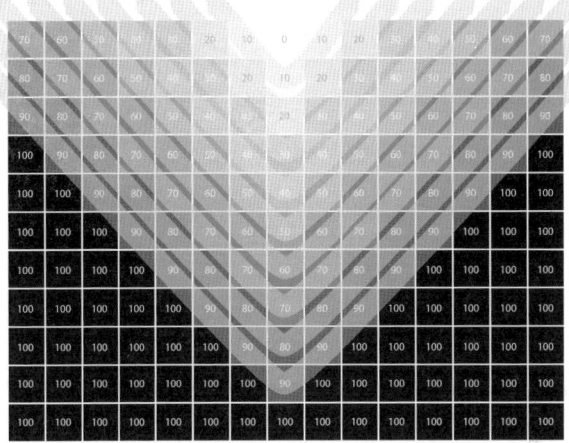

[그림 3.8](b) 거품우주 안에 있는 관측자가 [그림 3.8](a)와 똑같은 데이터를 재해석한 그림. 인플라톤장의 값이 같은 점들은 '동일한 시간대'를 의미하므로, 이런 점들을 연결한 곡선은 동일한 순간에 존재하는 모든 점들을 나타낸다. 그리고 인플라톤장의 값이 작을수록 나중 시간대에 해당한다. 이 곡선들은 무한히 길어질 수 있으므로 거품 안에 있는 관측자에게 이것은 '무한히 넓은 공간'으로 인식된다.

주어진 한 순간에 거품 내부에 있는 모든 지점들을 그림으로 표현할 수 있다. 물론 여기서 말하는 '한 순간'이란 그의 시계로 볼 때 그렇다는 뜻이다.

노턴의 [그림 3.8](b)가 모든 것을 말해주고 있다. 인플라톤장의 값이 같은 지역을 연결한 곡선들은 주어진 한 순간에 존재하는 공간의 모든 점들을 나타낸다. 이 그림에서 각 곡선들이 좌우로 무한히 길게 뻗어나간다는 것은 거품우주의 크기가 (그 안에 거주하는 관측자가 볼 때) 무한대임을 뜻한다. 그런데 이것은 트릭시의 관점에서 볼 때 [그림 3.8]에서 세로줄의 수(즉, 가로줄이 쌓인 횟수)가 무한대라는 뜻이므로 그녀에게는 무한히 긴 시간에 해당한다. 다시 말해서, 거품우주의 바깥에서 트릭시가 느끼는 무한대의 시간이 거품우주의 안에 있는 노턴에게는 매순간 무한히 큰 공간으로 느껴진다는 것이다.

이것은 매우 중요한 발견이다. 나는 2장에서 공간이 무한하다는 가정 하에 누벼 이은 다중우주를 도입했으나, 이 가정의 진위여부는 따로 언급하지 않았다. 그런데 지금 인플레이션 다중우주 안에 존재하는 각각의 거품우주들이 밖에서 볼 때 크기가 유한하지만 안에서 보면 무한히 크다는 사실을 알게 되었다. 따라서 인플레이션 다중우주가 정말로 존재한다면, 거품 내부의 거주자들(우리)은 인플레이션 다중우주의 일원이자 누벼 이은 다중우주의 일원이기도 하다.[14]

나는 누벼 이은 다중우주와 인플레이션 다중우주의 개념을 처음 접했을 때, 인플레이션 쪽이 더 그럴듯하다고 생각했다. 인플레이션 우주론은 오래된 난제들을 이론적으로 해결했을 뿐만 아니라, 그로부터 예견된 내용들도 관측결과와 잘 일치하고 있다. 그리고 앞에서 말한 바와 같이 인플레이션은 일회성 사건이 아니라 영원히 계속된다. 인플레이션은 거품우주를 낳고 그 위에 또 다른 거품우주를 낳는다. 지금 우리는 이 거품우주들 중 하나에 살고 있다. 이와는 달리 누벼 이은 다중우주 논리는 공간이 단순히 크지 않고 '무한히 넓어야' 최상의 능력을 발휘할 수 있었는데(우주가 유한해도 충분히 크다면 똑같은 패치가 몇 번은 반복될 수 있다. 그러나 무한한 우주에서는 무한번 반복된다), 이제 와서 보니 굳이 그럴 필요가 없을 것 같다. 사실 우주는 유한할 수도 있다. 그러나 영원히 지속되는 인플레이션의 거품우주를 거품 내부에 있는 관측자의 관점에서 적절히 분석해보면 무한히 크다는 결론이 얻어진다. 결국 누벼 이은 다중우주는 인플레이션 다중우주의 부산물이었던 것이다.

가장 최신의 천문관측 데이터를 가장 잘 설명하는 우주론은 "방대한 평행우주의 인플레이션 시스템 속에 우리가 살고 있으며, 각 시스템은 누벼 이은 다중우주를 형성하고 있다"고 강하게 시사하고 있다. 또한 최근 연구결과에 의하면 우리의 우주는 단순한 평행우주가 아니라 '평행우주 속의 평행우주'일 가능성이 높다. 실체는 방대할 뿐만 아니라 방대하면서 무한히 반복되고 있다.

The Hidden Reality

자연법칙의 통일

끈이론으로 가는 길

빅뱅에서 인플레이션에 이르기까지, 우주의 모든 것을 망라한 현대우주론은 아인슈타인의 일반상대성이론이라는 단 하나의 이론에 뿌리를 두고 있다. 아인슈타인은 이 새로운 중력이론을 이용하여 그동안 불변으로 간주되어 왔던 시간과 공간의 개념을 완전히 바꿔놓았으며, 그로 인해 과학자들은 우주가 역동적인 실체임을 인정하게 되었다. 이 정도만 해도 정말 대단한 업적이 아닐 수 없는데, 아인슈타인의 능력은 여기서 끝나지 않는다. 그는 1920년대에 자신이 쌓아올린 수학과 기하학적 직관을 총동원하여 '통일장이론(unified field theory)'이라는 새로운 분야를 개척했다.

아인슈타인의 목적은 자연에 존재하는 모든 종류의 힘을 하나의 일관적인 수학체계로 통일하는 것이었다. 각 상황마다 따로 존재하던 일련의 법칙들을 '이음매 없는 매끈한 끈 하나'로 묶고 싶었던 것이다. 아인슈타인은 이 연구에 수십 년을 몰두했지만, 역사가들은 그의 통일장이론을 그다지 높게 평가하지 않는다(꿈이 너무 원대했고,

시기가 너무 빨랐다). 그러나 그의 정신을 이어받은 일부 물리학자들이 역사상 가장 야심차면서도 정교한 이론을 만들어냈으니, 그것이 바로 이 장의 주제인 '끈이론(string theory)'이다.

끈이론의 역사와 기본개념은 나의 전작인 《엘러건트 유니버스》와 《우주의 구조》에 자세히 소개되어 있다. 이 책이 나온 후 일반대중들도 끈이론에 관심을 가지면서 수많은 질문을 쏟아냈는데, 대부분이 매우 타당한 지적들이었다. 앞으로 우리는 끈이론을 통해 세 종류의 다중우주를 추가로 접하게 될 텐데(5~6장 참조), 실험적 검증도 중요하지만 이론의 현재 상태를 정확하게 파악하는 것도 그에 못지않게 중요하다고 생각한다. 그래서 이 장에서는 끈이론의 역사와 현재 상태를 설명하는 데 주력할 것이다.

통일의 간략한 역사

아인슈타인이 통일장이론을 연구하던 무렵에 물리학적으로 실체가 규명된 힘은 일반상대성이론으로 서술되는 중력과, 맥스웰방정식으로 서술되는 전자기력뿐이었다. 그래서 아인슈타인은 이 두 개의 힘을 하나의 수학체계로 통일하면 모든 자연현상을 하나의 법칙으로 서술할 수 있다고 생각했다. 그가 통일장이론에 그토록 매달린 것도 완성될 가능성이 어느 정도 보였기 때문일 것이다. 그는 물리법칙을 통일한 가장 모범적인 사례로 맥스웰이 19세기에 정립한 전자기학을 떠올렸다. 맥스웰이 등장하기 전까지만 해도 과학자들은 전선을 타고 흐르는 전기와 자석의 당기는 힘, 그리고 태양에서 방출되어 지구로 도달하는 빛이 서로 무관한 별개의 자연현상이라고 생각했다. 그러나 맥스웰은 이 세 가지 현상이야말로 오묘하게 얽혀 있는 자연의 '삼위일체'임을 만천하에 드러냈다. 전선을 타고 흐르는 전류는 자기장을 만들어내고, 전선 근처에서 움직이는 자석은 전류를 만들어낸다. 그리고 전기장과 자기장이 교란되어 나타난 파문은 빛을 만들어낸다. 아인슈타인은 자신의 통일장이론이 맥스웰의 뒤를 이어 통일을 향한 마지막 이론이 될 것으로 예상했다. 그가 보기에 전자기력과 중력을 하나로 통일하면 자연의 모든 현상을 통일한 것이나 다름없었기 때문이다.

물론 이것은 결코 쉬운 작업이 아니었다. 아인슈타인 역시 단 한 번도 통일장이론을 가볍게 생각한 적이 없었다. 그는 혼자서 문제를 제기하고 혼자서 해결하는 '독립형' 과학자의 전형이었기에, 사람들과의 접촉을 거의 끊고 생의 마지막 30년을 오직 통일장이론에만 몰두했다. 임종 전날인 1955년 4월 17일, 프린스턴 병원의 침상에 누워 있던 아인슈타인은 개인비서인 헬렌 듀카스(Helen Dukas)에게 방정식을 적어둔 노트를 갖다 달라고 부탁했다. 마지막 순간까지도 통일장이론을 포기하지 않았던 것이다. 그는 마지막 남은 힘을 다해 노트에 몇 가지 수학기호를 끄적거리다가 조용히 잠들었고, 다음날 아침이 되어서도 깨어나지 않았다. 한 시대를 풍미했던 최고의 천재가 우리 곁을 영원히 떠나는 순간이었다. 죽는 순간까지 자신의 목적을 이루기 위해 그토록 열정을 불살랐건만, 통일장이론은 끝내 아인슈타인에게 문을 열어주지 않았다.[1]

아인슈타인과 동시대를 살았던 물리학자들 중 그의 통일장이론에 관심을 가졌던 사람은 거의 없었다. 1920년대 중반부터 1960년대 중반까지 대부분의 물리학자들은 양자역학을 주무기로 삼아 원자 세계의 비밀을 푸는 데 여념이 없었다. 미시세계의 법칙을 적용하여 물질의 구성성분을 분석하는 것은 확실히 매력 있는 일이었다. 통일장이론이 중요하다는 점에는 대부분 동의하면서도, 그것을 '이론가와 실험가들이 투박한 장갑을 낀 채 미시세계의 법칙을 장님 코끼리 만지듯 탐구하던 시대'의 유물로 여기고 있었다. 그러던 중 아인슈타인마저 세상을 떠나자 통일장이론은 물리학자들의 뇌리에서 거의 사라졌다.

그 후 후속 연구가 이루어지면서 아인슈타인이 실패했던 이유가 명확하게 드러났다. 그는 너무 좁은 영역에 초점을 맞췄던 것이다. 아인슈타인은 생전에 양자역학을 수용하지 않았을 뿐만 아니라(그는 통일장이론이 완성되면 굳이 양자역학을 도입할 이유가 없어진다고 굳게 믿었다), 나중에 실험을 통해 발견된 두 가지 힘—강한 핵력(강력, strong nuclear force)과 약한 핵력(약력, weak nuclear force)을 고려하지 않았다. 강한 핵력은 원자핵을 단단하게 결합시키는 힘이고, 약한 핵력은 방사능 붕괴를 일으키는 힘이다. 이로써 통일되어야 할 대상은 두 개에서 네 개로 늘어났고, 아인슈타인의 꿈은 더 멀어지는 듯했다.

그러나 1960년대 후반에서 1970년대를 거치면서 상황은 크게 달라졌다. 맥스웰의 고전전자기학을 양자역학 버전으로 전환하는 데 결정적인 역할을 했던 양자장이론은 알고 보니 약력과 강력에도 적용될 수 있는 이론이었다. 이로써 중력을 제외한 세 개의 힘은 하나의 수학적 언어로 서술될 수 있었으며, 셸던 글래쇼(Sheldon Glashow)와 스티븐 와인버그(Steven Weinberg), 그리고 앱두스 살람(Abdus Salam)은 전자기력과 약력을 '약전자기이론(electroweak theory)'이라는 하나의 이론으로 통일하여 1979년에 노벨상을 받았다. 그리고 글래쇼와 그의 하버드대학 동료인 하워드 조자이(Howard Georgi)는 전자기력과 약력 및 강력을 하나로 통일할 수 있는 가능성을 제시하여 통일장이론을 완전히 부활시켰다. 아인슈타인이 처음 시도했던 연구가 근 50년 만에 되살아난 것이다. 이론물리학자들은 전혀 다르게 보이는 세 가지 힘이 어떤 하나의 힘에서 분리되어 나온 것일 수도 있다고 생각했다.[2]

이 정도면 통일장이론은 상당한 진전을 이룬 셈이다. 그러나 거기에는 물리학자들을 끊임없이 괴롭혀온 성가신 문제가 하나 있었다. 자연의 네 번째 힘인 중력에 양자장이론을 적용하면 매끈했던 수학이 전혀 제 기능을 못하는 것이다. 아인슈타인의 일반상대성이론으로 서술된 중력장을 양자장이론과 함께 하나의 수학컨테이너에 강제로 담아놓고 계산을 진행하면, 사방이 삐걱거리면서 상식을 벗어나는 결과가 얻어진다. 그러나 일반상대성이론과 양자역학은 각자 자신의 영역에서 커다란 성공을 거둔 이론이기 때문에(일반상대성이론은 중력을 포함한 거시적 스케일의 현상을 설명하고, 양자역학은 원자나 소립자 등 주로 미시적 스케일에서 일어나는 자연현상을 설명하는 이론이다) 이들을 합치는 과정에서 터무니없는 답이 나왔다는 것은 자연의 법칙을 이해하는 방식에 심각한 문제가 있음을 시사한다. 두 개의 법칙이 서로 양립하지 못한다면 둘 중 하나, 또는 두 법칙 모두 틀렸다는 뜻이다. 초기의 대통일이론은 물리학의 '미학적인 완성'을 어느 정도 염두에 두고 있었으나, 이제는 그런 한가한 생각을 할 수 없게 되었다. 잘못된 곳이 있다면 빨리 찾아서 고쳐야 한다.

그 후 1980년대 중반에 이르러 또 한 번의 커다란 변화가 불어닥

쳤다. 초끈이론(superstring theory)이라는 새로운 이론이 전 세계 물리학자들의 관심을 끌기 시작한 것이다. 초끈이론은 일반상대성이론과 양자역학 사이의 적대적 관계를 해소하고 중력을 양자역학의 세계로 안전하게 끌어들일 수 있는 강력한 후보로 추대되었다. 이로써 '초끈이론 통일시대'가 활짝 열렸고, 갓 학위를 받은 젊은 이론물리학자들은 너 나 할 것 없이 이 분야로 뛰어들어 수많은 논문들을 쏟아냈다. 이 시기에 초끈이론은 급속도로 발전하여 대부분의 이론물리학 학술지를 거의 점령하다시피 했으며, 수학체계가 확고하게 다져지면서 이론물리학의 총아로 떠올랐다. 사실 초끈이론(줄여서 '끈이론'이라고도 한다)의 수학이 복잡하면서도 아름다웠던 것은 사실이다. 그러나 10년 가까이 지나도록 이론의 상당부분은 여전히 미스터리로 남아 있었다.[3]

  1990년대 중반에 이론물리학자들은 끈이론의 미스터리를 풀어나가다가 뜻밖에도 또 하나의 다중우주 스토리와 마주치게 된다. 학자들은 그동안 끈이론을 분석할 때 주로 근사적인 방법(approximation)을 써왔기 때문에, 정상적인 분석법의 필요성을 오래전부터 느끼고 있었다. 그런데 이 방법이 조금씩 개발되면서 우리의 우주가 다중우주의 일부일 수도 있다는 가능성이 조심스럽게 제기되기 시작했다. 사실 끈이론의 수학에 의하면 우주는 하나의 다중우주가 아니라 여러 개의 다중우주가 공존하는 형태이다.

  끈이론이 제시하는 다중우주의 개념을 이해하고 우주론에서의 역할을 이해하려면 한 걸음 뒤로 물러나서 끈이론의 현재상황부터 알아둘 필요가 있다.

양자장이론의 컴백

현대물리학에서 커다란 성공을 거둔 전통적인 양자장이론에서 이야기를 풀어 나가보자. 양자장이론과 끈이론의 상호관계를 이해하고 앞으로 언급될 '끈이론 통일스토리'를 위한 사전준비를 하려면 이 방법이 최선이다.

3장에서 말한 바와 같이 고전물리학적 장이란 "공간의 한 지역에 안개처럼 퍼져 있는 그 무엇"으로, 교란된 정보를 물결이나 파동의 형태로 전달한다. 예를 들어 맥스웰에게 지금 이 책을 비추고 있는 빛의 정체를 설명해달라고 부탁한다면, 그는 다소 격앙된 목소리로 외칠 것이다. "그것은 태양이나 방 안의 전구에서 생성된 전자기파로서, 책으로 전달되는 동안 끊임없이 물결치고 있다!" 또한 그는 파동의 움직임을 수학적으로 서술하면서, 각 지점에서 장의 세기와 방향을 숫자로 표현할 것이다. 물결치는 파동은 물결치는 숫자에 대응된다. 임의의 위치에서 장의 값은 주기운동을 하면서 증가와 감소를 반복하고 있다.

장의 개념에 양자역학을 도입한 양자장이론은 고전적 장에는 없는 두 가지 근본적 특성을 갖고 있는데, 앞에서 이미 다룬 내용이지만 기억을 되살리는 의미에서 다시 짚고 넘어가기로 한다. 첫째, 양자장의 값은 양자적 불확정성에 의해 모든 지점에서 무작위로 요동치고 있다. 인플레이션 우주론에서 인플라톤장의 값이 요동치는 것도 여기서 기인한다. 둘째, 물이 H_2O라는 물분자로 이루어져 있듯이, 양자장은 '양자(quanta)'라는 무한히 작은 입자들로 이루어져 있다. 전자기장의 경우, 장을 이루는 양자는 광자(photon)이다. 그래서 양자장이론을 연구하는 학자는 전구 빛에 관한 맥스웰의 설명을 다음과 같이 수정할 것이다. "전구는 매 초마다 100×10억×10억 개의 광자로 이루어진 입자빔을 꾸준히 방출하고 있다."

물리학자들은 수십 년에 걸친 연구 끝에 이 두 가지가 모든 양자장에 적용되는 일반적 특성임을 확인했다. 모든 장은 양자적 요동을 겪고 있으며, 모든 장은 특정한 입자와 연결 지을 수 있다. 전자장(electron field)의 양자는 전자(electron)이고, 쿼크장(quark field)의 양자는 쿼크이다. 물리학자들은 가끔씩 입자의 (매우) 대략적인 이미지를 그릴 때, 그에 대응되는 장에 어떤 매듭이나 덩어리를 떠올리곤 한다. 그러나 양자장이론의 수학에서는 입자를 '크기가 없고 내부 구조도 없는' 점으로 취급하고 있다.[4]

양자장이론을 향한 우리의 신뢰는 한 가지 중요한 사실에 근거하고 있다. 이론에 어긋나는 실험결과가 지금까지 단 한 번도 나온 적이 없다는 것이다. 어긋나기는커녕 양자장이론의 방정식은 입자의 거동을 놀라울 정도로 정확하게 서술하고 있다. 가장 대표적인 사례가 전자기력의 양자장이론 버전인 양자전기역학(quantum electrodynamics, QED)이다. 물리학자들은 이 이론을 이용하여 전자의 자기적 특성을 계산했는데, 결코 만만한 계산이 아니어서 가장 정확한 계산결과가 나올 때까지 수십 년이 걸렸다. 물론 고생한 보람은 충분히 있었다. 계산으로 얻은 값과 실험을 통해 얻은 값은 십진수로 열 번째 자리까지 일치한다! 이론과 실험이 이 정도로 정확하게 일치하는 경우는 과학사에서 거의 찾아보기 어렵다.

이 정도로 성공적인 이론이라면 자연의 모든 힘을 하나로 통일하는 수학적 체계를 제공할 만도 하다. 그래서 1970년대 말까지 수많은 물리학자들이 이 문제에 매달렸고, 약한 핵력과 강한 핵력을 양자장이론으로 설명하는 데까지는 성공을 거두었다. 두 힘은 약력장과 강력장이라는 장의 개념으로 설명되며, 이들의 상호작용과 전달 방식은 양자장이론의 수학적 법칙을 정확하게 따르고 있다.

그러나 양자장이론의 역사를 되짚으면서 언급했던 것처럼 이 분야에 투신한 물리학자들은 하나 남은 중력이 결코 만만치 않은 대상임을 금방 깨달았다. 일반상대성이론의 방정식을 양자이론에 도입하려고 할 때마다 수학이 심각한 훼방을 놓은 것이다. 두 이론의 방정식을 사용하여 어떤 물리적 과정이 발생할 확률(예를 들어 전기적으로는 서로 밀고, 중력으로는 서로 당기는 두 개의 전자가 서로 스쳐 지나갈 확률)을 계산해보면 어김없이 '무한대'라는 답이 얻어진다. 공간의 부피나 물질의 양은 경우에 따라 무한대가 될 수도 있지만 확률은 경우가 다르다. 그냥 다른 정도가 아니라 완전히 다르다. 수학적 정의에 의해 확률은 0에서 1 사이의 값만을 가질 수 있다(퍼센트 단위로는 0~100 사이의 어떤 값이어야 한다). 확률이 무한대라는 것은 어떤 사건이 일어날 확률이 매우 높다는 뜻도 아니고, 분명히 일어난다는 뜻도 아니다. 그것은 그냥 틀린 답일 뿐이다. 계란 한 꾸러미에 13개가 들어 있다고 우기는 것처럼 아무런 의미가 없다. 무한대의 확률이 우리에게 전하는 메시지는 간단명료하다. "아무리 애를 써도 두 방정식은 양립할 수 없다"는 것이다.

물리학자들은 틀린 곳을 추적해 가다가 양자적 요동에까지 이르렀다. 강력장과 약력장, 그리고 전자기장의 양자적 요동을 다루는 수학적 테크닉은 이미 개발되어 있었으나, 똑같은 방법을 중력장(시공간의 곡률을 결정하는 장)에 적용하기만 하면 잘못된 결과가 얻어지곤

했다. 무한대의 확률이라는 황당한 결과 앞에서 수학은 할 말을 잃고 말았다.

이 상황을 이해하기 위해, 당신이 샌프란시스코에 있는 오래된 집의 주인이라고 가정해보자. 이 집에는 세입자가 들어와 살고 있는데, 어느 날 그가 몹시 시끄러운 파티를 열었다. 당신은 소음이 다소 불쾌했지만, 사람들이 시끄럽게 떠든다고 해서 건물에 손상이 가지는 않을 것이므로 큰 걱정은 하지 않았다. 그러나 파티가 아니라 지진이 일어났다면 상황은 훨씬 심각해진다. 중력장을 제외한 다른 장(시공간이라는 집에 세 들어 사는 장들)의 요동은 파티를 좋아하는 사람들과 비슷하다.

이론물리학자들은 거의 한 세대에 걸쳐 그 까다로운 요동과 씨름을 벌여오다가 1970년대에 드디어 중력을 제외한 힘들의 양자적 특성을 수학적으로 서술할 수 있게 되었다. 그러나 중력장의 요동은 질적으로 달라서, 파티의 소음보다는 지진에 더 가깝다. 중력장은 시공간의 구조 속에 엮여 있기 때문에 장의 양자적 요동은 전체구조를 송두리째 뒤흔든다. 이런 식으로 시공간 구석구석에 만연해 있는 요동을 기존의 수학으로 분석하려다 보니 어이없는 결과가 초래된 것이다.[5]

그러나 이것은 매우 극단적인 상황에서만 나타나는 문제였기에 물리학자들은 해결책을 물색하지 않은 채 몇 년 동안 방치해두었다. 중력은 물체의 질량이 아주 클 때 두드러지게 나타나고, 양자역학은 아주 작은 영역에서 중요한 역할을 한다. 둘 다 중요한 역할을 하려면 질량이 아주 크면서 크기가 작아야 하는데, 자연에는 이런 대상이 거의 없다. 대부분의 경우에는 양자역학이나 일반상대성이론 중 하나만 적용하면 된다. 그러나 여기에는 예외가 있다. 빅뱅이나 블랙홀은 아주 작은 영역에 막대한 질량이 집중되어 있으므로 양자역학과 중력이론이 동시에 적용되어야 한다. 그런데 어떤 임계점에 이르면 수학이 붕괴되기 때문에 "우주는 어떻게 시작되었는가?"라거나 "블랙홀의 중심부는 어떤 종말을 맞이할 것인가?"라는 질문에는 아무런 대답도 할 수 없다.

블랙홀이나 빅뱅이 문제가 아니다. 중력이론과 양자역학이 동시에 중요한 역할을 하려면 물리계가 얼마나 무겁고 얼마나 작아야 할까? 이것은 간단한 계산으로 알 수 있는데, 양성자의 10^{19}배(이것을 플랑크질량Planck mass이라 한다)에 달하는 질량이 $10^{-99} m^3$의 부피 안에 압축되어 있어야 한다(이것은 반지름이 10^{-33}cm인 구의 부피에 해당하며, 10^{-33}cm를 플랑크길이Planck length라고 한다. 〔그림 4.1〕 참조).[6] 즉 양자중력이론이 적용되는 범위는 현재 세계에서 가장 강력한 입자가속기로 탐사할 수 있는 영역에서 100만×10억 배쯤 벗어나 있다(크기는 작고, 질량은 크다). 이런 전인미답의 영역에 새로운 장과 입자들이 얼마나 많이 존재할지 누구도 알 수 없다. 중력과 양자역학을 통일하려면 실험을 통해 도달할 수 없는 영역을 종횡무진으로 누비면서 새로운 지식을 끌어모아야 한다. 물론 지금으로서는 거의 불가능한 이야기다.

사정이 이 정도니, 1980년대 중반에 물리학자들 사이에서 "끈이론이 통일의 새로운 장을 열었다"는 소문이 파다하게 퍼졌다고 하면 독자들은 놀라움과 함께 회의적인 생각을 품지 않을 수 없을 것이다.

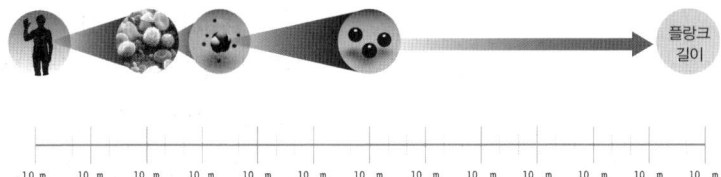

[그림 4.1] 중력과 양자역학이 만나는 플랑크길이는 실험을 통해 도달할 수 있는 영역보다 1,000억×10억 배나 작다. 이 그림은 각 물체의 스케일을 비교한 것으로, 오른쪽으로 한 칸씩 옮겨갈 때마다 1/1,000씩 작아진다. 이런 식으로 그려놓으면 방대한 차이를 한 페이지에 요약할 수 있지만, 실질적인 감을 잡는 데에는 별 도움이 되지 않는다. 독자들의 이해를 위해 한 가지 비유를 들자면, 원자 하나를 관측 가능한 우주의 크기로 확대했을 때 플랑크길이는 평균 크기의 나무와 비슷해진다.

끈이론

요즘은 끈이론에 대한 평판이 그리 좋은 편은 아니지만, 기본적인 아이디어는 매우 단순하다. 끈이론이 출현하기 전, 기존의 표준이론에서는 양자장이론의 방정식으로 서술되는 기본입자들을 더 이상의 내부구조가 없는 점(point)으로 간주했으며, 각 입자에는 특유의 장을 대응시켰다. 그러나 끈이론은 기본입자를 점으로 간주하지 않고, [그림 4.2]와 같이 아주 작은 영역에서 '진동하는 끈'이라고 주장한다. 기본입자를 크게 확대해서 주의 깊게 관찰해보면 점이 아니라 진동하는 끈이 보인다는 것이다. 전자를 크게 확대해서 보면 끈이고, 쿼크도 확대하면 끈이다.

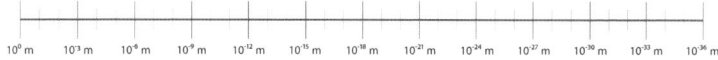

[그림 4.2] 끈이론에 의하면 물질을 구성하는 모든 기본입자들은 점이 아니라 진동하는 끈이다. 그 모습을 보려면 플랑크길이를 눈에 보일 정도로 확대해야 하는데, 관측장비의 한계 때문에 우리에게는 그냥 점으로 인식된다.

이뿐만이 아니다. 입자를 크게 확대해서 보면 모두 끈일 뿐만 아니라, 종류가 다른 입자들이라 해도 끈 자체는 완전히 동일하다. 다만 진동하는 패턴이 다를 뿐이다. 이것이 바로 끈이론이 물리법칙의 통일을 시도하게 된 가장 중요한 동기이다. 예를 들어 쿼크는 전자보다 질량이 큰데, 이것을 끈이론으로 해석하면 쿼크의 '끈'이 전자의 '끈'보다 더 격렬하게 진동하고 있기 때문이다(에너지와 질량이 $E=mc^2$을 통해 서로 등가관계임을 상기하기 바란다). 또한 전자의 전기전하는 쿼크의 전하보다 큰데, 이것 역시 끈의 진동패턴과 관련되어 있다. 기타 줄의 진동패턴이 다르면 다른 음이 생성되는 것처럼, 끈의 진동패턴이 다르면 다른 종류의 입자가 되는 것이다.

사실 끈이론이 주장하는 바는 진동하는 끈이 입자의 특성을 반영하고 있는 것이 아니라, 진동하는 끈 자체가 바로 우리가 입자라고 불렀던 그것의 실체라는 것이다. 그러나 끈의 크기가 10^{-33}cm에 불과하기 때문에 가장 최첨단 장비를 동원한다 해도 끈의 구조를 직접 볼 수는 없다. 현재 세계에서 가장 강력한 입자가속기인 강입자충돌기는 정지해 있는 양성자의 10조 배에 달하는 에너지로 입자들을 충돌시킬 수 있는데, 이 정도로는 10^{-19}cm까지밖에 볼 수 없다. 물론 이것만 해도 머리카락 굵기의 100만×10억 분의 1에 불과하지만, 플랑크길이 수준에서 일어나는 현상을 감지하기에는 너무 투박하다. 명왕성에서 보면 지구가 하늘에 박힌 점처럼 보이듯이, 세계에서 가장 강력한 가속기를 동원해도 끈은 점처럼 보인다. 그럼에도 불구하고 입자는 끈이다.

이것이 바로 끈이론이다.

끈과 점, 그리고 양자중력

끈이론은 그 외에도 다양한 특성을 갖고 있으며, 처음 탄생한 후 지금까지 꾸준히 개선되어 오면서 풍성한 결과를 낳았다. 이 책에서 지금까지 언급된 모든 것을 끈이론의 입장에서 다시 서술한다면 내용이 훨씬 더 풍부해질 것이다. 이 장의 나머지 부분(그리고 5, 6, 9장에 걸쳐)에서 끈이론의 중요한 업적을 소개할 예정인데, 그보다 먼저 중요한 사항 세 가지를 짚고 넘어가고자 한다.

첫째, 물리학자가 양자장이론을 이용해서 자연을 서술하는 모형을 제시할 때에는 이론에 사용될 장을 선택해야 한다. 이 선택은 실험적 제한에 의해 결정될 수도 있고(현재 알려진 입자에 대응되는 양자장의 도입), 이론적 배경에 의해 결정될 수도 있다(인플라톤이나 힉스장과 같은 가상의 입자를 도입하면 더욱 많은 문제와 이슈를 제시할 수 있다). 그 대표적인 사례가 바로 '표준모형(Standard Model)'이다. 전 세계 입자가속기에서 수집된 데이터를 정확하게 설명함으로써 20세기 입자물리학의 최고업적으로 평가되고 있는 표준모형은 57개의 서로 다른 양자장을 도입한 양자장이론이다(장에 대응되는 입자들은 전자, 뉴트리노, 광자, 그리고 다양한 쿼크들(위-쿼크, 아래-쿼크, 맵시-쿼크 등)이다). 표준모형이 성공적이라는 데에는 이견의 여지가 없다. 그러나 많은 물리학자들은 "자연의 실체를 밝혀주는 진정한 이론은 그렇게 많은 항목을 요구하지 않을 것"이라며 다소 회의적인 반응을 보여왔다.

끈이론의 흥미로운 특성 중 하나는 입자들이 이론으로부터 자연스럽게 유도된다는 점이다. 앞서 말한 대로 끈의 진동패턴에 따라 다양한 입자들이 나타난다. 그리고 끈의 진동패턴으로부터 해당 입자의 물리적 특성이 결정되기 때문에, 이론에서 제시된 모든 진동패턴을 알고 나면 '모든' 입자의 '모든' 특성을 설명할 수 있다. 끈이론이 희망적인 이유는 양자장이론과 달리 모든 입자의 특성을 수학적으로 유도할 수 있기 때문이다. '진동하는 끈'이라는 근본적 공통점으로부터 모든 것을 통일할 뿐만 아니라, 미래를 위한 깜짝 선물도 준비해놓고 있다. 훗날 어떤 물리학자가 생전 처음 보는 입자를 발견한다 해도, 끈이론에서 예견된 입자목록을 뒤지거나 정밀한 계산을 수행하면 그것이 처음부터 끈이론에 이미 존재했던 입자임을 알게 될 것이다. 끈이론은 틀린 곳을 조금씩 수정하면서 완전을 향해 서서히 나아가는 이론이 아니라, 처음부터 완전한 설명을 추구하는 이론이다.

두 번째로 짚고 넘어갈 것은 끈이 취할 수 있는 여러 진동패턴들 중에서 중력장의 양자입자에 정확하게 들어맞는 패턴이 존재한다는 점이다. 끈이론이 등장하기 전에 중력과 양자역학을 하나로 합치려는 시도들은 모두 실패했지만, 중력장에 대응되는 입자('중력자 graviton'라고 한다)가 존재해야 한다는 점에는 이견의 여지가 없었다.

이 입자는 질량이 없고 전하도 없으며 양자역학적 스핀(spin)은 2가 되어야 했다(대충 말해서 팽이처럼 돌고 있는 중력자의 회전속도가 광자의 2배라는 뜻이다).[7] 그런데 놀랍게도 끈이론의 초기 개척자인 존 슈바르츠(John Schwarz)와 조엘 셔크(Joël Scherk), 그리고 타미아키 요네야(Tamiaki Yoneya)는 끈의 진동패턴 중 하나가 중력자와 정확하게 일치한다는 사실을 발견했다. 1980년대에 끈이론이 수학적으로 타당한 양자역학이론임이 확인되면서(슈바르츠와 그의 동료인 마이클 그린Michael Green의 역할이 결정적이었다), 많은 물리학자들은 "끈이론에 중력자가 이미 존재하고 있으므로, 끈이론은 우리가 그토록 애타게 찾아왔던 양자중력이론일 가능성이 크다"며 흥분을 감추지 못했다. 드디어 끈이론이 이론물리학의 중앙무대로 진출하게 된 것이다.■[8]

세 번째는 끈이론이 몰고 온 파격적인 변화가 과거에도 여러 차례 있었다는 점이다. 성공적으로 평가받았던 대부분의 새 이론들은 이전의 이론을 무용지물로 만들지 않았다. 오히려 새로운 이론은 기존의 이론을 완전히 포용하면서 설명 가능한 현상의 범위를 크게 확장시켰다는 공통점을 갖고 있다. 특수상대성이론은 우리가 이해할 수 있는 자연의 범위를 '고속의 영역'까지 확장시켰고, 일반상대성이론은 여기서 한 걸음 더 나아가 '질량이 큰 영역(강한 중력장의 세계)'

■ 끈이론이 중력과 양자역학 사이의 불일치를 어떻게 극복했는지 알고 싶은 독자들은 나의 전작인 《엘러건트 유니버스》 6장과 《우주의 구조》 8장을 읽어보기 바란다. 책을 따로 읽을 시간이 없다면 이 장의 후주 8번을 읽으면 된다. 후주마저 읽을 시간이 없는 독자들을 위해 더 간략하게 요약하면 다음과 같다. 점입자는 크기가 없어서 공간상의 한 점을 점유할 뿐이지만, 끈은 길이가 있으므로 약간 퍼져 있다. 그리고 이 '퍼짐'이 과거의 시도를 무위로 만들었던 단거리 양자요동을 희석시킨다. 끈이론이 일반상대성이론과 양자역학을 조화롭게 묶어준다는 강력한 증거가 1980년대 말에 발견되었고, 최근 들어 이 증거는 더욱 확고해졌다(9장 참조).

까지 확장시켰다. 또한 양자역학과 양자장이론은 탐구대상을 극미의 영역으로 확장시켰다. 이 이론들은 기존의 이론으로 밝히지 못했던 새로운 사실들을 명쾌하게 규명함으로써 물리학의 발전에 지대한 공헌을 했다. 게다가 이 이론들을 일상적인 규모(또는 속도)에 적용하면 뉴턴의 고전역학이나 맥스웰과 패러데이 고전적 장이론과 정확하게 일치한다. 새로운 이론은 기존의 이론을 훼손하지 않으면서 이해의 영역을 더욱 넓혀 왔던 것이다.

이런 점에서 볼 때 끈이론은 진보를 향한 마지막 걸음일 수도 있다. 왜냐하면 끈이론은 상대성이론과 양자역학을 하나의 이론체계 안에서 다루고 있기 때문이다. 뿐만 아니라 (이것이 제일 중요한 부분인데) 끈이론은 과거에 이루어진 발견들을 온전히 끌어안으면서 앞으로 나아가고 있다. 만물이 끈으로 이루어져 있다는 주장은 일반상대성이론의 휘어진 시공간과 별 관계가 없을 것 같지만, 중력이 큰 역할을 하고 양자역학이 별로 중요하지 않은 영역(태양과 같이 질량과 부피가 큰 물체)에 끈이론의 수학을 적용하면 아인슈타인 방정식과 일치한다. 그리고 이와 반대로 양자역학이 중요하게 작용하고 중력은 별로 중요하지 않은 영역(격렬하게 진동하지 않고 빠르게 움직이지도 않는 끈의 집합은 에너지가 작아서(또는 질량이 작아서) 중력이 거의 아무런 역할도 하지 않는다)에 끈이론의 수학을 적용하면 양자장이론의 수학이 그대로 재현된다.

이 상황은 [그림 4.3]에 도식적으로 표현되어 있다. 그림을 보면 뉴턴 이후로 개발된 물리학의 중요 이론들이 몇 단계를 거쳐 서로 긴밀하게 연결되어 있음을 알 수 있다. 특히 끈이론은 과거와 단절될 수도 있었고 [그림 4.3]의 차트에서 벗어날 수도 있었지만 놀랍

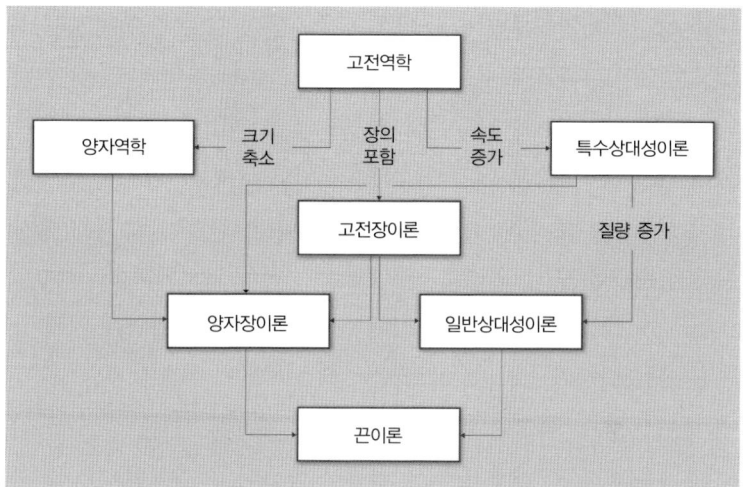

[그림 4.3] 이론물리학에 중요한 발전을 가져온 대표적 이론들 사이의 상호관계. 성공적인 새 이론은 이해의 폭을 한층 넓혀주면서(빠른 속도, 큰 질량, 짧은 거리) 일상적인 환경에 적용되면 기존의 이론으로 환원된다는 공통점을 갖고 있다—끈이론도 이와 같은 진보패턴을 그대로 따르고 있다. 끈이론은 물리학으로 이해할 수 있는 영역을 넓혀주었으며, 적절한 조건을 부과하면 상대성이론이나 양자역학으로 환원된다.

게도 그렇지 않았다. 끈이론은 20세기 물리학의 한계를 뛰어넘을 정도로 충분히 혁명적이면서, 지난 300년 동안 이루어진 발견을 거의 대부분 수용할 정도로 보수적인 이론이기도 하다.

공간의 차원

이제 낯선 부분을 언급할 차례다. 끈이론이 도입한 새로운 개념이란 입자를 점에서 끈으로 확장한 것뿐이다. 끈이론의 초창기인 1970년대에 물리학자들은 심각한 수학적 결함에 직면했었다. 에너지가 스스로 창조되거나 사라지는 '양자적 비정상(quantum anomalies)'이 나타났던 것이다. 과거에도 이런 경우가 종종 있었지만 그럴 때마다 물리학자들은 빠르고 냉정하게 대응해왔고, 끈이론 학자들도 예외는 아니어서 미련 없이 이론을 폐기해버렸다. 그러나 몇 명의 학자들은 끈이론을 포기하지 않고 꾸준히 해결책을 모색했다.

얼마 후 그들은 양자적 비정상이 공간의 차원과 복잡하게 얽혀 있음을 알게 되었다. 그리고 이 문제가 해결되려면 우리가 일상적으로 겪고 있는 차원 이외에 또 다른 차원이 존재해야 한다는 이상한 결론에 도달했다. 공간에서 이동 가능한 방향이 좌-우, 앞-뒤, 상-하 이외에 또 있어야 한다는 것이다(비스듬한 방향으로 이동하는 것은 기존의 이동방향을 조합한 것이므로 새로운 방향에 속하지 않는다—옮긴이). 끈이론 방정식에 문제가 없으려면 우리가 사는 시공간은 9차원 공간에 1차원 시간을 더한 10차원이 되어야 했다.

나는 이 내용을 수학에 의존하지 않고 순전히 일상적인 언어만으로 설명하고 싶지만 그럴 수가 없다. 그리고 지금까지 어느 누구에게도 그런 식의 설명을 들어본 적이 없다. 나의 전작인 《엘러건트 유니버스》에서 시도를 해보았는데 그것은 일반적인 서술일 뿐, 차원의 수가 끈의 진동에 미치는 영향이나 10이라는 숫자의 출처를 설명하지는 못한다. 그래서 이번에는 약간 기술적인 내용을 소개하기로 마음먹었다. 끈이론의 방정식에는 '(D − 10) × (난감한 값)'이라는 항이 등장한다. 여기서 D는 시공간의 차원이고 '난감한 값'은 위에서 말한 대로 "에너지보존을 위반하는 항(양자적 비정상)"이다. 방정식에 이런 항이 등장하는 이유를 수학의 도움 없이 직관적으로 설명하긴 어렵지만, 약간의 계산을 거치면 얻어지는 결과이니 그냥 믿고 넘어가주기 바란다. 이제 난감한 값을 어떻게 하면 0으로 만들 수 있는지 생각해보자. 다들 알다시피 유한한 수에 0을 곱하면 0이 된다. 그러므로 우리가 사는 차원(D)이 4차원이 아닌 10차원이라면 난감한 항은 깨끗하게 사라진다. 이것이 전부다. 끈이론 학자들이 4차원 이상의 차원을 논하는 이유가 바로 이것이다.

당신이 무슨 주장이건 받아들일 준비가 되어 있다고 해도, '여분의 차원'이라는 말을 한 번도 들어본 적이 없다면 쉽게 설득되지 않을 것이다. 공간의 차원은 자동차 키나 양말처럼 쉽게 잃어버릴 수 있는 물건이 아니다. 이 우주에 길이, 폭, 높이 이외에 또 다른 척도가 있다면 누군가의 눈에 분명히 띄었을 것 같다. 글쎄, 과연 그럴까? 20세기 초에 독일의 수학자 테오도르 칼루자(Theodor Kaluza)와 스웨덴의 물리학자 오스카 클라인(Oskar Klein)은 교묘하게 숨어 있는 차원이 존재할 수도 있다는 논문을 발표한 적이 있다. 이들은 방대한 규모로 뻗어 있는 기존의 공간차원 이외에 또 다른 차원이 좁은 영역 속에 돌돌 말린 채 숨어 있을 수도 있다는 과감한 가설을 제안했다.

그 원리를 이해하기 위해 음료수용 빨대를 떠올려보자. 단 우리의 주제를 부각시키기 위해 빨대의 폭은 보통 크기지만 길이가 엠파이어스테이트빌딩만큼 길다고 가정하자. 다들 알다시피 빨대의 표면은 2차원 곡면이다. 기다란 쪽이 하나의 차원이고 빨대의 허리둘레를 따라 돌아가는 방향이 또 하나의 차원이다. 이 기다란 빨대를 엠파이어스테이트빌딩 옆에 수직으로 세워놓고, 그 광경을 허드슨 강 건너편에서 바라본다고 해보자([그림 4.4](a) 참조). 빨대는 꽤 가늘기

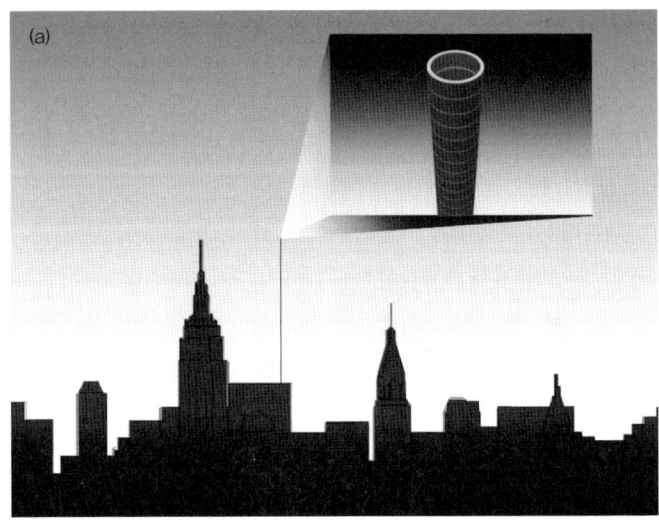

[그림 4.4] (a)기다란 빨대의 표면은 2차원 곡면이다. 하나는 눈에 잘 보이는 수직방향 차원이고, 다른 하나는 너무 작아서 눈에 뜨이지 않는 원형차원이다(빨대의 허리둘레). (b)거대한 카펫은 세 개의 차원을 갖고 있다. 이들 중 가로방향과 세로방향으로 나 있는 차원은 규모가 커서 쉽게 눈에 뜨이지만, 작은 고리형 매듭으로 이루어진 세 번째 차원은 가까이 다가가서 보지 않는 한 눈에 잘 뜨이지 않는다.

때문에 멀리서 보면 수직방향으로 뻗어 있는 선처럼 보일 것이다. 사실 이 줄에는 옆으로 돌아갈 수 있는 원형차원이 각 점마다 존재하고 있지만, 거리가 너무 멀어서 눈에 보이지 않는다. 이런 상황이라면 당신은 빨대가 1차원 물체라고 자연스럽게 생각할 것이다.[9]

또 하나의 예로 특수제작한 초대형 카펫이 유타 주의 솔트플랫(salt flat, 소금평원)을 통째로 덮고 있다고 가정해보자. 비행기에서 내려다보면 카펫은 동-서 방향과 남-북 방향으로 펼쳐진 2차원 평면처럼 보인다. 그러나 낙하산을 타고 내려와서 카펫을 주의 깊게 관찰하면 촘촘하게 늘어선 고리형 매듭들이 보일 것이다. 카펫은 눈에 잘 뜨이는 두 개의 차원(가로, 세로)과 눈에 뜨이지 않는 하나의 차원(원형고리)으로 이루어져 있다([그림 4.4](b) 참조).

이와 비슷하게 칼루자와 클라인은 눈에 잘 뜨이는 대형차원과 작은 영역에 숨어 있는 소형차원이 시공간에도 존재할 수 있다고 제안했다. 빨대의 길이와 카펫의 가로-세로가 눈에 잘 뜨이듯이, 공간의 3차원이 우리에게 친숙한 이유는 오직 하나, 규모가 크기 때문이다(무한대일 수도 있다). 그러나 공간에 여분의 차원이 빨대의 굵기나 카펫의 솔기처럼 지극히 작은 영역 속에 말려 있다면(원자의 100만 분의 1, 또는 10억 분의 1) 이들이 공간의 모든 곳에 존재한다고 해도 그 존재를 알 수 없다. 가장 성능이 뛰어난 확대경을 들이대도 보이지 않기 때문이다. 차원은 이런 식으로 얼마든지 숨어 있을 수 있다. 이것이 바로 칼루자-클라인 이론의 핵심이다. 우리의 우주는 일상적인 경험으로 알고 있는 차원 이외에 더 많은 차원이 존재할 수 있다([그림 4.5] 참조).

'여분차원'은 우리에게 그리 친숙한 개념이 아니지만, 논리적으

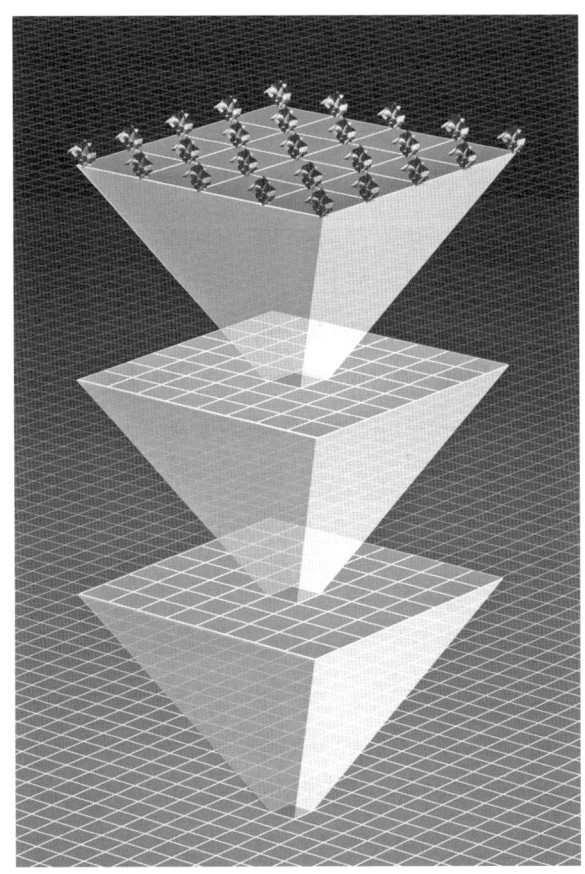

[그림 4.5] 칼루자-클라인 이론(Kaluza-Klein theory)은 우리에게 친숙한 3차원 공간의 모든 지점에 작은 차원이 숨어 있다는 내용을 골자로 하고 있다. 시공간을 충분히 크게 확대할 수만 있다면 이 가상의 차원이 모습을 드러낼 것이다(이 그림에서는 편의상 눈금이 만나는 곳에만 숨은 차원을 그려 넣었다).

로는 아무런 문제가 없다. 그런데 1920년대에 이 아이디어가 처음 나왔을 때 물리학자들은 별다른 관심을 보이지 않았다. 왜 그랬을까? 칼루자가 여분차원을 처음 떠올린 것은 아인슈타인이 일반상대성이론을 발표한 직후의 일이었다. 그는 단 몇 줄에 걸친 계산을 통해 아인슈타인의 방정식이 기존의 차원보다 하나 많은 4차원 공간에 적용될 수 있음을 깨달았다. 그러고는 수정된 방정식을 분석하다가 정말로 놀라운 사실을 발견했다. 훗날 그의 아들이 전하는 바에 따르면 당시 칼루자는 평소 점잖았던 모습을 완전히 내팽개치고 두 손으로 책상을 마구 내리치다가 갑자기 의자에서 벌떡 일어나 모차르트의 오페라 〈피가로의 결혼〉에 나오는 아리아를 목청껏 불렀다고 한다.[10] 차원을 올려서 방정식을 수정해놓고 보니, 그 안에 들어 있는 방정식 중 일부는 아인슈타인이 3차원에서 중력을 서술할 때 사용했던 방정식이었고, 나머지는 거의 반세기 전에 맥스웰이 발견했던 전자기장의 방정식이었던 것이다! 이 정도면 충분히 노래를 부를 만했다.

칼루자는 공간에 차원 하나를 추가하면 전자기력과 중력이 공간의 물결로 표현된다는 놀라운 사실을 발견했다. 중력은 우리에게 이미 친숙한 3차원 공간의 물결을 타고 전달되고, 전자기력은 네 번째 차원의 물결을 타고 전달된다. 그렇다면 네 번째 차원은 왜 보이지 않는 것일까? 이 의문에 해답을 제시한 사람이 오스카 클라인이었다. 그는 "나머지 하나의 차원이 너무 작은 영역에 숨어 있으면 눈에 보이지 않을 수도 있다"는 아이디어를 처음으로 제안했다.

1919년, 아인슈타인은 추가된 차원으로 중력과 전자기력이 하나의 방정식으로 통일되었다는 소식을 듣고 큰 충격을 받았다. 물리법칙을 하나로 통일하는 것이 그의 꿈이긴 했지만, 칼루자-클라인 이론은 아인슈타인이 보기에 지나치게 파격적이었다. 그러나 칼루자가 논문을 준비하는 몇 년 사이에 아인슈타인은 아이디어의 가치를 깨달았고, 결국은 숨은 차원의 대가가 되었다. 말년에도 그는 통일장이론을 연구하면서 길이 막힐 때마다 칼루자의 아이디어로 되돌아오곤 했다.

아인슈타인의 호평에도 불구하고 칼루자-클라인 이론은 몇 가지 난관에 부딪혔다. 그중 가장 어려운 문제는 전자와 같은 물질입자를 이론의 수학적 구조 안에 포용할 수가 없다는 점이었다. 이 문제를 해결하기 위해 향후 수십 년 동안 다양한 아이디어가 출몰했고, 이론을 일반화시키기 위한 노력도 꾸준히 전개되었지만 별다른 성과를 거두지 못했다. 차원을 확장하여 물리법칙을 통일한다는 아이디어 자체는 훌륭했으나, 후속 연구가 실효를 거두지 못하여 1940년대 중반에는 물리학자들의 뇌리에서 거의 잊혀져가고 있었다.

그로부터 30년 후에 드디어 끈이론이 등장했다. 끈이론은 고차원 공간을 단순히 수용한 것이 아니라, 이론을 서술하는 수학 자체가 그것을 요구했다. 또한 끈이론에는 칼루자-클라인의 아이디어가 태생적으로 녹아들어 있었다. "만일 끈이론이 우리가 찾던 통일이론이라면 우리는 왜 여분의 차원을 볼 수 없는가?"라는 질문에 끈이론은 이렇게 대답한다. "여분차원은 공간의 모든 지점에 존재하지만, 규모가 너무 작아서 보이지 않을 뿐이다." 이렇게 끈이론은 칼루자-클라인 이론을 되살려냈고, 1980년대 끈이론의 선구자들은 끈이론이 모든 물질과 힘의 원리를 설명하는 궁극의 이론이 될 것으로 굳게 믿었다. 이제 그들에게 필요한 것은 오직 시간뿐이었다.

커다란 기대

끈이론의 초창기에는 발전속도가 엄청나게 빨라서 한 개인이 그 추세를 따라잡기가 쉽지 않았다. 그래서 많은 사람들은 당시의 분위기를 양자역학의 광풍이 휘몰아쳤던 1920년대에 비유하곤 했다. 이런 분위기에서 일부 학자들은 다소 성급한 전망을 내놓기도 했다. 그들은 중력과 양자역학을 통일하고, 모든 물질의 특성을 설명하고, 블랙홀의 특이점을 논리적으로 설명하고, 우주의 기원을 규명하는 등 이론물리학의 모든 의문점을 끈이론이 해결해줄 것으로 기대했다.

그러나 후속 연구가 진행되면서 초기의 흥분은 점차 수그러들었다. 끈이론이 만능해결사라는 기대가 너무 성급했던 것이다. 끈이론은 내용도 풍부하고 다룰 수 있는 영역도 매우 넓었지만, 수학적인 부분이 너무 어려워서 거의 30년이 지난 지금은 열기가 많이 가라앉은 상태이다. 양자중력은 현재 관측할 수 있는 최소거리의 $100 \times 10억 \times 10억$ 분의 1에 해당하는 극미 영역을 다루는 이론이므로, 공정한 판결이 내려지려면 아직 갈 길이 멀다.

지금 우리는 어디쯤 와 있는가? 이 장의 나머지 부분은 주요 분야의 최신 연구현황을 소개하고 나름대로 평가하는 데 할애할 것이다 (이 책의 주제인 평행우주와 관련된 내용은 다음 장에서 다룰 예정이다).

입자의 특성과 끈이론

물리학에서 가장 심오한 질문 중 하나는 다음과 같다. "만물을 구성하는 기본입자들은 어떻게 지금과 같은 특성을 갖게 되었는가?" 전자의 질량은 왜 하필 지금과 같은 값이어야 하며, 위-쿼크는 왜 지금과 같은 전하를 띠고 있는가? 물론 입자의 특성 자체는 흥미로운 대상이지만, 이 질문이 관심을 끄는 가장 큰 이유는 앞에서 언급했던 '감질나는 현실' 때문이다. 입자의 특성이 지금과 달랐다면(예를 들어 전자의 질량이나 전하가 지금과 조금 달라서 인력과 척력의 강도가 조금 더 약하거나 강했다면) 태양과 같은 별의 에너지원인 핵융합반응이 일어나지 못했을 것이고, 별이 없으면 우리의 우주는 지금과는 완전히 다른 세상으로 진화했을 것이다.[11] 그리고 별의 에너지가 없었다면 일련의 복잡한 화학변화가 일어나지 못하여 지구의 생명체도 존재하지 않았을 것이다.

그러므로 우리에게 던져진 최대의 도전과제는 펜과 종이, 경우에 따라서는 컴퓨터, 그리고 물리학의 법칙을 이용하여 입자의 특성을 이론적으로 계산하는 것이다. 만일 이 계산결과가 실험과 일치한다면 "우주는 왜 지금과 같은 모습인가?"라는 근본적인 의문을 해결하는 데 커다란 실마리가 될 것이다.

양자장이론으로는 이와 같은 시도를 할 수 없다. 영원히 불가능하다. 왜냐하면 양자장이론에서 입자의 특성은 결과가 아니라 '입력 데이터'이기 때문이다(이론을 정의하는 요소의 일부이다). 따라서 양자장이론은 입자의 질량이나 전하가 왜 그런 값인지를 놓고 고민하지 않는다. 그냥 주어진 값으로 인정하고 그에 맞는 이론을 만들어갈 뿐이다.[12] 전자의 질량이나 전하가 지금과 다른 우주에서도 양자장이론은 눈 하나 깜빡이지 않고 제 갈 길을 갈 것이다. 그것은 방정식의 변수들을 조정하는 문제이지 이론 자체의 문제가 아니기 때문이다.

그렇다면 끈이론은 이보다 더 잘할 수 있을까?

끈이론의 장점 중 하나는 여분차원의 형태에 따라 입자의 특성이 결정된다는 사실이다(나 역시 끈이론을 처음 접했을 때 이 점이 가장 매력적이라고 생각했다). 끈은 너무나 작기 때문에 우리에게 친숙한 세 개의 커다란 차원에서 진동하지 않고, 아주 작게 말려 있는 다른 차원에서 진동한다. 관악기를 입에 대고 불었을 때 그 안으로 유입된 공기의 진동패턴이 악기의 내부구조에 의해 결정되는 것처럼, 끈이론에 등장하는 끈의 진동패턴은 작게 말려 있는 차원의 구체적인 형태에 의해 결정된다. 그런데 앞서 말한 대로 질량이나 전하와 같은 입자의 특성은 끈의 진동패턴에 의해 결정되므로, 결국 입자의 특성은 여분차원의 기하학적 형태에 의해 좌우되는 것이다.

그러므로 끈이론에서 말하는 여분차원의 정체를 정확하게 알고 있으면 진동하는 끈의 구체적인 특성을 알 수 있고, 이로부터 끈의 진동으로 나타난 기본입자들의 구체적인 특성까지 알 수 있게 된다. 문제는 여분차원의 기하학적 구조가 아직 정확하게 알려지지 않았다는 점이다. 다만, 끈이론의 방정식으로 여분차원의 기하학적 구조에 수학적 제한을 부과하여 이들이 칼라비-야우 도형(Calabi-Yau shapes, 수학용어로는 '칼라비-야우 다양체manifold'라고 한다)이라는 특수한 집합에 속한다는 사실까지는 알아냈다. 이 명칭은 수학자 유지니오 칼라비(Eugenio Calabi)와 싱-퉁 야우(Shing-Tung Yau)의 이름에서 따온 것으로, 이들의 업적은 끈이론이 탄생하기 훨씬 전에 이루어진 것이다([그림 4.6] 참조).

그러나 불행히도 끈이론의 방정식을 만족하는 칼라비-야우 도형은 하나로 결정되지 않는다. 악기의 종류가 다양한 것처럼 끈이론의

[그림 4.6] 끈이론에 입각하여 공간의 구조를 크게 확대한 상상도. 공간의 각 지점에 칼라비-야우 도형이 여분의 차원을 형성하고 있다. 카펫에 달려 있는 수많은 솔기처럼, 칼라비-야우 도형은 3차원 공간의 모든 지점에 존재한다(이 그림에는 편의상 가로-세로 보조선들이 만나는 지점에만 칼라비-야우 도형을 그려 넣었다).

방정식을 만족하는 칼라비-야우 도형은 크기와 형태가 매우 다양하다. 그리고 각 악기들이 서로 다른 음색을 내는 것처럼, 크기와 형태가 다른 여분차원들은 각기 다른 진동패턴을 낳고, 그로부터 예견되는 입자의 특성도 모두 다르다(자세한 내용은 다음 장에서 다룰 예정이다). 여분차원의 기하학적 구조를 유일하게 결정하지 못한다는 것이 끈이론의 가장 큰 문제이다. 끈이론 학자들이 검증 가능한 예측을 내놓지 못하는 것도 바로 이런 이유 때문이다.

내가 끈이론을 처음 접했던 1980년대 중반에는 후보로 오른 칼라비-야우 도형이 그리 많지 않았기 때문에, 일대일로 각개 격파하여 맞는 도형을 찾을 수 있을 것 같았다. 나의 박사학위 논문도 이런 시도 중 하나였다. 그로부터 몇 년 후, 내가 박사후과정(postdoctoral fellow) 중에 있을 때 칼라비-야우 도형이 수천 가지로 많아지면서 개별분석이 더욱 어려워졌다. 여기까지만 해도 대학원생 수준에서 해결할 수 있을 것 같았는데, 시간이 지날수록 도형의 수는 기하급수적으로 늘어나서 지금은 해변가의 모래알만큼이나 많아졌다(5장 참조). 이 괴물 같은 집단을 수학적으로 일일이 분석한다는 것은 말도 안 되는 이야기다. 그래서 끈이론 학자들은 하나의 칼라비-야우 도형을 '콕 찍어주는' 수학원리를 찾는 쪽으로 관심을 돌렸으나, 아직 성공한 사례는 없다.

기본입자의 특성을 여분차원의 특성으로 설명하려는 끈이론의 희망사항은 아직 유효하지만, 엄밀히 말하면 아직은 양자장이론보다 나은 점이 별로 없다.[13]

그러나 끈이론이 20세기 물리학의 최고 난제였던 '일반상대성이론과 양자역학의 조화로운 합일'을 이루어냈다는 점은 긍정적으로 평가되어야 한다고 생각한다. 이것이야말로 끈이론이 이룬 가장 커다란 업적이다. 끈이론은 표준 양자장이론이 넘지 못했던 장벽을 뛰어넘어 물리법칙의 통일이라는 궁극의 목표에 한층 더 가깝게 다가섰다. 앞으로 끈이론의 수학에 대한 이해가 더 깊어져서 유일한 형태의 여분차원을 찾아내고, 이로부터 모든 입자의 특성을 설명할 수 있게 된다면 물리학 역사상 가장 큰 업적이 될 것이다. 그러나 끈이론이 이 모든 과업을 반드시 이룬다는 보장도 없고, 반드시 그래야만 할 이유도 없다. 양자장이론도 커다란 성공을 거두었지만 입자의 근본적인 특성을 설명하는 데에는 실패하지 않았던가. 끈이론이 입자의 특성을 끝까지 설명하지 못할 수도 있지만, 양자장이론의 한계를 넘어서 중력을 포용한 것만도 기념비적인 업적이라고 생각한다.

6장에서 보게 되겠지만, 만일 우리의 우주가 평행우주들 중 하나라면 수학적 기교를 통해 유일한 형태의 여분차원을 골라내는 것이 원리적으로 불가능하다. DNA의 다양한 조합이 다양한 지구생명체를 창출하는 것처럼, 다양한 형태의 여분차원들이 끈이론에 기반을 둔 다중우주의 다양함을 창출하고 있다.

끈이론의 실험적 검증

전형적인 끈은 [그림 4.2]에 제시된 것처럼 너무나 작기 때문에, 실험을 통해 끈의 구조를 확인하려면 대형 강입자가속기(LHC)보다 100만×10억×10억 배쯤 강한 가속기가 있어야 한다. 지금의 기술로 이것을 구현한다면 가속기가 은하만큼 커질 뿐만 아니라, 1초당 소모되는 에너지도 전 세계 에너지 소비량의 100만 배에 달한다. 결국 기술이 아무리 발전한다 해도 인간의 능력으로는 끈과 점을 구별할 수 없다. 이 점은 앞에서도 강조한 바 있다. 저-에너지에서 끈이론의 수학은 양자장이론의 수학으로 전환된다. 그러므로 끈이론이 옳다고 해도 현재 수행 가능한 실험으로는 양자장이론의 범주를 넘지 못할 것이다.

하지만 이것은 끈이론의 입장에서 볼 때 결코 나쁜 소식이 아니다. 양자장이론은 일반상대성이론과 양자역학을 조화롭게 합칠 수도 없고 입자의 근본적 특성을 설명할 수도 없지만 수많은 실험결과들을 매우 정확하게 설명해주고 있다. 이 모든 것은 관측을 통해 알려진 입자의 특성을 입력 데이터로 사용한 결과이다(양자장이론의 장과 에너지곡선도 입자의 특성에 의해 결정된다). 여기에 양자장이론의 수학을 적용하면 주로 가속기를 기반으로 한 실험에서 입자의 거동을 예측할 수 있는데, 그 결과는 혀를 내두를 정도로 정확하다. 그래서 입자물리학자들은 몇 세대에 걸쳐 양자장이론을 주된 연구수단으로 활용해왔다.

양자장이론에서 장과 에너지곡선을 선택하는 것은 끈이론에서 여분차원을 선택하는 것과 거의 동일하다. 그러나 입자의 특성(질량과 전하 등)과 여분차원의 형태를 연결하는 수학이 너무 복잡하여 양자장이론처럼 실험결과로부터 선택의 방향을 결정할 수가 없다. 양자장이론에서는 실험 데이터로부터 장과 에너지곡선을 선택할 수 있지만, 끈이론에서는 이런 식의 결정이 불가능하다. 이론이 더 보강되면 실험결과를 이용하여 여분차원의 구조를 결정할 수 있겠지만 아직은 요원한 이야기다.

끈이론과 실험(또는 관측)결과를 연결하는 가장 바람직한 방법은 기존의 방식으로 설명되는 자연현상을 끈이론으로 더욱 논리적이고 자연스럽게 설명하는 것이다. 누군가가 "지금 이 책의 저자는 발가락으로 타자를 치고 있다"는 이론을 내세웠을 때, 그보다 자연스럽고 설득력 있는 가설은 "손가락을 사용한다"는 것이다(내가 직접 나서면 이 가설이 옳다는 것을 증명할 수 있다). 이와 비슷한 맥락에서 끈이론의 검증에 사용될 수 있는 실험 및 관측자료들을 [표 4.1]에 정리해놓았다.

실험/관측	설명
초대칭(Supersymmetry)	초끈이론의 '초(super)'는 초대칭을 의미한다. 지금까지 알려진 모든 종류의 입자들은 전기전하와 핵전하가 자기자신과 동일한 초대칭짝(superpartner)을 갖고 있다. 이론물리학자들은 이 초대칭짝에 해당하는 입자들이 기존의 입자보다 훨씬 무겁기 때문에 입자가속기에서 관측이 안 되는 것으로 추측하고 있다. 그러나 대형 강입자가속기(LHC) 정도면 초대칭짝을 만들어낼 가능성이 있기 때문에, 초대칭의 존재여부는 가까운 시일 내에 확인될 것으로 기대된다.
여분차원과 중력 (Extra Dimensions and Gravity)	공간은 중력을 전달하는 매개체이므로 차원이 많으면 중력이 퍼질 수 있는 공간도 그만큼 넓어진다. 물이 담긴 그릇에 잉크를 떨어뜨리면 넓게 퍼지면서 희석되는 것처럼, 중력도 여분차원으로 스며들면서 강도가 약해진다. 중력이 다른 힘보다 약한 이유도 이런 식으로 설명할 수 있다(손으로 커피잔을 집어들 때, 당신의 근육은 지구 전체가 잔을 잡아당기는 중력을 가뿐하게 이겨내고 있다. 중력은 이 정도로 약한 힘이다). 여분차원보다 짧은 거리에서 중력의 세기를 측정할 수 있다면 완전히 퍼지기 전의 중력이 관측될 것이므로 계측기에는 더 강하게 나타날 것이다. 현재 10^{-6}m 규모까지 측정이 이루어졌는데, 아직은 기존의 법칙에서 벗어나지 않는 것으로 판명되었다. 더 작은 스케일에서 중력이 강해지는 현상이 발견되면 여분차원이 존재한다는 확실한 증거가 될 것이다.
여분차원과 소실된 에너지 (Extra Dimensions and Missing Energy)	여분차원이 존재하지만 그 규모가 10^{-6}m보다 훨씬 작다면, 중력을 직접 측정하는 실험으로는 감지할 수 없다. 그러나 대형 강입자충돌기(LHC)는 여분차원을 확인하는 또 다른 방법을 제시해준다. 빠르게 움직이는 양성자들끼리 정면 충돌시켰을 때 생성되는 잔해들은 3차원 공간에서 튀어나와 다른 차원으로 비집고 들어갈 수도 있다(나중에 알게 되겠지만, 이 잔해는 중력을 매개하는 중력자 graviton일 것으로 추정된다). 그런데 모든 잔해들은 에너지를 갖고 있으므로, 이런 일이 실제로 일어난다면 충돌 후의 에너지는 충돌 전의 에너지보다 조금 작아질 것이다. 이 과정에서 소실된 에너지는 여분차원이 존재한다는 강력한 증거가 될 수 있다.
여분차원과 미니블랙홀 (Extra Dimensions and Mini Black Holes)	흔히 블랙홀은 무거운 별이 핵융합반응을 끝낸 후 자체 무게(중력)에 의해 안으로 짓눌려진 천체로 알려져 있지만, 사실 이것은 부분적인 서술에 불과하다. 충분히 압축되기만 하면 무엇이건 블랙홀이 될 수 있다. 뿐만 아니라 여분차원이 정말로 존재하여 초

실험/관측	설명
여분차원과 미니블랙홀 (Extra Dimensions and Mini Black Holes)	단거리 중력이 강하게 나타난다면 블랙홀이 생성되기가 한층 더 쉬워진다. 중력이 강하면 조금만 압축돼도 중력에 의해 쉽게 찌그러질 것이기 때문이다. 대형 강입자충돌기(LHC)로 가속된 두 개의 양성자가 정면으로 충돌하면 막대한 에너지가 아주 작은 영역에 집중되면서 블랙홀이 생성될 수도 있다. 물론 이 블랙홀은 아주 작지만 뚜렷한 흔적을 남긴다. 스티븐 호킹의 이론에 의하면 미니 블랙홀은 가벼운 입자로 빠르게 분해되면서 감지기에 그 궤적을 남길 것이다.
중력파 (Gravitational wave)	끈은 아주 작지만 그것을 어떻게든 잡을 수 있다면 길게 늘일 수도 있다. 단, 10^{20}톤이라는 어마어마한 힘으로 잡아당겨야 하는데, 끈을 늘이는 것은 방법상의 문제가 아니라 '에너지 투입 가능성'의 문제이다. 이론물리학자들은 천체물리학적 과정에서 이런 에너지가 공급되는 희귀한 상황이 발생할 수 있으며, 이때 펼쳐진 거대한 끈(우주끈cosmic string이라고 한다)이 우주공간을 떠다닐 수도 있음을 알아냈다. 여기에 몇 가지 계산을 해보면 이 거대한 끈이 진동하면서 시공간에 물결을 일으키는데, 학자들은 이것을 '중력파'라고 부른다. 극도로 예민한 중력파감지기를 지구에 설치하거나 우주로 띄워 보내면 우주끈이 만들어낸 중력파가 감지될 가능성이 있다.
마이크로파 우주배경복사 (Cosmic Microwave Background Radiation)	마이크로파 우주배경복사는 양자역학의 타당성을 입증하는 중요한 관측자료 중 하나이다. 배경복사의 지역에 따른 온도차이를 측정한 결과, 넓은 지역에 걸친 양자적 요동 때문이었음이 밝혀졌다(쭈그러진 풍선에 아주 작은 글씨를 새긴 후 풍선을 부풀렸을 때 글씨가 커지면서 눈에 보이는 것과 같은 이치이다). 인플레이션이 일어났을 때 공간이 크게 팽창했으므로, 끈과 같이 작은 객체가 남긴 미세한 흔적도 관측 가능한 형태로 우주 어딘가에 남아 있을 가능성이 있다. 이 가설은 유럽우주국에서 발사한 플랑크위성이 조만간 밝혀줄 것으로 기대된다. 이 프로젝트가 성공하려면 우주 초창기에 끈이 공간에 남긴 흔적의 구체적인 형태를 알아야 하는데, 현재 다양한 아이디어와 계산이 진행되고 있다. 이론물리학자들은 진실을 밝혀줄 관측데이터를 기다리는 중이다.

[표 4.1] 끈이론과 실제 데이터를 연결시켜줄 실험/관측 목록

관측영역은 대형 강입자충돌기(LHC, 초대칭짝 입자와 여분차원의 탐색)를 이용한 입자물리학 실험에서부터 탁상 규모의 실험(100만 분의 1m 이하의 짧은 영역에서 중력의 세기 측정)과 천문관측(특정한 형태의 중력파와 우주배경복사의 지역에 따른 미세한 온도 차이)을 망라한다. [표 4.1]에 나열된 실험/관측은 각국에서 개별적으로 행해지고 있지만, 전체적인 평가를 내리기는 그리 어렵지 않다. 이들 중 어느 하나라도 긍정적인 결과가 나온다면 굳이 끈이론의 도움 없이도 설명이 가능하다. 예를 들어 초대칭의 수학체계는([표 4.1]의 첫 번째 항목) 끈이론을 연구하던 와중에 발견되었지만, 그 후로 줄곧 다른 이론을 연구하는 도구로 사용되어 왔다. 따라서 초대칭입자가 발견된다 해도 끈이론이 완전히 입증되는 것은 아니다. 이와 마찬가지로 여분차원도 끈이론에서 주장하는 개념이긴 하지만, 칼루자가 이것을 처음 제안할 때에는 끈이론을 전혀 고려하지 않았었다. 그러므로 [표 4.1]에서 가장 바람직한 것은 끈이론의 퍼즐조각들을 하나의 그림으로 맞춰주는 결과이다. 이런 긍정적인 결과가 여러 개 얻어진다면, 끈이론은 드디어 '실험을 통해 검증된' 이론으로 우뚝 서게 될 것이다.

결과가 부정적이라고 해서 이론 자체가 당장 폐기되는 것은 아니다. 예를 들어 초대칭입자가 발견되지 않았다고 해서 이들이 존재하지 않는다고 단정지을 수는 없다. LHC조차도 초대칭입자를 발견하기에 출력이 충분하지 않을 수도 있기 때문이다. 또한 여분차원은 현재의 관측기술로 도달하기에 너무 작아서 발견되지 않을 수도 있다. 미니블랙홀도 마찬가지다. 이들이 발견되지 않는 것은 초단거리에서 중력이 강해지지 않는다는 것을 의미할 수도 있지만, 가속기의 출력이 약해서 그 정도 짧은 거리까지 파고들지 못한 결과일 수도 있다. 중력파나 마이크로파 배경복사에서 끈의 흔적이 발견되지 않는 것은 끈이론이 틀렸다는 증거일 수도 있고, 흔적이 너무 희미해서 지금의 감지기가 잡아내지 못한 것일 수도 있다.

아무튼 지금으로선 가장 긍정적인 결과가 나와도 끈이론이 확실하게 입증되기 어렵고, 부정적인 결과가 나와도 끈이론이 틀렸다고 단정지을 수 없는 상황이다.[14] 그러나 실수를 해선 안 된다. 여분차원과 초대칭, 미니블랙홀, 그리고 기타 다른 흔적이 발견된다면 통일장 연구사에 획기적인 전환점이 찾아왔음을 분명하게 인식해야 한다. 이런 날이 찾아온다면 우리가 그동안 바른 길을 걸어왔다는 것을 확신할 수 있을 것이다.

끈이론과 특이점, 그리고 블랙홀

양자역학과 중력은 서로 대부분의 상황에서 아무런 문제없이 상대방을 무시해왔다. 양자역학은 분자나 원자와 같이 작은 세계를 무대로 삼았고, 중력은 별이나 은하처럼 큰 스케일에서 자신의 논리를 펼쳐왔다. 그러나 '특이점(singularity)'이라는 영역에서 두 이론은 더 이상 상대방을 모르는 체할 수가 없다. 특이점이란 거대한 질량이 매우 작은 영역 안에 뭉쳐 있는 지점으로, 이런 곳에서는 시공간의 곡률이 엄청나게 커서 시공간의 직물구조가 찢어지거나 구멍이 생길 수도 있다. 그런데 양자역학과 일반상대성이론이 특이점에서 만나면 완전 먹통이 되어버린다. 어떤 숫자를 0으로 나눴을 때 계산기 액정에 나타나는 에러메시지처럼, 두 이론은 더 이상 제 기능을 발휘하지 못한다.

양자중력이론이란 특이점을 양산하지 않고 양자역학과 중력을 하나로 합친(또는 합치려고 노력하는) 모든 이론의 총칭이다. 진정한 양자중력이론이라면 빅뱅이나 블랙홀을 다룰 때에도 수학이 정상적으로 가동되어 모든 상황을 매끄럽게 설명할 수 있어야 한다.[15] 끈이론이 각광을 받았던 이유는 바로 이 특이점을 수학적으로 매끄럽게 다룰 수 있었기 때문이다.

1980년대 중반에 랜스 딕슨(Lance Dixon)과 제프 하비(Jeff Harvey), 쿰룬 바파(Cumrun Vafa), 그리고 에드워드 위튼(Edward Witten)은 공간에 뚫린 어떤 특별한 구멍('오비폴드 특이점orbifold singularity'으로 알려져 있음)이 아인슈타인의 수학을 엉망으로 만들지만, 끈이론에서는 아무런 문제가 없음을 깨달았다. 점입자는 구멍에 빠질 수 있지만 끈은 그럴 수 없다는 것이 아이디어의 핵심이었다. 끈은 유한한 크기를 갖고 있으므로 구멍에 부딪히거나 구멍을 에워싸거나 들러붙을 수는 있지만, 이런 상호작용은 강도가 약하기 때문에 끈이론의 방정식에 심각한 해를 끼치지 않는다. 이들의 발견이 중요하게 취급되는 이유는 공간에 구멍이 실제로 날 수 있기 때문이 아니라(구멍이 날 수도 있고, 그렇지 않을 수도 있다), 끈이론이 양자중력이론으로 발전할 수 있다는 가능성을 보여주었기 때문이다.

1990년대에 나와 폴 에스핀월(Paul Aspinwall), 데이비드 모리슨(David Morrison), 그리고 우리와 독립적으로 연구를 수행한 에드워드 위튼은 공간의 구형부분이 무한히 작은 크기로 압축되면서 만들어진 더욱 강력한 특이점(플롭 특이점flop singularity)도 끈이론으로 다룰 수 있음을 입증했다. 직관적으로 설명하자면 훌라후프 속으로 커다란 비눗방울이 통과하듯이 끈은 압축된 '덩어리 공간'을 통과할 수 있으므로 일종의 보호용 울타리 같은 역할을 할 수 있다는 것이다. 구체적인 계산을 해보면 이러한 '끈 방패(string shield)'가 끈이론 방정식을 수학적 재난으로부터 안전하게 보호해준다는 사실을 알 수 있다(간단히 말해서, 1을 0으로 나누는 것과 같이 난감한 상황이 발생하지 않는다는 뜻이다). 일반상대성이론의 방정식이 제 역할을 못하는 상황에서도 끈이론은 꿋꿋하게 버텨냈던 것이다.

그 후로 몇 년 동안 끈이론 학자들은 다른 복잡한 특이점들(코니폴드conifold, 오리엔티폴드orientifold 등)도 끈이론으로 다룰 수 있음을 입증했다. 아인슈타인과 보어, 하이젠베르크, 휠러, 파인만 등 한 세대 전의 물리학자들이 들었다면 "대체 무슨 일이 벌어지고 있는 거야?"라며 당혹스러워했겠지만, 끈이론은 모든 것을 완벽하게 설명해주고 있었다.

이것은 커다란 진전이었다. 그러나 끈이론은 지금까지의 특이점보다 훨씬 다루기 어려운 블랙홀과 빅뱅까지도 설명할 수 있어야 했다. 이론물리학자들은 이 문제를 끈질기게 파고들면서 부분적으로 중요한 진전을 이루었으나, 아직은 완전한 해답을 얻어내지 못했다.

블랙홀에 관해서는 괄목할 만한 성과가 있었다. 9장에서 언급되겠지만, 1970년대에 제이콥 베켄슈타인(Jacob Bekenstein)과 스티븐 호킹(Stephen Hawking)은 블랙홀이 무질서의 척도인 엔트로피(entropy)를 갖고 있다고 주장했다. 양말서랍 속의 무질서도가 양말이 배열될 수 있는 다양한 상태를 반영하듯이, 블랙홀의 무질서도는 블랙홀 내부의 다양한 배열상태를 반영하고 있다. 그러나 물리학자들은 블랙홀 내부의 배열상태는 고사하고, 그 안에 무엇이 있는지조차 알 수 없었다. 이 난감한 상황을 타파한 사람이 앤드류 스트로밍거(Andrew Strominger)와 쿰룬 바파였다. 이들은 끈이론의 기본요소를 조합하여(이들 중 일부는 5장에서 언급될 것이다) 블랙홀의 무질서도를 보여주는 수학적 모형을 만들었다. 그리고 이로부터 블랙홀의 엔트로피를 계산했는데, 그 결과는 베켄슈타인과 호킹이 예측했던 값과 거의 정확하게 일치했다. 이들의 연구에는 아직 몇 가지 문제들(블랙홀의 미시적 구성요소 등)이 남아 있지만, 블랙홀의 무질서도를 양자역학의 관점에서 성공적으로 다룬 최초의 시도로 평가되고 있다.[16]

특이점과 블랙홀의 엔트로피가 가시권으로 들어오자, 블랙홀과 빅뱅에 남아 있는 문제들도 머지않아 해결될 것이라는 믿음이 물리학자들 사이에 퍼져나가기 시작했다.

끈이론과 수학

끈이론이 자연을 올바르게 서술하고 있는지 확인하는 유일한 방법은 실험 및 관측데이터와 비교하는 것이다. 그런데 과거에 성공을 거두었던 기존의 이론과 달리 끈이론은 데이터와 직접 비교하기가 쉽지 않다. 그동안 끈이론은 커다란 진보를 이루었음에도 불구하고 아직도 '수학적인 가설'로 평가받고 있다. 그러나 끈이론은 단순히 수학을 '소모하는' 이론이 아니다. 그동안 끈이론은 중요한 진보를 이룰 때마다 수학에도 커다란 공헌을 해왔다.

아인슈타인이 한창 일반상대성이론에 매달렸던 20세기 초에 그는 휘어진 시공간을 표현하기 위해 기존의 수학서적을 이 잡듯이 뒤지다가 자신의 목적에 딱 맞는 도구를 발견했다. 그의 성공은 독일의 수학자 칼 프리드리히 가우스(Carl Friedrich Gauss)와 베른하르트 리만(Bernhard Riemann), 그리고 니콜라이 로바체프스키(Nikolai Lobachevsky)의 수학에 힘입은 바 크다. 어떤 점에서 보면 끈이론은 새로운 수학을 개발하여 과거에 아인슈타인이 수학계에 졌던 빚을 갚고 있는 셈이다. 실제 사례를 열거하자면 끝도 한도 없지만, 시간을 절약하기 위해 한 가지만 소개하기로 한다.

일반상대성이론은 관측 가능한 물리적 세계와 시공간의 기하학적 구조를 밀접하게 연관시켰다. 특정 지역에서 물질과 에너지의 분포 상태를 아인슈타인의 방정식에 대입하면 시공간의 휘어진 형태를 알 수 있다. 물리적 환경이 달라지면(즉, 질량과 에너지의 분포가 달라지면) 시공간의 형태도 달라진다. 또는 이와 반대로 시공간의 형태가 다르면 물리적 환경이 다르다는 것을 의미한다.

블랙홀의 내부로 빨려 들어가면 어떤 느낌인지 알고 싶은가? 칼 슈바르츠실트(Karl Schwarzschild)가 구한 아인슈타인 방정식의 구형해(spherical solution)를 보면 알 수 있다. 그것이 회전하는 블랙홀이었다면? 이것은 1963년에 뉴질랜드의 수학자 로이 케르(Roy Kerr)가 구해놓았다. 일반상대성이론에서 물리학이 '양(陽, yang)'이라면 기하학은 '음(陰, yin)'에 해당한다.

끈이론은 이 결과를 한차례 꼬아놓았다. 시공간의 형태는 다르지만 물리적으로 동일한 결과를 주는 독특한 해를 구한 것이다.

그 내용은 다음과 같다. 고대부터 현대에 이르기까지, 사람들은 공간을 기하학적 점의 집합이라고 생각했다. 예를 들어 탁구공의 표면은 그것을 이루는 모든 점들의 집합이다. 끈이론이 등장하기 전에 물리학자들은 물질을 이루는 기본요소를 점 형태의 입자(점입자)로 간주했으며, 기하학과 물리학은 바로 이 '점'이라는 공통점을 통해 서로 연결될 수 있었다. 그러나 끈이론이 주장하는 만물의 기본단위는 점이 아니라 고리형 끈이기 때문에 이를 서술하려면 새로운 기하학이 필요했고, 그래서 탄생한 것이 끈기하학(stringy geometry)이다.

끈기하학의 특성을 이해하기 위해, 기하학적 공간을 가로질러 가는 끈을 상상해보자. 끈은 입자와 마찬가지로 이곳에서 저곳으로 미끄러져 갈 수도 있고, 벽에 부딪혀 튀어나올 수도 있으며, 폭포나 계곡을 활강할 수도 있다. 그러나 어떤 특별한 상황에서 끈은 매우 독특한 행동을 보인다. 우리의 공간(또는 공간의 한 조각)이 원통형이라고 가정해보자. 이런 공간은 고무줄로 콜라 캔을 휘감듯이 끈으로 둘레를 휘감을 수 있다. 끈이 아닌 점으로는 절대로 이와 같은 상황을 연출할 수 없다. 이런 식으로 공간을 '휘감은 끈(wrapped string)'과 이들의 사촌 격인 '휘감지 않은 끈(unwrapped string)'들이 각기 다른 방식으로 기하학적 공간을 탐색하고 있다. 원통이 굵어지면 그것을 휘감고 있는 끈은 길게 늘어나지만 원통 옆면에 붙어서 미끄러지는 끈은 아무런 영향도 받지 않는다. 이처럼 에워싼 끈과 그렇지 않은 끈은 자신이 거쳐가는 공간의 특성에 따라 예민하게 변한다.

이로부터 우리는 매우 놀라운 결론에 도달하게 된다. 끈이론 학자들은 휘감지 않은 끈이 지나갈 때 완전히 다른 특성을 보이는 한 쌍의 특별한 기하학적 공간형태를 발견했다. 이 공간들은 휘감은 끈이 지나갈 때도 완전히 다른 특성을 보인다. 그러나 (여기가 중요한 부분이다) 휘감은 끈과 휘감지 않은 끈이 동시에 지나가면 이들은 구별이 불가능해진다. 하나의 공간에서 휘감은 끈이 보는 것과, 다른 공간에서 휘감지 않은 끈이 보는 것이 완전히 똑같다는 뜻이다(그 반대도 마찬가지다).

이와 같은 공간의 쌍들은 수학적으로 막강한 위력을 발휘한다. 일반상대성이론에서 어떤 공간의 물리적 특성을 알고 싶을 때에는 그 공간만이 갖고 있는 기하학적 구조를 바탕으로 모든 계산을 수행해야 한다. 그러나 끈이론에서는 다른 선택의 여지가 있다. 모양은 다르지만 물리적으로 완전히 동등한 (공간) 쌍이 항상 존재하기 때문에 둘 중 아무거나 하나를 골라서 계산을 수행하면 된다. 그런데 놀라운 것은 두 가지 계산의 난이도가 현저하게 다를 수도 있다는 점이다. 상당히 많은 경우에 한쪽 계산은 엄청나게 어렵고, 다른 쪽 계산은 엄청나게 쉽다. 어떤 경우이건 간에, 어려운 수학을 쉽게 만들면서 동일한 답을 주는 방법이 있다면 그것만큼 반가운 소식도 없다.

한동안 수학자들과 물리학자들은 몇 가지 유명한 수학문제를 해결하기 위해 이와 같이 어려운 문제를 쉽게 만들어주는 방법을 개발해왔다. 그중에서 내가 특별히 좋아하는 것은 주어진 칼라비-야우 공간에 구(球)를 채워 넣는 방법과 관련된 문제이다. 수학자들은 오랫동안 이 문제를 연구해왔는데, 가장 간단한 경우를 제외하고는 답을 구하지 못하고 있었다. [그림 4.6]에 제시된 칼라비-야우 공간 중 하나를 골라서 구를 채워넣다 보면 밧줄로 맥주 통을 여러 번 감듯이 칼라비-야우 공간의 한 부분을 구가 여러 번 돌아가며 채워질 수 있다.

그렇다면 구가 다섯 번 돌아가며 이 공간을 채우는 방법은 몇 가지나 될까? 이 질문을 수학자에게 던지면 헛기침을 몇 번 하고 바닥을 내려보다가 급한 약속이 생각났다며 자리를 떠버릴 것이다. 그러나 끈이론은 이 문제를 말끔하게 해결했다. 위에 언급한 관계에 있는 칼라비-야우 쌍을 이용하면 된다. 다섯 번 돌아가며 채우는 방법의 수는 229,305,888,887이다. 감는 횟수를 열 번으로 늘이면? 704,288,164,978,454,686,113,488,249,750이다. 스무 번 감으면? 53,126,882,649,923,577,113,917,814,483,472,714,066,922,267, 923,866,471,451,936,000,000이다. 이 숫자는 그 뒤로 줄줄이 발견될 새로운 수학적 발견의 신호탄이 되었다.[17]

끈이론이 물리적 우주를 올바르게 서술하건 그렇지 않건 간에, 수학적으로 중요한 계산도구를 제공한다는 점에는 이견의 여지가 없다.

끈이론의 현재 상황과 평가

[표 4.2]는 앞서 네 개의 장에 걸쳐 언급된 내용을 바탕으로 끈이론의 현재 상황을 정리한 것이다(본문에서 구체적으로 언급하지 않은 관측자료가 일부 포함되어 있다). 보다시피 지금까지는 커다란 진보를 이룬 것으로 평가되면서도 실험을 통한 검증은 아직 이루어지지 않았다. 이론을 강력하게 지지하는 실험이나 관측자료가 나타나지 않는 한, 끈이론은 계속 사색적인 이론으로 남을 것이다. 표에 제시된 항목들은 모두 도전해볼 만한 과제임이 분명하지만 반드시 끈이론을 위한 것만은 아니다. 중력과 양자역학을 통합하려는 모든 시도는 지금 수준에서 실험적 검증이 불가능하다. 지식의 근본적인 범위를 넓히고 지난 수천 년 동안 제기되어 왔던 심오한 질문의 해답을 찾는 것은 분

명히 어려운 작업이며 하룻밤 사이에 이루어질 일도 아니다. 앞으로 수십 년이 지나도 해결되지 않을 수도 있다.

대다수의 끈이론 학자들이 생각하는 다음 과제는 끈이론의 방정식을 가장 정확하고 유용하며 이해 가능한 형태로 표현하는 것이다. 끈이론 탄생 후 처음 20년 동안은 '대략적인' 방정식을 사용하여 많은 진전을 이루어왔으나, 이런 식으로는 자연현상이나 물리량을 정확하게 예측할 수 없다. 앞으로 보게 되겠지만 최근에 이루어진 연구들은 대략적인 방정식의 한계를 뛰어넘어 상당한 진전을 이루었다. 아직 무언가를 정확하게 예견하진 못했지만 전망이 밝은 것은 사실이다. 그리고 최근에 이루어진 끈이론의 혁명적인 변화는 또 다른 형태의 다중우주를 강력하게 시사하고 있다.

목표	반드시 필요한 항목인가?	현재의 상황
중력과 양자역학의 통일	그렇다. 주된 목적은 일반상대성이론과 양자역학을 조화롭게 합치는 것이다.	아주 좋다. 끈이론이 내놓은 다양한 계산과 가설들은 일반상대성이론과 양자역학을 성공적으로 통합했다.[18]
모든 힘의 통일	아니다. 중력과 양자역학이 하나로 합쳐졌다고 해도, 이것이 다른 힘들과 반드시 통일되어야 할 필요는 없다.	아주 좋다. 필수적으로 요구되는 사항은 아니지만 통일장이론은 물리학자들이 오랜 세월 동안 추구해온 주제이다. 끈이론은 모든 장의 입자들이 진동하는 끈이라는 공통점을 제시함으로써 이 목표를 이루었다.
과거의 성공적인 이론에 부합하기	아니다. 과거의 사례를 봐도 성공적인 이론은 기존의 이론과 비슷한 점이 거의 없었다.	아주 좋다. 성공적인 이론의 특징은 극단적인 환경을 적용했을 때 과거의 이론으로 환원된다는 점이다. 끈이론은 이미 검증된 과거 이론의 핵심적인 부분을 포함하고 있다.
입자의 특성 설명하기	아니다. 물론 이상적인 목표이고 성공한다면 깊은 수준의 이해를 도모할 수 있겠지만, 성공적인 양자중력이론이 반드시 갖춰야 할 항목은 아니다.	확실하지 않다(아무런 예측을 내놓지 못함). 끈이론은 양자장이론의 한계를 넘어 입자의 특성을 설명할 수 있는 이론적 체계를 갖고 있지만, 아직은 이 잠재력이 제대로 발휘되지 못하고 있다. 여분차원의 가능한 형태가 많다는 것은 입자가 가질 수 있는 특성도 그만큼 많다는 것을 의미한다. 이들 중에서 사실에 부합하는 하나를 골라내는 일이 과제로 남아 있다.
실험적 검증	그렇다. 모든 이론은 실험을 통해 반드시 검증되어야 한다.	확실하지 않다(아무런 예측을 내놓지 못함). 이것은 이론의 진위여부를 판단하는 가장 중요한 기준이다. 지금까지 끈이론은 실험적으로 검증된 사례가 한 번도 없다. 낙관론자들은 대형 강입자가속기(LHC)와 관측위성에 탑재된 천체망원경이 끈이론을 검증해줄 것으로 기대하고 있지만, 현재의 기술로 이 목표가 달성된다는 보장은 없다.

목표	반드시 필요한 항목인가?	현재의 상황
특이점 해결	그렇다. 양자중력이론은 현실에 존재하는 특이점은 물론이고 이론상의 특이점까지 다룰 수 있어야 한다.	아주 좋다. 이 부분에서는 엄청난 진보가 있었다. 끈이론은 다양한 형태의 특이점 문제를 해결했다. 단, 빅뱅과 블랙홀의 특이점은 아직도 풀어야 할 숙제로 남아 있다.
블랙홀의 엔트로피	그렇다. 블랙홀의 엔트로피는 일반상대성이론과 양자역학이 만나는 대표적 항목이다.	아주 좋다. 끈이론은 구체적인 계산을 통해 1970년대에 제시된 블랙홀의 엔트로피를 정확하게 재현했다.
수학에 기여하기	아니다. 자연을 올바르게 서술하는 물리학이론이 반드시 수학에까지 기여할 필요는 없다.	아주 좋다. 수학적인 면이 훌륭하다고 해서 반드시 옳은 이론이라는 보장은 없지만, 끈이론에서 개발된 새로운 계산법은 수학 자체에도 커다란 공헌을 하고 있다.

[표 4.2] 끈이론의 현재 상황 요약

5

The Hidden Reality

이웃한 차원에서 우주를 날다

브레인 다중우주와 주기적 다중우주

여러 해 전 어느 날 밤, 나는 컬럼비아대학교의 연구실에서 다음 날 있을 1학년 학생들의 물리학 기말고사 문제를 출제하고 있었다. 그것은 주로 우등생을 대상으로 한 시험이었기 때문에, 나는 좀 더 어려운 문제를 출제해서 학생들의 의욕을 돋우고 싶었다. 그러나 밤이 너무 깊었고 배까지 고팠던 나는 교과서에 있는 연습문제들을 조금씩 변형하여 문제지에 적어넣고 서둘러 귀가했다(문제의 내용은 별로 중요하지 않다. 아무튼 벽에 기대어놓은 사다리가 미끄러지는 상황에서 무언가를 계산하라는 문제였는데, 여기에 사다리의 밀도가 위치마다 다르다는 추가조건을 내걸었다). 다음날 아침, 교탁 앞에 앉아 시험을 감독하면서 내가 제출한 문제를 풀어보다가 깜짝 놀랐다. 기존의 문제를 아주 조금 변형시켰을 뿐인데 해법이 엄청나게 어려워졌던 것이다. 원래 문제는 답안지 반쪽이면 충분히 풀 수 있었지만, 이 문제를 제대로 풀려면 여섯 쪽은 족히 써야 할 것 같았다. 사설이 좀 길어졌는데, 독자들은 내가 무슨 말을 하려는지 알아챘을 것이다.

이 일화가 보여주는 것은 '예외'가 아니라 어떤 '법칙'이다. 교과서에 수록된 연습문제들은 여러 가지 면을 신중하게 고려하여 학생들이 적절한 시간 안에 풀 수 있도록 고안된 특별한 문제들이다. 그런데 이런 문제를 조금 비틀어서 가정을 바꾸거나 단순한 조건을 복잡하게 만들면 몹시 난해한 문제가 되거나, 아예 풀 수 없는 문제가 되어버리기 십상이다. 정형화된 문제에 변형을 가하면 현실세계의 상황을 분석하는 것만큼이나 어려워질 수도 있다는 이야기다.

행성의 운동에서 소립자의 상호작용에 이르기까지, 자연에서 일어나는 현상의 대부분은 너무나 복잡하기 때문에 수학적으로 완벽하게 서술하기가 쉽지 않다. 그래서 이론물리학자들은 문제의 본질을 흐리지 않는 한도 안에서 상황을 최대한 단순하게 만들기 위해 끊임없이 노력해왔다. 예를 들어 지구의 공전궤도를 계산할 때 가장 중요한 요인은 태양의 중력이다. 여기에 달의 중력까지 고려하면 더욱 정확하겠지만, 수학적으로는 걷잡을 수 없이 복잡해진다(19세기에 프랑스의 수학자 샤를―유진 들로네Charles Eugène Delaunay가 태양―지구―달의 중력을 모두 고려하여 세 천체의 운동을 수학적으로 풀었는데, 그 분량이 무려 900쪽이나 된다). 여기서 한 걸음 더 나아가 다른 행성들의 영향까지 모두 고려한다면 분석은 거의 불가능해진다. 다행히도 다른 행성들이 지구에 미치는 영향은 아주 작기 때문에, 대부분의 경우에는 태양의 중력만 고려해도 거의 정확한 답을 얻을 수 있다. '무시해도 될 만한' 요인들을 정확하게 짚어내는 것이야말로 물리학의 진정한 예술이다. 내가 학생들에게 제출했던 문제도 이런 식으로 신중하게 무시된 요인을 애써 집어넣는 바람에 복잡해졌던 것이다.

그러나 능숙한 물리학자들은 문제를 단순화시키는 것만으로는 결코 앞으로 나아갈 수 없다는 사실을 잘 알고 있다. 오히려 문제를 지나치게 단순화시켰다가 위기에 처하는 경우도 있다. 별로 중요해 보이지 않는 복잡한 요소가 최종결과에 결정적인 영향을 미치는 경우도 종종 있다. 바위에 빗방울 하나가 떨어져도 바위의 무게는 거의 달라지지 않지만, 만일 이 바위가 절벽 위에 아슬아슬하게 걸쳐 있었다면 빗방울 하나 때문에 굴러떨어져서 산사태를 일으킬 수도 있다. 이 경우에 빗방울을 무시하고 대략적인 계산만 수행한다면 중요한 결과를 놓치게 된다.

1990년대 중반에 끈이론 학자들은 바로 이 빗방울과 비슷한 것을 발견했다. 그동안 다양한 근사식을 사용해오면서 정말로 중요한 무언가를 놓치고 있었던 것이다. 이들은 더욱 정확한 수학적 서술법을 찾아냄으로써 드디어 근사적 접근법의 한계를 벗어날 수 있었다. 그리고 이로부터 실험적으로 검증될 가능성이 가장 높은 평행우주가 탄생했다.

근사식을 넘어서

물리학에서 이미 검증된 중요 이론들(고전역학, 전자기학, 양자역학, 일반상대성이론)은 하나의 핵심적인 방정식, 또는 일련의 방정식으로 정의된다(방정식의 구체적인 형태는 알 필요 없지만, 궁금한 독자들은 후주를 읽어보기 바란다[1]). 그러나 이 방정식들은 아주 간단한 경우를 제외하고 일반적으로 풀기가 쉽지 않다. 그래서 물리학자들은 대부분의 경우 단순화과정(명왕성의 중력을 무시하거나 태양을 완전한 구형으로 취급하는 등)을 적용하여 수학을 간단하게 만들고, 이로부터 근사적인 해를 구하곤 한다.

끈이론은 다른 이론보다 단순화의 정도가 훨씬 심했다. 이론의 핵심을 이루는 방정식이 너무 어려워서 근사적인 버전을 써왔는데, 이것조차 너무 복잡해서 근사식을 또 한 번 단순화시킨 '근사식의 근사식'을 사용할 수밖에 없었다. 그러나 이 상황은 1990년대에 극적으로 변하게 된다. 끈이론 학자들이 연달아 쾌거를 이루면서 더할 나위 없이 깔끔하고 명쾌한 해답을 제시한 것이다.

이 변화가 얼마나 대단한 것인지 실감나게 이해하기 위해 한 가지 예를 들어보자. 지금 랄프는 복권으로 인생역전을 꿈꾸고 있다. 복권에 당첨될 확률은 10억 분의 1이며, 추첨은 일주일마다 한 번씩 한다. 2주 연속 복권을 사기로 마음먹은 랄프는 친구인 앨리스에게 자신의 계획을 자랑스럽게 털어놓았다. "이봐, 나 앞으로 2주 연속 복권을 사기로 했어. 한 번 당첨될 확률이 10억 분의 1이니까, 두 번 계속하면 확률이 그 두 배인 10억 분의 2(0.000000002)로 높아지는 거지. 당첨되면 좀 나눠줄까?" 그러자 앨리스가 픽 웃으며 대답했다. "제법 비슷하게 맞췄네?" 랄프가 물었다. "비슷하다니? 내 계산은 정확하다고." 앨리스는 딱하다는 표정으로 설명을 이어간다. "랄프, 넌 확률을 과대평가한 거야. 첫 번째 복권이 당첨되었다고 해서 두 번째 복권의 당첨확률이 높아지는 건 아니잖아. 그런데 너는 그렇게 생각하고 있다고. 물론 두 번 연속 당첨되면 초대박 터지는 거지. 하지만 너는 지금 '한 번이건 두 번이건, 어떻게든 당첨될 확률'을 말하고 있으니까 첫 주에 당첨된다면 두 번째 주에는 어떻게 되건 상관없잖아. 그러니까 네가 말한 확률에서 '두 번 연속 당첨될 확률'인 10억 분의 1×10억 분의 1(0.000000000000000001)을 빼야 해. 따라서 정확한 확률은 0.000000001999999999인 거야. 내 말 알아 듣겠니? 질문 있으면 해봐."

잘난 체하는 것만 빼면 앨리스의 논리가 바로 물리학자들이 말하는 '건드림 접근법(perturbative approach)'이다. 복잡한 계산을 할 때, 처음부터 한 번에 정확한 값을 구할 수 없다면 제일 명확한 부분(랄프가 계산한 확률)을 먼저 계산한 후 두 번째로 명확한 부분의 계산을 추가하여(앨리스가 계산한 확률) 결과의 정확도를 높여나갈 수 있다. 이 방법을 좀 더 일반화시켜보자. 랄프가 앞으로 10주 동안 복권을 매주 사기로 했다면 당장 눈에 들어오는 확률은 10억 분의 10, 즉 0.00000001이다. 그러나 위의 사례처럼 이것은 여러 번 당첨되는 경우를 전혀 고려하지 않은 근삿값이다. 만일 이 계산을 앨리스가 했다면 그녀는 두 번째 단계의 계산, 즉 복권에 두 번 당첨되는 경우(예를 들면 첫째 주와 둘째 주, 또는 첫째 주와 셋째 주, 또는 둘째 주와 넷째 주 등)까지 고려했을 것이다. 위에서 앨리스가 지적했던 것처럼 이 보정값은 10억 분의 1×10억 분의 1에 비례한다. 그러나 여기서 끝이 아니다. 확률은 훨씬 작지만 열 번 중 세 번 당첨되는 경우도 있다. 그래서 앨리스는 세 번째 단계까지 고려하여 확률을 수정했다. 이 보정값은 (10억 분의 1)^3, 즉 0.000000000000000000000000001에 비례한다. 네 번, 다섯 번 당첨되는 경우까지 고려하면 결과는 훨씬 정확해지겠지만, 단계가 많아질수록 보정값이 작아지기 때문에 굳이 그럴 필요가 없을 것 같다. 그래서 앨리스는 적절한 단계에서 계산을 끝내고 그 값을 최종확률로 선언했다.

물리학을 비롯한 여러 과학분야에서도 이와 비슷한 계산법이 종

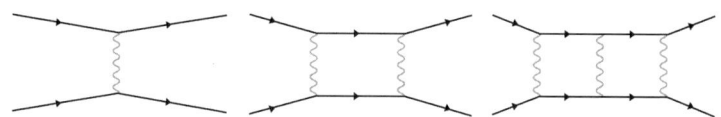

[그림 5.1] 두 개의 입자(각 다이어그램에서 굵은 실선의 왼쪽 부분)가 다양한 '총알(힘을 운반하는 입자들. 물결 선으로 표시된 부분)'을 발사하면서 상호작용을 교환한 후 흩어진다(굵은 실선의 오른쪽 부분). 각 다이어그램은 '두 입자가 충돌할 확률'에 기여하는데, 총알의 수가 많을수록 기여도는 빠르게 감소한다.

종 사용된다. 예를 들어 대형 강입자가속기(LHC) 속에서 두 개의 입자가 서로 마주보며 달려오고 있다고 하자. 이들이 서로 충돌할 확률을 어떻게 계산할 수 있을까? 가장 그럴듯한 경우, 즉 계산의 첫 번째 단계는 두 입자가 '한 번 부딪히고' 지나가는 경우이다(여기서 '부딪힌다'는 말은 입자들끼리 접촉한다는 뜻이 아니라, 한 입자가 광자와 같이 힘을 매개하는 '총알'을 발사하고 이 광자가 다른 입자에게 흡수되는 과정을 의미한다). 두 번째 단계는 두 입자 사이에서 광자가 두 번 발사된 경우로서, 이 계산결과가 첫 번째 계산에 더해져야 한다. 그리고 세 번째 단계는 광자가 세 번 교환된 경우이며…… 이런 식으로 계속된다([그림 5.1] 참조). 복권의 사례처럼 뒤쪽 단계로 갈수록(교환되는 광자가 많을수록) 최종결과에 기여하는 정도가 빠르게 줄어든다면, 이런 식의 건드림 접근법은 상당한 위력을 발휘할 수 있다.

위에서 예로 들었던 복권의 경우, 계산단계가 진행됨에 따라 확률이 감소하는 속도는 당첨확률인 '10억 분의 1'에 의해 결정되지만, 물리학에서는 '결합상수(coupling constant)'라는 어떤 상수에 의해 결정된다. 이 상수는 "한 입자가 힘을 전달하는 매개입자를 발사하고, 다른 입자가 그것을 흡수할 확률"과 관련되어 있다. 전자기력의 영향을 받는 전자의 경우, 광자총알에 대응되는 결합상수는 실험을 통해 약 0.0073으로 확인되었다.[2] 약력의 지배를 받는 뉴트리노의 결합상수는 10^{-6}이며, 강력의 지배를 받는 쿼크(양성자와 중성자를 구성하는 입자)의 결합상수는 '1보다 작은 어떤 수'로 추정된다. 이 숫자들은 복권의 당첨확률인 0.000000001보다는 훨씬 크지만, 전자기력의 결합상수인 0.0073을 반복해서 곱해나가면 줄어드는 속도가 제법 빠르다. 예를 들어 $(0.073)^2=0.0000533$이고, $(0.073)^3=0.000000389$이다. 그래서 이론물리학자들은 전자들끼리 상호작용을 여러 번 교환할 확률을 굳이 계산하지 않는다. 계산이 엄청나게 복잡한데다가, 그 값이 너무 작아서 결과에 별 영향이 없기 때문이다. 광자 몇 개가 발사되는 경우까지만 계산해도 엄청나게 정확한 결과를 얻을 수 있다.

물론 물리학자들은 완벽한 결과를 원한다. 그러나 수학적인 과정이 너무 어렵다면 건드림 접근법을 구사하는 것이 최선이다. 다행히도 결합상수가 충분히 작은 경우에는 근사적인 계산만으로도 실험 결과를 매우 정확하게 재현할 수 있다.

건드림 접근법은 끈이론에서도 핵심적인 역할을 해왔다. 하나의 끈이 다른 끈과 충돌할 확률은 끈결합상수(string coupling constant)에 의해 결정되는데, 끈이론의 타당성이 입증되려면 다른 결합상수들처럼 실험을 통해 그 값이 확인되어야 한다. 그러나 끈이 너무 작아서 지금의 관측기술로는 확인할 길이 없기 때문에, 끈결합상수는 완전한 미지의 상수로 남아 있다. 지난 수십 년간 끈이론 학자들은 실험데이터가 전혀 없는 상태에서 끈결합상수가 1보다 작다는 가정하에 모든 계산을 수행해왔다. 이것은 마치 술에 잔뜩 취한 사람이

가로등 밑에서 열쇠를 찾는 것과 비슷하다. '작은 끈결합상수'는 건드림 접근법으로 수행해온 모든 계산에 환한 빛을 비춰줄 것이다. 과거에 성공을 거둔 이론들이 한결같이 결합상수가 작았으므로, 조명이 비춰진 바로 그곳에서 열쇠를 찾을 가능성이 높다. 어쨌거나 끈이론 학자들은 끈결합상수가 작다는 가정 하에 끈 사이에 일어나는 기본적인 상호작용을 수학적으로 계산할 수 있었으며, 끈이론의 기본방정식에 대해서도 많은 사실을 알아낼 수 있었다.

끈결합상수가 충분히 작다면, 지금까지 수행된 근사적 계산에는 끈이론의 물리학이 거의 정확하게 반영되어 있을 것이다. 그러나 작지 않다면 어쩔 것인가? 이런 경우라면 복권이나 충돌하는 전자와 달리 뒤쪽 단계로 갈수록 기여도가 커지기 때문에, 도중에 계산을 멈춰놓고 올바른 답을 기대할 수는 없다. 건드림 접근법을 기반으로 수행된 수천, 수만 가지의 계산들은 한순간에 물거품이 된다. 수십 년에 걸친 모든 노력이 상수 하나 때문에 허사로 돌아가는 것이다. 끈결합상수가 작다고 해도 충분히 작지 않으면 근사식을 믿을 수가 없다. 물방울 하나 때문에 바위가 굴러떨어지는 미묘한 상황을 간과할 수도 있기 때문이다.

1990년대 초반까지만 해도 끈이론 학자들은 뚜렷한 해결책 없이 이론의 아킬레스건을 방치해놓고 있었다. 그러나 1990년대 후반에 이르자 오랜 침묵이 갑자기 환호성으로 바뀌었다. 듀얼리티라는 물리적 특성이 해결사로 등장한 것이다.

듀얼리티

1980년대에 이론물리학자들은 끈이론이 하나로 결정되지 않고 다섯 개의 버전으로 존재한다는 사실을 알아냈다. 각 이론에는 I형 끈이론(Type I), IIA형 끈이론(Type IIA)과 IIB형 끈이론(Type IIB), 그리고 헤테로틱-O형 끈이론(Heterotic-O)과 헤테로틱-E형 끈이론(Heterotic-E)이라는 이름이 붙여졌다. 구체적으로 파고 들어가면 각기 다른 이론이긴 하지만, 다섯 개 모두 진동하는 끈과 여분차원을 골자로 하고 있다.

여러 해 동안 끈이론 학자들은 건드림 접근법을 기반으로 끈이론을 연구해왔다. I형 끈이론은 결합상수가 작다는 가정 하에 랄프와 앨리스가 복권 당첨확률을 계산했던 방식으로 다단계 계산법을 채용하고 있다. 헤테로틱-O를 포함한 나머지 이론들도 사정은 마찬가지다. 그러나 끈결합상수가 작다는 가정을 벗어나면 학자들은 어깨를 으쓱하며 계산을 포기할 수밖에 없었다. 그들이 사용하던 수학은 거기까지가 한계였던 것이다.

그러나 1995년 봄에 에드워드 위튼이 놀라운 결과들을 연달아 발표하면서 끈이론학계는 역사적인 전환점을 맞이하게 된다. 위튼은 조 폴친스키(Joe Polchinski)와 마이클 더프(Michael Duff), 폴 타운젠드(Paul Townsend), 크리스 헐(Chris Hull), 존 슈바르츠, 아쇼크 센(Ashoke Sen) 등의 연구결과를 이용하여 끈이론이 '작은 끈결합상수'라는 안전한 영역을 벗어나 자유롭게 비상할 수 있다는 강력한 증거를 제시했다. 그 파급효과는 말로 표현하기 어려울 정도로 막대했지만, 핵심 아이디어는 아주 간단하다. 위에 열거한 다섯 개의 끈이론

중 하나를 골라서 끈결합상수를 키워나가면 '끈결합상수를 작게 조절한 나머지 다른 이론들 중 하나'로 접근한다. 예를 들어 I형 끈이론의 결합상수를 키우면 결합상수가 작은 헤테로틱-O형 끈이론으로 변환되는 식이다. 결국 다섯 개의 끈이론은 다른 이론이 아니었다. 끈결합상수가 작다는 가정 하에서는 이들이 전혀 다른 이론처럼 보였으나, 제한조건을 적절히 수정하면 완전히 같은 이론이 된다.

최근에 나는 아주 흥미로운 그림을 접한 적이 있다. 가까운 거리에서 보면 분명히 노년의 아인슈타인의 얼굴인데, 조금 멀리 떨어져서 바라보면 영락없는 마릴린 먼로의 얼굴로 변신하는 신기한 그림이었다([그림 5.2] 참조). 만일 이 그림을 코앞에서 한 번 보고, 잠시 눈을 가렸다가 먼 거리에서 또 한 번 본다면 당신은 서로 다른 두 개의 그림을 보았다고 생각할 것이다. 그러나 그림에서 눈을 떼지 않고 거리를 서서히 늘이면 아인슈타인과 먼로가 하나의 그림 속에 겹쳐 있었음을 알게 된다. 다섯 개의 끈이론도 이와 비슷하다. 이들 중 두 개의 이론을 골라서 결합상수가 작은 극한으로 가져가면 완전히 다른 이론처럼 보이지만, 중간지역으로 오면 아인슈타인이 먼로로 변신하는 것처럼 서서히 상대방 이론으로 변해간다.

아인슈타인이 먼로로 변신하는 과정은 정말 신기하다. 그리고 하나의 끈이론이 다른 끈이론으로 변신하는 과정은 경이로움 그 자체이다. 만일 한 이론의 결합상수가 커서 건드림 접근법이 불가능하다면, 이와 동일한 다른 끈이론(결합상수가 작은 이론)으로 넘어가서 계산을 수행하면 된다. 물리학자들은 이처럼 서로 다른 이론들 사이에 존재하는 연결고리를 '듀얼리티(duality, 이중성)'라고 부른다. 현재 끈이론과 관련된 거의 모든 연구는 바로 이 이중성에 기초하여 진행

[그림 5.2] 이 그림을 가까운 거리에서 들여다보면 알베르트 아인슈타인처럼 보인다. 그러나 몇 걸음 뒤로 물러나서 바라보면 아인슈타인의 얼굴은 사라지고 마릴린 먼로의 모습이 드러난다(이 그림은 메사추세츠공과대학MIT에 있는 오드 올리비아Aude Olivia의 작품이다).

되고 있다. 하나의 이론을 수학적으로 서술하는 방식이 두 개이므로, 이중성은 끈이론의 수학을 두 배로 풍성하게 만들어준 셈이다. 한 이론에서 계산이 불가능하다 해도, 그에 대응되는 다른 이론으로 넘어가면 얼마든지 가능해진다.■ 끈이론학자에게 이보다 좋은 소식이 또 어디 있겠는가?

위튼을 비롯한 여러 학자들은 다섯 개의 끈이론들이 듀얼리티를 통해 하나의 네트워크로 연결되어 있다는 놀라운 사실을 증명했다.[3]

■ 이것은 4장에서 언급한 "서로 다른 형태의 여분차원들이 물리적으로 동일한 모형으로 귀결된다"는 대일반화와 일맥상통한다.

이런 식으로 통일된 끈이론을 'M-이론(M-theory)'이라고 하는데, 명칭에 숨은 뜻은 잠시 후에 알게 될 것이다. 아무튼 M-이론은 듀얼리티를 통해 다섯 개의 끈이론을 하나로 묶음으로써 이해의 폭을 훨씬 넓혀주었으며, 끈을 일반화시킨 '브레인(brane)'을 도입하여 우주에 대한 기존의 관념에도 커다란 변화를 가져왔다.

브레인

내가 끈이론을 처음 접했을 때 머릿속에 맴돌던 의문이 하나 있었다. "왜 하필이면 끈인가? 만물의 기본단위는 왜 '길이'만 갖고 있는가? 끈이론이 주장하는 공간은 9차원이나 되는데, 2차원 면이나 3차원 덩어리, 또는 이보다 높은 고차원의 객체는 왜 고려하지 않는가?" 1980년대에 대학원생이었던 나는 "끈이 2차원 이상의 고차원 공간을 점유하게 되면 수학적으로 치명적인 결함(양자적 과정의 확률이 음수로 나온다거나, 수학적으로 의미가 없는 결과가 얻어지는 등)이 생긴다"고 결론지었고, 그 후로 1990년대 중반까지 줄곧 이렇게 생각해왔다. 심지어는 학생들에게 강의를 할 때도 이런 식으로 설명하곤 했다. 대상을 1차원 끈으로 한정지으면 수학적 불일치가 말끔히 해소되기 때문에"[4] 끈 말고는 다른 대안이 없을 것 같았다.

그런데 새로 개발한 계산법으로 무장한 물리학자들이 방정식을

■ 이것은 수학적인 우연이 아니라, 끈 자체가 매우 높은 대칭성을 갖고 있기 때문이다. 바로 이 대칭성 덕분에 수학적인 문제점이 사라지는 것이다. 자세한 내용은 후주 4번을 참조하기 바란다.

한층 더 정확하게 분석하여 뜻밖의 결과를 내놓았다. 가장 놀라운 것은 "끈이론에 1차원 끈만 포함시켜야 한다"는 논리의 근거가 희박하다는 것이었다. 이론학자들은 2차원 원판이나 3차원 덩어리를 끈이론에 포함시켰을 때 나타나는 수학적 문제들이 근사식을 사용했기 때문에 나타난 결과임을 입증했다. 그들 중 한 그룹의 물리학자들은 좀 더 정확한 방법을 사용하여 끈이론의 수학 속에 다양한 차원의 끈이 숨어 있다는 놀라운 사실을 알아냈다.[5] 건드림 접근법이 너무 거칠어서 이들의 존재를 알 수 없었는데, 새로운 방법이 마침내 끈이론의 새로운 구성요소들을 찾아낸 것이다. 그리하여 1990년대 말에는 "끈이론은 끈만 포함하는 이론이 아니다"라는 사실이 너무나도 명백해졌다.

이제 끈이론에는 1차원 끈 이외에 프리스비(Frisbee, 공중에 던지며 노는 플라스틱체 원반—옮긴이)와 하늘을 나는 양탄자와 같은 2차원 요소가 등장한다. 이들을 '멤브레인(membrane, '막膜'이라는 뜻—옮긴이)' 또는 '2-브레인(two-brane)'이라고 한다. 앞서 언급했던 M-이론의 'M'은 여러 가지 의미로 통하는데, 그중 하나가 멤브레인의 첫 글자이다. 그러나 끈이론의 구성요소는 이것이 전부가 아니다. 3차원 객체인 3-브레인(three-brane)과 4차원 객체인 4-브레인(four-brane) 등, 위로 줄줄이 9-브레인(nine-brane)까지 있으며, 이 모든 것들은 끈처럼 진동하거나 움직일 수 있다. 사실 1차원 끈은 브레인의 1차원 버전인 1-브레인(one-brane)으로 간주할 수 있다. '끈이론의 모든 것'이었던 끈이 다양한 구성요소들 중 하나가 된 것이다.

또 한 가지 중요한 변화는 끈이론이 주장하는 공간의 차원이 9에서 10으로 늘어났다는 점이다. 여기에 시간차원 하나를 더하면 끈이 거주하는 시공간은 11차원이 된다. 어떻게 그럴 수 있을까? 4장에서 말한 바와 같이 끈이론은 '(D − 10)×(난감한 값)'을 0으로 만들기 위해 D=10, 즉 10차원 시공간을 요구했었다. 그런데 이것은 끈결합상수가 작다는 가정 하에 건드림 접근법을 적용하여 얻어진 결과였다. 그런데 정말 놀랍게도 건드림 근사식을 사용하는 바람에 차원 하나를 놓쳤던 것이다. 그 이유는 끈결합상수의 크기가 열 번째 여분차원의 크기와 직접적으로 연관되어 있기 때문이다(이 사실을 밝힌 사람은 에드워드 위튼이었다). 과거의 끈이론 학자들은 결합상수가 작다고 가정했기 때문에 열 번째 차원도 함께 작아져서 수학공식 상에 나타나지 않았다. 여기에 더욱 정확한 수학을 적용하면 끈이론/M-이론이 예견하는 공간은 분명히 10차원이며, 따라서 시공간은 11차원이 된다.

1995년에 서던캘리포니아대학(Southern California Univ.)에서 개최된 끈이론 학회에서 위튼은 이 결과를 덤덤하게 발표했다. 나도 그 자리에 있었는데, 당시 청중석에 앉아 있던 물리학자들의 멍한 표정을 지금도 잊을 수가 없다. 그 후로 사람들은 이 사건을 '끈이론의 2차 혁명'이라 불렀다.* 끈이론에서 파생된 다중우주에서는 브레인이 핵심적인 역할을 한다. 물리학자들은 끈이론으로부터 이전과는 또 다른 평행우주의 개념을 이끌어냈다.

---

* 1984년에 있었던 끈이론의 1차 혁명은 고전적 끈이론을 현대식 버전으로 바꾸면서 촉발되었으며, 이 변화를 주도한 사람은 존 슈바르츠와 마이클 그린이었다.

브레인과 평행우주

우리는 끈이론을 접할 때마다 지극히 작은 끈을 떠올리곤 한다. 끈이론의 검증이 어려운 것도 끈이 너무나 작기 때문이다. 그러나 4장에서 말한 것처럼, 끈이 반드시 작을 필요는 없다. 원리적으로 끈의 길이는 끈이 갖고 있는 에너지에 의해 결정된다. 전자나 쿼크 등 소립자의 질량과 관련된 에너지는 지극히 작은 양이어서 이에 대응되는 끈도 매우 짧지만, 에너지가 충분히 크면 끈의 길이도 눈에 뜨일 정도로 길어진다. 물론 지구상에서는 이 정도의 에너지를 충당할 방법이 없다. 그러나 이것은 인간이 안고 있는 기술상의 한계일 뿐이다. 만일 끈이론이 옳다면, 그리고 미래에 기술이 충분히 발달한다면 입자가속기나 다른 장치를 이용하여 끈의 길이를 마음대로 조절할 수 있을 것이다. 긴 끈은 우주에 천연적으로 존재할 수도 있다. 예를 들어 끈이 휘감고 있는 공간이 팽창하면 끈도 함께 길어진다. [표 4.1]에 제시된 것처럼 이런 끈에 의해 생성된 중력파가 발견된다면 끈의 존재도 확인되는 셈이다.

끈과 마찬가지로, 고차원 브레인도 얼마든지 클 수 있다. 대형 브레인을 도입하면 끈이론으로 우주를 서술하는 방식 자체가 크게 달라진다. 이 점을 이해하기 위해, 한눈에 들어오지 않을 정도로 길게 뻗어 있는 끈을 상상해보자. 그리고 식탁 테이블보나 깃발처럼 생긴 2차원 2-브레인이 무한히 크게 펼쳐져 있는 광경을 떠올려보자. 이들이 아무리 크다 해도 우리에게 친숙한 3차원 공간 안에 존재하기 때문에 머릿속에 떠올리기는 그리 어렵지 않다.

그러나 무한히 큰 3-브레인이라면 사정은 달라진다. 어항을 가득 채운 물처럼 3-브레인은 우리가 살고 있는 공간을 가득 채울 수 있다. 그렇다면 3-브레인은 3차원 공간을 채우고 있는 어떤 객체가 아니라 그것이 곧 '공간 자체'인 셈이다. 물고기가 물속에서 살고 있는 것처럼, 우리는 공간을 가득 채우고 있는 3-브레인 속에서 살고 있다. 우리가 느끼는 공간은 그냥 텅 빈 곳이 아니라 3-브레인이라는 물리적 객체인 것이다. 끈이론 학자들은 이것을 '브레인세계 가설(braneworld scenario)'이라고 부른다.

바로 여기서 끈이론의 다중세계가 등장한다.

위에서 내가 3-브레인과 3차원 공간의 관계를 강조한 이유는 우리가 일상적으로 겪는 실체를 브레인과 연결짓고 싶었기 때문이다. 그러나 끈이론에는 4차원 이상의 고차원 브레인이 존재하며, 그 안에는 여러 개의 3-브레인이 공존할 수 있다. 일단은 상상력을 최대한으로 자제하여 거대한 3-브레인이 단 두 개만 존재한다고 가정해보자. 그래도 머릿속에 그리기는 쉽지 않을 것이다. 물론 나도 마찬가지다. 우리는 오랜 진화과정을 통해 기회요소와 위험요소를 '3차원 공간 안에서' 감지하는 능력만을 개발해왔다. 그래서 3차원 공간 안에 두 개의 거대한 물체가 놓여 있는 광경은 쉽게 떠올릴 수 있지만, 3차원 공간을 가득 채우고 있는 두 개의 '무언가'가 고차원 공간 속에서 서로 마주보고 있는 광경을 떠올릴 수 있는 사람은 거의 없다(사실은 단 한 명도 없을 것이다). 이런 이유로 브레인세계 가설을 논할 때에는 하나의 차원을 생략하는 것이 편리하다. 즉 우리가 살고 있는 3차원 공간을 무한히 큰 2차원 평면으로 간주하자는 것이다. 그러면 위에서 언급한 광경은 거대한 평면 두 개(거대한 빵을 썰어서 만든 두 개의 빵 조각)가 마주보고 있는 광경으로 가시화시킬 수 있다.*

이 거대한 빵 조각이 우리의 우주라고 가정해보자. "두께가 없이 납작한 평면에 3차원 물체를 어떻게 집어넣는가?"라며 따질 필요는 없다. 편의상 차원을 하나 줄이기로 약속했으므로, 인간을 비롯한 모든 물체는 면적만 있고 두께는 없다. 사람뿐만 아니라 오리온성운과 말머리성운, 게성운, 소용돌이은하 등 우리의 3차원 공간 속에 있는 모든 천체들도 [그림 5.3](a)처럼 하나의 평면 속에 존재한다. 그리고 우리의 3-브레인 우주와 마주보고 있는 또 다른 3-브레인은 또 하나의 거대한 빵 조각에 해당하며, 이것은 우리의 눈에 보이지 않는 또 하나의 차원방향을 따라 우리의 바로 옆에 존재한다([그림 5.3](b) 참조). 이런 식으로 차원을 줄이면 세 개, 네 개의 3-브레인이 나열되어 있는 광경도 쉽게 떠올릴 수 있다. 그저 거대한 '우주 빵 조각'을 같은 방향으로 계속 추가해나가면 된다. 여기서 브레인이 속해 있는 차원을 높이면 이웃한 브레인들은 한 방향이 아니라 임의의 방향으로 나열될 수 있다. 그리고 빵 조각보다 차원이 높거나 낮은 브레인들도 똑같은 방식으로 나열될 수 있다.

  모든 브레인우주는 '끈이론/M-이론'이라는 하나의 이론에서 탄생했으므로 동일한 물리법칙을 따른다. 그러나 인플레이션 다중우주에 등장하는 거품우주처럼 다양한 장의 값이나 공간의 차원은 브레인마다 다를 수 있기 때문에 물리적 환경은 완전히 딴판일 것이다. 개중에는 은하와 별, 행성이 존재하는 등 우리의 우주와 비슷한 브레인도 있고, 완전히 다른 브레인도 있으며, 우리와 비슷한 생명

■ 엄밀하게 따지면 빵을 아무리 얇게 썰어도 두께가 있기 때문에 빵 조각은 여전히 3차원 물체이다. 2차원 물체는 가로·세로 폭만 있을 뿐, 두께라는 것이 없다. 그러나 이런 식으로 따지면 논리를 진행시킬 수가 없기 때문에 우리의 거대한 빵 조각은 두께가 없다고 가정한다.

[그림 5.3] (a)브레인세계 가설에 의하면 우리가 우주라고 생각해왔던 것은 3차원 브레인(3-브레인)이다. 그러나 지면에는 3-브레인을 그릴 수가 없기 때문에(사실 상상을 할 수도 없다) 차원을 하나 줄여서 2차원 브레인으로 표현했다. 브레인은 무한히 크지만, 이 역시 그릴 수가 없어서 극히 일부분에 해당하는 한 조각만 그려 넣었다. (b)고차원 끈이론에서는 여러 개의 브레인 다중세계가 동시에 존재할 수 있다.

체가 "우리 눈에 보이는 것이 우주의 전부"라고 생각하며 살아가는 브레인도 있을 것이다. 이것이 바로 브레인세계 가설의 골자이다. 이 가설에 의하면 우리의 우주는 거대한 '브레인 다중우주(Brane Multiverse)' 속을 표류하는 수많은 브레인들 중 하나에 불과하다.

브레인세계 다중우주론이 처음 대두되었을 때, 사람들은 일제히 똑같은 의문을 떠올렸다. 우리 우주(브레인)의 바로 옆에 또 하나의 거대한 브레인이 존재한다면, 우리는 왜 그것을 볼 수 없는가?

끈끈이 브레인과 중력촉수

끈이론에 등장하는 끈에는 두 종류가 있다. 반지 모양으로 닫힌 끈과 일자 모양으로 열린 끈이 그것이다. 앞에서는 이들을 굳이 구별할 필요가 없어서 따로 언급하지 않았지만, 브레인세계에서는 엄청난 차이가 있다. 한 가지 간단한 질문을 던져보자. 끈은 브레인세계 사이를 날아다닐 수 있는가? "닫힌 끈은 날아다닐 수 있지만 열린 끈은 불가능하다."

저명한 끈이론 학자 조 폴친스키의 설명에 의하면 이것은 열린 끈의 '끝점(endpoint)'과 관련되어 있다. 브레인은 어떤 방정식을 통해 끈이론에 도입되었는데, 이 방정식에 의하면 끈과 브레인은 서로 밀접하게 관련되어 있다. [그림 5.4]에서 보는 바와 같이 열린 끈의 양쪽 끝은 오직 브레인에만 존재할 수 있다. 다시 말해서, 끈의 중간은 브레인세계를 이탈하여 브레인과 브레인 사이에 떠 있을 수 있지만, 양쪽 끝은 반드시 브레인에 붙어 있어야 한다는 것이다. 브레인에 붙어 있는 끈을 떼어내려 한다면, 그것은 수학적으로 원주율 π를 더 작은 값으로 만들거나 $\sqrt{2}$를 더 크게 만들려는 것과 마찬가지다. 간단히 말해서, 불가능하다는 이야기다. 물리학적으로는 막대자석에서 N극이나 S극을 제거하는 것과 비슷하다. 자석을 아무리 잘라도 N극과 S극은 결코 없어지지 않는다. 열린 끈의 양끝은 브레인에서 이리저리 자유롭게 이동할 수 있지만, 결코 브레인을 이탈할 수는 없다.

이 모든 이야기가 수학적 상상이 아니라 현실이라면(우리가 실제로 브레인에 살고 있다면) 당신은 브레인이 끈의 끝을 붙잡고 있는 강력한 힘을 지금 당장 느낄 수 있다. 3차원 브레인을 탈출하기 위해 점프를 시도해보라. 브레인을 벗어났는가? 한 번 더 해보라. 아직도 브레인에 있는가? 그럴 줄 알았다. 브레인세계에서 당신의 몸을 비롯한 모든 만물을 이루고 있는 끈들은 끈 전체가 아니라 끈의 끝점들

[그림 5.4] 열린 끈의 양끝(endpoints)은 오직 브레인세계에만 놓일 수 있다.

이다. 당신의 몸은 위로 뛰어오를 수 있고, 1루에서 2루로 야구공을 던질 수도 있고, 라디오에서 귀로 음파를 내보낼 수도 있지만, 이 모든 움직임은 당신이 속해 있는 브레인 속에서만 일어날 수 있다. 하나의 브레인 속에서는 모든 움직임이 자유롭다. 그러나 당신을 포함한 모든 만물은 결코 자신이 속한 브레인을 이탈할 수 없다. 아무리 위로 뛰어올라도 당신의 몸을 이루고 있는 끈의 끝점은 여전히 같은 브레인에 들러붙어 있다(물론 위치는 바뀔 수 있다). 우리가 인지하는 모든 현실은 고차원 공간을 부유하고 있는 거대한 널판에 존재하며, 어느 누구도 이곳을 탈출할 수 없다. 이 사실을 알고 나면 우리의 브레인을 벗어나 더 큰 우주를 탐험해보고 싶겠지만, 끈이론의 수학이 그것을 금지하고 있다.

중력을 제외한 다른 힘을 매개하는 입자들도 이와 같은 상황에 놓여 있다. 즉 이들도 끈의 끄트머리에 해당된다. 전자기력의 매개입자인 광자를 예로 들어보자. 이 책에서 당신의 눈으로 향하는 광자나, 안드로메다은하에서 월순산 천문대의 망원경으로 향하는 모든 광자들은 브레인 속에서 자유롭게 움직일 수 있지만 브레인을 이탈할 수는 없다. 다른 브레인세계가 우리 브레인과 몇 밀리미터 간격으로 바짝 붙어 있다고 해도, 빛이 이 간격을 통과할 수 없기 때문에 다른 브레인을 볼 수 없는 것이다.

그러나 브레인에 갇히지 않은 유일한 존재가 있으니, 그것이 바로 중력이다. 4장에서 말한 대로 중력을 매개하는 중력자(graviton)의 스핀은 2로서, 다른 힘을 매개하는 입자의 두 배이다. 그런데 브레인세계 가설에 의하면 다른 입자들이란 브레인에 붙어 있는 끈의 끝부분을 의미한다. 따라서 스핀이 두 배라는 것은 끈의 양끝이 하나로 결합되어 닫힌 고리를 형성한 것으로 생각할 수 있다. 그런데 닫힌 고리는 끝이 없으므로 브레인에 속박되어 있지 않다. 즉, 중력자는 브레인세계를 수시로 벗어났다가 되돌아올 수 있다는 뜻이다. 브레인세계 가설에서 중력자는 3차원 공간을 벗어나 다른 세계를 탐사할 수 있는 유일한 존재인 셈이다.

이것은 4장에서 언급한 끈이론 검증방법([표 4.1] 참조) 중 가장 중요한 항목이다. 끈이론에 브레인이 도입되기 전인 1980~1990년대에 물리학자들은 여분차원의 크기가 중력과 양자역학이 만나는 플랑크길이(약 10^{-33}cm) 수준일 것으로 생각했다. 그러나 브레인세계 가설이 등장하면서 스케일이 훨씬 커졌다. 여분차원은 충분히 클 수 있으며, 중력은 그 존재를 확인하는 유일한 수단이다. 적어도 지금까지는 그렇다.

여분차원이 정말로 존재하고, 그 스케일이 기존의 짐작보다 훨씬 크다면(10^{-4}cm, 기존의 10억×10억×10억 배) [표 4.1]의 두 번째 항목에서 언급한 대로 중력의 세기를 근거리에서 측정함으로써 그 존재를 입증할 수 있다. 두 물체가 중력을 통해 서로 잡아당긴다는 것은 이들 사이에 중력자가 교환된다는 뜻이다. 중력자는 중력적 영향을 전달하는 '눈에 보이지 않는 전령'이다. 교환되는 중력자의 수가 많을수록 둘 사이의 중력은 강해진다. 그런데 이 중력의 흐름 중 일부가 브레인의 바깥에 있는 여분차원으로 새어나간다면, 우리가 느끼는 중력은 원래의 세기보다 약해질 것이다(우리가 느끼는 것은 '약해진 중력'이다). 여분차원의 규모가 클수록 새어나가는 양도 많을 것이므로 중력은 더욱 약해진다. 따라서 두 물체 사이의 거리가 여분차원의 크기보다 작을 정도로 가까워지면 여분차원으로 새어나가기 전의 중력을 측정할 수 있다. 만일 여분차원이 정말로 존재한다면 이 경우에 중력은 우리가 알고 있는 값보다 크게 나타날 것이다. 4장에서는 언급하지 않았지만, 이런 식으로 여분차원을 관측한다는 아이디어는 브레인세계 가설에 근거한 것이다.

현재 대형 강입자가속기(LHC)로 접근할 수 있는 최단거리는 10^{-18}cm 정도이다. 〔표 4.1〕의 세 번째 항목에 나와 있듯이 고-에너지 양성자끼리 충돌하여 잔해들이 여분차원으로 튀어나간다면, 이 과정에서 나타난 에너지 손실은 측정이 가능하다. 물론 이 실험도 브레인세계 가설에 기초하고 있다. 그러므로 에너지 손실이 확인된다면 이 데이터는 브레인세계 가설로 설명할 수 있다. 즉 충돌의 잔해(중력자)가 우리의 브레인을 이탈하면서 에너지도 함께 가져간 것이다.

〔표 4.1〕의 네 번째 항목인 미니블랙홀도 브레인세계 가설이 낳은 또 하나의 부산물이다. 충분히 가까운 거리에서 중력이 강해진다면, LHC로 양성자끼리 충돌시켰을 때 미니블랙홀이 만들어질 수 있다.

그러므로 미니블랙홀을 통한 끈이론의 검증도 결국은 브레인세계 가설에 뿌리를 두고 있다.

지금까지 언급한 세 가지 실험은 여분차원과 미니블랙홀의 존재뿐만 아니라 브레인세계 가설까지 확인시켜줄 것으로 기대되고 있다. 긍정적인 결과가 나온다면 끈이론의 브레인세계 가설과 함께 다중우주가 존재한다는 것까지 직접적으로 입증되는 셈이다. 우리가 브레인에서 살고 있다면 수학적으로 따져봐도 우리의 우주가 유일하다고 주장할 근거는 어디에도 없다.

시간, 순환주기, 그리고 다중우주

이 책에서 지금까지 언급된 다중우주들은 출처가 각기 다르지만 하나의 공통점을 갖고 있다. 누벼 이은 다중우주와 인플레이션 다중우주, 그리고 브레인세계 다중우주는 한결같이 우리가 사는 공간을 '넘어선' 곳에 존재한다. 누벼 이은 다중우주는 일상적인 거리개념으로는 도저히 상상할 수 없을 정도로 멀리 떨어져 있으며, 인플레이션 다중우주는 우리와 다른 거품 속에 존재하면서 빠르게 팽창하고 있다. 그리고 브레인세계 다중우주는 우주와 아주 가까울 수도 있지만 그 거리라는 것이 다른 차원을 통한 거리이기 때문에 우리의 오감으로는 인지할 수 없다. 앞으로 브레인세계 가설을 지지하는 실험결과가 얻어진다면 우리는 또 하나의 다중우주를 생각해볼 수 있다. 그런데 이 다중우주는 다른 공간에 존재하는 것이 아니라 다른 '시간'에 존재한다.[6]

아인슈타인 이후로 우리는 시간과 공간이 돌돌 말리거나 휘어지고, 또는 늘어날 수 있는 양임을 알게 되었다. 그러나 대부분의 사람들은 우주 전체가 통째로 이리저리 떠도는 모습을 떠올리지는 않는다. 우주 전체가 '오른쪽' 또는 '왼쪽'으로 10m 이동했다는 말이 대체 무슨 뜻일까? 재미있는 수수께끼처럼 들리지만, 브레인세계 가설로 가면 일상다반사가 된다. 입자나 끈과 마찬가지로 브레인도 그들을 에워싸고 있는 공간 속에서 얼마든지 움직일 수 있다. 그러므로 우리의 우주가 3-브레인이라면, 우리 자신도 고차원 공간을 미끄러져 날아가고 있는 셈이다.■

우리가 '미끄러져 날아가는' 브레인에 속해 있고, 가까운 이웃에 다른 브레인이 존재한다면 두 브레인이 충돌할 수도 있다. 만일 충돌이 일어난다면 어떻게 될까? 이 문제에 관해서는 아직 충분한 연구가 이루어지지 않았지만, 두 개의 브레인이 충돌한다는 것은 두 개의 우주가 충돌한다는 뜻이므로 엄청난 사건임은 분명하다. 가장 단순한 경우는 두 브레인이 가깝게 접근하다가 마치 두 개의 심벌즈가 마주치듯이 충돌하는 것이다. 이런 경우에는 두 브레인의 상대속도에 내재되어 있는 막대한 에너지로 인해 입자와 복사가 사방에 난무하면서 두 브레인에 존재하는 모든 구조(은하, 별, 행성, 생명체 등)를 쓸어버릴 것이다.

폴 스타인하르트와 닐 튜록(Neil Turok), 버트 오브럿(Burt Ovrut), 저스틴 코리(Justin Khoury)가 포함된 두 팀의 연구원들은 이 우주적

■ 브레인을 포함하는 고차원 공간까지 이동할 수도 있지만, 지금 우리에게는 중요한 문제가 아니기 때문에 따로 고려하지 않을 것이다.

충돌이 종말과 함께 새로운 시작을 의미한다고 주장했다. 초고온과 초고밀도에서 입자들이 이리저리 난무하는 것은 빅뱅 직후의 상황과 비슷하다. 그러므로 두 브레인이 충돌하면 그 안에 존재하는 구조들이 싹쓸이된 후 새로운 우주로 재탄생할 수도 있다. 실제로 뜨거운 플라즈마로 가득 찬 3-브레인은 일상적인 3차원 공간처럼 팽창한다. 일단 팽창이 시작되면 온도가 내려가고 입자들이 한 곳으로 뭉치면서 차세대 별과 은하가 형성된다. 일부 물리학자들은 브레인이 충돌하는 우주적 사건을 '빅 스플랫(big splat)'이라고 부른다.

앞뒤 정황을 고려할 때 스플랫('철썩' 하는 소리)은 그럴듯한 이름 같지만, 충돌하는 브레인에서 나타나는 중요한 특성이 빠져 있다. 스타인하르트와 그의 동료들은 브레인이 충돌할 때 들러붙지 않고 튕겨 나간다고 주장한다. 그 후 두 브레인 사이에 작용하는 중력 때문에 멀어지는 속도가 점점 느려지다가 둘 사이의 거리가 최대에 이르면 다시 접근하기 시작한다. 그다음은 독자들도 짐작이 갈 것이다. 두 브레인은 또다시 충돌하여 모든 천체와 생명체가 사라지고 또 한 번의 새로운 시작을 맞이한다. 이와 같이 일정한 시간차를 두고 주기적으로 반복되는 우주를 '주기적 다중우주(Cyclic Multiverse)'라 한다.

만일 우리가 브레인으로 이루어진 주기적 다중우주에 살고 있다면 다른 우주들(우리 우주와 주기적으로 충돌하는 파트너 우주를 포함한 모든 우주들)은 우리의 과거이자 미래이다. 스타인하르트와 그의 동료들은 브레인의 충돌주기를 약 1조 년으로 추정했다. 이 가설에 의하면 우리가 알고 있는 우주는 한 주기의 말기에 속하며, 우리를 비롯하여 어딘가에 존재할 생명체와 그들이 창조한 모든 문명은 오래전에 사라졌다가 이번 주기에 재건된 것이다.

주기적 우주의 과거와 미래

브레인은 최근에 도입된 개념이지만, 주기적 우주는 꽤 오랜 역사를 갖고 있다. 우리는 지구의 자전으로부터 낮과 밤을 예측할 수 있고 공전으로부터 계절변화를 예측할 수 있다. 반복되는 주기운동에 근거하여 우주의 현상을 설명하려는 시도는 거의 모든 문명에서 공통적으로 나타나는 현상이다. 고대 힌두(Hindu)문명권의 사람들은 우주의 탄생과 소멸이 큰 주기로 반복되고, 그 속에서 작은 주기가 반복된다고 생각했다.

일부 해석에 의하면 이 주기는 백만 년에서 1조 년까지 이른다고 한다. 고대 그리스의 철학자 헤라클레이토스(Heraclitus)와 고대 로마의 정치가였던 키케로(Cicero)도 주기적 우주론을 주장했다. 우주가 완전히 불에 탄 후 잿더미 속에서 새로 시작된다는 주기론은 우주의 기원을 찾는 철학자들의 단골메뉴였다. 기독교가 퍼진 후로는 창조주의 손으로 한 번 창조된 우주가 영원히 유지된다는 창조론이 대세를 이루었으나, 주기론은 여전히 생명력을 유지하면서 사람들의 관심을 끌었다.

현대과학의 시대로 접어들어 일반상대성이론이 우주론을 연구하는 강력한 수단으로 자리 잡았을 때부터 과학자들은 주기적 우주론을 본격적으로 연구하기 시작했다.

알렉산더 프리드만은 1923년에 러시아에서 출간된 자신의 저서를 통해 '진동하는 우주'의 개념을 처음으로 소개했다. 우주가 팽창하다가 최대 크기에 이르면 수축모드로 바뀌어서 계속 작아지다가 '점'이 되고, 거기서 다시 새로운 팽창이 시작된다는 이론이었다.[7]

1931년에 아인슈타인은 자신이 하늘같이 믿어왔던 '정적인 우주'를 포기하고 진동하는 우주를 연구한 적이 있다. 이 모든 시도 중에서 가장 눈에 띄는 것은 1931~1934년에 걸쳐 발표된 리처드 톨만(Richard Tolman)의 논문이다. 당시 칼텍(Caltech, 캘리포니아 공과대학)의 교수였던 그는 주기적 우주론의 수학적 체계를 처음으로 확립했고, 그의 연구는 지금까지 명맥을 유지하고 있다.

주기적 우주론(주기론)의 장점 중 하나는 "우주는 어떻게 시작되었는가?"라는 난해한 문제를 피해갈 수 있다는 점이다. 우주의 일생이 주기적으로 반복되어 왔다면 우주의 기원을 굳이 따질 필요가 없다. 각 주기는 나름대로의 '시작'을 갖고 있기 때문이다. 그러나 주기론은 또 하나의 물리적 이슈를 야기한다. "바로 전 주기는 어떻게 끝났는가?" 최초의 주기가 시작된 근본적인 시작점을 문제 삼는다면 대답은 간단하다. 그런 시작점은 애초부터 없었다. 우주의 주기는 무한히 먼 과거부터 꾸준히 반복되어왔기 때문이다.

우주론의 초창기에 정상상태이론(steady state theory)을 지지하던 학자들은 "우주는 팽창하고 있지만 시작이란 것은 없었다"고 주장했다. 우주가 팽창하면서 새로운 물질이 계속 생성되어 늘어난 공간을 채우고 있기 때문에, 우주의 환경은 영원히 유지된다는 것이었다. 그러나 천문관측을 통해 과거의 우주가 지금과는 완전히 다른 곳이었음이 밝혀지면서 정상상태이론은 설득력을 잃게 되었다. 특히 초기우주는 혼돈과 불에 싸여 고요함이나 장엄함과는 거리가 멀었다.

게다가 새로 등장한 빅뱅이론은 우주의 기원에 대한 문제를 본격적으로 제기하면서 정상상태 우주론의 입지를 뿌리째 뒤흔들었다.

바로 이 문제에 새로운 대안을 제시한 것이 주기적 우주론이다. 매 주기가 시작될 때마다 나타나는 현상이 빅뱅과 비슷하다면, 빅뱅이론은 주기론의 일부로 흡수된다. 그리고 주기가 무한히 반복된다면 궁극적인 시작 때문에 굳이 고민할 필요가 없다. 이런 점에서 볼 때 주기적 우주론은 정상상태이론과 빅뱅이론의 장점을 하나로 모아놓은 매력적인 이론임이 분명했다.

그 후 1950년대에 네덜란드의 천체물리학자 헤르만 잔스트라(Herman Zanstra)는 20여 년 전에 톨만이 제안했던 주기적 우주모형에서 심각한 문제점을 발견했다. 그는 열역학 제2법칙에 입각하여 과거에 우주의 주기가 반복된 횟수는 절대로 무한대가 될 수 없다고 주장했다.

9장에서 자세히 논하겠지만, 열역학 제2법칙은 시간이 흐름에 따라 엔트로피(entropy, 무질서도)가 무조건 증가한다는 것을 골자로 하고 있다. 물리학법칙이라고 하면 딱딱하게 들리겠지만, 사실 이것은 우리가 매일같이 겪는 현상이다. 아침에 부엌을 아무리 깨끗하게 정돈해도 저녁때가 되면 어질러지기 마련이다. 책상, 거실, 놀이방 등도 마찬가지다. 아무리 정돈을 해놓아도 시간이 지나면 난장판이 되기 마련이다.

일상생활 속의 무질서는 불편한 정도일 뿐이지만, 주기적 우주에서 무질서도가 커지면 중대한 결과가 초래된다. 톨만은 우주의 엔트로피와 주기가 일반상대성이론의 방정식을 통해 서로 연결되어 있다는 사실을 잘 알고 있었다. 우주가 수축될 때 엔트로피가 클수록 무질서도가 큰 입자들이 좁은 공간에 뭉치면서 수축을 방해하기 때문에 주기가 길어진다. 그런데 열역학 제2법칙에 따라 과거로 갈수록 엔트로피가 작을 것이므로(엔트로피가 시간에 따라 증가한다는 것은 시간을 거꾸로 거슬러갈수록 감소한다는 의미이기도 하다)▪ 주기도 점점 짧아진다. 이 과정을 수학적으로 풀어보면 충분히 먼 과거에는 우주의 변화주기가 거의 0에 가까운 시점이 찾아온다. 즉 우주에는 '궁극적인 시작'이 존재해야 한다는 것이다.

스타인하르트와 그의 동료들은 새로운 버전의 주기적 우주론을 도입하면 우주의 시작이라는 어려운 문제점을 피해갈 수 있다고 주장했다. 이 이론에서 우주의 주기는 공간의 팽창-수축-팽창에서 나타나는 것이 아니라, 브레인 사이의 거리가 주기적으로 가까워졌다가 멀어지면서 나타난다. 그리고 브레인 자체는 주기와 상관없이 계속 팽창하고 있다. 주기가 반복될수록 엔트로피는 꾸준히 증가하지만, 브레인이 팽창하고 있기 때문에 엔트로피의 '밀도'는 증가하지 않는다. 좀 더 정확하게 말하면 엔트로피가 증가하는 속도보다 브레인이 팽창하는 속도가 더 빠르기 때문에 시간이 흐를수록 엔트로피의 밀도는 오히려 감소한다. 그래서 한 주기의 마지막에 이르면 엔트로피의 밀도가 거의 0에 가까워지면서 새로운 시작을 준비한다. 그렇다면 톨만과 잔스트라의 주장과 달리, 우주의 주기는 과거나 미래에 무한히 반복될 수 있다. 즉 주기적 브레인세계 다중우주는 굳이 시작을 논할 필요가 없다는 것이다.[8]

해묵은 수수께끼를 피해간 것은 주기적 다중우주의 커다란 장점이다. 그러나 이 분야의 학자들은 주기적 다중우주가 우주론의 수수

▪ 시간화살문제(time's arrow, 시간이 미래로만 흐르는 이유를 규명하는 문제)를 알고 있는 독자들을 위해 한마디 하자면, 지금 나는 엔트로피가 과거로 갈수록 감소한다는 가정 하에 논리를 풀어나가고 있다. 자세한 내용은 《우주의 구조》의 6장을 참조하기 바란다.

께끼를 해결할 뿐만 아니라 어떤 특별한 현상을 예측할 수 있기 때문에 인플레이션이론을 능가한다고 주장한다. 인플레이션 우주론에서 초기우주의 격렬한 팽창은 공간의 구조를 크게 뒤흔들어 강한 중력파를 발생시킨다. 이 파동은 우주배경복사에 그 흔적을 남겼고, 지금 우리는 고성능 관측장비를 이용하여 흔적을 분석하고 있다. 반면에 브레인이 충돌하면 순간적으로 일대 혼란이 일어나지만 공간이 급격하게 팽창하지는 않기 때문에 중력파의 강도가 너무 약해서 거의 흔적을 남기지 않는다. 그러므로 우주 초기에 발생한 중력파가 아직도 강한 흔적을 남기고 있다면 주기적 우주론은 설득력을 상실할 것이고, 이런 흔적이 발견되지 않는다면 인플레이션이론의 입지가 좁아지면서 주기적 우주론이 뜨게 될 것이다.

주기적 다중우주는 물리학계에 널리 알려져 있지만 대부분의 학자들은 회의적인 시각으로 바라보고 있다. 현재상황을 바꿀 수 있는 것은 오로지 관측뿐이다. 브레인세계를 입증하는 증거가 LHC에서 추출되고 우주 초기에 발생한 중력파가 매우 약한 것으로 판명된다면 주기적 다중우주 가설은 더욱 많은 지지를 얻게 될 것이다.

다발

끈 이외에 브레인이 도입되면서 끈이론의 수학은 장(field)의 연구에 커다란 영향을 미쳤다. 브레인세계 가설과 이로부터 유도된 다중우주이론은 실체에 대한 우리의 관념을 크게 바꿔놓았다. 이 모든 것은 지난 15년 사이에 끈이론을 다루는 수학적 방법이 크게 개선된

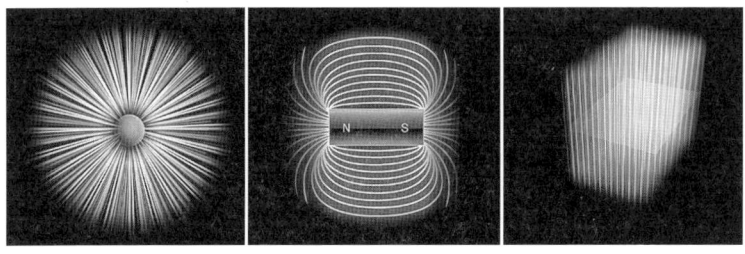

[그림 5.5] 좌로부터, 전자가 만드는 전기다발(electric flux), 막대자석이 만드는 자기다발(magnetic flux), 브레인이 만드는 브레인다발(brane flux)

덕분이다. 그러나 더욱 중요한 문제(수많은 여분차원 후보들 중에서 하나를 골라내는 문제)는 아직도 해결되지 않았다. 이 문제는 도무지 끝이 보이질 않는다. 지금까지 시도된 다양한 방법들은 여분차원의 가능한 형태를 엄청나게 늘려놓기만 했을 뿐, 하나를 골라내는 방법에 대해서는 여전히 침묵하고 있다.

한 가지 개선된 점이 있다면 브레인에 '다발(flux, '선속'이라고도 함)'의 개념을 도입했다는 것이다. 전자가 자신의 주변에 안개처럼 퍼져 있는 전기장을 만들고 자석이 자신의 주변에 자기장을 만드는 것처럼, 브레인도 자기 주변에 '브레인장(brane field)'이라는 것을 형성한다([그림 5.5] 참조). 마이클 패러데이가 1800년대에 최초로 전기장 및 자기장과 관련된 실험을 할 때, 그는 장의 세기를 장선(場線, field line)이라는 줄로 표현했다. 그가 제안한 방식에 따르면 장선이 촘촘할수록 장의 세기가 강하다는 뜻이다. 그러므로 하전입자나 자석으로부터 멀어질수록 장선의 밀도는 작아진다(주어진 면적을 통과하는 장선의 개수가 줄어든다). 패러데이는 단위면적을 통과하는 장선의 수를 '다발(flux)'이라고 불렀고, 그 후로 이 이름은 물리학의 공용어로 확실하게 자리 잡았다. 브레인장의 세기도 브레인이 생성한 다발로 표현된다.

라파엘 부소(Raphael Bousso)와 폴친스키, 스티븐 기딩스(Steven Giddings), 샤밋 카츠루(Shamit Kachru)를 비롯한 다수의 끈이론 학자들은 여분차원을 완전히 망라하려면 차원의 모양과 크기뿐만 아니라(1980~1990년대에 나를 포함한 대부분의 끈이론 학자들이 이 분야에 투신하여 많은 사실을 알아냈다) 브레인다발의 특성까지 고려해야 한다는 것을 깨달았다. 이 내용을 좀 더 자세히 알아보자.

끈이론의 초창기에 여분차원으로 대두된 칼라비-야우 도형은 수많은 '열린 영역(비치볼의 내부공간, 도넛에 뚫린 구멍 등)'을 포함하고 있었다. 그러나 21세기로 접어들면서 이론학자들은 이 열린 영역들이 완전히 빈 공간일 필요가 없다는 것을 깨닫게 되었다. 이들은 다른 브레인으로 에워싸일 수도 있으며, 그 안으로 다발이 뚫고 지나갈 수도 있다([그림 5.6] 참조). 그전까지만 해도 끈이론 학자들은 이런 장식물이 전혀 없이 '발가벗은' 칼라비-야우 도형만을 연구해왔다(자세한 내용은 《엘러건트 유니버스》를 참조하기 바란다). 그런데 칼라비-야우 도형에 이와 같은 특성을 추가해놓고 보니, 여분차원의 종류가 훨씬 다양해진 것이다.

얼마나 많아졌는지 감을 잡기 위해 대충 계산을 해보자. 일단은 다발에 초점을 맞추기로 한다. 양자역학에 의하면 광자나 전자는 불연속의 정수단위로 존재한다. 광자 3개, 전자 7개는 말이 되지만, 광자 1.2개나 전자 6.4개는 존재하지 않는다. 따라서 이로부터 생성된 다발도 불연속의 '뭉치(bundle, '다발'이라는 뜻에 더 가까운데, 이미 flux를 '다발'로 번역했기 때문에 뭉치라는 용어를 사용했다—옮긴이)'로 존재한다.

[그림 5.6] 끈이론에 등장하는 여분차원의 일부는 브레인으로 감길 수 있고, 그 속으로 다발이 통과할 수도 있다. 즉, 칼라비-야우 공간은 브레인과 다발로 '장식'될 수 있다(이 그림은 칼라비-야우 공간의 단순한 형태인 '3-도넛(three-hole doughnut)'을 확대한 것으로, 브레인과 다발 선은 공간을 휘감은 밝은 띠 모양으로 표현되어 있다).

다발뭉치(flux bundle)는 공간을 에워싸고 있는 표면을 한 번, 두 번, 세 번 등 여러 번 뚫고 지나갈 수 있다. 그러나 정수라는 조건 외에는 원리적으로 아무런 제한이 없다. 다발의 양이 많으면 칼라비-야우 공간이 변형되어 기존의 수학이 부정확해지는데, 물리학자들은 이런 불편을 피해가기 위해 다발의 수가 10개 이하인 경우를 주로 다루고 있다.[9]

예를 들어, 주어진 칼라비-야우 공간이 하나의 열린 영역을 갖고 있다면 다발을 입힐 수 있는 경우의 수가 10이므로 10가지의 여분차원이 존재하게 된다. 열린 영역이 두 개이면 다발로 만들 수 있는 경우의 수는 $10 \times 10 = 100$이고(첫 번째 영역에 10가지 다발이 가능하고 두 번째 영역에서도 10가지가 가능하므로), 열린 영역이 세 개이면 다발의 배열은 무려 1,000가지가 가능하다. 이 숫자는 어디까지 커질 수 있을까? 칼라비-야우 공간 중에는 열린 영역이 500개나 되는 것도 있다.

여기에 위의 논리를 적용하면 여분차원은 10^{500}가지나 된다.

보다시피 수학적으로 더욱 정밀한 분석을 시도했더니 여분차원의 후보가 줄어들기는커녕 이전보다 훨씬 많아졌다. 칼라비-야우 공간의 종류가 관측 가능한 우주에 존재하는 입자의 수보다 훨씬 많아진 것이다. 일부 끈이론 학자들에게는 그야말로 청천벽력이 아닐 수 없다. 앞장에서 강조한 바와 같이, 여분차원을 골라내지 못하면(또는 다발의 형태를 결정하지 못하면) 끈이론은 예측능력을 상실한다. 건드림 접근법의 한계를 벗어난 '정공법'이 개발되면서 한동안 희망적인 생각을 품었는데, 그것을 수학적으로 구현하다 보니 여분차원을 결정하는 일이 훨씬 더 어려워진 것이다.

그러나 일각에서는 "희망을 포기하기에는 아직 이르다"는 주장도 있다. 언젠가(당장 내일이 될 수도 있고 먼 훗날이 될 수도 있지만) 여분차원과 다발의 형태를 결정하는 원리가 발견되어 끈이론이 최후의 승리를 거머쥘 가능성도 여전히 남아 있다.

좀 더 급진적인 주장을 펼치는 학자들도 있다. 수십 년 동안 그렇게 애를 써도 여분차원이 하나로 결정되지 않는 데에는 그럴만한 이유가 있다는 것이다. 이들은 모든 가능한 여분차원들이 각기 다른 우주에 존재할 수도 있다고 주장한다. 황당한 소리 같지만, 관측자료를 분석해보면 이 주장은 역사상 가장 난해한 문제인 우주상수와 관련되어 있을 가능성이 있다. 그래서 다음 장에는 우주상수를 집중적으로 다루기로 한다.

6

The Hidden Reality

오래된 상수에 대한 새로운 고찰

랜드스케이프 다중우주

0과 0.000000000000000000000000000000000000000000000000000000000000000000000000000000000000000000000000000000000001의 차이는 거의 없는 거나 마찬가지다. 이 세상의 어떤 관측장비로 어떤 양을 관측한다 해도 이 차이를 구별할 수는 없다. 그런데 이렇게 작은 차이가 "실체를 바라보는 우리의 관점을 완전히 바꿀 수도 있다"고 주장하는 사람들이 있다.

위에 적은 작은 숫자는 1998년에 두 팀의 천문학자들이 멀리 있는 은하에서 폭발하는 별을 정밀 관측하여 얻은 값으로, 그 후로 많은 관측을 통해 사실로 확인되었다. 이 숫자의 정체는 무엇이며, 천문학자들은 왜 이토록 작은 값에 연연하는가? 이것은 앞에서 언급했던 일반상대성이론 세금계산서의 세 번째 항목에 해당하는 아인슈타인의 우주상수(cosmological constant)이다. 공간 속에 스며들어 있는 암흑에너지의 양은 바로 이 상수에 의해 결정된다.

심혈을 기울인 일련의 실험에서 동일한 결과가 계속 얻어지자, 우주상수가 0이라고 믿어왔던 물리학자들의 오랜 믿음이 흔들리기 시작했다. 이론가들은 과거의 이론에서 잘못된 점을 찾으려고 노력했지만 모두 허사였다. 우주상수가 0이 아닐 거라는 예측은 몇 년 전부터 꾸준히 제기되어 왔는데, 여기에는 "우리가 다중우주에서 살고 있다"는 기본 가정이 깔려 있었다.

우주상수의 재림

우주상수가 0이 아니라는 것은 눈에 보이지 않는 암흑에너지가 공간을 가득 채우고 있다는 뜻이다. 앞에서 언급한 대로, 암흑에너지는 밀어내는 중력의 원천이다. 1917년에 아인슈타인은 우주가 중력에 의해 수축되는 것을 방지하기 위해 우주상수를 도입했다. 정적인 우주를 선호했던 그는 일상적인 물질이 발휘하는 중력을 상쇄시켜줄 무엇인가가 필요했고, 그 결과로 탄생한 것이 우주상수였다. "우주상수가 0이 아닌 적절한 값을 갖는다면 우주는 팽창도, 수축도 하지 않고 현재의 상태를 영원히 유지할 수 있다"는 것이 그의 생각이었다.■

1929년에 허블이 우주가 팽창하고 있다는 사실을 알아내자, 아인

■ 대부분의 경우에 나는 '우주상수'와 '암흑에너지'라는 용어를 동일한 의미로 사용하고 있다. 좀 더 정확하게 말해서 우주상수의 값은 암흑에너지의 '양'을 의미한다. 많은 물리학자들은 "충분히 긴 시간스케일에서 우주상수처럼 보이는 모든 것"을 암흑에너지라고 부르는데, 변하는 속도가 아무리 느리다 해도 어쨌거나 변하는 것은 상수라 할 수 없다.

슈타인은 자신이 도입했던 우주상수를 "내 일생 최대의 실수"라며 철회해버렸다고 한다. 아인슈타인이 이런 말을 했다고 주장한 사람은 조지 가모프인데, 평소 과장하기를 좋아하는 그의 기질로 볼 때 아인슈타인이 정말로 그런 말을 했는지 의심스럽다.[1] 분명한 것은 허블의 관측데이터가 우주의 팽창을 확실하게 입증했고, 이 사실을 접한 아인슈타인이 방정식에 도입했던 우주상수항을 지워버렸다는 점이다. 몇 년 후 그는 이런 말을 한 적이 있다. "허블의 우주팽창론이 일반상대성이론과 비슷한 시기에 발표되었다면 결코 우주상수를 도입하지 않았을 것이다."[2] 그러나 소 잃고 외양간을 고치는 것이 항상 무의미하지는 않다. 여기서 잠시 1917년에 아인슈타인이 빌럼 드 지터(Willem de Sitter)에게 보낸 편지를 읽어보자.

어쨌거나 일반상대성이론의 방정식이 우주상수를 '허용한다'는 사실만은 확실합니다. 앞으로 별의 구성성분과 운동이 더욱 정확하게 밝혀지고 별의 스펙트럼 선을 거리에 따른 함수로 표현할 수 있게 된다면, 우주상수가 0인지 아닌지도 알게 될 것입니다. 신념은 좋은 동기가 될 수 있지만, 진실을 판단하는 기준이 될 수는 없다고 생각합니다.[3]

그로부터 8년 후, 사울 펄무터(Saul Perlmutter)의 슈퍼노바 코스몰로지 프로젝트(Supernova Cosmology Project)팀과 브라이언 슈미트(Brian Schmidt)의 하이-Z 슈퍼노바 서치팀(High-Z Supernova Search Team)은 멀리 있는 별에서 방출된 빛의 스펙트럼 선을 분석하여 아인슈타인의 예견대로 우주상수의 값을 가늠할 수 있었다. 그런데 놀랍게도 결과는 우주상수가 0이 아님을 강하게 시사하고 있었다.

우주의 밀도

두 연구팀의 원래 목적은 우주상수가 아니라 우주의 팽창속도가 감소하는 비율, 즉 팽창가속도를 측정하는 것이었다. 중력은 일상적인 물질 사이에서 항상 잡아당기는 쪽으로 작용하기 때문에, 공간이 팽창하는 속도는 당연히 감소할 것으로 생각했던 것이다. 팽창속도가 느려지는 비율은 우주의 미래를 좌우하는 핵심요인이다. 속도가 급하게 느려지면 어느 순간 팽창이 멈췄다가 수축모드로 변하는데, 이 경우에 우주는 빅 크런치(big crunch, 공간이 완전히 수축되어 으깨지는 현상. 빅뱅의 반대개념)를 맞이하거나, 팽창과 수축이 반복되면서 5장에서 말한 주기적 우주가 될 수도 있다.

그러나 팽창속도가 서서히 느려진다면 전혀 다른 결과를 맞이하게 된다. 지구의 중력장 하에서 공을 충분히 빠른 속도(탈출속도 이상의 속도)로 던지면 중력권을 탈출하여 우주공간으로 한없이 날아가는 것처럼, 팽창속도가 충분히 빠르면서 서서히 느려진다면 공간의 팽창은 영원히 지속된다. 두 연구팀의 목적은 팽창이 느려지는 정도를 관측하여 우주의 미래를 예측하는 것이었다.

두 팀이 시도했던 방법은 간단명료하다. 과거의 다양한 시간대에 우주의 팽창속도를 관측한 후 그 값을 비교하면 팽창속도가 얼마나 느려지고 있는지 금방 알 수 있다.

오케이. 여기까지는 아무런 문제가 없다. 그런데 이미 과거에 일어난 일을 무슨 수로 알아낸다는 말인가? 모든 해답은 '빛' 속에 들어 있다. 은하는 팽창하는 공간을 따라 이동하는 일종의 봉화대라고 할 수 있다. 지금 막 망원경에 도달한 빛이 방출되던 순간(먼 과거)에 은하가 얼마나 빠르게 멀어져 가고 있었는지를 알 수 있다면, 과거에 공간이 얼마나 빠르게 팽창했는지를 알 수 있다. 그리고 이런 관측을 여러 번 반복해서 결과를 비교하면 팽창이 느려지는 정도까지 알 수 있다. 이것이 기본적인 아이디어다.

그런데 이런 방법으로 팽창속도의 변화를 결정하려면 은하까지의 거리와, 빛을 방출했을 당시의 속도를 알아야 한다. 어떻게 그럴 수 있을까? 우선 거리 산출법부터 알아보기로 하자.

거리와 밝기

임의의 천체까지 거리를 알아내는 것은 천문학의 가장 중요하면서도 오래된 문제였다. 이 문제를 해결하기 위해 최초로 도입된 방법은 다섯 살 난 어린아이들도 알고 있는 '시차(視差, parallax)'를 이용하는 것이었다.

아이들이 오른쪽 눈과 왼쪽 눈을 번갈아 깜박거리면서 흥미로워하는 모습을 본 적이 있는가? 그 아이들은 지금 시차의 신기함에 매료된 것이다. 보는 눈을 바꾸면 사물이 이리저리 점프하는 것처럼 보이기 때문이다. 그런 실험을 해본 적이 없다면 지금 당장 이 책을 손에 들고 한쪽 귀퉁이에 시선을 집중한 후 오른쪽 눈과 왼쪽 눈을 번갈아 감아보라. 마치 책이 좌우로 순간이동하는 것처럼 보일 것이다. 그 이유는 왼쪽 눈과 오른쪽 눈이 코를 사이에 두고 일정 간격만큼 떨어져 있기 때문이다.

눈의 위치가 다르면 책과 눈을 연결하는 직선의 방향이 달라지고,

그 결과 책이 다른 각도로 놓인 것처럼 보인다. 물체와 눈 사이의 거리가 멀어지면 이 방향의 차이가 줄어들기 때문에 점프하는 정도도 작게 나타난다. 이 간단한 실험은 두 눈의 조준선 사이의 각도(시차)와 물체까지의 거리 사이에 어떤 관계가 있음을 보여준다. 각도를 인지한 후 약간의 계산을 거치면 물체까지의 거리를 정확하게 알 수 있다. 산수를 못한다고 걱정할 필요는 없다. 다행히도 우리의 두뇌가 그 계산을 알아서 실행해주고 있다. 그 덕분에 우리는 이 세상을 3D 입체로 볼 수 있다.■

밤하늘의 별을 바라볼 때는 시차가 너무 작아서 눈을 번갈아 깜빡여도 순간이동은 일어나지 않는다. 별까지의 거리에 비해 두 눈 사이의 간격이 너무 짧기 때문이다. 그러나 천체의 운동을 잘 이용하면 이 한계를 극복할 수 있다.

특정한 별의 위치를 6개월 간격으로 관측하면 그사이에 나타난 지구의 위치 차이가 사람의 눈 역할을 한다. 두 위치의 차이가 클수록 시차도 커지는데, 대부분의 경우는 값이 너무 작아서 별 소용이 없지만 비교적 가까운 별의 경우에는 이 방법으로 거리를 산출할 수 있다.

1800년대 초에 과학자들은 시차를 이용하여 별까지의 거리를 측정한 최초의 인물이 되기 위해 치열한 경쟁을 벌이고 있었는데, 1838년에 독일의 천문학자 겸 수학자였던 프리드리히 베셀(Friedrich Bessel)이 백조자리의 61-Cygni 별까지의 거리를 성공적으로 측정

■3D 영화의 원리도 이와 비슷하다. 동일한 두 개의 영상을 적절히 어긋나도록 조절하여 스크린에 투영하면 우리의 두뇌는 그 차이를 거리의 차이로 해석하기 때문에 3차원 입체영상으로 보이는 것이다.

함으로써 역사에 이름을 남겼다. 그때 나타난 시차는 0.00084도였으며, 이로부터 계산된 거리는 약 10광년이었다.

그 후로 기술이 꾸준히 향상되어 지금 운용 중인 관측위성은 베셀이 얻은 값보다 훨씬 작은 시차까지 정밀하게 관측할 수 있다. 그런데 수천 광년 거리까지는 이 방법으로 측정할 수 있지만, 더 멀리 있는 별은 시차가 너무 작기 때문에 다른 방법을 강구해야 한다.

멀리 있는 천체는 밝기로부터 거리를 추정할 수 있다. 다들 알다시피 빛을 발하는 물체는 거리가 멀수록 희미하게 보인다. 자동차의 헤드라이트나 별, 은하 등에서 방출된 빛은 공간을 이동하면서 넓게 퍼지기 때문에 거리가 멀수록 광원은 희미해진다. 그러므로 천체의 겉보기광도(apparent brightness, 지구에서 바라본 밝기)와 고유광도(intrinsic brightness, 코앞에서 바라본 원래의 밝기)를 모두 알고 있다면, 그 차이로부터 천체까지의 거리를 알 수 있다.

그런데 천체의 고유광도를 어떻게 알 수 있을까? 희미한 별은 지구와의 거리가 멀기 때문인가, 아니면 빛의 방출량이 원래 적은 것인가? 그래서 천문학자들은 오랜 세월 동안 '희귀하지 않으면서 밝기가 동일한 종류의 천체들'을 꾸준하게 찾아왔다. 이런 종류의 천체가 존재한다면 가까이 가보지 않아도 고유광도를 알 수 있다. 소위 '표준촛불(standard candle)'이라 불리는 이 천체들은 거리를 판단하는 균일한 기준을 제공한다. 하나의 표준촛불이 다른 표준촛불보다 희미하다면, 이로부터 희미한 촛불이 다른 촛불보다 얼마나 멀리 있는지 알 수 있기 때문이다.

지난 100여 년 동안 천문학자들은 다양한 천체를 표준촛불로 사용하면서 성공과 실패를 거듭해왔다. 최근에 발견된 가장 성공적인 표준촛불로는 Ia형 초신성(Type Ia supernova)을 들 수 있다. 이것은 폭발하는 별로서, 백색왜성이 자신의 근처에 있는 적색거성의 표면 물질을 끌어당기면서 발생한다. 별의 형성을 설명하는 물리학이론에 의하면, 백색왜성이 충분한 양의 물질을 끌어당기면(그래서 총 질량이 태양의 1.4배에 이르면) 자신의 무게를 더 이상 지탱하지 못하여 안으로 붕괴되다가 거대한 폭발을 일으킨다. 이때 방출되는 빛의 양은 정상적인 별에서 방출되는 빛의 1,000억 배에 달한다.

Ia형 초신성은 천문학자들이 찾던 이상적인 표준촛불이다. 폭발의 위력이 너무 막대해서 거리가 아무리 멀어도 관측할 수 있기 때문이다. 그리고 더욱 중요한 것은 모든 폭발이 동일한 물리적 과정을 거쳐 일어나기 때문에(백색왜성의 질량이 태양의 1.4배에 이르렀을 때 폭발함) 밝기가 거의 균일하다는 것이다.

그런데 한 가지 곤란한 문제가 있다. Ia형 초신성 폭발은 전형적인 은하에서 수백 년에 한 번 일어날 정도로 희귀한 사건이다. 이것을 어떻게 잡아낼 수 있을까? 슈퍼노바 코스몰로지 프로젝트팀과 하이-Z 슈퍼노바 서치팀은 '무조건 많이 관측하는' 방식으로 이 문제를 해결했다. 광각 감지기를 장착한 망원경으로 수천 개의 은하를 동시에 관측하다 보면 Ia형 초신성이 수십 개쯤 관측될 것이고, 일단 위치가 확인되면 고성능 천체망원경으로 세부관측을 시도하는 식이다. 두 팀은 이 초신성의 밝기로부터 수십억 광년에 달하는 거리를 매우 정확하게 산출할 수 있었다.

무엇과 무엇 사이의 거리인가?

다음 단계로 가기 전에, 공간의 팽창속도를 결정하는 문제와 관련하여 오해의 소지가 있는 부분을 짚고 넘어가는 게 좋을 것 같다. 천문학적 스케일의 거리를 논할 때 천문학자가 관측하고 있는 거리의 대상은 정확하게 무엇인가? 빛이 방출되었을 당시, 즉 과거의 지구와 은하 사이의 거리인가? 아니면 현재의 지구와 빛이 방출되던 과거 은하 사이의 거리인가? 아니면 현재의 지구와 현재의 은하 사이의 거리인가?

명쾌한 설명이 없다면 헷갈릴 수밖에 없다. 이밖에도 거리와 관련된 수많은 문제들은 항상 우리를 헷갈리게 한다. 어떻게 하면 이런 혼동을 피할 수 있을까? 내가 생각하는 해결책은 다음과 같다.

지금 당신은 지도 위에서 세 개의 도시—뉴욕과 로스앤젤레스, 그리고 오스틴— 사이의 거리를 측정하고 있다. 미국 지도를 펴놓고 자로 재어보니 뉴욕과 로스앤젤레스 사이의 거리는 39cm이고, 로스앤젤레스와 오스틴 사이는 19cm, 오스틴과 뉴욕 사이는 24cm이다. 측정이 끝났다면 그다음으로 할 일은 지도의 범례, 즉 '축척'을 확인하는 것이다. 축척이 1천만 분의 1이었다면 지도상의 1cm는 100km에 해당하므로 위에 열거한 세 거리는 각각 3,900km, 1,900km, 2,400km가 된다.

이제 지구의 표면이 균일하게 늘어나서 정확하게 두 배가 되었다고 가정해보자(거리가 두 배로 늘어나면 면적은 네 배가 된다). 이 정도면 꽤 큰 변화지만 지도에서 측정한 거리들은 여전히 유효하다. 단, 지도의 축척을 1,000만 분의 1에서 2,000만 분의 1로 바꾸기만 하면 된다. 그러면 지도상의 1cm는 200km로 늘어나서 39cm, 19cm, 24cm는 각각 7,800km, 3,800km, 4,800km가 된다. 여기서 지구가 계속 커진다고 해도 지도상의 거리는 여전히 유효하다. 정오에는 1cm=200km였다가 오후 2시에는 1cm=300km, 오후 4시에는 1cm=400km 등 축척을 꾸준히 업데이트해주면 된다.

팽창하는 우주에도 이와 비슷한 논리가 적용된다. 은하는 스스로 움직이는 능력이 없다. 은하는 마치 팽창하는 지구 위의 도시들처럼 팽창하는 공간을 따라 이동할 뿐이다. 그러므로 수십억 년 전에 누군가가 우주의 지도를 작성해놓았다면, 그 지도는 지금도 여전히 유용할 것이다.[4] 미국 지도의 경우와 마찬가지로 축척을 업데이트해주면 된다. 우주의 축척을 척도인자(scale factor)라고 하는데, 이 값은 시간이 흐름에 따라 꾸준히 증가한다.

그러므로 팽창하는 우주를 생각할 때마다 '영원히 변하지 않는 우주의 지도'를 머릿속에 떠올릴 것을 권한다. 커다란 테이블 위에 우주지도를 펼쳐놓고 생각해보자. 우주는 팽창하고 있지만 지도는 항상 그 모습 그대로다. 다만 우주지도의 축척, 즉 척도인자가 시간에 따라 커지고 있을 뿐이다. 약간의 연습을 거치면 이런 식의 접근법으로 많은 혼란을 피할 수 있다.

멀리 있는 노아은하(Noa Galaxy)에서 초신성이 폭발했고, 그 빛이 지구에 있는 망원경에 도달했다고 가정해보자. 초신성의 겉보기광도와 고유광도를 비교하면 빛이 방출된 시점([그림 6.1](a))과 지구에 도달한 시점([그림 6.1](c)) 사이에 빛이 구형으로 퍼져나가면서([그림 6.1](d)에서 원으로 표현된 부분) 흐려진 정도를 알 수 있고, 이로부터 구의 표면적과 반지름을 계산할 수 있다(중학교 수준의 수학이면 충분하다).

[그림 6.1] (a)멀리 있는 초신성에서 방출된 빛은 시간이 지남에 따라 점점 넓게 퍼져나간다(지구는 초신성의 오른쪽에 있는 은하에 속해 있다). (b)빛이 여행하는 동안 공간이 팽창하는데, 이것은 우주지도의 척도인자에 반영되어 있다. (c)빛이 지구의 망원경에 도달할 때쯤이면 강도가 많이 약해져 있다. (d)초신성의 겉보기광도와 고유광도를 비교하면 빛이 퍼지면서 만든 구(원으로 표시된 부분)의 면적을 구할 수 있고, 이로부터 구의 반지름을 알 수 있다. 이 반지름이 바로 빛의 여행거리에 해당한다. 그러므로 망원경으로 관측된 거리는 '현재의 지구'와 '현재의 초신성' 사이의 거리를 의미한다.

이 반지름이 바로 빛이 거쳐온 거리에 해당한다. 이제 앞에서 제기했던 질문을 다시 떠올려보자. 방금 계산한 거리는 이전의 세 가지 경우 중 어디에 해당하는가?

 빛이 진행하는 동안 공간은 꾸준히 팽창해왔다. 그러나 이 변화는 우주지도의 축척만 바꿨을 뿐, 그 외에는 달라진 것이 없다. 그러므로 망원경의 렌즈에 '지금' 빛이 도달했다면, 우주지도로부터 초신성과 지구 사이의 거리(초신성에서 방출된 빛이 여행한 거리. [그림 6.1](d)를 계산할 때에도 '지금'에 해당하는 척도인자를 사용해야 한다. 이렇게 구한 거리는 현재의 지구와 현재의 노아은하 사이의 거리이다. 즉, 앞에서 제시한 세 가지 경우 중 마지막에 해당한다.

또 한 가지 생각해볼 것이 있다. 우주는 끊임없이 팽창하고 있으므로 광자가 여행해야 할 거리도 처음 출발한 이후로 계속 길어지고 있다. 만일 광자가 자신의 궤적을 공간 속에 남기면서 이동한다면, 이 궤적은 시간이 흐를수록 길어질 것이다. 그러나 광자가 망원경에 도달한 시점의 척도인자를 적용하면 팽창과 관련된 모든 요인들이 자동으로 고려된다. 빛의 광도가 줄어드는 정도는 빛이 퍼지면서 '지금 이 순간에' 형성된 구의 크기에 따라 좌우되기 때문이다. 그리고 이 구의 반지름은 빛이 '지금까지' 진행해온 거리이므로 팽창과 관련된 모든 고려사항들은 척도인자에 포함되어 있다.[5]

그러므로 초신성의 겉보기광도와 고유광도를 비교한다는 것은 지구와 초신성 사이의 '현재 거리'를 측정한다는 뜻이다. 위에 언급한 두 그룹의 연구팀들도 이 거리를 측정한 것이다.[6]

우주론의 색깔

Ia형 초신성을 이용한 거리측정은 이 정도 설명이면 충분한 것 같다. 이제 다음 질문으로 넘어가자. 순간적으로 반짝이는 우주봉화대로부터 과거 우주의 팽창속도를 어떻게 알 수 있을까? 여기에 적용되는 물리학은 네온사인의 작동원리와 크게 다르지 않다.

네온사인이 붉은빛을 발하는 이유는 기체로 차 있는 유리관의 내부에 흐르는 전류가 네온원자 속에 있는 전자를 에너지가 높은 상태로 '차올리기' 때문이다. 그러나 네온원자는 안정된 상태(낮은 에너지 상태)를 선호하기 때문에, 들뜬 전자는 금방 에너지를 반납하고 정상적인 상태로 되돌아온다. 이때 반납되는 에너지는 광자의 형태로 방출되는데, 광자의 에너지에 따라 빛이 다양한 색상(파장)을 띠게 되는 것이다. 20세기 초에 확립된 양자역학 이론에 의하면 원자에 속해 있는 전자들이 들뜬 상태로 차올려질 때 일련의 특정한 에너지 값만을 가질 수 있다. 그리고 이 특정한 '들뜬 상태'에서 원래의 상태로 되돌아올 때 특정한 색(파장)의 광자가 방출된다. 네온원자(Ne)의 경우, 가장 많이 방출되는 색이 붉은색(또는 붉은 오렌지색)이기 때문에 대부분의 네온사인이 붉은색을 띠는 것이다. 헬륨, 산소, 염소 등 다른 원소들도 들뜬 상태로 올라갔다가 내려올 때 각기 고유한 파장의 광자를 방출한다. 네온사인 안에 다른 기체를 채워 넣으면 다른 색을 띠게 만들 수 있는데, 예를 들어 수은은 푸른색, 헬륨은 금색빛을 내는 데 사용된다. 또는 유리관 자체를 도금하여 다른 색을 내도록 만들 수도 있다.

대부분의 천문관측에서도 이와 비슷한 원리가 적용된다. 천문학자는 망원경으로 멀리 있는 천체의 빛을 모으고, 빛의 색상(파장)으로부터 천체의 화학성분을 분석한다. 프랑스의 천문학자 피에르 얀센(Pierre Janssen)과 영국의 천문학자 조지프 노먼 록키어(Joseph Norman Lockyer)는 1868년에 일식이 일어났을 때 달에 가린 테두리, 즉 태양의 표면에서 방출된 빛을 분석하다가 지구의 어떤 물체에서도 볼 수 없는 미지의 파장을 발견했다. 얀센과 록키어는 이 빛이 지구에서 아직 발견된 적이 없는 원소에서 방출된 것으로 짐작했고, 이들의 짐작은 결국 사실로 확인되었다. 당시 사람들은 이 원소가 태양에만 존재한다고 생각하여, 태양신 헬리오스(Helios)의 이름을 따서 헬륨(Helium)으로 명명했다(그러나 얼마 지나지 않아 지구에서도 발견되었다). 손가락 지문이 사람마다 모두 다른 것처럼, 각 원소에서 방출되거나 흡수되는 빛의 파장(색깔)은 원소마다 다르게 나타난다.

그 후로 수십 년 동안 천문학자들은 더욱 먼 천체에서 날아온 빛을 분석하다가 이상한 현상을 발견했다. 빛의 파장분포가 산소나 헬륨 등 기존의 원소와 비슷하긴 한데 조금씩 길게 나타났던 것이다. 가까운 별에서 방출된 빛의 파장은 3퍼센트 정도 길었고, 먼 거리에서 온 빛은 12퍼센트가 길었으며, 아주 먼 천체에서 날아온 빛은 거의 21퍼센트까지 길게 나타났다. 천문학자들은 이 현상을 '적색편이(redshift)'라고 불렀다. 가시광선은 파장이 길어질수록 붉은 쪽으로 이동하기 때문이다.

일단 이름은 지어놨는데, 그다음이 문제였다. 대체 왜 파장이 길어지는가? 베스토 슬리퍼(Vesto Slipher)와 에드윈 허블은 관측데이터를 면밀히 분석한 끝에 "우주가 팽창하고 있다"는 역사에 길이 남을 가설을 내세웠다. 과연 이들은 어떤 논리로 이런 엄청난 주장을 할 수 있었을까? 앞에서 예로 들었던 '고정된 우주지도'를 이용하여 슬리퍼와 허블의 논리를 따라가보자.

지금 노아은하에서 방출된 빛이 지구를 향해 날아오고 있다. 빛은 한 번만 방출되는 게 아니라 연속적으로 방출되고 있으므로, 빛의 진행상황을 그림으로 그린다면 매순간 방출된 빛의 선단(진행하는 빛의 제일 앞부분)들이 길게 늘어선 기차모양이 될 것이다. 빛의 파동,

즉 광파는 밀도가 균일하므로 처음 방출될 때의 파장(파동의 마루와 마루 사이의 거리)은 지구에 도달할 때의 파장과 다를 이유가 없을 것 같다. 그러나 우주지도의 척도인자를 고려하여 실제 거리를 계산하다 보면 정말로 흥미로운 부분이 발견된다. 다들 알다시피 우주는 팽창하고 있기 때문에, 지도의 척도인자는 빛이 처음 방출되었을 때보다 지구에 도달했을 때가 더 크다. 즉, 축척이 고정된 지도에서 보면 빛의 파장은 항상 일정하지만, 시간에 따라 변하는 척도인자를 고려하면 파장이 점점 '길어진다.' 그러므로 지구의 망원경에 도달한 빛은 처음 방출되었을 때보다 파장이 길어진 상태이다. 스판덱스에 선분을 그려 넣고 선의 방향으로 잡아당기면 선분의 길이가 길어지는 것처럼, 공간이 팽창하면 빛의 파장이 길어진다.

좀 더 구체적으로 따져보자. 파장이 3퍼센트 길어졌다면, 우주가 빛이 처음 방출되었을 때보다 3퍼센트 커졌다는 뜻이다. 또한 파장이 21퍼센트 길어졌다면 빛이 여행하는 동안 우주가 21퍼센트 커졌다는 뜻이다. 그러므로 적색편이의 정도를 측정하면 현재의 우주가 빛이 처음 방출되었을 당시보다 얼마나 팽창했는지 알 수 있다.■

이것이 전부다. 이제 다양한 거리에서 적색편이를 측정하면 다양한 시간대에 우주가 얼마나 빠르게 팽창되어 왔는지를 추적할 수

■ 독자들은 이런 의문을 가질 수도 있다. "공간이 무한히 크다면 우주가 과거보다 크다는 게 무슨 의미인가?" 우주가 "커졌다"는 것은 은하들 사이의 거리가 과거보다 멀어졌다는 뜻이다. 우주가 팽창한다는 것은 은하들이 멀어진다는 뜻이며, 이 정보는 점점 커지는 척도인자 속에 이미 고려되어 있다. 우주가 무한한 경우 "커졌다"는 것은 우주의 전체적인 크기가 커졌다는 뜻이 아니다. '한 번 무한대는 영원한 무한대'이기 때문이다. 그러나 이 책에서는 표현상의 편의를 위해 우주가 무한한 경우에도 "우주가 커졌다"는 표현을 사용할 것이다. 물론 이 말은 "은하들 사이의 거리가 멀어졌다"는 뜻이다.

있다.

당신(또는 당신의 자녀들)이 어렸을 때 벽에 등을 지고 서서 머리끝이 닿는 부분에 연필로 표시를 해놓은 적이 있을 것이다. 이 표시는 그 당시의 키를 의미한다. 이 측정을 여러 번 하여 눈금이 충분히 많다면, 다양한 시간대에 아이가 얼마나 빠르게 자랐는지 알 수 있다. 아홉 살 즈음에는 빠르게 자라고 11세까지는 조금 느려졌다가 13세까지는 또다시 빠르게 성장하고…… 기타 등등이다. 천문학자가 Ia형 초신성을 측정할 때에도 이와 비슷한 '연필자국'을 남긴다. 아이의 키를 나타내는 자국처럼, 다양한 Ia형 초신성을 측정해서 얻은 일련의 적색편이는 과거의 다양한 시기에 우주가 얼마나 빠르게 팽창해 왔는지를 말해준다. 또한 이 데이터로부터 팽창속도가 느려졌던 시기도 알아낼 수 있다. 이것이 바로 슈퍼노바 코스몰로지 프로젝트팀과 하이-Z 슈퍼노바 서치팀이 사용한 방법이었다.

아직 한 가지 과정이 더 남아 있다. 우주의 연필자국이 새겨진 시기를 알아야 최종결론에 도달할 수 있다. 즉, 지금 막 망원경에 도달한 빛이 초신성에서 언제 방출되었는지를 알아야 한다. 이것은 그다지 어려운 작업이 아니다. 초신성의 겉보기광도와 고유광도의 차이로부터 거리를 알 수 있고 빛의 속도는 이미 잘 알려진 상수이므로 거리를 속도로 나누면 빛이 방출된 시기를 알 수 있다. 물론 이 논리에는 틀린 점이 없다. 그러나 공간이 팽창함에 따라 빛의 궤적이 늘어나기 때문에 약간 미묘한 문제가 발생한다.

팽창하는 우주에서 빛이 진행하는 거리는 두 가지 요인에 의해 결정된다. 하나는 빛이 갖고 있는 고유속도이고, 또 하나는 공간의 팽창속도이다. 이것은 공항에서 워킹 에스컬레이터 위를 걸어가는 경우와 비슷하다. 워킹 에스컬레이터는 스스로 움직이면서 당신을 이동시키고 있기 때문에, 평소의 빠르기로 걸으면 평소보다 빠르게 이동할 수 있다. 이와 마찬가지로 빛이 진행하는 동안 공간이 팽창하고 있기 때문에, 빛은 자신의 고유속도로 갈 수 있는 거리보다 더 멀리 도달하게 된다. 그러므로 지금 막 망원경에 도달한 빛이 실제로 방출된 시기를 정확하게 판단하려면 빛의 속도와 공간의 팽창속도를 모두 고려해야 한다. 이와 관련된 수학은 약간 복잡하긴 하지만 이미 완전하게 규명되어 있다.[7]

두 관측팀은 이 모든 요인들을 신중하게 고려하여 과거의 다양한 시간대에서 척도인자를 알아냈고, 우주의 크기와 팽창속도의 변화를 말해주는 일련의 연필자국을 찾아내는 데 성공했다. 간단히 말해서 우주의 '성장기록부'를 작성할 수 있게 된 것이다.

우주의 팽창가속도

두 관측팀은 확인에 재확인을 거듭한 끝에 최종결과를 발표했는데, 지난 70억 년 동안 우리의 우주는 기존의 생각과 달리 팽창속도가 느려지지 않고 오히려 빨라진 것으로 나타났다.

이들이 얻은 결과는 그 후에 실행된 더욱 정밀한 관측을 통해 사실로 확인되었다([그림 6.2] 참조). 빅뱅 후 70억 년 동안은 기존의 짐작대로 척도인자의 증가속도(가속도)가 서서히 감소했다. 이 추세가 계속되었다면 [그림 6.2]의 그래프는 오른쪽으로 갈수록 평평해지거나 오히려 감소하는 추세로 돌아섰을지도 모른다. 그러나 관측데

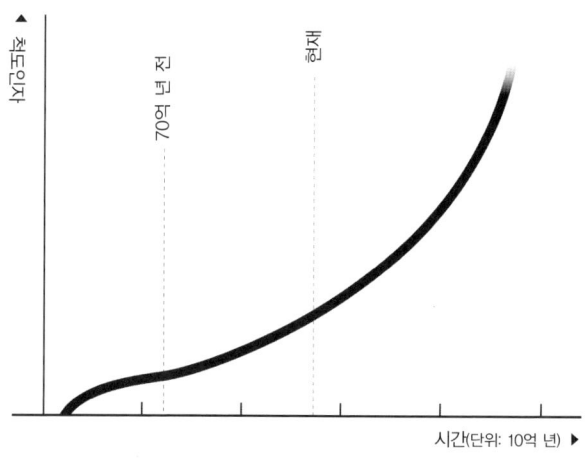

[그림 6.2] 시간에 따른 척도인자의 변화추이. 70억 년 전까지는 우주의 팽창속도가 점차 느려지다가 그 후부터 지금까지 계속 빨라지고 있다.

이터에 의하면 빅뱅 후 70억 년이 지난 시점에 극적인 변화가 일어났다. 그래프가 갑자기 위로 치켜올라가기 시작한 것이다. 이것은 척도인자의 증가속도가 빨라졌다는 뜻이며, 우주의 팽창속도가 점점 빨라지고 있다는 뜻이기도 하다.

위의 그래프는 우주의 운명을 말해주고 있다. 팽창이 가속되면 공간은 무한정 커지고, 멀리 있는 은하들은 점점 더 빠르게 멀어진다. 앞으로 1,000억 년이 지나면 우리 이웃에 있는 은하들(중력으로 모여 있는 10여 개의 은하들을 국부은하군local group이라 한다)은 우리의 우주지평선을 벗어나 영원히 볼 수 없는 곳으로 사라질 것이다. 지금의 천문학이 전승되지 않는다면 미래의 천문학자들은 오지학교의 학생 수와 비슷한 천체들이 우주의 전부라고 생각할 것이다. 천문학에 관한 한, 지금 우리는 매우 풍성한 시대를 살고 있다. 그러나 시간이 흐를수록 눈에 보이는 천체는 줄어든다. 우주로부터 받은 풍성한 선물을 팽창이 빼앗아가고 있는 셈이다.

우주상수

위로 던져진 공이 갈수록 빨라지고 있다면, 당신은 "어떤 힘이 공을 지구표면으로부터 밀어내고 있다"고 생각할 것이다. 지구의 중력만으로는 이런 일이 절대로 일어날 수 없기 때문이다. 초신성을 찾던 천문학자들도 이와 비슷한 결론을 내렸다. 우주적 탈출이 점점 빠르게 진행된다는 것은 중력을 압도할 정도로 막강한 힘이 모든 천체를 밀어내고 있다는 뜻이다. 이제 독자들도 익숙해졌겠지만, 이 현상을 설명하기 위해(더 정확하게는 '일으키기 위해') 도입된 것이 바로 우주상수이다. 아인슈타인은 이 상수를 방정식에 끼워 넣었다가 얼마 후 철회했지만, 그 후의 천문학자들은 초신성 관측데이터를 설명하기 위해 또다시 우주상수를 도입할 수밖에 없었다. 이것은 아인슈타인이 편지에 썼던 "신념에 따른 잘못된 판단"이 아니라, 오로지 관측데이터를 설명하기 위한 수단이었다.

천문학자들은 데이터로부터 우주상수의 구체적인 값(공간에 퍼져 있는 암흑에너지의 양)까지 결정할 수 있었다. $E=mc^2$(또는 $m=E/c^2$)을 이용하여 이 값을 질량으로 환산하면 $10^{-29} g/cm^3$보다 조금 작은 값이 얻어진다.[8] 이렇게 작은 우주상수가 빅뱅 후 70억 년 동안 일상적인 물질과 에너지에 의한 수축을 이겨내고 우주를 팽창시켜왔다는 이야기다. 그 후에는 공간이 충분히 커져서 일상적인 물질과 에너지 사이의 중력이 약해졌고, 그 결과 팽창속도는 더욱 빨라졌다. 여기서 한 가지 명심할 것은 중력과 달리 우주상수는 서서히 줄어들지 않는다는 점이다. 우주상수에서 발생한 '밀어내는 중력'은 공간의 고유한 성질로서, 1m³당 밀어내는 힘은 우주 어디서나 동일하다. 그러므로 우주가 팽창함에 따라 두 천체 사이의 거리가 멀어질수록 둘 사이에 많은 공간이 생겨서 밀어내는 힘도 커진다. 그래서 빅뱅 후 70억 년이 지난 시점부터는 [그림 6.2]와 같이 공간의 팽창속도가 빨라지기 시작했다.

이쯤에서 물리학자들이 사용하는 우주상수의 단위를 정확하게 알고 넘어가는 것이 좋겠다. 물리학자에게 우주상수를 g/cm^3 단위로 묻는 것은 곡물 상인에게 "감자 10^{15}피코그램 주세요"라고 말하는 것과 비슷하다. 10^{15}피코그램과 1킬로그램은 똑같은 양이지만, 감자의 양을 잴 때는 그에게 어울리는 단위(주로 kg)를 사용해야 대화가 통할 수 있다. 이와 마찬가지로 물리학자들은 우주상수를 논할 때 '(플랑크질량)/(플랑크길이)³'이라는 단위를 사용한다(플랑크질량은 약 10^{-5}g, 플랑크길이는 약 10^{-33}cm이다. 따라서 (플랑크길이)³은 한 변의 길이가 10^{-33}cm인 정육면체의 부피, 즉 10^{-99}cm³에 해당한다). 이 단위로 환산했을 때 우주상수의 값은 약 10^{-123}으로서, 바로 이 장의 서두에서 언급했던 숫자이다.[9]

이렇게 작은 값을 과연 믿을 수 있을까? 우주팽창이 가속되고 있다는 주장이 처음 제기된 이후로 여러 후속관측이 실행되었는데, 그 결과는 한결같이 처음의 주장을 뒷받침하고 있다. 뿐만 아니라 우주배경복사 등 간접적으로 관련된 일련의 관측들도 초신성의 관측결과와 잘 일치하고 있다(《우주의 구조》 14장 참조). 여러 가지 정황을 따져볼 때, 우주의 팽창이 가속되고 있다는 것은 의심의 여지가 없다. 중력을 서술하는 수단으로 일반상대성이론을 채택한다면, 여기에 밀어내는 중력, 즉 우주상수를 도입하기만 하면 된다. 여기에 인플라톤과 같은 또 다른 양자장을 도입하거나[10] 일반상대성이론의 방정식을 수정하면(예를 들어 거리가 멀어질수록 중력이 뉴턴의 역제곱법칙보다 빠르게 감소하여 우주상수를 도입하지 않아도 멀리 있는 지역이 더욱 빠르게 도망가도록 수정하면) 다른 식의 설명도 가능하겠지만, 가속팽창에 대한 가장 그럴듯한 설명은 "우주상수는 0이 아니며, 공간은 암흑에너지로 가득 차 있다"는 것이다.

지금도 많은 물리학자와 천문학자들은 우주상수가 0이 아니라는 것이 일생을 통틀어 가장 놀라운 발견이라며 흥분을 감추지 못하고 있다.

우주상수를 왜 0이라고 생각했을까?

우주상수가 0이 아님을 시사하는 초신성 관측데이터를 처음 접했을 때, 나의 반응은 다른 물리학자들과 크게 다르지 않았다―"말도 안 돼!" 대부분(그러나 전부는 아님)의 이론물리학자들은 이미 10여 년 전에 우주상수가 0이라고 결론을 지어버렸다. 이런 관점은 '인생 최대의 실수'라는 아인슈타인의 고백에서 시작되었다고 하지만, 그 후에 제시된 이론들도 우주상수가 0임을 몇 번이나 재확인해주었다. 그 중에서 가장 그럴듯한 것은 양자적 불확정성에 입각한 설명이다.

양자적 불확정성과 그로부터 야기된 양자적 요동은 양자장에 직접적인 영향을 미치면서 빈 공간을 미시적 혼란으로 가득 채우고 있다. 상자 안에서 이리저리 부딪히는 입자들이나 운동장에서 뛰노는 아이들처럼, 양자적 요동은 에너지를 수반한다. 그러나 원자와 아이들과 달리 양자적 요동은 우주 어디에나 존재하며 결코 제거될 수 없다. 공간의 한 영역을 양자적 요동으로부터 완전히 차단하는 것은 원리적으로 불가능하다. 즉, 양자적 요동에 의해 공간에 퍼져 있는 에너지는 무슨 수를 써도 제거할 수 없다. 그런데 우주상수는 공간에 퍼져 있는 에너지이므로, 결국 양자적 요동 자체가 미시적 영역에서 우주상수를 양산하고 있는 셈이다. 이것은 매우 중요한 사실이다. 아인슈타인은 우주상수의 개념을 처음 도입하면서 그 정체가 무엇이며 어떤 근원에서 발생했는지 아무런 설명도 하지 않았다. 양자적 요동과 관련지어서 생각해보면, 정작 우주상수를 떠올렸어야 할 사람은 아인슈타인이 아니라 양자역학을 연구하던 사람들이었다. 양자역학적 관점에서 보면 장을 통해 공간에 퍼져 있는 에너지를 고려하지 않을 수 없고, 이로부터 우주상수가 자연스럽게 도입된다.

그렇다면 모든 곳에 편재하는 양자적 요동에 얼마나 많은 에너지가 담겨 있는가? 이론물리학자들이 계산을 통해 얻은 답은 한마디로 어불성설이었다. 임의의 부분공간에 포함된 에너지가 무한대였던 것이다. 왜 이런 결과가 나왔는지 이해하기 위해, 속이 빈 상자 속에서 일어나는 장의 요동을 생각해보자([그림 6.3] 참조). 상자 안에서 모든 요동은 장의 에너지에 기여한다(파장이 짧을수록 요동이 빨라져서 에너지도 커진다). 그런데 가능한 파동은 무한히 많고, 파장이 아무리 짧아도 그보다 더 짧은 파동이 항상 존재하기 때문에, 양자적 요

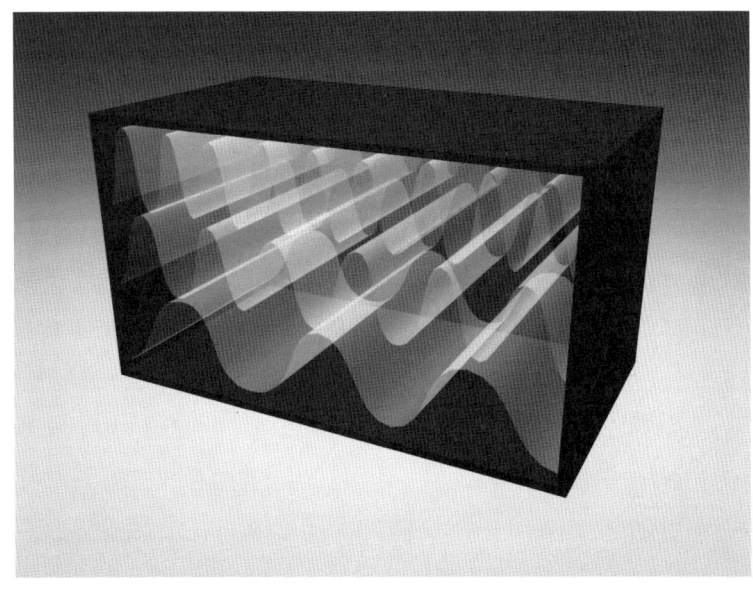

[그림 6.3] 임의의 부피 안에는 무한히 많은 파형이 존재할 수 있으며, 양자적 요동도 무수히 많은 파동의 형태로 존재한다. 그러므로 각 파동의 에너지를 모두 더하면 무한대라는 비상식적인 결과가 얻어진다.

동 속에 내재된 총 에너지는 무한대이다.[11]

 물론 말도 안 되는 결과였지만 그다지 충격적이지도 않았다. 왜냐하면 물리학자들은 무한대의 에너지가 늘상 그래왔듯이 '중력과 양자역학의 부조화'에서 유래된 문제라고 생각했기 때문이다. 초-미세영역에서 양자장이론을 신뢰할 수 없다는 것은 물리학자라면 누구나 알고 있는 사실이다. 양자적 요동의 파장이 플랑크길이(10^{-33}cm) 이하로 작아지면 에너지가 매우 커지기 때문에(또는 $m=E/c^2$을 통해 질량이 커지기 때문에) 중력에 의한 효과를 반드시 고려해야 한다. 이 상황을 올바르게 서술하려면 양자역학과 일반상대성이론을 모두 포함하는 물리학체계가 필요하다. 즉, 논의 자체가 끈이론이나 다른 양자중력이론으로 넘어가게 된다. 그러나 좀 더 빠르고 실용적인 해결책은 "플랑크길이보다 작은 영역에서는 양자적 요동을 무시해도 상관없다"고 선언하는 것이다. 이 현상을 무시하지 않으면 양자장이론은 자신이 감당할 수 없는 영역으로 들어가게 된다. 훗날 끈이론이나 양자중력이론이 초미세 양자요동 문제를 해결해주기를 기대하면서, 지금 당장은 양자요동을 수학적으로 격리시키자는 것이다. 그러면 이들이 텅 빈 공간에 기여하는 에너지의 양은 유한한 값으로 떨어진다.

이 정도면 분명한 진전이다. 초미세파장의 양자요동 문제를 해결하진 못했지만, 적어도 미래의 물리학자들에게 전가하는 데에는 성공했다. 그러나 임시변통으로 얻은 '유한한' 답도 그리 만만치는 않다. 양자요동이 기여하는 에너지가 무려 $10^{94}g/cm^3$이나 되기 때문이다. 지금까지 알려진 모든 은하 속의 모든 별들을 손톱만 한 상자속에 욱여넣고 밀도를 측정해도 이 값보다 훨씬 작다. 이 정도면 한 변의 길이가 플랑크길이인 초소형 정육면체 안에 $10^{-5}g$이 들어 있는 셈이다(즉, '1플랑크질량/플랑크부피'인 셈이다. 그래서 플랑크단위가 유용하다는 것이다. 감자를 kg 단위로 재듯이, 초미세영역에서는 플랑크단위가 가장 편리하다). 우주상수가 이 정도 크기라면 팽창속도가 말도 안 될 정도로 빨라서 은하는 물론이고 원자까지 갈가리 찢겨질 것이다. 천문관측자료에 의하면 우주상수가 가질 수 있는 값에는 분명한 한계가 있다. 그런데 이론적인 계산이 이 한계를 10^{100}배 이상 넘어선 것이다. 무한대보다는 분명히 나은 답이었지만, 이론물리학자들은 이 엄청난 불일치를 어떻게든 극복해야 했다.

바로 이 대목에서 이론적인 편견이 적나라하게 드러난다. 우주상수가 아주 작을 뿐만 아니라 아예 0이라고 가정해보자. 0은 이론물리학자들이 제일 선호하는 숫자이다. 계산과정이 복잡할수록 0의 가치는 더욱 빛을 발한다. 한 가지 예를 들어보자. 지금 아치(Archie)는 학교에서 내준 수학숙제 때문에 골머리를 앓고 있다. 63제곱수로 이루어진 수열 1^{63} + 2^{63} + 3^{63} + 4^{63} + 5^{63} + 6^{63} + 7^{63} + 8^{63} + 9^{63} + 10^{63}의 합을 구한 후, 음수의 63제곱으로 이루어진 또 다른 수열 $(-1)^{63}$ + $(-2)^{63}$ + $(-3)^{63}$ + $(-4)^{63}$ + $(-5)^{63}$ + $(-6)^{63}$ + $(-7)^{63}$ + $(-8)^{63}$ + $(-9)^{63}$ + $(-10)^{63}$을 앞의 결과에 더하는 문제이다.

최종적인 답은 얼마일까? 계산이 진행될수록 아치는 더욱 의기소침해졌다. 50자리가 넘는 숫자들을 더하고 곱하는 데 질려버린 것이다. 그런데 바로 그때 에디스(Edith)가 나타나서 한마디 거들었다. "이봐, 아치. 그러지 말고 대칭을 이용해봐." "뭐라고?" 에디스는 첫 번째 합과 두 번째 합 사이에서 대칭적인 균형을 발견한 것이다.

1^{63}과 $(-1)^{63}$을 더하면 0이고(음수를 홀수번 곱한 결과는 음수이므로, -1을 63번 곱하면 -1이 된다) 2^{63}과 $(-2)^{63}$을 더해도 0이며, 그 나머지도 마찬가지다. 두 수열이 이런 식으로 대칭을 이루고 있기 때문에 각 항들은 서로 상쇄된다. 몸무게가 같은 두 명의 어린아이가 시소의 양쪽 끝에 앉아 균형을 이루는 것처럼 양수와 음수의 (홀수) 거듭제곱이 균형을 이루어, 최종 계산결과는 정확하게 0이 된다.

많은 물리학자들은 물리학법칙에서 아직 규명되지 않은 대칭성이 이와 같은 상쇄를 일으켜 양자요동의 에너지가 적절한 값이 된다고 믿고 있다(사실은 믿는다기보다 그렇게 되기를 간절히 바라고 있다). 양자요동에 담겨 있는 막대한 에너지가 아직 발견되지 않은 다른 항에 의해 기적같이 상쇄된다면 얼마나 좋을까? 물리학자에게는 최고의 희소식이 아닐 수 없다. 지금과 같이 엄청난 불일치를 눈앞에 두고 물리학자가 기댈 구석은 대칭밖에 없다. 우주상수가 0이라는 주장도 바로 여기서 비롯된 것이다.

4장에서 언급한 초대칭(supersymmetry)이 그 대표적 사례이다. [표 4.1]의 첫 번째 항목으로 등장한 초대칭은 서로 다른 종류의 입자들(서로 다른 장)을 짝지어주는 대칭으로서, 전자의 초대칭짝은 초대칭전자(selectron)이고, 쿼크의 초대칭짝은 s-쿼크(squark), 뉴트리노의 초대칭짝은 s-뉴트리노(sneutrino) 등등이다.

모든 초대칭입자들은 아직 가상의 존재들이지만 앞으로 수년 이내에 대형 강입자가속기(LHC)가 그 존재를 확인시켜줄 것으로 기대되고 있다. 아무튼 양자적 요동을 초대칭짝과 이론적으로 연결 지으면 흥미로운 사실이 드러난다. 장의 모든 요동에 크기가 같고 부호가 반대인 짝-요동이 대응되어 아치의 수학문제처럼 깨끗하게 상쇄되는 것이다.[12]

그러나 여기에는 까다로운 조건이 있다. 초대칭짝을 이루는 한 쌍의 입자들은 전기전하와 핵전하뿐만 아니라 질량까지 같아야 한다. 그렇다면 이런 입자들은 일찌감치 발견되었어야 하는데, 아직 단 한 번도 발견된 적이 없다. 자연에 초대칭이 존재한다 해도, 실험데이터에 의하면 그것이 완벽하게 구현되지는 않은 듯하다.

그래서 입자물리학자들은 아직 발견되지 않은 초대칭입자들(selectron, squark, sneutrino 등)의 질량이 자신의 초대칭짝(전자, 쿼크, 뉴트리노 등)보다 훨씬 클 것으로 예상하고 있다. 그래야 아직까지 발견되지 않은 이유를 설명할 수 있기 때문이다. 질량의 차이를 고려해주면 대칭이 부분적으로 붕괴되어 완전한 상쇄가 일어나지 않고 엄청나게 큰 자투리가 남는다.

물리학자들은 '상쇄 프로젝트'를 어떻게든 완결하기 위해 또 다른 대칭을 도입하는 등 다방면으로 애를 써보았지만, 그 어떤 이론도 우주상수를 0으로 만들지 못했다. 그런데도 대부분의 물리학자들은 '0이 아닌 우주상수'를 받아들이지 않고 "물리학에 무언가 빠진 요소가 있다"고 생각했다.

노벨상 수상자인 스티브 와인버그(Steven Weinberg)는 우주상수가 0이라는 전통적인 믿음에 도전장을 던졌다.* 그는 우주론에 혁신을 불러온 초신성관측이 행해지기 10여 년 전인 1987년에 "우주상수는 0이 아니라 아주 작은 값"임을 주장하는 논문을 발표했는데, 그가 계산의 근거로 제시한 이론은 향후 수십 년 동안 끊임없는 논쟁을 불러일으켰다.

일부 물리학자들은 와인버그의 주장이 매우 심오하다며 칭찬을 아끼지 않은 반면, 다른 물리학자들은 세상에 둘도 없는 엉터리 이론이라며 격렬하게 비난했다. 그 의미가 다소 모호하긴 하지만, 와인버그가 제안한 이론의 공식명칭은 '인류원리(anthropic principle)'였다.

■ 케임브리지대학의 물리학자 조지 엡스태쇼(George Efstathiou)도 정연한 논리로 우주상수가 0이 아님을 주장했던 선구자 중 한 사람이었다.

우주적 인류원리

니콜라우스 코페르니쿠스(Nicolaus Copernicus)가 제안했던 '태양중심모형'은 인간과 지구가 우주의 주인공이 아님을 천명한 최초의 과학이론이었다. 그리고 현대의 우주론은 여기서 몇 단계 더 나아가 태양계 전체를 우주의 변방으로 좌천시켰다. 코페르니쿠스의 이론은 인간이 특별한 존재라는 오래된 믿음을 근본부터 뒤흔든 여러 이론들 중 하나일 뿐이다. 우리가 사는 곳은 태양계의 중심이 아니고 은하의 중심도 아니며, 우주의 중심은 더더욱 아니다. 게다가 인간의 몸은 우주 질량의 대부분을 차지하는 암흑물질로 이루어져 있지도 않다. 그동안 우주의 비밀이 하나둘씩 밝혀지면서 인간의 역할은 주인공에서 단역으로 꾸준하게 격하되어 왔다. 과학자들은 이것을 '코페르니쿠스 원리(Copernican principle)'라 부른다. 간단히 말해서, 인간은 우주에서 전혀 특별한 존재가 아니라는 것이다.

코페르니쿠스의 지동설이 세상에 알려지고 거의 500년이 지난 후, 크라쿠프(Kraków)에서 개최된 한 학회에서 호주의 물리학자 브랜든 카터(Brandon Carter)는 코페르니쿠스 원리를 조금 수정한 독특한 원리를 제안하여 사람들을 심란하게 만들었다. 그는 인간의 존재를 도외시하는 물리학자와 천문학자들에게 "코페르니쿠스 원리에 지나치게 집착하다 보면 진보의 기회를 놓칠 수도 있다"고 경고했다. 물론 카터 자신도 인간이 우주의 중심이 아니라는 데에는 이의를 달지 않았지만 우주에는 인간이 핵심적 역할을 하는 영역이 존재하며, 그것은 바로 '관측'이라고 주장했다(알프레드 러셀 월러스Alfred Russel Wallace와 아브라함 젤마노프Abraham Zelmanov, 로버트 디키 등도 이와 비슷한 주장을 한 적이 있다). 코페르니쿠스적 관점으로 인해 우리의 위치가 아무리 낮은 곳으로 강등되었다 해도, 관측데이터를 수집하고 분석하는 일만은 인간 중심으로 돌아갈 수밖에 없다. 우주와 관련된 모든 지식은 바로 이 작업을 통해 형성된 것이다. 인간이 아무리 중립을 지키려고 해도 이 과정을 생략할 수는 없기 때문에 통계학자들이 말하는 '편향된 선택(selection bias)'을 고려하지 않을 수 없다는 것이다.

간단하면서도 꽤 설득력 있는 주장이다. 만일 당신이 송어의 분포 상황을 조사하는 데 사하라사막을 대상으로 삼았다면, 지극히 편향된 데이터를 얻을 수밖에 없다. 사막에는 송어가 살 수 없기 때문이다. 또는 오페라에 대한 일반인의 관심도를 조사하기 위해 〈오페라 없인 못 살아(Can't Live Without Opera)〉라는 잡지의 구독자들을 대상으로 삼았다면, 그 결과 역시 신뢰할 수 없다. 오페라에 관한 한 이들은 일반인을 대표하는 집단이 될 수 없기 때문이다. 만일 당신이 재앙을 피해 오랜 시간 동안 온갖 험난한 여정을 거쳐온 난민들과 인터뷰를 한다면, 당신은 그들이 지구상에서 가장 강인한 종족이라고 생각할 것이다. 그러나 이들이 처음 여행을 시작한 후 끝까지 살아남은 1퍼센트의 생존자들이었다면, 이들의 강인함은 민족성 때문이 아니라 개인적인 생존능력이 뛰어났기 때문이다. 즉, 당신은 편향된 데이터로부터 섣부른 결론을 내린 것이다.

임의의 데이터가 주어졌을 때, 실수를 하지 않고 의미 있는 결과를 유추하려면 자료의 편향성을 반드시 고려해야 한다. 송어는 왜 멸종했는가? 대중들은 왜 오페라를 좋아하는가? 배를 타고 온 종족은 왜 그렇게 생존능력이 뛰어난가? 편향된 관측은 이와 같이 의미

없는 결론으로 귀결되기 십상이다.

편향된 데이터는 대부분의 경우 눈에 쉽게 뜨이기 때문에 별로 문제될 것이 없다. 그러나 편향성이 매우 미묘하게 숨어 있어서 겉으로 드러나지 않는 경우도 있다. 예를 들어 우리가 살고 있는 장소와 시기는 우리가 볼 수 있는 모든 것을 좌우한다. 만일 우리가 수십 억년 전에 다른 행성에서 태어났다면, 지금과 전혀 다른 우주를 보았을 것이다. 이렇게 태생적인 한계를 고려하지 않는다면 위의 사례들처럼 잘못된 결론에 도달할 수도 있다.

예를 들어 당신이 (요하네스 케플러Johannes Kepler가 그랬던 것처럼) 태양과 지구 사이의 거리가 1억 5천만km인 이유를 찾는다고 가정해보자. 당신은 몇 년 동안 온갖 물리학법칙을 뒤져가며 그 원인을 찾아보았지만 아무런 소득도 올리지 못했다. 과연 이 짓을 계속해야 할까? 아니다. 태양과 지구 사이의 거리를 연구대상으로 삼은 것 자체가 이미 편향된 선택이기 때문에 무슨 짓을 해도 만족스러운 답을 찾을 수 없다.

뉴턴과 아인슈타인의 중력법칙에 의하면 행성은 임의의 거리에서 별 주변을 공전할 수 있다. 만일 누군가가 지구를 낚아채서 임의의 다른 지점에 갖다놓고 공전속도를 적절하게 조절해주면(기초물리학만 알면 누구나 계산할 수 있다) 지구는 그곳에서도 행복하게 공전할 것이다. 현재의 1억 5천만km에 굳이 의미를 부여하자면 "온도가 생명체의 생존에 적절하다"는 정도이다. 만일 태양과 지구 사이의 거리가 지금보다 가깝거나 멀었다면 온도가 지금보다 높거나 낮아서 생명체에게 필수적인 '액체상태의 물'이 존재하지 않았을 것이다. 이것이 바로 태생적인 편향성의 사례이다. 태양과 지구 사이의 거리를 측정하는 주체가 '지구에 사는 인간'이기 때문에, 이로부터 유추되는 모든 결론은 인간이 생존할 수 있는 조건의 한계를 절대로 넘을 리가 없다. 만일 무엇 하나라도 이 한계를 넘어섰다면 태양과 지구 사이의 거리를 놓고 고민할 인간은 처음부터 존재하지도 않았을 것이다.

만일 지구가 태양계의 유일한 행성이거나 우주의 유일한 행성이었다면 어땠을까? 그래도 당신은 분석을 멈추지 않고 이렇게 생각할 것이다. "나의 존재는 태양과 지구 사이의 거리와 밀접하게 연관되어 있다. 그러므로 지구가 왜 하필 생명체에게 적절한 거리에 놓여 있는지 그 이유를 꼭 밝혀야겠다. 과연 이것이 단순한 우연일까? 아니면 무언가 심오한 원리가 숨어 있는 것일까?"

다들 알다시피 지구는 태양계의 유일한 행성이 아니며, 우주에서 유일한 행성은 더더욱 아니다. 태양계 바깥에도 행성은 많이 있다. 이 상황을 인지한다면 위와 같은 질문은 전혀 다른 관점에서 제기되어야 한다. 예를 들어 당신이 구두를 사러 신발가게에 갔다고 해보자. 지금 당신은 가게에 진열된 신발들이 한 가지 사이즈밖에 없다는 심각한 오해를 하고 있다. 그런데 점원이 당신의 발을 척 보더니 딱 맞는 구두를 가져왔고, 놀란 당신은 깊은 생각에 빠져든다. "이 점원은 그 많은 사이즈들 중에 놀랍게도 내 발에 딱 맞는 구두를 가져왔다. 이것이 과연 우연일까? 더 심오한 이유가 있는 것은 아닐까?" 그러나 가게에 모든 사이즈의 구두가 이미 진열되어 있었다는 사실을 알고 나면 이런 의문은 그 즉시 사라진다.

수많은 행성들이 모항성으로부터 각기 다른 거리에서 공전하고 있는 우주도 이와 비슷하다. 다양한 크기의 구두들 중 내 발에 딱 맞는 구두가 있다고 해서 놀랄 필요가 전혀 없는 것처럼, 수많은 은하들 속의 수많은 태양계에서 모항성과의 거리가 적절하여 생명체가 생존할 수 있는 행성이 존재한다고 해서 놀랄 이유도 없다. 우리는 그와 같은 행성들 중 하나에 살고 있을 뿐이다. 우리는 지구의 환경에 맞춰 진화해왔기에 다른 행성에서 살 수 없는 것은 너무도 당연하다.

그러므로 태양과 지구 사이의 거리가 1억 5천만km인 데에는 아무런 이유도 없다. 행성과 모항성 사이의 거리는 태양계 초기에 형성된 기체소용돌이의 잡다한 물리적 특성에 의해 결정된다. 물론 모든 과정은 정해진 물리법칙을 따르지만, 혼돈과 우연으로 점철된 과정에서 근본적인 원인을 따지는 것은 의미가 없다. 우주에 존재하는 모든 행성들은 이와 같은 천체물리학적 과정을 거쳐 형성되었으며, 이들은 모항성으로부터 각기 다른 거리에서 공전하고 있다. 그들 중 태양과의 거리가 1억 5천만km인 행성이 하나 있었는데, 모든 환경이 마침 딱 맞아떨어져서 우리와 같은 생명체가 탄생하고 진화해왔을 뿐이다. 연구대상을 지구로 삼은 것이 편향된 선택임을 인지하지 못한다면 더 깊은 의미를 파고들 것이고, 아무리 깊게 들어가 봐야 헛다리만 짚을 것이다.

카터는 이와 같은 편향성에 주의를 기울일 것을 강조하면서 자신의 논리를 '인류원리'라고 명명했다(그러나 이 원리는 관측과 분석을 할 수 있는 모든 생명체에게 적용될 수 있으므로 적절한 명칭은 아니라고 본다). 물론 어느 누구도 카터의 논리에서 벗어난 사례를 지적하지는 못했다. 그러나 카터는 인류원리가 항성과 행성의 거리와 같은 우주의 창조물뿐만 아니라 우주자체에도 적용된다고 주장하여 격렬한 논쟁을 불러 일으켰다.

우주자체에 인류원리가 적용된다니, 이건 또 무슨 뜻인가?

당신이 우주의 기본적인 물리량들을 놓고 고민에 빠져 있다고 가정해보자. 전자의 질량은 (양성자의 질량을 1로 간주했을 때) 0.00054이고, 전자기력의 세기는 (결합상수로 표현하면) 0.0073이며, 우주상수는 (플랑크단위로) 1.38×10^{-123}이다. 지금 당신은 이 상수들이 왜 하필 지금과 같은 값을 갖게 되었는지 그 원인을 설명하기 위해 백방으로 애를 쓰고 있지만 아무런 소득이 없다. 이때 카터가 당신 곁에 있었다면 이렇게 말할 것이다. "당신이 실패한 이유는 태양과 지구 사이의 거리를 설명하려다 실패한 이유와 같을 수도 있다. 거기에는 근본적인 설명이라는 것이 아예 존재하지 않는다. 다양한 거리에 다양한 행성들이 존재하고 그들 중 생명체가 살기에 적절한 행성에서 우리가 태어난 것처럼 우주도 여러 개가 있고 각 우주마다 상수값도 다른데, 그들 중 생명체에게 가장 적절한 우주에서 우리가 살고 있을지도 모른다."

이런 식으로 생각하면 상수들이 왜 지금과 같이 특별한 값인지를 묻는 것은 잘못된 질문이다. 상수값을 설명하는 법칙은 없으며, 다른 우주로 가면 상수는 얼마든지 달라질 수 있다. 그런데 '우리 우주'라는 편향된 선택 때문에 상수들이 우리에게 알맞게 세팅되어 있는 듯한 착각을 하게 되는 것이다.

우리의 우주가 유일한 우주라면 위의 설명은 무용지물이 되고, 당신은 운 좋은 일치를 납득시켜줄 만한 또 다른 설명을 찾아 헤맬 것이다. 그러나 당신에게 딱 맞는 구두가 상점에 있는 것은 모든 사이즈의 구두를 팔고 있었기 때문이고, 생명체에게 알맞은 환경을 갖춘 행성이 있는 것은 모항성과의 거리가 제각각인 행성들이 엄청나게 많기 때문인 것처럼, 우리의 우주에서 상수들이 지금과 같은 값인 이유는 상수값이 제각각인 우주들이 여러 개 존재하기 때문일지도 모른다. 인류원리는 오직 이런 경우(다중우주)에만 미스터리를 평범하게 만들 수 있다.■

그러므로 당신이 인류원리에 얼마나 설득되느냐 하는 것은 다음 세 가지 근본적인 가정을 얼마나 깊이 받아들이느냐에 달려 있다. (1)우리의 우주는 다중우주들 중 하나이다. (2)우주의 특성을 좌우하는 기본상수들은 각 우주마다 천양지차로 다를 수 있다. (3)기본상수의 값이 우리 우주와 다른 우주에서는 생명체가 존재할 수 없다.

카터가 이 아이디어를 처음 제기했던 1970년대에 다중우주는 물리학자들 사이에서 거의 이단으로 취급되고 있었다. 지금도 다중우주를 회의적으로 생각하는 과학자들은 도처에 널려 있다. 그러나 5장에서 말했듯이 다양한 버전의 다중우주이론들은 한결같이 감질만 나고 확증이 없지만 한 번쯤 신중하게 고려해볼 가치가 있다. 가정(1)은 현재 많은 과학자들이 그 가능성을 연구하는 중이고, 가정(2)는 인플레이션이론과 브레인세계 다중우주에서 보았듯이 얼마든지 가능한 이야기다(구체적인 내용은 이 장의 후반부에서 다룰 예정이다).

그런데 생명체의 존재와 관련된 가정(3)은 과연 사실일까?

■다중우주를 포함하는 이론들은 7장에서 더욱 엄밀한 검증을 시도할 것이다. 또한 인류원리가 검증 가능한 결과를 내놓을 수 있는지도 함께 알아볼 것이다.

생명과 은하, 그리고 자연의 숫자들

자연의 특성을 좌우하는 상수들 중 대부분은 값이 조금만 달라져도 환경이 극단적으로 변하여 생명체가 살아갈 수 없게 된다. 예를 들어 중력상수 G가 지금보다 조금만 더 컸다면 별의 핵융합이 너무 빠르게 진행되어 수명이 짧아졌을 것이고, 주변의 행성에서는 생명체들이 진화할 시간적 여유가 없었을 것이다. 반대로 중력이 지금보다 조금 약했다면 은하가 형성될 수 없다. 전자기력이 지금보다 조금만 더 강했다면 수소원자들이 강하게 반발하여 별의 내부에서 핵융합이 일어나지 않았을 것이다.[13] 그렇다면 우주상수는 어떤가? 생명체의 존재는 우주상수에도 영향을 받는가? 이것이 바로 1987년에 스티븐 와인버그가 제기한 문제였다.

 생명이 형성된 과정은 너무도 복잡하고, 우리의 생물학적 지식은 아직 초보단계에 머물러 있다. 그래서 와인버그도 생명체들이 거쳐온 각 단계마다 우주상수가 미치는 영향을 분석하는 것은 불가능하다고 인정했다. 그러나 그는 여기서 포기하지 않고 생명체의 형성과정을 대신할 무언가를 찾다가 은하에 눈길이 꽂혔다. 은하가 없다면 별이나 행성이 형성될 수 없고, 생명체도 탄생할 수 없다고 생각한 것이다. 이 논리는 매우 타당하면서 커다란 장점을 갖고 있다. 인간이 아닌 은하의 형성에 우주상수가 미치는 영향을 분석하면 되기 때문이다. 사실 이것은 와인버그의 전문분야였다.

 여기에 필요한 물리학도 기초적인 수준이면 충분하다. 은하의 형성과정은 현재 활발하게 연구되고 있지만, 대략적인 과정은 천체물리학적 '눈덩이효과(snowball effect, 작은 것이 모여 점차 규모가 커지는 현상

—옮긴이)'로 설명할 수 있다. 처음에 이곳저곳에서 작은 물질덩어리가 생성되고, 덩어리는 주변보다 밀도가 크기 때문에 주변에 흩어져 있는 물질을 더욱 강한 힘으로 잡아당기면서 몸집을 키워나간다. 그러다 어느 시점이 되면 기체와 먼지가 물질덩어리를 중심으로 소용돌이를 치게 되고, 이로부터 별과 행성이 탄생한다. 와인버그는 우주상수가 충분히 크면 물질이 제대로 뭉쳐질 수 없다고 생각했다. 우주상수는 밀어내는 중력의 원천인데, 이 힘이 과도하게 크면 생성초기에 작은 덩어리가 형성되기 어렵고, 따라서 별이나 행성이 될 정도로 커질 수 없다는 것이다. 물론 별이 없으면 은하도 존재할 수 없다.

와인버그는 이 아이디어를 수학적으로 풀어나가다가 우주상수가 현재 우주 물질밀도($1m^3$당 양성자 몇 개)의 수백 배를 넘으면 은하가 형성될 수 없다는 결론에 도달했다(그는 우주상수가 음수인 경우도 고려했다. 이 경우에는 중력의 당기는 힘이 더욱 강해지기 때문에, 별이 형성되어 빛을 발하기도 전에 우주는 완전히 붕괴된다). 우리의 우주가 다중우주들 중 하나이고, 태양과 행성 사이의 거리가 태양계마다 다르듯이 각 우주마다 우주상수가 크게 다르다면, 은하가 존재하고 생명체가 살아갈 수 있는 우주의 우주상수는 와인버그가 제시한 한계(플랑크 단위로 약10^{-121})를 넘지 않아야 한다.

수많은 물리학자들이 몇 년 동안 헛수고만 해오다가 드디어 관측 결과와 터무니없게 벗어나지 않는 우주상수가 이론적 계산을 통해 등장했다. 게다가 이 결과는 우주상수가 0이라는 학계의 중론에서 크게 벗어나지도 않았다. 이 정도만 해도 큰 진전이었는데, 와인버그는 한 걸음 더 나아가 다음과 같이 적극적인 해석을 내놓았다.

"우주상수는 우리의 존재를 허용할 정도로 작아야 하지만, 지나칠 정도로 작지는 않다. 우주상수가 더 작으면 우리의 존재를 넘어선 다른 설명이 필요하다." 다시 말해서, 물리학자들이 혼신의 노력을 다해 찾아왔으나 아직 찾지 못한 설명이 요구된다는 것이다. 그래서 와인버그는 "앞으로 더욱 정밀한 관측을 시도하면 우주상수가 0이 아니며, 내가 계산한 한계값 근처로 판명날 것"이라고 예견했다. 그리고 앞서 언급한 대로 슈퍼노바 코스몰로지 프로젝트팀과 하이-Z 슈퍼노바 서치팀은 와인버그의 예견이 옳았음을 입증했다.

와인버그의 주장을 제대로 이해하려면 그 내막을 좀 더 자세히 들여다볼 필요가 있다. 그는 "무수히 많은 다중우주가 사방에 퍼져 있기 때문에, 우리가 관측한 우주상수를 갖는 우주가 반드시 존재해야 한다"고 생각한 것이다. 그렇다면 그가 생각한 다중우주는 어떤 형태인가?

이해를 돕기 위해 비슷한 유형의 숫자 문제를 생각해보자. 지금 당신은 영화계에서 까다롭기로 유명한 하비 W. 아인슈타인(Harvey W. Einstein) 감독의 독립영화 〈펄프 프릭션(Pulp Friction)〉 제작에 참여하고 있다. 어느 날 감독이 당신에게 주연배우 섭외를 부탁하자, 당신은 별로 자신 없는 표정으로 물었다. "키는 얼마나 커야 합니까?" "글쎄, 나도 잘 모르겠네. 1m에서 2m 사이면 되겠지. 하지만 이거 하나는 명심하게. 내가 배우의 키를 얼마로 정하건, 거기에 딱 맞는 배우가 반드시 있다는 걸 말일세." 당신은 양자적 불확정성 때문에 모든 키를 다 고려할 필요가 없다고 감독에게 말해주고 싶었지만, 말대꾸했다가 혼났던 동료들이 떠올라 입을 다물었다.

이제 당신은 결정을 내려야 한다. 오디션에 지원자를 몇 명이나 불러야 할까? 만일 감독이 주연배우의 키를 센티미터 단위로 언급했다면, 1m와 2m 사이에 가능한 키는 100가지나 있으므로 적어도 100명의 후보를 만나야 한다. 그런데 이들 중에는 키가 같은 사람도 있을 것이고 지원자가 한 명도 없는 키도 있을 것이므로, 제대로 된 오디션을 위해선 100명 이상을 불러야 한다. 안전을 기하려면 수백 명을 불러야 할지도 모른다. 이 정도면 꽤 많은 인원이지만, 감독이 키를 밀리미터 단위로 언급한 것보단 훨씬 낫다. 만일 배우의 키를 1,000~2,000mm 사이로 정했다면, 위와 같은 논리에 따라 수천 명을 테스트해야 한다.

우주상수가 각기 다른 다중우주에도 이와 비슷한 논리를 적용할 수 있다. 예를 들어, 모든 우주의 우주상수가 (플랑크단위로) 0과 1 사이의 값이라고 가정해보자. 0보다 작으면 우주는 안으로 붕괴되고, 1보다 크면 우리가 알고 있는 수학을 제대로 적용할 수 없다. 주연배우의 허용되는 키의 간격이 (미터 단위로) 1인 것처럼, 우주상수의 허용 간격도 (플랑크단위로) 1이다. 앞에서 감독이 배우의 키를 어떤 단위로 정하느냐에 따라 오디션의 횟수가 달라지는 것처럼, 우주상수도 그 정확도에 따라 가능한 경우의 수가 결정될 것이다. 현재 알려진 우주상수는 플랑크단위로 약 10^{-124}이다. 이 값은 앞으로 더욱 정밀하게 측정되겠지만, 우리가 내릴 결론에는 별 영향을 미치지 못한다. 앞에서 말한 대로 1m와 2m 사이에는 센티미터(10^{-2}m) 단위로 10^2가지 키가 존재하고, 밀리미터(10^{-3}m) 단위로는 10^3가지 키가 가능하다. 그러므로 0과 1 사이를 10^{-124} 단위로 나누면 10^{124}가지의 가능한 값들이 존재한다.

따라서 모든 가능한 우주상수가 구현되려면 적어도 10^{124}개의 서로 다른 우주가 존재해야 한다. 그러나 배우의 경우와 마찬가지로 이들 중에는 값이 같은 우주도 있고 해당 우주가 없는 값도 있을 것이다. 그러므로 모든 가능한 값들이 확실하게 구현되려면 우주의 수는 10^{124}보다 훨씬 많아야 한다. 안전을 위해 100만 배를 하면 가뿐하게 10^{130}개이다. 나는 지금 숫자를 내키는 대로 대충 부르고 있는데, 거기에는 그럴만한 이유가 있다. 숫자가 10^{130} 정도로 커지면 정확한 값은 의미가 없어지기 때문이다. 사람 몸을 이루는 세포의 수(10^{13}개)와 빅뱅 후 지난 시간을 초 단위로 환산한 값(10^{18}초), 그리고 관측 가능한 우주에 존재하는 광자의 수(10^{88}개)조차도 지금 논하고 있는 우주의 수에 비하면 새 발의 피도 안 된다. 어쨌거나 여기에서 중요한 것은 우주상수에 대한 와인버그의 설명이 다중우주를 전제로 깔고 있다는 점이다. 그것도 무려 10^{124}개가 훨씬 넘는 우주들이 각기 다른 우주상수를 갖고 있어야 한다. 이 정도는 되어야 우리의 우주와 일치하는 우주(우주상수가 일치하는 우주)가 존재할 수 있기 때문이다.

그렇다면 우주상수가 각기 다른 10^{124}개의 우주를 자연스럽게 낳는 이론이 과연 존재할 것인가?[14]

결점이 장점으로 바뀌다

그렇다. 그런 이론이 존재한다. 우리는 5장에서 이 이론의 기초를 이미 접한 바 있다. 끈이론에서 플럭스(flux)의 유형까지 고려한 '가능한 여분차원의 수'는 약 10^{500}개였다. 이 괴물 같은 숫자 앞에서

10^{124}는 명함도 못 내민다. 10^{124}에 10^{100}을 세 번 곱해도 10^{500}의 발끝도 못 따라간다. 10^{500}에서 10^{124}를 빼고, 빼고, 또 빼고…… 10억 번을 빼도 결과는 여전히 (약) 10^{500}이다.

이런 다중우주에서 우주상수는 각기 다를 수밖에 없다. 자기플럭스는 에너지를 실어 나르고 있으므로(플럭스는 물체를 이동시킬 수 있다) 칼라비-야우 도형의 구멍을 뚫고 지나가는 플럭스도 에너지를 갖고 있으며, 그 양은 도형의 기하학적 특성에 따라 크게 달라진다. 모양이 다른 두 개의 칼라비-야우 공간에 각기 다른 양의 플럭스가 관통하면 이들의 에너지도 당연히 달라진다. 커다란 카펫의 모든 점에 동그란 고리모양의 솔기가 달려 있는 것처럼, 칼라비-야우 공간은 우리에게 친숙한 대형 3차원 공간 속의 모든 점에 들러붙어 있다. 그리고 조그만 솔기들이 모여서 카펫에 균일한 무게를 부여하는 것처럼, 칼라비-야우 공간 안에 포함된 에너지는 3차원공간을 균일하게 채우고 있다. 그러므로 칼라비-야우 공간은 3차원공간에서 관측되는 우주상수에도 기여하고 있는 셈이다. 라파엘 부소와 조 폴친스키는 여분차원을 구성하는 10^{500}가지의 칼라비-야우 공간들이 각기 다른 우주상수를 제공하고 있으며, 그 값은 넓은 범위에 걸쳐 거의 균일하게 분포되어 있다고 주장했다.

이것이 바로 우리가 원하는 결과이다. 10^{500}가지의 값들이 0~1 사이에 균일하게 분포되어 있다면 그들 중 상당수는 지난 10년 동안 천문학자들이 관측해온 값과 매우 비슷할 것이다. 물론 10^{500}가지의 가능성을 일일이 확인하는 것은 거의 불가능하다. 가장 빠른 컴퓨터로 1초에 하나씩 분석해나간다 해도, 10억 년 동안 10^{32}개밖에 확인할 수 없다. 그러나 이들이 존재한다는 것만은 분명하다.

물론 여분차원의 가능한 형태가 10^{500}가지나 존재한다는 것은 결코 마음 편한 결과가 아니다. 아인슈타인처럼 하나의 우주(우리의 우주)에 대한 통일장이론을 꿈꾸는 사람들은 10^{500}이라는 숫자만 봐도 금방 질려버릴 것이다. 그러나 우주상수를 분석하다 보면 관점을 바꾸지 않을 수 없다. 우주가 유일하지 않다는 것은 실망할 일이 아니라 오히려 축하할 일이다. 끈이론 덕분에 우주상수에 대한 와인버그의 설명(10^{124}가지의 서로 다른 우주가 존재함)이 갑자기 설득력을 갖게 되었으니 말이다.

마지막 발걸음

와인버그의 우주상수와 끈이론의 감질나는 관계는 아직 충분히 입증되지 않았다. 다중우주의 존재를 허용하는 것과 다중우주가 존재한다고 주장하는 것은 분명히 다른 이야기다. 끈이론은 그 가능성을 열어놓고 있을 뿐 단정을 내리지는 않는다. 레너드 서스킨드(Leonard Susskind)가 강조한 대로(그 전에 샤밋 카츠루와 레나타 칼로쉬 Renata Kallosh, 안드레이 린데, 샌딥 트리베디 Sandip Trivedi 등의 선구적인 연구가 있었다) 영원한 인플레이션을 여기에 끼워 맞출 수 있다면 두 이론은 하나로 연결될 것이다.[15]

이제 마지막 단계로 접어들 때가 되었다. 그런데 나의 설명에 지루함을 느끼거나 결론만 빨리 알고 싶은 독자들을 위해 간단한 요약 설명을 미리 제시하고자 한다. 인플레이션 다중우주이론(영원히 팽창하는 스위스치즈형 우주)은 방대하면서 끝없이 팽창하는 거품우주를 포함하고 있다. 인플레이션 우주론과 끈이론이 하나로 결합된다면, 인플레이션은 끈이론이 제시하는 10^{500}종의 여분차원을 각 거품마다 하나씩 나눠줄 수 있을 것이다. 그렇다면 우리는 이 거품들 중에서 여분차원과 우주상수가 지금과 같고 생명의 존재를 허용하며 모든 물리적 특성이 관측결과와 일치하는, 그런 거품 속에 살고 있는 셈이다.

이제 보다 자세한 설명으로 들어갈 텐데, 이 부분을 굳이 읽을 필요가 없다고 느끼는 독자들은 이 장의 마지막 절로 뛰어넘어도 상관없다.

끈경관

3장에서 인플레이션 우주론을 설명할 때 들었던 비유를 되새겨보자. 산꼭대기는 공간을 채우고 있는 인플라톤장의 최대 에너지 값을 의미한다. 그리고 산에서 굴러 내려와 낮은 지형에 안착하는 것은 인플라톤이 에너지를 발산하면서 입자와 복사가 생성되는 것을 의미한다.

이제 그사이에 알게 된 새로운 지식을 동원하여, 위의 비유에서 세 가지 요소를 업데이트해보자. 첫째, 인플라톤은 공간을 채우고 있는 에너지의 일부일 뿐이다. 전자기장과 핵력장 등 다른 장의 양자적 요동도 공간 에너지에 기여하고 있다. 그러므로 산의 높이는 인플라톤장 하나에 의해 결정되는 게 아니라 모든 장들의 기여도에 따라 결정된다.

둘째, 3장에서는 산골짜기의 고도를 0으로 간주했지만(인플라톤장이 에너지와 압력을 모두 방출한 상태) 실제 골짜기의 고도는 인플라톤이 계곡으로 떨어진 후 공간에 퍼져 있는 모든 에너지의 조합을 의미한다. 이것은 거품우주의 우주상수를 표현하는 또 다른 방법이다. 그러므로 우리의 새로운 비유에서 우주상수의 미스터리는 산골짜기의 고도에 감춰진 미스터리로 변환된다―골짜기의 고도가 0에 가까우면서 정확하게 0이 아닌 이유는 무엇인가?

셋째, 3장에서 우리는 가장 단순한 형태의 산을 고려했었다. 즉, 인플라톤은 산꼭대기에서 〔그림 3.1〕과 같이 매끄러운 능선을 타고 바닥에 도달했다. 그러나 정확성을 기하려면 여기에 다른 요소들(힉스장 등)까지 고려해줘야 한다. 이들의 변화과정과 최종 안착지는 거품우주의 특성에 커다란 영향을 미치기 때문이다(〔그림 3.6〕 참조). 그래도 끈이론에서 허용되는 우주는 여전히 많다. 거품우주의 물리적 특성과 〔그림 3.6〕(b)에서 골짜기(최종안착지)의 위치는 여분차원의 기하학적 형태에 따라 달라진다. 10^{500}개에 달하는 여분차원을 모두 수용하려면 산의 지형은 〔그림 6.4〕처럼 수많은 계곡과 봉우리, 그리고 다양한 돌출부를 갖고 있어야 한다. 이 복잡한 지형에서 공이 안착할 수 있는 각 지점들은 여분차원이 취할 수 있는 형태를 나타내고, 그 지점의 고도는 해당 거품우주의 우주상수를 나타낸다. 〔그림 6.4〕와 같은 형상을 '끈경관(string landscape)'이라고 한다.

이런 식으로 산(또는 경관)의 비유를 수정한 후, 양자적 과정이 여분차원에 어떤 영향을 미치는지 생각해보자. 이제 곧 알게 되겠지만, 양자역학은 전체적인 경관을 비추는 빛의 역할을 한다.

[그림 6.4] 끈경관은 하나의 여분차원(여분차원의 한 형태)이 하나의 골짜기에 대응되는 초대형 풍경화로 나타낼 수 있다. 여기서 각 골짜기까지의 고도는 우주상수의 값을 나타낸다.

양자터널

[그림 6.4]는 대략적인 개요도에 불과하지만([그림 3.6]의 힉스장들이 각기 고유의 축을 갖고 있는 것처럼, 칼라비-야우 공간을 통과하는 약 500개의 장 플럭스field flux도 고유의 축을 갖고 있다. 그러나 4차원도 아닌 500차원 공간을 그림으로 표현하는 것은 도저히 불가능하다) 여분차원이 각기 다른 수많은 우주들이 하나의 지형으로 연결되어 있음을 잘 보여주고 있다.[16] 여기에 양자역학을 도입하고 시드니 콜만(Sidney Coleman)과 프랑크 드 루치아(Frank De Luccia)가 얻은 결과를 적용하면 우주들 사이의 상호관계

가 극적으로 달라진다.

이 과정에서 양자적 터널효과(quantum tunneling)가 핵심적인 역할을 한다. 예를 들어 전자가 이동하다가 두께 3m짜리 철벽을 만났다고 가정해보자. 고전물리학에 의하면 이런 경우에 전자는 절대로 벽을 통과할 수 없다. 그러나 여기에 양자역학을 적용하면 "통과할 수 없다"는 고전적 판정은 "확률은 작지만 통과할 가능성이 있다"로 크게 완화된다. 전자의 양자적 요동 때문에 벽의 반대편에서 발견될 확률이 존재하는 것이다. 이것을 양자적 터널효과라 한다. 그러나 전자가 벽을 통과하는 사건은 무작위로 일어나기 때문에 그 시기를 정확하게 예측할 수는 없다. 우리가 할 수 있는 최선은 주어진 시간 간격 동안 전자가 벽을 통과할 확률을 계산하는 것뿐이다. 충분히 오랜 시간 동안 기다리면 전자가 벽을 관통하는 사건이 언젠가는 일어난다. 실제로 그렇다. 이것은 다양한 실험을 통해 이미 사실로 확인되었다. 만일 입자가 장애물을 통과하지 못한다면 태양은 지금처럼 빛을 발할 수 없다. 핵융합반응이 일어나려면 수소원자들 사이의 간격이 충분히 가까워져야 하는데, 양자적 터널효과가 일어나지 않는다면 양성자들 사이의 전기적 반발력 때문에 가까이 갈 수 없고, 핵융합도 일어날 수 없다. 즉, 양성자들은 전기적인 '장벽'을 통과하여 핵융합을 일으키고 있는 것이다.

콜만과 드 루치아를 비롯한 많은 물리학자들은 입자 하나의 터널효과를 우주 전체로 확장하여 우주들 사이에 (고전적으로는) 넘을 수 없는 에너지 장벽이 존재할 수 있다고 주장했다. 이들의 주장을 이해하기 위해, 장의 에너지를 제외한 모든 것이 완전히 동일한 두 개의 우주를 상상해보자(한쪽은 에너지가 높고, 다른 한쪽은 낮다). 이들 사이

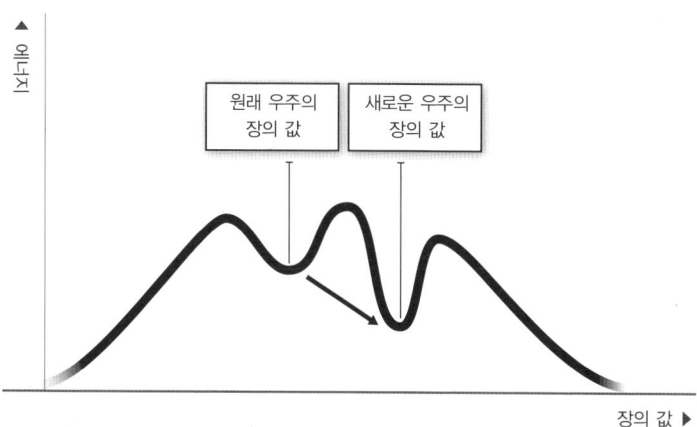

[그림 6.5] 장의 에너지곡선에 두 개의 골짜기가 존재하는 경우, 고에너지 장으로 가득 차 있는 우주는 양자적 터널효과를 통해 저에너지로 이동할 수 있다. 이 과정에서 원래 우주의 임의의 작은 영역들은 낮은 장의 값을 획득하고, 고에너지에서 저에너지로 바뀐 영역은 끝없이 확장된다.

에 에너지장벽이 없다면 산비탈에서 공이 굴러내려오듯 에너지가 높은 장은 낮은 쪽으로 이동할 것이다. 그러나 [그림 6.5]처럼 장의 에너지곡선에 중간 돌출부가 존재하여 높은 골짜기와 낮은 골짜기를 가로막고 있다면 어떻게 될까? 콜만과 드 루치아는 한 입자의 경우와 마찬가지로 하나의 우주도 양자적 터널효과를 통해 에너지 장벽을 넘어 에너지가 더 낮은 배열로 전이될 수 있음을 알게 되었다.

그러나 지금 우리는 입자가 아닌 우주를 논하고 있으므로, 양자적 터널효과는 훨씬 복잡한 과정을 거쳐 일어난다. 모든 공간에서 장의 값들이 장벽을 동시에 통과하는 것이 아니라 '씨앗'이 통과하여 임의의 위치에 작은 거품들을 무작위로 만들어낸다(이 거품들은 통과하기

전의 장보다 작은 에너지를 갖고 있다). 그 후 거품이 팽창하면서 저에너지로 넘어온 장의 세계는 끝없이 확장된다.

이 아이디어는 끈경관에 직접 적용될 수 있다. 예를 들어 한 우주가 〔그림 6.6〕(a)의 왼쪽 골짜기에 해당하는 여분차원을 갖고 있다고 상상해보자. 이 골짜기는 상대적으로 고도가 높기 때문에, 여기 해당하는 우주의 3차원 공간은 '큰 우주상수(강하게 밀어내는 중력)'로 가득 차 있으며, 팽창속도도 빠르다. 이 우주의 여분차원은 〔그림 6.6〕(b)의 왼쪽 그림과 같다. 이제 임의의 시간, 임의의 장소에서 공간의 작은 영역이 두 계곡 사이에 있는 봉우리를 뚫고 〔그림 6.6〕(a)의 오른쪽 골짜기로 이동한다. 정확하게 말하면 공간 자체가 이동하는 것이 아니라, 그 안에 있는 여분차원의 형태(구체적인 모양과 크기, 플럭스 등)가 〔그림 6.6〕(a)의 오른쪽 골짜기에 해당하는 형태로 변하는 것이다. 이렇게 탄생한 거품우주는 〔그림 6.6〕(b)와 같이 원래 우주의 내부에 존재한다.

이렇게 탄생한 새로운 우주는 빠르게 팽창하면서 자신의 여분차원을 공간에 퍼뜨린다. 그러나 터널효과가 원래의 우주보다 낮은 곳을 향하면서 우주상수가 작아졌기 때문에 밀어내는 중력도 약해졌고, 그 결과 새로운 우주의 팽창은 원래 우주보다 느리게 진행된다. 즉, 원래의 여분차원을 가진 채 빠르게 팽창하는 거품우주가 있고, 그 안에 다른 여분차원을 가진 새로운 거품우주가 느리게 팽창하고 있는 형국이다.[17]

이 과정은 얼마든지 반복될 수 있다. 원래 우주 안의 다른 장소, 또는 그 안에서 태어난 작은 우주의 내부에서 또 다른 양자터널 현상이 일어나 새로운 형태의 여분차원을 갖는 새로운 거품우주가 탄

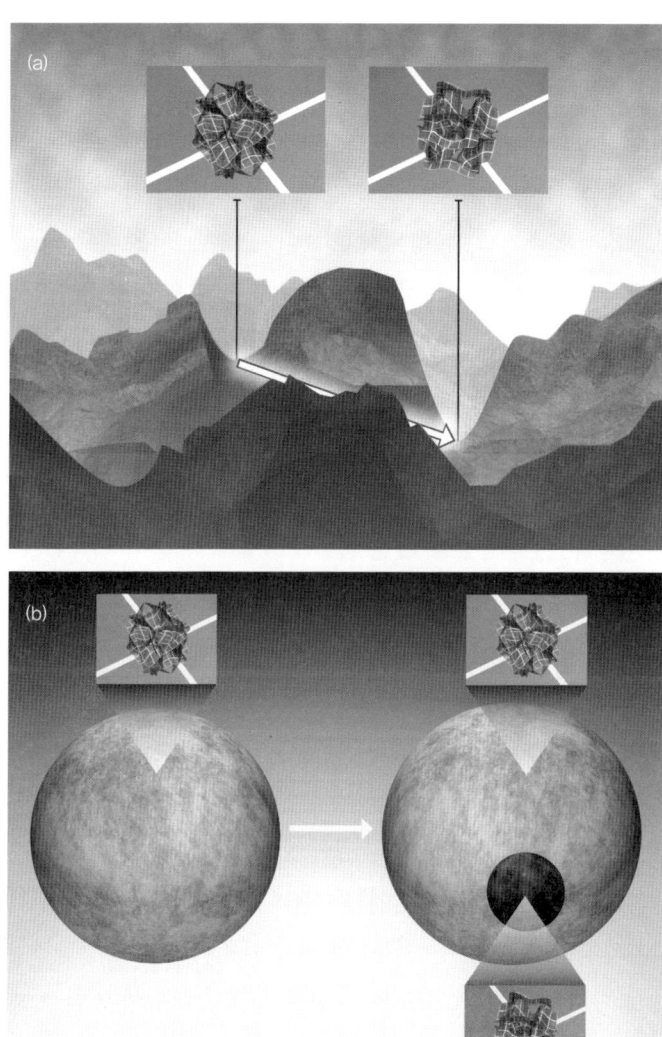

[그림 6.6] (a)끈경관에서 일어나는 양자터널 사건. (b)양자터널 현상이 일어나면 여분차원의 형태가 원래의 우주와 다른 작은 영역(그림에서 작고 검은 부분)이 탄생한다.

생활 수 있다([그림 6.7] 참조). 이 과정이 반복되다 보면 공간은 '거품 속의 거품 속의 거품……'으로 가득 차게 된다. 각 거품우주는 각기 다른 여분차원을 가진 채 인플레이션을 겪고 있으며, 안으로 들어갈수록 우주상수는 작아진다.

지금까지 얻은 결과는 앞에서 논했던 '스위스 치즈 우주(영원한 인플레이션)'보다 훨씬 복잡하다. 스위스 치즈 모형은 인플레이션 팽창을 겪고 있는 치즈의 '몸통' 부분과 팽창하지 않는 '구멍'으로 이루어져 있는데, 이것은 하나의 산봉우리와 고도가 0인 바닥으로 이루어진 단순한 끈경관에 해당한다. 끈이론이 말하는 끈경관은 이보다 훨씬 풍부하여 수많은 봉우리와 골짜기로 이루어져 있다. 각 골짜기는 각기 다른 우주상수를 가진 거품우주에 대응되며, 이들은 큰 인형 속에 작은 인형이 연속적으로 들어 있는 러시아인형처럼 거품 속의 거품 속의 거품……으로 존재한다([그림 6.7] 참조). 끈경관에서 양자터널 현상이 계속 일어나다 보면 결국 모든 가능한 여분차원이 각기 다른 거품우주에서 현실로 나타날 것이다. 이것이 바로 '경관 다중우주(Landscape Multiverse)'이다.

경관 다중우주는 와인버그의 우주상수를 설명하는 데 반드시 필요한 이론이다. 끈경관 이론에는 (적어도 원리적으로) '우주상수가 관측결과와 거의 일치하는' 여분차원이 존재한다. 즉, 끈경관에 존재하는 골짜기 중에는 그 고도가 초신성 관측으로 얻어진 (아주 작지만 0이 아닌) 우주상수와 거의 일치하는 것이 여러 개 존재한다. 영원히 지속되는 인플레이션과 끈경관을 결합하면 아주 작은 우주상수를 포함하여 모든 가능한 형태의 여분차원을 구현할 수 있다. 끈경관 다중우주에서 거품 속의 거품으로 연속되는 우주들 중 어딘가에는

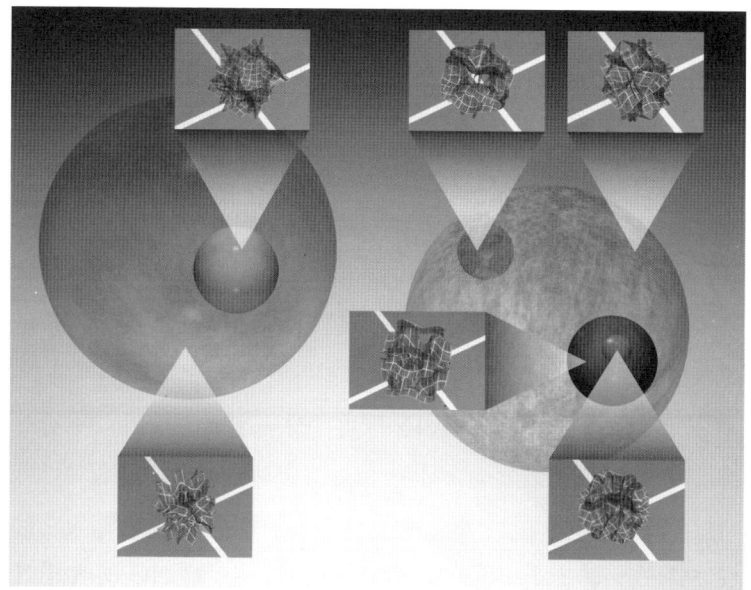

[그림 6.7] 양자터널 현상이 반복되면 팽창하는 거품우주 속에 새로운 거품우주가 탄생하고, 그 안에서 또 다른 거품우주가 탄생한다. 각 거품우주는 각기 다른 여분차원을 갖고 있다.

우주상수가 약 10^{-123}(이 장의 첫머리에 언급된 값)인 우주가 존재할 것이다. 그렇다면 우리는 이 거품들 중 하나에 살고 있는 셈이다.

나머지 물리학은 어떻게 되는가?

우주상수는 우리가 살고 있는 우주의 여러 가지 특성들 중 하나일 뿐이지만, 가장 난해한 상수임이 분명하다. 과거 어떤 사례를 뒤져 봐도 이론과 관측결과 사이의 차이가 이렇게 크게 나타난 적은 없었

오래된 상수에 대한 새로운 고찰 | 265

다. 그 덕분에 우주상수는 세간의 주목을 한몸에 받았고, 학계에서는 이 황당한 차이를 하루빨리 극복해야 한다는 여론이 일기 시작했다. 끈경관을 지지하는 학자들은 끈 다중우주(string multiverse)가 이 문제를 해결해줄 것으로 기대하고 있다.

그런데 우주상수 외에 우주의 다른 특성들(세 종류의 뉴트리노, 전자의 질량, 약력의 강도 등)은 어떻게 되는가? 이 물리량들을 계산하는 상상을 해볼 수는 있지만, 실제로 계산된 사례는 한 번도 없다. 독자들은 이것도 다중우주에 기초한 논리로 설명될 수 있다고 생각할지도 모른다. 끈경관을 연구하는 학자들은 우주상수와 같은 숫자들이 장소마다 달라서 (적어도 지금의 끈이론으로는) 유일하게 결정되지 않는다는 사실을 알게 되었다. 그 후로 끈이론은 과거와 매우 다른 양상으로 진행되어, 기본입자의 특성을 계산하는 것이 태양과 지구 사이의 거리를 설명하는 것처럼 무의미할 수도 있다는 쪽으로 기울고 있다. 행성과 별 사이의 거리처럼, 물리적 특성의 일부(또는 전부)는 각 우주마다 다를 수도 있다는 것이다.

이런 맥락의 논리가 설득력을 가지려면 올바른 우주상수를 갖는 거품우주들이 존재한다는 것과, 그 거품들 중 적어도 하나 이상에서 힘과 입자의 특성이 우리가 관측한 것과 일치한다는 최소한의 증거가 있어야 한다. 우리의 우주가 끈경관 중 한 장소에 해당한다고 믿을 만한 증거가 필요한 것이다. 이것이 이른바 '끈모형 건조(string model building)'의 최종목적이다. 이 분야에 투신한 학자들은 험난한 끈경관으로 직접 들어가 가능한 형태의 여분차원을 수학적으로 분석하면서 우리의 우주와 가장 비슷한 우주를 사냥하고 있다. 그러나 경관이 너무 넓고 복잡해서 체계적으로 접근하기가 어렵다는 것이 문제이다. 이 분야에서 진보를 이루려면 정확한 계산법과 함께 적절한 조합(여분차원의 형태와 크기, 구멍을 통과하는 장플럭스, 다양한 브레인 등)을 골라내는 직관이 필요하다. 우리의 우주와 일치하는 사례는 아직 발견되지 않았지만 후보가 무려 10^{500}개나 되기 때문에, 경관 어딘가에 반드시 존재할 것으로 예상된다.

과연 이것을 과학이라 할 수 있을까?

지금까지 우리는 기초물리학과 우주론에서 말하는 실체의 의미를 조금 다른 각도에서 살펴보았다. 나는 지구와 똑같은 행성이 어딘가에 존재한다거나, 우리의 우주가 팽창하는 수많은 거품들 중 하나라는 주장에 커다란 흥미를 느낀다. 우주가 브레인이라는 브레인세계 가설도 마찬가지다. 이 모든 것들은 매력적이면서 논쟁의 여지가 다분한 주제들이다.

그러나 경관 다중우주에 등장하는 평행우주는 기존의 개념과 분명히 다르다. 경관 다중우주는 바깥세계에 대한 우리의 관점을 단순히 넓혀주는 이론이 아니다. 여기 등장하는 일련의 평행우주들(눈으로 보거나 찾아갈 수 없으며, 검증하거나 영향을 주고받을 수도 없는 우주들)은 지금 우리의 우주에서 얻은 관측결과를 이해하는 수단이 될 수 있다.

그렇다면 여기서 근본적인 질문 하나가 떠오른다. "이것을 과연 과학이라 할 수 있을까?"

7

The Hidden Reality

과학과 다중우주

추론과 설명, 그리고 예측에 관하여

2004년에 노벨 물리학상을 수상한 데이비드 그로스(David Gross)는 끈이론의 경관 다중우주에 반대의사를 표명하면서 1941년 10월 29일에 윈스턴 처칠(Winston Churchill)이 했던 유명한 연설을 인용하여 다음과 같이 말했다. "절대로 포기하면 안 된다. 상대가 크건 작건, 심지어는 하찮은 상대라고 해도 절대, 절대, 절대, 절대로 포기하면 안 된다." 프린스턴대학의 아인슈타인 석좌교수이자 인플레이션 우주론의 창시자 중 한 사람인 폴 스타인하르트는 더욱 강경한 말투로 경관 다중우주이론을 비난했다. 종교계에서 흔히 그렇듯이, 반대의견을 가진 사람은 언젠가 자기 목소리를 내기 마련이다.

영국 왕립학회의 천문학자인 마틴 리스(Martin Rees)는 다중우주를 지식을 넓혀 가는 과정에서 자연스럽게 대두되는 개념으로 간주했고, 레너드 서스킨드는 "우리의 우주가 다중우주의 일부일 가능성을 무시하는 사람은 눈앞에 펼쳐진 장관을 외면하는 사람"이라고 했다. 이 정도는 일부 사례에 불과하다. 학자들 중에는 경관 다중우주를 격렬하게 반대하는 사람도 많고, 열정적으로 옹호하는 사람도 그에 못지않게 많다. 물론 이들이 자신의 의견을 항상 적극적으로 피력하는 것은 아니다.

나는 거의 25년 동안 끈이론을 연구해왔지만, 경관 다중우주이론처럼 찬-반이 극명하게 갈리는 이론을 본 적이 없다. 이 분야를 연구하는 학자들은 기존의 끈이론 학자들보다 확실히 목소리가 크다. 왜 그럴까? 사실 그 이유는 자명하다. 많은 사람들이 이 이론을 '과학의 정신을 놓고 벌이는 학문의 전쟁터'로 생각하고 있기 때문이다.

과학의 정신

경관 다중우주는 다중우주를 표방하는 모든 이론을 대표하여 핵심적인 이슈를 부각시켰다. 현실적으로 접근 불가능하고 원리적으로도 그 존재를 확인할 수 없는 다중우주를 논하는 것이 과연 과학적으로 정당화될 수 있을까? 다중우주를 증명하거나 반증하는 것이 과연 가능한가? 다중우주에 의존하지 않고는 설명할 수 없는 무언가가 우주에 존재하는가?

반대론자의 주장대로 이 질문의 답이 'no'라면, 다중우주론을 지지하는 사람들은 다소 예외적인 자세를 취할 수밖에 없다. 우리의 능력으로 접근할 수 없는 초미세영역에 기초하면서 사실이나 거짓임을 입증할 수 없다면, 그런 이론은 우리가 말하는 '과학'과 거리가 멀다. 그러나 바로 이런 부분이 사람들의 열정을 자극하기도 한다. 다중우주의 지지자들은 관측결과와 다중우주가 겉으로 드러나지 않게 간접적으로 연결되어 있을 수도 있으며, 약간의 행운이 따라준다면 미래의 어느 날 실험을 통해 확인될 수 있다고 주장한다. 간단히 말해서, 지금 당장 확인할 수는 없지만 이론과 현실의 연결고리가 원리적으로 존재한다는 이야기다. 이 논리에 의하면 이론과 관측으로 밝힐 수 있는 영역이 우리의 생각보다 훨씬 넓은 셈이다.

다중우주를 과학이론으로 받아들일지의 여부는 과학을 수용하는 자세에 따라 크게 달라진다. 일반적으로 과학의 역할은 우주에서 어떤 규칙을 찾아내고 이 규칙을 기존의 법칙으로 설명하거나 새로운 법칙을 찾아내는 것이다. 또한 법칙으로부터 무언가를 예견한 후 실험이나 관측을 통해 법칙의 진위여부를 확인하는 것도 과학의 중요한 역할 중 하나이다. 말로 설명하면 그럴듯하게 들리지만 실제로 과학은 매우 번거롭고 혼잡한 분야여서, 올바른 질문을 하는 것이 올바른 답을 찾는 것 못지않게 중요하다.

과학적 질문이란 이미 존재하는 어떤 영역에서 순차적으로 떠오르는 것이 아니다. 특히 최근에는 과거의 통찰에서 비롯된 질문이 주류를 이루고 있다. 가끔은 질문에 해답이 제시되는 경우도 있지만, 하나의 의문이 해결되면 수많은 후속질문이 연달아 제기되곤 한다. 게다가 이 후속질문은 지금까지 한 번도 제시된 적이 없는 새로운 것들이다. 다중우주를 비롯한 과학이론을 제대로 검증하려면 숨은 진실을 밝히는 이론의 능력과 함께 이미 제기된 질문에 미치는 영향도 고려해야 한다. 이제 곧 알게 되겠지만 다중우주이론은 과학자들이 지난 수십 년 동안 품어왔던 가장 심오한 질문을 새로운 형태로 바꿔놓았으며, 극단적인 찬반양론을 불러일으켰다.

그러면 지금부터 다중우주이론의 타당성과 검증가능성, 그리고 유용성을 체계적으로 분석해보자.

접근 가능한 다중우주

다중우주는 종류가 워낙 다양해서 의견일치를 보기가 쉽지 않다. 지금까지 이 책에서 언급된 것만도 누벼 이은 다중우주, 인플레이션 다중우주, 브레인 다중우주, 주기적 다중우주, 경관 다중우주 등 무려 다섯 가지나 되고, 앞으로 네 종류가 더 소개될 예정이다. 물론 이들 중 지금의 과학수준에서 검증 가능한 것은 하나도 없다. 우리가 속한 우주가 아닌 다른 우주를 논하고는 있지만 우리가 취할 수 있는 자료는 우리의 우주에 한정되어 있으므로, 결국 다중우주를 논하는 것은 도깨비나 이빨요정을 논하는 것과 다를 바가 없다. 이것은 앞으로 이 책에서 다루게 될 가장 중요한 문제이다. 그러나 한 가지 명심할 것은 우주들 간의 상호작용을 허용하는 다중우주도 있다는 점이다. 앞에서 말한 바와 같이 고리형 끈으로 연결되어 있지 않은 브레인 다중우주에서는 한 브레인에서 다른 브레인으로 이동할 수 있다. 그리고 인플레이션 다중우주에서 거품우주들은 좀 더 직접적인 접촉이 가능하다.

인플레이션 다중우주론에서 두 거품우주 사이의 공간은 에너지와 음압이 높은 인플라톤장으로 가득 차 있다. 이로 인해 공간은 인플레이션 팽창을 겪고 있으며, 그 결과 거품우주들 사이의 간격은 점차 멀어진다. 그러나 거품의 팽창속도가 공간의 팽창속도보다 빠르면 거품들끼리 충돌할 수도 있다. 두 거품우주 사이의 공간이 넓을수록 빠르게 멀어지기 때문에, 두 거품우주가 아주 가까이 인접해 있으면 둘 사이의 공간이 좁아서 거품의 팽창속도가 멀어지는 속도보다 빨라지고, 그 결과 두 개의 거품우주가 충돌을 일으키는 것이다.

이것은 수학적으로 증명된 결과이다. 인플레이션 다중우주에서는 우주들끼리 충돌할 수 있다. 게다가 일단의 연구팀들(하우메 가리가 Jaume Garriga, 앨런 구스, 알렉산더 빌렌킨, 벤 프리보겔Ben Frievogel, 매튜 클레반 Matthew Kleban, 알베르토 니콜리스Alberto Nicolis, 크리스 시거슨Kris Sigurdson, 앤서니 아귀레Anthony Aguirre, 매튜 존슨Matthew Johnson 등)이 연구한 바에 의하면 어떤 충돌은 거품우주의 내부구조를 완전히 망가뜨릴 정도로 격렬한 반면, 또 어떤 충돌은 매우 부드럽게 진행되어 아무런 재난도 일으키지 않은 채 관측 가능한 흔적을 남기기도 한다. 우리의 우주가 다른 우주와 이런 경미한 접촉사고를 일으킨다면 충격파가 공간에 퍼지면서 마이크로파 배경복사의 뜨거운 부분과 차가운 부분에 변화가 초래된다.[1] 지금 과학자들은 충돌이 남긴 흔적을 찾고 있는데, 만일 구체적인 증거가 발견된다면 우리의 우주가 다른 우주와 충돌했다는 가설이 입증될 것이고, 이와 함께 다중우주의 존재도 증명되는 셈이다.

그러나 반대의 경우도 생각해봐야 한다. 우리의 우주가 다른 우주와 접촉하거나 상호작용을 주고받았다는 증거가 하나도 발견되지 않는다면 어쩔 것인가? 실험이나 관측을 아무리 실행해도 다른 우주의 증거를 발견하지 못했다면 다중우주의 개념을 폐기해야 하는가?

과학, 그리고 도달할 수 없는 세계 1
관측할 수 없는 우주에 근거한 논리가 과학적으로 타당하다고 주장할 수 있는가?

모든 이론은 공통적인 구조를 갖고 있다. 이론을 이루는 기본요소와 이들을 지배하는 수학법칙이 그것이다. 이 구조는 이론을 정의할 뿐만 아니라 우리가 던질 수 있는 질문의 종류를 결정한다. 아이작 뉴턴은 '만질 수 있는' 구조를 선택했다. 그가 개발한 고전역학의 수학체계는 바위나 공에서 달과 태양에 이르는 일상적인 물체의 위치와 속도를 다루고 있다. 그 후로 행해진 수많은 실험들은 뉴턴의 예측이 옳았음을 입증했고, 그로부터 우리는 뉴턴의 수학이 일상적인 물체의 운동을 올바르게 서술하고 있다는 믿음을 갖게 되었다.

그러나 제임스 클럭 맥스웰이 확립한 고전 전자기학은 '추상화'라는 중요한 단계를 거쳐서 탄생했다. 인간의 오감은 진동하는 전기장이나 자기장을 감지할 수 없다. 우리의 눈은 빛(파장이 우리 눈의 감지영역 안에 있는 전자기적 파동) 즉, 가시광선을 볼 수 있지만, 이론에 등장하는 장의 진동을 볼 수는 없다. 그러나 우리는 장의 진동을 관측하는 복잡한 도구를 만들어서 이론으로부터 예측되는 물리량을 측정할 수 있다. 그 결과 우리는 끊임없이 요동치는 전자기장의 바다 속에 살고 있음을 확실하게 알게 되었다.

20세기에 들어서면서 기초과학은 직접 만지거나 볼 수 없는 특성에 점점 더 의존하게 되었다. 특수상대성이론은 눈에 보이지 않는 시간과 공간을 하나로 통일했으며, 일반상대성이론은 이 시공간에 유연성을 부여하여 중력과 관련된 모든 현상을 훌륭하게 설명했다. 그런데 나는 지금까지 시계와 자를 사용하여 수많은 측정을 시도해왔지만, 손으로 의자 팔걸이를 움켜잡듯 시공간을 잡아본 적은 단 한 번도 없다. 나는 중력을 온몸으로 느낄 수 있지만, 누군가가 나에게 "시공간이 휘어진 걸 느끼느냐"고 묻는다면 할 말이 없다. 내가 특수 및 일반상대성이론을 믿는 이유는 이론의 요소들을 직접 만지고 느낄 수 있기 때문이 아니라, 이론을 통해 수학적으로 예견된 항목들을 관측으로 확인할 수 있기 때문이다. 물론 관측결과는 이론의 예견치와 정확하게 일치한다.

양자역학이 다루는 세계는 우리의 일상과 더욱 동떨어져 있다. 양자역학의 핵심은 확률파동(probability wave)인데, 이 파동이 만족하는 방정식은 1920년대 중반에 슈뢰딩거(E. Schrödinger)에 의해 발견되었다. 그러나 (8장에서 알게 되겠지만) 확률파동은 어떤 경우에도 관측이 불가능하다. 입자가 특정 위치에서 발견될 확률은 확률파동을 이용하여 계산할 수 있지만, 파동 자체는 우리의 일상세계에서 완전히 벗어나 있다.[2] 그런데도 물리학자들이 기이한 양자역학을 하늘같이 신뢰하는 이유는 이론에서 예측된 결과가 현실과 정확하게 맞아떨어지기 때문이다. 이론 자체는 정확하지만 구성요소를 관측할 수 없는 대표적인 사례가 바로 양자역학이다.

위에 언급된 사례들의 공통점은 이론의 구성요소를 직접 만지거나 볼 수 없어도 얼마든지 옳은 이론이 될 수 있다는 것이다. 이론물리학자들은 이런 상황에 매우 익숙한 사람들이어서, 뜬구름 잡는 듯한 이야기를 태연하게 늘어놓곤 한다. 물론 이들이 이론을 신뢰하는 데에는 그럴만한 이유가 있다. 지금까지 수행된 그 많은 실험이나 관측이 이론의 타당성을 확고하게 입증하고 있기 때문이다. 이 점만 분명하다면 이론의 대상이 경험의 세계에서 완전히 벗어나 있다 해도 아무런 문제가 되지 않는다.*

  이론을 단순히 믿는 데서 한 걸음 더 나아가 그로부터 다른 현상을 이해하려고 시도하면, 접근을 허용하지 않는 또 다른 요소들이 발목을 잡는다. 블랙홀은 일반상대성이론의 수학을 통해 그 존재가 예견된 후 천문관측을 통해 강력한 증거가 발견되었으며, 지금은 천문학자들이 매일같이 접하는 일상사가 되었다. 그러나 블랙홀의 내부는 여전히 미지로 남아 있다. 아인슈타인의 방정식에 의하면 블랙홀의 외부 경계인 사건지평선은 한 번 넘어가면 되돌아올 수 없는 죽음의 경계선이다. 진입할 수는 있어도 나올 수는 없다. 블랙홀의 외부에 있는 관찰자가 내부를 관측할 수 없는 것은 이런 현실적인 이유뿐만 아니라 일반상대성이론의 방정식이 그것을 금하고 있기 때문이다. 그러나 거의 모든 과학자들은 사건지평선 안에 블랙홀의 몸체가 존재한다는 것을 굳게 믿고 있다.

  일반상대성이론을 우주에 적용하면 접근 가능성은 더욱 작아진다. 편도여행을 각오한다면 블랙홀의 내부로 들어갈 수는 있다. 그러나 블랙홀이 아닌 우주지평선은 빛의 속도로 달린다고 해도 결코 넘어설 수 없다. 우리의 우주처럼 팽창속도가 점점 빨라지는 우주에

---

*이 관점은 자연을 이해하기 위해 도입된 과학이론의 역할을 어떻게 생각하느냐에 따라 달라질 수 있으므로, 나의 주장도 보는 관점에 따라 다르게 해석될 수 있다. 현재 널리 수용되고 있는 관점으로는 현실주의(realism)와 개념도구주의(instrumentalism)가 있는데, 현실주의자는 수학적 이론이 자연의 실체에 직접적인 통찰을 제공한다고 주장하는 반면, 도구주의자는 이론이 자연의 실체를 말해주는 것이 아니라 관측 가능한 물리량을 예측할 수 있을 뿐이라고 주장한다. 철학자들은 수십 년 동안 논쟁을 벌여오다가 기존의 관점에서 많은 부분을 수정했지만 아직도 분명한 결론은 내려지지 않은 상태이다. 이 책에서 나는 현실주의적 관점을 따르고 있다. 이 장에서 특정 이론의 정당성을 논하는 부분은 철학적 관점에 따라 그 결과가 크게 달라질 수 있음을 미리 밝혀두는 바이다.

서 이것은 분명한 사실이다. 팽창가속도가 영원히 변치 않는다면 우리로부터 200억 광년 이상 떨어져 있는 임의의 천체는 볼 수도 없고 갈 수도 없으며, 간접적으로 관측하거나 영향을 주고받을 수도 없다. 이렇게 멀리 떨어져 있는 천체에 도달하려는 것은 카약선수가 자신이 낼 수 있는 속도보다 빠르게 흐르는 급류에서 반대방향으로 노를 젓는 것과 마찬가지다.

우리는 우주지평선 너머에 있는 천체를 한 번도 본 적이 없으며, 앞으로도 결코 볼 수 없을 것이다. 물론 그곳에 사는 생명체도 우리를 볼 수 없기는 마찬가지다. 과거 한때 우주지평선 안에 있었어도 팽창하는 공간을 따라 우주지평선을 넘어간 천체는 두 번 다시 볼 수 없다. 그렇다면 이들은 과거 한때 존재했다가 우주지평선을 넘으면서 존재 자체가 사라진 것인가?

나는 그렇지 않다고 생각한다. 과거에 존재했던 천체는 우주지평선을 넘어간 후에도 분명히 존재한다. 따라서 우주지평선 너머의 영역도 실재하는 공간임이 분명하다. 과거 한때 눈에 보였던 은하가 우주의 지평선을 넘어갔는데, 그곳이 접근할 수 없는 영역이라고 해서 그 은하를 우주의 지도에서 지우는 것은 이치에 맞지 않는다. 우리가 볼 수 없고 접촉할 수 없는 영역이라고 해도 그곳의 공간과 천체들은 '실존'의 명단에 분명히 존재한다.[3]

그러므로 접근할 수 없는 기본요소로부터 결론을 이끌어낸 이론도 분명히 과학의 범주에 속한다. 우리가 만질 수 없는 것을 믿는 이유는 그것을 낳은 이론을 믿기 때문이다. 양자역학은 관측할 수 없는 확률파동에 근거하고 있지만, 원자 및 소립자와 관련하여 관측 가능한 물리량을 정확하게 예측하고 있기 때문에 우리는 양자역학을 전적으로 신뢰한다. 또한 일반상대성이론은 행성의 운동과 빛의 궤적 등 관측 가능한 현상을 정확하게 예견하고 있으므로, 이 이론이 관측범위를 벗어난 곳에 어떤 존재를 예견한다면 신중하게 받아들일 수밖에 없다.

이와 같이 과학이론의 예측범위는 검증 가능한 대상에 한정되어 있지 않다. 100년 전부터 과학은 눈에 보이지 않거나 접근할 수 없는 대상을 탐구해왔다. 물론 이론이 수용되려면 흥미롭고 중요하면서 관측 가능한 현상도 예측할 수 있어야 한다.

따라서 다른 우주에 대한 직접적인 증거가 없어도 다중우주를 포함하는 이론은 설득력을 가질 수 있다. 실험 및 관측결과가 이론과 잘 일치하고 이론의 수학적 기초가 탄탄하여 선택의 여지가 없다면 수용할 수밖에 없다. 이런 이론이 다중우주의 존재를 허용한다면 그것이 바로 이론이 주장하는 진실이다.

접근할 수 없는 다중우주에 의존한다고 해서 이론 자체가 비과학적인 것은 아니다(나의 관점은 학계에 수용되고 있는 여러 관점들 중 하나임을 밝혀두는 바이다). 예를 들어 미래의 어느 날 끈이론을 입증하는 관측결과가 얻어졌다고 가정해보자. 입자가속기가 끈의 진동패턴을 감지하고, 여분차원이 존재한다는 증거를 확보하고, 마이크로파 배경복사에서 끈의 특성이 발견되고, 우주공간에 길게 뻗어 있는 우주끈의 흔적이 발견되었다고 가정해보자. 또한 끈이론이 크게 진보하여 경관 다중우주 가설이 확실하게 증명되었다고 하자. 아무리 반대가 심하다 해도 다중우주를 표방하는 이론이 실험과 관측을 통해 입증된다면, 이는 '반대를 포기해야 할' 시점이 도래했음을 의미한다.*

그래서 나는 이 절의 서두에서 던진 질문("관측할 수 없는 우주에 근거한 논리가 과학적으로 타당하다고 주장할 수 있는가?")에 다음과 같이 대답하고 싶다. "다중우주이론은 훌륭한 이론이며, 이 이론을 외면하는 것은 비과학적인 편견이다."

과학, 그리고 도달할 수 없는 세계 2
원리적 담론은 이 정도면 충분하다. 그렇다면 현실은 어떠한가?

회의론자들은 이렇게 말할 것이다. "하나의 다중우주이론을 놓고 앞날을 예측하는 것과, 지금까지 제시된 다양한 다중우주이론의 검증가능성을 평가하는 것은 전혀 다른 문제이다." 과연 그럴까? 누벼 이은 다중우주는 공간이 무한히 크다는 가정에서 탄생했고, 이 가정은 일반상대성이론에 위배되지 않는다. 문제는 일반상대성이론이 무한공간을 허용하고 있을 뿐 그것을 요구하지는 않는다는 것이다. 그래서 일반상대성이론이 확고한 진리임에도 불구하고 누벼 이은 다중우주는 여전히 가설일 뿐이다. 무한히 큰 공간은 영구적 인플레이션에서 자연스럽게 유도되지만(개개의 거품우주도 그 안에서 보면 무한히 크게 보인다) 영원히 지속된다는 것 자체가 가설이기 때문에 누벼 이은 다중우주도 불확실한 이론으로 남아 있다.

인플레이션 다중우주도 영구적 인플레이션의 산물이다. 지난 십

■ 실험과 관측이 어떤 결과를 낳건 간에, 다중우주이론의 핵심은 무수히 많은 우주들 중에 우리의 우주와 동일한 우주가 이론 안에 존재하는가 하는 것이다. 만일 존재한다면 이 이론이 틀렸다는 것을 실험적으로 증명할 방법이 없고, 어떤 데이터도 이론이 맞는다는 것을 입증할 수 없다. 이 문제는 잠시 후에 논할 예정이다.

여 년 동안 수집된 천문관측자료는 인플레이션이론을 강력하게 지지하고 있다. 그러나 인플레이션이 영원히 계속된다는 증거는 아직 발견되지 않았다.

브레인 다중우주와 주기적 다중우주, 그리고 경관 다중우주는 끈이론에 기초하고 있으므로 위에 언급된 다중우주이론보다 훨씬 더 불확실하다. 이들은 끈이론처럼 수학적 기초가 탄탄하지만 검증 가능한 예측을 할 수 없고, 실험이나 관측을 통해 다른 우주와 접촉할 수도 없기 때문에 과학적 추론으로 남아 있다. 게다가 이론이 계속 발전한다고 해도 장차 어떤 부분이 중요한 역할을 하게 될지 짐작하기가 쉽지 않다. 브레인 다중우주와 주기적 다중우주의 핵심요소인 브레인이 핵심개념으로 남을 것인가? 또는 경관 다중우주의 토대인 여분차원이 남을 것인가? 아니면 수많은 여분차원의 형태 중 하나를 고르는 수학적 원리가 최종문제로 남을 것인가? 아무도 알 수 없다.

그러므로 다중우주이론이 다른 우주의 특성을 거의(또는 전혀) 예측하지 못한다 해도, 지금까지 언급된 다중우주 가설이 허무하게 사라지는 일은 없을 것이다. 적어도 지금까지는 그렇다. 그런데 실험이나 관측으로 다른 우주의 존재를 입증할 수 없는 상황에서도 검증 가능한 예측을 내놓을 수 있을까? 지금부터 이 질문을 몇 단계에 걸쳐 분석해보자.

다중우주이론의 예측 1

다중우주를 구성하는 여러 우주들이 우리의 접근을 허용하지 않는데도, 어떤 의미 있는 예측을 내놓는 데 이들이 과연 도움이 될 것인가?

우리의 우주는 왜 지금과 같은 모습을 하고 있는가? 이것은 과학자들이 오랜 세월 동안 고민해온 문제이다. 그런데 다중우주를 반대하는 일부 과학자들은 다중우주를 '오랜 탐구에 실패한 사람들을 위한 피난처'쯤으로 생각하는 경향이 있다. 끈이론 학자들은 지난 수십 년 동안 우주의 기본적인 특성과 자연의 기본상수들을 계산하기 위해 무진 애를 써왔고, 나도 그들 중 한 사람이기에 변론을 할 수밖에 없는 입장이다. 만일 우주가 여러 개이고 기본상수들 중 일부(또는 전부)가 우주마다 다르며, 우리가 그들 중 하나에 살고 있다는 주장을 받아들인다면 우주가 왜 지금과 같은 모습인지를 고민할 필요가 없다. 예를 들어 전자기력의 세기가 각 우주마다 다르다는 것이 물리학의 기본법칙이라면, 힘의 세기를 계산하는 것은 의미가 없다. 이것은 복잡한 곡을 연주하고 있는 피아니스트에게 "왜 하필 그때 그 건반을 눌렀느냐"고 따져 묻는 것과 같다.

각 우주마다 물리적 특성이 다르다면, 우리는 우리 우주의 특성을 예측하는 능력을 상실하게 되는가? 반드시 그렇지만은 않다. 다중우주에 의해 '유일한 우주'의 개념이 사라진다고 해도, 무언가를 예측하는 능력은 계속 유지된다. 우리에게는 '통계'라는 수단이 있기 때문이다.

개를 예로 들어보자. 개들의 몸무게는 각기 다르다. 1kg도 채 안 되는 치와와에서 거의 100kg에 육박하는 올드 잉글리시 마스티프에 이르기까지 종류마다 천차만별이다. 만일 내가 당신에게 "길목에 서 있다가 제일 먼저 마주치는 개의 몸무게를 맞춰보라"고 내기를 걸었다면, 당신은 1~100kg 사이에서 무작위로 하나를 찍는 수밖에 없다. 그러나 약간의 정보만 있으면 확률을 크게 높일 수 있다. 당신의 동네에 살고 있는 개들의 종류와 분포, 각 종류의 몸무게, 그리고 각 종마다 산책 빈도수 등을 알고 있으면 '제일 먼저 마주칠 확률이 가장 높은 개'의 몸무게를 비슷하게 예측할 수 있다.

물론 이런 식으로는 내기에서 질 확률이 높다. 통계란 원래 그런 것이다. 그러나 당신이 내린 예측의 정확도는 개들의 분포상태에 따라 크게 달라진다. 만일 당신 이웃들의 개에 대한 취향이 한쪽으로 편향되어 평균체중이 30kg인 래브라도 리트리버가 전체의 80퍼센트이고 평균체중 15kg인 스코티시 테리어와 푸들이 나머지 20퍼센트라면, 28~32kg 사이에서 찍는 것이 유리할 것이다. 물론 예상과 달리 더부룩한 시추와 마주칠 가능성도 있지만 확률이 아주 낮다. 개의 분포가 이보다 더 편향되어 있다면 당신의 예측은 더욱 정확해진다. 만일 동네에서 키우는 개의 95퍼센트가 체중 31kg짜리 래브라도 리트리버라면 당신은 거의 이긴 것이나 다름 없다(이런 상황이라면 나는 내기를 제안하지도 않았을 것이다).

다중우주에도 이와 비슷한 확률론을 적용할 수 있다. 지금 우리가 힘의 세기와 입자의 특성, 우주상수 등이 각 우주마다 다른 다중우주를 조사 중이라고 가정해보자. 그리고 이 많은 우주들이 형성된 과정(경관 다중우주에서 거품우주가 형성된 과정 등)을 충분히 잘 알고 있어서, 각 우주들의 분포상황을 정확하게 파악하고 있다고 가정하자. 그러면 우리는 이 정보로부터 많은 사실을 알아낼 수 있다.

우주의 분포를 계산한 결과, 아주 단순한 분포가 얻어졌다고 가정해보자. 일부 물리적 특성은 우주마다 크게 다르고, 다른 특성은 모두 동일하다. 예를 들어 수학계산을 한 끝에 각 우주에 존재하는 입자의 종류가 모두 같고, 입자의 질량과 전하도 모두 동일하다는 결과를 얻었다고 하자. 이런 특별한 분포상황에서는 매우 정확한 예측을 내놓을 수 있다. 만일 수학계산으로 예견된 입자들 중 우리의 우주에 존재하지 않는 것이 있다면(실험에서 발견되지 않았다면) 다중우주이론은 폐기되어야 마땅하다. 분포에 대한 지식으로부터 다중우주이론의 진위여부를 판별할 수 있다는 것이다. 그 반대로 이론에서 예견된 입자들이 우리의 우주에 모두 존재한다면, 다중우주이론에 대한 신뢰도는 크게 증가할 것이다.[4]

또 다른 예를 들어보자. 다중우주를 이루는 여러 우주의 우주상수가 각기 다르고, 그 값의 범위가 넓게 퍼져 있으면서 특정 범위의 값을 갖는 우주가 압도적으로 많은 경우를 생각해보자. 〔그림 7.1〕은 이 경우에 주어진 우주상수 값(가로축)을 갖는 우주의 수를 나타낸 것이다(세로축은 해당 우주상수를 갖는 우주의 수를 전체 우주의 수로 나눈 값이다). 만일 우리가 이런 다중우주에 살고 있다면, 우주상수는 더 이상 미스터리가 아니다. 우주상수가 취할 수 있는 값의 영역이 아무리 넓다 해도 〔그림 7.1〕처럼 대부분의 우주들이 지금 우리가 알고 있는 우주상수와 비슷한 값을 갖고 있다면, 우리의 우주가 지금과 같은 우주상수를 갖고 있다고 해서 이상할 것이 전혀 없다. 이런 다중우주에서 우리의 우주상수가 10^{-123}이라는 것은 당신이 사는 동네에서 체중이 31kg인 래브라도 리트리버와 마주치는 것만큼 자연스러운 일이다. 분포만 적절하다면 어떤 우주상수도 자연스럽게 나타날

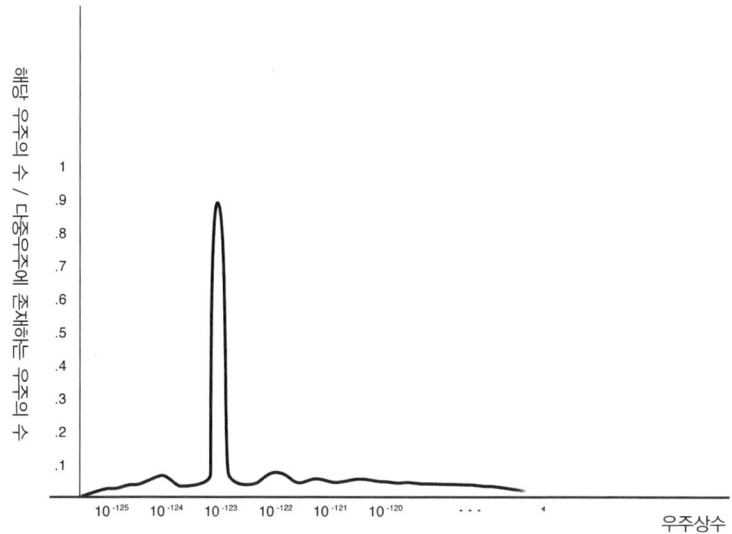

[그림 7.1] 다중우주에서 우주상수의 분포 사례. 우주상수가 특정 값에 집중되어 있으면 왜 하필 지금과 같은 값인지 고민할 필요가 없어진다.

수 있다.

  이제 상황을 조금 바꿔보자. 다중우주를 이루는 각 우주에서 우주상수가 취할 수 있는 값의 범위가 매우 넓으면서, 이전과 달리 특정 값에 집중되어 있지 않고 골고루 분포되어 있다고 해보자. 즉, 어떤 특정한 우주상수를 갖는 우주의 수가 다른 값을 갖는 우주의 수와 거의 동일한 경우이다(그러면 [그림 7.1]의 그래프는 정점이 없이 밋밋해진다). 그리고 이와 같은 다중우주를 수학적으로 분석하여 우리의 우주와 비슷한 우주상수를 갖는 우주에 양성자 질량의 5,000배나 되는 입자가 존재한다는 결과가 얻어졌다고 하자. 이런 입자는 너무 무거워서 20세기의 입자가속기로는 검출될 수 없지만 21세기에는 가능하다. 우주상수와 입자의 질량이 이런 식으로 밀접하게 연결되어 있으면 위의 다중우주이론도 반증될 수 있다. 이론에서 예측된 무거운 입자가 발견되지 않으면 다중우주이론은 틀린 것으로 판명날 것이다. 그러나 이런 입자가 발견되면 다중우주이론의 타당성은 더욱 확고해진다.

물론 이것은 가상의 시나리오일 뿐이지만 다중우주이론이 실험으로 확인할 수 있는 무언가를 예측한다면 다른 우주에 접근할 수 없다 해도 그 자체로 의미를 가질 수 있다. 방금 제시한 사례들은 이 점을 분명하게 보여준다. 이런 종류의 다중우주이론에 대하여 이 절의 서두에서 제시한 질문을 던진다면 대답은 당연히 'yes!'이다.

'무언가를 예측할 수 있는 다중우주이론'은 여러 개의 우주들을 잡동사니처럼 모아놓은 이론이 아니다. 이론의 예측능력은 다중우주의 저변에 깔려 있는 수학적 패턴에서 나온다. 물리적 특성은 여러 우주에 걸쳐 긴밀하게 연결되어 있거나 [그림 7.1]처럼 한 곳에 집중되어 있다.

어떻게 그럴 수 있을까? '원리'의 세계를 떠나 실제로 다중우주이론들이 이와 같은 특성을 갖고 있을까?

다중우주이론의 예측 2

원리적 담론은 이 정도면 충분하다. 그렇다면 현실은 어떠한가?

한 지역에 살고 있는 개의 분포는 문화적 배경과 경제수준, 그리고 우연히 발생하는 여러 요인에 따라 달라진다. 원인이 이렇게 복잡하기 때문에 개의 분포를 좌우하는 요인들을 무시하고 '개 사육 현황 보고서'를 참고하는 편이 훨씬 낫다. 그러나 다중우주 시나리오에서는 통계를 담당하는 부서가 없기 때문에 참고할 만한 자료도 없다. 그러므로 다중우주의 분포상태를 알아내려면 다중우주이론 자체를 파고드는 수밖에 없다.

영구적 인플레이션 및 끈이론에 기초한 경관 다중우주가 그 대표적인 사례이다. 이 가설에서 새로운 우주를 낳는 원천은 인플레이션 팽창과 양자터널인데, 진행 과정은 다음과 같다. 팽창하는 우주는 끈경관에서 각 골짜기에 대응되는데, 이들이 양자터널효과를 일으켜 근처에 있는 산을 뚫고 다른 골짜기에 안착한다. 첫 번째 우주(힘의 크기와 입자의 성질, 그리고 우주상수 등이 확실하게 결정된 우주)는 거품처럼 팽창하는 새로운 우주(물리적 특성이 이전과 다른 우주)를 낳고(〔그림 6.7〕 참조) 이 과정은 끝없이 계속된다.

그런데 양자터널과 같은 양자적 현상은 확률적인 성질을 갖고 있어서, 언제 어디서 일어날지 예측할 수 없다. 단지 우리는 양자터널이 특정 시간대에 특정 방향으로 일어날 '확률'만을 계산할 수 있을 뿐이다. 이 확률은 각 봉우리와 골짜기의 고도(각 골짜기에 해당하는 우주상수의 값) 등 끈경관의 구체적 특성에 따라 달라진다. 확률이 높으면 양자터널이 더 빈번하게 일어날 것이고, 최종적인 분포에는 이 결과가 고스란히 반영되어 있다. 그러므로 우리의 전략은 인플레이션 우주론과 끈이론의 수학을 이용하여 경관 다중우주에서 여러 우주의 분포상태와 다양한 물리적 특성을 계산하는 것이다.

문제는 지금까지 어느 누구도 이 일을 해내지 못했다는 점이다. 현재의 끈경관 이론에는 산봉우리와 골짜기가 너무 많아서 우주의 분포를 구체적으로 계산하기가 거의 불가능하다. 우주론과 끈이론을 이끄는 학자들이 이 분야에서 많은 업적을 남기긴 했지만, 연구의 수준은 아직 초보적인 단계에 머물러 있다.[5]

다중우주를 지지하는 사람들은 여기에 또 한 가지 중요한 요소를 추가했다. 6장에서 언급했던 '인류원리'가 바로 그것이다.

다중우주이론의 예측 3
인류원리에 입각한 논증

다중우주를 구성하는 우주들 중 대부분에는 생명체가 존재하지 않는다. 앞에서 언급한 대로 자연의 기본상수들을 조금만 변형시켜도 환경이 크게 달라지기 때문이다.[6] 우리는 이미 존재하고 있으므로 우리의 우주는 생명체가 살 수 없는 영역에 속하지 않는다. 따라서 다른 우주의 특성이 우리의 눈에 띄지 않는 것은 당연하다. 이 점에 대해서는 더 이상 논할 것이 없다. 임의의 다중우주이론에서 "생명체가 살 수 있는 우주는 하나뿐"이라는 결론이 도출되었다면 우리는 특별히 선택된 존재이며, 그 특별한 우주의 특성을 수학적으로 계산하려고 애를 쓸 것이다. 물론 계산결과가 우리의 우주와 다르게 나왔다면 이 다중우주이론은 폐기되어야 한다. 그러나 우리의 우주와 일치한다면 인류원리에 입각한 다중우주는 설득력을 얻게 되고 실체에 대한 우리의 관점도 크게 확장될 것이다.

좀 더 그럴듯한 경우는 생명체에게 우호적인 우주가 하나가 아니라 여러 개 있는 경우이다. 스티븐 와인버그와 안드레이 린데, 알렉산더 빌렌킨, 조지 엡스태쇼 등은 통계적 접근법을 통해 이와 같은 다중우주이론을 제안했다. 이들은 우주의 특성에 따른 분포를 계산하는 것보다 자신이 다양한 우주 중 하나에 살고 있음을 인식하고 있는 거주인(물리학자들은 흔히 '관찰자observer'라고 부른다)의 수를 계산하는 것이 더 중요하다고 주장했다. 어떤 우주는 환경이 생명체에게 맞지 않아 사막에 드문드문 서 있는 선인장처럼 관찰자가 거의 없을 수도 있고, 또 어떤 우주는 환경이 적절하여 관찰자로 가득 차 있을 수도 있다. 애완견의 통계자료를 이용하여 길목에서 마주치게 될 개의 종류를 예측하는 것처럼, 관찰자에 대한 통계자료를 이용하여 다중우주의 특정지역에 거주하는 관찰자(이 논리에 의하면 당신과 나)가 무엇을 보게 될지 예측하자는 것이다.

1997년에 와인버그는 연구동료인 휴고 마르텔(Hugo Martel), 폴 샤피로(Paul Shapiro)와 함께 구체적인 사례를 연구한 바 있다. 이들은 6장에서 언급한 '와인버그식 방법'을 이용하여 우주상수가 각 우주마다 다른 다중우주에서 생명체가 얼마나 많이 존재할 수 있는지를 계산했다. 생명체에게 적절한 환경을 일일이 고려하지 않고 은하의 형성과정만을 고려한 것이다. 은하가 많을수록 행성계도 많고, 생명체(특히 지적인 생명체)가 존재할 확률도 커진다. 1987년에 와인버그는 우주상수가 별로 크지 않아도 은하의 형성을 방해할 정도로 밀어내는 중력이 강하게 작용한다는 사실을 알아냈다. 그러므로 다중우주에서 이런 일이 일어나지 않을 만큼 우주상수가 충분히 작은 지역만 고려하면 된다. 또한 우주상수가 음수면 은하가 형성되기도 전에 우주가 수축되기 때문에, 이런 지역도 고려대상에서 제외된다. 그러므로 인류원리에 입각한 논증은 다중우주에서 우주상수 값의 범위가 아주 좁은 영역으로 한정된다. 6장에서 말한 바와 같이 은하가 존재하는 우주에서 우주상수는 임계밀도($1cm^3$당 $10^{-27}g$, 또는 플랑크 단위로 약 10^{-121})의 1/200 이하여야 한다.[7]

와인버그와 마르텔, 그리고 샤피로는 우주상수가 이 범위에 속하는 우주를 대상으로 물질의 비율을 정밀하게 계산했다. 이 값은 우주의 진화과정에서 은하의 형성을 좌우하는 중요한 수치이다. 이들은 우주상수가 허용범위의 상한값에 가까우면 중력으로 뭉친 물질을 떼어놓은 바람의 역할을 하여 은하의 씨앗이라 할 수 있는 질량 덩어리가 형성되기 어렵고, 반대로 우주상수가 하한값인 0에 가까우면 우주상수의 '바람'이 잦아들면서 질량 덩어리가 많이 형성된다는 결과를 얻었다. 이는 곧 우주상수가 거의 0에 가까운 우주에 우리가 살고 있을 가능성이 매우 높다는 것을 의미한다. 이 논리에 의하면 은하가 많을수록 생명체가 존재할 확률도 높아지기 때문이다. 반면에 우주상수가 상한값(10^{-121})에 가까운 우주에 우리가 살고 있을 가능성은 아주 작고, 우주상수가 상한과 하한 사이에 있는 우주에 살고 있을 가능성은 보통이라고 할 수 있다.

와인버그와 그의 동료들은 이 결과를 정량적으로 분석하여 그다음 계산을 수행했다. 동네를 평균 걸음걸이로 산책하다가 체중이 31kg인 래브라도 리트리버와 마주칠 확률을 계산하듯이, 다중우주에 살고 있는 평균적인 관찰자에 의해 관측되는 우주상수의 값을 계산한 것이다. 결과는? 초신성을 관측해서 얻은 결과보다는 크게 나왔지만 거의 비슷한 범위 안에 들어왔다. 다중우주 중에서 1/10~1/20이 우리의 우주상수와 비슷한 10^{-123} 근처인 것으로 나타난 것이다.

확률이 더 높게 나왔으면 더 좋았겠지만, 이 정도만 해도 매우 의미 있는 결과이다. 이 계산이 알려지기 전까지만 해도 물리학자들은 이론에서 예견된 우주상수와 관측으로 얻어진 값이 무려 10^{120}배의 차이를 보이는 바람에 무언가 큰 요소를 놓치고 있다는 불안감에 사로잡혀 있었다. 그러나 와인버그와 그 동료들이 개발한 다중우주 접근법에 의하면 우리 우주의 우주상수가 지금과 같은 값을 갖는 것은 래브라도 리트리버가 가장 많은 동네에서 산책을 하다가 시추를 만날 확률과 비슷하다. 이 정도면 전혀 신기하지 않다. 무언가 중요한 것을 놓치고 있다는 불안감도 느낄 필요가 없다. 누가 뭐라 해도 이것은 커다란 진전임이 분명하다.

  그러나 후속연구가 진행되면서 와인버그의 이론에 불리한 결과가 발견되었다. 와인버그와 그의 동료들은 문제를 단순화시키기 위해 각 우주마다 다른 것은 우주상수뿐이고 그 외의 물리적 변수들은 모든 우주에 대해 동일하다고 가정했다. 그런데 막스 테그마크와 마틴 리스는 우주상수와 더불어 초기우주의 양자적 요동이 각 우주마다 다르다면 결과가 크게 달라질 수 있음을 지적했다. 앞서 말한 대로 양자적 요동은 은하의 '원시씨앗'에 해당한다. 미세한 양자적 요동이 공간과 함께 팽창하면 물질의 밀도가 평균보다 조금 높거나 낮은 영역이 무작위로 생성되는데, 밀도가 높은 영역은 근처에 있는 물질에 강한 중력을 행사하여 더 크게 자라나고, 결국에는 은하로 진화하게 된다. 테그마크와 리스는 낙엽더미가 클수록 바람에 잘 견디듯이, 은하의 원시씨앗이 클수록 우주상수의 밀어내는 힘에 잘 견딘다고 지적했다. 그러므로 원시씨앗의 크기와 우주상수가 모두 변하는 다중우주에서는 우주상수의 값이 씨앗에 의해 줄어드는 우주가 존재할 수도 있다. 즉, 우주상수의 값이 기준보다 큰 우주에서도 생명체가 존재할 수 있다는 뜻이다. 이런 다중우주에서는 평균적인 관찰자가 관측하게 될 우주상수의 값이 커지고, 그 결과 우리의 우주와 같이 작은 우주상수를 발견하게 될 관찰자의 수는 줄어든다.

다중우주를 굳건하게 믿는 사람들은 와인버그와 그의 동료들이 얻은 분석결과를 성공적인 이론으로 간주하고 있으며, 반대론자들은 테그마크와 리스의 결과를 거론하면서 인류원리에 입각한 논증이 틀렸다고 주장하고 있다. 그러나 이런 식의 갑론을박은 아직 시기상조이다. 와인버그가 시도한 것은 매우 초보적인 단계의 계산이어서 인류원리에 입각한 논증의 가능성을 맛보기로 보여준 것에 불과하다. 가정을 적절히 세우면 현재의 우주상수와 비슷한 결과가 얻어지지만, 가정을 조금 느슨하게 잡으면 값의 범위가 엄청나게 넓어진다. 이렇게 가정에 따라 결과가 크게 달라진다는 것은 다중우주를 구성하는 여러 요소들을 아직 정확하게 파악하지 못했다는 뜻이며, 임의로 세운 가정을 뒷받침하는 이론적 토대도 아직은 부족한 상태이다. 다중우주이론으로 명확한 결과를 이끌어내려면 이론적 근거에 입각하여 가정을 세워야 한다.

지금도 이 분야에서 활발한 연구가 이루어지고 있으나 명확한 결론은 아직 내려지지 않았다.[8]

다중우주이론의 예측 4
극복해야 할 난관들

임의의 다중우주이론에서 정확한 예측을 이끌어내려면 세 가지 난관을 극복해야 한다.

첫째, 방금 언급된 사례에서 강조한 바와 같이 다중우주에서 어떤 특성이 우주마다 다른지를 결정할 수 있어야 하고, 우주마다 다른 특성들이 다중우주 전체에 걸쳐 어떻게 분포되어 있는지 계산할 수 있어야 한다. 그러기 위해서는 상정된 다중우주에 여러 우주가 분포되는 역학적 원리(경관 다중우주에서 거품우주가 생성되는 원리 등)를 이해해야 한다. 한 종류의 우주가 다른 우주보다 특별히 많아지는 정도와 물리적 특성의 분포는 이와 같은 역학적 원리에 의해 결정된다. 운이 좋다면 다중우주 전체, 또는 생명체의 존재를 허용하는 우주들로부터 크게 편향된 분포가 얻어져서 무언가 검증 가능한 예측을 할 수 있을지도 모른다.

두 번째 난관은, 인류원리를 도입했을 때 우리 인간이 보통의 평균적 존재라는 가정에서 기인한다. 다중우주에서 생명체는 분명히 희귀한 존재이며, 지적인 생명체는 더 희귀하다. 그러나 인류원리의 가정에 의하면 지적생명체들 중 인간은 지극히 전형적인(typical) 존재여서 우리가 관측을 통해 보는 것은 다중우주에 존재하는 지적생명체들이 보는 것의 평균치에 해당한다(알렉산더 빌렌킨은 이것을 '평범원리mediocrity principle'라고 불렀다). 만일 우리가 다중우주에서 '생명체에게 우호적인 우주'의 분포상황을 알고 있다면, 방금 언급한 평균치도 이론적으로 계산할 수 있을 것이다. 그러나 '전형적'이라는 것은 어디까지나 가정일 뿐이다. 미래의 학자들이 계산을 통해 우리의 관측결과가 특정한 다중우주의 평균치임을 밝혀낸다면, 우리의 존재가 전형적이라는 가정은 (다중우주이론과 함께) 한층 더 설득력을 갖게 될 것이다. 그러나 우리의 관측결과가 평균치를 벗어난다면 다중우주이론이 틀렸거나 인간이 전형적 존재라는 가정 자체가 틀린 것이다. 동네에서 기르는 개의 99퍼센트가 래브라도 리트리버라고 해도 당신은 도베르만과 같이 '전혀 전형적이지 않은(변칙적인)' 개와 마주칠 수도 있다. 우리의 우주가 변칙적임을 인정하는 다중우주이론은 그 진위 여부를 판별하기가 매우 어려울지도 모른다.[9]

이 문제를 해결하려면 주어진 다중우주에서 생명체가 탄생하는 과정을 이해해야 한다. 이것을 알면 우리의 진화과정이 (적어도 지금까지) 얼마나 전형적으로 진행되어 왔는지를 알 수 있다. 물론 쉬운 일은 아니다. 지금까지 제시된 대부분의 인류원리는 와인버그의 가정(지적생명체의 수가 은하의 수에 비례한다는 가정)에 의존하면서 이 문제를 완전히 피해가고 있다. 우리가 아는 한 지적생명체는 따뜻한 행성을 필요로 하고, 그러기 위해서는 근처에 별이 있어야 하며, 대부분의 별은 은하에 속해 있다. 이 점에서 보면 와인버그의 접근법이 틀렸다고 지적할 만한 근거가 별로 없다. 그러나 우리 자신의 기원조차 제대로 파악하지 못하고 있기 때문에 와인버그의 가정을 전적으로 신뢰하기는 어렵다. 계산의 정확도를 높이려면 지적생명체의 탄생과정을 정확하게 이해할 필요가 있다.

세 번째 난관은 '무한대 나누기'와 관련되어 있는데, 이 문제는 좀 더 신중하게 다룰 필요가 있다.

무한대 나누기

그 내용을 이해하기 위해, 다시 개 문제로 되돌아가서 생각해보자. 당신의 동네에 리트리버 세 마리와 닥스훈트 한 마리가 살고 있다면, 개의 산책 빈도수나 산책시간 등 구체적인 사항들을 고려하지 않아도 리트리버와 마주칠 확률이 닥스훈트와 마주칠 확률보다 세 배 크다는 것을 금방 알 수 있다. 리트리버 300마리와 닥스훈트 100마리가 사는 경우나, 리트리버 3,000마리와 닥스훈트 1,000마리, 또는 리트리버 300만 마리와 닥스훈트 100만 마리가 살고 있는 경우에도 이 확률은 변하지 않는다. 그런데 이 숫자가 무한대로 커지면 어떻게 될까? 무한히 많은 닥스훈트와 그보다 세 배 무한히 많은 리트리버를 어떻게 비교할 수 있을까? 초등학교 수학문제처럼 만만한 문제 같지는 않다. 그러나 여기서 중요한 질문은 이것이다. 무한대에 세 배를 하면 원래 무한대보다 큰가? 만일 크다면 정확하게 세 배 크다고 할 수 있는가?

  무한대가 포함된 계산은 어렵기로 악명 높다. 물론 지구에 사는 개는 아무리 많아도 유한하기 때문에 이런 문제를 유발하지 않는다. 그러나 특정 다중우주를 구성하는 우주에서 무한대는 매우 현실적으로 다가온다. 인플레이션 다중우주를 예로 들어보자. 다중우주를 벗어난 전지적 시점에서 스위스 치즈 조각 전체를 바라본다면, 치즈가 계속 자라나면서 새로운 우주가 영원히, 끊임없이 형성되는 모습이 보일 것이다. 영구적 인플레이션의 '영구적'이란 바로 이것을 두고 하는 말이다. 또한 이 광경을 내부에서 바라보면 개개의 거품우주 안에 무한히 많은 영역들이 누벼 이은 다중우주를 구성하고 있다. 그러므로 인플레이션 다중우주에서 무언가를 예측하려면 '무한히 많은' 우주와 마주칠 수밖에 없다.

수학적 원리를 이해하기 위해, 당신이 TV 퀴즈쇼 〈거래할까요(Let's Make a Deal)〉에 출연했다고 가정해보자. 당신은 이 프로에서 유별난 상을 받았다. 무한히 많은 봉투가 당신에게 주어졌는데, 첫 번째 봉투에는 1달러가 들어 있고 두 번째 봉투에는 2달러, 세 번째에는 3달러……가 들어 있다. 관객들은 환호성을 지르고, 쇼의 진행자인 몬티 홀(Monty Hall)이 한 가지 제안을 했다. "지금 이 상태로 봉투를 모두 가져도 좋고, 당신이 원한다면 액면가를 모두 두 배로 올려 드리겠습니다!" 처음에 당신은 '두 배로 올려서 받기'가 당연히 유리하다고 생각했다. "각 봉투는 그 앞의 봉투보다 많은 돈이 들어 있다. 따라서 모두 두 배로 올리면 내가 가질 수 있는 돈은 당연히 많아질 것이다." 봉투의 수가 유한하다면 당신의 생각이 옳다. 예를 들어 다섯 개의 봉투에 각각 1, 2, 3, 4, 5달러가 들어 있다면 당신의 총상금은 15달러지만, 이들을 일제히 두 배로 늘리면 2, 4, 6, 8, 10달러, 즉 30달러가 된다. 이런 간단한 문제를 놓고 고민할 사람은 없다.

그러나 봉투의 수가 무한대라는 사실을 떠올리는 순간 당신의 머리는 혼란스러워진다. "액면가를 모두 두 배로 올리면 봉투에 들어 있는 돈은 2달러, 4달러, 6달러……가 되는데, 이들은 모두 짝수이다. 그런데 원래 봉투에는 짝수와 홀수가 모두 포함되어 있지 않은가. 그러므로 두 번째 선택을 취하면 홀수 봉투가 누락되는 셈이 되어 내가 받을 총 상금은 오히려 줄어들 것 같다. 가만, 정말 그런가?" 당신은 진퇴양난에 빠진다. 원래의 봉투와 두 배로 올린 봉투를 하나씩 비교해보면 두 배로 올려 받는 게 유리할 것 같고, 전체를 비교하면 손해를 볼 것 같다.

이 사례는 두 개의 무한대를 비교할 때 흔히 빠지기 쉬운 수학적 함정을 잘 보여주고 있다. 안달이 난 관객들은 연신 환호성을 지르고, 당신은 빨리 선택을 내려야 한다. 그러나 당신이 받을 상금의 총액은 두 개의 무한대를 어떤 식으로 비교하느냐에 따라 달라진다.

무한집합에 속해 있는 숫자의 개수를 헤아릴 때도 이와 비슷한 혼란이 야기된다. 이 문제도 위의 사례에서 찾아볼 수 있다. 정수와 짝수 중 어느 쪽이 더 많은가? 대부분의 사람들은 정수가 많다고 생각할 것이다. 정수 중에서 짝수는 절반밖에 안 되기 때문이다. 그러나 몬티 홀의 사례로 볼 때 결코 쉽게 생각할 문제가 아니다. 예를 들어 당신이 두 번째 제안을 선택하여 짝수에 해당하는 돈들을 취했다고 가정해보자. 이 과정에서 몬티는 액면가를 일제히 두 배로 올렸을 뿐이므로 봉투의 수는 전혀 변하지 않았다. 그래서 당신은 정수의 총 개수와 짝수의 총 개수가 같다고 생각한다((표 7.1) 참조). 그런데 무언가 좀 이상하다. 짝수가 정수의 부분집합이라는 사실을 떠올리면 정수가 많은 것 같고, 정수가 담겨 있는 봉투의 수와 짝수가 담겨 있는 봉투의 수를 비교하면 두 개수가 똑같은 것 같다.

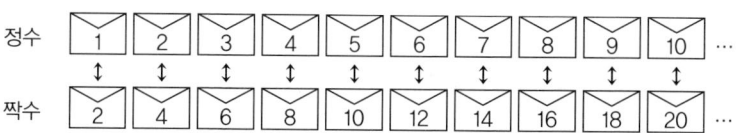

[표 7.1] 모든 정수는 짝수와 1:1로 대응되므로 정수와 짝수의 총 개수는 같다.

심지어는 짝수가 정수보다 많다는 논리도 모순 없이 펼칠 수 있다. 이번에는 몬티가 봉투의 액면가를 4배로 올려주겠다고 제안했다. 그러면 첫 번째 봉투에는 4달러가 들어 있고 두 번째 봉투는 8달러, 세 번째는 12달러……가 들어 있다. 이번에도 봉투의 전체 개수는 변하지 않았으므로, 정수가 들어 있는 봉투의 수와 4의 배수가 들어 있는 봉투의 수는 같다([표 7.2] 참조). 그러나 이런 식으로 정수와 4의 배수들을 한 쌍씩 짝지어 결혼시키면 짝을 맺지 못한 '짝수 총각'들이 속출하는데, 2, 6, 10,……이 바로 그들이다. 정수와 4의 배수가 이미 남김 없이 완벽하게 짝을 지었는데 자투리 짝수가 남았다는 것은 짝수의 개수가 정수의 개수보다 많다는 것을 의미한다.

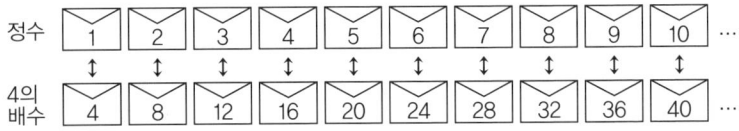

[표 7.2] 모든 정수가 모든 4의 배수와 짝짓고 나면 2, 6, 10……과 같은 짝수들은 짝을 짓지 못한 채 혼자 남는다. 따라서 짝수의 개수는 정수의 개수보다 많다.

이와 같이 보는 관점에 따라 짝수의 총 개수는 정수보다 적을 수도 있고 같을 수도 있으며, 심지어 더 많을 수도 있다. 그러므로 이들 중 어느 하나가 참이고 나머지는 거짓이라고 단정지을 수 없다. 절대적으로 옳은 답이 존재하지 않는 것이다. 보다시피 두 집합을 비교하는 방식에 따라 각기 다른 답이 얻어진다.[10]

이것은 다중우주이론에 하나의 수수께끼를 던져준다. 다중우주에 무한개의 우주들이 존재한다면, 한 우주 속에 존재하는 은하와 생명체의 수가 다른 우주보다 많거나 적다는 것을 어떻게 알 수 있을까?

이 질문의 답을 생각하다 보면 위에서 마주쳤던 것과 똑같은 문제에 직면하게 된다. 유일한 해결책은 물리학적 논리를 통해 비교의 기준을 확립하는 것이다. 이론물리학자들은 위의 그림과 유사한 짝짓기 논리에 입각하여 다양한 아이디어를 제안했지만, 아직 확실한 결론을 내리지 못하고 있다. 그리고 수의 무한집합이 그렇듯이 접근방법이 다르면 결과도 달라진다. 예를 들어 A라는 방법으로 비교하면 a라는 물리적 특성을 가진 우주가 제일 많은 것 같고, B라는 방법으로 비교하면 b라는 물리적 특성을 가진 우주가 제일 많은 것으로 나타난다.

이러한 모호성은 주어진 다중우주에서 우리가 얻은 결론이 평균적이고 전형적인지를 판단하는 데 지대한 영향을 미친다. 물리학자들은 이것을 '측도문제(measure problem)'라 부른다. 무한대의 정도가 각기 다른 우주집합의 크기를 어떻게 판별할 수 있을까? 이 방법을 알아야 어떤 예측을 내놓을 수 있고, 우리가 여러 우주들 중에서 하나의 특별한 우주에 존재할 확률을 계산할 수 있다. 무한대의 우주집합을 비교하는 근본원칙을 발견하기 전까지는 다중우주에 살고 있는 전형적인 거주민(우리)이 실험이나 관측을 통해 어떤 것을 보게 될지 예측할 수 없다. 그래서 측도문제는 하루빨리 해결되어야 한다.

반대론자들의 관심사

측도문제는 또 하나의 걱정스러운 결과를 낳는다. 3장에서 나는 인플레이션이론이 현대우주론의 실질적인 패러다임으로 등극한 이유를 설명한 바 있다. 우주탄생 직후 공간의 각 영역들이 정보를 교환한 후 아주 짧은 시간 동안 초고속으로 팽창했고, 그 결과 지금의 우주는 방대한 영역에 걸쳐 거의 같은 온도를 유지하고 있다. 그리고 초고속 팽창은 공간을 다림질하듯 평평하게 만들었는데, 이것도 관측결과와 일치한다. 또한 초고속 팽창은 양자적 요동에 작은 온도변화를 야기하여 마이크로파 배경복사에 그 흔적을 남겼다(이것은 은하의 형성에 커다란 영향을 미쳤다).[11] 그러나 영구적 인플레이션은 이 결론을 심각하게 위협하고 있다.

자연현상에 양자적 과정이 개입되었을 때, 우리가 할 수 있는 최선은 특정 결과가 나올 확률을 계산하는 것이다. 그래서 실험물리학자들은 동일한 실험을 여러 번 반복하여 이론에서 예견된 확률을 통계적 방법으로 검증하고 있다. 예를 들어 어떤 사건이 일어날 확률이 다른 경우보다 10배 더 높다면, 실험 데이터도 동일한 비율로 나타난다. 인플레이션이론을 가장 강력하게 입증하고 있는 마이크로파 우주배경복사는 양자적 요동의 결과이므로, 거기에도 양자적 확률이 반영되어 있을 것이다. 그러나 실험실에서 진행되는 실험과 달리 빅뱅은 여러 번 반복될 수가 없다. 그렇다면 배경복사의 관측결과를 어떻게 해석해야 하는가?

예를 들어 이론적으로 계산한 결과 우주배경복사가 어떤 특정한 형태로 나타날 확률이 99퍼센트이고 그 특정한 형태라는 것이 우리의 관측과 일치한다면, 현재의 관측결과는 인플레이션이론을 지지하는 강력한 증거가 될 수 있다. 다중우주를 구성하는 모든 우주들이 동일한 물리적 과정을 거쳐 탄생했다면, 이들 중 99퍼센트는 우리의 우주와 같고 나머지 1퍼센트만 다를 것이다.

인플레이션 다중우주가 유한한 개수의 우주로 구성되어 있다면, "양자적 과정의 결과가 나머지 우주와 다른 유별난 우주는 별로 많지 않다"고 자신 있게 말할 수 있다. 그러나 인플레이션 다중우주의 주장대로 우주의 수가 무한하다면 숫자의 의미를 해석하기가 쉽지 않다. 무한대의 99퍼센트는 얼마인가? 물론 무한대다. 무한대의 1퍼센트는? 이것도 무한대다. 그렇다면 둘 중 누가 더 많은가? 답을 구하려면 두 개의 무한대를 비교해야 한다. 그런데 앞의 사례에서 확인한 바와 같이 하나의 무한대가 다른 무한대보다 명백하게 큰 경우에도, 이들을 비교하는 방법에 따라 결과는 얼마든지 달라질 수 있다.

반대론자들은 "인플레이션이 영원히 지속된다면 이론을 지지하려는 목적으로 제시된 예측들은 기능을 상실한다"고 주장한다. 양자역학적으로 나올 수 있는 확률이 아무리 작다고 해도(0.1퍼센트의 양자확률, 0.0001퍼센트의 양자확률, 0.0000000001퍼센트의 양자확률 등) 이들은 실제로 얼마든지 일어날 수 있다. 무한대에 아무리 작은 수를 곱해도 그 결과는 여전히 무한대이기 때문이다. 무한집합의 비교방법에 어떤 근본적인 처방을 내리지 않는 한, 어떤 특정한 우주의 집합이 다른 우주집합보다 나타날 가능성이 크다고 단정지을 수 없다. 결국 우리는 무언가를 예측하는 능력을 상실하게 되는 것이다.

반면에 낙관론자들은 인플레이션 우주론의 이론적 예측과 관측결과가 잘 일치한다는 점을 강조하면서([그림 3.5] 참조) 다음과 같은 논리를 펼치고 있다. "우주의 수가 유한하다면 양자적으로 확률이 작은 우주(0.1퍼센트, 0.0001퍼센트, 또는 0.0000000001퍼센트)는 실제로 매우 드물어서 우리는 그와 같은 우주에 살고 있지 않다. 그리고 우주의 수가 무한대인 경우에도 희귀한 우주는 실제로 드물게 나타난다. 다만 우리가 무한대를 비교하는 적절한 방법을 찾지 못한 것뿐이다."

물리학자들은 미래의 어느 날 적절한 방법이 개발되어 다양한 무한대의 우주집합을 비교할 수 있기를 기대하고 있다. 양자적으로 드물게 탄생하는 우주는 확률이 높은 우주보다 그 수가 실제로 적다는 것을 입증할 수만 있다면, 인플레이션 다중우주에 대한 신뢰는 크게 높아질 것이다. 물론 엄청나게 어려운 과업이지만, 이 분야를 연구하는 대다수의 학자들은 〔그림 3.5〕의 환상적인 일치가 결코 우연이 아님을 확신하고 있다.[12]

미스터리와 다중우주

다중우주이론은 새로운 사실을 설명할 수 있는가?

다중우주를 아무리 낙관적인 관점에서 바라본다고 해도, 이로부터 예측되는 사항들은 전통적인 물리학이 예측하는 것과 본질적으로 다르다. 수성 근일점의 이동과 전자의 자기쌍극자 모멘트(magnetic dipole moment), 우라늄 원자핵이 바륨과 크립톤으로 분열되면서 방출되는 에너지—이들은 모두 전통 물리학을 통해 예견되는 것들로서, 탄탄한 물리학이론을 바탕으로 한 수학적 계산에 근거하고 있으며 실험으로 검증 가능한 구체적인 숫자를 제시하고 있다. 물론 이 숫자들은 수많은 실험을 통해 사실로 확인되었다. 예를 들어 전자의 자기쌍극자 모멘트를 이론적으로 계산한 값은 2.0023193043628이고, 실험을 통해 확인된 값은 2.0023193043622이다. 이론과 실험의 차이가 1조 분의 1도 채 되지 않는다.

지금의 상황으로 볼 때 다중우주이론은 결코 이 정도로 정확한 예측을 할 수 없을 것 같다. 잘해봐야 우주상수나 전자기력의 세기, 쿼크의 질량 등이 "어떤 범위 안에 있을 가능성이 높다"고 예측하는 정도일 것이다. 여기서 정확도를 높이려면 엄청나게 운이 좋아야 한다. 예를 들어 지금 우리의 관측 값과 일치하는 우주가 전체 다중우주의 99.9999퍼센트쯤 된다거나, 우주상수가 10^{-123}일 때만 전자가 존재할 수 있다는 등 까다로운 조건이 발견된다면 정확도는 크게 올라갈 것이다. 물론 희망사항일 뿐이다. 다중우주가 이런 조건을 제시하지 못한다면 기존의 물리학과 같은 정확성을 보장할 수 없다. 일부 물리학자들은 이것이 다중우주를 수용하는 데 따르는 대가치고는 너무 비싸다고 주장한다.

나도 한동안 그렇게 생각해왔으나 시간이 지나면서 서서히 바뀌었다. 다른 물리학자들과 마찬가지로 나 역시 정확하고 깔끔한 예측을 좋아한다. 그러나 나를 포함한 다수의 물리학자들은 우주의 특성 중 수학적으로 정확하게 예측될 수 없는 것이 존재한다는 사실을 서서히 깨닫게 되었다. 논리적으로 따져봐도 우리의 예측능력을 벗어나 있는 무언가가 존재할 가능성이 있다는 것이다. 내가 대학원에서 끈이론을 연구하던 1980년대 중반부터 사람들은 끈이론이 언젠가 입자의 질량과 힘의 세기, 공간차원의 수 등 모든 물리적 특성을 이론적으로 예측할 수 있을 것이라고 생각했다. 물론 나는 지금도 이 희망을 버리지 않고 있다. 그러나 이와 동시에 나는 전자의 질량(플랑크질량 단위로 0.0000000000000000000000091095)이나 쿼크의 질량(플랑크

질량 단위로 0.000000000000000632)을 이론의 방정식으로 정확하게 예측한다는 것이 결코 쉽지 않은 일임을 잘 알고 있다. 우주상수로 가면 난이도는 훨씬 높아진다. 수 페이지에 걸쳐 손으로 난해한 계산을 수행한 후 슈퍼컴퓨터까지 동원하여 얻은 최종결과가 6장의 첫머리에 등장하는 숫자와 완벽하게 일치하는 기적이 과연 일어날 수 있을까? 제아무리 낙관주의자라 해도 고개가 갸우뚱해질 것이다. 불가능할 건 없지만 별로 현실적이지 않다. 끈이론은 초창기의 기대와 달리 자연의 기본상수들을 하나도 예측하지 못했지만, 그렇다고 성공할 가능성이 없는 것은 아니다. 낙관론자들은 상상력을 좀 더 발휘할 필요가 있다. 그러나 현재의 상황을 고려할 때 새로운 접근법이 필요한 것은 사실이다. 다중우주이론이 바로 이것을 시도하고 있다.

체계가 잘 잡혀 있는 다중우주이론은 각 우주마다 다른 물리적 특성을 설명할 때 표준물리학과 다른 방식으로 접근을 시도한다. 이것이 바로 새로운 접근법의 위력이다. 단일우주의 미스터리 중 어떤 것은 다중우주에서도 여전히 미스터리로 남아 있고, 또 어떤 것은 일상사로 격하된다. 이 구별이 확실하다면 우리는 다중우주이론을 신뢰할 수 있다.

그 대표적인 사례가 바로 우주상수이다. 만일 우주상수가 각 우주마다 다르고 그 차이가 명백하다면, 단일우주에서 미스터리였던 우주상수는 다중우주에서 더 이상 미스터리가 아니다. 신발가게에 다양한 상품이 진열되어 있으면 당신에게 딱 맞는 구두가 반드시 존재하는 것처럼, 거대한 다중우주에는 우리의 우주와 동일한 우주상수를 갖는 우주가 반드시 존재할 것이다. 수 세대에 걸쳐 풀리지 않았던 의문을 다중우주이론이 일거에 해결할 수도 있다. 다중우주이론은 "우주상수의 값이 유일하다"는 틀린 가정에서 비롯된 혼란을 이미 해결했는지도 모른다. 이 점에서 볼 때 다중우주이론은 뛰어난 설명력과 함께 과학적 탐구방식에 지대한 영향을 미칠 만한 잠재력을 갖고 있다.

그러나 이런 논리는 매우 신중하게 적용되어야 한다. 만일 뉴턴이 떨어지는 사과를 보면서 "우리는 다중우주 중 하나의 우주에 살고 있다. 우리의 우주는 사과가 아래로 떨어지는 우주이며, 다른 우주에서는 사과가 위로 올라간다. 그러므로 사과가 떨어진다는 것은 우리가 어떤 종류의 우주에 살고 있는지를 말해줄 뿐이다"라고 결론지은 채 더 이상 고민하지 않았다면 어찌 되었을까? 또는 뉴턴이 "하나의 우주에서 사과는 아래로 떨어질 수도 있고 위로 올라갈 수도 있다. 그런데 현재 모든 사과가 아래로 떨어지는 것은 위로 올라가는 사과들이 이미 오래전에 다 올라가서 우주 저편으로 사라졌기 때문이다"라고 결론지었다면 어찌 되었을까? 비현실적인 가정이긴 하지만 여기에는 심각한 문제가 도사리고 있다. 과학이 다중우주에 의존하다 보면, 단일우주에서 해결하지 못한 미스터리를 어떻게든 규명해야 한다는 사명감이 퇴색될 수도 있다. 더 열심히 연구하고 더 깊이 생각해야 할 상황에서 다중우주의 유혹에 대책 없이 빠져들면 전통적인 접근법을 포기하고 '편리한 논리'에 안주할 수도 있다는 것이다.

이 잠재적인 위험 때문에 일부 과학자들은 다중우주이론에 치를 떨고 있다. 그래서 다중우주이론은 이론적 결과에서 동력을 얻어야 하며, 그것을 구성하는 여러 우주의 특성과 정확하게 맞물려 돌아가야 한다. 발걸음을 내디딜 때마다 항상 주의를 기울이고 논리의 체계성을 잃지 말아야 한다. 그러나 다중우주가 막다른 길로 갈 것을 걱정하여 고개를 돌리는 것도 똑같이 위험한 짓이다. 그것은 눈을 감고 진실을 외면하는 행위와 다를 것이 없기 때문이다.

The Hidden Reality

양자적 관측의 다중세계
양자 다중우주

지금까지 언급된 평행우주(다중우주)에 대한 가장 공정한 평가는 "판결 보류상황"이라는 것이다. 무한히 큰 공간, 영구적 인플레이션, 브레인세계, 주기적 우주론, 끈이론의 경관—이 흥미로운 이론들은 과학발전의 산물임이 분명하지만 아직 확인되지 않은 가설로 남아 있다. 물리학자들은 다중우주에 대해 자신의 의견을 자유롭게 표현하면서 지지파와 반대파로 양분되어 있다. 그러나 대부분은 미래의 진보된 이론과 실험, 또는 관측을 통해 어느 것이 진실인지 밝혀질 것이라고 굳게 믿고 있다.

지금부터 양자역학이 낳은 다중우주이론을 완전히 새로운 관점에서 살펴볼 것이다. 많은 물리학자들은 이 다중우주에 대해 이미 최종판결이 내려진 것으로 간주하고 있으나, 학계 전체가 의견일치를 본 것은 아니다. 물리학자들은 확률에 기초한 양자역학의 세계에서 일상적인 경험의 세계로 넘어가는 매끄러운 연결고리를 찾지 못하고 있다. 학자들 사이의 이견은 대부분 이 문제에서 기인한 것이다.

양자적 실체

닐스 보어(Niels Bohr)와 베르너 하이젠베르크(Werner Heisenberg), 에르빈 슈뢰딩거(Erwin Schrödinger) 등 세계적인 물리학자들이 양자역학의 토대를 확립하고, 거의 30년이 지난 1954년에 프린스턴대학의 대학원생 휴 에버렛 3세(Hugh Everett III)는 양자역학을 공부하다가 놀라운 사실을 발견했다.

양자역학의 대가인 닐스 보어조차 해결하지 못했던 이론상의 허점을 극복하려면 거대한 규모의 다중우주가 도입되어야 한다는 결론에 도달한 것이다. 에버렛은 수학적 논리에 입각하여 다중우주를 도입한 최초의 물리학자로 평가되고 있다.

이른바 '다중세계해석(Many World interpretation)'으로 불리는 에버렛의 아이디어는 파란만장한 역사를 갖고 있다. 그는 1956년 1월에 다중세계해석으로부터 유도된 수학적 결과를 정리하여 자신의 박사과정 지도교수였던 존 휠러(John Wheeler)에게 제출했다. 20세기 최고의 물리학자 중 한 사람으로 꼽히는 휠러는 에버렛의 논문에 매우 깊은 감명을 받았다. 그해 5월에 휠러는 코펜하겐에 있는 닐스 보어를 방문하여 에버렛의 아이디어를 소개했으나 보어의 반응은 냉담하기 그지없었다. 당시 보어와 그의 추종자들은 수십 년 동안 양자역학에 대한 자신들의 관점을 정리해오고 있었는데, 보어가 보기에 에버렛이 제기했던 질문과 그의 유별난 해결책은 별다른 장점이 없는 것 같았다.

보어를 최고의 물리학자로 생각했던 휠러는(보어는 휠러보다 나이도 훨씬 많았다) 그의 썰렁한 반응에 영향을 받아 에버렛의 박사학위 논문을 기각하면서 "논문에서 보어의 반감을 살 만한 내용을 모두 걷어내고, 전통적인 양자역학체계를 규명하고 확장하기 위한 시도임을 강조하라"고 권고했다. 에버렛은 절대 그럴 수 없다고 버텼으나, 당시 국방부에 일자리를 확보한 상태였고(훗날 에버렛은 아이젠하워와 케네디 정부의 핵무기 정책을 입안하고 추진하는 데 막후에서 핵심적인 역할을 했다) 정식으로 채용되려면 박사학위가 꼭 필요했기 때문에 휠러의 말을 들을 수밖에 없었다.

결국 1957년 3월 에버렛은 이전보다 '상당히 완화된' 박사학위 논문을 제출하여 4월에 심사를 통과했고, 이 논문은 그해 7월 〈리뷰 오브 모던 피직스(Reviews of Modern Physics)〉라는 학술지에 게재되었다.[1] 그러나 보어에게 이미 좋지 않은 평을 들은 상황에서 혁신적인 아이디어까지 모두 제거된 그의 논문은 사실 별다른 시선을 끌지 못했다.[2]

그로부터 10년 후, 저명한 물리학자 브라이스 드위트(Bryce DeWitt)가 에버렛의 사장된 논문을 되살려냈다. 그는 닐 그레엄(Neill Graham)이라는 대학원생의 아이디어와 휴 에버렛이 개발한 수학에 영감을 받아 에버렛이 창안했던 양자역학 해석법의 열렬한 지지자가 되었다. 드위트는 에버렛의 아이디어를 소개하는 몇 편의 논문을 발표했고, 1970년에는 이 내용을 〈피직스 투데이(Physics Today)〉라는 학술잡지에 소개하여 물리학자들의 관심을 끌었다.

1957년에 발표되었다가 금방 잊혀진 에버렛의 논문과 달리, 드위트는 에버렛이 제안한 '다중세계'의 개념을 접하고 자신이 얼마나 놀랐는지를 솔직 담백하게 진술하여 많은 물리학자들의 공감을 자아냈다. 그때부터 기존의 양자역학체계를 수정할 필요가 있다는 여론이 일기 시작했고, 이때 촉발된 논쟁과 토론은 뚜렷한 결론 없이 지금까지 계속되고 있다. 전통적인 양자역학체계에 새로운 바람을 몰고 온 주인공은 바로 '양자적 실체(quantum reality)'였다.

1900~1930년 사이에 불어닥친 양자역학의 강풍은 자연을 이해하는 기존의 방식에 근본적인 변화를 요구했다. 이 변화를 선도했던 물리학자들은 직관과 상식, 그리고 잘 정립된 법칙에 근거하여 자연을 서술해오던 기존의 물리학을 '고전물리학(classical physics)'이라고 부르기 시작했다. 이것은 한때 즉각적이고 매우 만족스러우면서 예측능력까지 갖춘 기존의 물리학을 존중한다는 뜻과 함께, 그것이 한물갔음을 시사하는 명칭이었다.

어떤 물체의 현재와 미래, 그리고 과거를 추정할 때 우리는 고전물리학을 사용한다. 방정식이 복잡한 경우나 혼돈계(chaos system, 혼돈계의 현재 상태를 조금 바꾸면 미래에 대한 예측이 크게 빗나간다)를 다룰 때는 문제를 단순화시키기 위해 약간의 편법을 동원할 수도 있지만, 어떤 경우에도 법칙 자체는 변하지 않는다는 것이 고전물리학의 기본이념이었다.

그러나 양자역학에서 얻어진 새로운 결과들이 고전물리학의 오류를 입증하고 있었으므로, 물리학자들은 200년 넘게 믿어왔던 고전물리학을 포기할 수밖에 없었다. 지구나 달과 같이 큰 천체들과 바위나 공처럼 일상적인 물체의 운동은 고전역학으로 정확하게 서술되지만, 분자나 원자, 그리고 소립자 등이 주인공으로 등장하는 미시세계로 접어들면 고전역학의 법칙은 더 이상 통하지 않는다. 고전물리학의 논리에 의하면 동일한 입자를 대상으로 동일한 실험을 아무리 많이 반복해도 항상 똑같은 결과가 얻어져야 하지만, 실제로 실험을 해보면 그렇지 않다.

예를 들어 커다란 테이블 위에 100개의 상자가 놓여 있고, 각 상자 앞에 당신을 포함한 100명의 관측자들이 서 있다고 가정해보자. 모든 상자 안에는 전자가 하나씩 들어 있으며, 물리적 조건은 완전히 똑같다. 10분이 지난 후 100명의 관측자들이 상자의 뚜껑을 열고 전자의 위치를 관측했다. 뉴턴과 맥스웰, 그리고 젊은 시절의 아인슈타인에게 결과를 예측해보라고 한다면 이들은 "모두 동일한 위치에 있다"고 대답할 것이다. 그러나 실제로 관측을 해보면 전혀 그렇지 않다. 어떤 전자는 상자의 왼쪽 아래 구석에 있고, 어떤 전자는 오른쪽 위 구석에 있으며, 또 어떤 전자는 상자의 중앙부에서 발견되는 등 완전히 중구난방이다.

그러나 동일한 관측을 여러 번 반복 실행하다 보면 어떤 뚜렷한 규칙이 나타난다. 100개의 상자를 처음 관측했을 때 27퍼센트의 전자들이 왼쪽 아래 구석에서 발견되고 48퍼센트가 오른쪽 위 구석, 그리고 25퍼센트가 상자의 중앙에서 발견되었다면, 두 번째 관측에서도 이와 비슷한 통계가 얻어진다. 하나의 상자 안에 들어 있는 전자는 관측할 때마다 위치가 달라질 수도 있지만, 전체적인 통계는 거의 일정하다는 것이다. 세 번째, 네 번째 관측을 시도해도 결과는 마찬가지다. 물론 단 한 번의 관측으로는 이와 같은 규칙이 금방 드러나지 않으며, 특정 상자를 열었을 때 전자가 어디에 있을지 예측할 수도 없다. 여러 차례의 관측을 통해 얻어진 '통계적 분포' 속에 모종의 규칙이 숨어 있는 것이다. 그 규칙이란 전자가 특정위치에서 발견될 가능성, 즉 '확률'을 의미한다.

양자역학의 창시자들은 고전물리학 특유의 확고한 예측을 포기하고 특정결과가 초래될 확률을 예측하는 수학체계를 개발했다. 슈뢰딩거가 1926년에 양자역학의 파동방정식을 발표한 후로(1925년에 하이젠베르크는 이와 동일하면서 다소 희한한 형태의 방정식을 발표한 바 있다) 물리학자들은 물체의 현재상태를 입력하고 방정식을 풀어서 임의의 미래시간에 물체가 어떤 특정상태에 놓일 확률을 알아낼 수 있게 되었다.

위에서 언급한 100개의 상자는 아주 단순한 사례에 불과하다. 양자역학은 전자뿐만 아니라 모든 입자에 적용되며, 위치, 속도, 각운동량, 에너지, 그리고 우리의 몸을 수시로 뚫고 지나가는 뉴트리노에서 멀리 있는 별의 중심부에서 진행되는 격렬한 핵융합에 이르기까지, 모든 입자의 거동방식을 설명해주고 있다. 이 모든 과정에서 양자역학이 이론적으로 예견한 값들은 실험결과와 정확하게 일치한다. 그것도 한두 번이 아니라 예외 없이 항상 일치하고 있다. 양자역학이 탄생한 지 거의 80년이 지났는데도, 이론과 실험(또는 천문 관측)이 어긋나는 사례는 지금까지 단 한 번도 없었다.

지난 수천 년 동안 쌓아온 경험과 직관의 세계를 과감히 뒤로하고 확률이라는 완전히 새로운 체계 하에서 물리적 실체를 재정비한 것은 전례를 찾아볼 수 없는 위대한 업적이다. 그러나 양자역학이 처음 탄생할 때부터 한 가지 불편한 문제가 덜미를 잡고 있었다. 이 문제를 해결하기 위해 제안된 것이 바로 휴 에버렛의 평행우주가설이다. 지금부터 양자역학의 세계로 들어가 그 속사정을 알아보기로 하자.

선택의 수수께끼

1925년 4월, 두 명의 미국 물리학자 클린턴 데이비슨(Clinton Davisson)과 레스터 저머(Lester Germer)가 벨 연구소에서 실험을 하던 중 뜨거운 니켈덩어리가 들어 있는 유리관이 갑자기 폭발했다. 데이비슨과 저머는 며칠 전부터 전자빔을 니켈 표적에 발사하여 니켈 원자의 다양한 특성을 조사하는 중이었다. 실험장비가 망가지는 것은 참으로 짜증나는 일이었지만, 실험에 묻혀 사는 물리학자들에게는 일상다반사였다. 데이비슨과 저머는 깨진 유리파편을 치우다가 폭발과정에서 변색된 니켈을 발견했다. 물론 이것은 전혀 이상한 일이 아니었다. 이들은 니켈을 가열하여 불순물을 증발시키고 하던 실험을 계속했다. 그런데 샘플을 새로 교체하지 않고 재사용한 것이 커다란 행운이었다. 닦아낸 니켈에 전자빔을 발사했더니 그때까지 어느 누구도 보지 못했던 희한한 결과가 나타난 것이다. 1927년이 되자 데이비슨과 저머가 당시 빠르게 발전하고 있던 양자역학의 핵심적인 특성을 발견했다는 사실이 분명해졌다. 데이비슨은 이 (우연히 이루어진) 공로를 인정받아 1937년에 노벨상을 받았다.

데이비슨과 저머가 이 획기적인 발견을 했던 무렵에는 유성영화도 없었고 미국에 대공황이 찾아오기도 전이었다. 그런데도 이들의 실험은 양자역학의 기본 아이디어를 설명하는 수단으로 지금까지 가장 빈번하게 인용되어 왔는데, 원리는 다음과 같다. 니켈 샘플에 열을 가하면 수많은 니켈 결정들이 녹으면서 더 큰 결정으로 자라난다(이때 결정의 수는 줄어든다). 결정이 작을 때는 전자빔이 고도로 균일한 니켈 표면에서 고르게 반사되지만, 결정이 커지면 큰 결정이 모

[그림 8.1] 데이비슨과 저머가 실행했던 실험의 핵심은 두 개의 슬릿(기다란 구멍)이 뚫려 있는 판을 향해 전자빔을 발사하는 '이중슬릿실험'으로 요약된다. 데이비슨과 저머의 실험에서는 입사된 전자가 두 개의 인접한 니켈 결정에 반사되면서 두 줄기의 입자빔이 형성되고, 이중슬릿실험에서는 전자가 두 개의 인접한 슬릿을 통과하면서 두 줄기의 입자빔이 형성된다.

여 있는 몇 개 안 되는 지역에서만 반사가 일어난다. 실험의 간단한 개요도는 [그림 8.1]과 같다. 총에서 발사된 전자빔은 두 개의 가느다란 구멍(슬릿)이 나 있는 판을 향해 발사된다. 여기서 둘 중 하나의 슬릿을 통과한 전자들은 하나의 니켈 결정(또는 그 옆에 있는 결정)에서 반사된 전자와 같은 역할을 한다. 이것이 바로 데이비슨과 저머가 최초로 실행했던 '이중슬릿실험(double slit experiment)'이다.

데이비슨과 저머의 실험결과가 왜 그토록 놀라운지 이해하기 위해, 왼쪽 슬릿 또는 오른쪽 슬릿 하나를 막은 상태에서 전자를 발사해보자. 개방된 슬릿을 통과한 전자는 그 뒤에 있는 감지용 스크린에 도달한다. 충분히 많은 수의 전자를 발사했다면 감지스크린에는 [그림 8.2](a)나 (b)와 같은 무늬가 나타날 것이다. 그렇다면 두 개의 슬릿을 모두 열어놓고 동일한 실험을 했을 때 감지스크린에는 과연 어떤 무늬가 나타날 것인가? 양자역학을 접해본 적이 없는 사람이라면 당연히 두 무늬를 더한 결과가 얻어진다고 생각할 것이다. 그러나 놀랍게도 진실은 그렇지 않다. 이 경우에 데이비슨과 저머가 얻은 결과는 〔그림 8.2〕(c)와 같았다. 밝고 어두운 세로줄이 번갈아 나타난 것이다. 다시 말해서 어떤 곳에는 전자가 도달하고, 또 어떤 곳에는 전자가 하나도 도달하지 않았다는 뜻이다.

우리의 짐작과 다른 것만도 놀라운데, 그 다른 방식이 정말로 기이하다. 두 슬릿을 모두 열어놓았을 때 전자가 집중적으로 도달했던 부분이 분명히 있었는데(〔그림 8.2〕(a)와 (b)에서 가장 밝은 부분), 하나의 슬릿을 닫았더니 그 부분에 검은 줄무늬가 생겼다. 이는 곧 왼쪽(오른쪽) 슬릿의 존재가 오른쪽(왼쪽) 슬릿을 통과한 전자의 분포에 영향을 준다는 뜻이다. 정말로 당혹스러운 결과가 아닐 수 없다. 전자는 매우 작은 입자이므로 전자의 입장에서 볼 때 두 슬릿 사이의 거리는 엄청나게 멀다. 그런데 전자가 둘 중 하나의 슬릿을 통과할 때 다른 슬릿의 존재여부가 어떻게 전자에 영향을 줄 수 있다는 말인가? 당신이 몇 년 동안 회사건물에 나 있는 정문을 통해 사무실로 출근해왔는데, 어느 날 건물의 반대쪽 면에 또 하나의 출입문이 생긴 후로는 정문으로 들어가도 사무실에 도달할 수 없는 것과 비슷한 상황이다.

이 결과를 어떻게 해석해야 하는가? 이중슬릿실험은 우리를 도저히 이해할 수 없는 결론으로 몰아간다. 어느 쪽 슬릿을 통과했건 간에, 개개의 전자는 두 슬릿의 존재를 모두 '알고 있다'. 전자와 관련된 무언가가 두 슬릿의 영향을 동시에 받고 있는 것이다.

그렇다면 그 '무언가'의 정체는 과연 무엇인가?

[그림 8.2] (a)왼쪽 슬릿만 열어놓고 전자를 발사한 경우. (b)오른쪽 슬릿만 열어놓고 전자를 발사한 경우. (c)두 슬릿을 모두 열어놓고 전자를 발사한 경우.

양자적 파동

한쪽 슬릿을 통과하는 전자가 그 옆에 또 다른 슬릿이 있는지를 어떻게 알 수 있을까? 일단 [그림 8.2](c)를 좀 더 자세히 살펴보자. 밝은 줄과 어두운 줄이 번갈아 나타나는 무늬는 어린아이가 엄마를 알아보듯 물리학자들에게 너무나 친숙한 그림이다. 이 무늬는 파동을 암시하고 있다. 아니, 암시 정도가 아니라 만천하에 외치고 있다. 잔잔한 연못에 돌멩이를 떨어뜨렸을 때 사방으로 퍼져나가는 물결을 본 적이 있다면 내 말을 이해할 것이다. 두 파동의 마루(제일 높은 부분)가 한 지점에서 만나면 파동의 높이는 더 높아지고, 두 파동의 골(제일 낮은 부분)이 한 지점에서 만나면 파도의 골은 더 깊어진다. 그리고 두 파동의 마루와 골이 만나면 서로 상쇄되어 수면이 평평해진다. 이 상황은 [그림 8.3]에 예시되어 있다. 그림의 위쪽 상단에 파고를 감지하는 스크린(파고가 높을수록 밝은 흔적이 생기는 감지장치)을 설치해두면 검은 줄과 흰 줄이 번갈아 나타날 것이다. 밝은 지역은 높은 파동이 합쳐져서 더 강해진 부분이고, 어두운 지역은 파동이 상쇄된 부분이다. 물리학자들은 이런 경우에 "파동이 간섭(interference)을 일으켰다"고 말한다. 그리고 이때 생성된 줄무늬를 '간섭무늬'라고 한다.

[그림 8.2](c)가 간섭무늬라는 데에는 이견의 여지가 없으므로, 이 데이터를 해석하려면 파동을 생각하지 않을 수 없다. 여기까지는 별문제 없다. 그런데 그다음부터가 문제다. 파동은 어디에 있는가? 대체 뭐가 파동이라는 말인가? 전자와 같은 입자가 파동과 무슨 상관이란 말인가?

[그림 8.3] 두 개의 파동이 겹쳐지면 간섭을 일으키면서 파고가 높고 낮은 지역이 번갈아 나타나는 간섭무늬가 만들어진다.

그다음 실마리는 내가 앞에서 강조했던 실험적 사실에서 찾을 수 있다. 즉, 입자의 운동에 관한 관측데이터에서 어떤 규칙성을 찾으려면 통계적인 관점에서 바라보아야 한다는 것이다. 똑같은 입자로 동일한 실험을 반복해도 입자가 발견되는 위치는 수시로 달라진다. 그러나 실행횟수가 충분히 많아지면 특정 장소에서 입자가 발견될 확률은 일정한 값으로 나타난다. 1926년에 독일의 물리학자 막스 본(Max Born)은 이 두 가지 실마리를 하나로 결합하여 획기적인 아이디어를 제안했고, 그로부터 30년 후에 이 공로를 인정받아 노벨상을 수상했다. 앞에서 확인한 바와 같이 이중슬릿실험에서는 파동이 중요한 역할을 한다. 또한 이 실험에서는 확률도 중요한 역할을 한다. 그래서 막스 본은 입자와 관련된 파동이 '확률파동(probability wave)'일 것이라고 예측했다.

이것은 전례를 찾아보기 어려울 정도로 독창적인 아이디어였다. 입자의 운동을 분석할 때, 이리저리 움직이는 돌멩이 같은 덩어리가 아니라 이리저리 물결치는 파동으로 간주해야 한다는 것이다. 마루나 골처럼 파동의 값이 큰 지점에서는 입자가 발견될 확률이 높고,

파동의 값이 작은 지점에서는 입자가 발견될 확률이 낮다. 또한 파동의 값이 0인 지점에서는 입자가 절대로 발견되지 않는다. 파동이 진행되면 어떤 지점에서는 값이 커지고, 또 어떤 지점에서는 값이 작아진다. 그런데 이 파동의 값에 따라 입자가 발견될 확률이 달라지기 때문에 '확률파동'이라고 부르는 것이다.

이 점을 염두에 두고, 지금부터 이중슬릿실험에서 얻어진 결과를 해석해보자. [그림 8.2](c)에는 총에서 발사되어 슬릿을 향해 날아가는 전자가 점으로 표현되어 있지만, 양자역학에 의하면 우리는 이 전자를 [그림 8.4]와 같이 파동으로 간주해야 한다. 이 파동이 중간에 놓인 판에 도달하면 슬릿을 통과한 두 줄기의 부분파동이 계속 진행되어 감지용 스크린에 도달한다. 지금부터가 실험의 키포인트다. 두 개의 슬릿을 통과한 확률파동이 마치 수면파가 겹쳐지는 것처럼 서로 겹쳐지면서 간섭을 일으켜 [그림 8.3]과 비슷한 무늬를 만들어낸다. 양자역학에 의하면 이 무늬에서 값이 크거나 작은 지점은 그곳에 전자가 존재할 확률이 크거나 작은 지점에 대응된다. 그러므로 스크린에 형성된 무늬에는 전자가 스크린의 각 지점에 도달할 확률이 반영되어 있다. 확률이 높은 곳에는 전자가 많이 도달하고 확률이 낮은 곳에는 적게 도달하며, 확률이 0인 곳에는 단 한 개의 전자도 도달하지 않는다. 이 결과가 [그림 8.2](c)와 같이 어둡고 밝은 줄무늬로 나타나는 것이다.[3]

이것이 바로 양자역학식 설명법이다. 전자 하나의 확률파동이 두 개의 슬릿을 '동시에' 지나가기 때문에 개개의 전자는 두 슬릿의 존재를 모두 알고 있다는 것이다. 스크린에 전자가 도달하는 지점은 슬릿을 통과한 두 부분파동의 간섭패턴에 의해 결정된다. 두 번째

[그림 8.4] 전자의 운동을 물결치는 확률파동으로 서술하면 스크린에 간섭무늬가 나타나는 이유를 설명할 수 있다.

슬릿의 개방여부가 결과에 영향을 미쳤던 것은 바로 이런 이유 때문이다.

속단은 금물!

앞에서 언급한 이중슬릿실험은 전자에 한정되어 있지만, 확률파동은 전자뿐만 아니라 자연의 기본적인 구성요소이다. 광자, 뉴트리노, 뮤온(중간자), 쿼크 등 모든 기본입자들은 확률파동으로 서술된다. 그러나 승리를 선언하기엔 아직 이르다. 답을 제시해야 할 세 가지 질문이 아직 남아 있기 때문이다. 이들 중 두 개는 즉시 결론을 내릴 수 있지만 나머지 하나는 결코 만만치가 않다. 1950년대에 휴 에버렛이 양자적 다중세계를 도입한 것도 이 마지막 질문에 답을 제시하려는 노력의 일환이었다.

첫 번째 질문은 다음과 같다. 양자역학이 옳은 이론이라면, 확률과 전혀 무관했던 뉴턴의 고전물리학이 야구공이나 행성, 별 등 다양한 물체의 운동을 그토록 정확하게 서술할 수 있었던 비결은 무엇인가? 큰 물체의 확률파동은 일반적으로 매우 특별한 형태를 띠고 있기 때문이다(그러나 앞으로 보게 되겠지만 항상 그런 것은 아니다). 이것을 시각적으로 표현하면 〔그림 8.5〕(a)와 비슷하다. 즉, 피크가 있는 곳에서 물체가 발견될 확률은 거의 100퍼센트이고, 그 외의 장소에서 발견될 확률은 거의 0퍼센트에 가깝다.[4] 게다가 양자역학의 법칙에 의하면 이렇게 좁고 뾰족한 파동은 뉴턴의 방정식에서 예견되는 궤적을 거의 그대로 따라간다. 뉴턴의 운동법칙은 날아가는 공의 궤적을 정확하게 예견하는 반면, 양자역학은 "뉴턴이 예견한 지점에 공이 떨어질 확률은 거의 100퍼센트에 가깝고, 다른 곳에 떨어질 확률은 거의 0퍼센트에 가깝다"고 말한다.

사실 '거의'라는 말은 전혀 물리학적이지 않다. 거시적인 물체의 운동궤적이 뉴턴의 예견에서 벗어날 확률은 엄청나게 작아서, 수십억 년 동안 꾸준하게 관측을 한다 해도 그런 사례를 목격하기란 거의 불가능하다. 그러나 양자역학에 의하면 확률파동은 물체의 크기가 작을수록 넓게 퍼지는 경향이 있다. 예를 들어 전형적인 전자의 확률파동은 〔그림 8.5〕(b)처럼 여러 개의 피크들이 넓은 지역에 걸

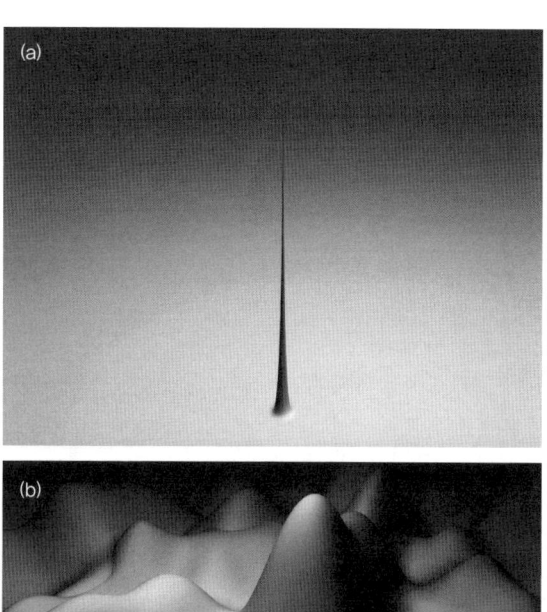

[그림 8.5] (a)거시적 물체의 확률파동은 일반적으로 한 지점에 집중되어 있다. (b)미시적 물체(예를 들어 입자 하나)의 확률파동은 여러 개의 피크가 넓은 지역에 퍼져 있다.

쳐 퍼져 있다(여기서 '넓다'는 말은 통상적인 전자의 크기에 비해 넓다는 뜻이다). 그래서 원자단위의 미시세계에서는 뉴턴의 물리학이 적용되지 않고, 모든 것은 확률적 특성에 의해 결정된다.

두 번째 질문―양자역학의 기본이라는 확률파동을 눈으로 볼 수 있을까? [그림 8.5](b)와 같이 안개처럼 퍼져 있는 확률파동을 직접 관측할 수 있을까? ……없다. 불가능하다. 보어를 주축으로 한 일단의 물리학자들은 "확률파동을 직접 보려는 시도를 할 때마다 관측행위 자체가 그것을 방해한다"고 주장했다. 이것이 이른바 '코펜하겐해석(Copenhagen interpretation)'의 골자이다. 전자의 확률파동을 '본다'는 것은 전자의 위치를 '관측한다'는 뜻이고, 일단 관측행위가 개입되면 전자의 확률파동이 순식간에 한 지점으로 집중된다. 그 결과 확률파동은 그 지점에서 100퍼센트가 되고 다른 지점에서는 0퍼센트로 사라진다([그림 8.6] 참조).

여기서 다른 곳으로 고개를 돌리면 바늘처럼 뾰족했던 확률파동이 다시 빠르게 퍼지면서 [그림 8.5](b)와 같은 형태로 되돌아가고, 다시 전자를 쳐다보면 확률파동이 또다시 붕괴되어 한 지점에 집중된다. 간단히 말해서, 우리가 바라볼 때마다 확률파동이 사라지면서(또는 붕괴되면서) 우리에게 친숙한 현실을 보여준다는 것이다. [그림 8.2](c)의 감지용 스크린에 나타난 무늬가 대표적인 사례이다. 전자의 확률파동이 감지기에 도달하는 즉시 붕괴되어 그림과 같은 무늬를 만들어낸다. 감지 스크린은 전자로 하여금 다양한 가능성을 포기하고 하나의 명확한 지점에 흔적을 남기게 만든다. 그 결과 스크린에는 전자 하나당 하나의 점이 새겨지는 것이다.

지금 독자들은 머릿속이 몹시 혼란스러울 것이다. 나 역시 그 심정을 잘 알고 있다. 양자역학의 논리가 터무니없다는 점에는 누구나 동의한다. 이 희한한 설명을 자연스럽다고 생각할 사람은 어디에도 없다. 물리적 실체가 확률파동에 들어 있다는 것만도 받아들이기 쉽지 않은데 그것을 볼 수조차 없다니, 이 얼마나 황당한 소리인가?

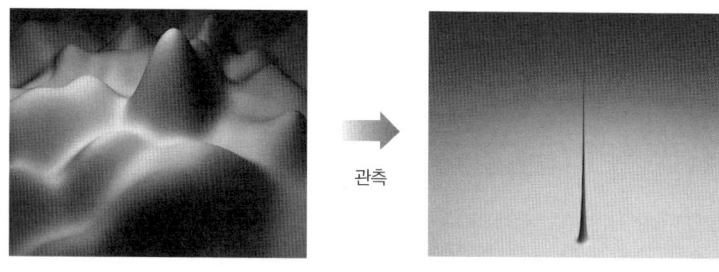

[그림 8.6] 닐스 보어를 비롯한 코펜하겐학파의 물리학자들은 "입자를 관측하면 그 즉시 확률파동이 붕괴되어 한 지점에 집중된다"고 주장했다. 관측행위가 개입되기 전에는 입자가 여러 곳에 존재할 가능성이 있지만, 관측이 실행되면 입자는 하나의 명확한 지점에 놓이게 된다.

이것은 마치 "루썰이라는 여자의 머리카락은 아무도 보지 않으면 금발이지만, 누군가가 보기만 하면 그 즉시 붉은색으로 변한다"고 주장하는 것과 마찬가지다. 물리학자들은 왜 이렇게 이상하면서 믿기 어려운 이론을 받아들이고 있는 걸까?

이유는 간단하다. 양자역학은 실험을 통해 검증할 수 있기 때문이다. 코펜하겐학파의 해석에 따르면 특정 위치에서 확률파동의 값이 클수록 파동이 붕괴되었을 때 그 지점에 집중될 가능성이 크다(즉, 전자가 그 지점에서 발견될 가능성이 높다). 이것은 실험으로 확인할 수 있다. 동일한 실험을 여러 번 반복하여 전자가 발견된 위치의 통계를 낸 후, 확률파동에서 예견된 확률과 비교하면 된다. 예를 들어 확률파동으로부터 전자가 '이곳'에서 발견될 확률이 '저곳'에서 발견될 확률보다 2.874배 높은 것으로 판명되었다면, 실험에서도 이와 똑같은 빈도수로 관측되어야 한다. 결과는? 엄청나게 성공적이었다. 양자역학이 이론적으로 예견한 사항들은 실험을 통해 완벽하게 재현되었다. 양자역학의 논리가 얄미울 정도로 교묘하긴 하지만, 눈에 뻔히 보이는 실험결과를 놓고 논쟁을 벌이기는 쉽지 않다.

그러나 아예 불가능한 것도 아니다.

논쟁거리를 찾다보면 가장 어려운 세 번째 질문에 도달하게 된다. [그림 8.6]과 같이 관측행위에 의해 확률파동이 붕괴되는 현상은 양자역학에 대한 코펜하겐 해석의 핵심이다. 수많은 실험적 증거들과 보어의 권위에 영향을 받아, 대부분의 물리학자들은 코펜하겐 해석을 별다른 반감 없이 수용했다. 그러나 양자역학의 체계를 조금만 들춰 보면 석연치 않은 문제점이 금방 드러난다. 양자역학의 수학적 엔진이라 할 수 있는 슈뢰딩거 방정식은 확률파동이 시간에 따라 어떻게 변해가는지를 말해주고 있다. 예를 들어 전자의 초기 확률파동이 [그림 8.5](b)로 주어졌다면, 슈뢰딩거 방정식을 이용하여 1분 후, 1시간 후, 또는 임의의 시간에 확률파동의 정확한 형태를 알아낼 수 있다. 그러나 [그림 8.6]처럼 확률파동이 일순간에 붕괴되어 한 지점에 날카로운 피크의 형태로 집중되는 과정은 슈뢰딩거 방정식으로 구현될 수 없다. 물론 파동은 바늘처럼 뾰족한 모양을 얼마든지 취할 수 있다(잠시 후에 이런 모양의 파동을 접하게 될 것이다). 그러나 슈뢰딩거 방정식으로는 두루뭉실했던 파동을 바늘처럼 뾰족하게 만들 수 없다. 수학이 그것을 허용하지 않기 때문이다(그 이유는 잠시 후에 알게 될 것이다).

이 문제에 대하여 보어가 내린 처방은 다음과 같다. 우리가 어떤 대상을 쳐다보지 않거나 어떤 실험도 실행하지 않을 때, 확률파동은 슈뢰딩거 방정식을 따라 변해간다. 그러나 대상을 쳐다보았다면, 슈뢰딩거 방정식을 포기하고 "우리의 관측행위가 파동을 붕괴시켰다" 고 선언해야 한다.

당신이라면 보어의 처방에 수긍할 수 있겠는가? 아마 어려울 것이다. 별로 우아하지도 않고 지나치게 독단적이면서 수학적 근거도 전혀 없다. 수용할 수 없는 가장 큰 이유는 논리 자체가 무엇보다도 분명하지 않기 때문이다. 예를 들어 '본다'거나 '관측한다'는 행위가 정확하게 정의되어 있지 않다. 반드시 인간의 눈으로 봐야 하는가? 아니면 아인슈타인의 말처럼 "쥐가 힐끗 쳐려보는 것만으로" 충분한가? 컴퓨터에 연결된 스캐너나 카메라는 어떤가? 박테리아나 바이러스가 슬쩍 건드려도 확률파동은 붕괴될 것인가? 보어는 원자와 그 구성요소 등 슈뢰딩거 방정식이 적용되는 작은 물체들과 실험장비나 실험자 등 거시적인 물체 사이에 자신이 경계선을 긋고 있다고 선언했지만, 정확한 경계가 어디인지는 말하지 않았다. 사실은 아는 바가 없어서 아무 말도 못한 것이다. 그러나 해가 거듭될수록 실험데이터가 쌓이면서 슈뢰딩거 방정식의 타당성이 확실하게 검증되었고, 모든 입자들뿐만 아니라 그 입자들이 모여서 이루어진 큰 물체들까지도 슈뢰딩거 방정식을 따른다는 것이 거의 확실해졌다. 지하실부터 서서히 차오르기 시작한 물이 거실로 올라와 결국에는 다락방까지 잠기는 것처럼, 원자규모에서 출발한 양자역학이 점점 큰 물체에 적용되면서 만물의 거동을 서술하는 물리학으로 자리잡게 된 것이다.

관측문제를 생각하는 방식은 다음과 같다. 당신과 나, 컴퓨터, 그리고 박테리아와 바이러스 등 모든 만물은 원자로 이루어져 있고, 원자는 전자와 쿼크 등 소립자로 이루어져 있다. 그런데 슈뢰딩거 방정식은 전자와 쿼크의 거동을 완벽하게 설명할 뿐만 아니라 이들로 이루어진 더 큰 물체에도 적용될 수 있으므로, 관측이 행해지는 동안에도 슈뢰딩거 방정식은 여전히 유효하다. 컴퓨터를 비롯한 모든 관측장비와 그 관측을 행하는 사람의 몸도 결국은 입자의 집합이며, 무언가를 관측한다는 것은 이들 사이에 접촉이 이루어지면서 정보가 교환된다는 뜻이다. 그러나 슈뢰딩거 방정식이 이 과정에 적용되지 않는다면 보어는 당장 난관에 봉착하게 된다. 앞에서 언급한 대로 슈뢰딩거 방정식은 파동의 붕괴를 허용하지 않기 때문에, 이 지점에서 코펜하겐 해석은 입지가 급격하게 약해진다.

세 번째 질문을 정리하면 다음과 같다. "지금까지 펼친 논리가 모두 사실이고 확률파동이 붕괴되지 않는 것도 사실이라면, 모든 가능한 결과가 공존하던 관측 전의 상태에서 하나의 결과만 나타나는 관측 후의 상태로 급변하는 과정을 어떻게 설명해야 하는가?" 이것을 좀 더 일반적으로 풀어쓰면 다음과 같다. "관측이 실행되는 과정에서 대체 무슨 일이 일어나기에, 확률파동이 우리에게 친숙한 '유일한 실체'로 변신할 수 있다는 말인가?"

프린스턴대학에서 박사학위 논문을 준비 중이던 휴 에버렛은 이 질문을 파고들다가 완전히 새로운 결론에 도달했다.

불완전한 선형성

에버렛의 논리를 이해하려면 슈뢰딩거 방정식을 좀 더 자세히 분석할 필요가 있다. 누누이 강조하지만, 이 방정식은 파동이 갑작스럽게 붕괴되는 것을 허용하지 않는다. 왜 그런가? 그리고 슈뢰딩거 방정식이 허용하는 것은 무엇인가? 우선은 슈뢰딩거의 수학에 입각하여 확률파동이 시간에 따라 변해가는 양상부터 살펴보기로 하자.

이 작업은 별로 어렵지 않다. 슈뢰딩거 방정식은 수학방정식 중 가장 단순한 형태인 '선형방정식(linear equation)'이기 때문이다. 그 의미를 이해하기 위해, 어느 날 정오에 특정한 전자의 확률파동이 [그림 8.7](a)와 같았다고 가정해보자(문제가 쓸데없이 복잡해지는 것을 피하기 위해, 공간을 1차원으로 간주하여 수평축에 표시했다. 그러나 지금부터 펼쳐질 논리는 임의의 차원에 적용될 수 있다). 슈뢰딩거 방정식을 이용하면 이 파동의 시간에 따른 변화를 추적할 수 있는데, 예를 들어 오후 1시에 전자의 확률파동이 [그림 8.7](b)와 같았다고 하자. 자, 지금부터가 중요하다. [그림 8.7](a)의 초기파동은 [그림 8.8](a)와 같이 두 부분으로 나눌 수 있다. 우변에 있는 두 파동을 각 지점에서 일일이 더하면 원래의 파동이 복원된다. 슈뢰딩거 방정식이 선형적이라는 것은 초기파동을 두 부분으로 분리하여 1시간 후의 형태를 각각 계산한 후 그 결과를 더하면 [그림 8.7](b)의 결과가 재현된다는 뜻이다. 반드시 두 개로 나눌 필요는 없다. 원래의 파동을 임의의 조각으로 분해해서 각 부분파동의 시간에 따른 변화를 개별적으로 계산한 후 하나로 합치면 최종파동의 형태가 정확하게 재현된다.

언뜻 보기에는 그저 기술적인 트릭 같지만, 선형성(linearity)은 많은 경우에 엄청난 위력을 발휘한다. 특히 복잡한 문제가 선형적인 특성을 띠고 있으면 여러 개의 작은 부분으로 분할하여 각개 격파한 후 결과를 종합하면 된다. 물론 확률파동도 예외는 아니다. 초기파동이 복잡한 형태를 띠고 있다면 여러 개의 간단한 조각파동으로 분할하여 각각을 개별적으로 분석하면 된다. 그 후에 개개의 결과를 모두 더하면 최종적인 파동이 얻어지는 것이다. 우리는 [그림 8.4]

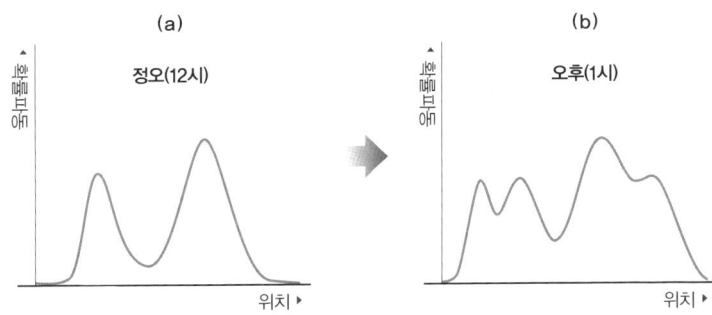

[그림 8.7] (a)초기의 확률파동은 슈뢰딩거 방정식에 의거하여 시간이 지남에 따라 다른 형태로 변해간다. (b)1시간 후의 확률파동.

의 이중슬릿실험을 분석할 때 선형성을 이미 사용했다. 즉, 전자의 확률파동이 변하는 양상을 결정하기 위해 실험을 두 부분으로 나눈 것이다. 왼쪽 슬릿을 통과한 파동이 진행하는 양상을 먼저 계산한 뒤, 오른쪽 슬릿을 통과한 파동의 양상을 계산하여 두 결과를 더하면 최종 결과가 얻어지는데, 그것이 바로 스크린에 나타난 간섭무늬이다. 양자역학을 연구하는 물리학자의 연구실 칠판에는 이 방법을 이용한 수학계산으로 가득 차 있다. 파동을 잘게 나눌수록 계산이 길어지기 때문에 언뜻 보면 무언가 대단한 연구를 하고 있는 것처럼 보이지만, 사실은 어려운 문제를 쉽게 풀려고 애를 쓰고 있는 것이다.

그러나 선형성이 양자역학에 항상 이로운 것은 아니다. 복잡한 파동을 분석할 때는 큰 도움이 되지만, 관측과정에서는 바로 이 선형성 때문에 온갖 어려움이 야기된다. 관측행위 자체에 선형성을 적용해보면 그 이유를 알 수 있다.

당신이 실험물리학자라고 가정해보자. 과도한 업무에 지친 당신은 뉴욕에 살던 어린 시절을 그리워한 나머지 실험테이블 위에 뉴욕

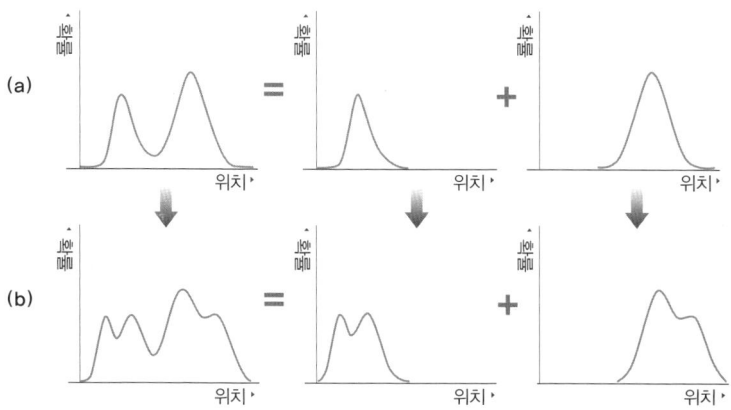

[그림 8.8] (a)초기의 확률파동은 두 개의 간단한 파동으로 분해될 수 있다. 두 파동을 더하면 원래의 파동이 복원된다. (b)초기 확률파동의 시간에 따른 변화는, 분해된 파동의 시간에 따른 변화를 계산한 후 이들을 더함으로써 구할 수 있다.

시의 정교한 축소모형을 만들었다. 그리고 여기에 전자 하나를 주입한 후 전자의 위치를 측정하기로 했다. 실험을 막 시작하던 순간에 전자의 확률파동은 [그림 8.9]와 같이 한 지점에 뾰족하게 집중되어 있었다. 좀 더 구체적으로 말하자면 전자가 브로드웨이 34번가에서 발견될 확률이 100퍼센트였다(초기에 전자의 파동확률이 왜 이렇게 되었는지는 문제 삼지 말자. 그냥 처음부터 이렇게 주어졌다고 가정하자).■ 이제 정교한 장비를 동원하여 전자의 위치를 측정하면, 결과는 [그림 8.9]의

■ 문제를 단순하게 만들기 위해 전자의 수직방향 위치를 생략했다. 즉, 전자는 허공에 떠 있지 않고 맨해튼의 지표면에만 놓일 수 있다고 가정한다. 또 한 가지 짚고 넘어갈 것이 있다. 이 절에서 나는 슈뢰딩거 방정식이 [그림 8.6]과 같은 파동의 붕괴를 허용하지 않는다고 여러 차례 강조한 바 있다. 그러나 실험자가 적절한 조치를 취해서 초기의 파동을 뾰족한 형태로 만드는 것은 얼마든지 가능하다(완벽하게 한 지점에 집중시킬 수는 없지만, '거의' 집중시킬 수는 있다).

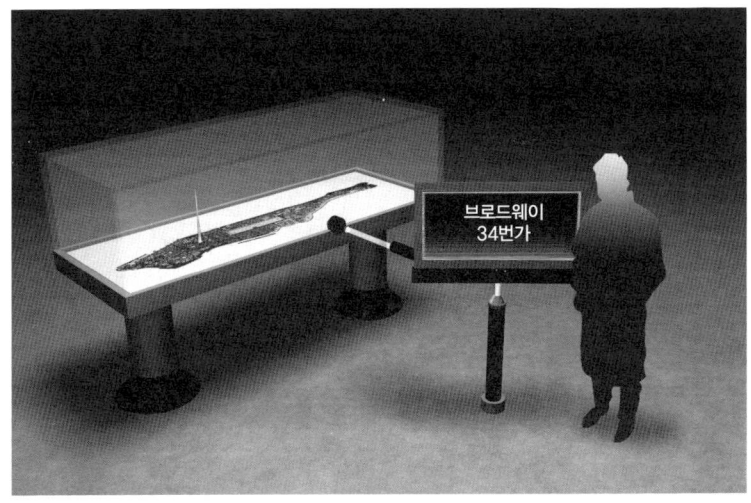

[그림 8.9] 주어진 한 순간에 전자의 확률파동이 뉴욕 브로드웨이 34번가에 집중되어 있는 경우. 이때 전자의 위치를 측정하면 바로 그 위치가 감지기의 모니터에 출력된다.

모니터가 말해주듯 '브로드웨이 34번가'로 나올 것이다.

전자의 확률파동이 관측장비를 구성하는 수조×수조 개의 원자들과 얽히고설켜서 최종적으로 '브로드웨이 34번가'라는 결과가 나올 때까지의 모든 과정을 슈뢰딩거 방정식으로 풀어내는 것은 실제로 거의 불가능하다. 그러나 당신이 쓰는 장비는 매우 비싼 물건이어서 이 엄청난 작업을 수행할 수 있다고 가정하자. 이 장비는 관측장비와 전자 사이에 교환되는 상호작용을 감지하여 전자의 위치를 출력하도록 설계되어 있다. 물론 반드시 브로드웨이 34번가일 필요는 없다. 전자의 파동함수가 81번가 근처에 있는 헤이든 천문관이나 125번가에 있는 빌 클린턴의 집무실에 집중되어 있어도 감지장치는 그 위치를 정확하게 알아낼 수 있다.

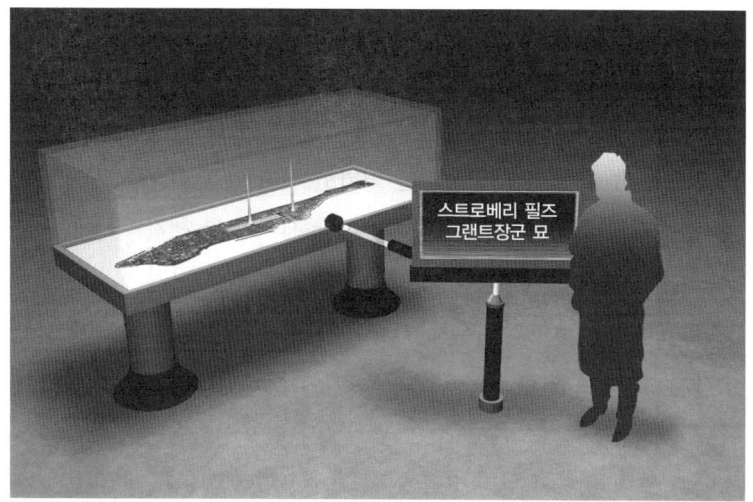

[그림 8.10] 전자의 확률파동이 두 지점에서 피크를 이루고 있는 경우. 전자의 위치를 관측하면 슈뢰딩거 방정식의 선형성에 의해 두 위치가 겹쳐서 동시에 출력된다.

이제 전자의 확률파동이 [그림 8.10]과 같이 조금 복잡한 경우를 생각해보자. 즉, 임의의 시간에 전자는 존 레논 기념관이 있는 센트럴 파트의 스트로베리 필즈(Strawberry Fields)나 리버사이드 파크에 있는 그랜트장군 묘(Grant's Tomb)에서 발견될 수 있다고 가정하자. 이런 경우에 전자의 확률파동은 [그림 8.10]과 같이 두 개의 날카로운 피크를 형성하게 된다. 이제 전자의 위치를 측정하되 보어의 생각과 달리, 극도로 정밀한 장비를 사용하여 관측과정에도 슈뢰딩거 방정식이 적용되도록(전자는 물론이고 장비를 구성하는 모든 입자와 그 외 관측과 관련된 모든 입자들에도 적용되도록) 심혈을 기울였다고 하자. 이런 경우에 모니터에는 어떤 메시지가 뜰 것인가? 가장 중요한 실마리는 '선형성'에서 찾을 수 있다. 우리는 두 개의 뾰족한 확률파동을

양자적 관측의 다중세계 | 333

개별적으로 하나씩 관측했을 때 어떤 결과가 나올지 이미 알고 있다. 슈뢰딩거 방정식에 의해 모니터에는 〔그림 8.9〕와 같이 뾰족한 파동의 위치가 출력될 것이다. 그리고 두 개의 뾰족한 파동의 위치를 알려면 두 파동의 관측결과를 더하면 된다.

바로 이 시점부터 상황이 꼬이기 시작한다. 언뜻 생각하기에는 모니터에 두 개의 위치가 동시에 뜰 것 같다. 마치 망가진 모니터처럼 '스트로베리 필즈'와 '그랜트장군 묘'라는 글씨가 겹쳐서 나타날 것이다(〔그림 8.10〕 참조). 또한 관측장비에서 방출된 광자가 당신 눈의 간상세포와 원추세포를 이루는 입자들과 상호작용한 후 뉴런을 거쳐 두뇌로 전달되어 영상을 만들어내는데, 이러한 모든 과정은 슈뢰딩거 방정식에 따라 진행된다. 슈뢰딩거 방정식의 적용범위에 한계가 없다고 가정하면 이 과정에도 선형성이 존재할 것이므로, 모니터에는 두 위치가 동시에 출력되고 당신의 두뇌도 전자가 두 장소에 동시에 존재한다고 인식할 것이다.

확률파동의 형태가 복잡해지면 혼란은 더욱 배가 된다. 확률파동이 네 개의 피크로 이루어져 있다면 두 배로 혼란스러워지고, 피크가 여섯 개면 세 배로 혼란스러워진다. 여기서 더 나아가 파동의 피크가 맨해튼 곳곳에 다양한 크기로 우후죽순처럼 널려 있다면 이들을 조합한 전체적인 모양은 〔그림 8.11〕처럼 완만한 곡면을 이루게 된다. 물론 이런 경우에도 선형성은 유지될 것이므로 출력용 모니터에 나타나는 최종 메시지와 당신 두뇌의 최종상태는 개개의 피크에서 얻어진 결과들의 합으로 나타날 것이다. 즉, 모니터에는 전자가 존재할 수 있는 모든 위치가 한꺼번에 게시되고, 혼란이 극에 달한 당신은 전자의 위치를 도저히 하나로 결정할 수 없을 것이다.[5]

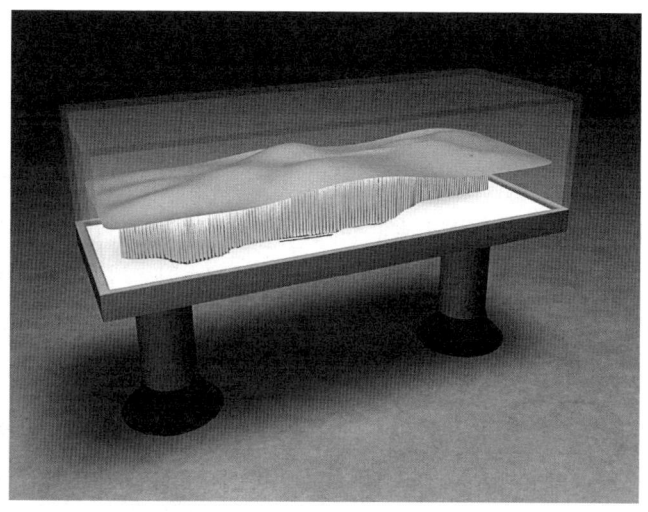

[그림 8.11] 일반적으로 확률파동은 여러 개의 피크형 파동의 조합이다. 개개의 피크는 그 위치에서 전자가 발견될 확률을 나타낸다.

물론 현실세계에서 이런 일은 결코 일어나지 않는다. 정상적인 관측장비라면 전자의 위치를 두 개 이상으로 출력하지 않는다. 또한 정상적인 사람이라면 서로 다른 두 개의 결과를 동시에 인식하면서 혼란스러워하지 않는다.

이제 독자들은 보어의 심정을 이해할 수 있을 것이다. 그가 이 글을 읽었다면 한 손에 드라마민(Dramamine, 구토억제제—옮긴이)을 들고 외칠 것이다. "감지기에 두 가지 결과가 겹쳐서 나타나는 경우는 절대로 없다. 그런 일은 결코 일어나지 않는다!" 그의 논리를 따른다면 우리는 슈뢰딩거 방정식을 큰 물체에 적용하는 오류를 범했기 때문에 잘못된 결론에 이른 셈이다. 실험실에 즐비하게 늘어선 관측장비와 관측결과를 읽는 물리학자는 모두 거시적 스케일의 물체들이

양자적 관측의 다중세계 | 335

다. 슈뢰딩거 방정식은 선형적이므로 나타날 수 있는 모든 결과를 더해야 하지만(이 과정에서는 아무것도 붕괴되지 않는다), 보어는 관측행위 자체가 슈뢰딩거의 수학을 완전히 망가뜨리기 때문에 우리가 내린 결론이 틀렸다고 주장할 것이다. 또한 그는 관측행위가 [그림 8.9]나 [그림 8.10]에 제시된 확률파동의 여러 피크들 중 하나만 남기고 나머지를 모두 0으로 만든다고 주장할 것이다. 이 경우에 특정 피크가 관측 후에 혼자 살아남을 확률은 피크의 높이에 비례한다. 관측장비는 최후까지 살아남은 하나의 피크가 있던 자리를 모니터에 표시할 것이고, 그것을 바라보는 관찰자도 단 하나의 결과만을 인식한다. 모든 것이 전혀 혼란스럽지 않다.

그러나 에버렛과 드위트는 보어식 접근법의 대가가 너무 비싸다고 생각했다. 슈뢰딩거 방정식은 입자의 거동을 서술하는 방정식이다. 그것도 특정 입자가 아닌 모든 입자를 대상으로 하고 있다. 그런데 왜 하필 특정한 입자배열(관측장비를 구성하는 입자들과 그 결과를 읽는 실험자의 몸을 구성하는 입자들)에는 슈뢰딩거 방정식이 적용되지 않는다는 말인가? 아무리 생각해도 보어의 주장은 설득력이 없다. 그래서 에버렛은 관측이 이루어지는 순간에도 슈뢰딩거 방정식을 포기하지 않고, 이로부터 완전히 다른 세계관을 만들어냈다.

다중세계

지금 우리가 당면한 문제는 "관측장비나 사람의 마음이 서로 다른 여러 개의 현실을 동시에 경험한다"는 희한한 결과를 어떻게든 논리적으로 설명하는 것이다. 우리는 이런저런 현안에 대하여 의견이 대립될 수도 있고 이런저런 사람에 대하여 혼합된 감정을 느낄 수도 있다. 그러나 실체(reality)를 구성하는 어떤 사실(fact)에 대해서는 모두가 동의할 만한 객관적 서술이 가능하다. 우리가 아는 한, 하나의 관측장비로 한 번의 실험을 수행하면 항상 하나의 결과가 얻어진다. 결과도 하나고, 그것을 읽는 사람의 마음도 하나다.

에버렛은 양자역학의 핵심인 슈뢰딩거의 수학이 우리의 일상적인 경험과 양립할 수 있다고 생각했다. 실험장비에서 출력된 결과와 그것을 읽는 사람의 마음에 존재하는 모호함은 우리가 수학계산을 수행하는 방식([그림 8.10]과 [그림 8.11]에 예시된 관측결과를 조합하는 방식)에서 기인한다는 것이다. 이 부분을 좀 더 자세히 알아보자.

[그림 8.9]와 같이 한 곳에 날카롭게 집중되어 있는 파동을 관측하면, 관측장비는 그 파동의 위치를 출력한다. 만일 피크가 스트로베리 필즈에 있었다면 최종 출력용 모니터에는 스트로베리 필즈가 선명하게 찍혀 있을 것이다. 그리고 당신이 모니터를 바라보는 순간, 당신의 두뇌는 문자를 인식하여 전자의 위치를 아무런 모호함 없이 파악한다. 또한 피크가 그랜트장군 묘에 있었다면 모니터에는 이 지명이 출력되고 당신은 모니터를 보면서 전자의 위치를 파악한다. 그런데 [그림 8.10]과 같이 피크가 두 개인 파동을 관측한 경우, 슈뢰딩거의 수학에 의하면 당신은 두 개의 결과를 결합해서 인식해야 한다. 그런데 에버렛은 이 결과들을 결합할 때 신중을 기해야 한다고 강조했다. 그는 결과를 하나로 합친다고 해서 두 개의 위치가 동시에 인식되는 것은 아니라고 했다.

이 과정을 천천히 엄밀하게 진행시켜보면 '결합된 결과'란 결국

'스트로베리 필즈를 인식한 관측장비와 사람의 마음'과 '그랜트장군 묘를 인식한 관측장비와 사람의 마음'이다. 이것은 무엇을 의미하는가? 우선은 일반적인 관점에서 설명을 제시하고, 자세한 내용은 잠시 후에 다루기로 한다. 에버렛이 제안한 결과를 수용하려면 관측을 수행하는 당신과 관측장비, 그리고 그 외의 모든 것들이 관측을 기점으로 둘로 분리되어야 한다. 즉, 관측이 실행되기 전에는 하나였던 것들이 관측과 동시에 '두 개의 관측장비'와 '두 사람의 당신', 그리고 두 세트의 '그 외의 모든 것들'로 분리된다. 이들 사이의 차이점이란 한쪽 장비와 한쪽 당신은 스트로베리 필즈를 인식하고, 다른쪽 장비와 다른 당신은 그랜트장군 묘를 인식한다는 것뿐이다. 이는 곧 두 개의 실체가 공존한다는 뜻이며, 두 개의 우주가 공존한다는 뜻이기도 하다. 그러나 각각의 세계에 존재하는 당신에게는 오직 하나의 결과만이 나타날 뿐이어서 일상적인 삶이 그대로 유지된다. 특이한 것은 이렇게 느끼는 당신이 하나가 아니라 둘이라는 점이다.

  나는 논리를 단순화하기 위해 한 입자의 위치를 관측하는 경우로 한정했고 확률파동도 매우 단순한 형태로 가정했다. 그러나 에버렛의 제안은 일반적인 경우에도 똑같이 적용된다. 만일 당신이 다섯 개의 피크로 이루어진 확률파동을 관측했다면, 그 결과는 '다섯 개로 갈라진 세계'로 나타난다. 각각의 세계에는 각기 다른 결과를 얻은 관측장비와 당신이 존재하고 있다. 이들 중 하나의 세계에 속한 당신이 일곱 개의 피크로 이루어진 또 하나의 확률파동을 연이어 관측한다면, 그 순간에 세계는 또다시 일곱 개로 갈라질 것이다.

  여기서 한 걸음 더 나아가 당신이 〔그림 8.11〕과 같이 피크가 엄

[그림 8.12] 에버렛은 두 지점에서 피크를 이루는 확률파동을 관측했을 때 두 가지 결과가 모두 나타난다고 주장했다. 이들 중 하나의 세계에서는 입자가 첫 번째 위치에서 발견되고, 또 하나의 세계에서는 입자가 두 번째 위치에서 발견된다.

청나게 많은 확률파동을 관측했다면, 당신의 세계는 엄청나게 많은 세계로 갈라지면서 각각의 세계에는 각기 다른 관측결과가 모니터에 나타날 것이며, 그 앞에 서 있는 당신'들'은 각기 다른 하나의 결과를 인식할 것이다. 에버렛의 이론에 의하면 일어날 가능성이 조금이라도 있는 사건(양자역학적 확률이 0이 아닌 사건)은 분리된 세계에서 하나도 빠짐 없이 '실현'된다. 이것이 바로 양자역학이 낳은 다중세계이다.

앞에서 사용해왔던 용어를 적용하면 이것도 엄연한 다중우주이다. 여러 개의 우주들이 모여서 하나의 다중우주 시스템을 이루고 있기 때문이다. 이로써 우리는 여섯 번째 다중우주를 도입했다. 지금부터 이것을 '양자적 다중우주(Quantum Multiverse)'라 부르기로 한다.

두 가지 이야기

나는 양자역학이 수많은 실체를 낳는 과정을 설명하면서 '갈라짐(split)'이라는 단어를 사용했다. 에버렛과 드위트도 똑같은 단어를 사용했다. 그런데 사실 이 말은 오해의 소지가 다분하기 때문에 가능하면 사용하지 않을 생각이다. 그러나 한편으로는 편리한 것도 사실이다. 굳이 변명을 하자면, 기존의 세계에서 낯설고 새로운 세계로 넘어가기 위해 그곳을 볼 수 있는 정교한 창문을 애써 만드는 것보다, 두 세계 사이를 가로막고 있는 장벽을 망치로 때려부숴서 일단 눈으로 확인한 후 나중에 수리하는 것이 더 나을 때도 있다. 그렇다면 지금까지 나는 망치를 휘둘러온 셈인데, 부서진 벽은 이 절과 다음 절에서 수리할 예정이다. 일부 아이디어는 지금까지 다뤘던 그 어떤 것보다 이해하기 어렵고 논리의 사슬도 훨씬 길지만, 포기하지 말고 따라와 주기 바란다. 다중세계이론을 새로 접한 사람은 물론이고, 이미 잘 알고 있는 사람들조차 그것을 '지적인 유희' 정도로 치부하는 경향이 있는데, 나는 그런 사람들에게 "진실보다 진실한 것은 없다"는 말을 해주고 싶다. 이제 곧 알게 되겠지만 다중세계이론은 양자역학을 정의하는 가장 절제된 이론이며, 그 이유를 이해하는 것이 무엇보다 중요하다.

물리학자들은 항상 두 가지 이야기를 준비하고 있어야 한다. 하나는 주어진 이론에서 우주가 어떻게 진화해왔는지를 말해주는 수학적 이야기이고, 다른 하나는 추상적인 수학을 실험적인 언어로 해석한 물리학적 이야기이다. 이중 두 번째 이야기는 수학적 진화가 당신이나 나와 같은 관측자에게 어떤 모습으로 보이는지, 그리고 일반적으로 이론에 등장하는 수학기호들이 실체에 대해 무엇을 말하고 있는지를 분명하게 보여줘야 한다.[6] 뉴턴의 시대에는 두 이야기 사이에 아무런 차이가 없었다. 7장에서 말한 대로 뉴턴의 '건축물'은 즉각적이면서 명백하다. 뉴턴의 방정식에 등장하는 수학기호들은 물리적 실체와 직접적으로 연결되어 있다. x는 무엇인가? 날아가는 공의 위치이다. v는? 공의 빠르기, 즉 속도를 나타내는 기호이다. 그러나 양자역학의 시대가 도래하면서 수학기호와 우리 눈에 보이는 현실 사이의 관계가 몹시 미묘해졌다. 그 결과 두 이야기에 등장하는 언어와 개념들이 크게 달라져서, 두 가지를 모두 습득해야 전체 내용을 이해할 수 있게 되었다. 그러나 어떤 경우에도 두 이야기는 분명하게 구별되어야 한다. 어느 것이 기본적인 수학을 이해하기 위한 이야기이고, 어느 것이 일상적인 경험으로 연결시키기 위한 이야기인지를 구별해야 한다는 것이다.

지금부터 양자역학의 다중세계와 관련하여 위에 언급된 두 가지 버전의 이야기를 펼쳐나갈 것이다. 우선 첫 번째 이야기부터 시작해보자.

코펜하겐학파의 양자역학과 달리 다중세계이론의 수학은 매우 순수하고 단순하면서 일관성이 있다. 슈뢰딩거 방정식은 시간에 따라 확률파동이 변해가는 양상을 결정하며, 여기에는 예외가 있을 수 없다. 어떤 경우에도 입자의 행동양식은 슈뢰딩거 방정식에 의해 결정된다. 슈뢰딩거의 수학은 확률파동을 특유의 방식으로 조각하여 장소를 옮기고, 형태를 바꾸고, 진동하게 만든다. 확률파동의 대상이 하나의 입자이건 여러 개의 입자이건, 또는 당신의 몸과 관측장비를 구성하는 거대한 입자집단이건 간에, 슈뢰딩거 방정식은 입자의 초기 확률파동을 입력으로 삼아 임의의 미래시간에 확률파동의 형태를 출력으로 내놓는다(마치 작은 점에서 시작하여 서서히 화면을 채워 가는 컴퓨터의 화면보호기 프로그램과 비슷하다). 우주의 진화과정도 이와 같은 과정을 거쳐 진행되어 왔다. 이것이 전부다. 더 할 이야기가 없다. 첫 번째 이야기는 이것으로 끝이다.

나는 첫 번째 이야기를 풀어가면서 '갈라짐'이나 '다중세계', '평행우주', '양자다중우주' 등과 같은 용어를 전혀 언급하지 않았다. 보다시피 이론의 기본적인 수학체계에서 다중세계는 아무런 역할도 하지 않는다. 이제 곧 알게 되겠지만 다중세계는 두 번째 이야기에서 등장한다. 우리가 관측하고 측정한 결과를 수학적인 관점에서 해석하다 보면 다중우주의 개념이 자연스럽게 도입되는 것이다.

단순한 관점에서 시작해보자. 우선 [그림 8.9]처럼 하나의 피크를 갖는 간단한 확률파동을 측정한다고 가정해보자(앞에서도 말했듯이 확률파동이 왜 이런 모양이 되었는지는 문제 삼지 말자. 그냥 처음부터 이런 파동이 주어졌다고 가정한다). 앞서 지적한 바와 같이 이렇게 간단한 관측조차도 첫 번째 이야기로 풀어 나가는 것은 불가능하다. 제대로 하려면 당신의 몸과 관측도구를 구성하는 그 많은 입자들의 (위치를 서술하는) 확률파동과 관측대상인 전자의 확률파동을 결합하여 이들이 시간에 따라 어떻게 변해가는지를 슈뢰딩거 방정식으로 풀어야 한다. 나의 지도를 받고 있는 대학원생들은 나름대로 똑똑한 편이지만, 입자 하나에 대한 슈뢰딩거 방정식을 푸는 데도 종종 비지땀을 흘리곤 한다. 그런데 당신의 몸과 관측장비는 대략 10^{27}개의 입자로 이루어져 있다. 이렇게 많은 입자의 파동을 슈뢰딩거 방정식으로 푸는 것은 현실적으로 불가능하다. 그러나 수학적 결과는 대충 짐작할 수 있다. 전자의 위치를 관측할 때, 우리는 수많은 입자의 위치를 변화시킨다. 모니터에 "브로드웨이 34번가"라는 결과가 출력되려면 약 10^{24}개의 입자들이 미식축구장에서 하프타임 쇼를 하듯 규칙적으로 움직여야 한다. 그리고 나의 눈과 두뇌에서도 이와 비슷한 수의 입자들이 부지런히 움직여야 관측결과를 인지할 수 있다. 슈뢰딩거의 수학은 (일일이 풀려면 엄청나게 어렵긴 하지만) 이와 같은 입자의 이동을 서술하고 있다.

이 변화를 확률파동으로 가시화하는 것도 우리 능력으로는 불가능하다. [그림 8.9]~[그림 8.12]에서 나는 두 개의 좌표축을 이용하여 전자의 위치를 나타냈다. 맨해튼 축소모형에서 동-서 방향으로 나 있는 축과 남-북 방향으로 나 있는 축이 그것이다. 그리고 각 지점에서 확률파동의 값은 파동의 높이로 표현했다. 이것부터가 상황을 크게 단순화시킨 것이다. 수직방향 축을 생략했다는 것은 입자의 수직방향 좌표를 아예 고려하지 않겠다는 뜻이다(즉, 입자가 한 건물의 2층에 있건 5층에 있건 구별하지 않겠다는 뜻이다). 만일 수직방향 좌표까지 고려했다면 세 개의 축 모두 입자의 위치를 나타내는 데 사용해야 하기 때문에 확률파동의 크기를 표현할 방법이 없다. 이것은 3차원 공간에서 진화해온 우리의 두뇌와 시각기능의 한계일 것이다. 10^{27}개에 달하는 입자들의 확률파동을 표현하려면 입자 하나당 세 개의 좌표축을 도입하여 각 입자가 놓일 수 있는 모든 가능한 위치를 표현해야 하고,* 각 위치에서 확률파동의 크기까지 표현해야 한다. 10억×10억×10억 개의 입자에 대하여 이 짓을 다 하라고? 어림도 없는 이야기다.

그러나 결과를 마음속에 그려보는 것도 중요하기 때문에 완전할 수는 없겠지만 노력이라도 해보자. 나는 당신의 몸과 관측장비를 구성하는 입자의 확률파동을 표현할 때 2차원 지면의 한계를 수용하는 대신, 좌표축의 의미를 조금 다르게 해석할 것이다. 대충 말해서 하나의 축을 엄청나게 많은 축들이 한데 묶여 있는 다발로 간주하고, 개개의 축은 이와 비슷한 수의 엄청나게 많은 입자들이 놓일 수 있는 위치를 나타내는 것으로 간주하자는 것이다. 그러면 이와 같은 '다발축'에 그려진 파동은 엄청나게 많은 입자들이 취할 수 있는 가능한 위치들을 상징적으로 나타내게 된다. 그리고 단일입자와 여러 입자를 구별하기 위해, 후자의 경우에는 확률파동에 [그림 8.13]과 같이 빛을 발하는 듯한 테두리를 그려 넣을 것이다.

여러 입자와 단일입자에 대한 그림은 몇 가지 공통점을 갖고 있다. [그림 8.6]의 오른쪽 그림이 한 지점에 집중된 확률(피크가 있는 지점에서 입자가 발견될 확률이 거의 100퍼센트이고 나머지 위치에서 발견될 확률은 거의 0퍼센트인 경우)을 나타내는 것처럼, [그림 8.13]의 왼쪽 그림도 확률이 한 지점에 집중되어 있는 경우를 나타낸다. 그러나 단일입자와의 공통점은 여기까지다. [그림 8.6]과 같은 방식으로 해석하면

---

*이와 관련된 수학은 8장의 후주 4번을 참조하기 바란다.

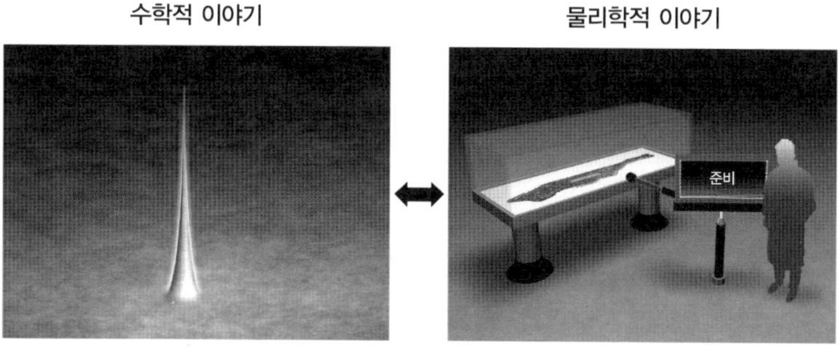

수학적 이야기　　　　　　　　물리학적 이야기

[그림 8.13] 당신의 몸과 관측장비를 구성하는 모든 입자들의 확률파동을 한꺼번에 표현한 그림.

〔그림 8.13〕은 모든 입자들이 하나의 지점에 모여 있는 것처럼 보이지만 사실은 그렇지 않다. 〔그림 8.13〕은 당신의 몸과 실험장비를 이루고 있는 모든 입자들의 확률파동이 "각자 다른 위치에서 거의 100퍼센트의 확률로 집중되어 있다"는 뜻이다. 즉, 모든 입자들이 각자 하나의 피크에 집중되어 있지만, 피크의 위치는 입자마다 다를 수도 있다. 이것을 위에서 언급한 규약에 따라 하나의 그림으로 표현한 것이 〔그림 8.13〕이다. 당신의 손과 어깨, 두뇌를 구성하는 입자들은 당신의 손과 어깨, 두뇌의 영역 안에서 거의 100퍼센트의 확률로 집중되어 있으며, 관측장비를 구성하는 입자들 역시 관측장비 안에서 거의 100퍼센트 확률로 집중되어 있다. 〔그림 8.13〕은 개개의 입자들이 다른 곳에서 발견될 가능성이 거의 없다는 뜻이다.

이제 당신이 〔그림 8.14〕와 같은 관측을 시도하면 여러 입자(당신의 몸과 관측장비를 구성하는 입자들)의 확률파동은 전자와 상호작용을 교환하면서 변해가지만(이 상황은 〔그림 8.14〕(a)에 도식적으로 표현되어 있다), 모든 입자들은 여전히 거의 정확한 위치(당신 몸의 내부, 또는 관측장비의 내부)를 갖고 있다. 그래서 [그림 8.14](a)의 아래쪽 그림도 여전히 가늘고 뾰족한 형태를 유지한다. 그러나 관측과정에서 많은 입자들은 관측장비의 최종 모니터와 당신의 두뇌에 "스트로베리 필즈"라는 결과가 각인되는 쪽으로 재배열된다([그림 8.14](b) 참조). [그림 8.14](a)는 첫 번째 이야기에 해당하는 "슈뢰딩거 방정식에 의한 수학적 변화"를 나타낸 것이고, [그림 8.14](b)는 두 번째 이야기에 해당하는 "수학적인 변화의 물리학적 서술"을 표현한 그림이다. 이와 비슷하게 [그림 8.15]와 같은 관측을 시도하면 이전과 비슷하지만 조금 다른 방향으로 파동이 이동하고([그림 8.15](a) 참조) 이는 곧 수많은 입자들이 관측장비의 모니터와 당신의 두뇌에 "그랜트장군묘"라는 결과가 인식되는 쪽으로 재배열되었음을 의미한다([그림 8.15](b) 참조).

이제 선형성을 이용하여 두 결과를 하나로 합쳐보자. 만일 당신이 확률파동이 두 곳에서 피크를 이루는 전자를 관측했다면, 당신의 몸과 관측장비의 확률파동이 관측대상인 전자의 확률파동과 뒤섞이면서 [그림 8.16](a)와 같은 결과가 얻어질 것이다. 이것은 [그림 8.14](a)와 [그림 8.15](a)를 결합한 결과이다. 이상은 양자역학의 첫 번째 이야기에 약간의 주석을 붙인 것에 불과하다. 주어진 확률파동에서 시작하여 슈뢰딩거 방정식을 따라 파동이 변했고, 그 결과 새로운 형태의 확률파동이 얻어졌다. 그러나 여기에 세부적인 사항을 추가하면 좀 더 현실적인 두 번째 이야기가 만들어진다.

[그림 8.16](a)의 각 피크는 특정 결과를 출력한 관측장비와 그 정보를 인식하는 당신 몸의 구성입자들의 배열상태를 나타낸다. 왼쪽 피크는 결과가 스트로베리 필즈로 나온 경우이고, 오른쪽 피크는

수학적 이야기

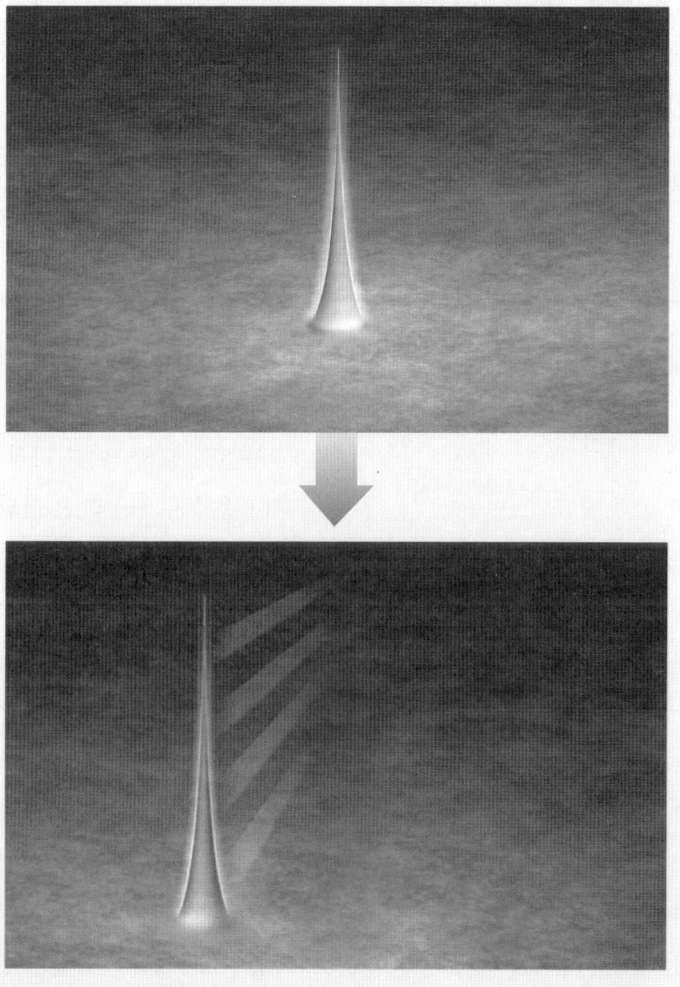

[그림 8.14] (a)전자의 관측을 시도했을 때 당신의 몸과 관측장비를 이루는 모든 입자들의 확률파동을 결합한 하나의 파동이 슈뢰딩거 방정식을 따라 변해가는 과정. 이 그림은 전자의 확률파동이 스트로베리 필즈에 집중되어 있는 경우이다.

물리학적 이야기

[그림 8.14] (b)동일한 상황의 물리학적(또는 실험적) 버전의 이야기.

수학적 이야기

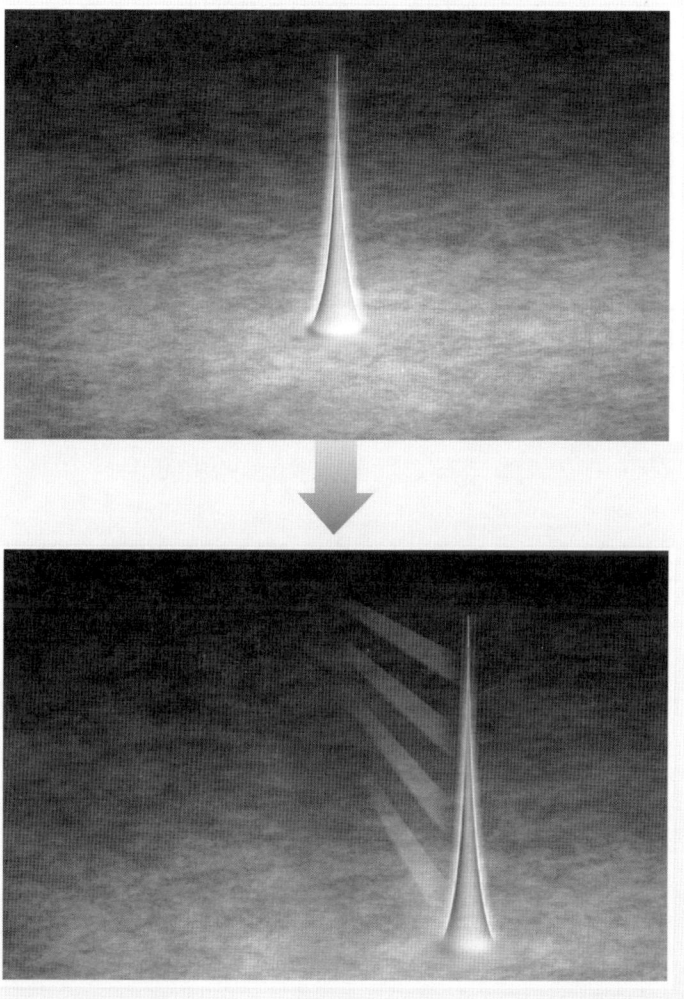

[그림 8.15] (a)[그림 8.14](a)와 동일한 과정을 표현한 그림. 단, 전자의 확률파동이 그랜트장군 묘에 집중되어 있는 경우.

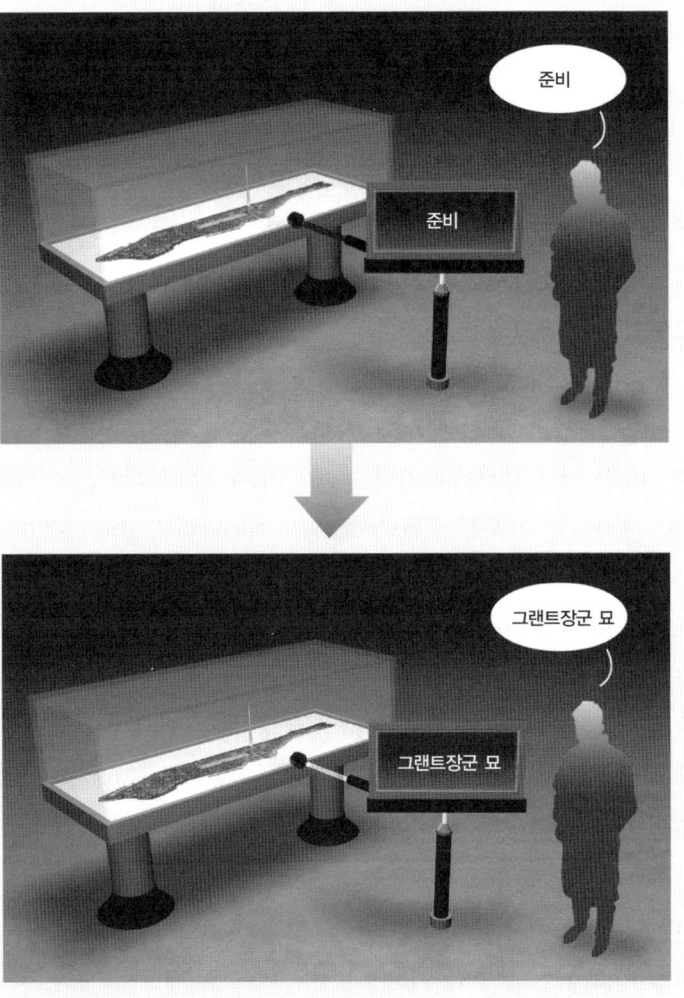

[그림 8.15] (b)동일한 상황의 물리학적(또는 실험적) 버전의 이야기.

그랜트장군 묘로 나온 경우이다. 이것만 빼면 두 피크는 다른 점이 없다. 내가 이 점을 강조하는 이유는 둘 중 어느 하나가 다른 쪽보다 더 현실에 가깝다고 말할 수 없기 때문이다. 관측장비에 나타난 결과와 그것을 인식하는 당신의 마음을 제외하면, 두 개의 다중입자 확률파동은 물리적으로 완전히 똑같다.

따지고 보면 관측장비와 당신의 마음에 초점을 맞춘 것도 문제를 크게 단순화시킨 것이다. 실험실 건물과 그 안의 온갖 도구를 구성하는 입자들, 더 나아가 지구와 태양까지 포함해도 전체적인 논리는 변하지 않는다. 단, 이 모든 것들을 고려하면 〔그림 8.16〕(a)의 확률파동은 방금 나열한 입자들의 정보까지 포함하게 된다. 물론 전자의 위치를 확인하는 당신의 관측행위는 이런 입자들에게 아무런 영향도 미치지 않기 때문에, 이들은 그저 구경꾼으로 참여할 뿐이다. 그러나 관측과 무관한 여러 입자들을 포함시키면 두 번째 이야기는 당신과 관측장비뿐만 아니라 지구와 태양까지 갖춰져 있는 현실세계로 확장된다. 당신의 관측행위로 인해 두 개의 우주가 존재하게 되는 것이다. 그중 하나의 우주에는 '스트로베리 필즈'라는 결과를 지켜보는 당신이 살고 있고, 다른 우주에는 '그랜트장군 묘'라는 결과를 지켜보는 당신이 살고 있다.

전자의 초기 확률파동이 네 개, 다섯 개, 또는 100개의 피크로 이루어져 있었다 해도 결과는 마찬가지다. 이 경우에도 전자의 확률파동은 슈뢰딩거 방정식에 따라 변하여 네 개, 다섯 개, 또는 100개의 우주를 낳는다. 게다가 〔그림 8.11〕처럼 확률파동이 수많은 피크로 이루어져 있는 경우에는 관측행위로 인해 수많은 우주가 탄생한다. 물론 개개의 우주에서 전자의 위치는 각기 다르며, 그것을 인식하는

수학적 이야기

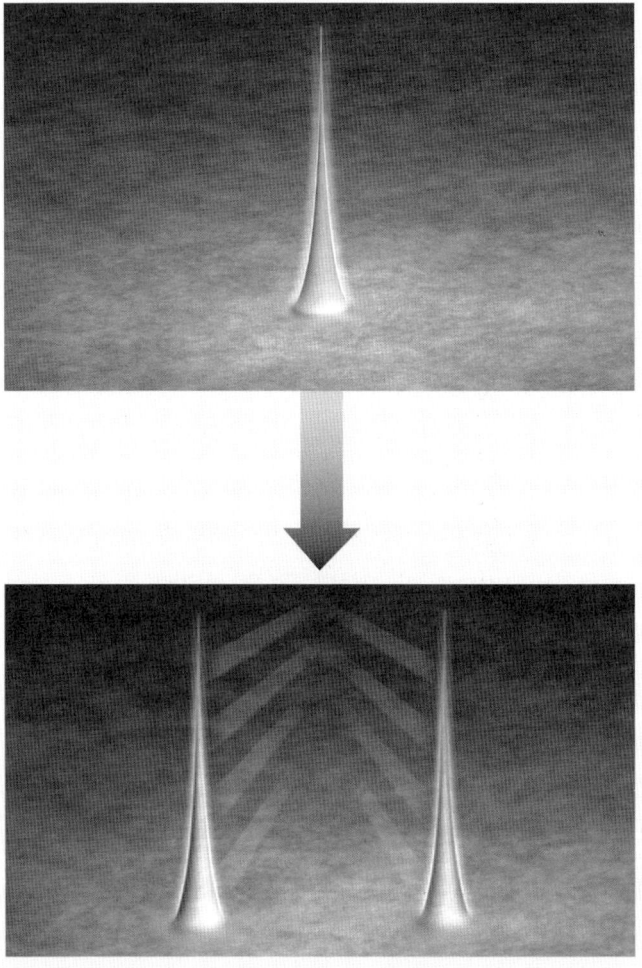

[그림 8.16] (a)전자의 관측을 시도했을 때 당신의 몸과 관측장비를 이루는 모든 입자들의 확률파동을 결합한 하나의 파동이 변해가는 과정. 이 그림은 전자의 확률파동이 두 지점에서 피크를 이루고 있는 경우이다.

[그림 8.16] (b)동일한 상황의 물리학적(또는 실험적) 버전의 이야기.

당신도 각 우주마다 따로 존재한다.[7]

지금까지 서술한 과정에서 일어난 일이라곤 확률파동이 슈뢰딩거 방정식에 따라 형태가 바뀐 것뿐이다. 여기에 '복사장치'나 '갈라짐 유도장치' 같은 것은 전혀 없다. 앞에서 이런 단어들이 오해의 소지가 있다고 말한 이유가 바로 이것이다. 오직 확률파동의 변화를 유도하는 양자역학의 법칙이 있을 뿐이다. 파동의 최종적인 형태가 [그림 8.16](a)처럼 나온 경우, 수학적 이야기를 물리학적 언어로 재구성하면 "각 피크마다 정상적으로 보이는 우주에 지각 있는 생명체가 존재하며, 〔그림 8.16〕(b)와 같이 각자 주어진 실험에서 단 하나의 명확한 결과만을 인식한다"고 결론지을 수 있다. 만일 내가 다른 우주에 사는 두 존재를 어떻게든 만날 수 있다면 이들은 머리부터 발끝까지 완전히 같을 것이다. 둘 사이에 다른 점이라곤 각기 다른 실험결과를 인식한다는 것뿐이다.

보어를 비롯한 코펜하겐학파의 물리학자들은 이 세상에 오직 하나의 우주만이 존재한다고 주장했지만(관측행위가 슈뢰딩거 방정식으로 다룰 수 있는 한계를 벗어나 있어서 관측결과를 제외한 모든 파동이 붕괴되기 때문) 보어가 말한 한계를 넘어서 관측장비와 당신의 몸을 이루는 수많은 입자들에 슈뢰딩거 방정식을 적용해보니 이와 같이 혼란스러운 결과가 얻어졌다. 그래서 에버렛은 "슈뢰딩거의 수학을 주의 깊고 세밀하게 적용하다 보면 끊임없이 증가하는 다중우주에 도달하게 된다"고 결론지었다.

1957년 에버렛의 논문이 발표되기 전에도 다중우주의 초기버전 이론이 물리학자들 사이에 회자되고 있었다. 휠러의 지도하에 작성된 에버렛의 논문은 매우 간결하면서도 공격적인 어휘로 가득 차 있어서, 이 논문을 읽은 사람들은 모든 가능한 우주가 실존한다는 것인지, 아니면 존재했다가 하나만 남고 사라진다는 것인지 갈피를 잡지 못했다. 그래서 에버렛은 혼동을 방지하기 위해 논문이 정식으로 출판되기 직전에 휠러의 허락 없이 다음과 같은 후주를 달았다. "본 이론의 관점에서 볼 때 모든 우주는 실제로 존재한다. 이들 중 그 어떤 것도 다른 것보다 더 '현실적'이지 않다."[8]

다른 우주는 언제 나타나는가?

앞에서 서술한 두 가지 이야기에서 우리는 '갈라짐'이나 '복제'와 같이 부담되는 용어 대신 '세계', 또는 이 책에서 이와 동일한 뜻으로 통용되고 있는 '우주'라는 단어를 사용했다. 그런데 이런 단어의 적절한 사용 시기를 결정해주는 어떤 지침이 있는가? 피크가 두 개(또는 그 이상)인 전자의 확률파동을 논할 때, 우리는 '두 개(또는 그 이상)의 세계'라고 말하지 않았다. 그것은 위치가 모호한 전자를 포함하고 있는 (우리가 살고 있는) 하나의 세계이다. 그러나 에버렛의 접근법에 의하면 전자를 관측했을 때 다중세계라는 용어가 등장한다. 그렇다면 관측되지 않은 전자와 관측된 전자의 차이는 무엇인가? 무엇이 그토록 다르기에 하나의 세계가 다중세계로 돌변하는가?

제일 먼저 떠오르는 답은 다음과 같다. "완전하게 독립된 하나의 전자에 대해서는 두 번째 이야기를 풀어갈 수가 없다. 측정이나 관측을 하지 않으면 인간의 경험과 아무런 연결고리도 성립되지 않기 때문이다. 이런 경우에는 슈뢰딩거의 수학에 따라 확률파동이 변해가는 첫 번째 이야기밖에 할 수 없다. 두 번째 이야기가 없으면 '다중현실'을 도입할 여지가 없으므로 전자는 하나의 세계에 존재한다." 이 정도면 꽤 그럴듯한 설명이지만, 좀 더 깊이 파고 들어가면 입자가 많은 경우에 나타나는 양자적 파동의 특성을 알 수 있다.

기본 아이디어를 이해하기 위해 [그림 8.2]와 [그림 8.4]에 예시된 이중슬릿실험으로 되돌아가 보자. 전자의 확률파동이 중간에 놓인 장애물을 만나면 파동의 대부분이 걸러지고, 슬릿을 통과한 두 가닥의 파동이 감지용 스크린에 도달한다. 방금 논했던 다중세계이론이 마음에 든다면, 당신은 이 두 가닥의 파동을 두 개의 실체로 생각하고 싶을 것이다. 하나는 왼쪽 슬릿을 빠져나간 전자의 세계이고 다른 하나는 오른쪽 슬릿을 빠져나간 전자의 세계인 것 같다. 그러나 두 줄기의 파동은 서로 얽히고설키면서 스크린에 간섭무늬를 만든다. 두 개의 파동이 서로 다른 세계에 존재한다면 이런 일은 절대로 일어날 수 없다. 따라서 이들은 하나의 세계에 존재한다.

그러나 전자의 슬릿 통과여부를 확인하는 장치를 슬릿 바로 뒤에 달아놓으면 상황은 크게 달라진다. 이제 실험에 거시적인 장치가 개입되었으므로 전자가 취하게 될 두 개의 궤적에는 수많은 입자들이 추가로 개입된다. 이들은 "전자가 왼쪽 슬릿을 통과했습니다"라거나 "전자가 오른쪽 슬릿을 통과했습니다"라는 메시지를 표시하는 과정에 관여하는 입자들이다. 이로 인해 각각의 확률파동은 원래의 모습을 잃어버리고, 슬릿을 통과한 후 감지스크린을 향해 나아가는 동안 서로 영향을 주고받을 수도 없게 된다. 〔그림 8.16〕(a)의 경우처럼 새로 추가된 장치 속에 있는 10억×10억 개의 입자들이 두 가지 가능한 결과를 서로 분리시키는 것이다. 두 파동이 겹치지 않으면 양자역학의 상징인 간섭무늬도 나타나지 않는다. 실제로 전자가 어느 쪽 슬릿을 통과했는지를 확인하는 장치를 달아놓으면 〔그림 8.2〕(c)와 같은 간섭무늬는 사라지고 〔그림 8.2〕(a)와 〔그림 8.2〕(b)를 더한 결과가 스크린에 나타난다. 이런 경우 물리학자들은 확률파동이 "결어긋남(decohere) 상태"에 있다고 말한다(결어긋남에 대해서는 나의 전작인 《우주의 구조》 7장을 참고하기 바란다).

한 번 결어긋남 상태가 되면 두 파동은 독립적으로 진행하며, 두 가지 가능한 결과 사이에 혼합은 더 이상 일어나지 않는다. 그러므로 이들 각각을 그 자신만의 '세계', 또는 '우주'라고 불러도 무방하다. 하나의 우주에서 전자는 왼쪽 슬릿을 통과하고 감지장치에 '왼쪽'이라는 메시지가 기록되며, 다른 우주에서 전자는 오른쪽 슬릿을 통과하고 장치에는 '오른쪽'으로 기록된다.

이 경우에는 보어의 설명이 맞는 것 같다(사실은 이런 경우에만 맞는다). 다중세계 접근법에 의하면 여러 입자로 이루어진 큰 물체는 하나, 또는 소수의 입자군과 거동방식이 크게 다르다. 큰 물체는 보어의 생각대로 양자역학의 기본법칙에서 벗어나지 않지만, 확률파동이 크게 변하여 서로 간섭하는 능력이 거의 사라진다. 그리고 둘 또는 그 이상의 파동들이 서로 영향을 미치지 못하면 상대방을 볼 수도 없다. 이런 경우 개개의 파동은 다른 파동들이 사라졌다고 '생각'할 것이다. 그래서 보어는 하나의 관측에 단 하나의 결과만이 나타난다고 얼버무린 반면, 다중세계 접근법은 결어긋남 상태에 있는 파동들을 결합하여 개개의 우주에서는 다른 결과가 모두 '사라진 것처럼 보인다'고 결론지었다. 즉, 개개의 우주에서는 확률파동이 '붕괴된 것처럼' 보인다. 그러나 코펜하겐 해석과 비교할 때 '~처럼'이라는 말은 실체에 대하여 완전히 다른 개념을 제안하고 있다. 다중세계에서는 하나의 결과만 실현되는 것이 아니라, 가능한 모든 결과가 각기 다른 우주에서 똑같이 실현된다.

첨단이론의 불확실함

이 정도 이야기했으면 이 장을 마무리해도 별문제 없다. 지금까지 우리는 양자역학의 수학으로부터 평행우주라는 새로운 개념이 탄생하는 과정을 비교적 자세히 살펴보았다. 그러나 아직은 할 이야기가 조금 더 남아 있다. 이 장의 나머지 부분에서는 양자역학의 다중우주 접근법이 아직도 논란의 대상이 되고 있는 이유를 설명하고자 한다. 이제 곧 알게 되겠지만 반대론자들 중에는 거의 저주에 가까운 악담을 하는 사람도 있다. 이 문제에 관하여 더 이상의 정보가 필요 없다고 느끼는 독자들을 위해 나머지 내용을 아래에 간단하게 요약해 놓았으니, 바쁜 독자들은 이 절만 읽고 다음 장으로 넘어가도 상관없다.

우리는 일상생활 속에서 가능한 결과가 여러 개 있을 때 종종 확률이라는 개념을 떠올린다. 그러나 대부분의 경우는 단 한 번의 실행에서 어떤 결과가 나올지 알 수 없다. 다만, 사전정보가 충분하다면 어떤 경우에 확률이 높은지 미리 예측할 수는 있다. 어떤 결과가 나올 가능성이 크고 어떤 것이 낮은지를 정확하게 알수록 확률에 대한 신뢰도는 높아진다. 다중세계 접근법이 직면한 문제는 확률(양자역학의 확률적 예견)을 완전히 다른 관점에서 설명해야 한다는 것이다. 왜냐하면 다중세계에서는 나올 수 있는 결과가 모두 실현되기 때문이다. 모든 결과가 실현되는데, 확률의 높고 낮음을 어떻게 논한다는 말인가?

이 장의 나머지 부분에서는 이 문제를 해결하기 위한 몇 가지 시도를 소개할 것이다. 한 가지 염두에 둘 것은 지금부터 언급될 내용이 모두 첨단 연구분야라서, 학자들 사이에 의견통일이 전혀 이루어지지 않고 있다는 점이다.

있을 법한 문제

다중세계 접근법에 흔히 쏟아지는 비난은 "현실이라고 보기에 지나 칠 정도로 기이하다"는 것이다. 물리학의 역사를 되돌아보면 성공적인 이론은 대부분 아주 단순하면서도 우아한 체계를 갖고 있었다. 이상적인 이론이라면 최소한의 가정으로 실험결과를 설명하고, 최소한의 논리로 자연을 정확하게 이해할 수 있는 기틀을 제공해야 한다. 이런 점에서 볼 때 관측이 행해질 때마다 마냥 증가하는 다중세계는 이상적인 이론과 거리가 멀다.

다중세계 가설을 지지하는 학자들은 "과학이론의 수용여부를 결정할 때 이론에 함축되어 있는 의미에 초점을 맞추면 안 된다"고 주장한다. 결과가 마음에 안 든다고 배척하지 말라는 이야기다. 중요한 것은 이론 자체의 기본적인 특성이다. 다중세계 접근법은 확률파동의 시간에 따른 변화를 결정하는 단 하나의 방정식에 기초하고 있으므로 '최소한의 가정'이나 '단순함'에 관해서는 별문제가 없다. 오히려 코펜하겐학파의 해석이 더 복잡하다. 코펜하겐의 주장도 슈뢰딩거 방정식에 기초하고 있지만 관측과정에서 이 방정식이 적용되지 않는다는 주장으로 가면 갑자기 내용이 모호해지며, 파동이 붕괴되는 과정은 더욱 모호하다. 생물학 분야에서 지구상에 엄청나게 다양한 생명체가 존재한다는 사실은 다윈이 주장했던 자연선택이론에 하나의 결점으로 남아 있다. 양자적 다중세계이론에서 유도된 엄청나게 다양한 실체도 이론 자체의 결점이 될 수 있지만, 그 정도는 다윈의 진화론보다 결코 심각하지 않다. 기본적으로 단순한 이론도 결과는 얼마든지 복잡해질 수 있는 것이다.

양자적 다중세계는 쓸데없이 많은 전제를 깔고 있지 않지만, 우주의 수가 너무 많다는 것은 잠재적인 논쟁거리가 될 수 있다. 앞에서 나는 물리학자들이 이론을 적용할 때 두 가지 버전의 이야기 — 이 세계가 수학적으로 진행되는 방식에 관한 이야기와 수학을 우리의 경험과 연결시키는 이야기를 준비해야 한다고 말한 적이 있다. 그러나 여기에 추가로 언급되어야 할 세 번째 이야기가 있다. 주어진 이론을 우리가 믿게 되는 과정에 관한 이야기가 바로 그것이다. 양자역학의 경우, 세 번째 이야기는 일반적으로 다음과 같이 진행된다. 양자역학에 대한 우리의 믿음은 관측결과를 설명하는 능력에 기초하고 있다. 양자역학을 연구하는 한 물리학자가 이론적 계산을 통하여 "주어진 실험을 실행했을 때 특정 결과가 나올 확률이 다른 결과가 나올 확률보다 9.62배 높다"는 결론을 얻었다면, 이것은 실험을 통해 언제든지 확인할 수 있다. 만일 실험결과가 이론적 계산과 일치하지 않는다면, 그는 양자역학이 틀렸다고 생각할 것이다. 그러나 신중한 과학자라면 섣부른 판단을 내리지 않을 것이다. 확률이라는 것은 대체로 정확하게 떨어지지 않기 때문이다. 정상적인 동전을 1,000번 던졌을 때 수학적으로 따지면 앞면과 뒷면이 500번씩 나와야 하지만, 실제로는 약간의 차이가 나기 마련이다. 그런데 그 차이가 생각보다 크게 벌어지면 실험자는 동전에 문제가 있다고 생각할 것이다. 확률이론이 틀릴 수는 없기 때문이다. 반면에 양자역학의 이론적 계산과 실험결과가 심각한 차이를 보이면 실험자는 양자역학을 의심하게 된다.

양자역학에 대한 우리의 믿음은 관측데이터에 크게 의존하고 있다. 제아무리 이론이 논리적이고 이해 가능하다 해도, 이론과 실험이 일치하지 않는다면 믿음은 약해질 수밖에 없다. 이론과 실험의 차이가 클수록 이론의 입지는 더욱 약해진다. 이것이 바로 이론의 신뢰도를 판단하는 기준이다.

다중세계 가설이 논쟁의 대상이 되는 이유는 그것이 양자역학의 신뢰도를 판단하는 기준 자체를 위협하고 있기 때문이다. 예를 들어 동전을 위로 던지면 앞면이 나올 확률이 반이고 뒷면이 나올 확률도 반이다. 그러나 이것은 동전이 테이블에 떨어졌을 때 앞면이나 뒷면 중 하나가 반드시 나온다는 가정 하에 얻어진 확률이다. 만일 하나의 세계에서 앞면이 나오고 또 다른 세계에서는 뒷면이 나온다면, 그리고 이 결과를 바라보는 나 자신도 두 세계에 모두 존재한다면, 확률이라는 것이 무슨 의미란 말인가? 하나의 이 세계에서 나는 동전의 앞면을 보았고, 나와 똑같은 외모에 똑같은 기억을 갖고 있으면서 자신에 찬 어조로 '나'임을 주장하는 누군가가 또 다른 세계에서 동전의 뒷면을 보았다. 동전의 앞면을 본 브라이언 그린이 있고, 뒷면을 본 브라이언 그린도 존재한다면, 1/2이라는 기존의 확률은 의미를 상실한다.

〔그림 8.16〕(b)처럼 전자의 확률파동이 스트로베리 필즈와 그랜트장군 묘에서 각각 피크를 이루는 경우에도 이와 동일한 논리를 적용할 수 있다. 전통적인 양자역학에 의하면 실험자인 당신이 스트로베리 필즈에서 전자를 발견할 확률은 50퍼센트이며, 그랜트장군 묘에서 전자를 발견할 확률도 50퍼센트이다. 그러나 다중세계 접근법에 의하면 두 가지 가능성이 모두 실현된다. 스트로베리 필즈에서 전자를 발견하는 당신도 있고, 그랜트장군 묘에서 전자를 발견하는 당신도 있다. 그렇다면 "두 경우의 확률이 같다"고 주장하는 기존의

확률을 어떻게 받아들여야 하는가?

대부분의 독자들은 "다중세계에 여러 명의 내가 살고 있다 해도, 그들 중 가장 '현실에 가까운' 내가 존재한다"고 생각하고 싶을 것이다. 모든 세계에 있는 '당신들'의 외모와 기억이 똑같다고 해도, 이들 중 진정한 당신은 한 사람뿐이라고 생각할 것이다. 그리고 여기서 더 나아가 확률적 예견이 적용되는 대상은 바로 이 '진정한 나'일 뿐이라고 생각하고 싶을 것이다. 그렇게 생각하는 것도 무리는 아니다. 나도 양자다중세계 가설을 처음 접했을 때 그렇게 생각했었다. 그러나 이런 생각은 다중세계 접근법에 완전히 위배된다. 다중세계는 최소한의 가정으로 세워진 이론이다. 확률파동은 무조건 슈뢰딩거 방정식을 따른다. 이것이 전부다. 여러 명의 당신 중 어느 한 사람이 가장 진실에 가깝다고 생각하는 것은 코펜하겐 해석으로 되돌아가겠다는 뜻이다. 코펜하겐학파에서 말하는 파동의 붕괴는 하나의 현실만 존재하도록 만드는 조악한 방법이다. 다중세계에서 오직 하나만이 진정한 당신이라고 생각한다면, 당신도 그들과 같은 주장을 펼치는 셈이다. 그 생각을 버릴 수 없다면 굳이 다중세계를 도입할 필요가 없다. 다중세계는 에버렛이 코펜하겐학파의 결점을 보완하다가 생각해낸 이론이며, 그가 의지한 것이라곤 실전에서 검증된 슈뢰딩거 방정식뿐이었다.

이 점을 생각하다 보면 다중세계에 불편한 빛이 드리워진다. 우리가 양자역학을 믿는 이유는 확률적 예견이 실험과 잘 일치하기 때문이다. 그런데 다중세계에서는 확률의 역할이 모호하다. 그렇다면 세 번째 이야기를 어떻게 풀어나가야 하는가? 다중세계가 옳은 이론이라는 근거를 어디서 찾아야 하는가? 바로 이 점이 문제이다.

사실, 이런 장벽은 처음부터 예견되어 있었다. 다중세계에는 우연이라는 것이 없다. 모든 파동은 수학적으로 완벽하게 정의되어 있는 슈뢰딩거 방정식을 따라 변해간다. 여기에는 주사위도 없고, 어지럽게 돌아가는 룰렛도 없다. 반면에 코펜하겐식 접근법에서는 정의부터 모호한 파동의 붕괴(관측이 행해지는 순간, 멀쩡했던 파동이 갑자기 붕괴된다)를 통해 확률이 도입된다(주어진 지점에서 파동의 값이 클수록 파동이 붕괴된 후 그곳에서 입자가 발견될 확률이 높다). 이와 같이 코펜하겐 해석에서는 주사위와 룰렛이 난무하고 있다. 그러나 다중세계 접근법은 파동의 붕괴를 채택하지 않았으므로 확률이 개입될 여지도 없다.

다중세계 접근법에서 확률이란 정말 아무런 의미도 없는 것일까?

확률과 다중세계

에버렛은 의미가 있다고 생각했다. 1956년에 집필한 박사학위논문 초안과 분량을 크게 줄여서 1957년에 발표한 논문에는 다중세계 접근법에 확률을 도입하는 과정이 소개되어 있다. 그러나 50여 년이 지난 지금까지도 이와 관련된 논쟁은 끊이지 않고 있다. 다중세계를 오랜 세월 동안 연구해온 물리학자와 철학자들도 다중세계와 확률을 연결시키는 문제에 관해서는 의견이 분분하다. 일각에서는 이것이 해결 불가능한 문제이기 때문에 다중세계를 폐기해야 한다는 주장도 있고, 확률이나 확률 비슷한 무언가를 다중세계에 도입할 수 있다고 주장하는 사람도 있다.

에버렛의 원조 논문은 이 문제의 어려움을 잘 보여주고 있다. 일상생활 속에서 우리는 어떤 경우에 확률에 의존하게 되는가? 특정 결과를 초래하는 원인에 대하여 완벽한 정보를 갖고 있다면 굳이 확률을 따질 필요가 없다. 확률을 따지는 경우는 이 정보가 불완전한 경우뿐이다. 예를 들어 동전의 정확한 크기와 무게, 속도, 공기나 테이블과의 마찰력, 동전과 테이블의 탄성 등 충분한 정보를 알고 있다면, 우리는 동전을 던졌을 때 나타날 결과를 미리 예측할 수 있다. 그러나 대부분의 경우에는 이 많은 정보를 일일이 확인할 수가 없기 때문에 차선책으로 확률을 따지게 되는 것이다. 날씨, 복권, 카드놀이 등 확률이 개입된 모든 것들은 이러한 공통점을 갖고 있다. 각 상황에 대한 지식이 한정되어 있기 때문에 어떤 결과가 나올지는 알 수 없고, 특정 결과가 나올 확률만 계산할 수 있다.

에버렛은 다중세계에서 확률이 제 갈 길을 알아서 찾아간다고 주장했다. 위의 사례들과 원인은 전혀 다르지만, 어쨌거나 이론 속에 정보의 부족현상이 나타나기 때문이다. 다중세계에 살고 있는 모든 존재들은 오직 자신이 속한 단 하나의 세계만을 인식할 수 있다. 그 외의 다른 세계는 불가침의 영역이다. 에버렛은 이렇게 제한된 관점 때문에 다중세계에 확률이 개입된다고 주장했다.

에버렛의 논점을 이해하기 위해 양자역학은 잠시 접어두고, 다소 불완전하지만 좀 더 실감나는 예를 들어보자. 잭스터(Zaxter) 행성에 사는 외계인들이 지구인 중 아무나 똑같이 복제할 수 있는 장치 개발에 성공했다. 당신이 이 장치로 걸어 들어가면 잠시 후에 두 사람이 걸어나오는데, 이들은 겉모습이 똑같을 뿐만 아니라 스스로도 자신이 '진정한 나'라고 하늘같이 믿고 있다. 잭스터의 외계인들은 자기들보다 덜 똑똑한 지구인들을 발견하고 당장 지구로 날아와 당신에게 다음과 같은 제안을 했다. "오늘 밤 당신이 잠들면 우리가 당신을 복제장치에 조심스럽게 집어넣을 것이다. 5분 후면 두 명의 당신이 출력된다. 둘 중 한 사람은 깨어난 후부터 삶이 정상적으로 지속되고, 어떤 소원이든 우리가 들어줄 것이다. 그리고 다른 쪽은 우리 행성으로 데려가서 고문실에 가둬놓고 죽을 때까지 온갖 생체실험을 할 것이다. 물론 지구에 남은 당신이 아무리 노력해도 잭스터 행성으로 끌려가는 당신을 절대 구할 수 없다. 우리의 제안을 받아들이겠는가?"

대부분의 사람들은 받아들이지 않을 것이다. 두 사람 모두 진정한 '당신'이라면, 둘 중 누가 끌려가건 평생 동안 고통받는 당신이 분명히 존재하기 때문이다. 물론 또 하나의 당신은 정상적인 삶을 누리면서 어떤 소원도 이룰 수 있겠지만, 잭스터 행성에 끌려간 당신은 평생을 끔찍한 고통 속에서 살아야 한다. 소원을 이루는 것치고는 대가가 너무 큰 것 같다.

당신이 선뜻 결정을 내리지 못하고 망설이자 잭스터의 외계인들이 제안을 조금 수정했다. "정 그렇다면 당신과 똑같은 복제인간을 두 명이 아니라 무려 100만 1명을 만들고, 지구와 똑같은 행성 100만 개를 만들겠다. 우리가 엄청 손해 보는 장사이지만, 과학발전을 위해 우리가 양보한다. 복제 후 100만 명의 당신은 100만 개의 똑같은 지구에 한 사람씩 할당되어 아무 소원이나 이룰 것이고, 단 한 사람만 우리 행성으로 데려가겠다. 이래도 싫은가?" 드디어 당신의 마음이 흔들리기 시작한다. "가만있자…… 그러면 내가 지구에서 소원을 이루고 행복하게 살 수 있는 확률이 '100만/100만 1'이라는 얘기잖아. 이건 해볼 만하겠는데?"

두 번째 제안은 다중세계 접근법과 밀접하게 연관되어 있다. 만일 당신이 100만 1명의 복제인간들 중 한 사람만이 '진짜'라고 생각하여 확률을 떠올렸다면, 상황을 잘못 판단한 것이다. 100만 1명의 복제인간들은 단 하나의 예외 없이 모두가 '진짜' 당신이다. 그러므로 누가 선택되건 간에, 당신들 중 한 사람이 잭스터 행성으로 끌려갈 확률은 무조건 100퍼센트다. 이 점을 생각하고 내린 결정이라면 그대로 밀고 나가도 된다. 그러나 이 경우에는 확률을 좀 더 신중하게 생각할 필요가 있다. 이제 당신이 잭스터 외계인의 제안을 수락하고 다음날 아침에 깨어났을 때 벌어질 상황을 상상하다 잠들었다고 가정해보자. 밤새 뒤숭숭한 꿈을 꾸며 뒤척이다가 다음날 아침 정신이 돌아왔다. 아직 눈을 뜨지 않은 당신은 끔찍한 악몽을 꾸었다고 생각하다가 심장박동이 느껴지면서 모든 것이 현실임을 깨달았다. 지금 100만 1명의 당신들이 복제장치에서 깨어나는 중이다. 이들 중 한 명은 잭스터 행성으로 끌려갈 것이고, 나머지 100만 명은 지구에서 소원을 이룰 것이다. 당신은 아직도 눈을 감은 채 스스로 자문한다. "내가 눈을 떴을 때 잭스터 우주선 안에 실려 있을 확률은 얼마인가?"

복제가 이루어지기 전에는 잭스터 행성으로 끌려갈 확률을 따지는 것이 아무런 의미도 없었다. 어쨌거나 당신들 중 한 명은 끌려갈 것이기 때문이다. 그러나 복제가 완료된 후에는 상황이 크게 달라진다. 모든 복제인간들은 스스로 당신이라고 생각할 것이다. 이것은 사실이다. 모두가 당신이다. 또한 이들은 자신의 미래를 생각할 수 있는 독립된 인격체이기도 하다. 100만 1명의 당신들은 자신이 잭스터 우주선에 탑승할 확률을 물어볼 수 있다. 그리고 이들 모두는

100만 1명 중 단 한 사람만이 끌려간다는 사실을 알고 있으므로, 자신이 그 당사자가 될 확률은 매우 작다고 생각할 것이다. 이들이 모두 깨어나면 100만 명은 가슴을 쓸어내리며 환호성을 지를 것이고, 한 명은 죽음의 여행을 하고 있을 것이다. 여기에는 불확실한 것도 없고 우연도 없으며 확률적인 것도 없지만(주사위를 던지지도 않았고, 룰렛을 돌리지도 않았다), 그래도 확률은 개입된다. 100만 1명의 복제인간들은 자신의 운명이 어떻게 될지 알 수 없기 때문에(즉, 정보가 부족하기 때문에) 확률을 떠올리게 되는 것이다.

이 사례는 다중세계 접근법에 확률이 개입되는 방식을 보여주고 있다. 아직 실험을 수행하지 않은 당신은 잭스터 시나리오에서 '복제되지 않은 나'와 비슷한 상태이다. 당신은 양자역학의 법칙을 이용하여 모든 가능한 결과를 예측할 수 있으며, 어떤 결과가 나오건 당신의 복사본 중 한 명에 의해 반드시 목격된다는 사실도 알고 있다. 여기에 우연이나 확률이 개입될 여지는 없다. 그러나 일단 실험을 수행하면 잭스터 시나리오처럼 확률이 개입되기 시작한다. 당신의 복사본들은 지각이 있는 존재로서, 실험이 끝났을 때 자신이 어떤 결과를 보게 될지(자신이 어떤 우주에 존재하게 될지) 생각할 능력이 있다. 실험자의 주관적인 경험을 통해 확률이 개입되는 것이다.

위의 사례는 에버렛이 "주관적 수준에서 재현되는 확률과 객관적 결정가능성"이라 불렀던 그의 접근법에 잘 부합된다. 1956년에 작성했던 박사학위논문 초안에서 에버렛은 아인슈타인의 주장(물리학의 기본이론은 확률에 의존하지 않음)과 보어의 주장(확률에 의존해도 아무 상관 없음)을 연결하는 새로운 논리를 제안했다. 이 논리에 의하면 두 의견의 충돌은 관점상의 차이일 뿐이며, 다중세계 접근법은 두 가지를 모두 수용할 수 있다. 아인슈타인의 관점은 모든 입자의 '전체적인 확률파동(grand probability wave)'이 오직 슈뢰딩거 방정식을 따라 변한다는 수학적 관점이기 때문에 우연이나 확률이 끼어들 여지가 전혀 없다.* 그래서 나는 이런 그림을 자주 떠올리곤 한다 — 아인슈타인이 허공에 떠올라 다중세계를 내려다보고 있다. 그는 만물이 슈뢰딩거 방정식을 따라 변해가는 광경을 흐뭇한 표정으로 바라보면서 "양자역학이 옳은 이론이라 해도, 신은 결코 주사위노름을 하지 않는다"고 결론짓는다. 반면에 보어의 관점은 하나의 세계에 한 사람의 관측자가 확률을 이용하여 자신이 얻게 될 관측결과를 놀라울 정도로 정확하게 예측할 수 있다는 것이다.

아인슈타인과 보어가 기본적으로 양자역학에 동의한다고 보는 것은 꽤 새로운 시각이다. 그러나 구체적인 사항들은 거의 50년이 지나도록 의견일치를 보지 못하고 있다. 에버렛의 논문을 연구한 학자들은 "이 세계가 확률적 성질을 갖고 있음에도 불구하고 결국은 결정론적 원리를 따른다"는 그의 주장을 이해하면서도, 그것을 구현하는 방법론이 다소 부족하다고 느끼고 있다. 에버렛은 다중세계에 거주하는 '전형적인' 관측자가 임의의 실험에서 어떤 결과를 얻게 되는지 규명하려고 했다. 그러나 다중세계에 등장하는 모든 관측자들은 완전히 동일한 존재들이다. 당신이 관측자라면 모든 관측자들은 '당신'이며, 이들은 실험에서 각기 다른 결과를 얻게 된다. 그렇다면 '전형적인' 관측자는 누구인가?

---

* 비확률적 관점을 고집하는 사람이라면 '확률파동(probability wave)'이라는 용어를 폐기하고 '파동함수(wave function)'라는 용어를 사용할 것이다.

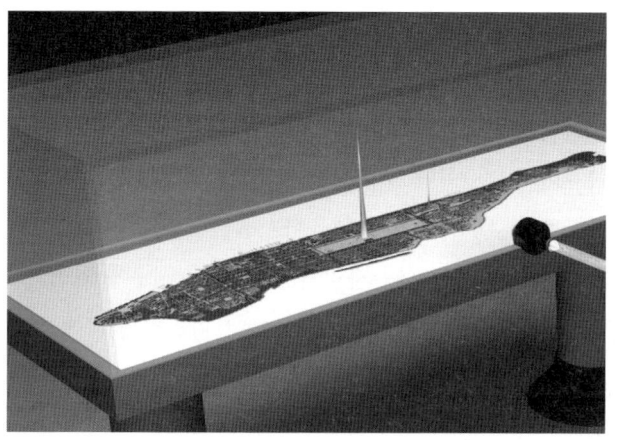

[그림 8.17] 확률파동이 두 지점에서 서로 다른 크기의 피크를 갖는 경우.

 잭스터 행성 시나리오에서 그랬던 것처럼, 특정 결과를 얻은 당신의 수를 헤아려서 동일 결과를 본 인원 수가 가장 많은 사람들을 '전형적인' 당신이라고 부르는 것이 자연스럽다. 또는 특정 결과가 나올 확률이 그 결과를 얻은 당신의 수에 비례하는 것으로 정의하면 된다. [그림 8.16]을 예로 들어보자. 이 경우에는 두 명의 당신들이 각기 다른 결과를 관측할 것이므로 확률은 50:50이다. 여기까지는 아무 문제없다. 정통 양자역학에 입각한 확률도 50:50이다. 피크의 높이가 두 지점에서 같기 때문이다.
 그러나 [그림 8.17]과 같이 두 지점에서 피크의 높이가 다른 일반적인 경우를 고려하면 사정은 달라진다. 스트로베리 필즈에서 파동의 높이가 그랜트장군 묘에서 파동의 높이보다 100배 높은 경우, 양자역학에 의하면 전자가 스트로베리 필즈에서 발견될 확률은 그랜트장군 묘에서 발견될 확률보다 100배 높다. 그러나 다중세계 접근법에 의하면 관측을 실행했을 때 나타나는 당신은 여전히 두 명이다. 한 사람은 스트로베리 필즈에서 전자를 발견하고, 또 한 사람은 그랜트장군 묘에서 전자를 발견한다. 따라서 빈도수만 놓고 보면 확률은 여전히 50:50이다. 이것은 100:1이라는 정통 양자역학의 결과와 상치된다. 왜 이렇게 되었을까? 원인은 자명하다. 관측 후 각기 다른 결과를 접하는 관측자의 수는 피크의 개수에 의해 결정되지만, 양자역학적 확률은 피크의 수가 아닌 피크의 높이에 의해 결정되기 때문이다. 그리고 관측을 통해 확인되는 것은 양자역학적 확률이다.

에버렛은 둘 사이의 불일치를 설명하는 수학적 논리를 개발했고, 이 논리는 후속 학자들에 의해 더욱 개선되었다.[9] 대충 말하자면 "특정 결과를 목격할 확률을 계산하려면 [그림 8.18]처럼 파동의 높이가 낮은 우주에 '작은 가중치'를 곱해야 한다"는 것이다. 그러나 이 논리는 논쟁의 소지가 다분하다. 당신이 '스트로베리 필즈에서 전자를 발견한 우주'가 '그랜트장군 묘에서 전자를 발견한 우주'보다 100배 더 진실한가? 아니면 100배 더 중요한가? 그것도 아니라면 100배 더 그럴듯하다는 뜻인가? 이 논리는 모든 세계가 똑같이 현실적이라는 믿음에 부합되지 않는다.

50년이 넘도록 수많은 학자들이 에버렛의 아이디어를 연구하고, 수정 보완하고 확장해왔지만 이 수수께끼는 아직도 풀리지 않고 있다. 그러나 수학적으로 단순하면서도 가히 혁명적이라 할 수 있는 다중세계해석이 정통 양자역학처럼 확률적 해석을 낳는다는 것은 주목할 만한 일이다. 잭스터 시나리오처럼 다중세계와 확률을 결합하는 아이디어는 지금까지 여러 가지 형태로 제안되어 왔다.[10]

수학적 이야기

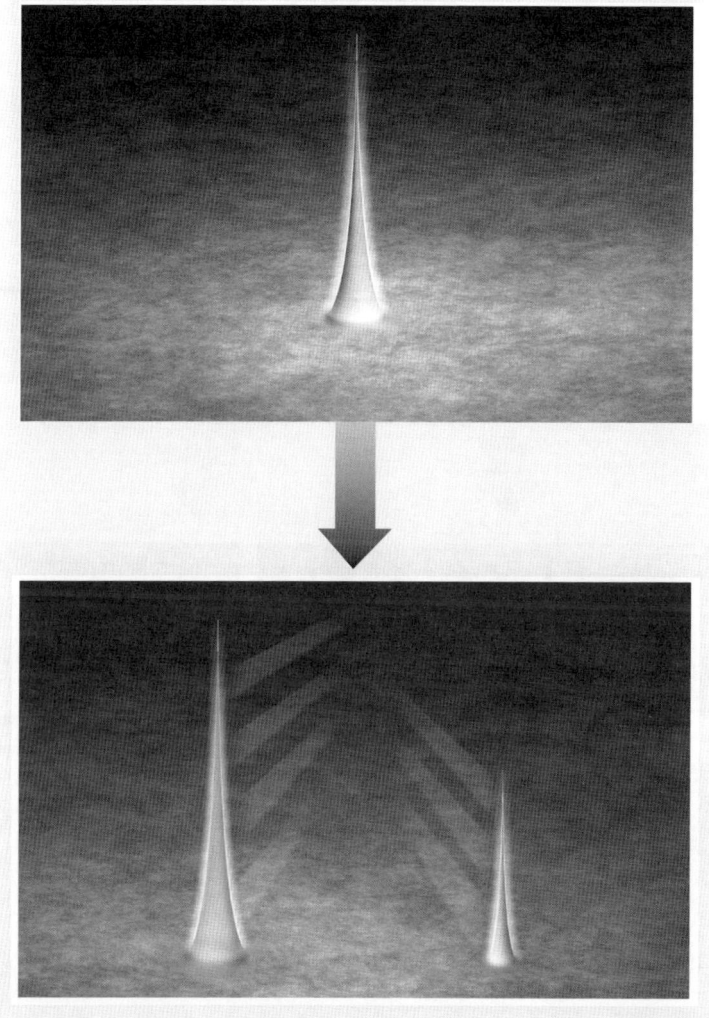

[그림 8.18] (a)전자의 관측을 시도했을 때 당신의 몸과 관측장비를 이루는 모든 입자들의 확률파동을 결합한 하나의 파동이 변해가는 과정. 이 그림은 전자의 확률파동이 두 지점에서 서로 다른 높이의 피크를 갖는 경우이다.

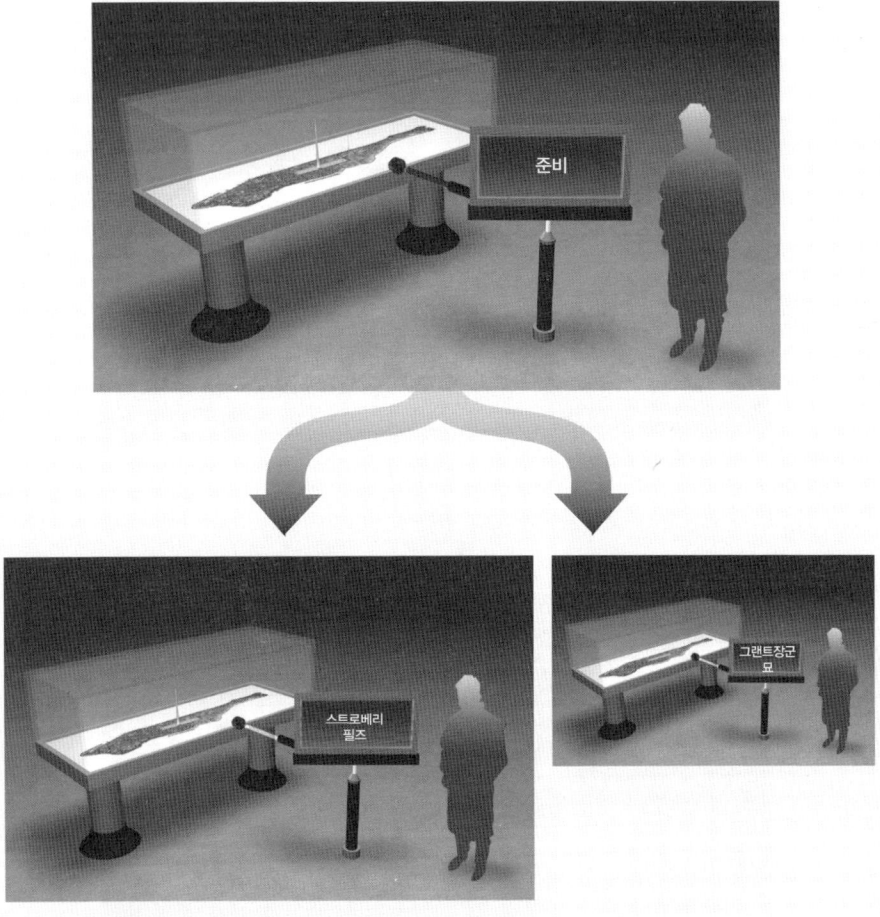

[그림 8.18] (b)다중세계이론을 해석하는 한 가지 방법은 "높이가 다른 파동은 일부 세계가 다른 세계보다 더 진실하거나 더 중요하다는 것을 의미한다"고 생각하는 것이다. 그러나 한 세계가 다른 세계보다 중요하다는 것이 무슨 의미인지는 아직도 논란의 대상이 되고 있다.

옥스퍼드대학의 데이비드 도이치(David Deutsch)와 사이먼 손더스(Simon Saunders), 데이비드 월러스(David Wallace), 힐러리 그리브스(Hilary Greaves) 등도 양자 다중우주와 관련하여 하나의 제안을 내놓았는데, 그 내용은 다음과 같다. 만일 당신이 다중우주를 믿는 도박사라면 양자역학적 실험 결과를 놓고 돈을 걸 때 무엇을 기준으로 판단해야 하는가? 이들은 닐스 보어가 돈을 거는 곳에 따라서 거는 것이 최선이라고 주장한다. 이들은 도박에 이길 확률을 최대화하는 비결을 논하면서, 마음속으로는 보어가 들으면 몹시 분노할 만한 생각을 품고 있었다. 즉, 다중세계에 거주하는 수많은 '당신들'의 평균을 염두에 둔 것이다. 그렇다고 해도 이들의 결론에 의하면 보어가 말한 확률을 따라 돈을 거는 것이 최선이다. 양자역학이 완전히 결정론적인 이론이라고 해도, 확률을 무시할 수는 없다는 이야기다.

일부 학자들은 이것으로 에버렛과 관련된 논쟁이 끝났다고 주장하는 반면, 다른 일각에서는 아직도 치열한 논쟁이 전개되고 있다.

다중세계 접근법에서 확률을 어떻게 취급해야 하는가? 물리학자들이 이 문제에 의견일치를 보지 못하는 것은 어느 정도 예견된 일이다. 분석방법이 지나칠 정도로 기술적인데다가, 확률은 굳이 양자역학과 관련시키지 않아도 원래부터 다루기 어려운 개념이기 때문이다. 예를 들어 주사위를 던졌을 때 3이 나올 확률은 1/6이므로 1,200번을 던지면 3은 200번 나와야 한다. 그러나 실제로 실행을 해보면 정확하게 200으로 떨어지지 않는다. 실제 결과가 예상과 다르다면 수학적 예견이 무슨 의미가 있는가? "3이 나오는 경우가 전체 시행횟수의 1/6일 가능성이 높다는 뜻"이라고 말하고 싶겠지만, 사실 이것은 "3이 나올 확률"이 아니라 "3이 나올 확률의 확률"이다. 이런 식으로 따지다 보면 우리의 논리는 다람쥐 쳇바퀴 돌듯 제자리를 돌게 된다.

확률은 수학적으로도 복잡한 개념이지만, 기본 개념 자체가 매우 모호하다. 다중세계로 접어들면 그곳에 존재하는 당신은 한 사람이 아니며, 이 낯선 세계에서 논쟁거리는 얼마든지 찾을 수 있다. 앞으로 연구가 계속 진행되다 보면 명확한 답이 나오겠지만, 지금 당장은 해결될 가능성이 별로 없는 것 같다.

예측과 이해

이 모든 논란에도 불구하고 양자역학이 역사상 가장 성공적인 물리학이론이라는 데에는 의심의 여지가 없다. 앞에서도 여러 번 강조했지만, 그 이유는 양자역학적 알고리즘이 실험과 관측을 통해 검증될 수 있는 다양한 예측을 내놓았기 때문이다. 슈뢰딩거의 파동방정식을 이용하면 확률파동의 변화를 예측할 수 있고, 이 결과(확률파동의 높이)를 이용하면 특정 결과가 얻어질 확률을 예측할 수 있다. 이 예측이 실험결과와 정확하게 일치하는 이유(관측과정에서 파동이 붕괴되는지, 아니면 다중세계에서 모든 가능한 결과가 실현되는지 등의 여부)를 따지는 것은 부차적인 문제이다.

그러나 일부 물리학자들은 이것을 '부차적 문제'라고 부르는 것조차 과분하다고 주장한다. 자연현상을 예측하는 것이 물리학의 유일한 목적이므로, 다른 접근법이 이 예측에 아무런 영향도 미치지 않는다면 그것 때문에 고민할 이유가 없다는 것이다. 과연 그럴까?

이와 관련된 세 가지 의견을 여기 소개한다.

첫째, 예측을 내놓는 것도 중요하지만 물리학이론은 무엇보다 수학적으로 타당해야 한다. 코펜하겐학파는 깊은 사고를 거쳐 눈에 보이는 현실과 잘 부합되는 해석을 내놓았지만, 관측이라는 결정적인 순간을 수학적으로 설명하지 못했으므로 기준미달이다. 반면에 다중세계 접근법은 이 기준을 충족시키기 위해 노력하고 있다.[11]

둘째, 어떤 경우에는 다중세계 접근법에서 내놓은 예측이 코펜하겐의 예측과 다를 수도 있다. 코펜하겐 해석에 의하면 확률파동이 붕괴되기 때문에 [그림 8.16](a)는 피크가 하나인 파동으로 수정되어야 한다. 그러므로 그림에 나타난 두 개의 파동(각기 다른 거시적 상태)이 어떻게든 간섭을 일으키게 만들어서 [그림 8.2](c)와 비슷한 패턴을 얻어낸다면, 코펜하겐학파가 주장하는 파동의 붕괴는 일어나지 않는다고 결론지을 수 있다. 물론 이것은 앞서 언급한 '결어긋남' 때문에 결코 만만한 작업이 아니지만, 적어도 이론적으로 코펜하겐 해석과 다중세계 접근법이 서로 다른 예측을 내놓는 사례가 될 수 있다.[12] 일각에서는 코펜하겐 해석과 다중세계 접근법이 동일한 양자역학을 서로 다르게 해석한 결과라고 주장하는 사람도 있다. 그러나 두 접근법이 서로 다른 결과를 내놓는다면 이것은 해석상의 문제가 아니다. 그래도 계속 주장하고 싶은가? 물론 그럴 수도 있다. 실제로 그런 사람들이 있다. 그러나 이들의 주장은 용어를 남용한다는 느낌을 지우기 어렵다.

세 번째 의견은 물리학에서는 자연현상을 예측하는 것 이외에 다른 역할이 있다는 것이다. 미래의 어느 날, 입자물리학 실험과 천문관측에서 예견된 '블랙박스'가 발견된다 해도 이 분야의 연구는 끝나지 않을 것이다. 무언가를 '예견'하는 것과 '이해'하는 것은 전혀 다르기 때문이다. 물리학의 궁극적인 목적은 우주가 왜 지금과 같이 운영되고 있는지 그 이유를 이해하는 것이다. 이것이 바로 물리학이 존재하는 이유이다. 앞날을 예견하는 것도 물리학의 중요한 역할 중 하나지만, 숨은 실체에 대한 깊은 이해를 도모하지 못한다면 물리학은 존재의 의미를 상실한다.

 단일우주와 다중우주, 또는 그 외의 다른 이론들 중 어느 것이 과연 진정한 실체인가? 내가 살아 있는 동안에는 결론이 나지 않을 것 같다. 그러나 나는 미래의 학자들이 궁극의 실체를 발견하는 데 20세기와 21세기의 물리학이 커다란 도움이 될 것이라고 굳게 믿는다.

The Hidden Reality

블랙홀과 홀로그램

홀로그램 다중우주

플라톤은 세계를 바라보는 우리의 관점을 동굴 벽에 드리워진 희미한 그림자를 바라보는 고대 선조들의 관점에 비유했다. 그는 우리가 지각하는 것이 실체의 극히 일부이며, 진짜 실체는 우리가 인지할 수 있는 한계를 넘어선 곳에 훨씬 다양한 형태로 존재한다고 생각했다. 그로부터 2,000년이 지난 지금, 플라톤의 생각이 단순한 비유만은 아니었다는 느낌이 든다. 모든 실체는 우리로부터 아주 멀리 떨어져 있는 경계면에서 운영되고 있고, 우리 눈에 보이는 것은 실체가 3차원 공간에 투영된 영상일지도 모른다. 다시 말해서 실체는 홀로그램(hologram)과 비슷하거나, 홀로그램으로 진행되는 한 편의 영화일 수도 있다는 이야기다.

지금부터 소개할 홀로그래피 원리(holographic principle)는 다중우주 중에서 가장 기이한 버전이다. 이 가설에 의하면 우리가 경험하는 모든 것은 멀리 있는 어딘가에서 진행되고 있는 실체의 향연이 우리 세계로 투영된 결과이다. 그리고 그 경계에서 물리학을 지배하는 법칙을 발견한다면 우리는 그야말로 '실체의 모든 것'을 알게 된다. 이것은 플라톤이 말했던 그림자세계(자연의 모든 현상이 담겨 있는 낯선 평행우주)를 실체로 간주한 이론이다.

이 세계를 탐험하다 보면 일반상대성이론을 비롯하여 열역학, 양자역학, 그리고 끈이론 등 온갖 물리학이론과 마주치게 된다. 이 다양한 이론들을 하나로 묶어주는 끈은 바로 양자적 우주의 '정보(information)'이다.

정보

존 휠러는 뛰어난 제자를 길러내는 스승으로도 유명하지만(휴 에버렛을 비롯하여 리처드 파인만Richard Feynman과 킵 손Kip Thorne, 그리고 이제 곧 만나게 될 제이콥 베켄슈타인Jacob Bekenstein 등이 모두 그의 제자였다) 자연에 대한 패러다임을 완전히 바꿀 만한 빅 이슈를 찾아내는 데에도 탁월한 능력을 발휘했다. 나는 1998년에 프린스턴에서 그와 점심식사를 같이할 기회가 있었는데, 식사 도중에 내가 "앞으로 무엇이 물리학의 최대 주제가 될 것 같습니까?"라고 물었더니, 그는 그날 하루에도 같은 질문을 수도 없이 받았다는 듯 조용히 고개를 숙이고 한동안 아무 말도 하지 않았다. 나는 노인에게 너무 무거운 질문을 던졌나 싶어 잠시 후회하고 있었는데, 잠시 후 그는 서서히 고개를 쳐들며 간단하게 대답했다. "정보가 최대 현안이 될 걸세."

나는 별로 놀라지 않았다. 왜냐하면 휠러는 과거에도 신출내기 물리학자들이 강의실에서 배우는 내용과 전혀 다른 파격적인 세계관을 종종 언급해왔기 때문이다. 전통적인 물리학의 주된 관심사는 행성과 바위, 원자와 입자, 그리고 장(field)과 같은 사물을 대상으로 이들의 거동과 상호작용을 관장하는 힘(force)을 연구하는 것이다. 그러나 휠러는 그 사물(물질과 복사)이라는 것이 더욱 근본적인 무언가의 특성을 운반하는 수단에 불과하며, 그 근본적인 것의 정체가 바로 '정보'라고 강조했다.

그렇다고 휠러가 물질과 복사를 실재하지 않는 환상으로 치부했다는 뜻은 아니다. 그는 더욱 근본적인 실체가 물질계에 발현된 것이 물질과 복사라고 했다. 휠러는 정보(입자의 위치, 스핀, 전기전하 등)야말로 실체의 본질을 이루는 가장 함축된 핵심요소라고 믿고 있다. 이 정보가 '정확한 질량과 전하를 갖고 한 장소를 점유하고 있는 입자'의 형태로 우리 세계에 투영된다는 것이다. 마치 건축가의 설계도가 실제 건물로 지어지는 과정과 비슷하다. 실제 건물은 건축가가 디자인한 내용이 물리적으로 실현된 결과일 뿐이며, 근본적인 정보는 건물이 아닌 설계도에 들어 있다.

이런 관점에서 볼 때 우주는 거대한 정보처리장치라고 할 수 있다. 우주는 모든 사물의 현재상태에 관한 정보로부터 미래상태의 정보를 생산하고 있기 때문이다. 그리고 우리는 물리적 환경의 시간에 따른 변화를 관측함으로써 이 과정을 인식한다. 그러나 물리적 환경 자체는 당장 눈에 보이는 빙산의 일각일 뿐이다. 그것은 더욱 근본적 요소인 정보의 산물로서, 물리학의 기본법칙에 따라 변해간다.

정보이론에 입각한 우주론이 휠러의 예측대로 미래 물리학의 최대현안이 될지는 나도 잘 모르겠다. 그러나 최근 들어 헤라르트 토프트(Gerard 'tHooft)와 레너드 서스킨드는 정보와 관련하여 매우 난해한 질문을 제기했다. 기존의 사고방식을 크게 바꾼 이 질문의 진원지는 다름 아닌 블랙홀이었다.

블랙홀

일반상대성이론이 발표된 후 1년이 채 지나기 전에 독일의 천문학자 칼 슈바르츠실트(Karl Schwartzchild)는 최초로 아인슈타인 방정식의 완전해(exact solution)를 구하여 학계의 주목을 받았다. 그가 얻은 해는 행성과 같이 무거운 구형천체 근처에서 시간과 공간의 형태를 말해주고 있었다. 놀랍게도 슈바르츠실트는 1차대전에 참전하여 러시아군의 대포알 궤적을 계산하다가 이 해를 발견했다. 그런데 더욱 놀라운 사실은 그가 이 게임의 창안자를 이겼다는 점이다. 그때까지만 해도 아인슈타인은 일반상대성이론 방정식의 근사적인 해밖에 구하지 못하고 있었다. 새로운 결과에 감명을 받은 아인슈타인은 슈바르츠실트가 얻은 결과를 학계에 소개했고 프러시안 학회에 참석하여 직접 발표하기도 했다. 그러나 아인슈타인은 슈바르츠실트의 해가 갖고 있는 잠재적 능력을 완전히 간파하지 못했다.

    슈바르츠실트의 해는 태양이나 지구와 같은 천체가 시공간에 만드는 완만한 곡률을 보여주고 있다. 아무것도 없는 시공간은 사람이 올라가지 않은 트램펄린처럼 평평하지만, 물체가 있는 곳(질량이 존재하는 곳)은 사람이 올라간 트램펄린처럼 움푹 꺼지면서 0이 아닌 곡률을 갖게 된다. 이 결과는 아인슈타인이 구했던 근사적 해와 잘 일치했다. 그러나 슈바르츠실트는 근사적 접근법에 의존하지 않으면서 훨씬 더 놀라운 사실을 알아냈다. 천체의 질량이 아주 작은 영역 속에 밀집되어 있으면 그곳에 '중력의 구멍'이 형성되었던 것이다. 이런 지역은 시공간의 곡률이 극단적으로 커서, 무엇이건 그 근처에 접근하면 가차 없는 중력에 의해 빨려 들어가게 된다. 여기에는 빛도 예외가 아니다. 근처를 지나가는 빛은 물론이고, 설령 그곳에서 빛이 방출된다고 해도 무지막지한 중력 때문에 밖으로 나올 수가 없다. 그래서 이런 천체는 아무런 빛도 발하지 않고 반사하지도 않는다. 당시의 천문학자들은 이와 같은 천체를 '어두운 별(dark star)'이라고 불렀다. 또한 이 천체의 경계면에서는 시간이 전혀 흐르지 않기 때문에 일부 천문학자들은 '얼어붙은 별(frozen star)'이라 부르기도 했다. 그로부터 50년 후, 휠러는 이와 같은 천체가 존재한다는 사실을 학계뿐만 아니라 일반인에게도 널리 알리면서 결코 잊을 수 없는 이름을 붙였는데, 그것이 바로 '블랙홀'이었다.

슈바르츠실트의 논문을 접한 아인슈타인은 수학적인 내용만은 완전히 인정했으나, 지금 우리가 블랙홀이라고 부르는 천체의 존재에 대해서는 코웃음을 쳤다. 당시에는 아인슈타인조차도 일반상대성이론의 방정식 속에 복잡하게 얽혀 있는 수학적 특성을 완전히 이해하지 못하고 있었다. 심지어 블랙홀은 지금도 알려지지 않은 부분이 훨씬 많다. 중력에 의해 시공간이 휘어진다는 것은 일반상대성이론의 방정식에 이미 나타난 결과였지만, 블랙홀처럼 극단적인 사례는 이 분야의 원조인 아인슈타인도 받아들이기 어려웠다. 그는 우주팽창론을 강하게 부인했던 것처럼(이것은 몇 년 후의 일이다), 극단적인 천체는 방정식으로부터 유도된 수학적인 결과일 뿐 실제로는 존재하지 않는다고 굳게 믿었다.[1]

블랙홀과 관련된 숫자만 보면 독자들도 아인슈타인과 비슷하게 생각할 것이다. 태양만 한 별이 블랙홀이 되려면 직경 3km로 압축되어야 한다. 이 정도는 약과다. 지구가 블랙홀이 되려면 모든 질량을 그대로 유지한 채 직경 1cm까지 압축되어야 한다. 상식적으로 생각할 때, 이런 극단적인 천체가 존재한다는 것은 그야말로 어불성설이다. 그러나 그 후로 수십 년 동안 천문학자들은 블랙홀이 실제로 존재할 뿐만 아니라 도처에 널려 있음을 보여주는 수많은 증거를 수집했다. 그리고 대다수의 천문학자들은 은하의 중심부에 자리잡은 초대형 블랙홀이 은하 전체에 동력을 제공한다는 것을 기정 사실로 받아들이고 있다. 우리의 태양계가 속한 은하수(Milky Way)도 블랙홀을 중심으로 회전하고 있으며, 이 블랙홀의 질량은 태양의 300만 배에 달한다. 뿐만 아니라 4장에서 말한 바와 같이 강입자가속기(LHC) 안에서 양성자끼리 충돌하여 질량(또는 에너지)이 아주 작은 영역에 집중되면 초소형 블랙홀이 생성될 수도 있다. 이 블랙홀은 눈에 보이지 않을 정도로 작지만 슈바르츠실트의 결과가 그대로 적용된다. 블랙홀은 수학이 우주의 비밀을 풀 수 있음을 보여주는 상징적인 사례로 남아 있다.

블랙홀은 관측천문학에 내려진 천혜의 선물이자 이론학자들을 위한 상상력의 원천이기도 했다. 그 덕분에 물리학자들은 자연의 가장 극단적인 환경을 연필과 종이만으로 탐구할 수 있었다. 1970년대에 휠러는 블랙홀 근방에서 열역학 제2법칙(지난 100여 년 동안 에너지와 일, 그리고 열의 속성을 이해하는 데 길잡이가 되어왔던 법칙)이 성립하지 않는다는 중대한 사실을 알아차렸다. 그 후 휠러의 제자였던 제이콥 베켄슈타인이 위기에 빠진 제2법칙을 구해냈고, 이 과정에서 홀로그래피 다중우주의 개념이 탄생하게 되었다.

제2법칙

"Less is more(부족함은 또 다른 풍요로움을 의미한다)"라는 격언은 여러 가지 다른 형태로 표현될 수 있다. 사람들이 "executive summary(임원진을 위한 요약본)"이나 "TMI(Too Much Information, 지나치게 많은 정보)", "You had me at hello(처음 인사할 때부터 이미 당신은 나의 마음을 사로잡았다)"와 같은 말을 자주 사용하는 이유는 매순간마다 지나치게 많은 정보가 사방에서 쏟아지고 있기 때문이다. 다행히도 대부분의 경우에는 우리의 감각이 필요한 정보를 걸러낸다. 만일 내가 사바나 초원에서 사자와 마주친다면, 사자의 몸에서 반사되는 수많은 광자의 운동에 일일이 신경 쓰지 않을 것이다. 이것이야말로 전형적인 TMI다. 내게 필요한 것은 그중 극히 일부에 불과하며, 우리 인간은 기나긴 진화과정을 거치면서 눈에 들어오는 정보들 중 필요한 것만 추출하여 빠르게 해독하는 능력을 키워왔다. 저 사자가 지금 나를 향해 다가오고 있는가? 아니면 몸을 웅크린 채 공격 기회를 엿보고 있는가? 누군가가 나에게 모든 광자의 운동을 분석한 카탈로그를 준다고 해도, 나는 그로부터 아무런 정보도 얻지 못할 것이다. 이처럼 부족한 것이 충분한 것보다 오히려 나은 경우가 종종 있다.

 이 격언은 이론물리학에서도 매우 중요하다. 물론 주어진 물리계의 모든 정보를 가능한 한 자세히 알아야 할 때도 있다. 강입자가속기는 길이가 약 27km에 달하는 긴 터널로서, 그 안에서 입자들이 수시로 정면충돌을 일으키고 있다. 그 근처에 자리잡고 있는 초대형 감지기는 충돌의 여파로 튀어나온 입자의 파편들을 극도로 정확하게 추적하여 가능한 모든 분석을 시도한다. 입자물리학의 기본법칙을 탐구하기 위해 1년 동안 쌓이는 데이터를 DVD에 저장해서 차곡차곡 쌓으면 그 높이가 엠파이어스테이트빌딩의 50배나 된다. 그러나 사자와 마주쳤을 때처럼, 물리학에서도 자세한 정보들이 오히려 방해가 되는 경우가 종종 있다. 19세기에 시작된 열역학(thermodynamics)은 바로 이런 경우를 다루는 물리학이다(현대에 와서는 통계역학statistical mechanics이라는 이름으로 더 자주 불리고 있다). 열역학과 산업혁명의 시발점이 되었던 증기기관에서 이야기를 풀어 나가보자.

증기엔진의 핵심부품은 수증기가 담겨 있는 탱크이다. 여기에 열이 가해지면 증기가 팽창하면서 압력이 발생하여 엔진의 피스톤을 앞으로 밀어내고, 열이 식으면 피스톤이 원래의 위치로 되돌아와 그 다음 사이클을 준비한다. 19세기 말~20세기 초에 걸쳐 물리학자들은 증기의 거동을 미시적 스케일에서 설명해주는 분자의 세계에 눈을 뜨기 시작했다. 증기가 과열되면 H_2O 분자들의 운동속도가 빨라지면서 피스톤의 아래쪽으로 이동한다. 온도가 높을수록 속도가 더욱 빨라져서 피스톤을 밀어내는 힘도 강해진다.

열역학이 알아낸 중요한 사실 중 하나는 증기의 힘을 이해하기 위해 각 분자의 운동상태를 일일이 파악할 필요가 없다는 것이다. 어떤 분자가 어떤 속도로 움직이는지, 그리고 어떤 분자들이 어떤 피스톤을 정확하게 때리는지, 이런 것을 일일이 추적하지 않아도 엔진의 기능을 예측할 수 있다. 누군가가 수십억×십억 개에 달하는 증기분자의 운동상태를 일일이 기록한 차트를 나에게 건네준다고 해도 전혀 도움이 되지 않는다. 그것은 사자의 몸에서 반사된 광자 목록을 일일이 나열한 차트와 다를 것이 없다. 피스톤의 압력을 알기 위해 필요한 것은 주어진 시간 간격 동안 피스톤을 때리는 분자의 평균 개수와 이들의 평균 속도뿐이다. 별로 자세한 데이터는 아니지만, 이것이 바로 "필요 없는 내용을 삭제하고 요점만 추린" 정보의 전형이다.

물리학자들은 증기기관과 같이 복잡한 장치를 이해하기 위해 구체적인 정보를 포기하고 필요한 정보만 수집하는 체계적인 방법을 개발했고, 그 와중에 여러 개의 유용한 개념을 탄생시켰다. 앞에서 잠시 언급했던 엔트로피도 그들 중 하나이다. 19세기 중반에 엔진의 에너지 소실량을 계산하기 위해 처음 도입된 엔트로피는 1870년대에 루드비히 볼츠만(Ludwig Boltzmann)에 의해 현대적인 개념으로 다시 태어났다. 새로 정의된 엔트로피는 주어진 물리계가 질서정연하게 정돈된 정도(또는 무질서한 정도)를 나타내는 양으로서, 통계역학의 핵심을 이루는 개념이다.

엔트로피의 의미를 이해하기 위해, 펠릭스와 오스카가 함께 살고 있는 아파트로 가보자. 두 사람은 지금 막 귀가했는데, 펠릭스가 방을 둘러보다가 갑자기 소리쳤다. "오스카, 뭔가 이상해. 누군가가 우리 아파트에 들어왔었나 봐!" 오스카는 그럴 리가 없다고 생각했지만, 불안해하는 펠릭스를 진정시키기 위해 자신의 침실 문을 열어보았다. 거기에는 아침에 벗어놓은 옷가지들과 빈 피자상자, 빈 맥주캔 등 온갖 잡동사니들이 사방에 어지럽게 널려 있었다. 오스카는 펠릭스를 향해 자신 있게 말했다. "자, 내 방을 봐. 아침에 나갈 때랑 똑같잖아. 대체 누가 들어왔다는 거야?" 그러나 펠릭스는 여전히 불안해하고 있었다. "그래, 오늘 아침과 별로 다르지 않지. 네 방은 원래 돼지우리였으니까 뒤지고 난 후에도 여전히 돼지우리 같은 거야. 하지만 내 방을 좀 보라고!" 펠릭스는 자신의 침실 문을 열면서 소리쳤다. "이것 봐, 털린 흔적이 역력하잖아?" 그러나 오스카는 여유 있게 웃는다. "깔끔 그 자체네, 뭐. 스트레이트 위스키보다 더 깔끔한데?" "그게 아냐, 자세히 보라고! 누군가가 침입한 흔적이 역력해. 내 비타민 병들을 봐. 크기 순서로 정렬해놨는데 위치가 바뀌었잖아. 그리고 책꽂이에 꽂혀 있는 셰익스피어 전집을 보라고. 알파벳 순서로 정리해놨는데 저것도 순서가 바뀌었어. 양말서랍은 또 어떻고? 이것 좀 봐. 검은 양말 중 일부가 파란 상자에 들어 있잖아. 누군가가 우리 아파트를 뒤진 게 틀림없어. 우리가 집을 비운 사이에 가택수색을 당한 거야!"

펠릭스가 좀 유별나긴 하지만, 이 사례는 간단하면서도 중요한 핵심을 찌르고 있다. 오스카의 방처럼 무질서도가 높은 상태에서는 구성요소를 재배열해도 전체적인 외관이 크게 변하지 않는다. 다시 말해서, 동일한 무질서도를 낳는 배열의 가짓수가 많다는 뜻이다. 침대와 바닥, 옷장 등에 어지럽게 널려 있는 26벌의 티셔츠를 모두 주워서 다시 아무 데나 늘어놓고, 사방에 흩어져 있는 42개의 빈 맥주캔을 모두 수거하여 아무렇게나 던져놓아도 방의 전체적인 외관은 별로 달라지지 않는다. 그러나 펠릭스의 방처럼 고도로 정돈된 상태에서는 구성요소의 위치가 하나만 달라져도 금방 눈에 뜨인다.

볼츠만은 바로 이 원리에 입각하여 엔트로피를 정의했다. 수많은 구성요소들이 어떤 물리계를 이루고 있을 때, 구성요소의 배열을 바꿔도 계의 전체적인 외관이 변하지 않는 경우의 수가 바로 엔트로피

■ 정확한 정의는 아니지만, 지금은 이 정도로 충분하다. 엔트로피의 정확한 정의는 나중에 필요할 때 소개할 것이다.

이다.* 따라서 계의 무질서도가 클수록 엔트로피도 크다. 펠릭스의 방에 널려 있는 잡동사니의 위치를 이리저리 바꿔도 방의 외관이 크게 변하지 않는 이유를 일상적인 언어로 표현하면 "방이 아니라 돼지우리에 가깝기 때문"이고, 물리학적으로 말하면 "엔트로피가 크기 때문"이다. 이와 반대로 외관이 달라지지 않는 배열의 종류가 적을수록 계의 엔트로피는 작다. 즉, 계의 상태가 질서정연할수록(또는 무질서도가 작을수록) 엔트로피가 작다.

또 다른 예로 증기탱크와 얼음 조각을 떠올려보자. 우리의 관심은 증기와 얼음을 구성하는 각 분자의 특성이 아니라, 이런 것을 일일이 관측하지 않아도 알 수 있는 거시적 특성이다. 증기탱크 속에 손을 넣고 휘저으면 수십억×십억 개에 달하는 H_2O 분자의 위치가 뒤죽박죽으로 섞이지만, 전체적인 상태는 거의 변하지 않는다. 그러나 얼음 조각을 이루는 여러 분자의 위치와 속도를 무작위로 바꾸면 그 효과가 금방 나타난다. 얼음의 결정구조가 붕괴되면서 균열이 생기는 것이다. 증기를 이루는 H_2O 분자는 용기 속에서 무작위로 떠돌아다니기 때문에 무질서도가 높고, 얼음 조각을 이루는 H_2O 분자는 질서정연하게 배열되어 결정을 이루고 있기 때문에 무질서도가 낮다. 그러므로 증기의 엔트로피는 높고(동일한 외관을 연출하는 배열의 가짓수가 많다) 얼음의 엔트로피는 낮다(동일한 외관을 연출하는 배열의 가짓수가 적다).

엔트로피는 물리계의 집합적 특성에 초점을 맞춘 자연스러운 개념이다. 열역학 제2법칙은 이 점을 잘 반영하고 있다. 이 법칙에 의하면 시간이 흐를수록 계의 엔트로피는 증가한다.[2] 확률과 통계의 기본개념만 알고 있다면 엔트로피가 증가하는 이유도 쉽게 알 수 있다. 엔트로피가 높다는 것은 동일한 외관을 낳는 미시적 배열의 가짓수가 많다는 뜻이다. 물리계가 시간이 흐를수록 엔트로피가 높은 상태로 가려는 이유는 간단히 말해서 그런 상태가 많기 때문이다. 그냥 많은 정도가 아니라 엄청나게 많다. 부엌에서 빵을 구우면 온 집 안에서 그 냄새를 맡을 수 있다. 빵에서 흘러나온 수조 개의 방향성 분자들이 한 장소에 모이지 않고 집 안에 거의 균일하게 퍼져나가기 때문이다. 뜨거운(속도가 빠른) 분자들은 거의 무작위로 움직이기 때문에 모든 지역에 골고루 퍼져나가고, '골고루'라는 표현에 걸맞는 배열의 가짓수는 엄청나게 많다. 그래서 분자들의 집합은 낮은 엔트로피 상태에서 높은 엔트로피 상태로 나아간다. 이것이 바로 열역학 제2법칙이다.

엔트로피는 매우 일반적인 개념이다. 깨진 유리잔이나 타오르는 촛불, 엎질러진 잉크, 은은히 풍겨오는 향수냄새 등은 각기 다른 물리적 현상이지만 통계적 관점에서 볼 때 하나의 공통점을 갖고 있다. 각 물리계의 무질서도가 증가한다는 점이 바로 그것이다. 무질서한 쪽으로 나아가는 이유는 '무질서해질 수 있는 방법의 수'가 엄청나게 많기 때문이다(내가 물리학을 공부하면서 "아하~!"를 외쳤던 몇 안 되는 순간 중 하나가 엔트로피의 개념을 이해했을 때였다). 이와 같은 논리를 적용하면 미시적인 정보를 일일이 분석하지 않고서도 수많은 현상들을 설명할 수 있다. 간단히 말해서 엔트로피는 복잡한 계의 거동을 분석하는 데 반드시 필요한 '원리적 지침'이라 할 수 있다.

여기서 한 가지 명심할 것이 있다. 열역학 제2법칙은 "엔트로피는 절대로 감소하지 않는다"고 말하지 않는다. 감소할 수도 있지만, 그럴 확률이 지극히 작다는 뜻이다. 커피가 들어 있는 잔에 우유를 조금 부으면 우유분자들이 서서히 퍼져나가다가 산타클로스 모양이 될 수도 있다. 놀랄 필요는 없다. 커피 위에서 우유가 산타클로스를 만든 것은 엔트로피가 매우 낮은 상태이다. 이럴 때 우유분자를 조금만 건드리면 산타의 얼굴이 흩어지거나 팔이 사라지는 등 몸 전체가 알아볼 수 없는 형상으로 망가진다. 그러나 커피 위에서 우유가 골고루 흩어져 있으면 엔트로피가 아주 높은 상태여서 우유분자를 크게 휘저어도 전체적인 외형은 크게 변하지 않는다. 앞서 말한 대로 '골고루 퍼지는' 방법의 수가 엄청나게 많기 때문이다. 그래서 커피에 우유를 부었을 때 산타가 나타날 가능성은 거의 없다.

열역학 제2법칙과 블랙홀

이제 블랙홀에 대한 휠러의 관점으로 돌아가보자. 1970년대 초반에 휠러는 블랙홀에 열역학 제2법칙을 적용했다가 이상한 점을 발견했다. 가까이 있는 블랙홀은 전체적인 엔트로피를 감소시키는 수단으로 작용하는 것처럼 보였다. 당신이 분석 중인 임의의 물리계(부서진 유리잔, 타는 촛불, 엎질러진 잉크 등)를 블랙홀 안으로 던졌다고 상상해보라. 블랙홀에서는 아무것도 빠져나올 수 없으므로 계의 무질서도가 사라진 것처럼 보인다. 물론 이것은 대략적인 서술에 불과하지만, 근처에 블랙홀이 있으면 엔트로피를 쉽게 줄일 수 있을 것 같다. 만물을 다스리던 열역학 제2법칙이 드디어 호적수를 만난 것이다.

그러나 휠러의 제자였던 베켄슈타인은 그렇게 생각하지 않았다. 아마도 그는 엔트로피가 블랙홀에서 사라지는 것이 아니라, 블랙홀

안으로 전달된다고 생각했던 것 같다. 어쨌거나 블랙홀이 자기 주변의 별과 먼지를 아무리 게걸스럽게 먹어치워도 열역학 제1법칙인 에너지보존을 위배한다고 주장한 사람은 아무도 없었다. 아인슈타인의 방정식에 의하면 블랙홀은 외부의 물질을 빨아들일수록 덩치가 커지면서 무거워진다. 에너지의 일부는 블랙홀로 빨려 들어가고 일부는 외부에 남으면서 분포상태가 변하지만 전체적인 에너지는 변하지 않는다. 아마도 베켄슈타인은 엔트로피도 에너지와 비슷하다고 생각했던 것 같다. 즉, 엔트로피의 일부는 블랙홀로 빨려 들어가고 일부는 밖에 남기 때문에 엔트로피가 사라지는 일은 없다는 것이다.

꽤 그럴듯한 추론이다. 그러나 전문가들의 생각은 달랐다. 슈바르츠실트를 비롯한 여러 물리학자들은 블랙홀을 '질서의 화신'으로 간주했다. 블랙홀로 물질과 복사의 무질서도가 아무리 높다 해도, 일단 블랙홀로 빨려 들어가면 중심부에서 무한히 작은 크기로 압축된다. 간단히 말해서, 블랙홀은 궁극적인 '폐기물 압축기'인 셈이다. 물론 블랙홀의 내부는 아인슈타인의 방정식조차 적용되지 않을 정도로 밀도와 곡률이 크기 때문에 그 안에서 어떤 과정을 통해 압축이 일어나는지는 알 수 없지만, 다량의 물질과 에너지가 한 점으로 압축된다면 무질서를 수용할 여지는 없을 것 같다. 그리고 블랙홀의 중심에서 사건지평선(event horizon, 블랙홀의 이론적인 경계면으로, 외부의 물질이 이곳을 통과하면 절대 빠져나올 수 없다)까지는 그냥 텅 빈 시공간이다([그림 9.1] 참조). 이곳에는 이리저리 떠도는 원자나 분자가 없으므로 무언가 재배열될 가능성도 없다. 즉, 블랙홀은 엔트로피가 0인 것처럼 보인다.

[그림 9.1] 블랙홀은 사건지평선(외부 경계면)과 그 내부의 시공간으로 이루어져 있다.

1970년대에는 이 관점이 더욱 개선되어 '무모론(無毛論, no hair theorem)'까지 등장했다. 모든 멤버들이 대머리로 구성되어 있는 블루맨그룹(Blue Man Group, 3명으로 이루어진 미국의 행위예술팀. 모두 머리카락을 밀고 항상 얼굴에 푸른 페인트를 칠하고 있기 때문에 누가 누구인지 구별하기 어렵다—옮긴이)처럼, 블랙홀도 서로 구별할 만한 특징이 별로 없다는 것이다. 이 이론에 의하면 질량과 전하, 그리고 각운동량(회전속도)이 같은 블랙홀은 물리적으로 완전히 동등하다. 그 외의 다른 특징으로 구별이 안 된다면 블랙홀에는 엔트로피와 관련된 속성도 없을 것이다.

이 정도면 상당히 논리적인 반론이다. 그러나 베켄슈타인의 주장에 치명타를 날린 반론은 따로 있다. 열역학의 기본법칙에 의하면 엔트로피와 온도는 밀접하게 관련되어 있다. 온도란 물체를 이루는 구성입자들의 평균적인 운동을 하나의 숫자로 나타낸 것이다. 뜨거운 물체의 구성입자들은 빠르게 움직이고, 차가운 물체의 구성입자들은 느리게 움직인다. 그런가 하면 엔트로피는 물체의 거시적 특성이 변하지 않는 한도 내에서 이 구성입자들을 재배열하는 방법의 수와 관련되어 있다. 이와 같이 온도와 엔트로피는 둘 다 물체를 이루는 구성요소의 집합적인 특성을 나타내는 양이기 때문에, 하나가 변하면 다른 쪽도 같이 변한다. 따라서 블랙홀이 엔트로피를 갖고 있다면 온도도 갖고 있어야 한다.[3]

바로 이 점이 문제이다. 온도가 0이 아닌(절대온도 0K가 아닌) 모든 물체는 복사를 방출하기 때문이다. 뜨겁게 달궈진 석탄은 가시광선을 방출하고, 사람의 몸은 적외선을 방출한다. 블랙홀의 온도가 0이 아니라면 베켄슈타인이 지키려고 애썼던 열역학 법칙조차 "블랙홀은 복사를 방출해야 한다"로 귀결되며, 이는 "그 무엇도 블랙홀에서 빠져나올 수 없다"는 기존의 믿음과 정면으로 상치된다. 당시 대부분의 사람들은 베켄슈타인이 틀렸다고 생각했다. 블랙홀은 온도를 갖지 않으며, 엔트로피를 빨아먹는 수챗구멍이다. 그렇다면 블랙홀은 열역학 제2법칙을 따르지 않는다는 이야기다.

이와 같은 반증이 난무하던 와중에 베켄슈타인의 생각을 뒷받침하는 주장이 제기되었다. 1971년에 스티븐 호킹은 블랙홀이 이상한 법칙을 따른다는 사실을 발견했다. 질량과 크기가 제 각각인 블랙홀들이 궤도를 따라 장엄한 왈츠를 추건, 주변의 물질을 집어삼키건, 또는 서로 충돌을 일으키건 간에, 블랙홀의 표면적은 시간이 흐를수록 커진다는 것이었다. 여기서 블랙홀의 표면적이란 사건지평선의 면적을 의미한다(블랙홀의 사건지평선은 원이 아니라 구면이다—옮긴이). 그런데 물리학에서 보존되는 양은 많지만(에너지보존, 전하보존, 운동량보존 등) 시간에 따라 꾸준히 증가하는 양은 매우 드물다. 그러므로 호킹이 얻은 결과를 열역학 제2법칙에 연관짓는 것은 지극히 자연스러운 발상이다. 블랙홀의 표면적을 엔트로피의 척도로 간주하면, 표면적이 넓어진 것은 엔트로피가 증가한 결과라고 해석할 수 있다.

매우 그럴듯한 추론이긴 하지만, 당시에는 아무도 그의 이론을 수용하지 않았다. 호킹의 면적이론과 열역학 제2법칙 사이의 유사성은 누가 봐도 우연의 일치인 것 같았다. 그로부터 약 1년이 지난 후, 호킹은 이론물리학에 길이 남을 유명한 계산을 완수하게 된다.

호킹 복사

아인슈타인의 일반상대성이론에서 양자역학은 아무런 역할도 하지 않는다. 그래서 슈바르츠실트는 오로지 고전물리학에 기초하여 블랙홀의 해를 구했다. 그러나 물질과 복사(광자, 뉴트리노, 전자 등 질량과 에너지, 그리고 엔트로피를 한 장소에서 다른 장소로 옮기는 입자)를 올바르게 다루려면 양자역학이 반드시 도입되어야 한다. 블랙홀이 물질 및 에너지와 상호작용하는 방식을 이해하려면 슈바르츠실트의 해를 양자역학 버전으로 수정해야 하는데, 결코 쉬운 일은 아니다. 끈이론과 고리양자중력이론(loop quantum theory), 그리고 트위스터이론(twister theory)과 토포스이론(topos theory) 등이 많은 진전을 이루긴 했지만, 양자역학과 일반상대성이론이 하나로 합쳐지는 날은 아직도 요원하기만 하다. 지금도 이지경인데, 1970년대는 더 말할 나위도 없었다.

이 분야의 선구자들은 휘어진 시공간에서(일반상대성이론 부분) 변해가는 양자장을 고려하여(양자역학 부분) 양자역학과 일반상대성이론의 결합을 시도했다. 4장에서 말한 바와 같이 두 이론을 완전하게 통합하려면 시공간 안에서 나타나는 장의 양자적 요동뿐만 아니라, 시공간 자체의 요동까지 고려해야 한다. 초기의 학자들은 진도를 빨리 나가기 위해 이와 같이 복잡한 요인들을 가능한 한 피해갔다. 그러나 호킹은 부분적인 통합을 염두에 두고 특별한 시공간(블랙홀 근처의 시공간) 안에서 양자장의 거동방식을 연구한 끝에 놀라운 결과를 얻어냈다.

휘어지지 않고 텅 빈 시공간에서 양자장이 요동칠 때 나타나는 대표적인 현상 중 하나는 전자와 양전자(전자의 반입자) 같은 입자의 쌍이 생성된다는 것이다. 이들은 아무것도 없는 무(無)에서 출현하여 아주 짧은 시간 동안 존재하다가 서로 충돌하면서 다시 무로 사라진다. 흔히 '양자 쌍생성(quantum pair production)'이라 불리는 이 과정은 이론과 실험을 통해 완전히 이해된 상태이다.

양자 쌍생성은 괄목할 만한 특징을 갖고 있다. 한 쌍의 입자들 중 하나는 양의 에너지를 갖고 있는데, 에너지 보존법칙에 위배되지 않으려면 나머지 입자는 음의 에너지를 가져야 한다는 것이다. 물론 고전적인 우주에서는 있을 수 없는 일이지만,* 양자역학의 불확정성원리에 의하면 이 세계에 오래 머물지 않는 입자는 음의 에너지를 가질 수도 있다. 입자가 존재하는 시간이 아주 짧으면 에너지를 관측할 시간이 없기 때문에 불확정성원리에 위배되지 않는다. 진공 중에서 생성된 입자 쌍이 순식간에 소멸되는 것도 바로 이런 이유

■ 3장에서 말한 바와 같이 중력장은 음의 에너지를 가질 수 있다. 그러나 이것은 위치에너지에 한정된 이야기다. 지금 논하고 있는 에너지는 전자의 질량과 속도에서 비롯된 운동에너지이다. 고전적으로 입자의 운동에너지는 항상 양의 값을 갖는다.

때문이다. 양자적 요동은 매순간마다 끊임없이 입자 쌍을 만들어내고 있으며, 이들은 생성되는 즉시 곧바로 소멸되고 있다. 텅 빈 공간은 정말로 텅 빈 것이 아니라 양자적 불확정성으로 가득 차 있는 것이다.

호킹은 도처에 편재하는 양자적 요동을 블랙홀의 사건지평선 근처에 적용하여 "그곳에서 일어나는 사건들이 가끔은 평범하게 보일 수도 있다"는 것을 알아냈다. 공간에서 탄생한 입자 쌍은 재빨리 자신의 짝을 찾아 소멸되지만, 블랙홀 근처에서는 또 다른 사건이 수시로 발생한다. 블랙홀의 경계면 아주 가까운 곳에서 입자 쌍이 생성되면 하나는 블랙홀 내부로 빨려 들어가고 다른 하나는 우주공간으로 날아갈 수도 있다. 블랙홀이 없다면 이런 일은 결코 발생할 수 없다. 입자가 짝을 못 찾아서 음의 에너지를 가진 입자가 오래 생존하면 불확정성원리에 위배되기 때문이다. 호킹은 블랙홀이 시공간을 극단적으로 왜곡시켜서, 블랙홀의 바깥에서 볼 때 음의 에너지를 가진 입자가 블랙홀의 내부에서는 양의 에너지를 가진 것처럼 보일 수도 있다는 놀라운 사실을 발견했다. 블랙홀은 이런 식으로 음에너지를 가진 입자에게 편안한 안식처를 제공하고 있으므로, 굳이 양자적 은폐를 시도할 필요가 없다. 블랙홀에 빨려 들어가지 않은 나머지 입자는 쌍소멸(pair annihilation)을 일으키지 않고 자신만의 궤적을 남기며 우주공간으로 날아간다.[4]

양의 에너지를 가진 입자는 블랙홀의 사건지평선 근처에서 우주공간으로 날아가는데, 멀리 있는 관측자에게는 이것이 블랙홀에서 방출된 복사(radiation)처럼 보일 것이다. 그래서 이 현상을 '호킹 복사(Hawking radiation)'라고 한다. 음에너지 입자는 블랙홀의 내부로 빨려 들어갔으므로 직접 볼 수 없지만, 이와 같이 관측 가능한 흔적을 남긴다. 블랙홀이 양의 에너지를 가진 무언가를 빨아들이면 질량이 증가하고, 음의 에너지를 가진 무언가를 빨아들이면 질량이 감소한다. 이런 과정이 뒤죽박죽으로 반복되는 블랙홀은 달궈진 석탄과 비슷하다. 즉, 외부로 복사를 꾸준히 방출하면서 질량이 서서히 줄어드는 것이다.[5] 여기에 양자역학을 적용하면 "블랙홀은 완전히 검지 않다"는 결론에 도달하게 된다. 호킹은 이 이론으로 일약 세계적인 스타가 되었다.

그렇다고 해서 블랙홀이 뜨거우면서 붉은색이라는 뜻은 아니다. 사건지평선 근처에서 생성되어 외부로 빠져나오는 입자들은 블랙홀의 무자비한 중력을 이겨내기 위해 치열한 전쟁을 벌이고, 이 과정에서 다량의 에너지가 소모된다. 호킹의 계산에 의하면 이때 방출되는 '피곤에 지친' 복사의 온도는 블랙홀의 질량에 반비례한다. 은하수의 중심부에 있는 초대형 블랙홀의 온도는 1조 분의 1K가 채 되지 않는다. 태양과 질량이 비슷한 블랙홀의 온도는 100만 분의 1K 정도인데, 빅뱅의 잔해로 알려진 우주배경복사의 평균온도 2.7K에 비하면 엄청나게 낮은 온도이다. 블랙홀이 소고기를 구울 수 있을 정도로 뜨거우려면 질량이 지구의 1만 분의 1 이하여야 한다. 천문학적 스케일에서 볼 때 이 정도는 거의 점이나 마찬가지다.

사실 블랙홀의 온도는 부차적인 문제이다. 멀리 있는 블랙홀에서 방출된 복사가 밤하늘을 밝게 비추지는 못하지만, 블랙홀은 0이 아닌 온도를 갖고 있으며 틀림없이 복사를 방출하고 있다. 이 분야의 전문가들이 1970년대 초반에 "블랙홀은 엔트로피를 갖고 있다"는 베켄슈타인의 제안을 거부한 것은 분명히 성급한 판단이었다. 그 후 호킹은 자신이 계산한 블랙홀의 온도와 복사량을 데이터로 삼아 열역학법칙에 입각하여 블랙홀의 엔트로피를 계산했는데, 결과는 블랙홀의 면적에 비례하는 것으로 판명되었다. 결국 베켄슈타인의 생각이 옳았던 것이다.

이리하여 1974년 말 열역학 제2법칙은 위태로웠던 순간을 무사히 넘기게 되었다. 일상적인 물질과 복사뿐만 아니라 블랙홀까지 고려했을 때 총 엔트로피는 항상 증가한다. 그리고 블랙홀의 엔트로피는 표면적에 비례한다. 블랙홀은 엔트로피를 수챗구멍으로 빨아들이면서 열역학 제2법칙을 망치는 존재가 아니라, 우주의 무질서도가 영원히 증가한다는 열역학법칙을 지지하는 존재였다.

이것은 매우 다행스러운 결과였다. 많은 물리학자들이 열역학 제2법칙을 "과학의 어떤 분야에서도 위배될 수 없는 신성불가침의 법칙"으로 여겼기 때문이다. 제2법칙이 원래의 입지를 되찾으면서 모든 것은 정상으로 되돌아갔다. 그러나 엔트로피를 좀 더 자세히 들여다보니, 거기에는 제2법칙의 성립여부보다 더 중요한 문제가 도사리고 있었다. "엔트로피는 어디에 저장되는가?"—과학자들은 이 질문에 답하기 위해 엔트로피와 정보 사이의 긴밀한 관계를 추적하기 시작했다.

엔트로피와 숨은 정보

지금까지 나는 엔트로피를 "무질서의 척도"나 "계의 거시적 특성을 바꾸지 않으면서 미시적 구성요소를 재배열할 수 있는 경우의 수"

정도로 설명해왔는데, 이제 비로소 정확한 정의를 내릴 때가 되었다. 엔트로피는 당신이 갖고 있는 데이터(주어진 물리계의 거시적 정보)와 갖고 있지 않은 데이터(미시적 관점에서 본 물리계의 배열상태) 사이의 '정보의 갭'을 나타내는 양으로 생각할 수 있다. 즉, 엔트로피는 물리계의 미시적 수준에 숨어 있는 추가정보를 가늠하는 양으로서, '거시적인 외형'과 '미시적 수준의 배열' 차이를 나타낸다.

한 가지 예를 들어보자. 지금 오스카는 거실을 청소하고 있다. 다른 것은 모두 정리가 되었는데, 지난주에 포커판에서 딴 동전 1,000개가 거실 바닥에 어지럽게 흩어져 있다. 동전을 한 곳에 모아서 깔끔하게 정돈해놓고 보니, 일부는 앞면이 위로 향해 있고 일부는 뒷면이 위를 향하고 있다. 이때 당신이 거실에 몰래 침입하여 일부 동전의 앞뒤 상태를 무작위로 바꿔놓고 나간다 해도 오스카는 눈치채지 못할 것이다. 1,000개의 동전이 무작위로 배열된 상태는 엔트로피가 크기 때문이다. 이 사례는 비교적 간단하여, 엔트로피를 직접 계산할 수 있다. 동전이 단 두 개뿐이라면 가능한 배열은 (앞면, 앞면), (앞면, 뒷면), (뒷면, 앞면), (뒷면, 뒷면)의 네 가지이다. 첫 번째 동전이 취할 수 있는 경우가 두 가지이고, 두 번째 동전도 두 가지이므로 2×2=4가 되는 것이다. 동전이 세 개이면 가능한 경우는 (앞면, 앞면, 앞면), (앞면, 앞면, 뒷면), (앞면, 뒷면, 앞면), (앞면, 뒷면, 뒷면), (뒷면, 앞면, 앞면), (뒷면, 앞면, 뒷면), (뒷면, 뒷면, 앞면), (뒷면, 뒷면, 뒷면)의 8가지이다. 동전 하나당 두 가지 가능성이 있고, 이런 동전이 3개이므로 2×2×2=8이다. 동전이 1,000개인 경우에 이와 동일한 논리를 적용하면 가능한 경우의 수는 2^{1000}인데, 이 숫자를 십진표기법으로 나열하면 10715086071862673209

48425049060001810561404811705533607443750388370351051124936122493198378815695858127594672917553146825187145285692314043598457757469857480393456777482423098542107460506237114187795418215304647498358194126739876755916554394607706291457119647768654216766042983165262438683720566806937 6이다. 이 많은 배열 중 대부분은 서로 구별이 안 될 정도로 비슷하다. 물론 이중에는 동전 1,000개가 모두 앞면이거나 모두 뒷면인 경우, 또는 999개가 모두 앞면이거나 뒷면인 경우도 있다. 그러나 이런 희귀한 배열은 경우의 수가 위의 숫자와 비교할 때 거의 없는 것이나 마찬가지여서 아예 무시해도 별 지장이 없다.▪

독자들은 앞의 설명을 토대로 2^{1000}이 "1,000개의 동전으로 이루어진 계"의 엔트로피라고 생각할지도 모르겠다. 사실 어떤 면에서는 맞는 말이기도 하다. 그러나 엔트로피와 정보의 긴밀한 관계를 강조하기 위해 앞에서 했던 설명을 좀 더 구체화하고자 한다. 주어진 계의 엔트로피는 구성요소들의 "구별할 수 없는 배열의 가짓수"와 관련되어 있지만, 그 숫자 자체는 아니다. 둘 사이는 로그(logarithm)를 통해 연결되어 있다. 이 말을 듣고 고교시절 수학 때문에 고생했던 기억을 떠올릴 필요는 없다. 지금의 사례에서는 배열의 가짓수에 붙어 있는 지수만 취하면 된다. 즉, 엔트로피는 2^{1000}이 아니라 그냥 1,000이다.

▪ 동전의 앞·뒷면 외에 동전의 위치가 바뀔 수도 있지만, 깔끔한 설명을 위해 위치는 무시하기로 한다.

로그를 사용하면 큰 숫자를 쉽게 다룰 수 있다. 그러나 엔트로피가 로그를 통해 정의된 데에는 또 다른 중요한 이유가 있다. 예를 들어 내가 당신에게 다음과 같은 질문을 던졌다고 가정해보자. "동전 1,000개의 앞-뒷면 분포상황을 서술하려면 얼마나 많은 정보가 필요한가?" 가장 간단한 방법은 "앞면, 앞면, 뒷면, 앞면, 뒷면, 뒷면······"과 같이 1,000개의 목록을 일렬로 나열하는 것이다. 물론 이렇게 하면 동전 1,000개의 배열상태를 완벽하게 전달할 수 있다. 그러나 나의 질문은 그런 의미가 아니었다. 나는 그 목록에 들어 있는 '정보의 양'을 물어본 것이다.

당신은 깊은 생각에 잠긴다. 정보란 무엇이며 어떤 역할을 하는가? 당신의 반응은 단순하면서도 직접적이다. 답은 바로 정보 속에 들어 있다. 수학자와 물리학자, 그리고 컴퓨터 공학자들은 이 문제를 수년 동안 연구한 끝에 명확한 결론에 도달했다. 정보의 양을 가늠하는 가장 유용한 방법은 "주어진 정보에 입각하여 'yes-no'로 대답할 수 있는 서로 다른 질문의 수"를 헤아리는 것이다. 예를 들어 동전에 관한 정보를 갖고 있으면 1,000가지 질문에 답할 수 있다. 첫 번째 동전은 앞면인가? 그렇다. 두 번째 동전은 앞면인가? 그렇다. 세 번째 동전은 앞면인가? 아니다. 네 번째 동전은 앞면인가? 그렇다. 기타 등등 ······이다. 하나의 yes-no 질문에 답하는데 필요한 정보를 '비트(bit)'라고 한다. 이것은 컴퓨터 연산의 최소단위인 이진수(binary digit)를 줄인 말로서 0 또는 1의 값을 가지며, yes와 no를 숫자로 표현했다고 생각해도 무방하다. 따라서 무작위로 분포된 동전 1,000개의 앞-뒷면 배열상황은 1,000비트에 해당하는 정보를 갖고 있는 셈이다. 또는 다음과 같이 생각할 수도 있다. 오스카의 거시적 관점에서 동전 1,000개의 전체적인 외형에 초점을 맞추고 '미시적인' 배열상황을 무시한다면, 1,000개의 동전은 1,000비트의 '숨은 정보'를 갖고 있다.

위의 사례에서 보다시피 엔트로피의 값과 숨은 정보의 양은 같다. 이것은 결코 우연이 아니다. 1,000개의 동전이 취할 수 있는 가능한 배열의 가짓수는 1,000개의 질문을 던졌을 때 나올 수 있는 가능한 대답의 수[(yes, yes, no, no, yes, ……) 또는 (yes, no, yes, yes, no, ……) 또는 (no, yes, no, no, no, ……) 등등]와 같은 2^{1000}개이다. 그리고 엔트로피는 이 숫자에 로그를 취한(또는 지수만을 취한) 1,000으로서, 전체 배열상태를 알고 있을 때 대답할 수 있는 yes-no 질문의 수와 같다.

위에서는 동전 1,000개를 예로 들었지만, 엔트로피와 정보의 연결관계는 일반적으로 성립한다. 우리가 물리계의 거시적 특성만을 고려할 때, 미세구조 속에는 눈에 보이지 않는 정보가 들어 있다. 예를 들어 우리는 탱크 속에 들어 있는 수증기의 온도와 압력, 부피 등을 알 수 있지만 어떤 H_2O분자가 탱크 내벽의 어떤 부분을 때리고 있는지는 알 수 없다. 동전의 사례에서 보았듯이, 계의 엔트로피는 미시적 상태를 모두 알고 있을 때 대답할 수 있는 yes-no 질문의 수와 같다. 따라서 엔트로피는 계에 숨어 있는 정보량을 나타내는 척도라고 할 수 있다.[6]

엔트로피와 숨은 정보, 그리고 블랙홀

이제 엔트로피와 숨은 정보를 블랙홀에 적용해보자. 호킹은 양자역

[그림 9.2] 스티븐 호킹은 블랙홀의 엔트로피가 사건지평선을 덮는 플랑크길이 사이즈의 작은 사각형의 수와 같다는 것을 수학적으로 증명했다. 각 사각형은 정보의 기본단위인 1비트(bit, 0 또는 1)의 정보를 담고 있다.

학에 입각하여 블랙홀의 엔트로피와 표면적 사이의 관계를 규명했는데, 이때 베켄슈타인의 주장을 도입하면서 구체적인 계산을 수행할 수 있는 논리까지 개발했다. 그는 블랙홀의 사건지평선을 한 변의 길이가 플랑크길이(10^{-33}cm)인 격자모양의 작은 사각형으로 나눈 후, 블랙홀의 엔트로피가 사건지평선을 덮는 데 필요한 사각형의 수와 같다는 것을 수학적으로 증명했다(사건지평선의 면적, 즉 블랙홀의 표면적은 플랑크단위를 사용한다. 따라서 작은 사각형 하나의 면적은 10^{-66}cm이다). 개개의 사각형들은 1비트에 해당하는 정보(0 또는 1)를 담고 있으며, 각 정보는 블랙홀의 미시적 구조와 관련된 하나의 yes-no 질문에 답을 제공한다.[7] 이 상황은 [그림 9.2]에 도식적으로 표현되어 있다.

아인슈타인의 일반상대성이론과 블랙홀의 무모론은 양자역학을 고려하지 않았으므로 정보를 완전히 상실한 이론이다. 일반상대성이론에 의하면 블랙홀의 질량과 전하, 그리고 각운동량을 지정하면 하나의 블랙홀이 정의된다. 그러나 베켄슈타인과 호킹의 이론에 의하면 전혀 그렇지 않다. 거시적인 특성이 완전히 똑같은 블랙홀들도 미시적인 스케일에서는 얼마든지 다를 수 있다. 바닥에 흩어진 동전이나 용기 속에 들어 있는 증기의 경우처럼, 블랙홀의 엔트로피는 미시구조에 숨어 있는 정보를 반영하고 있다.

블랙홀이 미지의 천체이긴 하지만, 베켄슈타인과 호킹의 주장에 따르면 엔트로피에 관한 한 블랙홀은 일상적인 물체와 별반 다를 것이 없다. 그러나 이들이 내린 결론은 또 다른 문제점을 야기한다. 베켄슈타인과 호킹이 블랙홀에 숨겨진 정보의 양을 알아내긴 했지만, 그것이 어떤 정보인지는 여전히 알 길이 없다. 이들은 정보가 답할 수 있는 yes-no 질문을 구체적으로 밝히지 않았으며, 정보가 미세구조의 어떤 부분을 서술하고 있는지도 명시하지 않았다. 블랙홀이 간직하고 있는 정보의 양은 수학적 분석을 통해 알아낼 수 있는데, 정보의 구체적인 내용은 알 수 없는 것이다.[8]

지금까지 언급한(그리고 앞으로 언급될) 것들은 한결같이 어려운 난제들이다. 그러나 여기에는 더욱 근본적인 의문이 남아 있다. "블랙홀의 정보는 왜 내부가 아닌 표면에 저장되어 있는가?" 그렇다. 정말 이상하다. 만일 당신이 나에게 "국회도서관에는 얼마나 많은 정보가 보관되어 있는가?"라고 묻는다면, 나는 제일 먼저 도서관 내부 공간의 크기부터 알아볼 것이다. 수많은 장서와 마이크로필름, 지도와 사진, 그리고 온갖 문서들을 저장하려면 무엇보다 공간이 넓어야 하기 때문이다. 사람의 두뇌도 마찬가지다. 두뇌의 용량이란 면적이 아닌 부피를 말한다. 부피가 클수록 신경세포도 많고, 정보를 처리하는 속도도 빨라진다. 증기탱크 안에 들어 있는 수증기도 탱크의 부피가 클수록 많은 정보를 저장할 수 있다. 그런데 베켄슈타인과 호킹의 논리에 의하면 블랙홀의 정보수용 능력은 부피가 아닌 표면적에 의해 결정된다.

이 사실이 알려지기 전까지만 해도, 물리학자들은 '거리' 개념의 살아 있는 최소단위가 플랑크길이(10^{-33}cm)이므로, 우리가 생각할 수 있는 가장 작은 부피는 각 변의 길이가 플랑크길이인 정육면체(부피=10^{-99}cm^3)라고 생각했다. 미래에 과학기술이 아무리 발달한다 해도, 가장 작은 부피에는 정보의 최소단위인 1비트 이상을 저장할 수 없다는 것이 과학계의 중론이었다. 따라서 주어진 공간에 최대한의 정보가 주입된 상태란, 플랑크-정육면체 하나당 1비트의 정보가 할당된 상태를 의미한다. 이런 점에서 보면 호킹의 결과가 플랑크길이 단위와 연결되는 것은 별로 놀라운 일이 아니다. 정작 놀라운 것은 블랙홀에 숨어 있는 정보의 양이 그 안을 채우고 있는 플랑크-정육면체의 개수에 의해 결정되지 않고, 표면을 덮고 있는 플랑크-정사각형의 개수에 의해 결정된다는 점이다.

바로 이것이 홀로그래피(holography)에 대한 첫 번째 단서이다. 홀로그래피에 들어 있는 정보의 양은 내부의 부피가 아닌 표면적에 의해 결정된다. 이 단서는 지난 30년 동안 수많은 우여곡절을 겪어오면서, 물리학의 법칙을 바라보는 우리의 관점을 송두리째 바꿔놓았다.

블랙홀의 숨은 정보 찾기

각 칸에 0 또는 1이 새겨져 있는 플랑크 스케일의 체스판((그림 9.2))은 블랙홀의 정보에 대한 호킹의 이론을 상징적으로 보여주고 있다. 그런데 이 그림을 어떻게 해석해야 하는가? 블랙홀에 담긴 정보량이 표면적에 비례한다는 것은 단순히 수치상으로 그렇다는 것인가? 아니면 정보라는 것이 정말로 블랙홀의 표면에 저장되어 있다는 뜻인가?

이것은 매우 심오한 질문이다. 지난 수십 년 동안 세계적으로 유명한 물리학자들이 이 문제를 연구한 끝에* "블랙홀의 내부에서 보느냐, 또는 외부에서 보느냐에 따라 다르다"고 결론지었다. 그런데 블랙홀의 외부에서 보면 정보 자체가 정말로 사건지평선의 표면에 저장되어 있는 것처럼 보인다.

일반상대성이론의 방정식에서 블랙홀이 유도되는 수학적 과정을 잘 아는 사람이라면, 이것이 얼마나 엉뚱한 주장인지 잘 알고 있을 것이다. 일반상대성이론의 결론은 다음과 같다—당신이 블랙홀의 사건지평선을 통과할 때에는 아무것도 만져지거나 느껴지지 않는다. 거기에는 어떤 면이나 표지판도 없고, 번쩍이는 섬광도 없다. 따라서 당신은 돌아올 수 없는 길을 가고 있다는 사실을 전혀 눈치채지 못한다. 이것은 아인슈타인의 가장 단순하면서도 깊은 통찰을 통해 내려진 결론이다. 그는 임의의 물체가 자유낙하를 할 때 무중력

---

* 자세한 내용을 알고 싶은 독자들은 레너드 서스킨드의 책 《블랙홀 전쟁(The Black Hole Wars)》을 읽어보기 바란다. 적극 추천하고 싶은 책이다.

상태가 된다는 사실을 간파했다. 저울을 발바닥에 부착한 채 높은 곳에서 뛰어내려 보라. 똑바로 선 자세로 떨어진다 해도 땅에 도달하기 전까지 저울의 눈금은 정확하게 0을 가리킬 것이다(단, 공기의 저항은 무시한다). 이와 같이 중력에 완전히 순응하면 중력에 의한 효과가 사라진다. 아인슈타인은 여기서 영감을 얻어 놀라운 결론을 유추해냈다. 일상생활 속의 경험을 바탕으로 생각해보면, 어떤 무거운 천체의 중력에 끌려 자유낙하하는 상태와, 텅 빈 우주공간을 자유롭게 떠다니는 상태는 물리적으로 완전히 동일하다. 두 경우 모두 당신의 몸무게는 정확하게 0이다. 어쩌다가 위를 흘끗 올려다봤는데 지구의 표면이 빠르게 다가오고 있다면 낙하산 줄을 당기는 게 좋다. 그러나 창문이 없는 작은 우주선을 탄 채 우주공간을 떠다니고 있다면, 자유낙하와 자유부동(浮動)을 구별할 수 없다.[9]

20세기 초에 아인슈타인은 물체의 운동과 중력 사이의 심오한 관계를 간파하고 10년 동안 혼신의 노력을 기울인 끝에 일반상대성이론을 세상에 내놓았다. 지금 우리가 다루고 있는 내용은 그중 극히 일부에 불과하지만, 문제의 핵심을 이해하는 데에는 아무런 문제가 없다. 이제 당신이 외부와 완전히 차단된 캡슐에 탄 채 지구가 아닌 블랙홀을 향해 떨어지고 있다고 가정해보자. 그러나 위에서 말한 것처럼 당신은 우주공간을 떠돌고 있는지, 아니면 중력에 이끌려 떨어지고 있는지 알 수가 없다. 따라서 블랙홀의 사건지평선을 통과해도 당신은 이상징후를 전혀 느끼지 못한다. 그러다가 블랙홀의 중심에 도달하면 자유낙하는 끝나고 완전히 다른 경험을 하게 되겠지만, 그 전까지는 모든 것이 우주공간을 떠돌 때와 구별할 수 없을 정도로 똑같다.

이 점을 생각하면 블랙홀의 엔트로피는 더욱 헷갈린다. 블랙홀의 사건지평선을 지나가면서 아무것도 느끼지 못했는데(심지어는 텅 빈 우주공간을 날고 있다고 생각했는데), 거기에 어떻게 정보가 저장된다는 말인가?

지난 10여 년 동안 논쟁의 대상이 되어왔던 한 가지 해답이 있는데, 이것은 앞에서 언급한 이중성(duality)과 관련되어 있다. 하나의 현상이 완전히 다른 두 개(또는 여러 개)의 관점에서 설명될 때, 우리는 그 현상에 이중성이 존재한다고 말한다. 물론 이 관점들은 물리적 원리를 통해 긴밀하게 연결되어 있다. 아인슈타인과 마릴린 먼로의 얼굴이 겹쳐 있는 [그림 5.2]는 이중성의 좋은 사례이다. 수학적으로는 끈이론에 등장하는 여분차원의 거울반사영상(4장)과 끈이론 자체의 이중성(5장)을 들 수 있다. 최근 들어 서스킨드를 비롯한 물리학자들은 블랙홀에 또 다른 종류의 이중성이 존재한다는 사실을 알아냈다.

이중성을 이루는 두 가지 관점 중 하나는 블랙홀을 향해 자유낙하하는 당신의 관점이고, 다른 하나는 블랙홀로부터 멀리 떨어진 곳에서 고성능 망원경으로 당신의 움직임을 관측하고 있는 관찰자의 관점이다. 당신은 블랙홀의 사건지평선을 통과할 때 아무런 변화도 느끼지 못하지만, 멀리 있는 관찰자의 눈에는 완전히 다른 광경이 펼쳐진다. 이 차이는 블랙홀의 '호킹 복사'와 관련되어 있다.[*] 멀리 있는 관측자가 호킹 복사의 온도를 측정한다면 매우 낮은 온도가 얻어

■ 블랙홀에 대해 사전 지식이 있는 독자들은 호킹 복사와 같은 양자역학적 요소를 도입하지 않아도 시간의 진행속도에 따라 두 가지 관점이 있다는 사실을 잘 알고 있을 것이다. 그러나 호킹 복사를 바라보는 두 가지 관점은 시간에 따른 차이보다 훨씬 극적인 차이를 만들어낸다.

질 것이다. 이 온도를 10^{-13}K라 하자. 이 정도면 은하의 중심에 있는 초대형 블랙홀의 온도와 비슷하다. 그러나 멀리 있는 관찰자는 복사의 온도가 낮은 이유를 잘 알고 있다. 광자가 사건지평선 바로 바깥에서 블랙홀의 중력을 이겨내고 탈출하느라 대부분의 에너지를 소모했기 때문이다. 앞에서 나는 이것을 '피곤에 지친 복사'라고 표현했다. 관찰자는 당신이 블랙홀의 사건지평선에 가까이 갈수록 생기왕성한 광자와 만날 것이므로 에너지가 더 많고 온도도 높을 것이라고 생각한다. 실제로 관찰자가 보기에 당신은 강력한 호킹복사에 노출되어 사건지평선에 도달할 때쯤이면 완전히 숯덩어리가 된다.

그러나 다행히도 당신이 느끼는 상황은 훨씬 안락하다. 당신에게는 뜨거운 복사가 보이지도, 느껴지지도 않는다. 그리고 자유낙하운동이 중력에 의한 효과를 상쇄시키기 때문에[10] 자신이 우주공간을 자유롭게 떠다니고 있는지, 아니면 블랙홀에 빨려 들어가고 있는지 구별할 수가 없다. 한 가지 확실한 것은 당신이 우주공간을 자유롭게 떠다니고 있을 때 갑자기 화염에 휘말리지는 않는다는 것이다. 그러므로 당신의 관점에서 보면 당신은 사건지평선을 아무렇지 않게 통과한 후 블랙홀의 중심을 향해 돌진할 것이고, 멀리 있는 관찰자의 관점에서 보면 당신은 사건지평선을 에워싸고 있는 코로나의 화염 속으로 들어가 우주제물이 되고 말 것이다.

어느 관점이 옳은가? 서스킨드의 주장에 의하면 둘 다 옳다. 그러나 상식적으로는 납득이 가지 않는다. 한쪽에서는 당신이 죽었고 다른 쪽에서는 당신이 멀쩡하게 살아 있는데, 어떻게 둘 다 옳을 수가 있다는 말인가? 그러나 지금 펼쳐진 상황에서는 상식이 통하지 않는다. 게다가 완전히 다른 이 두 개의 관점은 결코 충돌하는 일이 없다. 당장 블랙홀을 탈출하여 멀리 있는 관측자에게 날아와 "나는 살아 있다!"고 외치고 싶겠지만, 유감스럽게도 블랙홀 안에서는 그 무엇도 빠져나올 수 없다. 그리고 멀리 있는 관측자가 당신의 생사를 확인하기 위해 블랙홀 안으로 뛰어든다 해도 결코 당신을 만날 수 없다. 사실 멀리 있는 관측자가 블랙홀의 호킹 복사에 희생되는 당신을 "본다"는 것은 상당히 단순화된 표현이다. 이 관측자는 피곤에 지쳐 식을 대로 식어서 망원경에 도달한 복사의 온도를 측정하여 당신이 화염 속에서 죽었다고 짐작하는 것뿐이다. 그러나 정보가 관측자에게 도달할 때까지는 분명히 시간이 소요된다. 간단한 수학계산을 해보면 이 경우에 관측자가 당신이 죽었다는 사실을 인지한 후 블랙홀을 향해 아무리 빨리 날아간다 해도 블랙홀의 중심에서 붕괴되기 전에 당신을 따라잡을 수는 없다. 두 관점은 분명히 상반되지만, 물리적으로는 아무런 역설도 낳지 않는다.

그렇다면 정보는 어떻게 되는가? 당신의 관점에서 볼 때 당신의 몸과 두뇌, 그리고 옆에 차고 있는 노트북 컴퓨터까지 블랙홀의 사건지평선을 가뿐하게 넘어섰다. 그러나 멀리 있는 관찰자의 관점에서 보면 당신이 소유하고 있는 모든 정보는 사건지평선 바로 위에서 끊임없이 부글거리는 복사층에 완전히 흡수된다. 당신의 몸과 두뇌, 그리고 노트북에 저장되어 있던 모든 비트가 뜨거운 사건지평선을 만나면서 이리저리 분해되고 뒤섞이는 것이다. 즉, 멀리 있는 관찰자가 볼 때 사건지평선은 실재하는 장소이며, [그림 9.2]와 같이 물리적 서술이 가능한 실제 정보들로 가득 차 있다.

그러므로 멀리 있는 관찰자(우리)는 블랙홀의 정보가 사건지평선의 면적에 의해 결정된다고 결론지을 수밖에 없다. 엔트로피가 저장되는 장소가 바로 그곳이기 때문이다. 이렇게 말해놓고 보니 꽤 그럴듯하게 들린다. 그러나 정보의 저장용량이 블랙홀의 부피에 의해 결정되지 않는 것은 여전히 이상하다. 이제 곧 알게 되겠지만, 이 결과는 블랙홀의 이상한 특성만을 강조하고 있지 않다. 블랙홀은 우리에게 정보를 저장하는 방법을 알려주는 것이 아니라, 내용과 무관하게 정보의 저장여부를 알려줄 뿐이다. 이로부터 탄생한 개념이 바로 홀로그래피 우주이다.

블랙홀을 넘어서

임의의 물체, 또는 물체의 집합(국회도서관의 모든 장서, 구글사의 모든 컴퓨터, CIA에 보관되어 있는 모든 문서들)이 공간의 한 영역에 놓여 있다고 가정해보자. 그리고 편의를 위해 이 지역을 〔그림 9.3〕(a)와 같이 가상의 구(球)로 에워싸보자. 또한 구 안에 들어 있는 물체의 총 질량이 부피에 비해 그다지 무겁지 않다고 가정하자. 다시 말해서, 이 물체들이 블랙홀로 돌변할 가능성은 없다는 뜻이다. 이것으로 준비는 끝났다. 이제 아주 중요한 질문을 던져보자—이 영역에 저장될 수 있는 정보의 최대량은 얼마인가?

별로 친한 관계가 아닌 '열역학 제2법칙'과 '블랙홀'이 그 해답을 쥐고 있다. 방금 정의한 영역에 다른 물체를 추가로 집어넣어서 정보 저장량을 늘려보자. 어떤 물체이건 상관없다. 고용량 메모리칩을 추가할 수도 있고 구글사 컴퓨터의 하드디스크 드라이버도 좋다. 국회도서관에서 책을 잔뜩 가져와 쏟아 부을 수도 있다. 손으로 만질

(a)　　　　　　　　(b)　　　　　　　　(c)

[그림 9.3] (a)정보를 담고 있는 다양한 물체들이 공간의 한 영역 안에 놓여 있다. (b)물체를 추가하여 이 영역에 보관된 정보의 양을 늘린다. (c)물체의 양이 어떤 한계(이 값은 일반상대성이론을 이용하여 계산할 수 있다)[11]를 넘으면 이 영역은 블랙홀이 된다.

수 없는 물체라도 상관없다. 기체분자도 정보를 갖고 있으므로 증기를 주입해도 된다(증기분자는 여기에 있는가? 아니면 저기에 있는가? 증기분자의 속도는 얼마인가? 등등……). 자꾸 집어넣다 보면 영역이 거의 꽉 차서 점점 더 넣기가 어려워지겠지만, 포기하지 말고 물건을 닥치는 대로 집어서 빈틈을 꾸역꾸역 채워 나가보자. 그러다 보면 영역이 완전히 포화상태가 되어, 모래알 한 줌만 더 집어넣어도 블랙홀이 되어버리는 시점이 찾아온다. 이것으로 게임은 끝이다. 아무리 애를 써도 더 이상은 집어넣을 수 없다. 블랙홀의 크기는 질량에 의해 결정되므로, 이 상태에서 물건을 더 추가하여 정보의 양을 늘리려고 한다면 블랙홀은 크기가 커질 수밖에 없다. 그런데 우리는 부피를 고정시킨 상태에서 정보를 늘리기로 했으므로 물건을 더 추가하는 것은 반칙이다. 즉, 블랙홀의 크기를 고정시킨 채 정보량을 늘리는 것은 불가능하다.[12]

이제 두 단계만 거치면 논리의 종착점에 도달한다. 열역학 제1법칙은 모든 물리적 과정에서 엔트로피가 증가한다고 못을 박았다. 따라서 하드디스크와 종이에 인쇄된 책 등 영역 안에 욱여넣은 물체의 모든 정보량은 블랙홀에 숨겨진 정보량보다 적다. 그리고 베켄슈타인과 호킹의 논리에 의하면 블랙홀에 숨겨진 정보량은 사건지평선의 면적으로 주어진다. 게다가 우리는 원래 영역의 크기를 초과하지 않기로 약속했기 때문에 블랙홀의 사건지평선은 영역의 경계면과 일치하고, 블랙홀의 엔트로피는 이 경계면의 면적과 같다. 이로부터 우리는 중요한 결론에 도달하게 된다—주어진 영역 안에 저장될 수 있는 정보의 양은 (그 정보가 어떤 형태로 저장되건 간에) 그 영역의 표면적보다 항상 작다(단, 면적을 플랑크단위로 나타낸 경우에 한한다).

이것이 바로 우리가 원하던 결과이다. 위의 논리에서 블랙홀이 중요한 역할을 하긴 했지만, 최종결론은 블랙홀의 실제 존재여부와 관계없이 임의의 영역에 적용된다. 특정 영역 안에 정보의 양을 최대로 만든다는 것은 곧 블랙홀을 만든다는 뜻이다. 그러나 정보량이 최대에 도달하지 않으면 블랙홀은 생성되지 않는다.

사실 현실세계에서 이 한계는 별로 중요하지 않다. 오늘날의 초보적인 저장장치와 비교할 때, 특정 영역의 표면에 저장될 수 있는 정보의 양은 가히 상상을 초월한다. 요즘 시판되고 있는 5테라바이트(terabyte, 약 10^{12}바이트)짜리 하드디스크는 대충 반지름 50cm짜리 구 안에 들어가는데, 이 구의 표면에 저장될 수 있는 데이터는 약 10억×1조×1조×1조×1조 테라바이트이다. 아무리 비싼 저장장치도 이를 능가할 수는 없다. 그래서 실리콘밸리의 연구원들도 이런 이론적 한계는 전혀 신경 쓰지 않는다.

그러나 우주의 원리를 찾는 사람들에게 이 한계는 매우 중요한 의미를 담고 있다. 지금 내가 글을 쓰고 있는 방이나 당신이 이 책을 읽고 있는 방을 예로 들어보자. 휠러의 관점에 입각하여 방 안에서 일어나는 정보처리 과정(현재의 상태가 물리법칙에 따라 1초 후, 또는 1분 후, 또는 한 시간 후에 어떻게 변할지 결정되는 과정)을 상상해보라. 우리가 보기에 물리적 과정은 방 안에서 일어나고 있으므로 각 과정에서 운반되는 정보들도 방을 벗어나지 않을 것 같다. 그러나 방금 전에 우리가 얻은 결론에 의하면 이 상황을 완전히 다른 관점에서 바라볼 수도 있다. 우리가 아는 한, 블랙홀의 정보량이 표면적과 관련되어 있는 것은 단순한 계산결과가 아니라 구체적인 근거에 입각한 추론이다. 게다가 서스킨드와 토프트는 이것을 일반화시켜서 다음과 같이 주장했다. "주어진 영역 안에서 물리적 현상을 서술하기 위해 필요한 정보는 그 영역의 경계면에 완전히 저장될 수 있으므로, 물리학의 기본 과정들이 실제로 경계면에서 일어난다고 주장해도 반론을 제기할 근거가 없다." 우리에게 친숙한 3차원 실체는 멀리 떨어진 2차원 표면에서 진행되고 있는 물리적 과정이 3차원 공간에 투영된 결과일 수도 있다는 것이다.

이들의 주장이 사실이라면 끈에 매달려 움직이는 인형처럼 나의 손가락과 팔, 두뇌도 눈에 보이지 않는 줄에 매달려 춤을 추고 있는지도 모른다. 이 줄은 우리와 멀리 떨어져 있는 어떤 표면까지 이어져 있으며, 진짜 물리적 과정은 그곳에서 진행되고 있다. 그렇다면 '이곳'에서 우리가 겪는 경험과 '그곳'에 존재하는 실체는 또 하나의 다중우주를 형성하고 있는 셈이다. 이것을 '홀로그래피 평행우주(Holographic Parallel Universes)'라 부르기로 한다. 두 세계에서 일어나는 현상들은 나의 몸과 그림자처럼 서로 긴밀하게 연결되어 있다.

세부 사항들

우리에게 친숙한 실체들이 멀리 떨어져 있는 2차원 세계의 투영이라는 것은 아마도 물리학 역사상 가장 놀라운 발견일 것이다. 그러나 홀로그래피 원리의 진위여부를 어떻게 확인할 수 있을까?

지금 우리는 실험으로 확인되지 않은 이론물리학의 깊은 영역을 탐험하고 있으므로 회의적인 생각이 드는 것도 무리가 아니다. 블랙홀의 온도와 엔트로피가 정말로 0이 아니라면, 그 값들은 이론적 예측과 일치하는가? 주어진 영역에 담을 수 있는 정보의 양은 정말로 그 영역의 외곽을 둘러싸고 있는 경계면의 정보저장능력에 의해 결정되는가?

그리고 이 표면에 담을 수 있는 정보량의 최대값은 정말로 플랑크단위로 분할한 사각형 구획의 수(비트단위)와 일치하는가? 이 모든 질문에 'yes'라고 대답할 만한 논리적 증거는 충분하지만, 실험으로 확인할 수 없다는 것이 문제다. 미래의 어느 날, 이들 중 하나라도 틀린 것으로 판명되면 (나는 그럴 가능성이 거의 없다고 생각하지만) 홀로그래피 아이디어는 당장 폐기될 것이다.

또 한 가지 중요한 사실은 지금까지 논리를 펼쳐오면서 공간 속의 한 영역과 그곳을 에워싸고 있는 경계면의 정보만을 고려했다는 점이다. 우리의 관심사는 엔트로피와 열역학 제2법칙이었으므로(이들은 주로 '정보의 양'과 관련되어 있다),

실제로 정보가 저장되는 방식에 대해서는 아직 아는 것이 없다. 주어진 영역의 경계면에 정보가 저장된다는 것은 무슨 의미인가? 정보는 어떤 형태를 취하고 있으며, 어떤 식으로 자신의 모습을 드러내는가? 그리고 우리는 경계면에서 일어나는 현상을 우리가 사는 세계의 물리적 현상으로 해석해주는 '사전'을 어느 정도까지 만들 수 있는가?

물리학자들은 이와 같은 질문들을 좀 더 정확하게 표현하는 일반적인 기준 틀을 아직 확립하지 못했다. 논리의 중심에 중력과 양자역학이 존재한다면 끈이론이 이론적 기초를 제공할 수도 있다.

토프트가 홀로그래피의 개념을 처음 도입했을 때, 그는 "자연은 플랑크 스케일에서 끈이론 학자들의 상상보다 훨씬 더 기이할 수도 있다"고 지적했지만,[13] 그로부터 10년이 채 지나기 전에 끈이론은 토프트가 틀렸음을 입증해냈다. 아르헨티나 출신의 한 젊은 물리학자가 끈이론을 이용하여 홀로그래피 원리를 구체적으로 구현한 것이다.

끈이론과 홀로그래피

1998년에 나는 산타바바라의 캘리포니아대학에서 개최된 끈이론 국제학회에 참석하여 연구결과를 발표하면서 "평생 해본 적 없고 앞으로도 결코 하지 않을" 행동을 했다. 나는 청중들이 보는 앞에서 오른팔을 왼쪽 어깨에, 왼팔을 오른쪽 어깨에 올리고 약간 구부정한 자세로 토끼뜀을 뛰면서 1/4바퀴를 돌았다. 원래는 한 바퀴를 다 돌 생각이었지만 고맙게도 청중들이 일찍 웃음을 터뜨려준 덕분에 나머지 3/4바퀴를 생략할 수 있었다. 그날 저녁, 주최측이 제공한 연회에서 학회 참석자들은 일제히 춤을 추며 노래를 불렀다. 그때 불렀던 노래의 가사는 대충 다음과 같다. "블랙홀은 커다란 미스터리 였지 / 하지만 지금은 D-브레인으로 D-엔트로피를 계산할 수 있게 되었다네." 이 모든 것은 아르헨티나의 끈이론 학자 후안 말다세나 가 학회에서 발표한 기념비적 결과를 축하하는 의식이었다.

그로부터 세월이 10년 넘게 흘렀지만, 말다세나만큼 막강한 영향력을 발휘한 연구 사례는 찾아보기 어렵다는 것이 학계의 중론이다. 말다세나가 얻은 결과는 그 후 여러 방면으로 분화되어 더욱 구체적으로 연구되었는데, 이들 중 하나가 지금 우리의 관심사와 직접적으로 연관되어 있다. 말다세나가 얻은 결과에 어떤 특별한 가정을 추가하면 홀로그래피 원리가 구현되고, 이 과정에서 홀로그래피 평행우주의 수학적인 사례가 얻어진다. 말다세나는 우리의 우주와 조금 다른 우주에 끈이론을 적용하여 이와 같은 결과를 얻었다. 수학적으로 말하자면 우리 우주의 외곽에 관통할 수 없는 완벽한 경계가 존재한다고 가정한 것이다. 말다세나는 이런 가정 하에 "우주에서 일어나는 모든 일은 경계면의 물리법칙과 그곳에서 진행되는 온갖 물리적 과정들이 투영된 것"이라고 결론지었다.

말다세나의 접근법을 우리의 우주에 곧바로 적용할 수는 없지만, 홀로그래피 우주를 수학적으로 증명하고 분석하는 기틀을 제공했다는 점에서 매우 획기적인 시도로 평가받고 있다. 과거에 홀로그래피 원리를 의심스러운 눈으로 바라봤던 학자들도 말다세나의 연구가 알려진 후로 이 분야에 벌떼처럼 몰려들어 그동안 수천 편의 논문을 쏟아냈다. 무엇보다 흥미로운 것은 이론적 통찰과 실제 물리학 사이에 어떤 '연결고리'를 구체적으로 제안할 수 있다는 점이다. 이것을 잘 활용하면 홀로그래피에 기초한 우주가설은 앞으로 몇 년 이

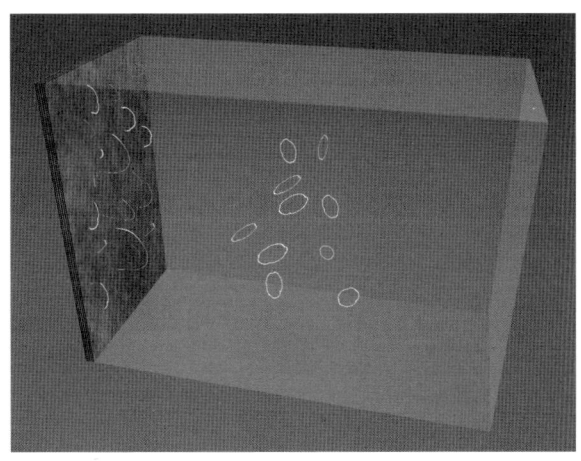

[그림 9.4] 서로 가까이 인접한 3차원 브레인 더미에 구속되어 있는 열린 끈과, 대공간(bulk) 속에서 움직이고 있는 닫힌 끈.

내에 실험적으로 검증될 가능성이 있다.

　이 절의 나머지 부분과 다음 절은 말다세나의 획기적인 아이디어를 소개하는 데 할애할 것이다. 아마도 이 책에서 가장 어려운 부분이 될 것 같다. 우선 간단한 요약부터 제시한 후 본격적인 설명으로 들어갈 것이다. 읽다가 내용이 너무 어렵다고 느껴지면 이 장의 마지막 절로 뛰어넘어도 상관없다.

　말다세나의 아이디어는 새로운 버전의 이중성에서 출발한다. 우리는 5장에서 '썰어놓은 빵 조각'에 해당하는 브레인을 도입한 바 있다. 말다세나는 3차원 브레인을 [그림 9.4]와 같이 두 가지 관점에서 바라보았다. 한 가지 관점은 브레인과 함께 움직이고, 진동하고, 요동치는 끈에 초점을 맞춘 '고유의(intrinsic)' 관점이고, 다른 하나는 브레인이 자신의 근방에 중력적 영향을 행사하는 방식에 초점을 맞춘 '부대적(extrinsic)' 관점이다. 말다세나는 하나의 물리적 상황을 이 두 가지 관점으로 서술하면 전혀 다른 그림이 그려진다는 사실을 간파했다. 고유의 관점에서는 브레인을 겹겹이 쌓아놓은 '브레인 더미' 위에서 끈이 움직이고 있고, 부대적 관점에서는 브레인 더미가 경계면 역할을 하는 휘어진 시공간의 한 구획 속에서 끈이 움직이고 있다. 이 두 가지 서술이 동일하다고 가정하면 구획 안에서 일어나는 물리적 과정과 구획의 경계면에서 일어나는 물리적 과정 사이의 명확한 연결관계를 정립할 수 있는데, 그것이 바로 홀로그래피라는 것이다.

요약은 이 정도로 마치고, 좀 더 구체적으로 파고 들어가면 다음과 같다.

가까운 간격을 두고 겹겹이 쌓여 있는 여러 개의 3차원 브레인을 상상해보자([그림 9.4]의 왼쪽 끝부분. 브레인 사이의 간격이 충분히 가까워서 마치 한 장의 석판처럼 보인다). 지금부터 이와 같은 환경에서 끈이 어떤 식으로 거동하는지 알아보려고 한다. 앞에서 말한 바와 같이 끈의 종류에는 열린 끈과 닫힌 끈이 있다. 열린 끈의 양쪽 끝은 브레인에 들러붙은 채 그 위에서 자유롭게 움직일 수 있지만 브레인을 이탈할 수는 없다. 그리고 닫힌 끈은 끝이라는 게 없기 때문에 공간을 자유롭게 이동할 수 있다. 물리학자들의 표현법을 빌리면, 열린 끈은 브레인에 '구속되어 있고' 닫힌 끈은 '대공간(bulk of space)'을 가로지를 수 있다.

말다세나는 우선 에너지가 작은 끈(비교적 천천히 진동하는 끈)에 수학적 메스를 들이댔다. 왜 그랬을까? 두 물체 사이에 작용하는 중력은 질량에 비례한다. 두 개의 끈 사이에 작용하는 중력도 마찬가지다.

그런데 에너지가 작은 끈은 질량도 작아서 중력에 거의 아무런 반응도 하지 않는다. 즉, 말다세나는 중력에 의한 효과를 무시하기 위해 에너지가 작은 끈에 집중했던 것이다. 그러면 상황이 엄청나게 단순해진다. 끈이론에서 중력은 닫힌 끈에 의해 이곳에서 저곳으로 전달된다(5장 참조). 따라서 중력을 무시한다는 것은 곧 닫힌 끈에 의한 영향을 무시한다는 뜻이다(특히 이들이 브레인에 구속되어 있는 열린 끈에 미치는 영향을 무시할 수 있다). 이런 식으로 닫힌 끈과 열린 끈의 상호작용을 무시하면 각자 독립적인 분석이 가능해진다.

그다음, 말다세나는 기어를 2단으로 올려서 전술한 상황을 다른 관점에서 바라보았다. 브레인을 '열린 끈의 양쪽 끝을 붙잡은 채 운동을 유지시키는 기질(基質)'로 간주하지 않고, '자체 질량으로 인근의 시공간을 왜곡시키는 하나의 물체'로 간주한 것이다. 다행히도 말다세나는 과거에 다른 물리학자들과 함께 두 번째 관점에 대한 기초연구를 수행한 적이 있었다. 그때 얻은 결론 중 하나는 브레인을 많이 쌓아서 더 큰 더미를 만들수록 중력장도 더욱 강해진다는 것이었다. 따라서 브레인의 수가 충분히 많아지면 블랙홀과 비슷한 특성을 띠게 되는데, 이것을 '블랙브레인(black brane)'이라고 한다. 일반적인 블랙홀과 마찬가지로 무엇이든 블랙브레인에 가까이 다가가면 빠져나올 수 없다. 그리고 어떤 물체가 블랙브레인으로 다가가는 모습을 멀리 떨어진 곳에서 한 관측자가 바라보고 있다면, 그의 눈(또는 망원경)에는 블랙홀의 중력을 이겨내느라 지칠 대로 지친 광자가 도달하게 된다. 그래서 관측자의 눈에는 물체의 에너지가 작고 속도도 느린 것처럼 보인다.[14]

말다세나는 두 번째 관점에서도 낮은 에너지에 초점을 맞추고 논리를 진행한 끝에, 첫 번째 관점과 마찬가지로 저-에너지 물리학이 두 가지 요소로 나누어진다는 사실을 발견했다. 그중 하나는 서서히 진동하면서 대공간을 자유롭게 이동하는 닫힌 끈이고, 다른 하나는 블랙브레인의 존재와 관련되어 있다. 예를 들어 당신이 블랙브레인으로부터 멀리 떨어진 곳에서 매우 큰 에너지 모드로 진동하는 끈을 갖고 있다고 가정해보자. 그리고 당신의 몸은 안전거리를 유지한 채 이 끈을 블랙브레인의 사건지평선에 가깝게 보냈다고 하자. 그러면 위에서 언급한 대로 블랙브레인에 의해 끈 에너지는 작아진다. 당신의 눈에 들어오는 광자가 피곤에 지쳐서, 마치 느린 화면 동영상을 보는 것처럼 끈의 속도가 느려진다. 따라서 저-에너지 물리학의 두 번째 요소는 블랙브레인의 사건지평선으로부터 충분히 가까운 곳에서 진동하는 모든 끈들이다.

말다세나는 마지막으로 지금까지 열거한 두 가지 관점을 비교했다. 이들은 동일한 '브레인 더미'를 서로 다른 관점에서 서술한 것이므로 서로 일치해야 한다. 에너지가 작은 닫힌 끈이 대공간 속에서 자유롭게 이동한다는 점은 확실하게 일치한다. 그러나 두 관점의 나머지 부분도 일치해야 완벽한 일치라고 할 수 있다.

그리고 그 결과는 실로 놀라웠다.

첫 번째 관점에서 남은 부분은 3차원 브레인에서 움직이는 저-에너지의 열린 끈이다. 4장에서 말한 대로 저-에너지 끈은 양자장이론의 점입자로 서술될 수 있는데, 지금의 경우도 마찬가지다. 특별한 종류의 양자장이론은 몇 가지 복잡한 수학적 요소들을 포함하고 있는데(이름도 흉물스러워서 '등각불변 초대칭 양자 게이지장이론conformally invariant supersymmetric quantum gauge field theory'이다), 이들 중 두 가지 특성은 쉽게 이해할 수 있다. 우선 이론에 닫힌 끈이 없으면 중력장이 없다. 그리고 끈은 샌드위치처럼 가깝게 겹쳐 있는 3차원 브레인 위에서만 움직일 수 있기 때문에, 양자장이론은 3차원 공간에서 펼쳐지는 이론이다(여기에 시간차원 하나를 추가하면 4차원 시공간에서 펼쳐진다).

두 번째 관점에서 남은 부분은 블랙브레인의 사건지평선 근처에서 거의 가사상태에 빠진(에너지가 작은) 닫힌 끈이다. 이런 끈들은 블랙브레인과의 거리에 제한이 있긴 하지만 9차원 공간에서 진동하고 있다(여기에 시간차원 하나를 추가하면 10차원 시공간에서 펼쳐진다). 그리고 닫힌 끈이 등장한다는 것은 중력을 포함한다는 뜻이다.

두 가지 관점이 얼마나 달라 보이건 간에, 이들은 물리적으로 동일한 상황을 서술하고 있으므로 원칙적으로 같아야 한다. 그런데 이로부터 얻어진 결론이 참으로 기이하다. 4차원 시공간에서 중력을 포함하지 않은 어떤 특별한 양자장이론(첫 번째 관점)이 10차원 시공간의 어떤 특별한 구역에서 중력을 포함한 끈의 운동(두 번째 관점)과 똑같은 물리학을 서술한다는 것이다! 내가 보기에도 참으로 당혹스러운 주장이다. 두 이론은 현실세계에서 더 이질적인 것을 찾아보기 어려울 정도로 판이하게 다른 이론이다. 그런데 말다세나는 앞서 말한 수학적 과정을 따라 이와 같이 놀라운 결론에 도달했다.

조금 생각해보면 이 장의 앞부분에서 언급한 플라톤의 '그림자 실체'에 부합되는 것 같기도 하다. 하지만 아무리 그렇다 해도 말다세나의 주장은 기이하면서도 대담하기 짝이 없다. 이 상황은 [그림 9.5]에 도식적으로 표현되어 있다. 블랙브레인의 강한 중력이 10차원 시공간을 휘게 만들고(이런 식으로 휘어진 시공간을 '반-드지터 5차원 시공간 5-스피어anti-de Sitter five-spacetimes the five sphere'라 한다), 블랙브레인

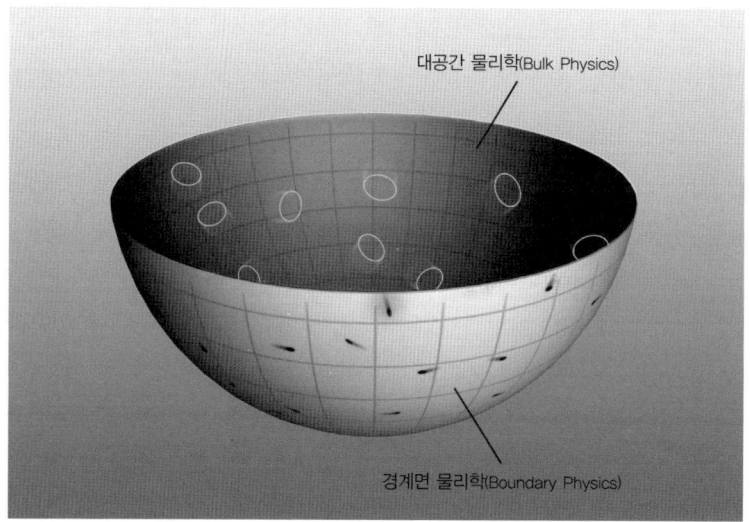

[그림 9.5] 특별한 시공간 안에서 작용하는 끈이론과 그 시공간의 경계에서 작용하는 양자장이론 사이의 이중성을 도식적으로 표현한 그림.

덩어리 자체는 이 공간의 경계를 형성한다. 또한 말다세나의 결론에 의하면 대공간(bulk of spacetime) 안에서 펼쳐진 끈이론은 그 경계면에서 펼쳐진 양자장이론과 동일하다.[15]

바로 여기서 홀로그래피의 개념이 등장한다.

말다세나는 물리법칙을 홀로그래피로 구현하는 일종의 수학 실험실을 구축한 셈이다. 그로부터 몇 달 후, 에드워드 위튼(Edward Witten)의 논문과 스티븐 굽서(Steven Gubser), 이고르 클레바노프(Igor Klebanov), 알렉산더 폴리야코프(Alexander Polyakov)의 공동논문이 발표되면서 말다세나의 아이디어는 한 단계 업그레이드되었다. 이들은 두 가지 관점을 서로 연결하는 '수학사전'을 만들었다. 브레인의 경계에서 일어나는 하나의 물리적 사건에 수학사전을 적용하면 대공간에서 이 사건이 어떤 형태로 나타나는지를 알 수 있으며, 그 반대의 경우도 알 수 있다. 다시 말해서 이들이 만든 사전은 가상의 우주에서 홀로그래피 원리를 구체적으로 명시하고 있는 것이다. 이 우주의 경계에서 정보는 양자장에 저장되며, 수학사전을 이용하여 정보를 번역하면 우주의 내부에서 일어나는 '끈 이야기'로 재현된다.

이들이 만든 수학사전을 홀로그래피에 비유하면 더욱 잘 맞아떨어진다. 사실 우리가 일상적으로 마주치는 홀로그램 영상은 실제 3차원 물체와 하나도 비슷하지 않다. 그것은 그저 플라스틱 표면에 다양한 직선과 곡선, 소용돌이 무늬 등을 새겨넣은 것뿐이다. 그러나 레이저를 이용하여 복잡한 변환을 플라스틱에 표현하면 3차원 물체로 인식되는 영상을 만들 수 있다. 플라스틱 홀로그램과 3차원 영상을 놓고 한쪽의 정보를 다른 쪽의 관점에서 바라보면 인식이 불가능하지만, 이들은 기본적으로 동일한 데이터를 갖고 있다. 이와 마찬가지로 말다세나 우주의 경계에서 펼쳐진 양자장이론은 경계 내부에서 펼쳐진 끈이론과 비슷한 구석이 거의 없다. 만일 이 내용을 전혀 모르는 물리학자에게 두 이론을 분석하라고 시킨다면, 십중팔구는 "전혀 관계없는 이론"이라고 답할 것이다. 그러나 여기에 수학사전(일상적인 홀로그램에서는 레이저가 이 역할을 한다)을 적용하면 한쪽에서 일어나는 모든 사건은 다른 쪽에서 일어나는 사건과 일대일로 대응된다. 그리고 한쪽이 갖고 있는 정보 역시 사전을 통해 다른 쪽의 정보로 재구성된다.

구체적인 사례로서, 위튼은 말다세나 우주의 내부에 존재하는 일상적인 블랙홀이 경계이론에서 어떤 모습으로 보이는지를 제시했다. 앞서 말한 바와 같이 경계이론은 중력을 포함하고 있지 않으므

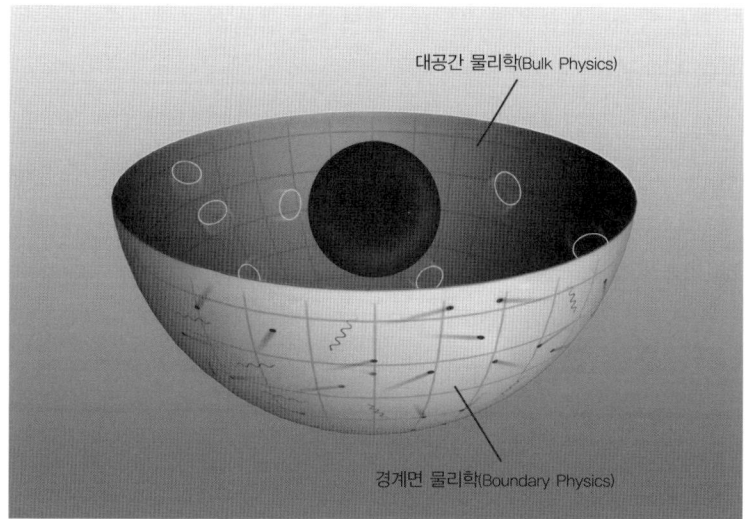

[그림 9.6] 대공간에 존재하는 블랙홀에 홀로그래피 동등원리를 적용하면 경계면에 존재하는 뜨거운 입자의 무리가 얻어진다.

로 이곳에서 블랙홀은 전혀 다른 모습으로 보일 것이다. 위튼이 얻은 결과에 의하면 말다세나 우주의 블랙홀을 경계이론으로 변환시키면 뜨거운 입자들이 뭉친 덩어리가 된다. 게걸스러웠던 블랙홀이 다소 일상적인 물질로 바뀌는 것이다([그림 9.6] 참조). 일상적인 홀로그램과 그것이 만들어낸 영상처럼, 우주 내부의 블랙홀과 경계면의

■블랙홀과 관련하여 본문에서 언급하지 않은 것이 하나 있다. 양자역학적 수정을 블랙홀에도 적용해야 하는가? 블랙홀이 정보를 흡수하면 확률파동이 시간에 따라 변하는 규칙을 더 이상 적용할 수 없게 되는가? 물리학자들은 이 문제를 놓고 오랜 세월 동안 논쟁을 벌여왔다. 그러나 위튼의 말대로 블랙홀이 뜨거운 양자장이론으로 변한다는 것은 정보가 파괴되지 않는다는 뜻이다. 그러므로 블랙홀에 흡수된 모든 정보는 궁극적으로 바깥세계에서 재현될 수 있으며, 양자적 수정은 필요 없다. 결론적으로 말해서, 경계이론은 블랙홀의 표면에 저장된 모든 정보(엔트로피)를 제공해준다.

뜨거운 양자장이론은 닮은 점이 전혀 없음에도 불구하고 동일한 정보를 담고 있다.*

플라톤은 실체라는 것이 우리가 아는 것보다 훨씬 다양한 속성을 갖고 있으며, 우리는 실체의 '희미하고 평평한' 그림자만을 인식할 수 있다고 생각했다. 그러나 플라톤의 생각과 달리 말다세나가 제안한 세계에서 실체는 전혀 흐려지지 않고, 우리에게 완전한 이야기를 들려준다. 이것은 우리가 과거부터 들어왔던 이야기와 근본적으로 다르다. 그러나 말다세나의 '평평한 세계'는 우리에게 가장 근본적인 사실을 알려주는 내레이터이다.

평행우주인가, 아니면 평행수학인가?

말다세나가 얻은 결과와 그 후로 몇 년 사이에 다른 사람들이 얻은 후속결과들은 우리의 우주관에 새로운 지평을 열었지만, 지금도 여전히 추측으로 남아 있다. 수학이 끔찍할 정도로 어렵기 때문에 정확한 논리를 만들어내기가 쉽지 않다. 그러나 홀로그래피 아이디어는 그동안 수없이 많은 수학적 검증을 거쳤고, 자연의 법칙을 탐구하는 물리학자들 사이에서 가장 중요한 연구 테마로 자리잡았다.

경계와 대공간이 동일한 세계의 두 가지 버전임을 증명하기가 어려운 데에는 몇 가지 이유가 있는데, 그중 하나는 이것이 얼마나 강력한 이론인지를 잘 말해주고 있다. 5장에서 나는 물리학자들이 건드림 접근법에 의존하는 이유를 설명한 바 있다(랄프와 앨리스의 복권당첨확률을 떠올려보라). 그리고 건드림 접근법은 결합상수가 작은 경우에만 적용할 수 있다고 강조했었다. 말다세나는 경계에서 펼쳐진 양자장이론과 대공간에서 펼쳐진 끈이론의 상호관계를 분석하다가 한쪽 이론의 결합상수가 작으면 다른쪽 이론의 결합상수가 크고, 그 반대도 마찬가지임을 발견했다. 두 이론이 동일하다는 것을 증명하는 자연스러운 방법은 동일한 계산을 각 이론에서 수행한 후 결과가 같은지 확인하는 것이다. 그러나 한 이론이 건드림 접근법을 허용하면 다른 이론에는 이 방법을 적용할 수 없다는 것이 문제이다.[16]

그러나 앞 절에서 소개된 말다세나의 다소 추상적인 논리를 받아들인다면 건드림 접근법을 사용할 수 있다. 5장에서 말한 끈이론의 이중성처럼, 대공간과 경계를 연결하는 수학사전을 이용하면 한 체계에서 결합상수가 큰 경우를 결합상수가 작은 다른 체계로 변환하여 계산을 쉽게 수행할 수 있다. 최근 들어 물리학자들은 이 방법을 이용하여 몇 가지 결과를 내놓았는데, 다행히도 이것은 실험을 통해 검증 가능하다.

뉴욕의 브룩헤이븐(Brookhaven)에 있는 상대론적 중이온 충돌기(Relativistic Heavy Ion Collider, RHIC)에서는 지금 이 순간에도 금(Au)의 원자핵들이 거의 광속에 가까운 속도로 충돌하고 있다. 원자핵은 여러 개의 양성자와 중성자로 이루어져 있으므로, 한 번 충돌이 일어나면 온도가 태양의 중심부보다 20만 배나 뜨거워진다. 이런 극적인 환경에서 양성자와 중성자는 쿼크와 글루온(쿼크들끼리 결합시키는 매개입자)으로 분해되는데, 이 상태를 '쿼크-글루온 플라즈마(quark-gluon plasma)'라고 한다. 빅뱅 직후의 상태가 이와 비슷할 것으로 추정된다. 그래서 중이온 충돌기는 우주 초기의 환경을 연구하는 데 중요한 단서를 제공하고 있다.

문제는 쿼크와 글루온으로 이루어진 뜨거운 수프상태를 서술하는 양자장이론(양자색역학, quantum chromodynamics)의 결합상수가 커서 건드림 접근법의 결과를 신뢰하기 어렵다는 점이다. 이 문제를 해결하기 위해 다양한 방법이 제시되었지만, 이론에서 예측된 내용 중 일부는 실험결과와 일치하지 않았다. 예를 들어 임의의 유체(물이나 당밀, 또는 쿼크와 글루온의 플라즈마 등)가 흐를 때 인접한 층 사이에 당김힘(drag force)이 작용하는데, 이것을 '전단점성(shear viscosity)'이라고 한다. 그런데 RHIC가 측정한 쿼크-글루온 플라즈마의 전단점성은 건드림 양자장이론으로 계산한 값보다 훨씬 작다.

한 가지 해결책은 다음과 같다. 앞에서 홀로그래피 원리를 설명할 때 내가 취했던 관점은 "시공간의 내부에서 우리가 경험하는 모든 것은 멀리 떨어져 있는 경계면에서 일어나는 현상들이 어떤 미지의 과정을 거쳐 시공간에 투영된 결과"라는 것이었다. 이제 이 관점을 뒤집어서 우리의 우주(정확하게는 우리의 우주에 존재하는 쿼크와 글루온들)가 경계면에 있다고 가정하자. 그렇다면 RHIC를 이용한 실험도 경계면에서 실행되고 있다. 여기에 말다세나의 이론을 적용해보자. 그가 얻은 결과에 의하면 (양자장이론으로 서술되는) RHIC의 실험은 대공간에서 움직이는 끈으로 서술된다. 이 정도면 관점을 뒤집은 보람이 있다. 경계면에서 (결합상수가 커서) 어려웠던 계산을 대공간으로 가서 수행하면 (결합상수가 작아서) 훨씬 쉬워지기 때문이다.[17]

파벨 코프툰(Pavel Kovtun)과 안드레이 스타리네츠(Andrei Starinets), 그리고 댐 선(Dam Son)은 구체적인 수학계산을 실행하여 실험과 거의 일치하는 결과를 얻어냈고, 많은 이론물리학자들이 여기에 자극을 받아 끈이론을 이용하여 RHIC와 관련된 계산을 수행했다. 끈이론 학자들의 입장에서는 매우 반가운 소식이다.

경계이론은 중력을 포함하고 있지 않기 때문에 우리의 우주를 완전하게 설명하지 못한다. 그러나 RHIC 실험은 질량이 작은 입자들을 다루고 있으므로(거의 광속에 가깝게 가속되어도 질량은 그리 크지 않다) 중력을 거의 무시해도 상관없다. 한 가지 짚고 넘어갈 것은 이 연구에서 끈이론이 '만물의 이론(theory of everything)'으로 대두되지 않고, 새로운 계산법을 제공하는 도구로 사용된다는 점이다. 고차원 끈이론으로 쿼크와 글루온을 분석하는 것은 일종의 수학적 트릭에 가깝다. 그러나 좀 더 급진적인 관점에서 보면 고차원 끈이론을 이용한 서술이 물리적 실체에 가깝다고 생각할 수도 있다.

어떤 관점을 택하건 간에, 수학으로 얻은 결과와 실험데이터가 일치하는 것은 매우 고무적인 일이다. 나는 과장된 표현을 별로 좋아하지 않지만, 이것이야말로 지난 수십 년 사이에 이루어진 가장 흥미로운 발전이라고 생각한다. 10차원 시공간에서 움직이는 끈을 수학적으로 잘 요리하면 4차원 시공간에 존재하는 쿼크와 글루온의 '무언가'를 알 수 있다. 그리고 이 '무언가'의 정체는 실험을 통해 밝혀질 것이다.

끈이론의 미래

이 장에서 언급된 내용은 대부분 끈이론의 범주를 벗어나 있다. 우리는 우주가 정보의 관점에서 분석 가능하다는 휠러의 주장에서 시작하여 엔트로피가 숨은 정보의 척도임을 알았고, 열역학 제2법칙과 블랙홀이 상충되지 않는다는 사실을 알았으며, 블랙홀의 정보가 표면에 저장된다는 것도 알았다. 또한 우리는 주어진 영역에 저장할 수 있는 정보의 최대치가 블랙홀에 의해 결정된다는 사실도 알게 되었다. 지금까지 우리는 물리학자들이 지난 수십 년 동안 걸어온 파란만장한 길을 답사하면서 복잡하게 얽혀 있는 결과들을 대충 훑어보았으며, 그 결과 '홀로그래피 원리'라는 새로운 통일이론에 도달하게 되었다. 홀로그래피 원리에 의하면 우리에게 보이는 모든 현상들은 멀리 있는 경계면에서 일어나는 사건들이 우리 세계에 투영된 결과이다. 나는 이것이 21세기 물리학의 운명을 결정할 최대의 화두라고 생각한다.

끈이론이 홀로그래피 원리를 수용하고 홀로그래피 다중우주의 구체적인 사례를 제공하고 있다는 것은 최첨단의 이론들이 하나로 합쳐지고 있다는 강력한 증거이다. 또한 이 사례들이 계산법의 기초를 제공하고, 그 결과들 중 일부를 실험 데이터와 비교할 수 있다는 것은 우리가 관측 가능한 실체에 한 걸음 더 다가갔음을 의미한다. 그러나 끈이론 자체는 이 모든 진전을 한눈에 조망할 수 있는 더욱 큰 관점을 제공하고 있다.

끈이론이 처음 등장한 후로 거의 30년 동안 물리학자들은 끈이론을 수학적으로 정의하는 데 많은 어려움을 겪었다. 초기의 끈이론학자들은 진동하는 끈과 여분차원이라는 기본개념을 도입했으나, 이론의 수학적 기초는 수십 년이 지나도록 근사적이고 불완전한 상태로 남아 있었다. 그러던 중 후안 말다세나가 등장하여 중요한 진전을 이루었다. 그가 경계면에 존재하는 것으로 규정했던 양자장이론은 20세기 중반에 입자물리학자들에 의해 가장 완벽하게 정립된 이론이다. 양자장이론에는 중력이 누락되어 있는데, 이것은 오히려 큰 장점으로 작용한다. 왜냐하면 일반상대성이론을 양자장이론에 직접 갖다 붙이는 것은 화약공장에서 캠프파이어를 하는 것과 별반 다르지 않기 때문이다. 홀로그래피 원리를 수용하면 수학적으로 잘 알려져 있으면서 중력이 빠진 양자장이론은 (중력을 포함하는) 끈이론과 자연스럽게 연결된다. [그림 9.5]와 같은 특별한 우주의 경계면에서 양자장이론은 모든 물리적 과정을 서술하고 있으며, 수학적 사전을 통해 경계의 내부에서 움직이는 끈으로 변환된다. 그런데 양자장이론은 수학적으로 확실하게 정의된 이론이므로, (적어도 경계의 내부에서는) 끈이론을 수학적으로 정의하는 데 사용할 수 있다. 따라서 홀로그래피 평행우주는 우주를 지배하는 기본법칙의 부산물이 아니라, 기본법칙을 정의하는 데 필요한 요소일지도 모른다.[18]

나는 4장에서 끈이론을 소개할 때 "끈이론이 자연의 법칙에 접근하는 새로운 방법으로 판명된다 해도 과거의 이론은 결코 사라지지 않는다"고 강조했었다. 그러나 이 장에서 접한 결과들은 상황이 많이 다르다. 어떤 특별한 환경에서는 끈이론이 양자장이론으로 축소되지 않는다. 말다세나의 결과에 따르면 끈이론과 양자장이론은 동일한 접근법을 다른 언어로 표현한 것이다. 두 언어를 상호번역하기가 너무 어려워서, 두 이론 사이의 관계는 40년이 넘도록 밝혀지지 않고 있다. 만일 말다세나가 옳다면 끈이론과 양자장이론은 같은 동전의 양면으로 판명될 것이다.

물리학자들은 임의의 우주에 적용할 수 있는 일반적인 방법을 찾기 위해 노력하고 있다. 만일 끈이론이 옳다면 우리의 우주도 거기 포함될 것이다. 그러나 현재 주어진 한계를 극복하고 진보를 이루려면 여러 해 동안 탐구해왔던 이론의 확고한 기초부터 세워야 한다. 이 과업이 완성된다면 수많은 물리학자들이 자리에서 일어나 춤추며 노래할 것이다.

10

The Hidden Reality

우주와 컴퓨터, 그리고 수학적 실체

시뮬레이션 다중우주와 궁극의 다중우주

지금까지 이 책에서 언급된 모든 평행우주이론은 물리학자들이 자연의 가장 깊은 속성을 탐구하다가 개발한 수학법칙으로부터 탄생했다. 이들 중에는 기존의 물리법칙과 조화를 이루는 것도 있고, 그렇지 않은 것도 있다. 양자역학은 확실하게 검증된 이론이고 인플레이션 우주론도 관측데이터와 잘 일치하지만, 끈이론은 아직도 가상의 이론으로 남아 있다. 그리고 각 이론과 관련된 평행우주이론의 논리적 필연성도 그리 분명하지는 않다. 그러나 여기에는 한 가지 분명한 패턴이 있다. 물리학이 잡고 있던 자동차의 운전대를 수학에게 넘겨주면 어김없이 다중세계로 접어든다는 것이다.

이제 생각의 방향을 조금 바꿔보자. 우리가 운전대를 잡으면 어떻게 될 것인가? 과연 인간은 자신의 의지로 우리의 우주와 동시에 존재하는 또 다른 평행우주를 만들어낼 수 있을까? 생명체의 모든 행동이 물리학의 법칙에 의해 결정된다고 믿는다면(나는 그렇게 믿는다), 당신은 이 모든 것이 생각의 방향을 바꾼 게 아니라 물리법칙의 적용범위를 인간의 행동영역으로 좁힌 것뿐이라고 생각할 것이다. 이런 식으로 생각하다 보면 결국 '결정론과 자유의지'라는 해묵은 논쟁거리로 귀결되지만, 내가 하려는 말은 이런 것이 아니다. 내가 제기하고 싶은 질문은 다음과 같다. "영화를 고르거나 음식 메뉴를 고를 때 발휘되는 정도의 의지와 통제력으로 우주를 창조할 수 있을까?"

내가 봐도 참으로 기이한 질문이다. 정말로 그렇다. 이 질문의 답을 찾다 보면 우리가 정말로 희한한 세계에 살고 있다는 것을 절실하게 깨닫게 된다. 그리고 그 희한한 세계에서 우리의 위치를 생각하다 보면 더 많은 사실을 알게 된다.

이야기를 본격적으로 풀어나가기 전에, 우선 나의 관점부터 명확하게 밝혀두는 게 좋을 것 같다. 우주의 창조를 논할 때 나는 모든 논리를 물리법칙에 입각하여 풀어나갈 것이며, 기술적인 한계는 크게 신경 쓰지 않을 것이다. 내가 "우주를 창조한 당신"이라고 했을 때, 여기 언급된 '당신'은 지금 존재하는 바로 당신이나 먼 미래의 후손, 또는 후손의 집단을 의미한다. 이들은 수천 년 후에 태어날 후손일 수도 있다. 현재의 인간은 물론이고 미래의 인간들도 물리학의 법칙에서 벗어날 수는 없겠지만, 나는 우리의 후손들이 고도로 발달된 문명을 소유하고 있어서 웬만한 문제는 해결할 수 있다고 가정할 것이다.

또한 나는 두 가지 형태의 우주창조를 논할 예정이다. 하나는 다양한 형태의 물질과 에너지가 공간을 가득 채우고 있는 일상적인 우주이고, 또 하나는 컴퓨터로 만들어낸 가상의 우주이다. 이들을 대상으로 논리를 전개하다 보면 제3의 다중우주가 자연스럽게 유도되고, 최종적으로 심오한 질문에 봉착하게 된다. "수학은 실체인가? 아니면 우리의 마음이 만들어낸 추상적 존재인가?"

우주 창조하기

암흑에너지의 정체는 무엇인가? 우주를 이루는 기본입자의 종류는 얼마나 많은가?—우리는 우주의 구성성분에 대해 아는 것이 별로 없다. 그러나 과학자들은 자신 있게 말한다. 관측 가능한 우주, 즉 우주지평선 안에 존재하는 모든 것을 끌어모아 저울에 달면 약 100억×10억×10억×10억×10억×10억g이라고 말이다. 만일 이보다 더 무겁거나 가벼웠다면 중력의 영향이 달라져서 마이크로파 우주배경복사의 반점은 [그림 3.4]보다 크거나 작게 나타났을 것이다. 그러나 우주의 무게는 부차적인 문제이다. 물론 우주는 충분히 크다. 너무나 커서 인간이 그런 우주를 따로 창조한다는 것은 말도 안 되는 헛소리처럼 들린다.

   빅뱅우주론을 우주탄생의 청사진으로 받아들인다면 이 난관을 극복할 방법이 없다. 표준 빅뱅이론에 의하면 현재 관측 가능한 우주는 탄생 초기에 엄청나게 작았지만, 모든 물질과 에너지는 이미 처음부터 그 안에 다 들어 있었다. 그 작은 부피 안에 그토록 많은 내용물이 엄청난 밀도로 가득 차 있었다. 만일 당신이 지금과 같은 우주를 만들려고 한다면, 현재 우주의 질량과 에너지에 맞먹는 엄청난 양의 원자재부터 확보해야 한다. 빅뱅이론은 원자재의 출처에 대해 아무런 언급도 하지 않고, 다짜고짜 폭발부터 시작하고 있다.[1]

그러므로 빅뱅에서 시작하여 지금과 같은 우주를 재현하려면 방대한 양의 질량을 압축하여 엄청나게 작은 부피 안에 욱여넣어야 한다. 이 말도 안 되는 작업을 어떻게 해결했다고 해도 또 다른 난관이 기다리고 있다. 빅뱅과 같은 대폭발을 어떻게 일으킬 것인가? 게다가 빅뱅은 공간 속의 한 영역에서 일어난 사건이 아니다. 빅뱅으로 인해 공간이 생겨나고, 비로소 팽창하기 시작했다. 이 점까지 고려하면 빅뱅을 재현하는 것은 거의 불가능해 보인다.

만일 빅뱅이론이 우주론의 최고봉이었다면, 창조의 비밀을 탐구하는 우리의 여정은 여기서 막을 내렸을 것이다. 그러나 사실은 정반대다. 빅뱅이론은 그보다 훨씬 과격한 인플레이션 우주론을 낳고, 인플레이션은 우리에게 앞으로 나아가는 방법을 알려주었다. 강력한 급속 팽창으로 대변되는 인플레이션이론은 강력한 반중력에 의해 공간이 바깥쪽으로 팽창되었다고 주장한다. 그리고 이제 곧 알게 되겠지만 인플레이션은 아주 작은 '씨앗'에서 방대한 양의 물질이 탄생하도록 만들었다.

3장에서 말한 바와 같이 인플레이션이론에 의하면 우리의 우주(스위스 치즈 속에 뚫린 구멍)는 인플라톤장의 값이 위치에너지곡선의 바닥으로 떨어지면서 형성되었다. 인플라톤장의 값이 떨어지면 장에 담겨 있던 에너지는 입자의 홍수가 되어 거품우주 속에 골고루 퍼져나간다. 이것이 바로 지금 우리 눈에 보이는 물질의 기원이다. 그렇다면 인플레이션을 일으킨 에너지는 어디서 온 것인가?

그 기원은 다름 아닌 중력이다. 앞에서도 이야기했지만, 인플레이션은 바이러스의 자기복제 과정과 비슷하다. 값이 큰 인플라톤장은 자신이 있는 곳 근처의 공간을 빠르게 팽창시키고, 그 결과 넓은 공간에 값이 큰 인플라톤장이 골고루 퍼지게 된다. 그런데 균일한 인플라톤장은 단위부피당 에너지 함유량을 키우는 효과가 있기 때문에 장이 넓게 퍼질수록 공간의 에너지는 증가한다. (밀어내는) 중력은 팽창을 유발하는 원동력이며, 공간 속에서 점점 증가하는 에너지의 원천이기도 하다.

따라서 인플레이션 우주론에 의하면 에너지는 중력장에서 인플라톤장으로 흐르는 셈이다. 그렇다면 중력은 어디서 에너지를 얻는 것일까? 마치 검은 돈의 흐름을 추적하는 것 같지만, 상황은 그리 나쁘지 않다. 중력이 있는 곳은 원래 무한한 에너지 저장소이기 때문이다. 듣기에는 생소하겠지만, 이것은 이미 우리에게 친숙한 개념이다. 예를 들어 당신이 절벽에서 뛰어내렸다면, 바닥에 가까워질수록 당신의 운동에너지(움직임에 의한 에너지)는 점차 증가한다. 즉, 당신의 몸을 잡아당기는 중력이 에너지의 원천이다. 실제상황이라면 잠시 후 당신의 몸은 바닥과 충돌하겠지만 바닥에 아주 깊은 토끼 굴이나 있다면 그곳을 통해 더 깊이 추락할 수 있고, 그사이 당신의 운동에너지는 계속 증가한다. 중력이 이처럼 무한정의 에너지를 공급할 수 있는 이유는 미국의 국고처럼 빚을 질 염려가 없기 때문이다. 당신이 계속 떨어지면서 에너지가 '큰 양수'가 될수록 중력에너지는 '큰 음수'가 되어 변화를 상쇄시킨다. 중력에너지가 음수인 이유는 직관적으로 이해할 수 있다. 토끼 굴을 빠져나오려면 다리로 몸을 밀고 팔을 위로 뻗어서 몸을 당기는 등 양의 에너지를 투입해야 한다. 그래야 중력에 진 '에너지 빚'을 갚을 수 있기 때문이다.[2]

결론적으로 말하면 인플라톤으로 가득 찬 공간이 빠르게 팽창하면서 인플라톤은 중력장의 무한한 에너지 저장소에서 에너지를 취하고, 그 결과 공간의 에너지도 증가한다. 그리고 인플라톤장은 나중에 물질로 변환될 에너지를 갖고 있으므로 (빅뱅이론과 달리) 인플레이션 우주론은 훗날 행성과 별, 은하 등을 구성하게 될 원자재를 필요로 하지 않는다. 물질의 입장에서 볼 때 중력은 그야말로 인심 좋은 '봉'이나 다름없다.

인플레이션 우주론에서 요구되는 에너지는 초기에 인플레이션을 촉발시킬 '씨앗'뿐이다. 이 씨앗은 조그만 구형 공간으로서, 그 안에 높은 값의 인플라톤장이 깔려 있어서 최초의 인플레이션을 촉발한다. 실제로 계산을 수행해보면 씨앗의 크기는 약 10^{-26}cm이고, 그 안을 채우고 있는 인플라톤장의 에너지를 질량으로 환산하면 10g이 채 되지 않는다.[3] 이렇게 작은 씨앗이 (빛보다 빠르게) 팽창하여 현재 관측 가능한 우주보다 훨씬 커졌고, 이와 함께 공간의 에너지도 점점 증가했다. 인플레이션의 총 에너지가 현재 관측되는 모든 천체를 낳을 정도로 증가할 때까지는 시간이 별로 걸리지 않았다. 표준 빅뱅을 재현하려면 미세한 점 속에 10^{55}g이라는 엄청난 질량을 욱여넣어야 하지만, 인플레이션을 도입하면 상황이 크게 달라진다. 직경이 약 10^{-26}cm인 구형 공간 속에 10g에 해당하는 인플라톤장을 깔아놓으면 된다. 이 정도면 지갑 속에 넣을 수 있는 양이다.

그러나 여기에도 어려운 점은 있다. 무엇보다도 인플라톤장의 존재 자체가 확인되지 않았다는 것이 문제이다. 우주론학자들은 별 망설임 없이 인플라톤장을 방정식에 도입하고 있지만, 전자장이나 쿼크장과 달리 인플라톤장은 실제로 존재한다는 증거가 아직 발견되지 않은 상태이다. 또 한 가지 문제는 인플라톤장의 존재가 확인되고 그것을 전자기장처럼 익숙하게 다룰 수 있게 된다고 해도, 인플라톤 씨앗의 밀도(씨앗 하나의 내부밀도가 아니라, 단위공간에 존재하는 씨앗의 수를 의미한다—옮긴이)가 엄청나게 커야 한다는 것이다(구체적인 계산을 해보면 원자핵 밀도의 약 10^{67}배가 되어야 한다). 씨앗 하나의 무게는 팝콘 한 줌보다 가볍지만, 이들을 모아 인플레이션을 일으키려면 현재 동원할 수 있는 압축력의 수조×수조 배로 압력을 가해야 한다.

그러나 이것은 기술적인 문제이므로, 이 장의 서두에서 말한 것처럼 미래의 물리학자들이 해결해줄 것이다. 그렇다면 인플라톤장을 마음대로 다룰 수 있고 인플레이션에 필요한 초고압을 공급할 수 있는 미래의 물리학자들은 과연 우주를 창조할 수 있을까? 만일 창조할 수 있다면, 그 인공우주가 팽창하면서 우리의 우주를 집어삼키지는 않을까? 앨런 구스를 비롯한 몇 명의 과학자들이 이 문제에 관하여 일련의 논문을 발표했는데, 거기에는 좋은 소식도 있고 나쁜 소식도 있다.

구스와 스티븐 블라우(Steven Blau), 그리고 에두아르도 구엔델만(Eduardo Guendelman)은 인공 인플레이션이 우리의 우주를 집어삼킬 가능성은 없다고 했다. 주된 이유는 압력 때문이다. 실험실에서 인공적으로 만들어진 인플레이션 씨앗 속에는 양의 에너지와 음압(negative pressure)을 갖는 인플라톤장이 깔려 있지만, 그 주변은 '인플라톤장의 값과 압력이 (거의) 0인' 일상적인 환경으로 둘러 싸여 있을 것이다.

우리는 평소 0이라는 숫자에 큰 의미를 부여하지 않지만, 이 경우에 0은 모든 차이를 만들어내는 원동력이다. 0은 음수보다 크기 때문에 씨앗의 바깥은 안쪽보다 압력이 큰 상태이다. 그러므로 물속에 잠수했을 때 고막에 압력이 가해지는 것처럼 씨앗은 외부로부터 안

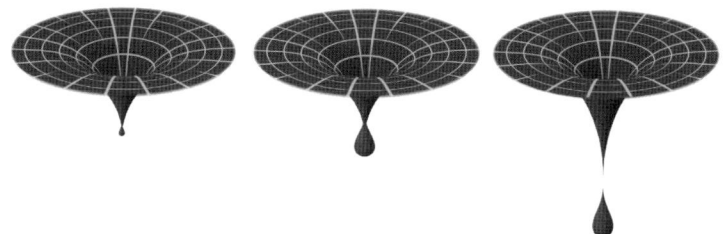

[그림 10.1] 실험실에서 인플레이션 씨앗을 인공적으로 만들면 씨앗의 내부보다 주변공간의 압력이 훨씬 크기 때문에, 씨앗은 새로 형성된 공간으로 팽창을 시도한다. 이 거품우주가 어느 정도 크기로 자라면 원래의 우주와 연결이 끊어지면서 완전히 분리되는데, 이 상태에서도 팽창은 계속된다. 그러나 외부(원래의 우주)에 있는 관찰자의 눈에는 블랙홀이 형성되는 것처럼 보인다.

으로 향하는 압력을 받게 되는데, 이 힘은 인플레이션 씨앗의 팽창을 막기에 충분하다.

 그러나 이것만으로는 인플레이션을 저지할 수 없다. 풍선을 손으로 움켜쥔 채 바람을 불어넣으면 손가락 사이로 부풀어오르듯이, 인플레이션 씨앗도 이런 식으로 팽창을 시도한다. 즉, 씨앗이 원래의 공간에서 파생된 또 다른 공간을 만들어내는 것이다. 이 상황은 [그림 10.1]에 도식적으로 표현되어 있다. 계산결과에 의하면 새로 파생된 영역이 어느 정도 크기로 자라면 원래의 공간과 연결되어 있던 탯줄이 끊어지면서 [그림 10.1]의 마지막 그림과 같이 새로운 인플레이션 우주가 탄생한다.

 새로운 우주를 인공적으로 만든다는 것은 분명히 흥미로운 일이지만, 그 우주의 내부를 실험실에서 관찰할 수는 없다. 인플레이션 거품은 우리의 주변환경을 집어삼키지 않지만, 우리가 살고 있는 공간에 뚜렷한 흔적을 남긴다. 새로운 우주는 새로운 공간을 만들어 그곳에서 팽창하다가 원래의 우주로부터 떨어져 나가기 때문에 창조주인 우리는 그것을 볼 수 없다. 새로 창조된 우주가 떨어져 나간 자리에는 〔그림 10.1〕의 오른쪽 그림처럼 깊은 '중력우물'이 생기고, 우리의 눈에는 블랙홀처럼 보인다. 그러나 우리는 블랙홀의 내부를 볼 수 없기 때문에 우주창조실험이 성공했는지조차 알 수 없다. 새로운 우주를 볼 수 없으므로 우주가 창조되었다는 것을 증명할 방법도 없다.

물리학이 우리를 보호할 것이다. 그러나 안전의 대가로 새 우주는 우리와 완전히 분리된다. 이것이 바로 좋은 소식이다.

나쁜 소식은 앨런 구스와 그의 연구동료인 MIT의 에드워드 파리(Edward Farhi)의 연구결과에서 찾을 수 있다. 이들은 정밀한 계산을 통해 〔그림 10.1〕과 같은 과정이 일어나려면 무언가 다른 요소가 더 필요하다는 결론을 내렸다. 풍선에 바람을 불어넣을 때 처음에는 힘들다가 어느 정도 커지면 비교적 쉬워지는 것처럼, 막 탄생하기 시작한 우주(〔그림 10.1〕의 왼쪽 그림)가 인플레이션을 일으키려면 강력한 추진제가 필요하다. 그리고 이 정도의 위력을 발휘할 수 있는 존재는 오직 하나, 화이트홀(white hole)뿐이다. 화이트홀은 블랙홀과 반대로 물질을 밖으로 내뱉는 가상의 천체로서, 블랙홀의 중심부와 마찬가지로 정상적인 수학의 영역을 완전히 벗어나 있다. 실험실에서 화이트홀을 창조한다는 것은 결코 있을 수 없는 일이다. 이것으로 구스와 파리는 우주창조 프로젝트에 찬물을 끼얹은 장본인이 되었다.

그 후로 몇몇 연구팀들이 이 문제에 도전장을 던졌는데, 구스와 파리는 지말 구븐(Jemal Guven)을 팀에 영입하여 연구를 계속하다가 양자터널(경관 다중우주를 논할 때 언급된 것과 비슷한 과정)을 이용하여 인플레이션 씨앗을 창조하면 화이트홀의 특이성(singurality)을 피해갈 수 있다는 사실을 알아냈다. 그러나 양자터널현상이 일어날 확률이 너무 작아서 실제로 구현될 가능성은 거의 없었다. 한편 일본의 연구팀인 사카이 노부유키(Sakai Nobuyuki)와 나카오 겐이치(Nakao Kenichi), 이시하라 히데키(Ishihara Hideki), 고바야시 마코토(Kobayashi Makoto)는 자기홀극(magnetic monopole, 막대자석의 북극과 남극 중 한쪽 극성만 갖고 있는 가상의 입자)이 인플레이션을 촉진하면서 특이점을 피해가도록 만들 수 있음을 증명했다. 그 후로 물리학자들은 거의 40년 동안 자기홀극을 찾아 헤맸지만, 아직 단 한 번도 발견되지 않았다.■

현재의 상황을 정리하면, 우리가 우주를 직접 창조할 수는 있지만 그 가능성은 매우 희박하다. 작업의 상당부분이 가설에 의존하고 있기 때문에, 미래의 과학자들에 의해 희미한 가능성마저 영원히 사라질지도 모른다. 그러나 일말의 가능성이 살아남는다면(또는 후속연구를 통해 가능성이 더 커진다면), 연구를 계속 진행할 가치는 있는 것일까? 인공우주는 볼 수도 만질 수도 없고, 제대로 만들어졌는지 확인할 수도 없는데 왜 자꾸 만들려고 하는 것일까? 저명한 우주론학자이자 신랄한 비평가로 유명한 안드레이 린데는 말한다. "'신 흉내내기'는 뿌리치기 어려운 유혹이므로 가능성이 남아 있는 한 연구는 계속될 것이다."

■일본 연구팀의 주장에 의하면 인플레이션은 자기홀극에 의해 촉진되지만, 그와 동시에 자기홀극이 발견되지 않도록 만드는 원인이기도 하다(통일장이론도 자기홀극의 존재를 예견하고 있다). 자기홀극이 존재한다 해도 인플레이션이 너무 빠르게 진행되면 분포가 너무 뜸해져서 발견될 가능성이 거의 없기 때문이다. 일부 과학자들은 차기 인플레이션이 일어날 때 자기홀극이 자신의 존재를 드러낼 것으로 기대하고 있다.

정말로 그렇게 될지는 나도 잘 모르겠다. 자연의 법칙을 완전히 파악하여 우주에서 벌어지는 모든 사건을 고스란히 재현한다는 것은 생각만 해도 오싹한 일이다. 물론 지금의 과학수준으로는 시간과 공간, 그리고 물질과 에너지로 이루어진 실제의 우주를 절대로 창조할 수 없다.

그러나 실제의 우주가 아닌 가상의 우주라면 이야기는 완전히 달라진다.

생각의 재료

몇 년 전에 나는 심한 감기를 앓은 적이 있다. 그때 내 눈에는 일상적인 꿈이나 악몽보다 훨씬 뚜렷한 환영이 수시로 나타나곤 했는데, 지금도 그 광경을 잊을 수가 없다. 나는 호텔 방에서 여러 사람과 함께 있었고, 그 환영 속에서 또 다른 제2의 환영으로 빠져들었다. 그러다가 원래의 환영으로 돌아왔을 때 일주일 정도가 지났다고 생각했으나, 놀랍게도 시간은 전혀 흐르지 않았다. 잠시 후 또다시 제2의 환영으로 떠밀려가는 듯한 느낌이 들자 나는 필사적으로 저항했다. 그곳으로 들어가면 깊은 구멍에 빠져 헤매다가 원래의 환영으로 되돌아올 것이고, 또다시 시간의 흐름을 망각할 것이라고 생각했기 때문이다. 그러다 간간이 열이 내려서 잠깐이나마 현실세계로 돌아오면 이 정교한 경험이 마음의 산물임을 깨달으면서 스스로 놀라곤 했다.

그전까지만 해도 나는 감기로부터 무언가를 깨달은 적이 전혀 없었다. 그러나 이 일을 겪으면서 추상적으로 알고 있던 무언가를 훨씬 더 실감나게 느낄 수 있었다. 우리가 실체를 이해하는 정도는 일상적으로 겪는 경험의 양에 비해 형편없이 빈약하다는 것이다. 정상적인 두뇌의 기능을 조금만 수정하면 실체의 근간이 급격하게 바뀐다. 바깥세계는 여전히 안전하게 유지되고 있지만, 두뇌는 그것을 사실대로 인지하지 않는다.

그렇다면 이 시점에서 해묵은 철학적 질문을 떠올리지 않을 수 없다. 우리가 겪는 모든 경험은 각자의 두뇌에서 걸러지고 분석된 후 기억 속에 저장된다. 여러 사람이 동일한 경험을 해도, 각자의 두뇌에는 다른 내용이 저장된다. 그렇다면 우리의 경험에 실체가 반영되어 있다고 어떻게 장담할 수 있는가? 철학자라면 이렇게 물을 것이다. "당신이 지금 정말로 이 책을 읽고 있다고 생각하는가? 당신의 몸이 멀리 있는 어떤 행성의 캡슐 속에 가사상태로 갇혀 있고, 외계인이 당신의 두뇌를 조작하여 모든 생각과 경험을 만들어낼 수도 있지 않은가? 그렇지 않다고 어떻게 장담할 수 있는가?"

이 질문은 철학의 한 분야인 인식론의 핵심주제이다. '앎(knowledge)'이란 무엇으로 구성되며, 우리는 그것을 어떻게 획득하는가? 그리고 우리가 무언가를 알고 있다는 것을 어떻게 알 수 있는가? 이 학술적인 주제는 다양한 매체를 통해 이미 대중화되었다. 영화 〈매트릭스(Matrix)〉와 〈13층(The Thirteenth Floor)〉, 〈바닐라 스카이(Vanilla Sky)〉 등은 인식론이라는 무거운 주제에 흥미를 자극하는 요소를 곁들여 관객들에게 어필하는 데 성공했다. 이제 우리의 질문을 할리우드 버전으로 표현하면 다음과 같다. "당신이 매트릭스에 갇혀 있지 않다는 것을 어떻게 확신할 수 있는가?"

결론부터 말하자면 확신할 수 없다. 당신은 오감을 통해 세상을 받아들이고, 이 정보는 신경계를 통해 두뇌로 전달된다. 그리고 두뇌는 이 정보를 적절히 해석하여 당신의 반응을 결정한다. 만일 누군가가 당신의 뇌를 인공적으로 조작하여, 피자를 먹거나 책을 읽거나, 또는 스카이다이빙을 할 때 두뇌로 전달되는 전기신호와 완벽하게 똑같은 신호를 주입한다면 당신은 그것이 현실인지 아닌지 구별할 수 없다. 우리의 경험은 그 과정을 활성화시킨 원인에 의해 좌우되는 것이 아니라, 두뇌의 정보처리 과정에 의해 좌우되기 때문이다.

좀 더 급진적으로 생각하면 우리는 뼈와 근육, 장기, 혈액과 체액 등 생체물질 없이도 존재할 수 있다. 당신의 모든 생각과 경험은 소프트웨어와 수많은 전기회로를 통해 두뇌의 작용을 세밀하게 재현한 일종의 시뮬레이션일 수도 있다. 당신이 보고 느끼고 생각하는 모든 것이 초고성능 슈퍼컴퓨터로 보내진 한 묶음의 전기신호일 수도 있다는 말이다. 그런데도 당신의 피와 살, 그리고 눈에 보이는 물리적 세계가 실체라고 생각하는가?

그러나 이 시나리오에는 함정이 있다. 아무것도 믿지 않는다면 우리의 연역적인 추리능력도 믿을 수 없게 된다. 누군가가 내게 위와 같은 질문을 한다면, "인간의 두뇌를 똑같이 흉내내려면 컴퓨터의 계산능력이 어느 정도 되어야 하는지 그것부터 계산해보라"고 권하고 싶다. 그러나 내가 정말로 시뮬레이션의 일부라면, 신경생물학 서적에 적혀 있는 내용을 왜 믿어야 하는가? 그 책도 결국은 시뮬레이션이고, 그 책을 쓴 생물학자도 시뮬레이션이며, 그가 발견한 모든 것도 시뮬레이션 속에서 돌아가는 정교한 소프트웨어의 산물일 것이므로 "실제로 존재하는 진짜 두뇌"와는 무관한 정보이다. 심지어 '진짜 두뇌'라는 개념조차 컴퓨터가 장난 삼아 만들어놓은 허구일지도 모른다. 이런 식으로 지식의 기반을 의심하기 시작하면 실체는 머나먼 곳으로 사라져버린다.

다시 처음의 주제로 되돌아가 보자. 단, 그 복잡한 논리 속에 함몰될 필요는 없다. 적어도 아직은 아니다. 일단은 사고의 닻을 내리고 차분하게 생각할 필요가 있다. 이제 당신과 나의 육체가 실체라고 가정하자. 그리고 당신과 내가 실체라고 생각하는 모든 것들이 정말로 실체라고 하자. 이 세상을 시뮬레이션이 아닌 '진짜'로 간주하자는 것이다. 이런 가정 하에서 컴퓨터와 인간의 두뇌를 비교해보자. 두뇌의 연산처리 속도는 어느 정도이며, 이것을 어떻게 컴퓨터와 비교할 수 있을까?

결코 쉽지 않은 질문이다. 두뇌의 기능은 아직 알려지지 않은 부분이 훨씬 많다. 그러나 알고 있는 지식을 총동원하여 숫자로 접근을 시도해보자. 사람의 망막은 동전보다 조금 작고 종이 몇 장을 겹쳐놓은 두께의 막으로서 약 1억 개의 신경세포(뉴런)로 이루어져 있으며, 신경세포의 집합단위 중 가장 잘 알려진 부분이기도 하다. 로봇 공학자인 한스 모라벡(Hans Moravec)에 의하면 컴퓨터로 작동되는 인공망막이 사람의 망막과 동일한 성능을 발휘하려면 1초당 약 10억 회의 연산을 수행해야 한다. 그런데 두뇌의 부피는 망막의 약 10만 배이므로, 컴퓨터의 성능이 인간의 두뇌와 비슷하려면 1초당 10만×10억(10^{14}) 회의 연산을 수행할 수 있어야 한다.[4] 두뇌 신경세포의 연결부인 시냅스(synapse)의 수에 기초하여 똑같은 계산을 별도로 수행하면 '1초당 10^{17}회'라는 답이 얻어진다. 두 값이 1,000배의 차이를 보이기 때문에 정확한 값은 알 수 없지만, 우리가 고려해야 할 숫자의 대략적인 크기는 알 수 있다. 지금 내가 사용 중인 컴퓨터는 1초당 10^9회의 연산을 처리하고 있으며, 세계에서 가장 빠른 컴퓨터는 1초당 10^{15}회의 연산을 수행한다(이 책이 출판될 즈음에는 또 달려 있을 것이다). 두뇌의 1초당 연산횟수를 10^{14}회라 하면 개인용 노트북 컴퓨터 1억 개, 또는 슈퍼컴퓨터 100개와 맞먹는 셈이다.

물론 이런 식의 단순비교로는 자세한 내막을 알 수 없다. 인간의 두뇌는 미지로 가득 차 있으며, 연산속도는 수많은 기능들 중 하나일 뿐이다. 그러나 독자들은 미래의 어느 날 사람의 두뇌를 훨씬 능가하는 컴퓨터가 개발될 것이라는 데 대부분 동의할 것이다. 미래학자들은 앞으로 기술이 비약적으로 발전하여 우리의 경험을 훨씬 넘어선 환상적인 세상이 도래할 것이라고 주장한다. 그것이 어떤 세상일지는 알 수 없다. 우리의 상상력이 그만큼 빈곤하기 때문이다. 일각에서는 컴퓨터의 성능이 인간의 두뇌를 능가하면 인간과 기술의 경계가 불분명해진다는 주장도 있고, 또 다른 일각에서는 이렇게 주장하는 사람도 있다. "미래의 세상은 생각하고 느끼는 기계들로 넘쳐나고, 인간은 생물학에 의존한 구식 방법으로 살아갈 것이다. 그러나 인간의 두뇌에 담긴 지식과 인격은 실리콘에 계속 업로드되어 영원히 보존될 것이다."

물론 이것은 다소 과장된 이야기다. 컴퓨터의 성능이 발전한다는 데에는 이견의 여지가 없지만, 이것을 인간의 마음과 융합시키는 것은 결코 쉬운 일이 아니다. 사실 인류는 이와 같은 의문을 지난 수천 년 동안 품어왔다. 외부세계에 대한 내면의 반응은 어떤 과정을 거쳐 일어나는가? 당신이 특정한 색상을 보고 느끼는 것이 과연 나의 느낌과 같을 것인가? 청각과 시각은 모든 사람에게 똑같이 작용하는가? 외부가 아닌 머릿속에서 들려오는 소리는 어떻게 해석해야 하는가? 이것도 물리적 과정의 산물인가? 아니면 물리학을 넘어서 존재하는 실체로부터 어떤 의식이 만들어진 것인가? 플라톤과 아리스토텔레스를 비롯하여 홉스, 데카르트, 칸트, 키에르케고르, 니체, 제임스, 프로이드, 비트겐슈타인, 튜링 등 수많은 사색가들은 인간의 마음이 움직이는 과정과 각 개인의 고유한 성격이 형성되는 과정을 알아내기 위해 혼신의 노력을 기울였다.

인간의 마음을 규명하는 다양한 이론들은 각기 미묘한 차이를 보이고 있다. 자세한 내용은 알 필요 없지만 전체적인 흐름을 파악하기 위해 몇 가지만 소개하면 다음과 같다. 이원론(dualism)은 인간의 마음속에 비물리적인 요소가 있다고 주장하고, 물리주의(physicalism)는 이원론을 부정하면서 주관적인 경험의 저변에 고유의 두뇌상태가 존재한다고 주장한다(이원론과 물리주의는 여러 분파로 갈라져 있다). 기능주의(functionalism)는 여기서 한 걸음 더 나아가 마음을 결정하는 것은 과정과 기능이며(신경회로와 연결상태, 그리고 이들 사이의 상호관계 등) 이런 것을 매개하는 물리적 요인들은 중요하지 않다고 주장한다.

물리주의를 지지하는 사람들은, 특정인의 두뇌(원자와 분자의 배열이 똑같은 두뇌)를 어떻게든 똑같이 복제한다면 그 결과물은 원래 두뇌의 소유자와 똑같이 생각하고 느낀다고 주장한다. 그리고 기능주의자들은 특정 두뇌의 연결상태만 그대로 유지하고 그 외의 물리적 기질을 바꿔도 똑같은 결과를 낳는다고 주장한다. 그러나 이원론자들은 이들의 주장을 끝까지 부정하고 있다.

우리는 과연 인공적인 감각을 창조할 수 있을까? 그 여부는 기능주의자들의 관점이 맞느냐 틀리느냐에 달려 있다. 이들이 내세우는 핵심가정은 인간의 사고가 두뇌 자체의 산물이 아니라, 특별한 종류의 정보처리 과정에서 탄생한 일종의 감각이라는 것이다. 이 과정이 1.5kg짜리 생체기관(두뇌)에서 진행되건, 컴퓨터 회로 안에서 진행되건, 그런 것은 문제가 되지 않는다. 물론 이 가정은 틀릴 수도 있다. 인간이 자아의식을 가지려면 주름지고 축축한 물질이 연결다발을 에워싸고 있어야 할지도 모른다. 또는 인간의 사고가 일어나고 진행되려면 연결상태와 전달과정 이외에 두뇌를 구성하는 분자가 반드시 필요할지도 모른다. 또는 컴퓨터의 정보처리 과정이 두뇌의 기능과 근본적으로 달라서 감각이 아예 창출되지 않을 수도 있다. 여러 문화권에서 주장하는 것처럼 인간의 의식이 비물리적 존재여서, 과학기술로는 영원히 도달할 수 없을지도 모른다.

그러나 최근 들어 기술이 점점 세밀화되면서 질문은 더욱 날카로워졌고 답을 구하는 방법도 가시권으로 들어왔다. 몇몇 연구팀은 컴퓨터로 인간의 두뇌를 재현하는 실험을 진행하고 있는데, 미국의 IBM과 스위스 로잔(Lausanne)에 있는 국립공과대학(École Polytechnique Fédérale)이 공동으로 추진 중인 블루브레인 프로젝트(Blue Brain Project)도 그중 하나이다. 이들은 IBM사의 가장 뛰어난 슈퍼컴퓨터를 이용하여 두뇌의 기능을 재현하는 중이다. 블루진(Blue Gene)이라 불리는 이 컴퓨터는 1997년에 체스 세계챔피언 게리 카스파로프(Garry Kasparov)를 이겼던 딥블루(Deep Blue)의 새로운 버전이다. 블루브레인의 접근법은 앞에서 말한 '매트릭스 시나리오'와 크게 다르지 않다. 여기 종사하는 연구원들은 실제 두뇌의 해부학적 구조를 철저히 분석하여 세포와 유전자, 뉴런의 분자구조와 연결관계 등에 대하여 상당히 많은 정보를 확보해놓았다.

블루브레인 프로젝트의 목적은 세포단계에서 이 모든 정보를 블루진 컴퓨터에 입력하여 두뇌를 디지털화 하는 것이다. 연구원들은 쥐의 두뇌 신피질에서 바늘 끝만 한 부위 수만 개를 집중적으로 조사하여 1만 개의 뉴런이 1,000만 개의 통로로 연결된 3차원 컴퓨터 시뮬레이션을 가동하고 있다. 쥐의 두뇌와 컴퓨터에 동일한 자극을 주었을 때 나타나는 결과를 비교해보면 실험의 신뢰도를 알 수 있는데, 지금까지는 아주 고무적이라고 한다. 1,000억 개의 뉴런으로 이루어진 인간의 두뇌를 이런 식으로 분석하려면 아직 갈 길이 멀지만, 프로젝트의 수장인 신경과학자 헨리 마크람(Henry Markram)은 "2020년이 되면 데이터 처리속도가 지금의 100만 배 이상 빨라져서 인간의 두뇌를 완전하게 시뮬레이션할 수 있다"며 자신감을 비쳤다. 블루브레인 프로젝트의 최종목표는 인공감각을 창출하는 것이 아니라, 다양한 정신질환의 치료법을 개발하는 것이다. 마크람은 프로젝트가 완결되면 블루브레인이 사람과 대화를 하고 감정도 느낄 것이라고 했다.

결과가 어떻게 나오건 간에, 이들의 시도는 사람의 마음을 탐구하는 데 획기적인 이정표가 될 것이다. 나는 인간의 마음을 설명하는 여러 이론의 타당성이 오직 두뇌의 사고만으로 결정될 수는 없다고 생각한다. 예를 들어 미래의 어느 날 컴퓨터가 지각능력을 획득했다고 하자. 그런데 컴퓨터가 정말로 그런 능력을 가졌는지 어떻게 확인한다는 말인가? 나는 가장 가까운 사람인 내 아내조차 진정한 지각능력을 가진 존재임을 증명할 수 없다. 그녀 역시 나에 대해 마찬가지일 것이다. 이것은 의식이 개인적인 경험이라는 데서 비롯된 문제이다. 그러나 우리 모두는 다른 사람들과 교류하면서 타인들도 지각능력을 갖고 있다는 정황증거를 충분히 확보하고 있으므로, 사람들 앞에서 유아론을 고집했다간 바보 되기 십상이다. 컴퓨터와 인간의 상호관계도 언젠가는 이와 비슷한 수준에 이를 것이다. 컴퓨터와 대화를 나누고, 위로받고, 감언이설로 상대방을 유혹하다 보면 언젠가 컴퓨터는 이런 말로 우리를 완전히 설득시킬지도 모른다. "이봐, 내가 지각능력을 가진 존재처럼 보이는 이유가 뭔지 알아? 그건 바로 내가 정말로 그런 능력을 갖고 있기 때문이라고!"

지금부터 기능주의적 관점에서 우리의 앞날을 예측해보자.

시뮬레이션 우주

만일 우리가 컴퓨터에 기초한 감각을 만들어낸다면, 거기에 인공인체와 생각하는 회로를 추가하여 이른바 '로봇'을 만들고 싶어 하는 사람이 분명히 있을 것이다. 그러나 나의 관심은 사람이 만질 수 있는 발명품이 아니라, 지각 있는 존재와 그 주변환경을 전기신호와 컴퓨터 하드웨어로 시뮬레이션하는 것이다. 굳이 비교하자면 스타워즈의 C-3PO나 Data 같은 로봇이 아니라, 심즈(Sims)나 세컨드 라이프(Second Life) 같은 가상현실게임에 더 가깝다. 단, 그 안에 거주하는 모든 존재들은 자아의식과 마음을 갖고 있어야 한다. 기술개발의 역사를 되돌아보면 시뮬레이션은 반복에 반복을 거듭하면서 현실감을 향상시켜왔다. 시뮬레이션을 실행하는 사람은 그 안에서 창조된 어떤 존재가 자신이 컴퓨터 안에 존재한다는 사실을 알게 할 것인지, 아니면 모르는 채로 놔둘 것인지를 결정해야 한다. 시뮬레이션 속의 인간이 자신이 살고 있는 세계가 정교한 컴퓨터 프로그램의 산물임을 알아챘다면, 어디선가 흰 코트를 입은 기술자들(이들도 시뮬레이션의 산물이다)이 나타나 그를 시뮬레이션 감옥에 가둘 수도 있다. 그러나 시뮬레이션으로 탄생한 대부분의 존재들은 그런 생각조차 없이 자신의 역할에 충실할 것이다.

당신이 인공지각(artificial sentience)의 가능성을 인정한다고 해도, 인류 문명 전체(또는 소규모 지역사회)를 시뮬레이션으로 재현하는 것은 지금의 컴퓨터 수준으로는 절대 불가능하다고 생각할 것이다. 그렇다면 간단한 계산을 몇 개만 더 해보자. 먼 미래의 후손들은 방대한 컴퓨터 네트워크에 점점 많은 양의 물질을 투입할 것이므로, 그 수준을 짐작하려면 상상력을 최대한으로 발휘해야 한다. 좀 더 크게 생각해보자. 과학자들의 계산에 의하면 지구만 한 크기의 고성능 컴퓨터는 1초당 $10^{33} \sim 10^{42}$회의 연산을 수행할 수 있다. 인간의 두뇌가 앞에서 말한 대로 1초당 10^{17}회의 연산을 수행한다면, 한 사람이 100년 사는 동안 총 10^{24}회의 연산을 수행하게 된다. 여기에 지금까지 지구에서 살다간 총 인원수인 1천억(물론 대략적인 추측이다)을 곱하면, 최초의 인간인 루시(Lucy, 고고학자인 내 친구는 '아르디Ardi'가 맞는 이름이라고 했다) 이후로 모든 인류가 수행한 연산의 횟수는 약 10^{35}이다. 지구만 한 컴퓨터의 연산능력을 위에서 제시한 범위의 최소값인 초당 10^{33}으로 잡는다고 해도, 인간이라는 종이 지구에 태어난 후 지금까지 수행한 모든 연산은 지구-컴퓨터에게 2분짜리 일감밖에 안 된다.

이것이 현재의 기술수준이다. 게다가 양자컴퓨터(다양한 확률로 동시에 존재하는 확률파동들이 각기 다른 계산을 동시에 수행하는 컴퓨터)가 완성된 다면 연산속도는 상상을 초월할 정도로 향상될 것이다. 양자컴퓨터는 아직 실용화되지 않았지만, 전문가들의 평가에 의하면 노트북만 한 양자컴퓨터는 지금까지 인류가 실행해온 모든 연산을 단 몇 초 만에 끝낼 수 있다.

모든 사람의 마음과 주변환경과의 상호작용까지 시뮬레이션으로 구현하려면 컴퓨터의 부담은 훨씬 커진다. 그러나 시뮬레이션을 정교하게 설계하면 결과에 큰 영향을 미치지 않으면서 계산량을 크게 줄일 수 있다. 예를 들어 지구에 사는 인간을 시뮬레이션으로 구현하는 게 목적이라면, 컴퓨터는 우주지평선 바깥에 있는 것들을 고려할 필요가 없다. 우리는 그곳을 볼 수 없으므로, 컴퓨터는 안심하고 지평선 바깥세계를 무시할 수 있다.

계산량을 줄일 수 있는 여지는 또 있다. 태양보다 멀리 있는 별은 밤에만 만들어내면 되고, 맑고 푸른 하늘은 낮에만 만들면 된다. 또한 하늘을 바라보는 (시뮬레이션) 인간이 아무도 없으면 천체를 만들어내는 프로그램 루틴(routine, 프로그램 안에서 독립된 하나의 프로세스—옮긴이)은 잠시 일을 멈추고 휴식을 취해도 된다. 잘 만들어진 프로그램이라면 시뮬레이션 속에 살고 있는 각 개인의 마음과 의지를 매순간 추적하여 그가 하늘을 바라보는 시간을 예측하고, 별을 볼 때마다 적절한 반응을 보이도록 자극을 전달할 수 있을 것이다. 세포와 분자, 그리고 원자들도 마찬가지다. 이들은 시뮬레이션 속에서 과학자가 그들을 볼 때만 존재하도록 만들면 된다. 우리에게 친숙한 실체의 복사본을 만드는 게 목적이라면 무엇이건 '필요할 때만 만드는' 식의 시뮬레이션만으로도 충분하다.

이러한 시뮬레이션 세계는 휠러의 '정보지상세계'를 효율적으로 구현해줄 것이다. 올바른 정보를 전달하는 회로를 만든다는 것은 또 하나의 실체를 만든다는 뜻이다. 그 세계에 사는 거주자는 자신의 주변환경을 실체라고 생각한다. 이로부터 우리는 여덟 번째 다중우주인 '시뮬레이션 다중우주(Simulated Multiverse)'와 마주치게 된다.

당신은 시뮬레이션에서 살고 있는가?

우리의 우주가 컴퓨터 시뮬레이션일 수도 있다는 생각을 처음 떠올린 사람은 1960년대의 컴퓨터 선구자 콘라드 추제(Konrad Zuse)와 디지털의 대가로 통하는 에드워드 프레드킨(Edward Fredkin)이었다. 나는 대학교 학부 때부터 대학원생 시절에 걸쳐 거의 5년 동안 매 여름마다 IBM에서 일을 해왔는데, 당시 나의 상사이자 컴퓨터 전문가였던 존 코크(John Cocke)는 종종 프레드킨의 말을 인용하면서 "이 우주는 우주적 포트란(Fortran, 프로그램 언어의 하나—옮긴이)에 따라 혼자 덜컹거리며 돌아가는 거대한 컴퓨터"라고 힘주어 강조했다. 그러나 컴퓨터에 대한 인식이 부족했던 나는 그의 말이 디지털 패러다임을 지나치게 과신하는 극단적 발언이라고 생각했다. 그 후로 한동안 우주컴퓨터론를 잊고 살다가, 최근 들어 옥스퍼드의 철학자 닉 보스트롬(Nick Bostrom)의 이상한 주장을 접하면서 과거에 들었던 말을 다시 떠올리게 되었다.

보스트롬의 관점을 이해하기 위해, 실제 우주와 시뮬레이션 우주 중 어느 쪽을 창조하는 것이 더 어려운지 따져보자. 앞서 말한 바와 같이, 실제 우주를 창조하려면 수많은 난관을 극복해야 한다. 그리고 어찌어찌해서 간신히 만들었다고 해도, 우리는 그것을 볼 수가 없다. 그래서 "그런 것을 왜 만들어야 하는가?"라는 의문까지 떠올렸었다.

그러나 시뮬레이션 우주를 창조하는 것은 전혀 다른 이야기다. 시간이 흐를수록 컴퓨터의 성능이 향상되고 프로그램이 정교해지는 것은 거스를 수 없는 추세이다. 기술의 초기단계라 할 수 있는 지금도 환경 시뮬레이션은 꽤 흥미로운 주제로 떠오르고 있다. 앞으로 기술이 더 발전하면 이보다 흥미로운 주제를 찾기 어려울 정도로 보편화될 것이다. 우리의 후손들이 컴퓨터를 이용하여 시뮬레이션 세계를 만든다는 데에는 의심의 여지가 없다. 그들은 반드시 만들 것이다. 우리가 벌써 그 일을 시도하고 있지 않은가. 궁금한 것은 그들이 만든 가상세계가 얼마나 현실적인가 하는 점이다. 시뮬레이션 세계에 태생적인 장애가 있다면 모든 것은 백지로 돌아간다. 그러나 보스트롬은 현실적인 시뮬레이션이 가능하다는 가정하에 논리를 전개해 나갔다.

우리의 후손들은 시뮬레이션 우주를 엄청나게 많이 만들 것이며, 그 안에는 자각의식이 있는 수많은 거주자들이 살고 있을 것이다. 한 회사원이 일을 마치고 집으로 돌아오면 온몸의 긴장을 풀고 책상 앞에 앉아 우주창조 프로그램을 실행한다. 매일 하는 일이라 손놀림도 익숙하다. 이런 상황이 어떤 결과를 낳을지 상상해보라. 미래의 어느 날, 지각이 있는 존재들을 대상으로 인구조사를 실행하면 살과 피로 이루어진 진짜 인간보다 칩과 바이트로 이루어진 인간이 더 많을 수도 있다. 보스트롬은 시뮬레이션 인간의 수가 진짜 인간의 수를 압도한다면, 우리는 진짜 우주에 살고 있는 것이 아니라고 했다. 당신과 나를 포함한 모든 사람들이 먼 미래의 역사학자가 21세기 지구의 생활상을 연구하기 위해 만든 가상 시뮬레이션 속에 살고 있을 수도 있다는 이야기다.

대부분의 독자들은 보스트롬의 말에 동의하기 싫을 것이다. 우리의 삶이 시뮬레이션일 가능성이 높다고 결론을 내린다면 결국 믿을 것은 아무것도 없다. 그런데 이와 같은 결론을 유도한 중간논리를 어떻게 믿을 수 있겠는가? 우리가 가져왔던 수많은 믿음들도 기반이 약해질 수밖에 없다. 내일도 태양이 뜰 것인가? 시뮬레이션을 실행하고 있는 누군가가 컴퓨터 전원을 끄지 않는다면 내일도 뜰 것이다. 우리의 모든 기억들은 믿을 만한가? 그렇다. 단, 키보드 앞에 앉아 있는 창조주가 수시로 적절한 조치를 취해준다는 가정 하에 그렇다.

그러나 보스트롬은 우리가 시뮬레이션 속에 살고 있다는 결론이 내려져도 진정한 실체를 잃는 것은 아니라고 했다. 우리가 시뮬레이션 속에 살고 있다고 스스로 믿는다고 해도, 실체가 갖고 있는 고유의 특성을 알아볼 수 있다—실체는 사실에 가까운 컴퓨터 시뮬레이션이 가능하다. 우리의 믿음에 의하면, 결국 우리는 그 안에 있는 것이다. 우리가 시뮬레이션에 살고 있을지도 모른다는 의심은 노골적인 회의론을 낳고, 이것은 바로 그 의심 자체와 맥락을 같이하기 때문에 결코 헤어나올 수 없다. 논리만으로는 우리가 컴퓨터 시뮬레이션에 살고 있지 않다는 것을 증명할 길이 없다.

우리가 시뮬레이션 속에 살고 있을 가능성이 높다는 결론에서 빠져나오는 유일한 길은 그 논리가 갖고 있는 고유의 약점을 공략하는 것이다. 예를 들어 지각 있는 생명체를 시뮬레이션할 수 없다면 모든 이야기는 끝난다. 또는 보스트롬이 말한 대로 문명이 기술의 정점에 도달하려면 생명체 시뮬레이션이 필수적으로 요구되는데, 그것이 필연적으로 파멸을 초래할 수도 있다. 또는 먼 미래의 후손들이 시뮬레이션 우주를 창조할 능력을 획득했지만 도덕적인 이유로 실행에 옮기지 않거나, 더 흥미로운 연구과제를 발견하여 시뮬레이션을 거들떠보지 않을 수도 있다.

그 외에도 빠져나갈 길은 많이 있지만 어느 길이 정답인지는 알 수 없다. 누가 알겠는가?■ 만일 어느 길도 정답이 아니라면 당신의 삶에 좀 더 활기를 불어넣어 성공하는 것이 유리하다. 시뮬레이션을 실행하고 있는 주체는 평범한 창조물에 큰 관심을 갖지 않을 것이므로, 그 세계에서 유명해지는 것이 오래 사는 비결일 것 같다.[5]

시뮬레이션을 넘어서

만일 당신이 시뮬레이션 속에 살고 있다면 그 사실을 알아낼 수 있겠는가? 그 여부는 누가 시뮬레이션을 실행하는가에 달려 있다(시뮬레이션을 실행하는 주체를 '시뮬레이터'라 부르기로 하자). 또한 시뮬레이션이 프로그램된 방식에 따라 답이 달라질 수도 있다. 예를 들어 시뮬레

■ 또 다른 탈출구는 7장의 측량문제와 관련되어 있다. 실제 우주(시뮬레이션이 아닌 진짜 우주)의 수가 무한하다면(예를 들어 우리가 누벼 이은 다중우주 중 하나에 살고 있다면) 우리의 후손이 시뮬레이션을 실행하고 있는 우주도 무한히 많을 것이고, 거기서 탄생한 시뮬레이션 우주도 무한히 많을 것이다. 시뮬레이션으로 진행되는 세계의 수가 실제 세계의 수보다 압도적으로 많다고 해도, 7장에서 말한 바와 같이 두 개의 무한대를 비교하는 것은 결코 간단한 작업이 아니다.

이터가 당신에게 비밀을 알려주기로 마음먹었다고 해보자. 어느 날 당신이 집에서 샤워를 하고 있는데 갑자기 어디선가 "딩동!" 하는 소리가 들려온다. 눈에 낀 샴푸를 닦아내고 보니 화장실 허공에 창문 하나가 둥실 떠 있고, 그 너머에서 웬 여인이 방긋 웃으며 인사를 한다. "안녕하세요? 저는 이 세계의 시뮬레이터입니다." 이 정도는 약과다. 하늘에 거대한 창문이 열리면서 거대한 시뮬레이터가 나타나 지구 전체가 울릴 만큼 큰소리로 자신의 정체를 만천하에 드러낼 수도 있다. 그리고 시뮬레이터가 자신의 피조물 앞에 나서기를 꺼린다 해도, 그의 존재를 암시하는 어떤 실마리가(창문을 통한 등장보다는 덜 분명하지만) 주어질 수도 있다.

지각 있는 존재를 허용하는 시뮬레이션이라면 최소한의 정확성은 갖추었겠지만, 그 품질과 타당성은 시뮬레이션의 종류에 따라 고급 디자이너 의상과 싸구려 옷만큼(또는 그 이상으로) 차이가 날 것이다. 예를 들어 시뮬레이션을 프로그램하는 한 가지 방법은 인류가 쌓아온 방대한 양의 지식에 기초하여 모든 상황을 정교하게 풀어나가는 것이다(이것을 '발생법emergent strategy'이라 하자). 입자가속기 속에서 양성자들끼리 충돌하는 상황은 양자장이론을 이용하여 시뮬레이션하고, 배트에 맞아 날아가는 야구공의 궤적은 뉴턴의 법칙을 이용하여 시뮬레이션한다. 첫 발걸음을 뗀 아기를 바라보는 엄마의 반응은 생화학과 생리학, 그리고 심리학적 지식을 종합하여 재현하고, 정치가의 행동은 정치학이론과 역사, 경제학 등을 토대로 결정한다. 발생법 시뮬레이션은 실체의 다양한 속성들을 그때그때 적절히 이어 붙여서 모든 것이 하나의 세상 안에서 돌아가고 있다는 일관성을 유지해야 한다. 정신과의사는 두뇌의 기능을 이해하기 위해 세포와 화학

물질, 원자 등 세부구조를 굳이 알 필요가 없다. 의사들에게는 좋은 소식이다. 그러나 발생법으로 한 개인을 시뮬레이션하려면 대략적인 정보와 상세한 정보를 올바르게 조합하여 감정과 인식기능이 생리화학의 데이터와 일치하도록 만들어야 한다. 하나의 단순한 사건을 시뮬레이션하는 데에도 다양한 영역의 정보를 조화롭게 이어붙여야 하기 때문에 모든 것을 통일된 관점에서 바라보는 시각이 필요하다.

발생법을 채택한 시뮬레이터는 여러 방법을 동시에 적용할 때 나타나는 매끄럽지 않은 이음매를 다림질하듯 매끄럽게 다듬어야 하고, 이를 위해서는 약간의 트릭을 발휘할 수밖에 없다. 물론 거주자의 입장에서는 아무런 이유나 설명도 없이 환경이 갑자기 변하는 등 당혹스러운 경험이 될 것이다. 게다가 이 트릭이 제대로 작동되지 않아 불일치가 발생하고 이것이 계속 누적되다 보면 시뮬레이션 세계 전체가 일관성을 잃으면서 와해될 수도 있다.

시뮬레이션에 '초환원주의법(ultra-reductionist strategy)'을 채택하면 위에 열거한 문제를 미연에 방지할 수 있다. 이것은 한 세트의 기본 방정식만으로 시뮬레이션 전체를 운영하는 방식으로서, 물리학자들이 생각하는 우주와 비슷하다. 물질과 기본 힘들을 서술하는 일련의 수학방정식과 초기조건(시뮬레이션이 시작되는 순간 모든 사물의 상태에 대한 정보)을 입력하면 컴퓨터는 주어진 정보만으로 모든 것을 꾸려나간다. 이렇게 하면 발생법의 경우처럼 이음매를 다듬어야 하는 번거로움은 없다. 그러나 초환원주의법은 수많은 입자의 거동을 일일이 계산해야 하는 엄청난 부담과 함께 근본적인 문제점을 안고 있다. 후손들이 사용하게 될 방정식이 지금 우리가 알고 있는 (연속적으로 변하는 숫자를 포함하는) 방정식과 비슷하다면, 시뮬레이션은 '근사적'으로 진행될 수밖에 없다. 연속적으로 변하는 숫자를 정확하게 재현하려면 소수점 이하 무수히 많은 자릿수까지 고려해야 하는데 (예를 들어 어떤 숫자가 0.9에서 1을 향해 연속적으로 변하려면 0.9, 0.95, 0.958, 0.9583, 0.95831, 0.958317…… 등 무수히 많은 단계를 거쳐야 한다). 계산능력이 유한한 컴퓨터로는 이 과정을 따라갈 수 없다. 메모리와 시간이 모두 부족하기 때문이다. 그러므로 가장 근본적인 방정식을 사용한다 해도, 컴퓨터에 기반을 둔 계산으로는 근사적인 값밖에 얻을 수 없다. 그리고 여기서 발생한 오차는 시간이 흐를수록 점차 누적되어 심각한 결과를 초래할 수 있다.※

여기서 말하는 '오차'란 시뮬레이션이 채택한 물리학이론과 시뮬레이션에 구현된 가상현실 사이의 차이를 말한다. 그러나 여기 적용된 수학은 시뮬레이션 안에 있는 당신의 입장에서 볼 때 자연의 법칙이나 마찬가지다. 당신은 시뮬레이션 바깥에 있는 진짜 세상을 결코 볼 수 없기 때문에, 컴퓨터가 채용한 수학법칙이 바깥 세상에 적용되는 진짜 법칙과 얼마나 비슷한지는 문제가 되지 않는다. 문제는 컴퓨터가 시도한 근사적 계산이 방정식 자체에 영향을 미쳐 안정성을 상실할 수도 있다는 것이다. 반올림에 의한 오차가 여러 번 누적되다 보면 어디선가 불일치가 나타나기 마련이다. 당신을 비롯하여 시뮬레이션에 살고 있는 과학자들은 실험을 하다가 이상한 결과와

※ 유한한 개수의 서로 다른 상태들이 유한한 부피 안에 존재하는 물리학 이론도(7장에서 말한 엔트로피가 대표적 사례이다) 연속적으로 변하는 양이 수학체계 안에 존재할 수 있다. 양자역학의 확률파동은 유한한 개수의 결과를 내포하고 있지만, 파동의 값 자체는 연속적이어서 어떤 값도 취할 수 있다.

마주치게 될 것이다. 하늘같이 믿었던 법칙들이 갑자기 부정확한 예측을 내놓고, 지난 오랜 세월 동안 한결같은 결과를 주었던 실험들이 어느 날부터 이상한 결과를 내놓기 시작한다. 당신은 수백, 수천 년 전부터 선조 과학자들이 항상 그래 왔던 것처럼, 지금의 이론도 완벽한 이론이 아니라고 생각한다. 당신은 이론을 재검토하다가 실험결과를 더 정확하게 설명해주는 새로운 아이디어나 방정식, 또는 새로운 원리를 발견할 수도 있다. 그러나 이론과 실험의 불일치가 시뮬레이션 프로그램에서 기인했다는 사실을 모르는 한, 당신은 멀쩡한 문을 놔두고 벽을 두드리는 것이나 다름없다.

수많은 시도들이 실패로 끝나면서 사람들이 거의 포기했을 즈음, 어디선가 괴팍한 과학자가 나타나 파격적인 주장을 펼친다. 물리학자들이 지난 수천 년 동안 개발해온 연속체법칙을 강력한 컴퓨터에 입력한 후 우주의 진화과정을 시뮬레이션하다 보면 지금과 같은 문제에 직면한다는 것이다. 당신이 묻는다. "아니, 그럼 지금 우리가 시뮬레이션 속에 살고 있다는 말입니까?" 과학자가 대답한다. "그렇소." "말도 안 되는 소리 말아요!" "글쎄, 과연 그럴까요? 여길 한번 보시죠." 그 과학자는 시뮬레이션 우주가 진행되고 있는 모니터를 가리킨다. "이 시뮬레이션은 현재 우리가 알고 있는 법칙만으로 운영되고 있습니다." 당신은 두 눈을 동그랗게 뜨고 모니터를 바라본다. 그런데 그 안에 살고 있는 한 과학자가 이상한 실험결과 때문에 고민에 빠져 있다. 자세히 보니 그가 얻은 데이터는 당신이 실험을 통해 얻은 것과 완전히 똑같다.[6]

자신의 존재를 드러내기 싫어하는 시뮬레이터라면 좀 더 적극적인 방법을 동원할 것이다. 예를 들어 시뮬레이션에서 불일치가 나타나기 시작하면 프로그램을 리셋하고, 거주자들의 머릿속에서 그와 관련된 모든 기억을 지워버릴 수도 있다. 그렇다면 시뮬레이션으로 구현된 실체는 결함과 변칙을 통해 자신의 정체를 드러내는 셈이다. 우리 주변에 널려 있는 변칙과 비정상, 대답할 수 없는 질문들, 그리고 정체된 연구 등이 과학의 실패를 의미한다고 주장할 수도 있다. 어쨌거나 이론과 실험이 일치하지 않는다면 과학자들은 더욱 창조적인 사고력을 발휘하여 어떻게든 그 원인을 설명하도록 노력해야 한다.

그러나 지금까지 언급한 시나리오를 따라가다 보면 한 가지 심각한 결론에 도달하게 된다. 만일 우리가 시뮬레이션 세계와 그 안에 거주하는 지각 있는 생명체를 만들어낸다면, 한 가지 의문이 필연적으로 떠오를 것이다. "과학기술의 역사를 통틀어, 과연 우리는 시뮬레이션 생명체를 창조한 최초의 시뮬레이터인가?" 그럴 수도 있다. 그러나 좀 더 넓은 시각에서 바라보면 우리는 전혀 특별한 존재가 아니다. 지각 있는 존재를 시뮬레이션으로 구현하는 것이 가능하다고 이미 결론이 내려졌으므로 7장에서 언급한 다양성의 논리에 의해 시뮬레이션은 하나가 아니라 다른 어딘가에서 무수히 많이 시도되고 있다고 생각하는 것이 타당하다. 그리고 이들이 바로 '시뮬레이션 다중우주'를 형성한다. 우리가 실행하고 있는 시뮬레이션은 우리가 다다를 수 있는 좁은 영역 안에서 최초일 수도 있지만, 시뮬레이션 다중우주에서는 특별할 것이 전혀 없다. 그 정도는 우리보다 앞서 수도 없이 실행되었을 테니 말이다. 이 점을 받아들인다면 우리 자신이 시뮬레이션 안에 존재할 수 있다는 가능성도 받아들여야 한다. 시뮬레이션 다중우주에 살고 있는 대부분의 존재들도 우리와 같은 처지이기 때문이다.

　우리가 컴퓨터 시뮬레이션의 피조물일 수도 있다는 가능성이 확인된 이상, 실체의 특성을 다시 한 번 심각하게 생각해볼 필요가 있다.

바벨의 도서관

나는 대학 1학년 첫 학기에 로버트 노직(Robert Nozick) 교수의 철학개론 강의를 수강한 적이 있는데, 첫 시간부터 하도 정신이 없어서 눈이 돌아갈 지경이었다. 《철학적 서술(Philosophical Explanations)》이라는 책의 저자이기도 한 노직 교수는 핵심을 찌르는 명강의로 나의 세계관을 크게 뒤흔들어 놓았고, 어떤 날은 그 정도가 너무 심해서 온몸이 떨릴 지경이었다. 그의 강의를 듣기 전까지만 해도 나는 현실을 뒤집어 생각하는 것이 물리학의 전유물이라고 생각했는데, 철학의 '현실 뒤집기'는 물리학보다 한술 더 뜨는 것 같았다. 물론 물리학과 철학 사이에는 근본적인 차이가 있다. 물리학은 속도가 무지막지하게 빠르거나 질량이 매우 큰 물체, 또는 아주 작은 물체와 같이 우리에게 친숙하지 않은 영역을 탐구하면서 일상적인 관점을 뒤집는 반면, 철학은 우리가 매일같이 겪는 평범한 경험에 끊임없이 의문을 제기하면서 일상적인 관점을 뒤집는다. 이 세계가 정말로 존재한다는 것을 어떻게 확신할 수 있는가? 우리의 지각은 믿을 만한가? 인간의 몸은 분자와 원자의 집합일 뿐인데 '나'라는 정체성은 어디서 온 것인가?

　어느 날, 강의가 끝난 후 교정을 서성대고 있는데 노직 교수가 다가와 나의 관심사가 무엇이냐고 물었다. 나는 목에 잔뜩 힘을 주고 양자중력이론과 대통일이론에 관심이 있다고 당당하게 말했다. 대부분의 경우 이런 대답을 하면 대화가 끊기기 마련인데, 노직 교수는 젊은 청년에게 세상을 바라보는 새로운 관점을 가르쳐줄 좋은 기회라고 생각했는지 계속 질문을 이어갔다. "그런 것에 관심을 갖는 이유가 뭔가?" 나는 영원한 진실을 찾아서 만물이 지금과 같이 존재하는 이유를 이해하고 싶다고 했다. 물론 순진하고 어설픈 대답이었다. 그러나 노직 교수는 잠시 생각에 잠겼다가 의외의 질문을 던졌다. "좋아, 자네가 대통일이론을 발견했다고 치자고. 그런데 그게 과연 자네가 찾던 해답일까? 원하던 이론을 발견한 다음에는 우주를 설명하는 이론이 왜 하필 그 이론이어야 하는지, 그게 궁금해지지 않겠나?" 물론 맞는 말이었다. 그러나 나는 "올바른 설명을 찾다 보면 무언가가 자연에 처음부터 주어져 있었다는 사실을 깨닫게 될 것"이라고 우겼다.

노직 교수는 내가 이런 대답을 할 것이라고 미리 알고 있었던 것 같다. 그의 저서인 《철학적 서술》에는 다산원리(多産原理, principle of fecundity)에 기초한 새로운 관점이 제시되어 있는데, 이는 "무언가가 이미 주어져 있다"는 전제를 수용하지 않고 모든 것을 설명하려는 시도의 일환이었다. 노직 교수의 표현에 의하면 그것은 "강압적인 진실을 기정사실로 받아들이지 않고" 모든 것을 서술하는 철학이었다.

노직 교수와 내가 나눴던 대화에 담겨 있는 철학은 간단명료하다. 어떤 질문이건 일단 뒤집고 보자는 것이다. "수많은 이론들 중 왜 하필 그 이론이 진리로 선택되었는가?"라는 질문을 받기 싫다면 처음부터 선택을 하지 말아야 한다. 노직 교수는 우리의 우주가 모든 가능한 우주들로 구성되어 있는 다중우주 중 하나라고 상상해볼 것을 권했다.[7] 그가 말하는 다중우주는 양자적 다중우주만을 의미하지 않으며, 인플레이션 다중우주에 등장하는 거품우주만을 칭하는 것도 아니다. 물론 브레인세계 다중우주나 경관 다중우주도 아니다. 이런 것들은 노직 교수가 제시한 조건을 만족시키지 못한다. 왜냐하면 당신은 "왜 양자역학이어야 하는가?" 또는 "왜 하필 인플레이션인가?" 또는 "왜 하필 끈이론인가?"라는 의문을 여전히 간직하고 있기 때문이다. 그는 문자 그대로 '모든 가능한 우주'(원자로 이루어진 우주는 물론이고, 모짜렐라 치즈로 이루어진 우주도 상관없다)를 말한 것이다.

이것이 바로 이 책에 등장하는 마지막 다중우주이다. 배경이론과 상관없이 모든 가능한 우주가 여기 포함되어 있으므로 스케일도 제일 크다. 지금까지 제기된 모든 다중우주와 앞으로 제기될 모든 다중우주도 각자의 논리 안에서 '가능한 우주'의 집합일 것이므로, 노직 교수가 말한 '모든 가능한 다중우주'의 부분집합이다. 앞으로 이것을 '궁극적 다중우주(Ultimate Multiverse)'라 부르기로 한다. 만일 당신이 "우리의 우주는 왜 우리가 알아낸 법칙의 지배를 받는가?"라고 묻는다면, 그 답은 인류원리에서 찾을 수 있다. 바깥에는 모든 가능한 우주들이 존재하고 있지만, 우리의 우주는 우리와 같은 생명체의 존재를 허용하기 때문이다. 우리가 살 수 있는 다른 우주가 있다면(물리학의 기본상수들이 크게 변하지만 않으면 생존 가능하므로, 하나가 아니라 여러 개일 것이다) 그곳에 사는 생명체들도 우리와 같은 질문을 던질 것이고, 역시 우리와 동일한 답에 도달할 것이다. 여기서 중요한 점은 생명체가 산다고 해서 결코 특별한 우주가 아니라는 것이다. 왜냐하면 궁극적 다중우주에서 모든 가능한 우주는 아무런 지장 없이 멀쩡하게 '존재하기' 때문이다. "왜 한 세트의 법칙만 진짜 우주(우리 우주)를 서술하고, 다른 우주를 서술하는 법칙은 존재하지 않는가?"—이런 질문은 의미가 없다. 다른 우주를 서술하는 법칙은 다른 우주에서 발견된다. 간단히 말해서, 모든 법칙들이 실제 우주를 서술하고 있다.

그런데 이상하게도 노직 교수는 자신이 말한 다중우주 중에서 아무것도 없는 우주가 존재한다고 했다. 공간은 있는데 그 속이 비어 있다는 뜻이 아니라, 공간조차도 없는 우주가 존재한다는 뜻이다. 이것은 고트프리트 라이프니츠(Gottfried Leibniz)의 "왜 이 세계는 텅 비어 있지 않고 무언가가 존재하는가?"라는 유명한 질문을 연상시킨다. 나는 10~11살 때 라이프니츠의 질문을 처음 접하고 심각한 고민에 빠졌었다. 당시 나는 방 안을 이리저리 서성이면서 아무것도 없다는 게 어떤 상태인지 떠올려보려고 무진 애를 써보았지만 아무런 결론도 내리지 못했다. 30여 년이 지난 지금도 마찬가지다. 완전한 무(無, nothingness)를 떠올리려고 아무리 애를 써도, 머릿속에는 항상 무언가가 떠오른다. 하긴, 무를 '떠올린다'는 것 자체가 모순적인 행동일지도 모르겠다. 그러나 따지고 보면 아무것도 없는 상태는 무언가가 있는 상태보다 훨씬 단순한 상태이다. 거기에는 법칙도 없고 물질도 없으며, 시간과 공간도 없다. 라이프니츠는 문제의 핵심을 찌른 것이다. "無는 왜 존재하지 않는가?"

궁극적 다중우주에는 '아무것도 없는 우주'도 존재한다. 無는 논리적으로 불가능할 이유가 전혀 없기 때문에 모든 가능한 우주에 반드시 포함되어야 한다. 따라서 라이프니츠의 질문에 대한 노직 교수의 대답은 다음과 같다—"궁극적 다중우주에서 有와 無는 차별의 대상이 아니기 때문에, 그 차이를 설명할 필요가 없다. 有의 우주와 無의 우주는 둘 다 궁극적 다중우주의 한 부분이다."

수학에 익숙한 이론가들은 모든 것을 포함하는 노직의 다중우주를 "모든 가능한 수학법칙이 어디선가 물리적으로 실현되는 다중우주"로 해석하고 있다. 이것은 보르헤스의 소설《바벨의 도서관(La Biblioteca de Babel)》의 한 버전이다. 여기 등장하는 '바벨의 책들'은 수학언어로 적혀 있는데, 이치에 맞으면서 자체모순이 없는 모든 수학기호를 포함하고 있다.■ 이들 중 일부 책에는 일반상대성이론과 양자역학의 방정식 등 우리에게 친숙한 내용이 담겨 있지만, 이런 책은 극히 드물다. 대부분의 책들은 지금까지 어느 누구도 떠올린 적 없는 추상적인 방정식들로 가득 차 있다. 궁극적 다중우주의 개념도 이와 비슷하다. 단, 대부분의 방정식들이 휴면상태이고 극히 일부만이 작동하여 생명체를 낳는 것이 아니라, 바벨의 도서관에 있는 모든 책들이 실제 우주를 나타내고 있다.

이와 같은 수학적 기초에서 노직은 오래된 질문에 해답을 제시했다. 수학자와 철학자들은 지난 수세기에 걸쳐 "수학은 발견된 것인가, 아니면 발명된 것인가?"라는 질문을 놓고 수많은 논쟁을 벌여왔다. 수학적 개념과 진리들은 저 바깥의 어딘가에 이미 존재하면서 용기 있는 탐험가에 의해 발견되기를 기다리고 있는가? 아니면 그

■ 보르헤스의《바벨의 도서관》에는 수학뿐만 아니라 의미 없는 문자로 가득 찬 책도 있다.

탐험가가 책상 앞에 앉아 연필을 손에 쥐고 이상한 기호들을 정신없이 써내려가다가 마음속에서 만들어낸 것인가?

수많은 수학의 대가들이 창안한 수학적 개념들이 물리적 현상에 정확하게 적용되는 것을 보면, 수학은 추상적 존재가 아니라 실제로 존재하는 실체인 것 같다. 이것을 증명하는 사례들도 도처에 널려 있다. 일반상대성이론과 양자역학에 등장하는 다양한 수학적 개념들을 보면 마치 수학이 물리학을 위해 존재하는 것처럼 보인다. 양전자(positron, 전자의 반입자)의 존재를 예견했던 폴 디랙(Paul Dirac)의 경우가 그 대표적인 사례이다. 1931년에 디랙은 전자의 운동을 서술하는 방정식을 연구하다가 순전히 수학적인 논리만으로 이상한 해를 구했다. 그 해가 서술하는 입자는 전자와 거의 비슷했는데, 전기전하는 양의 값을 갖고 있었다(전자의 전하는 음수이다). 그리고 그다음해인 1932년에 칼 앤더슨(Carl Anderson)은 우주에서 지구로 쏟아져 내리는 우주선(cosmic ray) 속에서 이 입자를 발견했다. 단순히 "수학적으로 가능하다"는 이유로 예견된 가상의 입자가 실제로 실험실에서 발견된 것이다. 이 일을 계기로 물리학의 무대에는 반물질(antimatter)이라는 새로운 배우가 등장하게 되었다.

수학이 발견의 대상이라는 관점에 동의하지 않는 사람들은 "수학적 아이디어는 지금도 우리의 머릿속에서 생산되고 있다"며 반론을 제기할 수도 있다. 우리는 기나긴 진화를 거치면서 주변환경에서 어떤 패턴을 찾아내는 능력을 꾸준히 개발해왔다. 이 능력이 뛰어날수록 식량을 찾을 가능성도 커지기 때문이다. 그러므로 '패턴의 언어'라 할 수 있는 수학은 우리의 생물학적 적응력의 산물일지도 모른다. 우리는 이 언어를 이용하여 새로운 패턴을 더욱 체계적으로 찾아왔고, 단순한 생존에서 지식을 소유하고 응용하는 단계로 진보할 수 있었다. 인류가 개발해온 모든 도구들이 그렇듯이 수학도 결국은 인간의 발명품이다.

수학에 대한 나의 관점은 주기적으로 변해왔다. 수학에 완전히 파묻혀서 복잡한 계산을 수행하고 있을 때, 나는 수학이 발명품이 아닌 발견의 대상으로 느껴진다. 그런가 하면 전혀 다르게 보이는 몇 개의 수학적 수수께끼들이 하나의 그림으로 합쳐질 때, 거의 카타르시스에 가까운 희열을 느낀다. 이럴 때는 웅장한 풍경이 안개에 가려 있는 것처럼 최종적인 그림이 이미 거기에 존재하고 있었다는 느낌을 지우기 어렵다. 그러나 좀 더 객관적인 시각으로 수학을 연구하다 보면 생각이 또 달라진다. 수학적 지식은 엄밀한 수학적 언어에 정통한 사람들이 만들어낸 결과물이다. 자연어로 만들어진 문학작품이 그렇듯이 수학은 인간의 창의력과 창조력의 산물이다. 그렇다고 해서 인간이 아닌 다른 지적 생명체가 동일한 수학적 산물을 낳지 못한다는 뜻은 아니다. 그들도 얼마든지 할 수 있다. 숫자를 세고, 거래하고, 측량하는 등 생명체가 할 수 있는 행위의 상당부분은 수학과 관련되어 있다. 이런 점에서 볼 때 수학은 특정세계에 국한되지 않은 초월적 존재 같기도 하다.

궁극적 다중우주는 모호한 구석이 없는 뚜렷한 이슈이며, 모든 수학은 어딘가에 존재하는 진짜 우주를 서술하고 있다. 다중우주의 모든 곳에서 수학은 자신의 역할을 하고 있다. 딱딱한 당구공(더 이상의 내부구조가 없는 공)만으로 이루어져 있으면서 뉴턴의 법칙을 따르는 우주도 진짜 우주이고, 아인슈타인 방정식이 666차원 공간에서 적용되고 있는 우주도 어딘가에 존재한다. 개중에는 수학으로 서술되지 않는 우주가 존재할 수도 있지만, 이런 가능성은 무시하기로 하자. 우리에게는 모든 수학방정식이 실현되는 다중우주만으로도 충분하다.

다중우주의 합리화

궁극적 다중우주와 기타 다중우주들은 그것을 유도하는 논리 자체가 다르다. 2~9장에서 다뤘던 다중우주는 어떤 질문이나 문제의 해답을 찾는 과정에서 유도된 것이 아니다. 질문을 제기한 적은 있어도, 그로부터 다중우주를 유도하지는 않았다. 일부 이론가들은 누벼 이은 다중우주가 양자역학의 관측문제를 해결할 수도 있다고 믿고 있으며, 또 어떤 사람들은 주기적 다중우주가 시간의 기원을 설명해준다고 주장한다. 그런가 하면 브레인 다중우주가 4개의 힘들 중 중력이 가장 약한 이유를 설명해준다고 믿는 사람도 있고, 경관 다중우주가 암흑에너지의 양을 설명해준다고 믿는 사람도 있다. 홀로그래피 다중우주는 무거운 원자의 충돌에서 얻어진 데이터를 설명해줄 수도 있다. 그러나 이런 응용은 모두 부차적인 문제이다. 양자역학은 원래 미시세계의 현상을 설명하기 위해 개발되었으며, 인플레이션 우주론은 천체관측 데이터를 설명하기 위해 제안되었다. 그리고 끈이론은 양자역학과 일반상대성이론을 중재하려는 목적으로 탄생한 이론이다. 이런 이론들이 다중우주를 낳기는 했지만, 그것은 어디까지나 부산물일 뿐이다.

그러나 궁극적 다중우주는 다중우주를 가정한 것 이외에 다른 어떤 설명도 제공하지 않는다. 이 가설은 한 가지 목적을 확실하게 이루었다. 우리의 우주가 한 세트의 수학법칙만으로 서술되고 다른 수학법칙과는 무관한 이유를 다중우주로 설명한 것이다. 궁극적 다중우주는 한 가지 이슈에 집중된 가설이기 때문에 2~9장에서 논했던 다중우주와 달리 논리적 근거가 부족하다.

물론 이것은 나의 개인적인 관점이므로 모든 사람이 동의하지는 않을 것이다. 구조적 현실주의(structural realism)를 지지하는 철학자들은 수학과 물리학의 잘못된 분리 때문에 물리학자들이 희생양이 될 수도 있음을 경고하고 있다. 물리학자는 물리적 실체를 서술할 때 당연히 수학적 언어를 사용한다. 이 책에서 나는 거의 매 페이지마다 이런 언어를 구사해왔다. 그러나 수학은 실체를 서술하는 도구 이상의 그 무엇인 것 같다. 수학 자체가 어떤 실체일지도 모른다.

물론 이것은 일반적인 생각이 아니다. 수학이 실체라면, 견고한 실체가 만질 수 없는 수학으로 이루어졌다는 말인가? 우리는 이런 식의 사고에 익숙하지 않다. 앞 절에서 논했던 시뮬레이션 우주는 이것을 생각하는 구체적이고 확실한 방법을 제공한다. 버클리 주교(Bishop Berkeley)가 "모든 만물은 마음이 만들어낸 허상"이라고 말했을 때, 사무엘 존슨(Samuel Johnson)이 "바위를 발로 세게 걸어차 보라. 그래도 바위가 허상이라고 우길 것인가?"라며 반박했다는 유명한 일화를 생각해보자. 바위를 발로 차는 행위가 정교한 컴퓨터 시뮬레이션으로 실행되었다면, 존슨 박사는 여전히 발이 아플 것이고 바위가 분명히 존재한다고 생각할 것이다. 그러나 컴퓨터 시뮬레이션은 컴퓨터의 비트가 모여서 이루어지는 일련의 수학연산에 불과하다.

그러므로 존슨의 반론에 해당하는 컴퓨터 연산과정을 주의 깊게 들여다보면 발길질과 바위에서 퉁겨 나오는 발, 그리고 존슨 박사의 "이것으로 버클리의 논리는 반증되었다(I refute it thus)"라는 유명한 대사까지 수학적인 형태로 존재할 것이다. 그리고 컴퓨터에 모니터 (또는 다른 형태의 디스플레이 장치)를 연결하면 수학적 안무에 따라 춤을 추는 존슨 박사와 그의 발길질이 눈에 익은 영상으로 나타날 것이다. 그러나 영상에 속으면 안 된다. 이 모든 것은 수학의 산물이다. 시뮬레이션에 적용된 수학규칙을 바꾸면 완전히 다른 실체가 구현된다.

여기서 한 걸음 더 나가보자. 내가 시뮬레이션에 존슨 박사를 등장시킨 것은 그가 주장하는 실체와 수학 사이의 연결고리를 보여주기 위해서였다. 그러나 이 상황을 좀 더 깊이 들여다보면 컴퓨터 시뮬레이션은 반드시 필요한 중간단계가 아니라, 만질 수 있는 세계의 경험과 추상적인 수학방정식 사이를 연결하는 징검다리에 불과하다. 존슨 박사의 행동과 생각은 (수학적으로 창조된 상호관계와 변환규칙을 통해) 이미 수학 속에 들어 있다. 비트의 춤을 구현하기 위해 반드시 컴퓨터가 필요한 것은 아니라는 이야기다. 결국 존슨 박사는 수학 그 자체 속에 존재하는 셈이다.[8]

수학이 모든 실체의 외형(지각 있는 마음과 무거운 바위, 힘찬 발길질, 바위에 부딪히는 발가락 등)을 나타낼 수 있다는 주장을 받아들인다면, 당신은 '우리'의 실체도 수학임을 인정하는 것이다. 이런 식으로 생각하면 우리가 알고 있는 모든 것(이 책을 손으로 잡고 있다는 느낌, 지금 머릿속에 떠오르는 생각, 그리고 당신이 짜놓은 저녁시간 스케줄 등)은 수학적 경험의 산물이다. 실체란 다름 아닌 '수학에 대한 느낌'이다.

물론 모든 사람이 이와 같은 개념적 도약에 수긍하지는 않을 것이다. 나도 이런 도약을 시도한 적이 없다. 그러나 여기에 수긍하는 사람들에게 수학은 그냥 "바깥에 있는 것"이 아니라, "유일한 실체이면서 바깥에 존재하는 것"이다. 뉴턴과 아인슈타인의 방정식을 비롯한 기타 방정식은 물리적 객체에 적용되어야 실체가 드러나는 것이 아니다. 모든 수학은 그 자체가 '실체'이므로 다른 매개체가 필요 없다. 다른 세트의 수학방정식은 다른 우주를 서술한다. 그러므로 궁극적 다중우주는 이와 같은 수학적 관점의 부산물이라 할 수 있다.

궁극적 다중우주의 열렬한 지지자인 메사추세츠 공과대학(MIT)의 막스 테그마크는 약간의 논리로 자신의 관점이 타당하다는 것을 입증했다(그는 궁극적 다중우주를 '수학적 우주가설Mathematical Universe Hypothesis'이라 불렀다). 우주에 대한 가장 근원적 서술은 인간의 경험이나 해석에 의존하는 개념을 필요로 하지 않는다. 실체는 우리의 존재를 초월해 있으며, 어떤 식으로든 우리가 만들어낸 개념에 의존하지 않는다. 테그마크는 인간의 영향력을 서술하는 가장 정확한 언어가 수학(일련의 연산(덧셈 등)이 추상적인 객체(정수 등)에 작용하여 그들 사이의 다양한 관계(1+2=3 등)를 창출함)이라고 했다.

그렇다면 수학의 몸체와 그것이 만들어낸 우주의 차이는 무엇인가? 테그마크는 둘 사이에 차이가 없다고 단정지었다. 수학과 우주를 구별짓는 어떤 특성이 존재한다면, 그것은 비(非)수학적인 것이어야 한다. 그렇지 않다면 그 특성마저 수학으로 흡수되어 구별의 기준이 될 수 없기 때문이다. 그러나 지금까지의 논리에 의하면 비수학적인 것은 인간적 속성이 투영되어 있으므로 근본적인 요소가 될 수 없다. 따라서 실체에 대한 수학적 서술과 그것이 구현된 물리적 세계 사이에는 아무런 차이가 없다. 이들은 완전히 동일하다. 수학에는 끄고 켜는 스위치가 없다. '수학적 존재'와 '물리적 존재'는 동의어이다. 그리고 이것은 모든 수학에 똑같이 적용되므로, 우리는 또다시 궁극적 다중우주에 도달하게 된다.

사실 나는 테그마크의 관점에 다소 회의적이다. 나는 임의의 다중우주이론을 떠올릴 때, 그 우주를 만들어내는 '상상 가능한' 과정(인플라톤장의 요동, 브레인세계의 충돌, 양자터널, 슈뢰딩거 방정식을 따라 변하는 확률파동 등)이 존재한다고 믿는 경향이 있다. 나는 다중우주를 낳는 일련의 사건들을 머릿속에 그리는 것을 좋아한다. 그런데 궁극적 다중우주는 그런 과정을 떠올리기가 쉽지 않다. 서로 다른 영역에서 각기 다른 수학법칙이 적용되려면 '우주가 생성되는 과정'이라는 것이 있어야 한다. 우리는 인플레이션 다중우주와 경관 다중우주에서 물리법칙이 각 우주마다 다르게 적용되는 것을 보았다. 그러나 이것은 힉스장의 값이나 여분차원의 형태 등 주변환경의 차이에서 비롯된 결과이다. 그 저변에 깔려 있는 수학법칙은 모든 우주에서 똑같은 방식으로 작용한다. 그렇다면 주어진 수학법칙 안에서 도대체 어떤 과정이 수학법칙 자체를 바꿀 수 있다는 말인가? 6이 되기 위해 필사적으로 기를 쓰고 있는 5처럼, 이것은 불가능해 보인다.

그러나 이 결론에 안주하기 전에 다음을 생각해보라—우주에는 다른 수학법칙을 따르는 것처럼 '보이는' 영역이 존재할 수도 있다. 시뮬레이션 세계를 다시 한 번 떠올려보자. 앞에서 나는 존슨 박사의 일화를 언급하면서 경험의 본질이 수학인 이유를 설명하기 위해 컴퓨터 시뮬레이션을 도입했다. 그러나 시뮬레이션 자체만 놓고 보면 위에서 말한 과정이 분명히 존재한다. 시뮬레이션을 실행하는 컴퓨터 하드웨어는 일상적인 물리법칙을 따르지만, 이를 통해 만들어진 세계는 시뮬레이터가 어떤 수학법칙을 선택하느냐에 따라 얼마든지 달라질 수 있다.

앞으로 곧 알게 되겠지만, 이것은 궁극적 다중우주에 어떤 특별한 영역이 존재할 수 있다는 역학적 근거가 된다.

바벨 시뮬레이션

앞에서 나는 컴퓨터 시뮬레이션에 물리학의 대표적인 방정식들을 적용하면 근사적인 결과밖에 얻을 수 없다고 말했었다. 이것은 디지털 컴퓨터가 연속적으로 변하는 숫자를 다룰 때마다 어쩔 수 없이 나타나는 현상이다. 예를 들어 시공간을 연속체로 간주하는 고전물리학적 관점에서 볼 때, 배트에 맞은 야구공은 홈플레이트에서 외야로 날아가는 동안 공간상에서 무한히 많은 점들을 거쳐간다.[9] 공이 거쳐가는 무수히 많은 점들과 각 점에서 공이 가질 수 있는 무수히 많은 속도들을 일일이 추적하는 것은 불가능하다. 우리가 할 수 있는 최선은 고성능 컴퓨터를 동원하여 100만 분의 1cm, 또는 10억 분의 1cm, 또는 1조 분의 1cm마다 위치와 속도를 추적하는 것이다. 이 정도면 꽤 정밀한 편이지만, 근사적 서술이라는 점에는 변함이 없다. 다양한 형태의 불연속성을 도입한 양자역학이나 양자장이론을 사용하면 어떤 면에서는 도움이 될 수도 있다. 그러나 두 이론 모두 연속적으로 변하는 숫자(확률파동의 값, 장의 값 등)를 채용하고 있기 때문에 결국은 동일한 문제에 직면하게 된다. 물리학의 다른 방정식들도 사정은 마찬가지다. 컴퓨터는 수학을 근사적으로 표현할 수 있을 뿐 방정식을 정확하게 시뮬레이션할 수는 없다.*

 수학방정식 중에는 컴퓨터 시뮬레이션으로 완벽하게 재현되는 것도 있다. 이들은 계산가능함수(computable function)의 일부로서, 불연속의 유한한 컴퓨터 명령을 통해 계산될 수 있다. 이를 위해 컴퓨터는 일련의 과정을 반복해야 하지만, 언젠가는 완벽한 답이 얻어진다. 이 과정에는 특별한 것이 전혀 없다. 과정이 반복될 때마다 결과가 점점 정확해진다는 것뿐이다. 날아가는 야구공을 시뮬레이션하려면 컴퓨터는 계산가능한 근사법이 방정식에 적용될 수 있도록 프로그램되어야 한다(대부분의 경우에는 시간과 공간을 작은 구간으로 쪼갠 후 각 지점에서 위치와 속도를 계산한다).

 이와는 반대로 컴퓨터가 계산불가능한함수(noncomputable function)를 계산하려고 하면, 용량과 속도가 아무리 뛰어나다 해도 답을 내지 못한 채 무한정 돌아간다. 날아가는 야구공의 궤적을 완벽하게 계산하려고 한다면 이런 상황에 빠질 것이다. 좀 더 구체적인 예를 들어보자. 정교하게 프로그램된 시뮬레이션 우주 속에서 한 주방장이 음식을 만들고 있다. 그는 '음식을 스스로 해먹지 않는 사람들'을 위해 요리를 하고 있으며, 그가 만든 음식은 오로지 그런 사

---

* 나는 2장에서 '누벼 이은 다중우주'를 논할 때 (양자역학에 의하면) 유한한 영역 안에서 물질이 배열될 수 있는 경우의 수가 유한하다고 강조했었다. 그러나 양자역학의 수학체계에는 연속적으로 변하는 값들이 포함되어 있으며, 이들은 무수히 다양한 값을 가질 수 있다. 단, 이런 특성(임의의 위치에서 확률파동의 값 등)은 직접 관측할 수 없기 때문에 배열의 가짓수가 유한하다는 사실과 모순되지 않는다(배열을 확인하려면 관측을 해야 한다).

람들만 먹을 수 있다. 주방장은 온갖 음식을 지지고, 볶고, 구우면서 배고픈 사람들의 식욕을 한껏 자극하는 중이다. 여기서 질문—컴퓨터는 주방장이 먹을 음식을 누구에게 만들라고 명령해야 하는가?[10] 갑자기 머리가 혼란스러워진다. 주방장은 '음식을 스스로 해먹지 않는 사람들만을 위해' 요리를 하고 있으므로, 본인이 먹을 음식은 만들 수 없다. 그런데 본인을 위한 음식을 만들지 않는다면, 자신이 먹여야 할 사람들 명단에 본인도 포함시켜야 한다. 이럴 때는 컴퓨터의 두뇌가 당신의 두뇌보다 나은 점이 별로 없다.

계산불가능한함수도 위의 사례와 비슷하다. 이런 함수는 컴퓨터의 계산능력을 거의 마비시킨다. 시뮬레이션 도중에 이런 상황이 발생한다면 모든 작동이 멈춰버릴 것이다. 그러므로 시뮬레이션 다중우주가 성공적으로 운영되려면 모든 우주는 계산 가능한 함수에 기초하고 있어야 한다.

위의 사례는 시뮬레이션 다중우주와 궁극적 다중우주가 겹쳐 있음을 시사하고 있다. 궁극적 다중우주의 규모를 줄여서 계산가능한 함수만으로 이루어진 우주들을 생각해보자. 그러면 "다른 우주는 실체가 아닌데 왜 이 우주만 실체인가?"라는 질문은 필요 없어지고, 궁극적 다중우주를 낳는 어떤 '과정'이 존재하게 된다. 미래의 컴퓨터 사용자들은 요즘 유행하는 세컨드 라이프(Second Life, 미국의 IT기업 린든 랩Linden Lab사가 2003년에 개설한 3D 가상현실 사이트. 사용자는 자신의 아바타를 통해 온라인 세계에서 제2의 인생을 살아갈 수 있다—옮긴이)의 열광적인 참여자들과 비슷하게, 각기 다른 방정식에 기초한 시뮬레이션으로 수많은 우주를 양산할 것이다. 이들은 바벨의 수학도서관에 있는 모든 우주를 만들어내지는 못한다. 계산불가능한함수에 기초한 우주는 애초부터 만들 수 없기 때문이다. 그러나 계산가능한함수가 바닥날 때까지 시뮬레이션을 통한 우주창조는 계속될 것이다.

컴퓨터과학자인 유르겐 슈미트후버(Jürgen Schmidhuber)는 콘라드 추제의 초기 아이디어를 확장하여 다른 각도에서 비슷한 결론에 도달했다. 슈미트후버는 컴퓨터 한 대당 하나의 우주를 만들도록 프로그램하여 모든 가능한 우주를 구현하는 것보다, 한 대의 컴퓨터가 모든 가능한 우주를 만들도록 프로그램하는 것이 더 쉽다는 사실을 깨달았다. 그 이유를 이해하기 위해, 여러 야구경기를 시뮬레이션하는 프로그램을 상상해보자. 각 경기마다 필요한 정보의 양은 실로 방대하다. 선수들의 개인정보와 경기장의 모든 세세한 구조, 심판들의 특징과 성향, 날씨 등을 정확하게 알아야 한 차례의 경기를 시뮬레이션할 수 있다. 그리고 다른 경기로 넘어갈 때마다 매번 다른 데이터를 입력해야 한다. 그러나 한 경기, 또는 몇 경기가 아니라 상상할 수 있는 모든 경기를 시뮬레이션한다면 프로그램은 훨씬 쉬워진다. 경기장의 기본적인 구조는 거의 비슷하고, 출전하는 선수들도 반복되는 경우가 많으며, 대부분의 야구경기는 정상적인 날씨에서 행해지기 때문이다. 따라서 하나의 마스터 프로그램을 작성한 뒤 변수들을 조정하면 다양한 경기를 쉽게 시뮬레이션할 수 있다. 이렇게 만들어진 수많은 경기들 중에서 어떤 특별한 경기를 찾기는 어렵겠지만, 시뮬레이션을 계속 진행하다 보면 언젠가는 모든 가능한 경기가 구현될 것이다.

많은 원소로 이루어진 큰 집합에서 하나의 원소를 정의하려면 많은 정보가 필요하지만, 집합 전체를 정의하는 것은 훨씬 쉽다. 슈미트후버는 이 결론이 시뮬레이션 다중우주에도 적용된다는 사실을 간파했다. 한 프로그래머가 일련의 방정식에 기초하여 여러 개의 우주를 시뮬레이션하라는 주문을 받았을 때, 이 점을 이용하면 작업량을 크게 줄일 수 있다. 야구경기를 프로그램할 때처럼 계산가능한 모든 우주를 양산해내는 짧은 프로그램을 작성하여 실행하면 된다. 여기서 얻어진 수많은 시뮬레이션 우주들 중에는 그가 만들려고 했던 우주가 어딘가에 분명히 있을 것이다. 이 시뮬레이션은 시간이 꽤 오래 걸릴 것이므로, 컴퓨터 사용료를 시간에 비례해서 지불한다면 엄청난 비용이 들 것이다. 그러나 나는 프로그래머의 인건비를 기꺼이 시간에 비례해서 지불할 의향이 있다. 특별한 하나의 우주를 만들어내는 데 소요되는 시간보다 계산가능한 모든 우주를 만드는 데 소요되는 시간이 훨씬 짧기 때문이다.[11]

시뮬레이션 다중우주는 위에서 말한 둘 중 한 가지 방법(수많은 컴퓨터 사용자들이 수많은 우주를 각각 만들어내는 방법, 또는 마스터 프로그램 하나로 모든 우주를 만들어내는 방법)으로 구현될 것이다. 그런데 여기서 탄생한 우주는 다양한 수학법칙에 기초하고 있으므로, 우리는 이 시나리오를 궁극적 다중우주의 일부(궁극적 다중우주 중에서 계산 가능한 함수에 기초한 우주들)로 간주할 수 있다.*

궁극적 다중우주의 일부만 구현하면, 무엇보다도 노직 교수의 다산원리에 부합되지 않는다는 단점이 있다. 가능한 우주들 중 일부만 존재한다면, "왜 어떤 방정식은 생명체를 허용하고, 그 외의 다른

■ 막스 테그마크는 한 시뮬레이션의 전체과정(시작부터 끝까지)이 수학적 관계의 집합이라고 지적했다. 따라서 모든 수학이 실체라면 이 집합도 실체이다. 이런 관점에서 보면 각 시뮬레이션이 낳은 수학적 관계들이 이미 실체이므로, 굳이 시뮬레이션을 실행할 필요가 없다. 또한 시뮬레이션이 시간에 따라 진행되는 과정에 초점을 맞추는 것은 지나친 제한이다. 우주의 계산가능성은 '모든 역사를 정의하는 수학적 관계의 계산가능성'에 의해 판단되어야 한다.

방정식은 생명체를 허용하지 않는가?"라는 질문이 또다시 제기된다. 뿐만 아니라 "계산가능한 방정식에 기초한 우주만이 스포트라이트를 받는 이유는 무엇인가?"라는 질문에도 마땅한 답을 제시할 수 없다.

지금까지 펼쳐온 (다분히 사색적인) 논리를 계속 진행하기 위해, 계산가능성과 계산불가능성에 대해 좀 더 알아보기로 하자. 계산가능한 수학방정식은 1900년대 중반에 쿠르트 괴델(Kurt Gödel)과 앨런 튜링(Alan Turing), 그리고 알론조 처치(Alonzo Church)가 제기했던 성가신 문제를 피해갈 수 있다. 쿠르트 괴델의 그 유명한 불완전성원리(incompleteness theorem)에 의하면 임의의 수학체계 안에는 자신의 체계만으로 참(true)임을 증명할 수 없는 명제가 반드시 존재한다. 물리학자들은 괴델의 정리가 물리학에 어떤 영향을 미칠지 알 수 없어 오랜 세월 동안 고민해왔다. 혹시 물리학도 그 자체로 불완전한 것은 아닐까? 수학으로는 도저히 서술할 수 없는 어떤 특성이 자연에 존재하는 것은 아닐까? 규모를 줄인 궁극적 다중우주의 관점에서 볼 때 그 대답은 'no'이다. 이 다중우주는 정의에 의해 계산 가능한 수학적 함수들이 계산가능한 경계 안에 골고루 분포되어 있기 때문이다. 이들은 컴퓨터로 값을 계산할 수 있는 함수들이다. 따라서 다중우주 안에 존재하는 모든 우주들이 계산가능한함수에 기초하고 있다면, 괴델의 정리를 피해갈 수 있다. 계산가능한함수로 한정된 궁극적 다중우주는 괴델의 망령에 시달리지 않아도 된다. 바로 이것이 계산가능한함수를 골라내는 기준이 될 수도 있다.

이런 다중우주에서 우리의 우주가 한 자리를 차지할 수 있을까? 다시 말해서 우리가 물리학의 최종법칙을 찾았을 때, 이 법칙이 과연 계산가능한함수로 표현될 것인가? 지금 우리가 사용하고 있는 것처럼 '근사적으로 계산가능한' 함수가 아니라 '정확하게 계산가능한' 함수로 표현될 수 있을 것인가? 아무도 알 수 없다. 그렇다면 물리학은 연속체가 아무런 역할도 하지 않는 이론으로 우리를 인도할 것이다. 계산가능성의 핵심은 '불연속성'이기 때문이다. 공간은 연속적인 것처럼 보이지만, 우리가 탐사한 영역은 10억×10억 분의 1m까지뿐이다. 앞으로 더 미세한 관측이 이루어지다 보면 공간의 불연속성이 드러날 수도 있다. 공간의 연속성 여부는 아직 미지로 남아 있다.

시간의 간격도 마찬가지다. 또한 9장에서 말한 바와 같이 임의의 영역에 플랑크 면적당 1비트 이상의 정보가 저장될 수 없다는 것은 궁극적인 미세단계에서 자연이 불연속적임을 강하게 시사하고 있다. 그러나 디지털 패러다임이 우리를 어디로 인도할지는 여전히 알 수 없다.[12] 나는 지각 있는 존재를 허용하는 시뮬레이션의 구현 가능성과 상관없이 이 세계가 궁극적으로 불연속이라고 생각한다.

실체의 뿌리

시뮬레이션 다중우주에서는 어떤 우주가 진짜(실체)인지(즉, 어떤 우주가 '수많은 가지를 치고 나온 시뮬레이션 나무'의 뿌리에 해당하는지)를 따질 때 모호한 구석이 전혀 없다. 전체 다중우주를 만들어내는 컴퓨터들이 설치되어 있는 곳, 그곳이 바로 진짜 우주이다. 시뮬레이션 속에 사는 거주자가 그 안에서 자신의 컴퓨터로(이것도 시뮬레이션으로 만들어진 가상의 컴퓨터이다) '시뮬레이션 속의 시뮬레이션'을 실행할 수도 있고, 그가 만들어낸 거주자가 그 안에서 또 시뮬레이션을 실행할 수도 있지만, 어쨌거나 이 모든 시뮬레이션 층을 뚫고 나가다 보면 모든 것이 전기신호의 형태로 존재하는 최종적인 우주와 만나게 된다. 그러므로 전통적인 관점에서 어떤 사실, 어떤 패턴, 어떤 법칙이 진짜인지는 분명하게 알 수 있다. 무조건 '뿌리우주'에 있는 것이 진짜다.

그러나 시뮬레이션 다중우주에서 여러 우주에 흩어져 살고 있는 전형적인 과학자들은 서로 다른 견해를 가질 수 있다. 이 과학자들에게 충분한 자율권이 주어진다면(그리고 시뮬레이터가 거주자의 기억이나 자연의 흐름을 뜯어고치지 않는다면) 수학 암호를 풀어서 자신의 세계에 커다란 진보를 가져올 것이고, 이 암호를 자연의 법칙으로 취급할 것이다. 그러나 이들이 찾은 법칙이 진짜 우주의 법칙과 같다는 보장은 없다. 이들의 법칙은 시뮬레이터가 이 우주를 시뮬레이션했을 때 지각 있는 존재를 허용할 정도면 충분하다. 그보다 더 심오할 수도 있지만, 반드시 그럴 필요는 없다. 이 조건을 만족하는 수학법칙이 여러 세트가 있다면, 수학법칙에 수긍하는 (시뮬레이션된) 과학자의 수도 많아질 것이다., 물론 이것은 근본적인 법칙이 아니라 시뮬레이터가 즉흥적으로 고른 것이다. 만일 우리가 이런 다중우주의 전형적인 거주자라면, 우리가 "실체(시뮬레이션 나무의 뿌리에서 작용하고 있는 실체)의 근본적인 진리를 찾는 탐구행위"로 알고 있었던 과학은 기초부터 흔들릴 것이다.

이런 가능성을 떠올리면 마음이 썩 편하진 않지만, 그것 때문에 잠을 못 이룰 정도는 아니다. 내 눈으로 직접 보고 기겁을 하기 전까지는 내가 시뮬레이션 속에 살고 있을 가능성을 심각하게 고려하지 않을 것이다. 그리고 미래의 어느 날 시뮬레이션이 구현된다 해도 (이것은 커다란 가정이다), 나는 그것을 최초로 실현한 문명이 큰 주목을 받는 모습을 상상할 수 있다. 그러나 그 주목이 얼마나 오래 갈 것인가? 거주자 자신이 시뮬레이션의 창조물임을 모르는 채 살아가는 가상현실을 만든다는 것은 기술적으로 대단한 업적이지만, 참신하지는 않다. TV의 리얼리티 쇼와 별로 다를 것이 없지 않은가?

만일 내가 이 사변적인 세계(시뮬레이션 세계)에서 상상을 계속 펼친다면, 내가 머물 수 있는 시간은 전기자극과 현실세계 사이의 상호작용을 만들어내는 응용프로그램의 성능에 따라 달라질 것이다. 시뮬레이션 세계의 거주자는 실제 세계로 이주해올 수도 있고, 또는 생물학적 육체를 가진 또 다른 자신과 시뮬레이션 세계에서 마주칠 수도 있다. 미래에는 시뮬레이션의 창조물과 그 원본 사이의 차이를 따지는 것이 무의미해질지도 모른다. 나는 이렇게 될 가능성이 높다고 생각한다. 이런 세상이 오면 시뮬레이션 다중우주는 더 이상 사변적인 세계가 아니라, 그 자체로 '실체'가 될 것이다.

11

The Hidden Reality

탐구의 한계

다중우주와 미래

아이작 뉴턴은 과학의 무대를 크게 넓혀놓았다. 그는 몇 개의 기본방정식으로 물체의 운동을 완벽하게 서술했는데, 이 방식은 지구뿐만 아니라 머나먼 우주공간에도 적용될 수 있었다. 그 논리의 단순함과 막강함은 실로 혀를 내두를 정도여서, 뉴턴의 방정식이 우주의 저변에 새겨져 있는 영원한 진리를 담고 있다는 데 이의를 제기하는 사람은 아무도 없었다. 그러나 단 한 사람, 뉴턴 자신만은 예외였다. 그는 우주가 너무도 풍부하고 신비하여, 자신이 발견한 법칙으로는 그 심오함을 다 표현할 수 없다고 생각했다. 뉴턴은 말년에 이르러 자연을 탐구해온 자신의 삶을 다음과 같이 회고했다. "나는 세상 사람들이 나를 어떻게 생각하는지 잘 모르겠다. 그러나 내가 보기에 나는 해변가를 이리저리 돌아다니며 노는 철없는 소년이었다. 가끔은 매끄러운 조약돌이나 예쁜 조개껍질을 발견하고 기뻐했지만, 내 앞에 펼쳐진 거대한 진리의 바다는 완전한 미지의 세계였다." 그로부터 수백 년이 지난 지금, 과학자들은 뉴턴의 말이 지극히 옳았음을 뼈저리게 느끼고 있다.

나는 이것이 다행이라고 생각한다. 만일 뉴턴의 방정식이 물체의 크기와 무게, 그리고 속도에 상관없이 항상 완벽하게 맞아떨어졌다면, 과학은 지금과는 완전히 다른 길을 걸어왔을 것이다. 뉴턴의 방정식은 이 세상이 운영되는 방식을 우리에게 알려주고 있지만, 그것이 완벽하게 정확했다면 우주의 맛은 바닐라 맛 일색이었을 것이다. 일상적인 스케일에서 물리학을 이해하면 그것으로 끝이다. 스케일을 키우거나 줄여도 새로운 내용은 하나도 없었을 것이다.

과학자들은 뉴턴의 물리학을 연구하면서 그의 방정식이 닿지 않는 영역으로 접어들었다가 자연의 실체에 대한 이해의 기반을 송두리째 바꿔야 했다. 그러나 새로운 물리학은 쉽게 수용되지 않았다. 과학자들은 증거가 넘쳐나서 더 이상 버틸 수 없는 지경이 되어야 어쩔 수 없이 받아들이곤 했다. 사실 새로운 이론을 의심하는 것은 당연한 일이다. 진리는 언제까지라도 우리를 기다려줄 것이므로 결론을 빨리 내리기 위해 서두를 필요는 없다.

물리학자들은 지난 100년 동안 격동의 세월을 보내면서 "일상적인 환경을 벗어나면 상식이 전혀 통하지 않는다"는 사실을 절실하게 깨달았다. 극단적인 환경에 적용되는 새로운 물리학(일반상대성이론, 양자역학, 끈이론 등)이 급진적인 아이디어를 요구한다는 것은 그리 놀라운 일이 아니다. 과학은 "자연의 모든 스케일에서 규칙과 패턴이 존재한다"는 것을 기본가정으로 깔고 있다. 그러나 뉴턴은 우리 눈에 보이는 패턴이 모든 스케일에 존재할 이유가 없다고 생각했다.

미래의 물리학도 이와 비슷하게 진행될 것이다. 각 세대의 과학자들은 자신의 연구가 훗날 그저 심심풀이감으로 평가될지, 한순간의 열정이나 징검다리로 평가될지, 또는 중요한 전환점으로 평가될지 짐작하기가 쉽지 않다. 그러나 이 불확실성은 물리학의 가장 만족스러운 특징과 절묘하게 균형을 이룬다. '광범위한 안정성(global stability)'이 바로 그것이다. 즉, 새로 등장한 이론은 과거의 이론을 완전히 무효로 만들지 않는다. 새로운 이론은 자연을 새로운 시각으로 바라볼 것을 요구하지만, 그와 동시에 과거에 이루어진 위대한 발견들을 포용하고 확장시킨다는 공통점이 있다. 그래서 물리학의 이야기는 중심을 꿰뚫는 일관성을 잃지 않고 있다.

이 책에서 우리는 이 이야기를 이어나갈 차세대 후보인 다중우주이론을 살펴보았다. 그동안 언급되었던 다중우주는 [표 11.1]에 정리되어 있다. 구체적인 내용은 많이 다르지만, 이들 모두는 실체에 대한 우리의 상식이 거대한 전체의 일부임을 강하게 시사하고 있으며, 그 자체로 인간의 창의성과 창조력의 상징이기도 하다. 그러나 다중우주가 단순한 수학적 사고의 산물이 아님을 입증하려면 더 많은 지식과 계산, 실험, 관측이 이루어져야 한다. 다중우주가 물리학 역사의 다음 장에 어떻게 기록될지는 시간이 더 흘러야 알 수 있다.

나는 이 마지막 장에서 모든 다중우주이론을 하나로 묶어 전체적인 그림을 제시하고, "우주는 하나인가? 아니면 여러 개인가?"라는 근원적인 질문에 답을 제시하고 싶다. 그러나 애석하게도 이것은 나의 능력을 벗어나 있다. 이것은 지식의 첨단을 탐험할 때 누구나 겪는 일이다. 그래서 나는 다중우주이론의 앞날을 예측하고 현재의 상태를 조망하기 위해, 앞으로 당분간 물리학자들의 뇌리를 떠나지 않을 다섯 가지 질문을 제시하고 나름대로 해결책을 찾는 것으로 마무리짓고자 한다.

평행우주 가설	내용
누벼 이은 다중우주 (Quilted Multiverse)	무한히 큰 우주공간에 걸쳐 평행우주가 반복되고 있다.
인플레이션 다중우주 (Inflationary Multiverse)	영원히 지속되는 우주적 인플레이션은 무수히 많은 거품우주를 낳고, 우리의 우주도 그들 중 하나이다.
브레인 다중우주 (Brane Multiverse)	끈이론/M-이론의 브레인세계 시나리오에 의하면 우리의 우주는 3차원 브레인 위에 존재한다. 이 브레인은 더 높은 차원의 공간을 떠다니고 있으며 여기에는 다른 브레인들(다른 우주)도 존재할 수 있다.
주기적 다중우주 (Cyclic Multiverse)	브레인세계들이 서로 충돌하면 빅뱅과 비슷한 '우주의 시작'이 창출된다. 따라서 충돌이 반복되면 공간이 아닌 시간을 따라 다중우주가 존재하게 된다.
경관 다중우주 (Landscape Multiverse)	인플레이션 우주론과 끈이론을 결합하면 끈이론의 다양한 여분차원들이 다양한 거품우주를 양산한다.
양자적 다중우주 (Quantum Multiverse)	양자역학의 확률파동에 존재하는 다양한 가능성들은 수많은 평행우주에서 모두 실현된다.
홀로그래피 다중우주 (Holographic Multiverse)	홀로그래피 원리에 의하면 우리의 우주는 멀리 있는 경계면에서 일어나는 현상들이 투영된 결과이다. 따라서 이들은 물리적으로 동등한 다중우주이다.
시뮬레이션 다중우주 (Simulated Multiverse)	기술이 발전하면 컴퓨터 시뮬레이션으로 실제와 똑같은 우주를 만들어낼 수 있다.
궁극적 다중우주 (Ultimate Multiverse)	다산원리(principle of fecundity)에 의하면 이론적으로 가능한 모든 우주는 진짜 우주이며, 따라서 우리의 우주가 특별한 이유를 따질 필요가 없다. 이 우주들은 모든 가능한 수학방정식에 기초하고 있다.

[표 11.1] 다양한 버전의 평행우주 가설들(요약).

코페르니쿠스의 패턴은 근본적인 것인가?

관측과 수학에서 분명하게 나타나는 규칙과 패턴은 물리법칙을 세우는 데 반드시 필요한 요소이다. 각 세대에 걸쳐 전수되어온 물리학 법칙에도 다양한 패턴이 존재한다. 여기에는 과학적 발견을 통해 우주에서 인간의 위치를 수정해온 역사가 그대로 반영되어 있다. 코페르니쿠스식 발상의 전환은 지난 500년 동안 과학계를 이끌어온 원동력이었다. 사람들은 태양의 출몰과 별자리의 운동을 관찰하면서, 지구가 우주의 중심에 있고 나머지 모든 천체들이 지구 주변을 돌면서 지구에게 경의를 표한다고 믿었다. 그러나 객관성에 바탕을 둔 과학적 발견이 이루어지면서 전통적인 믿음은 서서히 바뀌기 시작했다. 그리고 새로운 발견이 이루어질 때마다 "우리가 우주의 다른 곳에 있다 해도 우주의 규칙은 달라지지 않는다"는 사실이 더욱 확실해졌다. 우주의 중심은 지구도 아니고 태양도 아니었으며, 심지어는 은하수조차 변방세계에 불과했다. 미시세계에서는 양성자와 중성자, 그리고 전자가 물질의 기본단위라고 믿어왔지만, 이것도 새로운 발견에 의해 수정되었다. 한때는 오래된 믿음에 반대되는 증거들이 '인간의 존엄성에 대한 도전'으로 간주되던 시절도 있었다.

이 책이 지금까지 걸어온 여정은 코페르니쿠스식 수정의 결정판이라 할 수 있다. 우주 전체를 관장하는 거대한 질서 속에서 우리의 우주는 중심이 아닐 수도 있다. 지구와 태양, 그리고 은하수가 그랬듯이, 우리의 우주는 수많은 우주들 중 하나에 불과할지도 모른다. 다중우주에 기반을 둔 실체가 코페르니쿠스적 패턴의 하나이며, 그것이 궁극적인 패턴이라는 생각은 궁금증을 자아내기에 충분하다.

그러나 단순한 사고의 영역에 머물러 있던 다중우주의 개념은 최근 들어 간접적인 증거들이 속속 발견되면서 현실로 떠오르고 있다. 과학자들은 코페르니쿠스 혁명을 이어가기 위해 의도적으로 노력한 적도 없고, 어두운 실험실에서 코페르니쿠스의 패턴을 따로 연구한 적도 없다. 그들은 그저 늘상 해왔던 일을 했을 뿐이다. 그들은 오직 실험과 관측데이터에 기초하여 물질의 기본단위와 이들의 상호작용을 지배하는 기본 힘을 수학적 이론으로 구축했을 뿐이다. 그런데 놀랍게도 이 이론을 따라가다 보니 다양한 다중우주에 도달하게 된 것이다. 과학의 고속도로 중 통행량이 가장 많은 길들을 골라 서서히 주행하다 보면 다양한 다중우주 후보들과 마주치게 된다. 이들은 찾는 것보다 피하는 것이 더 어렵다.

아마도 미래에 이루어질 발견은 코페르니쿠스의 수정에 또 다른 빛을 드리울 것이다. 그러나 지금까지 알려진 사실로 미루어볼 때, 많이 알수록 우리는 우주의 중심에서 더욱 멀어질 것이다. 이 책에서 논해온 과학적 내용들은 다중우주에 기초한 설명으로 우리를 몰아가고 있다. 따라서 우리가 할 일은 500년에 걸쳐 진행되어온 코페르니쿠스 혁명을 완결하는 것이다. 혁명 자체를 좋아해서가 아니라 그 길이 가장 자연스럽기 때문이다.

다중우주에 기초한 과학이론은 검증될 수 있는가?

다중우주의 개념이 코페르니쿠스식 사고방식에 잘 부합되는 것은 사실이지만, 여기에는 인간을 중앙무대에서 변두리로 강제 이주시

켰던 과거의 사례와는 또 다른 무언가가 있다. 다중우주는 우리가 영원히 확인할 수 없는 영역을 언급함으로써, 넘을 수 없는 담을 쌓은 것처럼 보인다. 우주에서 인간의 위치가 어디이건 상관없이, 우리는 실험과 관측, 수학계산을 통해 이해를 도모하는 능력에는 한계가 없다고 믿어왔다. 그런데 우리가 다중우주에 살고 있다면 이 믿음의 뿌리가 흔들리게 된다. 아무리 노력해봐야 전체 우주의 아주 작은 부분(우리 우주)밖에 알 수 없기 때문이다. 더욱 난처한 것은 다중우주가 실험이나 관측으로 검증될 수 없다는 점이다.

그러나 위에서 말했듯이 다중우주 개념에는 확실히 미묘한 구석이 있다. 이 책에서 여러 번 강조한 바와 같이, 다중우주를 포함하는 이론은 검증 가능한 예측을 내놓을 수 있다. 예를 들어 다중우주를 구성하는 우주들 중 일부는 다른 우주와 크게 다를 수도 있지만, 이들 모두는 하나의 이론에서 파생된 우주이므로 공통적인 특성을 갖고 있다. 우리가 살고 있는 우주에서 이런 특성이 발견되지 않는다면 다중우주이론은 틀린 것으로 판명된다. 그러나 이 특성이 발견된다면(그리고 이것이 지금까지 알려지지 않은 매우 희한한 특성이라면) 다중우주이론의 입지는 더욱 견고해질 것이다.

다중우주를 구성하는 우주들 사이에 공통적이 특성이 아예 없다면, 물리적 특성들을 잘 조합하여 또 다른 예측을 내놓을 수 있다. 예를 들어 각 우주에 존재하는 입자목록에 아직 발견되지 않은 입자가 포함되어 있는 경우에는 이 입자를 추적하여 다중우주이론을 검증할 수 있다. 만일 이런 입자가 발견되지 않으면 다중우주이론은 틀린 것이고, 발견된다면 신뢰도가 더욱 높아질 것이다.

입자 이외에 다른 물리적 특성이 실마리를 줄 수도 있다. 예를 들어 어떤 다중우주에서 우주상수가 넓은 범위의 값을 가질 수 있는데, 대부분의 우주에서 예견되는 우주상수 값이 우리의 우주와 같다면([그림 7.1]과 같은 경우) 다중우주이론의 신빙성은 크게 높아진다.

마지막으로, 어떤 다중우주이론에서 대부분의 우주들이 우리의 우주와 다른 특성을 갖고 있는 경우에도 시도해볼 방법은 있다. 인류원리에 입각하여 생명체가 살아갈 수 있는 우주만을 고려하는 것이다. 이런 우주의 대다수가 우리의 우주와 비슷하다면(우리의 우주가 생명체에게 우호적인 우주의 전형적인 사례에 속한다면), 이 다중우주이론은 어느 정도 신뢰를 얻을 수 있다. 반면에 우리의 우주가 유별난 곳이라 해도 다중우주이론을 폐기할 수는 없다. 이것은 우리가 자주 마주치는 통계적 논리의 한계이다. 확률이 작은 사건도 가끔은 일어날 수 있다. 그러나 우리의 우주가 유별날수록 다중우주이론의 설득력이 떨어지는 것은 사실이다. 생명체가 살 수 있는 부분집합 중 우리의 우주가 최고로 쾌적한 곳이라고 주장하는 다중우주이론을 믿을 사람은 별로 없을 것이다.

그러므로 다중우주가설을 정량적으로 분석하려면 각 우주의 통계적 분포부터 파악해야 한다. 다중우주이론이 허용하는 우주목록뿐만 아니라 이들의 세세한 특성까지 결정해야 한다. 그리고 이를 위해서는 각 우주들이 처음 탄생했을 때부터 지금까지 진화해온 과정을 알아야 한다. 이때 물리적 특성이 각 우주마다 달라지는 양상을 분석하다 보면 검증 가능한 예측이 나올 수도 있다.

이와 같은 일련의 평가과정에서 어떤 결과가 나올지는 알 수 없다. 아마도 여러 개의 다중우주이론들이 각기 다른 결과를 내놓을 것이다. 그러나 다른 우주(우리가 영원히 접근할 수 없는 우주)를 포함하는 이론들이 검증 가능한(틀렸음을 입증할 수 있는) 예측을 내놓을 수 있다는 것만은 분명한 사실이다.

지금까지 논의된 다중우주이론들은 검증될 수 있는가?

물리학적 직관은 이론을 개발할 때 반드시 필요한 요소이다. 이론학자들은 나타날 수 있는 모든 가능성을 철저하게 파고들어야 한다. 어떤 방정식을 적용해야 하는가? 어떤 패턴을 찾아야 하는가? 뛰어난 물리학자는 옳고 그른 길을 정확하게 판단하는 뛰어난 직관력을 갖고 있다. 그러나 이런 자질은 은밀하게 발휘되고 있을 뿐 겉으로 드러나지는 않는다. 이들은 다른 사람의 이론을 결코 직관이나 감으로 판단하지 않는다. 판단의 기준은 오직 한 가지뿐이다. "이 이론이 실험과 관측데이터를 얼마나 잘 설명하고 있는가?"—이것이 전부이다.

이것이 바로 과학만이 갖고 있는 아름다움이다. 물론 무언가를 이해하려고 애를 쓸 때는 최대한의 상상력을 발휘해야 하고, 전통적인 개념을 과감하게 던져버려야 할 때도 있다. 그러나 창조적인 자극에 주로 의존하는 여타의 행위와 달리, 과학은 옳고 그름을 판단하는 최후의 판결자로서 객관적인 기준을 고수해야 한다.

20세기 말~21세기에 걸쳐 과학이 급격하게 복잡해지면서 우리의 검증능력을 넘어선 이론이 등장하기 시작했다. 한때 끈이론은 이런 상황을 알리는 신호탄이었으나, 지금은 다중우주이론이 끈이론보다 훨씬 파격적인 주장을 펼치고 있다. 앞에서 나는 다중우주이론을 검증하는 몇 가지 방법을 제시했지만, 지금까지 제안된 다중우주들 중 그 방법을 적용할 수 있는 이론은 하나도 없다. 이에 관한 연구는 지금도 치열하게 진행되고 있으므로 머지않아 상황은 크게 달라질 것이다.

예를 들어 경관 다중우주이론은 아직 초창기에 불과하다. 이론적으로 가능한 끈이론의 집합인 끈경관은 [그림 6.4]에 대략적으로 그려놓았지만, 자세한 지도는 아직 작성되지 않았다. 고대의 해상 여행자들처럼, 우리는 바깥세계에 대해 아는 것이 거의 없다. 지도를 완성하려면 엄청난 수학계산이 필요할 것이다. 지도를 완성한 후에는 이론적으로 가능한 우주들이 경관 다중우주에서 어떤 식으로 분포되어 있는지를 알아야 한다. 양자터널현상을 통해 거품우주가 탄생하는 과정도 원리적으로는 잘 알려져 있지만, 끈이론을 적용하여 좀 더 면밀하게 분석되어야 한다. 이 분야에서는 나를 포함한 여러 연구팀들이 첫 번째 봉화를 피우는 데 성공했지만 아직 갈 길이 한참 남아 있다. 그리고 앞에서 확인한 바와 같이 다른 다중우주이론들도 비슷한 상황에 처해 있다.

다중우주이론과 일치하는 관측데이터가 얻어질 때까지(또는 기존의 관측데이터와 일치하도록 이론이 알맞게 수정될 때까지) 몇 년이 걸릴지, 수십 년이 걸릴지 아무도 알 수 없다. 운이 없으면 더 오래 기다려야 할지도 모른다. 지금과 같은 상황이 계속된다면 우리는 선택의 갈림길에 놓일 것이다. (훌륭한) 과학의 정의를 "현재 지구에 살고 있는 인간의 능력으로 검증 가능한 분야"로 한정할 것인가? 아니면 시야를 넓혀서 향후 100년 이내에 검증될 가능성이 있는 이론을 '과학적 이론'으로 간주할 것인가? 200년은 어떤가? 이보다 더 길면 안 되는 이

유라도 있는가? 여기서 시야를 더 넓히면 어떤가? 실험적으로 이미 검증된 아이디어에서 출발하여 인간의 능력으로는 결코 다다를 수 없는 영역으로 넘어간 이론도 과학으로 간주할 것인가?

정답은 없다. 바로 이 시점에서 과학에 대한 개인적 취향이 드러나기 시작한다. 지금 당장 검증될 수 있는 것을 과학적 탐구로 간주할지, 또는 미래에 검증 가능한 것을 과학적 탐구로 간주할지는 과학의 전당을 어떤 식으로 짓느냐에 달려 있다. 그러나 사고의 한계를 "우리는 어디에 있는가?", "우리는 어느 시점에 와 있는가?", "우리는 누구인가?"와 같이 인간적인 속성으로 한정짓는 것은 편협한 생각이다. 진리는 이런 한계를 초월한 곳에 존재한다. 그러므로 언젠가는 진리를 향한 탐구도 그 한계를 넘어설 것이다.

나는 넓은 시야에서 바라보는 관점을 선호한다. 그러나 실험이나 관측으로 확인될 가능성이 전혀 없는 이론을 과학의 범주에 넣고 싶지는 않다. 인간의 능력이나 기술의 한계 때문이 아니라, 이론 자체의 특성 때문이다. 지금까지 다뤄온 다중우주들 중에서 궁극적 다중우주가 이 범주에 속한다. 모든 가능한 우주를 빠짐없이 허용한다면 우리가 무엇을 관측하건 간에 궁극적 다중우주는 고개를 끄덕이며 우리가 얻은 결과를 수용할 것이다. 그 외의 8가지 다중우주이론은 ([표 11.1] 참조) 이런 맥빠지는 속성을 갖고 있지 않다. 8개의 다중우주이론은 유도된 동기가 확실하고 논리도 정연하면서 아직 검증되지 않았다는 공통점을 갖고 있다. 만일 우주공간이 유한하다는 증거가 발견된다면 누벼 이은 다중우주는 고려대상에서 제외될 것이며, 인플레이션 우주론이 틀린 것으로 판명된다면(예를 들어 마이크로파 우주배경복사를 더욱 세밀하게 관측했는데, 일그러진 위치에너지곡선을 도입해야 그 분포를 설명할 수 있다면) 인플레이션 다중우주도 폐기될 것이다.■ 또는 끈이론의 수학에서 어떤 불일치가 발견되어 끈이론이 틀린 것으로 판명된다면(초기의 끈이론학자들은 이렇게 될 것으로 예상했었다) 이로부터 파생된 모든 다중우주이론들도 사라질 것이다. 그러나 이와는 반대로 마이크로파 배경복사의 패턴이 거품우주끼리 충돌했을 때 나타나는 패턴과 일치한다면 인플레이션 다중우주는 직접적인 증거를 확보하게 된다. 초대칭입자와 미니블랙홀이 발견되면 끈이론과 브레인 다중우주가 설득력을 얻을 것이고, 거품의 충돌은 경관 다양성(Landscape variety)의 증거가 될 수 있다. 또한 우주 초기에 발생한 중력파가 감지된다면 인플레이션 패러다임에 기초한 우주론과 주기적 다중우주를 구별할 수 있게 될 것이다.

다중세계의 옷을 입은 양자역학은 양자적 다중우주를 낳았다. 그러나 앞으로 얻어질 세밀한 데이터가 양자역학 방정식에 약간의 수정을 요구한다면, 양자적 다중우주도 폐기될 것이다. 수정된 양자이론이 선형성(lineality, 8장 참조)을 상실한다면 이런 일이 발생할 수 있다. 또한 우리는 에버렛의 다중세계이론의 진위여부에 따라 결과가 다르게 나오는 실험을 논한 적이 있다. 물론 이 실험은 지금 당장 실행할 수 없고 앞으로 영원히 못할 수도 있지만, 이것은 실험이 기술적으로 어렵기 때문이지 양자적 다중우주이론 자체의 문제 때문은 아니다.

■ 7장에서 말한 바와 같이, 인플레이션 우주론이 관측데이터와의 불일치를 극복하려면 무수히 많은 우주들을 일일이 비교할 수 있어야 한다(아직 실행되지 않았다). 그러나 전문가들은 마이크로파 배경복사가 [그림 3.4]와 달랐다면, 인플레이션 다중우주에 그와 같은 배경복사를 갖는 우주가 존재한다고 해도 인플레이션을 받아들이지 않았을 것이다.

일반상대성이론과 양자역학에서 탄생한 홀로그래피 다중우주는 끈이론으로부터 가장 강력한 지지를 받고 있다. 홀로그래피에 기초한 계산결과는 상대론적 중이온 충돌기(RHIC)의 실험결과와 이미 비교되고 있으며, 데이터의 양은 앞으로 더욱 늘어날 것이다. 홀로그래피 다중우주를 단순한 수학적 도구로 간주할 것인지, 아니면 홀로그래피가 실체임을 보여주는 증거로 간주할 것인지는 보는 관점에 따라 달라질 수 있다. 정확한 물리적 해석을 내리려면 이론과 실험 모두 지금보다 세밀하게 개선되어야 한다.

시뮬레이션 다중우주는 기존의 이론에 기반을 둔 가설이 아니라 빠르게 향상되고 있는 컴퓨터의 계산능력이 낳은 가설로서, 인간의 지각이 특정 기질(두뇌)이 아닌 다양한 정보처리 과정의 산물임을 가정하고 있다. 이것은 논쟁의 소지가 다분한 주제이며, 지금도 양쪽 진영의 학자들 사이에서 치열한 공방이 오가는 중이다. 앞으로 인간의 두뇌와 의식에 관한 연구가 크게 진척되면 스스로 생각하는 기계가 정말로 가능한지, 그 여부도 판가름날 것이다. 그러나 시뮬레이션 다중우주를 검증하는 간단한 방법이 하나 있다. 미래의 어느 날, 우리의 후손이 시뮬레이션 세계를 목격하거나, 상호작용을 교환하거나, 가상세계를 통해 직접 방문하거나, 또는 시뮬레이션 세계의 일부분이 된다면 모든 논쟁은 그 자리에서 끝난다.

시뮬레이션 다중우주는 (적어도 이론적으로는) 규모를 줄인 궁극적 다중우주, 즉 "계산가능한 수학적 구조에 기반을 둔 우주만 추려낸" 궁극적 다중우주와 연결될 수 있다. 시뮬레이션 다중우주의 뒤에 숨어 있는 (진짜, 또는 그 역시 시뮬레이션으로 만들어진) 사용자는 정의에 의해 계산가능한 수학적 구조만을 시뮬레이션하고 있으므로 궁극적 다중우주의 일부를 만들어낼 수도 있다.

다중우주이론이 실험으로 증명될 가능성은 별로 없지만, 그렇다고 불가능하지도 않다. 다중우주를 탐사하는 것이 이론을 개발하는 자연스러운 단계 중 하나라면 그 길을 끝까지 따라가봐야 한다. 그래서 만일 다중우주가 실재하는 것으로 드러난다면 엄청난 보상이 주어질 것이다.

다중우주는 자연을 과학적으로 서술하는 데 어떤 영향을 미치는가?

과학은 가끔 세세한 것에 집중할 때가 있다. 지구의 궤도는 왜 타원인가? 하늘은 왜 푸른색인가? 물은 왜 투명한가? 내 책상은 왜 단단한가? 과학은 이 모든 질문에 만족할 만한 답을 제공해준다. 그러나 이런 것들이 당연하게 느껴진다고 해도 우리가 이런 현상들을 일일이 설명할 수 있다는 것은 놀라운 일이 아닐 수 없다. 때때로 과학은 시야를 크게 넓히기도 한다. 그 덕분에 우리는 수천억 개의 별들로 이루어진 은하에 속해 있음을 알았고, 이런 은하가 우주에 수천억 개 존재한다는 사실을 알았으며, 우주 곳곳에 눈에 보이지 않는 암흑에너지가 골고루 퍼져 있다는 사실도 알게 되었다. 100년 전까지만 해도 사람들은 은하수가 우주의 전부이고, 지금 이 상태로 영원히 변하지 않는다고 생각했다. 이 정도면 과학의 눈부신 발전을 자축할 만하다.

과학은 가끔씩 다른 일을 할 때도 있다. 가끔은 우리에게 과학 자체를 재검토할 것을 종용하기도 한다. 수백 년에 걸쳐 이루어진 과학체계에 의하면 물리학자는 특정 물리계를 서술할 때 세 가지 요소를 명시해야 한다. 우리는 이 세 가지를 독립적으로 다뤄왔지만, 이번 기회에 하나로 묶어보는 것도 좋은 경험이 될 것이다.

첫 번째 요소는 관련된 물리법칙을 표현하는 수학방정식인데, 뉴턴의 운동법칙과 맥스웰의 전자기방정식, 슈뢰딩거의 파동방정식 등이 여기에 속한다. 두 번째는 수학방정식에 포함되어 있는 다양한 상수들로서, 예를 들면 중력의 세기를 결정하는 중력상수와 전자기력의 세기를 결정하는 전자기상수, 그리고 기본입자의 질량을 결정하는 상수 등이 있다. 세 번째로 결정해야 할 요소는 주어진 계가 초기에 어떤 상태에 있었는지를 말해주는 '초기조건(initial condition)'이다(배트에 맞은 야구공이 배트에서 이탈하는 순간의 속도와 방향, 또는 그랜트장군 묘에서 발견될 확률이 50퍼센트이고 스트로베리 필즈에서 발견될 확률이 50퍼센트인 상태에서 움직이기 시작한 전자 등). 이 세 가지가 명시된 상태에서 방정식을 풀면 임의의 시간에 물체의 상태를 알 수 있다. 고전역학과 양자역학은 모두 이런 체계로 운영된다. 단, 고전역학은 주어진 시간에 물체의 위치를 정확하게 결정하고, 양자역학은 주어진 시간과 장소에 물체가 위치할 확률을 구한다는 점이 다르다.

배트에 맞은 공이 떨어지는 위치나 컴퓨터 칩 안에서(또는 8장의 '맨해튼 모형' 안에서) 전자의 운동을 예측할 때, 이 세 가지 과정은 막강한 위력을 발휘한다. 그러나 실체의 전체성을 논할 때 세 가지 과정은 각기 심오한 질문을 제기한다. 초기조건을 어떻게 표현해야 하는가? 최초의 순간에 모든 것들은 어떤 상태에 있었는가? 물리법칙을 좌우하는 상수(입자의 질량, 힘 상수 등)의 값은 어떻게 설명해야 하는가? 특별한 세트의 수학방정식들이 물리적 우주의 이런저런 특성을 올바르게 서술하는 이유는 무엇인가?

 이 책에서 다뤘던 다양한 다중우주 가설들은 이 질문을 대하는 우리의 자세를 크게 변화시킬 수도 있다. 누벼 이은 다중우주의 경우, 물리법칙은 모든 우주에서 동일하지만 입자의 배열상태는 얼마든지 다를 수 있다. 그런데 입자의 배열이 다르다는 것은 과거에 각 우주의 초기조건이 달랐음을 의미한다. 그러므로 누벼 이은 다중우주에서 "우리 우주의 초기조건은 왜 그렇게 주어졌는가?"라는 질문을 바라보는 우리의 시각도 달라져야 한다. 초기조건이 각 우주마다 다르면 특별한 입자배열상태를 설명해주는 일반적 원리를 찾을 수가 없다. 이 설명을 찾는 것은 잘못된 질문을 던지는 것과 같다. 다중우주 체계에서 단일우주식 논리를 펼치고 있는 꼴이다. 올바른 질문은 "우리의 우주와 입자배열상태가 똑같고, 따라서 초기조건이 똑같았던 우주가 어딘가에 존재하는가?"이다. 또는 여기서 한 걸음 더 나아가 "이런 우주가 도처에 산재한다는 것을 증명할 수 있는가?"라고 물을 수도 있다. 만일 증명할 수 있다면 초기조건에 관한 의문은 풀린 것이나 다름없다. 누벼 이은 다중우주에서 우리의 우주가 지금과 같은 배열을 취하고 있는 이유는 너무나 자명하다. 뉴욕에 있는 수많은 신발가게들 중 어딘가에 당신의 발에 꼭 맞는 신발이 있다고 해서 이상할 것이 전혀 없지 않은가.

 인플레이션 다중우주에서 자연의 상수는 거품우주마다 다를 수 있다. 3장에서 말한 것처럼 우주의 환경이 다르면(각 거품우주에 퍼져 있는 힉스장의 값이 다르면) 입자의 질량과 힘의 특성도 달라진다. 브레인 다중우주와 주기적 다중우주, 그리고 경관 다중우주도 마찬가지다. 이 경우에는 끈이론에 등장하는 여분차원의 형태와 장과 플럭스의 값에 따라 다양한 우주(전자의 질량, 전자기력의 세기, 우주상수 등이 각기 다른 우주)가 생성된다. 이런 다중우주이론에서 입자와 힘의 특성이 지금과 같은 이유를 묻는 것은 잘못된 질문이다. 이것도 '단일우주식' 사고방식에 속한다. 이 경우에도 올바른 질문은 "이 다중우주들 중에서 물리적 특성이 우리 우주와 같은 우주가 존재하는가?"이다. 여기서 한 걸음 더 나아가 우리 우주와 물리적 특성이 같은 우주가 아주 많다거나, 생명체를 허용하는 우주들 중에서 우리 우주와 같은 우주가 많다는 것을 입증할 수 있다면 더욱 바람직하다. 그러나 "셰익스피어가 맥베스를 집필하는 우주"를 찾는 것이 무의미한 것처럼, "우리 우주와 물리적 특성이 같은 우주를 골라내는 방정식"을 찾는 것은 무의미하다.

시뮬레이션 다중우주와 궁극적 다중우주는 색상이 다른 말과 같다. 이들은 특정 이론에서 파생된 다중우주는 아니지만, 앞서 말한 대로 우리가 던지는 질문의 본질을 변화시킬 수 있다. 이 다중우주에서 각 우주들은 각기 다른 수학법칙에 따라 운영된다. 그리고 이전과 마찬가지로 "우리의 우주는 왜 지금과 같은 법칙으로 운영되는가?"라는 질문은 의미가 없다. 각 우주는 각기 다른 법칙을 따르며, 우리의 법칙이 지금과 같은 것은 그런 법칙만이 우리의 존재를 허용하기 때문이다.

〔표 11.1〕에 요약된 다중우주 가설들은 단일우주에서 커다란 미스터리로 여겨졌던 세 가지 요소에 큰 신경을 쓰지 않는다. 다양한 다중우주에서 초기조건과 자연의 상수, 그리고 수학법칙은 별도의 설명을 필요로 하지 않는다.

수학은 신뢰할 만한가?

노벨상 수상자인 스티븐 와인버그는 자신의 저서에 이런 글을 남겼다. "우리의 잘못은 이론을 너무 신중하게 받아들인 것이 아니라, 충분히 신중하게 받아들이지 않은 것이다. 우리가 책상 위에서 갖고 노는 방정식과 숫자들이 실제 세계와 관련되어 있음을 깨닫기란 결코 쉽지 않다."[1] 이것은 마이크로파 우주배경복사에 관한 랄프 알퍼와 로버트 허먼, 그리고 조지 가모프의 선구적 업적(3장 참조)을 언급하면서 나온 말이다. 우주배경복사는 일반상대성이론과 기본적인 우주물리학을 통해 예측되었으나, 12년 후에 이론적으로 다시 한 번 확인되고 운 좋게 발견될 때까지 학자들의 관심을 끌지 못했다.

와인버그의 말을 다른 곳에 적용할 때에는 약간의 주의가 요구된다. 그는 현실세계와 관련된 수많은 수학을 창출했지만, 그중에서 어떤 것을 사용할지 고르는 것은 또 다른 문제이다. 와인버그가 개발한 수학을 다른 이론물리학자들에게 고스란히 넘긴다고 해서 누구나 와인버그처럼 될 수 있는 것은 아니다. 실험이나 관측데이터가 전혀 없는 상황에서 어떤 수학을 사용할지 고르는 것은 거의 예술에 가까운 행위이다.

사실 이 문제는 이 책의 핵심주제이기도 하다. 책의 원제목(Hidden Reality, 숨겨진 실체)도 이 점을 염두에 두고 결정한 것이다. [표 11.1]에 나열된 다중우주 가설들이 숨겨진 실체의 파노라마를 보여준다고 말할 수도 있겠지만, 나는 이 모든 것의 저변에 깔려 있는 유일하고 강력한 주제를 부각시키기 위해 이와 같은 제목을 택했다. 그것은 바로 "비밀스러운 진리를 발견하는 수학의 능력"이다.

지난 수백 년간 이어져온 수학적 발견들이 이것을 증명하고 있다. 물리학의 획기적인 발전은 항상 수학에 의해 이루어져 왔다. 아인슈타인의 춤추는 듯한 수학이 대표적인 사례이다.

1800년대 말에 제임스 클럭 맥스웰이 전자기파가 곧 빛임을 알아낸 것도 결국은 방정식 덕분이었다. 전자기파 방정식을 유도해놓고 보니, 파동의 진행속도가 이미 알려져 있던 빛의 속도(초속 30만km)와 정확하게 일치했던 것이다. 그러나 맥스웰의 방정식은 또 다른 질문을 야기했다. "무엇에 대해 초속 30만km인가?" 과학자들은 임시변통으로 눈에 보이지 않으면서 공간을 가득 메우고 있는 '에테르(aether)'를 도입하여 정지상태의 기준으로 삼았다. 그러나 20세기 초에 아인슈타인은 과학자들이 맥스웰의 방정식을 좀 더 신중하게 받아들여야 했다고 지적했다. 만일 맥스웰 방정식이 정지상태의 기준에 대해 아무런 언급도 하지 않았다면, 애초부터 그런 기준은 필요 없었을 것이다.

아인슈타인은 무엇을 기준으로 삼건 빛의 속도는 항상 초속 30만km라고 강력하게 주장했다. 내가 이 일화를 소개하는 이유는 좀 더 포괄적인 관점에서 문제를 바라볼 필요가 있음을 강조하기 위해서다. 맥스웰의 수학은 누구나 접할 수 있지만, 그것을 완전히 포용하려면 아인슈타인과 같은 천재적 안목이 요구된다. 아인슈타인은 맥스웰 방정식을 기초로 하여 지난 수백 년 동안 유지되어 왔던 시간과 공간, 그리고 물질과 에너지의 개념을 송두리째 바꿔놓았다. 이렇게 탄생한 이론이 바로 그 유명한 특수상대성이론이다.

그 후로 10년 동안 아인슈타인은 일반상대성이론을 개발하면서 당시 물리학자들이 잘 모르거나 아예 하나도 모르는 수학분야의 달인이 되었다. 여기에 자신의 직관을 동원하여 수학을 이리저리 주무르다가 일반상대성이론의 최종 방정식에 도달하게 된 것이다. 그로부터 몇 년 후, 아인슈타인은 일식 때 태양 옆을 스쳐 지나가는 빛이 일반상대성이론의 예견대로 휘어졌다는 반가운 소식을 접하고 자신 있게 말했다. "당연하지요. 제 이론은 틀릴 리가 없으니까요." 관측결과가 일반상대성이론의 예측과 다르게 나왔다면 아인슈타인의 말투는 조금 달라졌겠지만, 이 일화는 논리적이고 아름다우면서 응용력이 뛰어난 일련의 수학방정식이 자연의 진리를 담고 있음을 보여주는 좋은 사례이다.

그러나 천하의 아인슈타인도 자신의 수학을 무한정 믿지는 않았다. 그는 자신이 개발한 일반상대성이론을 '충분히 신중하게' 받아들이지 않았기 때문에 블랙홀의 존재를 예측하지 못했고, 우주가 팽창하고 있다는 명백한 결론도 외면했다. 그러나 파인만과 르메트르, 그리고 슈바르츠실트는 일반상대성이론의 방정식을 아인슈타인 자신보다 더 신중하게 받아들여서 천문학사에 길이 남을 업적을 일구어냈다. 반면에 아인슈타인은 삶의 마지막 20년을 통일장이론 연구에 몰두했는데, 이 기간 동안 그는 지나칠 정도로 수학방정식에 의존했다(일각에서는 그가 거의 '장님'이었다고 말하는 사람도 있다). 아인슈타인 같은 천재조차도 방정식을 선택하는 데 실수를 범했던 것이다.

현대물리학의 세 번째 혁명으로 일컬어지는 양자역학도 우리에게 교훈을 주는 좋은 사례이다. 1926년에 슈뢰딩거는 양자적 파동의 거동을 결정하는 방정식을 유도했고, 그 후로 수십 년 동안 사람들은 그의 방정식이 분자나 원자, 소립자 등 미시세계에만 적용되는 것으로 알고 있었다. 그러나 1957년에 휴 에버렛은 50년 전에 아인슈타인이 맥스웰 방정식을 대했던 바로 그 자세로 슈뢰딩거의 수학을 '신중하게' 받아들였다. 그는 "모든 사물은 크기에 상관없이 분자와 원자, 그리고 소립자로 이루어져 있으므로 슈뢰딩거 방정식은 모든 스케일의 물체에 똑같이 적용된다"고 주장했고, 이렇게 탄생한 것이 바로 양자역학의 다중세계 접근법과 양자적 다중세계였다. 그로부터 50년이 넘게 흘렀지만 우리는 아직도 에버렛의 접근법이 옳은 것인지 판단을 못 내리고 있다. 그러나 에버렛이 과학 역사상 가장 심오한 영역을 발견할 수 있었던 것은 양자역학의 수학을 그만큼 신중하게 받아들였기 때문이다.

다른 다중우주 가설들도 수학이 실체와 긴밀하게 연결되어 있다는 믿음에 기초하고 있다. 그중에서도 궁극적 다중우주는 수학에 의존하는 정도가 가장 크다. 이 가설에 의하면 수학은 그 자체로 곧 실체이다. [표 11.1]에 열거된 다른 다중우주가설들은 수학과 실체의 연결고리가 궁극적 다중우주보다 다소 약하지만, 이들도 이론가들이 책상 앞에 앉아(또는 칠판에 적거나 컴퓨터 앞에 앉아) 이리저리 갖고 노는 숫자와 방정식으로부터 탄생했다. 모체가 되는 이론이 일반상대성이론이건 양자역학이건 끈이론이건 간에, [표 11.1]에 올라온 목록들은 수학이론이 우리를 숨은 진리로 인도한다는 가정 하에 탄생한 것이다. 이 가설들이 수학을 너무 신중하게 받아들였는지, 아니면 충분히 신중하게 받아들이지 않았는지는 시간이 더 흘러야 알 수 있을 것이다.

우리를 다중세계로 인도한 수학의 일부, 또는 전부가 실체로 판명된다면 "우주는 왜 지금과 같은 특성을 갖게 되었는가? 다른 특성의 우주는 원리적으로 불가능했기 때문인가?"라는 아인슈타인의 유명한 질문에 당장 "no!"라고 대답할 수 있다. 우리의 우주는 유일하게 가능한 우주가 아니며, 처음부터 다른 특성을 가질 수도 있었다. 대부분의 다중우주 가설에서도 모든 우주들은 각기 다른 특성을 갖고 있다. 따라서 어떤 물체가 지금과 같은 모습을 하고 있는 이유를 따져 묻는 것은 핵심을 벗어난 질문이다. 우주를 올바르게 이해하려면 이런 질문 대신 통계적 확률과 우연성에 입각한 논리를 펼치는 것이 바람직하다.

다중우주는 정말로 존재하는가? 나도 잘 모르겠다. 결과를 아는 사람은 아무도 없다. 그러나 우리의 한계를 파악하려면 용기가 있어야 하고, 광대한 진리를 찾으려면 합리적인 이론을 끊임없이 추구해야 한다. 그것이 우리를 아무리 낯설고 이상한 세계로 인도한다 해도 수학은 결코 우리를 배신하지 않을 것이다.

역자후기

 우리의 우주가 하나가 아니라 여러 개라면? 다른 우주에서 또 다른 내가 이곳과 전혀 다른 삶을 살고 있다면? - 누구나 한 번쯤은 떠올렸을 법한 의문이다. 굳이 과학적 근거를 들이대지 않더라도, 무엇이건 한 번 선택하면 절대로 되돌릴 수 없는 '낙장불입'의 냉혹한 세계에서 살고 있는 우리에게 다중우주는 분명히 매혹적인 개념이다. 하나의 우주에서 나의 삶을 바꾸려면 큰 대가를 치러야 하지만, 이미 다른 삶을 살고 있는 내가 여러 우주에 동시에 존재하는 게 확실하다면 굳이 지금의 삶에 큰 의미를 부여할 필요가 없을 것 같다.
 글쎄…… 과연 그럴까?
 저자인 브리이언 그린(Brian Greene)은 "물리학적 다중우주이론은 사변철학의 산물이 아니라 기존의 이론을 확장하면서 필연적으로 마주친 결과"임을 강조하고 있다. 그것도 한물 간 이론이 아니라 양자역학과 인플레이션 우주론, 끈이론, 그리고 정보이론 등 현대물리학과 우주론을 이끄는 첨단이론의 산물이라는 것이다. 그러므로 여기서 말하는 다중우주는 꿈을 이루는 수단이 아니며, 현실을 도피하는 수단은 더욱 아니다. 그저 이론물리학자들이 우주의 기원과 미래를 연구하다가 '수학적으로 모순이 없는' 가능성을 제시한 것뿐이다. 자신이 우주의 중심이라고 해서(여기에는 잘못된 점이 전혀 없지만) 다른 우주에 살고 있는 자신을 상상하며 또 다른 삶을 떠올리는 것은 이 책의 취지에 맞지 않는다.

    지금으로부터 400여 년 전에 코페르니쿠스는 지구가 태양의 주변을 돌고 있다는 지동설을 (극히 소극적으로) 주장한 후로, 지구중심의 우주관은 서서히, 그러나 가차 없이 변해왔다. 지구는 물론이고 태양도 우주의 중심이 아니었으며, 믿었던 은하수조차 우주의 변방에 있는 그저그런 은하들 중 하나에 불과했다. 이와 같이 인간 중심적 관점에서 탈피하여 우주에서 우리의 위치를 객관적으로 바라보는 것을 '코페르니쿠스적 우주관'이라고 부른다. 한 가지 서운한 것은 우주에 대해 더 많이 알아갈수록 지구라는 행성의 입지가 더욱 초라해진다는 점이다. "그래도 지구는 생명체가 살고 있는 유일한 행성"이라며 일말의 자존심을 세울 수도 있겠으나, 이미 코페르니쿠스식 사고에 익숙해진 과학자들은 외계의 생명체를 찾기 위해 천문학적인 예산을 쏟아 붓고 있다. 인간 중심적 우주관을 마지못해 받아들이는 단계를 벗어나, 더 극단적인 가능성을 적극적으로 찾고 있는 것이다. 그런데 여기에 "우주는 하나가 아니며, 우리의 우주는 수없이 많은 다중우주들 중 하나에 불과하다"는 주장까지 수용한다면 지구가 문제가 아니라 우리의 우주까지 하나의 점으로 작아진다. "우주의 한 점에 불과한 우리 인간이……"라는 말이 사치스럽게 들릴 정도이다.

다중우주는 코페르니쿠스식 우주관의 최상급이다. 게다가 이 책에서 언급된 다중우주의 종류는 하나가 아니라 무려 아홉 가지나 된다(심지어 이들 중에는 함께 공존하는 것도 있다). 이쯤 되면 진리를 찾는 탐구활동의 가치마저 의심스러워진다. 특히 다중우주의 마지막 버전인 '궁극적 다중우주(Ultimate Multiverse)'는 수학적으로 가능한 우주가 하나도 빠짐 없이 모두 존재한다는 내용을 골자로 하고 있다. 즉, 우리의 우주가 그 많은 수학체계 중에서 하필 양자역학의 수학으로 서술되는 이유는 "마침 우리가 그런 우주에 살고 있기 때문"이라는 것이다. 양자역학이 다른 이론보다 우월해서 모든 경쟁자를 제치고 진리로 등극한 것이 아니라, 모든 가능한 진리가 줄줄이 나열되어 있는 '백화점 우주'에서 우리가 우연히 지금과 같은 매장을 차지하고 있을 뿐이다. 논리적으로는 상당히 공평하게 들리지만, 가치 있는 목표를 세워서 그것을 취하기 위해 평생을 살아가는 우리 인간의 입장에서는 그야말로 맥 빠지는 가설이 아닐 수 없다. 그나마 다행인 것은 우주의 목록이 도덕이나 윤리가 아닌 '수학법칙에' 의해 결정된다는 점이다. 만일 그렇지 않다면 살인이나 도적질이 최상의 덕목인 우주도 어딘가에 존재할 것이고, 우리가 알고 있는 모든 선행은 살인이나 도적질과 동격이 되어버린다. 하긴, 이것을 다행이라고 생각하는 것도 인간이라는 틀을 벗어나지 못한 편견일지도 모르겠다.

우주를 지배하는 가장 심오한 원리가 수학이라는 점은 시사하는 바가 크다. 저자도 말했듯이 수학은 자연현상을 서술하기 위해 인간이 발명한 언어가 아니라, 태초부터 만물의 흥망성쇠를 좌우해온 범우주적 규칙일 가능성이 높다. 간단히 말해서, 발명품이 아니라 이미 존재해오다가 인간에 의해 뒤늦게 발견된 '지고의 섭리'라는 것이다. 급진적인 학자들은 여기서 한 걸음 더 나아가 수학만이 유일한 실체이고, 나머지는 수학이 투영된 그림자에 불과하다고 주장한다. 수학과 친하지 않은 사람들에게는 무슨 헛소리처럼 들리겠지만, 태초 이후 우주를 안정적으로 유지해온 수학법칙을 다루다 보면, 그 외의 어떤 법칙으로도 불가능하다는 생각을 떠올리지 않을 수 없다. 결국 수학은 우주를 지배하는 최상위의 법칙이고, 태생적으로 수학과 친하지 않은 우리 인간들은 우주 최고의 섭리에서도 멀리 떨어져 있는 셈이다.

　이처럼 수학과 물리학은 인간을 우주의 변방으로 가차 없이 몰아내고 있다. 그렇다면 우리는 자신의 처지를 빨리 깨닫고 더욱 겸손해져야 할까? 나는 그렇게 생각하지 않는다. 우리가 공간적으로 하찮은 존재이긴 하지만, 이 모든 것을 생각해낸 것도 결국은 인간이 아니던가. 그 생산 작업에 직접 참여하지 않았다 해도, 나는 우주 만물이 저마다 점유한 시공간과 맡은 역할이 다를 뿐, 중요한 정도를 따지는 것은 의미가 없다고 생각한다. 우주의 균일성(uniformity)은 단지 물질과 에너지에 국한된 섭리는 아닐 것이다.

2012년 1월
역자 박병철

후주

1장 | 실체의 경계

1. 우리의 우주가 고차원 공간을 떠다니는 거대한 널판일 수도 있음을 처음 제시한 논문은 러시아의 저명한 물리학자 루바코프(V. A. Rubakov)와 샤포슈니코프(M. E. Shaposhnikov)의 〈Do We Live Inside a Domain Wall?〉(*Physic Letters B* 125, p.136, 1983년 5월 26일 출판)이었다. 그러나 이 논문은 끈이론과 전혀 무관하다. 브레인세계 시나리오가 끈이론과 연결된 것은 1990년대 중반이었는데, 자세한 내용은 5장에서 다룰 예정이다.

2장 | 끝없이 늘어선 도플갱어들

1. 이 일화는 1933년에 간행된 〈리터러리 다이제스트(Literary Digest)〉에 수록되어 있다. 그런데 덴마크의 과학역사가인 헬게 크라프(Helge Kragh)는 이 일화의 신빙성에 이의를 제기했다(Helge Kragh, "*Cosmology and Controversy*", Princeton University Press, 1999 참조). 그해 초에 아인슈타인이 우주선(cosmic ray)의 기원에 대해 언급한 적이 있고, 그 내용이 〈뉴스위크(Newsweek)〉에 실렸는데, 크라프는 〈리터러리 다이제스트〉의 편집자가 이 기사를 재해석해서 글을 썼다고 주장했다. 한 가지 확실한 사실은 이해에 아인슈타인이 '정적인 우주(static universe)'를 포기하고 자신의 일반상대성이론에서 유도된 '동적인 우주(dynamic cosmology)'를 받아들였다는 것이다.

2. 두 물체의 질량이 각각 m_1, m_2이고 둘 사이의 거리가 r일 때, 이들 사이에 작용하는 중력 F를 수학적으로 표현하면 $F = Gm_1m_2/r^2$이다. 여기서 G는 실험을 통해 결정된 상수로서 중력의 고유한 크기를 결정한다.

3. [수학에 관심 있는 독자들을 위한 주석] 아인슈타인의 장방정식은 $R_{\mu\nu} - \frac{1}{2}g_{\mu\nu}R = 8\pi GT_{\mu\nu}$이다. 여기서 $g_{\mu\nu}$는 시공간의 계량(metric)이고, $R_{\mu\nu}$는 리치 곡률텐서(Ricci curvature tensor), R은 스칼라곡률(Scalar curvature), G는 뉴턴의 중력상수이

며, $T_{\mu\nu}$는 에너지-모멘텀 텐서(energy-momentum tensor)이다.

4. 에딩턴의 관측결과가 알려진 후로 수십 년 동안 학계 일각에서는 관측의 타당성에 꾸준히 이의를 제기해왔다. 태양 옆을 스쳐 지나가는 별빛은 개기일식이 일어날 때에만 관측할 수 있는데, 1919년 개기일식 때 에딩턴이 관측을 시도했던 프린시페 섬(Principe Island)의 날씨가 좋지 않았기 때문이다. 회의론자들의 주장은 다음과 같다. "에딩턴과 그의 동료들은 아인슈타인의 계산 결과를 이미 알고 있었으므로, 어떤 사진이 나와야 이론이 증명되는지도 알고 있었을 것이다. 따라서 촬영한 사진들을 현상할 때 아인슈타인의 이론에 맞지 않는 사진들을 폐기하고 유리한 사진만 골라서 발표했을 가능성이 높다." 그러나 최근에 대니얼 케네픽(Daniel Kennefick)은 엄밀한 검증을 거쳐 1919년에 촬영한 사진이 믿을 만하다는 결론을 내렸다(www.arxiv.org의 논문 arXiv:0709.0685 참조).

5. [수학에 관심 있는 독자들을 위한 주석] 일반상대성이론의 핵심인 아인슈타인의 장방정식에 우주원리를 적용하면 $(\frac{da/dt}{a})^2 = \frac{8\pi G\rho}{3} - \frac{k}{a^2}$ 로 단순해진다. 여기서 변수 $a(t)$는 물체들 사이의 거리스케일을 결정하는 스케일인자(scale factor)이고(예를 들어 두 개의 서로 다른 시간에 $a(t)$가 2배 차이가 난다면, 이 시간간격 동안 특정한 두 은하 사이의 거리도 두 배의 차이가 난다), G는 뉴턴의 중력상수, ρ는 물질/에너지의 밀도이고, k는 구형공간, 평평한 공간, 쌍곡공간에 대하여 각각 1, 0, -1의 값을 갖는 매개변수이다. 아인슈타인의 장방정식을 위와 같은 형태로 단순화시킨 사람은 알렉산더 프리드만이었다. 그래서 이 방정식을 '프리드만 방정식'이라 부르기도 한다.

6. [수학에 관심 있는 독자들을 위한 주석] 여기에는 짚고 넘어갈 것이 두 가지 있다. 첫째는 일반상대성이론에서 정의되는 좌표가 공간에 포함되어 있는 물질에 의존적이라는 것이다. 즉, 은하와 같은 천체가 좌표운반자(coordinate carries)로 사용된다(이때 각 은하에 할당된 고유의 좌표계를 공동이동좌표계(co-moving coordinates)라 한다). 따라서 공간상의 특정 지역을 정의하려면 그곳을 점유하고 있는 물질을 언급해야 한다. 따라서 본문의 내용을 더욱 엄밀하게 다시 쓰면 다음과 같다. "시간 t_1에 N개의 특정한 은하들을 포함하고 있는 지역은 시간 t_2에 더 큰 부피를 갖게 된다." 두 번째는 "공간이 팽창하거나 수축되면 물질과 에너지의 밀도가 달라진다"는 다소 평이하게 들리는 이 말속에 물질과 에너지의 상태방정식과 관련된 어떤 가정이 깔려 있다는 것이다. 앞으로 보게 되겠지만, 특정한 에너지의 밀도(우주상수로 대변되는 에너지밀도)가 변하지 않은 채로 공간이 팽

창거나 수축되는 경우가 있다. 심지어는 에너지밀도가 증가하면서 공간이 팽창하는 경우도 있다. 이런 일이 가능한 이유는 어떤 특별한 조건하에서 중력이 에너지원의 역할을 하기 때문이다. 어쨌거나 여기서 중요한 것은 일반상대성이론에 등장하는 장방정식의 원형이 정적인 우주와 양립할 수 없다는 점이다.

7. 이제 곧 알게 되겠지만, 훗날 아인슈타인은 우주가 팽창하고 있다는 관측데이터를 접한 후 자신이 제안했던 우주상수를 철회했다. 물리학자 빌럼 드 지터(Willem de Sitter)는 아인슈타인에게 "정적인 우주는 불안정하다"는 점을 지적한 적이 있다. 무언가가 정적인 우주를 밖으로 조금만 밀면 더 크게 자라나고, 안으로 조금만 누르면 수축하기 시작한다.

8. 빅뱅이론에서 바깥쪽을 향해 팽창하는 공간은 위쪽으로 던져진 공과 비슷하다. 위로 던져진 공이 중력의 영향을 받아 속도가 느려지는 것처럼, 바깥쪽으로 멀어져 가는 은하도 중력의 영향을 받아 속도가 느려진다. 이런 경우라면 척력(밀어내는 힘)을 도입할 필요가 없다. 그러나 의문은 여전히 남는다. 공은 당신의 팔이 위로 뻗었기 때문에 위로 올라갔는데, 공간은 무엇 때문에 팽창하고 있는가? 이 문제는 3장에서 자세히 다룰 것이다. 천문학의 최신이론에 의하면 우주탄생초기에 '밀어내는 중력'이 짧은 시간 동안 강하게 작용했다. 3장으로 가면 공간의 팽창속도가 "느려지지 않고 있다"는 놀라운 사실을 알게 될 것이다. 그 후로 이어지는 장에서는 옛날에 폐기되었던 아인슈타인의 우주상수가 다시 주목받고 있는 이유를 설명할 것이다.

공간의 팽창을 발견한 것은 현대천문학의 커다란 전환점이었다. 에드윈 허블이 그 원조였고, 그 뒤를 이어 베스토 슬리퍼(Vesto Slipher)와 할로우 샤플리(Harlow Shapley), 그리고 밀턴 휴메이슨(Milton Humason) 등이 커다란 업적을 남겼다.

9. 2차원 원환면은 흔히 속이 빈 도넛으로 표현된다. 두 단계의 논리를 거치면 본문에서 설명한 평면이 도넛과 일치한다는 것을 증명할 수 있다. 스크린의 오른쪽 끝으로 사라진 후 왼쪽에서 나타나는 것은 오른쪽 모서리와 왼쪽 모서리를 하나로 붙여서 이은 것과 동일한 효과를 준다. 만일 스크린이 유연한 재질(얇은 플라스틱)로 만들어졌다면, 스크린을 좌우로 돌돌 말아서 오른쪽 끝과 왼쪽 끝을 하나로 이으면 된다. 그다음, 스크린의 위쪽으로 사라졌다가 아래에서 나타나는 것은 위쪽 모서리와 아래쪽 모서리를 하나로 이은 것과 동일하므로 이미 한 번 말아놓은 원통형 스크린을 또 한 번 구부려서 위와 아래를 하나로 잇는다. 그러면 최종적으

로 나타나는 형태는 정확하게 도넛모양이 된다. 그런데 한 가지 걱정되는 것이 있다. 원래 스크린은 완벽한 평면이었는데, 두 번 말아서 만든 도넛의 표면은 분명히 곡면처럼 보인다. 도넛의 표면에 거울코팅을 했다면, 거기 비친 당신의 얼굴은 복잡하게 왜곡되어 있을 것이다. 그러나 이것은 원환면이 3차원 공간 속에 놓여 있는 경우에만 나타나는 현상이다. 본질적으로 원환면의 2차원 표면은 완전히 평평하다. 원환면의 원형이었던 비디오 스크린이 원래 평평했기 때문이다. 그래서 본문에는 혼동을 피하기 위해 원환면(도넛)보다 테이블 면에 초점이 맞춰져 있다.

10. 〔수학에 관심 있는 독자들을 위한 주석〕 본문에서 "주의 깊게 자르거나 잇는다"는 말은 다양한 불연속 등거리변환군(descrete isometry group)을 이용하여 단일연결 덮개공간(simply connected covering space)의 몫(quotients)을 취한다는 뜻이다.

11. 본문에 언급된 임계밀도의 값은 '지금의 값'이다. 우주 초기의 임계밀도는 지금보다 큰 값이었다.

12. 공간이 팽창하지 않고 가만히 있다고 가정해보자. 이런 경우 어떤 별에서 방출된 빛이 137억 년 동안 우주공간을 가로질러 날아와서 지금 막 지구의 망원경에 도달했다면, 그 별까지의 거리는 당연히 137억 광년이다. 그러나 공간이 팽창하고 있다면, 별에서 방출된 빛이 수십억 년에 걸친 여행을 하는 동안 그 별은 꾸준히 멀어졌을 것이다. 그러므로 빛이 지구의 망원경에 도달하는 시점에 그 별은 137억 광년보다 더 멀리 있을 수도 있다. 일반상대성이론을 이용하여 약간의 계산을 거치면 현재 그 별까지의 거리는(그 별이 아직 사라지지 않고 팽창하는 공간을 따라 멀어지고 있다면) 약 410억 광년이라는 결과가 얻어진다. 즉 지금 우리는 원리적으로 410억 년 거리에 있는 별까지 볼 수 있다는 뜻이다. 또한 이 원리는 반대방향으로도 적용할 수 있으므로, 지구를 중심으로 직경 820광년짜리 구 안에 들어 있는 천체는 우리의 가시거리 안에 있는 셈이다. 그 바깥에 있는 천체는 우주가 탄생한 후 빛이 지구에 도달할 정도로 시간이 흐르지 않았기 때문에 무슨 수를 써도 관측할 수 없다. 즉 이들은 우주지평선 너머에 있다.

13. 대충 말하자면, 모든 입자는 양자역학의 불확정성원리 때문에 '양자적 신경불안증(quantum jitter)'을 앓고 있다. 이것은 피할 수 없는 일종의 양자적 무작위 진동으로, 입자의 위치와 속도가(또는 운동량이) 거의 정확한 값으로 고정될 때 나타난다. 입자의 위치와 속도의 변화가 양자적 신경불안증과 비슷한 수준으로 일어난다면, 이것은 '양자적 잡음'의 범위 안에 있기 때문에 아무런 의미가 없다

(즉 변화가 없는 것과 동일하다).

이 상황을 좀 더 정확하게 서술하면 다음과 같다. 입자의 위치를 측정했을 때 나타나는 오차와 속도(또는 운동량)를 측정했을 때 나타나는 오차를 서로 곱한 값은 '플랑크상수(Planck's constant)'라는 숫자보다 항상 크다. 상수의 명칭은 양자물리학의 선구자였던 막스 플랑크(Max Planck)의 이름에서 따온 것이다. 그러므로 입자의 위치를 정밀하게 측정할수록(위치의 오차를 줄일수록) 운동량 측정에 수반되는 오차가 커지고, 에너지의 오차도 따라서 커진다. 그런데 에너지는 항상 한정된 값만을 가질 수 있기 때문에 위치측정의 해상도도 어떤 제한을 받을 수밖에 없다.

또 한 가지 짚고 넘어갈 것이 있다. 앞으로 이 책에서는 위치와 속도(운동량)의 불확정성원리를 '현재의 우주지평선'이라는 유한한 공간에 적용할 것이다(이 내용은 다음 절에 나온다). 유한한 공간은 규모에 상관없이 그 자체가 위치측정에 수반되는 오차의 최대값을 의미한다. 입자가 어떤 주어진 공간 안에 존재할 때, 위치의 불확정성은 그 공간보다 클 수 없다. 그런데 불확정성원리에 의하면 위치측정의 오차가 최대값에 이르면 속도(운동량)의 오차는 최소가 되고, 이보다 더 작아질 수는 없다. 즉 속도측정의 정확도에 한계가 주어진다. 이와 같이 위치와 속도(운동량)의 정확도에 한계가 주어지기 때문에, 위치와 속도가 취할 수 있는 값의 개수도 무한에서 유한으로 줄어든다.

독자들 중에는 아직도 "관측장비가 환상적으로 개선되면 위치측정의 오차를 0으로 만들 수 있지 않을까?"라고 생각하는 사람도 있을 것이다. 그러나 나의 대답은 무조건 "NO!"이다. 에너지를 생각해봐도 그 이유는 자명하다. 본문에서 말한 바와 같이 입자의 위치를 정확하게 측정하고자 한다면 그만큼 정밀한 탐색자를 사용해야 한다. 방 안에 파리가 있는지 없는지, 그 여부만 확인하는 게 목적이라면 평범한 형광등을 켜는 것만으로 충분하다. 그러나 전자가 어떤 상자 안에 있는지 없는지를 확인하려면 형광등으로는 어림없다. 이 경우에는 가늘고 강력한 레이저빔을 쏘아야 한다. 여기서 한 걸음 더 나아가 전자의 위치를 정확하게 알고 싶다면 더 강력한 레이저를 사용해야 한다. 그런데 강력한 레이저빔이 전자를 때리면 전자의 속도가 크게 변할 수밖에 없다. 전자의 위치를 정확하게 측정하려는 시도 자체가 전자의 속도를 크게 교란시키는 것이다. 그리고 속도가 달라지면 에너지도 함께 달라진다. 입자가 가질 수 있는 에너지에 한계가 있다면(사실은 항상 그렇다) 입자의 위치를 정확하게 측정하는 데에도 한계가 있을 수밖에 없다.

따라서 에너지의 최대값과 공간의 크기가 유한한 경우에는 위치와 속도(운동량)의 정확도에도 분명한 한계가 존재한다.

14. 이 계산을 가장 간단하게 수행하려면 9장의 내용을 참고해야 한다. 블랙홀의 엔트로피(entropy, 서로 다른 양자상태의 수에 자연로그 ln을 취한 값)는 블랙홀의 면적에 비례한다(면적의 단위는 플랑크 단위의 제곱이다). 블랙홀이 우리의 우주지평선을 가득 채우고 있다면 반지름은 약 10^{28}cm, 또는 약 10^{61} 플랑크길이(Planck length)이다. 그러므로 이 블랙홀의 엔트로피를 플랑크길이의 제곱으로 표현하면 약 10^{122}가 되고, 서로 다른 양자상태의 대략적인 수는 10^{122}를 10의 지수로 올려놓은 것이 된다.

15. 아마도 독자들은 내가 왜 장(場, field)에 대해 언급하지 않는지 궁금할 것이다. 앞으로 언급되겠지만, 입자와 장은 단어만 다를 뿐 의미는 완전히 같다. 하나의 장은 그것을 구성하는 입자로 서술될 수 있다. 이것은 바다의 파도가 그 구성성분인 물분자의 움직임으로 서술되는 것과 같은 이치이다. 입자로 설명을 하건 장으로 설명을 하건, 그것은 편의상의 문제일 뿐이다.

16. 주어진 시간 동안 빛이 이동하는 거리는 공간의 팽창속도에 따라 달라진다. 앞으로 우리는 우주의 팽창속도가 점점 빨라지고 있음을 말해주는 여러 가지 증거들을 접하게 될 것이다. 만일 이것이 사실이라면 시간이 아무리 흘러도 빛이 도달할 수 없는 어떤 한계거리가 존재하게 된다. 우리로부터 멀리 떨어져 있는 어떤 지역이 충분히 빠른 속도로 멀어져 간다면 시간이 아무리 흘러도 지구에서 방출된 빛이 그곳에 도달하지 않을 수도 있으며, 그곳에서 방출된 빛도 지구에 도달하지 않을 것이다. 이는 곧 시간이 아무리 흘러도 우주지평선(우리와 신호를 교환할 수 있는 영역)이 무한히 커지지 않는다는 것을 의미한다(수학에 관심 있는 독자들은 6장의 후주 7번을 참고하기 바란다).

17. G. 엘리스(G. Ellis)와 G. 번드리트(G. Bundrit)는 무한히 큰 고전적인 우주에서 반복되는 세계를 연구했고, J. 가리가(J. Garriga)와 A. 빌렌킨(A. Vilenkin)은 이 연구를 양자역학버전으로 확장시켰다.

3장 | 영원과 무한

1. 디키의 우주론은 가모프와 달리 일련의 주기를 반복하는 우주에 초점이 맞춰져 있다. 빅뱅이 일어난 후 팽창과 수축을 거쳐 빅크런치(big crunch)에 도달한 후,

다시 빅뱅이 일어나는 식이다. 빅뱅의 잔해인 배경복사는 이 모든 주기에서 공간을 가득 채우고 있다.
2. 은하는 공간팽창에 의한 효과 이외에 은하들 사이의 중력에 끌리거나 스스로 자전하는 등 고유의 운동을 하고 있다. 물론 이 운동은 '공간을 가로질러' 일어나는 일상적인 운동으로, 천문학자들 사이에서는 '특이운동속도(peculiar velocity)'로 알려져 있다. 그러나 우주적 스케일에서 볼 때 이 운동은 너무나 미미하기 때문에 무시해도 상관없다.
3. 지평선 문제는 매우 미묘한 문제이며, 인플레이션 우주론에 대한 나의 설명은 표준에서 약간 벗어나 있다. 그래서 관심 있는 독자들을 위해 약간의(사실은 조금 긴) 설명을 추가하고자 한다. 먼저 지평선 문제를 다시 한 번 생각해보자—여기 멀리 떨어진 두 지점이 있다. 이들 사이는 거리가 너무 멀어서 어떤 형태로든 정보를 교환한 적이 단 한 번도 없다. 각 지점에는 관측자들이 살고 있으며, 이들은 자신이 있는 곳의 온도를 마음대로 조절할 수 있는 자동온도조절장치를 하나씩 갖고 있다. 지금 이들은 두 지역의 온도가 같아지기를 바라고 있는데, 둘 사이에 통신이 불가능하기 때문에 자신의 온도를 어느 값에 맞춰야 할지 모르고 있다. 하지만 수십억 년 전에는 두 지점 사이의 거리가 훨씬 가까웠을 것이므로, 이들의 선조가 온도를 서로 똑같이 맞춰놓고 "우리가 두 지역의 온도를 이미 맞춰놓았으니 후손들은 헛고생하지 마라"는 유언장을 남겼다면 두 관측자는 고민할 필요도 없었을 것이다. 그러나 본문에서 언급한 바와 같이 표준 빅뱅이론에서는 이런 논리를 펼칠 수 없다. 지금부터 그 이유를 조목조목 따져보자.
표준 빅뱅이론에 의하면 우주는 팽창하고 있지만, 물질 사이에 작용하는 중력 때문에 팽창속도가 점점 느려지고 있다. 이것은 수직방향으로 공을 던졌을 때 나타나는 현상과 비슷하다. 처음에는 빠르게 올라가지만 중력이 공을 계속 잡아당기고 있기 때문에 시간이 흐를수록 상승속도는 점점 느려진다. 그런데 우주공간의 팽창속도가 느려지면 그 효과는 꽤 심각하게 나타난다. 기본적인 아이디어를 이해하기 위해 위로 던져진 공에 계속 집중해보자. 예를 들어 공이 6초 동안 위로 올라갔다고 가정해보자. 공이 당신의 손을 떠날 때는 속도가 꽤 빨랐기 때문에(꽤 힘을 줘서 던졌다) 최고도달 높이의 반까지 가는 데는 2초밖에 걸리지 않았다. 그러나 속도가 느려지고 있으므로 나머지 반을 가는 데는 무려 4초가 걸린다. 그렇다면 총 여행시간의 절반, 즉 3초가 지난 시점에 공은 이미 중간지점을 지나친 상태이다. 팽창이 점점 느려지는 경우도 이와 비슷하다. 우주역사의 절반이 지난 시점의 위에 언급된 두 관측자는(이들은 우주 초기에 태어나서 영원히 죽지 않는다고 가정하자) 현재 거리의 절반 '이상' 멀어졌다. 이것은 무엇을 의미하는가? 두 관측자 사이의 거리는 현재보다 가깝지만, 신호를 교환하기는 더 어려워졌다. 우주 초기에 한 관측자가 다른 관측자에게 보낸 신호가 이 시기에 도달하려면 주어진 시간은 현재 우주역사의 절반이지만, 신호가 거쳐가야 할 거리는 현재 거리의 절반이 넘기 때문이다. 허용된 시간을 절반으로 줄이고 거리를 절반보다 멀게 늘여놓으면 통신이 어려워질 수밖에 없다.

그러므로 상호 영향을 줄 수 있는 가능성을 논할 때 거리는 수많은 요소들 중 하나에 불과하다. 또 하나의 중요한 요소는 빅뱅 후 흐른 '시간'이다. 왜냐하면 시간은 임의의 신호가 진행되는 거리를 결정하기 때문이다. 표준 빅뱅이론에서도 과거에는 모든 것이 가까이 있었지만 우주가 빠르게 팽창하여 한 지역이 다른 지역에 영향력을 행사하기에는 시간이 부족했다.

인플레이션 우주론의 해결책은 다음과 같다. 우주 초기에 공간의 팽창속도는 위로 던져진 공처럼 점차 느려지지 않고, 처음에는 느리게 시작했다가 점점 빨라졌다. 즉 팽창이 가속된 것이다. 여기에 위에서 펼쳤던 논리를 적용하면, 팽창이 가속되는 기간의 중간시점에서 우리의 두 관측자 사이의 거리는 가속이 끝났을 때의 거리의 절반보다 가깝다. 시간을 절반으로 줄였는데 둘 사이의 거리가 절반보다 가깝다면 정보를 교환하기도 쉬워진다. 즉 과거로 갈수록 통신이 쉬워진다는 뜻이다. 일반적으로 말해서 팽창이 가속된다는 것은 우주 초기로 갈수록 영향력을 주고받을 시간이 많아진다(또는 덜 부족해진다)는 것을 의미한다. 따라서 가속팽창을 수용하면 현재 멀리 떨어져 있는 지역들이 우주 초기에 쉽게 정보를 주고받아 지금과 같이 동일한 온도를 유지하게 되었다고 설명할 수 있다.

공간의 팽창이 가속되었다면 '주어진 시간 동안 팽창된 양'은 표준 빅뱅이론이 예견한 것보다 훨씬 커진다. 그렇다면 우주 초기에 임의의 두 지점 사이의 거리는 표준 빅뱅이론에서 말하는 것보다 훨씬 가까웠을 것이다. 이 또한 우주 초기에 각 지역들 사이에 정보가 쉽게 교환될 수 있었던 이유를 말해주고 있다. 빅뱅 이후 임의의 시간에 임의의 두 지점 사이의 거리가 표준 빅뱅이론의 예상치보다 가깝다면 신호를 교환하기도 쉬워진다.

팽창방정식을 우주탄생 직후에 적용하면(정확성을 기하기 위해 공간의 형태는 구형이라고 가정하자) 두 지점이 멀어져 가는 속도는 인플레이션보다 빅뱅이론에서 더 빠르게 나타난다. 그래서 초기우주에 각 지점들 사이의 거리는 표준 빅뱅이론의 경우가 훨씬 멀다. 이와 같이 인플레이션 우주론에는 표준 빅뱅이론에서 말하는 것보다 팽창속도가 훨씬 느렸던 초창기의 시기가 포함되어 있다.

사람들은 인플레이션 우주론을 논할 때 팽창속도가 급격하게 가속된 시기를 강조하면서 팽창속도가 느렸던 시기를 간과하는 경향이 있다. 하나의 이론을 서술하는 방식이 다른 이유는 중점을 두는 부분이 다르기 때문이다. 만일 주어진 두 지점이 우주 초기에 멀어져 간 궤적에 초점을 맞춘다면 인플레이션이론은 표준 빅뱅이론보다 훨씬 빠르게 멀어졌다고 말할 것이다. 지금도 두 지점은 표준 빅뱅이론이 예견한 것보다 훨씬 멀리 떨어져 있다. 그러나 현재 특정 거리를 두고 떨어져 있는 두 지점(예를 들어 눈에 보이는 밤하늘에서 가장 멀리 떨어져 있는 두 지점)에 초점을 맞춘다면 위에서 지적한 내용을 고려해야 한다. 인플레이션이론에 의하면 우주탄생 '직후' 임의의 시간에 이 두 지점은 표준 빅뱅이론의 예상보다 가까웠고, 멀어지는 속도는 훨씬 느렸다. 인플레이션이론의 역할은 느렸던 출발을 이어지는 가속으로 만회하여 현재의 위치가 표준 빅뱅이론에서 예견한 위치와 일치하도록 만든 것이다.

지평선 문제를 본격적으로 다루려면 인플레이션 팽창이 일어날 조건과 마이크로파 우주배경복사의 근원 등 더욱 자세한 사항들을 고려해야 한다. 그러나 이 분석은 가속팽창과 감속팽창의 근본적인 차이에 초점이 맞춰져 있다.

4. 봉지를 쥐어짰다는 것은 봉지에 에너지를 투입했다는 뜻이다. 일반상대성이론에 의하면 질량과 에너지는 둘 다 중력적 뒤틀림의 원인이므로, 질량은 변하지 않고 에너지만 커져도 무게의 증가로 나타난다. 본문의 사례에서 중요한 것은 압력이 높아져도 무게가 증가한다는 점이다(엄밀히 말하면 쥐어짠 봉지의 부피가 줄어들었으므로 공기의 부력이 이전보다 작아졌을 것이다. 그러므로 정확성을 기하려면 이 실험은 진공 상태에서 실행되어야 한다. 그래야 공기의 부력에 의한 효과가 나타나지 않기 때문이다). 일상적인 환경에서는 아예 무시해도 상관없지만, 천체물리학에서는 이런 식의 무게증가가 심각한 수준으로 나타날 수도 있다. 어떤 특별한 경우에는 별이 수축되어 블랙홀이 되는 이유를 이해하는 데 중요한 실마리를 제공하기도 한다. 일반적으로 별은 핵융합과정에서 발생하는 외향성 압력과 안으로 향하는 중력이 균형을 이룬 상태이다. 그러니 핵융합의 원료가 모두 소진되면 밖으로 향하는 압력이 약해지면서 별은 안으로 수축되고, 별을 구성하는 모든 물질들이 서로 가까워지면서 중력은 더욱 강해진다. 여기서 더 수축되지 않으려면 외부로 향하는 압력(이것을 '양압positive pressure'이라고 한다. 본문 다음 문장

참조)이 작용해야 한다. 그러나 추가된 압력이 중력을 더욱 강하게 만들고, 그럴수록 압력의 필요성은 더욱 절실해진다. 어떤 경우에는 이것이 불안정한 소용돌이를 일으키기도 하는데, 별이 중력에 대항하기 위해 강구한 수단이 오히려 중력을 강하게 만드는 역효과를 불러일으켜서 결국 별은 중력에 의해 완전히 붕괴되어 블랙홀이 된다.

5. 본문에서 나는 인플라톤장의 값이 위치에너지곡선의 꼭대기에 있는 이유와, 위치에너지곡선이 〔그림 3.1〕과 같은 형태를 취하는 이유를 전혀 설명하지 않았다. 인플레이션이론도 이것을 그냥 가정으로 도입했다. 안드레이 린데는 새로운 버전의 인플레이션이론인 '혼돈 인플레이션(chaotic inflation)'을 통해 〔그림 3.1〕보다 '평범한' 위치에너지곡선을 도입해도(위치에너지의 가장 간단한 형태인 포물선 형태) 인플레이션 팽창을 이끌어낼 수 있음을 증명했다. 이 이론에서도 인플레이션 팽창이 일어나려면 인플라톤장의 값이 위치에너지곡선의 꼭대기에 있어야 하지만, 초기우주의 온도가 극도로 높았기 때문에 그다지 무리한 가정은 아니다.

6. 관심 있는 독자를 위해 좀 더 구체적으로 설명하자면 다음과 같다. 인플레이션 우주론에서 말하는 급속 팽창이 일어나면 공간은 짧은 시간 동안 빠르게 식는다(반대로 공간이 빠르게 압축되면 온도가 급속하게 올라간다). 그러나 인플레이션이 마무리될 즈음에 인플라톤장은 위치에너지곡선의 최소값 근처에서 진동하면서 에너지가 입자로 변환된다. 이 과정을 '재가열(re-heating)'이라고 하는데, 그 이유는 이때 생성된 입자들의 운동에너지가 온도에 따라 좌우되기 때문이다. 그 후 공간은 표준 빅뱅이론과 비슷한 양상으로 서서히 팽창하고 입자들의 온도는 꾸준히 감소한다. 여기서 중요한 것은 인플레이션으로 야기된 공간의 균일성이 이 과정에서도 유지되어 결국 균일한 우주를 낳는다는 것이다.

7. 앨런 구스는 인플레이션의 영속성을 잘 알고 있었다. 폴 스타인하르트는 이것을 수학적으로 규명한 책을 저술했고, 알렉산더 빌렌킨은 이들의 아이디어를 일반화시켰다.

8. 인플라톤장의 값은 공간을 가득 채운 에너지와 음압의 크기를 결정한다. 에너지가 클수록 공간의 팽창률(팽창속도)이 빨라지고, 그럴수록 인플라톤장에 되돌려지는 영향도 커진다. 공간의 팽창속도가 빠를수록 인플라톤장의 값이 크게 요동치게 되는 것이다.

9. 독자들이 궁금하게 여길 것으로 예상되는 문제에 미리 답하고자 한다(이와 관련된 자세한 내용은 10장에서 다룰 것이다). 공간이 인플레이션을 겪는 동안 전체적

인 에너지는 증가한다. 인플라톤장으로 가득 찬 공간이 넓을수록 총에너지도 커진다(공간이 무한히 크면 에너지도 무한대가 된다. 이런 경우에는 공간의 유한한 지역에 포함되어 있는 에너지를 고려해야 한다). 그렇다면 여기서 질문 하나가 자연스럽게 떠오른다. 이 에너지의 근원은 무엇인가? 앞서 언급했던 샴페인 병의 사례를 다시 떠올려보자. 이 경우에 병 속에서 증가한 에너지는 당신의 근육에서 공급된 것이다. 그러면 팽창하는 우주에서는 무엇이 근원의 역할을 하는가? 정답은 바로 '중력'이다. 당신의 근육이 (코르크마개를 잡아당기면서) 병 속의 공간을 팽창시키는 것처럼, 중력은 우주공간을 팽창시킨다. 여기서 중요한 것은 중력장의 에너지가 임의의 음수 값을 가질 수 있다는 점이다. 예를 들어 두 개의 입자가 서로의 중력에 끌려 상대방을 향해 다가가는 경우를 생각해보자. 이들이 가까이 접근할수록 속도는 점점 빨라지고, 속도가 빨라지면 운동에너지도 양수(positive)로 커진다. 중력장이 입자에 운동에너지를 공급할 수 있는 이유는 중력이 보유하고 있는 에너지가 음수로 한없이 작아질 수 있기 때문이다. 두 입자 사이의 거리가 좁혀질수록 중력장의 에너지는 더욱 큰 음수 값을 갖게 된다(그래서 중력으로 끌리는 두 입자를 저지하려면 양의 에너지를 투입해야 한다). 중력은 한도가 무한대인 마이너스 통장과 비슷하다. 중력장의 에너지는 마이너스로 한계가 없기 때문에 무한대의 에너지를 공급할 수 있다. 이것이 바로 인플레이션 팽창의 에너지원이다.

10. '주머니우주'는 주변에서 인플레이션이 끊임없이 일어나고 있음을 강조한 멋진 용어지만(이 용어를 처음 사용한 사람은 앨런 구스였다), 이 책에서는 '거품우주'라는 용어를 주로 사용할 것이다.

11. [수학에 관심 있는 독자들을 위한 주석] [그림 3.5]에서 수평축의 의미를 좀 더 자세히 설명하면 다음과 같다. 과거 우주배경복사 광자가 처음으로 자유로워지던 순간에 공간상의 점들로 이루어진 2차원 구를 상상해보자. 모든 2차원 구가 그렇듯이, 하나의 위치를 정의하려면 구면극좌표(spherical polar coordinate)에서 각도좌표를 사용하면 된다. 따라서 마이크로파 우주배경복사의 온도는 이 각도의 함수로 표현되며, 표준 구면조화함수(spherical harmonics) $Y_l^m(\theta, \phi)$를 기저(basis)로 하는 푸리에시리즈(Fourier series)로 분해될 수 있다. [그림 3.5]의 수직축은 이 시리즈에 포함된 각 모드의 계수와 관련되어 있다(분리각은 수평축의 오른쪽으로 갈수록 작아진다). 더 자세한 내용을 알고 싶으면 스콧 도널슨(Scott Donelson)의 유명한 저서 《현대우주론(Modern Cosmology)》(San

Diego, Calif.: Academic Press, 2003)을 참고하기 바란다.
12. 좀 더 정확하게 말해서 시간이 흐르는 속도를 변화시키는 요인은 중력의 세기가 아니라 중력적 위치에너지(gravitational potential energy)의 크기이다. 예를 들어 무거운 별의 중심에 텅 빈 공간이 있고 당신이 그곳에 갇혀 있다면 아무런 중력도 느끼지 못한다. 그러나 당신은 중력적 위치에너지의 깊은 '우물'에 빠진 상태이기 때문에, 당신의 시간은 별의 바깥에 있는 사람보다 느리게 흘러간다.
13. 이 결과(그리고 이와 관련된 아이디어)들은 알렉산더 빌렌킨, 시드니 콜만(Sidney Coleman), 프랑크 드 루시아(Frank De Luccia)의 저서들에 자세히 소개되어 있다.
14. 나는 누벼 이은 다중우주를 설명할 때(2장 참조) 입자의 배열상태가 각 패치마다 다르다고 가정했었다. 그런데 누벼 이은 다중우주와 인플레이션 다중우주를 결합시키면 이 가정이 한층 더 자연스러워진다. 인플라톤장의 값이 위치에너지 곡선의 꼭대기에서 아래로 떨어질 때 주어진 지역에서 거품우주가 탄생하고, 인플라톤장에 함유된 에너지는 입자로 변환된다. 그리고 임의의 순간에 입자의 정확한 배열상태는 에너지가 입자로 전환되는 동안 인플라톤의 정확한 값에 의해 결정된다. 그러나 인플라톤장은 바닥으로 떨어지는 동안 양자적 요동을 겪으면서 값의 변화가 무작위로 나타난다. 바로 이 무작위 변화가 [그림 3.4]와 같은 지역적 온도차이를 만들어냈다. 거품우주 안의 패치들을 고려할 때, 이 요동은 인플라톤장의 양자적 무작위 변화를 수반하고, 이 무작위성은 입자배열의 무작위성으로 이어진다. 그러므로 다중우주에서 우리의 눈에 보이는 입자배열 상태가 반복되는 빈도수는 다른 패치의 경우와 동일하다고 결론지을 수 있다.

4장 | 자연법칙의 통일

1. 아인슈타인과 관련된 몇 가지 일화를 나에게 소개해준 월터 아이작슨(Walter Isaacson)에게 이 자리를 빌려 감사의 말을 전한다.
2. 좀 더 자세한 설명을 추가하면 다음과 같다. 글래쇼와 살람, 그리고 와인버그는 전자기력과 약력이 '약전자기력(electroweak force)'의 두 가지 얼굴일 수도 있다는 가능성을 제시했고, 이들의 추론은 1970년대 말~1980년대 초에 다양한 실험을 거쳐 사실로 확인되었다. 그 후 글래쇼와 조자이는 여기서 한 걸음 더 나아가 약전자기력과 강력이 더 근본적인 힘의 두 가지 얼굴일 수도 있다는 가능성을 제시했고, 그때부터 이와 같은 맥락의 이론들을 '대통일이론(grand unified

theory)'이라 부르게 되었다. 그러나 가장 단순한 버전의 대통일이론은 성공을 거두지 못했다. 이 이론이 맞으려면 양성자가 붕괴되어야 하는데, 그런 사례를 한 번도 발견하지 못했기 때문이다. 그럼에도 불구하고 대통일이론의 다른 버전들은 "양성자의 반감기가 너무 길어서 현재의 기술로는 관측할 수 없다"는 대안을 내놓으며 생명력을 유지하고 있다. 그러나 통일장이론이 실험데이터와 일치하지 않는다고 해도, 중력을 제외한 세 개의 힘이 양자장이론의 동일한 수학언어로 서술된다는 점에는 의심의 여지가 없다.

3. 자연의 힘을 하나로 통일하는 이론들 중에는 초끈이론과 비슷한 배경을 가진 이론이 많다. 특히 초대칭 양자장이론(supersymmetric quantum field theory)과 이것을 중력으로 확장한 초중력이론(supergravity)은 1970년대 중반부터 꾸준하게 연구되고 있다. 초대칭 양자장이론과 초중력이론은 끈이론에서 발견된 '초대칭(supersymmetry)'이라는 새로운 원리에 기반을 두고 있지만, 전통적인 점입자(point particle)에 초대칭을 적용했다는 점에서 초끈이론과 구별된다. 초대칭은 이 장의 뒷부분에서 다룰 예정인데, 수학에 관심 있는 독자들을 위해 약간의 설명을 추가하고자 한다. 내가 강조하고 싶은 것은 입자물리학에서 요구할 수 있는 최후의 대칭(회전대칭, 병진대칭, 로렌츠대칭, 그리고 더욱 일반적인 푸앵카레대칭을 넘어서)이 바로 초대칭이라는 점이다. 초대칭은 양자역학적 스핀이 서로 다른 입자들을 연결하여 힘을 매개하는 입자와 물질을 이루는 입자 사이에 깊은 수학적 유사성이 있음을 보여준다. 초중력은 중력을 포함하도록 초대칭을 확장한 이론이다. 끈이론의 초창기에 과학자들은 끈이론을 저-에너지에서 분석하다 보면 초대칭과 초중력이 자연스럽게 유도된다는 사실을 잘 알고 있었다. 저-에너지 극한으로 가면 끈의 특성이 사라지면서 점입자와 비슷해지기 때문이다. 이 장에서 앞으로 논하게 되겠지만, 저-에너지 영역에서 끈이론의 수학은 양자장이론의 수학으로 전환된다. 초대칭과 중력이 변환과정에서 살아남아 저-에너지 끈이론이 초대칭 양자장이론과 초중력이론을 낳는 것이다. 초대칭 장론과 끈이론은 매우 밀접하게 관련되어 있는데, 이 내용은 9장에서 다룰 예정이다.

4. 이 내용을 이미 알고 있는 독자들은 "모든 장에 입자가 대응된다"는 말에 이의를 달고 싶을 것이다. 좀 더 정확하게 말하자면 위치에너지의 국소적 최소값에서 일어나는 장의 요동은 일반적으로 입자의 '들뜸(excitation)'으로 해석할 수 있다. 또 한 가지, "입자를 점으로 취급하면 입자의 위치를 정확하게 결정할 수 있다는 뜻인데, 그러려면 무한대의 운동량과 에너지가 필요하지 않은가?"라고 반문하는

독자들도 있을 줄 안다. 맞는 말이다. 다만 여기서 중요한 점은 양자장이론에서는 입자를 한 지점에 국소화시키는 데 원리적으로 아무런 제한을 두지 않는다는 것이다.

5. '재규격화(renormalization)'로 알려진 수학적 테크닉은 미시적 스케일(고-에너지 영역)에서 일어나는 양자적 요동을 다루기 위해 개발되었다. 중력을 제외한 세 개의 힘에 재규격화를 적용하면 다양한 계산에서 나타나는 무한대를 제거할 수 있기 때문에, 물리학자들은 이 방법을 이용하여 엄청나게 정확한 예측을 내놓을 수 있었다. 그러나 중력의 양자적 요동에는 재규격화를 적용해도 아무런 효과가 없다. 중력이 포함된 양자적 계산에서 나타난 무한대를 제거할 수 없는 것이다.

요즘은 무한대를 바라보는 시각이 조금 달라졌다. 물리학자들은 자연의 법칙을 조금이라도 더 깊이 이해하려고 애쓰던 와중에 중요한 사실을 깨닫게 되었다. 즉 아무리 훌륭한 테크닉도 결국은 임시방편일 뿐이며, 특정한 거리 스케일(또는 특정한 에너지 스케일)에서만 통한다는 것이다. 그 외의 영역에서 일어나는 사건은 주어진 테크닉으로 다룰 수 없다. 이 관점을 수용한다면 적용 가능한 범위보다 더 미세한 영역(또는 에너지가 더 큰 영역)에 특정 이론을 적용하는 것은 무모한 짓이다. 그리고 이 한계를 벗어나지만 않으면 무한대는 발생하지 않는다. 처음부터 이론이 적용될 수 있는 범위 안에서 계산을 수행하면 된다. 따라서 우리의 예견능력은 이론의 적용범위를 벗어날 수 없다. 극미영역(또는 초(超)고-에너지 영역)에 이론을 적용했을 때 엉뚱한 결과가 나오는 것은 당연한 결과이다. 양자중력이론의 궁극적인 목표는 이 한계를 극복하고 임의의 작은 영역(또는 에너지가 매우 큰 영역)으로 파고 들어가서 유용한 정보를 얻어내는 것이다.

6. 이 숫자의 출처가 궁금하다면 양자역학에서 파동과 입자가 서로 대응된다는 사실을 떠올리기 바란다(8장 참조). 입자의 질량이 클수록 파장(파동의 마루와 마루 사이의 거리)은 짧아진다. 또한 아인슈타인의 일반상대성이론은 모든 물체에 특유의 길이(그 물체가 압축되어 블랙홀이 되었을 때의 크기)를 부여한다. 이 경우에는 물체의 질량이 클수록 길이가 길다. 이제 양자역학으로 서술되는 입자에서 시작하여 질량을 점점 키워 나가보자. 입자의 질량이 커지면 파장은 짧아지고 '블랙홀 사이즈'의 길이는 점점 길어진다. 그러다가 질량이 어떤 값에 이르면 양자적 파장과 물체의 블랙홀 사이즈가 같아지는데, 바로 이 시점에서 양자역학과 중력이론은 똑같이 중요한 역할을 하게 된다. 이와 같은 사고실험(thought experiment)을 정량적으로 수행하다 보면 질량과 크기가 본문에서 언급된 숫자

(플랑크질량과 플랑크길이)에 도달하게 된다. 이 책의 9장에서 '홀로그램원리(holographic principle)'를 다룰 예정인데, 이것은 일반상대성이론과 블랙홀물리학을 이용하여 임의의 크기의 우주 안에 존재하는 자유도(degree of freedom)에 특별한 한계를 부여하는 원리이다(2장에서 언급된 "우주 안에 존재하는 입자들이 배열될 수 있는 경우의 수"를 조금 더 세밀하게 다듬은 것이다. 2장의 후주 14번 참조). 이 원리가 옳다면 일반상대성이론과 양자역학은 거리가 가깝거나 곡률이 커지기 전에 충돌을 일으키게 된다. 저밀도의 기체로 가득 찬 거대한 공간에 대하여 양자장이론으로 계산된 자유도는 홀로그램원리에서 예견하는 값보다 훨씬 크다.

7. 양자역학적 스핀은 매우 미묘한 개념이다. 특히 입자를 점으로 취급하는 양자장이론에서는 '회전하는 입자'의 의미를 간파하기가 쉽지 않다. 그런데 실험을 해보면 입자들은 고유의 '각운동량(angular momentum)'을 갖고 있는 것처럼 행동하고 있다. 뿐만 아니라 양자역학에 의하면 입자의 각운동량은 어떤 근본적인 양(플랑크상수의 절반)의 정수 배만을 가질 수 있으며, 이것은 실험을 통해 사실로 확인되었다. 고전적으로 각운동량은 회전하는 물체만이 갖는 고유의 특성이기 때문에, 물리학자들은 이와 같은 양자적 특성에 '스핀(spin)'이라는 고전적 용어를 붙여서 '스핀각운동량(spin angular momentum)'으로 부른다. 회전하는 팽이는 우리에게 친숙한 광경이지만, 점입자가 팽이처럼 도는 모습은 머릿속에 그리기가 쉽지 않다. 그래서 물리학자들은 "입자의 특성은 질량과 전기전하, 핵전하, 그리고 변하지 않는 고유의 스핀으로 정의된다"고 말한다. 전기전하가 입자의 특성을 결정짓는 요인들 중 하나인 것처럼 스핀각운동량도 그중 하나이다.

8. 앞서 말한 바와 같이, 일반상대성이론과 양자역학이 조화롭게 합쳐지지 않는 것은 중력장의 양자적 요동이 시공간을 격렬하게 뒤흔들고 있기 때문이다. 전통적인 수학은 이 부분에서 별다른 능력을 보여주지 못했다. 양자적 불확정성이 존재하는 한, 우리가 탐구하는 영역이 작아질수록 요동은 커질 수밖에 없다(일상적인 영역은 양자적 스케일에 비해 너무 크기 때문에 이와 같은 요동이 관측되지 않는다). 특히 플랑크 스케일보다 작은 영역에서는 양자적 요동이 매우 강하게 일어나서 수학을 완전히 무력하게 만든다(거리기 짧아질수록 에너지 요동은 크게 나타난다). 그런데 양자장이론은 입자를 크기가 없는 점으로 간주하고 있기 때문에 입자가 탐지할 수 있는 영역도 무한히 작고, 따라서 이들이 느끼는 양자적 요동은 한없이 커질 수 있다. 그러나 끈은 점이 아니라 유한한 길이를 갖고 있기 때문에

이런 문제가 나타나지 않는다. 원리적으로 끈은 자신의 크기보다 작은 영역을 탐지할 수 없고, 이로 인해 양자적 요동에도 한계가 주어진다. 바로 이 한계 덕분에 끈이론은 수학적 재난을 겪지 않으면서 양자역학과 일반상대성이론을 하나로 합칠 수 있는 것이다.

9. 엄밀하게 말하면 1차원 물체는 눈에 보이지 않는다. 물체가 눈에 보이려면 표면에서 광자가 반사되어야 하는데, 1차원 물체는 표면이라는 것이 아예 없기 때문이다. 또한 1차원 물체는 원자구조도 없을 것이므로 광자를 스스로 방출할 수도 없다. 본문에서 "본다"는 말은 실험이나 관측을 통해 물체의 존재를 확인한다는 의미이다. 관측기구의 해상도보다 작은 구조는 감지되지 않을 것이므로 그 존재를 확인할 수 없다. 본문의 사례에서는 빨대의 굵기가 이런 경우에 해당된다.

10. 이것은 1985년 *NOVA*에 실린 기사 '아인슈타인이 알았던 것(What Einstein Knew)'에서 발췌한 일화이다.

11. 좀 더 정확하게 말하면 생명체의 생존과 직결되는 물질들이 지금과 크게 달랐을 것이다. 별과 행성, 인간 등 우리에게 친숙한 존재를 구성하는 입자는 우주에 흩어져 있는 전체 질량의 5퍼센트에 불과하기 때문에, 이들의 특성이 달라진다고 해서 우주 전체가 크게 달라지지는 않는다. 그러나 생명체에게 미치는 영향은 절대적이어서 전자의 질량이나 전하가 지금과 조금만 달라도 생명체는 존재 자체가 불가능하다.

12. 양자장이론의 내부 변수에는 약간의 제한조건이 있다. 입자들이 물리학에서 벗어난 행동(핵심적인 보존법칙을 위배한다거나 대칭변환을 위배하는 등)을 하지 않으려면 입자의 전하(전기전하와 핵전하)에 어떤 제한이 있어야 한다. 또한 임의의 물리학적 과정에서 모든 확률을 더한 값이 1이 되어야 한다는 조건으로부터 질량에도 어떤 제한이 부과된다. 그러나 이 제한은 전혀 까다롭지 않아서, 입자가 가질 수 있는 질량과 전하의 범위는 충분히 넓다.

13. 일부 학자들은 양자장이론과 끈이론 모두 입자의 특성을 설명하지 못하지만, 상황은 끈이론에게 더 불리하다고 주장한다. 그 속사정은 다소 복잡하지만 간단하게 요약하면 다음과 같다. 양자장이론에서 입자의 특성(예를 들어 질량)은 방정식에 삽입된 일련의 숫자에 의해 조절된다. 양자장이론이 이 숫자의 변화를 허용하고 있기 때문에 본문에서 입자의 특성을 양자장이론의 '입력 데이터'라고 표현한 것이다. 끈이론도 이와 비슷한 수학적 절차에 의해 질량의 가변성을 허용하고 있지만(끈이론 방정식은 특별한 숫자의 변화를 허락하고 있다) 이것은 양자장

이론과 달리 중요한 의미를 담고 있다. 자유롭게 변하는 숫자(에너지에 영향을 주지 않고 변하는 숫자)는 질량이 없는 입자의 존재를 의미하기 때문이다(이것은 3장에서 언급한 위치에너지곡선이 아무런 굴곡 없이 완전히 평평한 경우에 해당한다. 평평한 길을 걸어갈 때에는 위치에너지의 변화가 없는 것처럼, 이런 장의 값을 변화시켜도 에너지는 변하지 않는다. 입자의 질량은 그에 대응되는 양자장의 위치에너지곡선에서 최솟값 근처에서의 곡률에 대응되기 때문에, 이런 경우에 장의 양자(quanta)는 질량을 갖지 않는다). 질량이 없는 입자는 가속기 데이터나 천문관측에 까다로운 한계가 있기 때문에, 이런 입자가 많이 등장하는 이론은 그리 바람직하지 않다. 끈이론이 살아남으려면 이런 입자들은 질량을 갖고 있어야 한다. 이 문제와 관련된 최근 이슈들은 5장에서 소개할 예정이다.

14. 물론 끈이론에 완전히 상반되는 실험결과가 나올 수도 있다. 끈이론의 기본원리 중에는 모든 물리적 현상에 나타나는 것도 있는데, 대표적인 예로 유니터리성(unitarity, 임의의 실험에서 나올 수 있는 모든 경우의 확률을 더한 값이 1이 되어야 한다는 조건)과 국소적 로렌츠 불변성(local Lorentz invariance, 충분히 작은 영역에서 특수상대성이론의 법칙들이 성립해야 한다는 조건)이 있으며, 그 외에 해석가능성(analyticity)과 교차대칭(crossing symmetry, 입자가 충돌하면서 나타난 결과는 특별한 수학적 기준에 입각하여 입자의 운동량에 따라 달라져야 한다는 조건) 등이 있다. 실험에서 이들 중 하나라도 위배되는 결과가 나온다면(아마도 LHC를 통해 나올 것이다) 끈이론에게는 커다란 도전이 아닐 수 없다(끈이론뿐만 아니라 입자물리학의 표준모형도 위의 원리를 수용하고 있으므로, 실험결과를 어떻게든 설명해야 한다. 그러나 표준모형은 중력을 포함하고 있지 않기 때문에 의외의 실험결과가 나온다면 고-에너지 영역에서 새로운 물리학으로 대치될 수도 있다. 그러나 그 자리를 끈이론이 대신하지는 않을 것이다).

15. 사람들은 흔히 블랙홀의 중심이 공간상에 있는 것처럼 말하지만 사실은 그렇지 않다. 블랙홀의 중심은 공간이 아닌 시간 속에 있다. 블랙홀의 사건지평선(event horizon)을 넘어서면 시간과 공간(반지름 방향)의 역할이 뒤바뀐다. 예를 들어 블랙홀의 내부로 빨려 들어가면 반지름 방향으로 진행되는 운동은 시간의 흐름을 의미한다. 따라서 블랙홀의 중심으로 접근하는 것은 다음 순간으로(미래로) 시간이 흐르는 것과 동일하다. 이 점에서 볼 때 블랙홀의 중심은 시간의 종착역이라 할 수 있다.

16. 엔트로피는 여러 가지 면에서 물리학의 핵심을 이루는 개념이다. 본문에서 언급

된 블랙홀의 경우, 엔트로피는 블랙홀에 대한 끈이론의 서술이 물리학의 기본에서 벗어나는지의 여부를 판단하는 잣대가 될 수 있다. 끈이론의 수학으로 계산한 블랙홀의 무질서도가 부정확하다면 끈이론이 잘못된 길로 가고 있다는 증거이다. 그런데 끈이론에 입각한 스트로밍거와 바파의 계산이 베켄슈타인과 호킹의 계산결과와 일치했으므로, 끈이론은 기초물리학에서 벗어나지 않았음이 입증된 셈이다. 끈이론을 연구하는 학자의 입장에서 이것은 매우 고무적인 결과가 아닐 수 없다. 자세한 내용을 알고 싶은 독자들은 《엘러건트 유니버스》의 13장을 참고하기 바란다.

17. 한 쌍의 칼라비-야우 공간을 이용하는 아이디어를 처음 제안한 사람은 랜스 딕슨과 볼프강 레르체(Wolfgang Lerche), 니콜라스 워너(Nicholas Warner), 그리고 쿰룬 바파였다. 나와 로넨 플레서(Ronen Plesser)는 구체적인 사례를 찾는 방법을 개발했는데, 이와 같은 쌍을 '거울 쌍(mirror pairs)'이라 하고 이들 사이의 관계를 '거울대칭(mirror symmetry)'이라 한다. 또한 플레서와 나는 거울 쌍 중 하나에서 어려웠던 계산이 다른 쌍에서 현저하게 쉬워진다는 사실을 발견했다. 그 후 필립 칸델라스(Philip Candelas)와 제니아 드 라 오사(Xenia de la Ossa), 폴 그린(Paul Green), 린다 파크스(Linda Parkes)는 새로운 수학적 테크닉을 개발하여 플레서와 내가 찾은 '쉬운 공식'과 '어려운 공식'이 동일한 결과를 준다는 것을 증명했다. 그 후로 거울대칭은 독립적인 연구분야로 성장하여 여러 개의 중요한 결과를 낳았다. 자세한 내용을 알고 싶은 독자들은 싱-퉁 야우와 스티브 나디스(Steve Nadis)가 공동으로 저술한 《내부공간의 형태(The Shape of Inner Space)》(New York: Basic Books, 2010)를 읽어보기 바란다.
18. 끈이론이 일반상대성이론과 양자역학을 성공적으로 통합했다는 주장은 이를 입증하는 다양한 계산에 근거를 두고 있다. 더욱 강력한 증거는 9장에서 소개할 예정이다.

5장 | 이웃한 차원에서 우주를 날다

1. 고전역학은 $\vec{F}=m\vec{a}$, 전자기학은 $d^*F=^*J$; $dF=0$, 양자역학은 $H\Psi=i\hbar\frac{d\Psi}{dt}$, 일반상대성이론은 $R_{\mu\nu}-\frac{1}{2}g_{\mu\nu}R=\frac{8\pi G}{C^4}T_{\mu\nu}$이다.
2. 이 값이 바로 '미세구조상수(fine structure constant, 전자기적 과정에서 나타나는 전형적인 에너지 값)'인 $\alpha=e^2/\hbar c$로서, 분수로 나타내면 약 1/137이다.
3. I형 끈이론의 결합상수가 커지면 결합상수가 작은 헤테로틱-O형 끈이론이 되고,

그 반대도 성립한다. 그런데 IIB형 끈이론은 결합상수가 커지면 결합상수가 작은 '자기자신'으로 접근한다. 헤테로틱-E형 끈이론과 IIA형 끈이론의 경우는 다소 미묘한 구석이 있긴 하지만(자세한 내용은《엘러건트 유니버스》의 12장을 참조하기 바란다) 다섯 개의 이론이 전체적으로 연결되어 있다는 것만은 분명한 사실이다.

4. [수학에 관심 있는 독자들을 위한 주석] 1차원 객체인 끈의 특별한 점은 그 운동을 서술하는 물리학이 무한차원 대칭군(infinite dimensional symmetry group)을 대상으로 펼쳐진다는 점이다. 끈이 이동하면 2차원 곡면을 쓸고 지나가게 되는데, 이 경우 운동방정식의 근원인 작용함수(action functional)는 2차원 양자장이론에 속한다. 고전적으로 이와 같은 2차원 작용(action)은 등각변환(conformal transformation)에 대하여 불변이며(2차원 표면의 각도를 유지하면서 스케일만 바꾸는 변환에 대하여 불변), 이 대칭은 다양한 제한조건(끈이 움직여 나가는 시공간의 차원 등)을 가하여 양자역학적으로 유지될 수 있다. 등각대칭변환군(conformal group of symmetry transformation)은 무한차원군이며, 이것은 움직이는 끈을 건드림 근사법으로 서술하는 수학에 정당성을 부여한다. 예를 들어 끈은 무수히 많은 '들뜬 상태'에 놓일 수 있는데, 이들의 절대값(확률)은 음수가 될 수도 있다(시공간 계량metric에서 시간 성분에 붙어 있는 마이너스 부호 때문에 나타나는 현상임). 그러나 무한차원 대칭군을 이용하여 이 결과를 회전시키면 양의 값을 얻을 수 있다. 자세한 내용은 M. Green, J. Schwarz, E. Witten의 *Superstring Theory*, vol. 1(Cambridge: Cambridge University Press, 1988)을 참고하기 바란다.

5. 이 사실을 논문으로 발표한 사람들 못지않게 기본적인 개념을 확립한 사람들의 공헌도 잊지 말아야 한다. 끈이론에 브레인을 도입하는 데 기여한 학자들은 마이클 더프, 폴 하우(Paul Howe), 타케오 이나미(Takeo Inami), 켈리 스텔(Kelley Stelle), 에릭 버그쇼프(Eric Bergshoeff), 어진 제긴(Ergin Szegin), 폴 타운젠드, 크리스 헐, 크리스 포프(Chris Pope), 존 슈바르츠, 아쇼크 센, 앤드류 스트로밍거, 커티스 칼란(Curtis Callan), 조 폴친스키, 페트르 호라바(Petr Hořava), 다이(J. Dai), 로버트 레이(Robert Leigh), 허먼 니콜라이(Hermann Nicolai), 버나드 드위트(Bernard DeWitt) 등이다.

6. 따지고 보면 인플레이션 다중우주도 다른 시간대에 존재한다고 말할 수 있다. 우리의 거품우주의 경계면은 우주의 시간이 시작된 지점이고, 그곳을 넘어가면 우리의 시간을 넘어서게 되기 때문이다. 그러나 본문에서 내가 말하는 것은 좀 더

일반적인 의미이다. 지금까지 언급된 다중우주는 공간에서 일어난 사건을 분석하다가 얻어진 부산물이지만, 앞으로 언급될 다중우주는 처음부터 시간이 핵심적인 역할을 한다.
7. Alexander Friedmann, *The World as Space and Time*, 1923(러시아에서 출판됨). 헬게 크라프(H. Kragh)는 *Continual Fascination: The Oscillating Universe in Modern Cosmology*(*Science in Context* 22, no.4, 2009) 587~612쪽에서 프리드만의 책을 인용했다.
8. 주기적 브레인세계 다중우주론을 창시한 학자들은 암흑에너지의 실용적인 응용에 특별한 관심을 갖고 있다(암흑에너지는 6장에서 자세히 다룰 예정이다). 각 주기의 마지막 단계에서 브레인세계에 존재하는 암흑에너지는 현재 팽창이 가속되고 있는 우주의 관측결과와 잘 일치한다. 팽창이 가속되면 엔트로피의 밀도가 감소하여 다음 주기로 자연스럽게 넘어갈 수 있다.
9. 다발(flux)의 양이 많으면 여분차원의 후보인 칼라비-야우 공간이 변형될 뿐만 아니라 불안정해지기도 한다. 즉, 다발은 칼라비-야우 공간을 크게 만드는 경향이 있어서 여분차원이 눈에 보이지 않을 정도로 작다는 가정을 만족시키지 못한다.

6장 | 오래된 상수에 대한 새로운 고찰

1. George Gamow, *My World Line*(New York: Viking Adult, 1970); J. C. Pecker, Letter to the Editor, *Physics Today*, May 1990, p.117.
2. Albert Einstein, *The Meaning of Relativity*(Princeton: Princeton University Press, 2004), p.127. 처음에 아인슈타인은 우리가 알고 있는 우주상수를 '우주숫자(cosmological number)'라고 명명했다. 이 책에서는 혼돈을 피하기 위해 '우주상수'라는 용어로 통일했다.
3. *The Collected Papers of Albert Einstein*, 로버트 슐만(Robert Schulmann) 등 편집(Princeton: Princeton University Press, 1998), p.316.
4. 물론 은하들도 약간은 변한다. 3장에서 말한 대로 은하는 공간팽창에 따른 이동 외에 느리긴 하지만 스스로 조금씩 움직이고 있다. 우주적 시간스케일에서 볼 때 은하의 고유운동은 은하들 사이의 거리를 변화시킬 수도 있다. 은하들이 서로 충돌하거나 한 은하가 다른 은하를 잡아먹는 것도 은하의 고유운동 때문에 일어나는 사건이다. 그러나 우주적 스케일의 거리를 따질 때에는 은하의 고유운동을 무시해도 별 지장이 없다.

5. 여기에는 또 한 가지 문제가 있다. 이 문제는 본문에 제시된 나의 설명에 영향을 주지 않지만 과학적 분석을 수행할 때는 반드시 고려되어야 한다. 초신성에서 방출된 빛이 지구를 향해 날아올 때 광자의 수(또는 광도)가 감소하는 패턴은 본문에서 설명한 바와 같다. 그러나 광자의 수를 감소시키는 요인은 이것 말고도 또 있다. 다음 절에서 언급되겠지만, 공간이 팽창하면 그곳을 지나가는 광자의 파장이 길어지면서 에너지가 감소하는데, 이것이 바로 '적색편이(redshift)'라는 현상이다. 이 현상을 이용하면 광자가 방출되었을 당시 우주의 크기를 가늠할 수 있으며, 공간의 팽창속도가 시간에 따라 어떻게 변해왔는지도 알 수 있다. 그러나 광자의 파장이 길어지면(에너지가 작아지면) 원거리에서 광원이 흐려지는 현상이 과장되게 나타난다. 그래서 겉보기광도와 고유광도를 비교하여 초신성까지의 거리를 정확하게 알아내려면 거리에 따른 광자밀도의 감소현상뿐만 아니라(이것은 본문에서 언급되었다) 적색편이에 의해 흐려지는 현상까지 고려해야 한다.

6. 두 번째 경우, 즉 "현재의 지구와 빛이 방출되던 시점의 은하(과거 은하) 사이의 거리"도 완전히 틀린 말은 아니다. 팽창하는 지구의 사례에서 뉴욕과 오스틴, 그리고 로스앤젤레스 사이의 거리는 모두 멀어지고 있지만, 지구상에서 세 도시의 위치는 변하지 않는다. 도시들 사이의 거리가 멀어지는 것은 누군가가 도시를 파서 옮겨놓기 때문이 아니라, 그냥 지구표면이 팽창하고 있기 때문이다. 이와 마찬가지로 우주가 팽창하면 은하들 사이의 거리는 멀어지지만 우주지도에서 각 은하의 위치는 변하지 않는다. 즉, 은하는 공간이라는 직물에 수놓아진 '바늘 한 땀'으로 간주할 수 있다. 직물이 팽창하면 모든 땀들이 일제히 멀어지지만 각 땀의 위치는 항상 같은 자리에 고정되어 있다. 본문에서 제시한 두 번째 경우(현재의 지구와 빛이 방출되던 과거 은하 사이의 거리)와 세 번째 경우(현재의 지구와 현재의 은하 사이의 거리)는 다른 것처럼 보이지만, 따지고 보면 그렇지도 않다. 멀리 있는 은하는 빛(방금 지구에 도달한 빛)을 방출했던 옛날이나 지금이나 항상 같은 자리를 점유하고 있다. 만일 은하가 공간팽창 이외의 다른 요인에 의해 스스로 움직였다면 그 차이는 있겠지만, 수십억 광년에 비하면 거의 없는 거나 마찬가지다. 이런 의미에서 두 번째와 세 번째 거리는 동일하다고 할 수 있다.

7. [수학에 관심 있는 독자들을 위한 주석] 구체적인 계산법은 다음과 같다. 빛이 지구의 망원경에 도달한 현재 시간을 t_{now}라 하고, 과거에 초신성에서 빛이 방출된 시간을 $t_{emitted}$라 하자. 시공간이 평평하다고 가정하면 계량(metric)은 $ds^2 = c^2 dt^2 - a^2(t) dx^2$로 쓸 수 있다. 여기서 $a(t)$는 시간 t에서 우주의 척도인자(scale

factor)이고 c는 빛의 속도이며, 우리가 사용하는 좌표계는 공동이동좌표계(co-moving coordinate)이다. 본문에서 도입한 용어로 설명하자면 이 좌표는 '지도상의 좌표'라고 할 수 있다. 척도인자는 우주지도에서 '축척'의 역할을 한다.

빛이 지나가는 궤적은 $ds^2=0$이라는 특성을 갖고 있다(이것은 "빛의 속도는 항상 c이다"라고 말하는 것과 동일하다). 따라서 $|dx| = cdt/a(t)$이며, 이것은 $t_{emitted}$와 t_{now} 사이의 유한한 시간간격에서 $\int |dx| = \int_{t_{emitted}}^{t_{now}} \frac{cdt}{a(t)}$로 쓸 수 있다. 이 방정식의 좌변은 지도상에서 $t_{emitted}$와 t_{now} 사이에 빛이 이동한 거리를 의미한다. 이 값을 실제 거리로 바꾸기 위해 방정식에 현재의 척도인자를 곱하면 $a(t_{now})\int_{t_{emitted}}^{t_{now}} \frac{cdt}{a(t)}$가 된다. 만일 공간이 팽창하지 않는다면 빛이 이동한 거리는 $\int_{t_{emitted}}^{t_{now}} cdt = c(t_{now} - t_{emitted})$가 될 것이다(빛의 속도에 시간을 곱한 값이므로 당연한 결과이다). 팽창하는 우주의 경우에는 빛의 궤적요소에 $a(t_{now})/a(t)$를 곱해주면 되는데, 이 값은 시간 t부터 t_{now} 사이의 공간이 팽창한 비율을 의미한다.

8. 좀 더 정확하게는 약 7.12×10^{-30}g/cm^{3}이다.

9. 환산과정은 다음과 같다. 7.12×10^{-30}g/cm^3 = $(7.12 \times 10^{-30}$g/cm$^3) \times (4.6 \times 10^4$ 플랑크질량/g$) \times (1.62 \times 10^{-33}$cm/플랑크길이$)^3$ = 1.38×10^{-123} 플랑크질량/(플랑크길이)^3

10. 인플레이션 이론에서 밀어내는 중력은 아주 짧은 시간 동안 강하게 작용하는데, 이 현상은 엄청난 에너지와 음압(negative pressure)을 제공하는 인플라톤장(inflaton field)을 이용하여 설명할 수 있다. 그러나 양자장의 위치에너지곡선을 수정하면 에너지와 음압이 작아지면서 팽창의 가속도도 작아진다. 게다가 위치에너지곡선을 적절하게 다듬으면 팽창이 가속되는 기간을 길게 늘릴 수 있다. 초신성과 관련된 데이터는 저-가속 팽창이 오랜 기간 동안 지속되었음을 보여주고 있지만, 가속팽창이 발견되고 10여 년이 지나도록 이 현상을 가장 그럴듯하게 설명해주는 것은 '0'이 아닌 우주상수였다.

11. 〔수학에 관심 있는 독자들을 위한 주석〕각각 요동의 에너지 기여량은 파장의 제곱에 반비례한다. 따라서 모든 가능한 파장에 대하여 에너지 기여량을 더하면 무한대가 된다.

12. 〔수학에 관심 있는 독자들을 위한 주석〕상쇄가 일어나는 이유는 초대칭이 보존(boson, 스핀이 정수인 입자)과 페르미온(fermion, 스핀이 반정수인 입자)을 짝지어주기 때문이다. 그 결과 보존은 가환변수(commuting variable)로 표현되고 페르미온은 반가환변수(anticommuting variable)로 표현된다. 보존과 페

르미온의 양자적 요동의 부호가 반대인 것도 여기서 기인한 것이다.

13. "우리 우주의 물리적 특성이 조금만 달라지면 생명체가 살 수 없다"는 주장은 학계에서 널리 수용되고 있지만, 생명체가 살 수 있는 특성의 범위가 기존의 생각보다 훨씬 넓다고 주장하는 학자들도 있다. 자세한 내용은 다음의 책들을 참고하기 바란다. John Barrow and Frank Tipler, *The Anthropic Cosmological Principle*(New York: Oxford University Press, 1986); John Barrow, *The Constants of Nature*(New York: Pantheon Books, 2003); Paul Davis, *The Cosmic Jackpot*(New York: Houghton Mifflin Harcourt, 2007); Victor Stenger, *Has Science Found God?*(Amherst, N.Y.: Pantheon Books, 2003).

14. 독자들 중에는 이 책의 앞에서 다뤘던 다중우주를 떠올리고 금방 "yes"라고 답하는 사람도 있을 것이다. '누벼 이은 다중우주(Quilted Multiverse)'에서는 무한대의 공간에 무한히 많은 우주들이 존재하기 때문이다. 그러나 여기에는 주의할 점이 하나 있다. 우주가 무한히 많다고 해도 우주상수가 다른 우주는 예상외로 적을 수도 있다. 예를 들어 물리학법칙이 다양한 우주상수를 허용하지 않는다면, 우주가 아무리 많아도 우주상수가 서로 다른 우주는 그리 많지 않을 것이다. 지금 우리가 제기하고 있는 질문은 다음과 같다. (a)다중우주를 낳는 물리법칙이 존재하는가? (b)이로부터 유도된 다중우주가 10^{124}개 이상의 우주를 수용할 수 있는가? (c)우주상수가 각 우주마다 다르다는 것을 물리법칙으로 정당화할 수 있는가?

15. 본문에 언급된 네 사람은 칼라비-야우 공간을 통과하는 플럭스를 분석하여 끈이론과 (0이 아닌) 우주상수를 연결하는 연구를 선도했다. 그리고 후안 말다세나와 리암 맥칼리스터(Liam McAllister)는 인플레이션 우주론과 끈이론을 연결하는 유명한 논문을 발표한 바 있다.

16. 좀 더 정확하게 말하면 이 산악지형도에는 약 500개의 공간차원이 존재하고, 각 차원의 방향(좌표축)은 각기 다른 장 플럭스(field flux)에 대응된다. 〔그림 6.4〕는 대략적인 개요도에 불과하지만 다양한 여분차원들 사이의 관계를 직관적으로 보여주고 있다. 물리학자들은 끈경관(string landscape)을 언급할 때 산악지형이 모든 가능한 플럭스뿐만 아니라 여분차원의 모든 가능한 형태와 크기(모든 가능한 위상topology과 기하학적 구조)까지 포함하는 것으로 간주한다. 실제 산악지형에서 구르는 공이 골짜기에 안착하듯이, 끈경관에 존재하는 모든 골짜기들은 거품우주가 자연스럽게 자리잡은 위치를 나타낸다. 수학적으로 말하자면

골짜기는 여분차원과 관련된 위치에너지가 (국소적으로) 최소가 되는 곳이다. 고전적으로 거품우주가 골짜기에서 특정 형태의 여분차원을 획득하면 그 후로 영원히 변하지 않는다. 그러나 여기에 양자역학을 적용하면 터널효과에 의해 여분차원이 변하게 된다.
17. 양자터널이 더 높은 곳을 향해 일어날 수도 있지만, 양자역학적 계산에 의하면 발생확률이 훨씬 작다.

7장 | 과학과 다중우주

1. 충돌의 영향과 여파는 거품우주가 충돌하기 전까지 팽창해온 시간에 의해 결정된다. 또한 거품우주의 충돌은 시간과 관련된 흥미로운 문제를 부각시킨다(3장에서 언급한 트럭시와 노턴의 사례를 떠올려보라). 두 개의 거품우주가 충돌할 때에는 바깥경계면(인플라톤장의 값이 큰 곳)이 제일 먼저 접촉하게 되는데, 두 거품 중 하나의 내부에 있는 관찰자의 관점에서 볼 때 값이 큰 인플라톤장은 과거시간(거품의 빅뱅이 일어나던 무렵)에 대응된다. 즉, 거품끼리의 충돌은 우주 초창기에 일어난 사건이기 때문에 그와 관련된 정보가 마이크로파 우주배경복사에 저장될 수 있는 것이다.
2. 양자역학은 이 책의 8장에서 자세하게 다룰 예정이다. "우리의 일상세계에서 완전히 벗어나 있다"는 말은 몇 가지 수준에서 해석될 수 있는데, 나는 그중에서 가장 단순한 의미로 사용한 것이다. 양자역학의 파동방정식은 확률파동이 단순한 3차원 공간에 존재하지 않고 '현재 다루고 있는 입자의 수'까지 고려한 복잡한 공간에 존재한다는 것을 기본가정으로 깔고 있다. 이것을 '배열공간(configuration space)'이라고 하는데, 수학적 의미를 알고 싶은 독자들은 8장의 후주 4번을 읽어보기 바란다.
3. 팽창가속도가 영원히 유지되지 않는다면 미래의 어느 순간부터 팽창속도는 느려질 수도 있다. 현재 관측범위를 벗어난 천체에서 방출된 빛이 먼 훗날 지구에 도달할 수도 있다는 이야기다. 그렇다면 현재 우주지평선 너머에 있는 영역도 미래에는 실체로 나타날 수 있다. 그러므로 지금 접근이 불가능하다고 해서 '아예 존재하지 않는 것'으로 단정지을 수는 없다(2장의 〔그림 2.1〕에서 나는 시간이 흐를수록 우주지평선이 커진다고 했는데, 사실 이것은 우주의 팽창속도가 일정할 때의 이야기다. 팽창속도가 점점 빨라지면(즉, 가속되고 있으면) 아무리 오랫동안 기다려도 빛이 도달하지 않는 거리가 생긴다. 팽창이 가속되는 우주에서 우주지

평선은 팽창가속도로부터 수학적으로 결정되는 어떤 한계값보다 커질 수 없다).
4. 다중우주에서 각 우주마다 똑같은 물리적 특성은 어떤 것이 있을까? 여기 구체적인 사례가 있다. 2장에서 말한 대로, 현재 관측결과는 우주의 곡률이 0임을 강하게 시사하고 있다. 그러나 어떤 복잡한 수학적 이유로 인해(기술적인 내용이라서 설명은 생략한다) 인플레이션 다중우주에 등장하는 모든 거품우주들은 음의 곡률을 갖는다. 대충 말하자면 인플라톤장의 값이 동일한 공간의 형태(이 형태는 [그림 3.8](b)에서 같은 숫자를 연결하여 얻어진다)는 평평한 테이블보다 감자칩 모양에 가깝다는 것이다. 그래도 인플레이션 다중우주는 관측데이터에 위배되지 않는다. 왜냐하면 어떤 형태의 공간이건 팽창할수록 곡률이 감소하기 때문이다. 조그만 구슬의 곡률은 금방 눈에 뜨이지만 지구표면의 곡률이 수천 년 동안 인간의 눈에 뜨이지 않은 것도 이런 이유 때문이다. 우리의 거품우주가 충분히 오랜 시간 동안 팽창해왔다면 곡률이 음수임에도 불구하고 너무 작아서 관측상으로 0과 구별하기 어려울 것이다. 이 사실로부터 한 가지 테스트를 시도해볼 수 있다. 미래에 더욱 정확한 관측을 수행하여 공간의 곡률이 '아주 작지만 양수'로 판명된다면 우리가 인플레이션 다중우주에 살고 있다는 가설은 폐기될 것이다(B. Freivogel, M. Kleban, M. Rodriguez Martinez, L. Susskind, "Observational Consequences of s Landscape," *Journal of High Energy Physics* 0603, 039 [2006] 참조).
5. 대표적인 학자로는 앨런 구스, 안드레이 린데, 알렉산더 빌렌킨, 하우메 가리가, 돈 페이지(Don Page), 세르게이 위니츠키(Sergei Winitzki), 리처드 이스더(Richard Easther), 유진 림(Eugene Lim), 매튜 마틴(Matthew Martin), 마이클 더글라스(Michael Douglas), 프레더릭 데네프(Frederik Denef), 라파엘 부소, 벤 프리보겔, 이-셍 양(I-Sheng Yang), 델리아 슈바르츠-펄러프(Delia Schwartz-Perlov) 등이 있다.
6. 몇 가지 상수가 조금 달라졌을 때 나타나는 결과는 어느 정도 예측할 수 있지만, 여러 개의 상수가 크게 달라졌을 때 초래될 결과를 예측하는 것은 매우 어려운 작업이다. 각 상수의 변화에 따른 효과가 서로 상쇄될 수도 있고, 이 변화들이 절묘하게 균형을 이루어 생명체에게 유리해질 수도 있다.
7. 좀 더 정확하게 말해서 우주상수가 음수이면서 아주 작다면(0에 충분히 가까우면), 수축되는 속도가 충분히 느려서 은하가 형성될 수도 있다. 그러나 본문에서는 복잡한 부가설명을 피하기 위해 이 가능성을 고려하지 않았다.

8. 본문에 소개된 계산은 특별한 다중우주를 골라서 수행된 것이 아니라, 일반적인 다중우주를 대상으로 한 것이다. 와인버그와 그의 동료들은 특성이 변할 수 있는 다중우주를 가정하여 각 우주에서 은하의 수를 계산했다. 이처럼 특정한 다중우주를 고려하지 않았기 때문에, 와인버그의 계산으로는 이런저런 특성을 가진 우주가 실제로 발견될 확률(앞절에서 논한 확률)을 알 수 없다. 우주상수와 원시요동이 특정한 영역에 들어 있는 우주는 은하를 잉태할 수 있지만, 주어진 다중우주이론에서 이런 우주가 탄생할 확률이 작으면 우리의 우주가 그들 중 하나일 확률도 작아진다.

와인버그와 동료들은 계산상의 편의를 위해 "우리가 고려하는 우주상수 값의 범위가 매우 좁기 때문에($0 \sim 10^{-120}$) 임의의 다중우주에서 이와 같은 우주가 존재할 확률은 각 우주마다 크게 다르지 않다"고 주장했다. 이것은 몸무게가 29.99997kg인 개와 마주칠 확률과 29.99999kg인 개와 마주칠 확률이 크게 다르지 않은 것과 같은 이치이다. 그래서 와인버그는 은하의 형성을 허용하는 좁은 범위 안에서 우주상수의 모든 값들이 거의 동일한 확률로 나타난다고 가정했다. 다중우주의 형성과정에 대해 알려진 것이 거의 없으므로 이 가정은 일견 그럴듯하게 들린다. 그러나 후에 이 분야를 연구했던 학자들은 완전한 계산의 필요성을 강조하면서 와인버그의 가정에 의문을 제기했다. 이들은 구체적인 다중우주이론을 대상으로 하여 다양한 특성에 따른 우주의 분포를 계산해야 한다고 주장했다. 이 접근법이 의미를 가지려면 최소한의 가정 하에서 절제된 인류원리에 입각한 계산이 수행되어야 한다.

9. '전형적(typical)'이라는 말의 의미는 그것을 정의하고 관측하는 방식에 따라 달라진다. 예를 들어 아이와 자동차의 수를 기준으로 삼는다면 '전형적인' 미국인 가정을 정의할 수 있다. 그러나 물리학에 대한 관심도나 오페라 애호도, 정치적 관심도 등을 기준으로 삼는다면 '전형적'이라는 말의 의미가 완전히 달라진다. '전형적인' 미국인 가정에서 성립하는 것은 다중우주의 '전형적인' 관찰자의 경우에도 성립한다. 그러나 인구수 이외의 다른 요인들을 고려하면 '전형적'이라는 말의 의미는 달라질 수 있다. 그리고 이것은 우리가 우주에서 어떤 특성을 보게 될 것인지에 영향을 미친다. 인류원리에 입각한 계산의 신뢰도를 높이려면 이 점을 반드시 고려해야 한다.

10. 무한집합을 다루는 수학은 이미 개발되어 있다. 수학에 익숙한 독자들은 무한대에 여러 종류가 있다는 사실을 알고 있을 것이다(무한대의 종류는 이미 19세기

에 알려져 있었다). 즉, 무한대중에서도 크고 작은 것이 있다. 수학자들은 모든 정수를 포함하는 집합의 무한한 정도, 즉 '무한대수준(level of infinity)'을 흔히 $\aleph_0$로 표기한다. 19세기 러시아의 수학자 게오르그 칸토어(Georg Cantor)는 이 무한대가 실수집합의 무한대보다 작다는 것을 증명했다. 대충 말해서 정수와 실수를 1:1로 짝을 짓다보면 실수가 남는다는 뜻이다.

본문에 펼쳐진 논리에서 우리가 고려해야 할 무한대수준은 $\aleph_0$뿐이다. 왜냐하면 우리는 '헤아릴 수 있는' 불연속의 무한집합인 정수를 다루고 있기 때문이다. 수학적 관점에서 볼 때 본문에서 언급된 모든 집합들(정수, 짝수, 4의 배수)은 크기가 같다. 즉, 이들은 모두 같은 무한대수준으로 서술된다. 그러나 이제 곧 알게 되겠지만, 물리학에서는 수학적 논리로 내린 결론이 별로 유용하지 않을 때도 있다. 우리의 목적은 물리학적인 관점에서 무한히 많은 우주들을 비교하여 물리적 특성에 따른 상대적인 빈도수(분포)를 알아내는 것이다. 물리학자들이 사용하는 전형적인 방법은 무한히 많은 우주들 중 유한한 부분집합을 골라내어 먼저 비교한 후(개수가 유한하면 무한대와 관련된 골치 아픈 문제들이 나타나지 않는다) 부분집합의 규모를 점차 늘려나가는 것이다. 여기서 문제점은 유한한 부분집합을 고를 때 물리적 타당성을 잃지 말아야 한다는 것이다. 또한 부분집합을 비교하여 얻은 결과는 집합의 규모를 키워도 변하지 않아야 한다.

11. 인플레이션이론은 자기홀극(magnetic monopole) 문제도 해결했다. 물리학자들은 중력을 제외한 세 가지 힘(약력, 강력, 전자기력)을 통일하는 대통일이론(grand unified theory)을 개발하던 중 빅뱅 직후에 수많은 자기홀극이 형성되었다는 수학적 근거를 발견했다. 이 입자는 S극 없이 N극만 있는(또는 N극 없이 S극만 있는) 막대자석과 비슷하다. 그러나 지금까지 이런 입자는 단 한 번도 발견되지 않았다. 인플레이션 우주론은 자기홀극이 존재하지 않는 이유를 다음과 같이 설명하고 있다 – "빅뱅 직후 아주 짧은 시간 동안 공간이 엄청난 규모로 팽창했기 때문에, 자기홀극의 밀도가 거의 0에 가까워졌다."

12. 그 가능성에 대해서도 의견이 분분하다. 일부 학자들은 측도문제(measure problem)가 매우 중요한 문제여서 일단 풀리기만 하면 인플레이션 우주론에 중요한 요소가 추가된다고 생각하는 반면, 다른 사람들(폴 스타인하르트 등)은 측도문제를 해결하려면 인플레이션 우주론과 동떨어진 수학이 요구되며, 거기서 얻은 결과는 지금과 완전히 다른 우주론을 낳을 것이라고 예견하고 있다.

8장 | 양자적 관측의 다중세계

1. 1956년에 쓴 에버렛의 원래 논문과 1957년에 수정 발표된 논문은 브라이스 드위트(Bryce S. DeWitt)와 닐 그레엄(Neill Graham)의 *The Many-Worlds Interpretation of Quantum Mechanics*(Princeton: Princeton University Press, 1973)에 수록되어 있다.

2. 나는 《엘러건트 유니버스》를 집필 중이던 1998년 1월 27일에 존 휠러(John Wheeler)를 만나 양자역학과 일반상대성이론을 주제로 대화를 나눈 적이 있다. 그때 휠러는 "젊은 이론물리학자들이 연구결과를 발표할 때 올바른 언어를 선택하는 것이 중요하다. 그들은 수학적인 내용을 설명할 때 일상적인 언어로 풀어쓰기를 좋아하는데, 시도 자체는 바람직하지만 오해를 사지 않도록 신중을 기해야 한다"고 강조했다. 당시 나는 이 말을 늙은 학자의 상투적인 충고쯤으로 생각했다. 그 후 나는 피터 바이른(Peter Byrne)의 《휴 에버렛 3세의 다중세계(*The Many Worlds of Hugh Everett III*)》(New York: Oxford University Press, 2010)를 읽던 중 휠러가 40년 전에 휴 에버렛에게도 똑같은 충고를 했다는 사실을 알고 깜짝 놀랐다. 휠러는 에버렛이 제출한 첫 번째 논문을 읽고 "수학체계는 놔두고 쓸데없는 말들을 삭제하라. 복잡한 수학을 일상적인 언어로 풀어쓰면 모순이나 오해를 낳을 수 있다"고 경고했다. 당시 휠러는 에버렛의 논문을 인정하면서도, 보어를 비롯한 코펜하겐학파의 석학들이 오랜 세월 동안 쌓아온 양자역학 체계를 무시할 수도 없는 난처한 입장에 놓여 있었다. 휠러는 논문의 어휘가 파격적이라거나 도를 넘었다는 이유로 에버렛의 아이디어가 늙은 학자에게 무시되는 것을 원치 않았지만, 검증되지 않은 주장으로 양자역학의 체계를 공격할 생각도 없었다. 그래서 휠러는 에버렛에게 "네가 새로 개발한 수학체계는 그대로 두고, 나머지 부분의 표현을 좀 더 완곡하고 부드럽게 수정하라"고 충고했던 것이다. 그러면서 에버렛에게 "보어를 만나 네 생각을 설명해보라"고 강력하게 권했다. 그후 1959년에 에버렛은 정말로 보어를 찾아가 2주에 걸쳐 자신의 아이디어를 소개했는데, 보어의 생각을 돌리는 데는 실패했다.

3. 여기서 모호한 점 하나를 짚고 넘어가고자 한다. 슈뢰딩거의 방정식으로 구한 양자적 파동(또는 파동함수)은 양수일 수도 있고 음수일 수도 있다. 일반적으로 이 값은 복소수(complex number)이다. 그런데 음수나 복소수는 확률로 직접 해석될 수 없다. '음의 확률'이라는 게 세상에 어디 있는가? 그래서 확률은 특정 지점에서 계산된 양자적 파동의 '절대값의 제곱'으로 정의되어 있다. 즉, 주어진 한 지

점에서 입자가 발견될 확률을 계산하려면 그 지점에서의 확률파동에 확률파동의 복소공액(complex conjugate)을 곱해야 한다. 이와 관련하여 또 한 가지 분명히 해둘 것이 있다. 두 개의 파동이 겹쳐졌을 때 간섭무늬가 나타나려면 상쇄되는 곳이 반드시 있어야 한다. 그런데 위에서 말한 대로 양자적 파동은 양수뿐만 아니라 음수가 될 수도 있으므로, 양수와 음수 사이에 상쇄가 일어난다(일반적으로 상쇄는 복소수 사이에서 일어난다). 우리는 파동의 정량적인 특성만 알면 되기 때문에, 본문에서는 양자적 파동과 확률파동(양자적 파동의 절대값을 제곱한 것)을 굳이 구별하지 않기로 한다.

4. [수학에 관심 있는 독자들을 위한 주석] 질량이 큰 입자 하나의 양자적 파동(파동함수)은 본문에서 언급한 대로 거의 한 지점에 집중되어 있다. 그러나 일반적으로 무거운 물체는 여러 개의 입자로 이루어져 있다. 이런 경우에 양자역학적 서술은 매우 복잡해진다. 독자들은 한 입자의 확률파동을 서술할 때처럼 3차원 좌표계에서 정의된 확률파동으로 모든 입자를 서술할 수 있다고 생각할지도 모르지만, 사실은 그렇지 않다. 확률파동은 '각 입자의 가능한 위치'를 입력으로 삼아 '입자가 그 위치를 점유할 확률'을 출력으로 내놓는다. 그러므로 확률파동이 정의되는 공간은 각 입자당 3개의 축이 할당된 공간이다. 다시 말해서, 좌표축이 '입자의 개수×3'만큼 필요하다는 뜻이다(끈이론의 여분차원까지 고려한다면 필요한 좌표축의 수는 '입자의 개수×10'이다). 따라서 n개의 입자로 이루어진 복합계의 파동함수는 일상적인 3차원이 아닌 $3n$차원에서 정의된 복소함수(complex-valued function)이다. 공간차원이 3이 아니라 m이라면 위에 언급된 3이라는 숫자는 모두 m으로 대치된다. 이러한 공간을 '배위공간(configuration space)'이라고 한다. 즉, 일반적으로 파동함수는 $\Psi: R^{nm} \to C$로 사상(map)되는 함수이다. 이러한 파동함수가 날카로운 피크를 형성한다는 것은 이 사상이 nm-차원 공간에 있는 '작은 구' 안에서 이루어진다는 뜻이다. 일반적으로 파동함수는 우리에게 친숙한 3차원 공간에서 정의되지 않는다. 외부와 완전히 독립된 하나의 입자라면 배위공간이 일상적인 3차원 공간과 일치하여 우리에게 친숙한 공간 속에서 파동함수를 그려볼 수 있지만, 입자가 두 개 이상이면 이런 식으로 형상화시킬 수 없다. 또 한 가지, "날카로운 형태의 파동함수로 서술되는 무거운 물체는 뉴턴역학에서 예견된 궤적을 그대로 따라간다"고 말할 때, 여기서 말하는 파동함수는 물체의 '질량중심(center of mass)'의 운동을 서술하는 파동함수를 의미한다.

5. 독자들은 전자가 발견될 수 있는 장소가 무한히 많다고 생각할 것이다. 위치에 따

라 서서히 변하는 양자파동은 무수히 많은 각 위치마다 전자가 발견될 확률이 할 당되어 있음을 의미하기 때문이다. 그런데 나는 2장에서 입자가 놓일 수 있는 배열은 많긴 하지만 유한하다고 강조한 바 있다. 어느 쪽이 맞는 말인가? 나는 이 장에서 혼란을 피하기 위해 "전자의 위치를 정확하게 결정하려면 무한대의 에너지가 투입되어야 한다"는 사실을 강조하지 않았다. 현실적으로 관측장비에 투여되는 에너지는 유한하기 때문에 위치의 해상도는 불완전할 수밖에 없다. 그러므로 양자파동이 아무리 한 점에 집중되어 있다고 해도 측정과정에 무한대의 에너지가 투입되지 않는 한 폭이 0인 경우는 없으며, 임의의 유한한 영역 안에서(예를 들어 우주지평선의 내부) 전자가 발견될 수 있는 장소는 많지 하지만 무한대는 아니다. 뿐만 아니라 파동의 피크가 얇아질수록(입자의 위치 해상도가 높아질수록) 입자의 에너지를 서술하는 양자파동은 넓게 퍼진다. 이것은 양자역학의 불확정성원리에 의해 나타나는 필연적인 결과이다.

6. 본문에서 언급한 '두 가지 이야기'는 철학자들 사이에서도 중요한 논쟁거리로 부각되고 있다. 철학에 관심 있는 독자들은 프레드릭 주페(Frederick Suppe)의 *The Semantic Conception of Theories and Scientific Realism*(Chicago: University of Illinois Press, 1989)과 제임스 래디먼(James Ladyman), 돈 로스(Don Ross), 데이비드 스퍼렛(David Spurrett), 존 콜리어(John Collier)의 *Every Thing Must Go*(Oxford: Oxford University Press, 2007)를 읽어보기 바란다.

7. 물리학자들은 양자역학의 다중우주를 거론할 때 종종 "우주가 무한히 많다"고 말한다. 물론 확률파동이 취할 수 있는 형태는 무한히 많다. 공간을 점유하고 있는 하나의 위치에서 확률파동의 값을 연속적으로 변화시키면 한 지점에서도 무수히 많은 확률파동을 만들어낼 수 있다. 그러나 확률파동은 우리가 직접 접할 수 있는 물리적 실체가 아니라, 주어진 상황에서 나타날 수 있는 결과들의 정보를 간직하고 있는 추상적인 파동일 뿐이다. 그리고 실제로 나타날 수 있는 결과의 가짓수는 반드시 무한대일 필요가 없다. 수학에 친숙한 독자들은 양자적 파동(파동함수)이 힐베르트 공간(Hilbert space)에 놓여 있다는 사실을 알고 있을 것이다. 힐베르트 공간이 유한차원 공간이면 주어진 파동함수로 서술되는 물리계를 관측했을 때 나올 수 있는 결과의 종류도 유한하며(즉, 임의의 에르미트 연산자Hermitian operator는 유한한 개수의 고유값eigenvalue을 갖는다) 이로부터 파생되는 우주의 수도 유한하다. 에너지와 크기가 유한한 공간 안에서의 물리학과 관련된 힐베

트 공간은 유한차원을 갖는다는 것이 일반적인 중론이다(이 내용은 9장에서 자세히 다룰 예정이다). 이 논리를 따른다면 양자적 다중우주의 수도 유한하다고 볼 수 있다.

8. Peter Byrne, The Worlds of Hugh Everett III(New York: Oxford University Press, 2010), p.177.

9. [수학에 관심 있는 독자들을 위한 주석] 닐 그레엄(Neill Graham)과 브라이스 드 위트(Bryce DeWitt), 제임스 하틀(James Hartle), 에드워드 파리(Edward Farhi), 제프리 골드스톤(Jeffrey Goldstone), 샘 거트만(Sam Guttmann), 데이비드 도이치(David Deutsch), 시드니 콜만(Sidney Coleman), 데이비드 알버트(David Albert), 그리고 나를 포함한 여러 물리학자들은 지난 여러 해에 걸쳐 각자 독립적으로 양자역학의 확률적 특성을 이해하는 데 핵심이 되는 놀라운 수학적 사실을 발견했다. 수학에 관심 있는 독자들을 위해 그 내용을 여기 소개한다. 주어진 역학계의 파동함수를 $|\Psi\rangle$라 하자. $|\Psi\rangle$는 힐베르트 공간 H의 원소인 벡터(vector)이다. n개의 동일한 역학계의 파동함수는 $|\Psi\rangle^{\otimes n}$으로 표현할 수 있다. 또한 A를 고유값(eigenvalue)이 α_k인 임의의 에르미트 연산자(Hermitian operator)라 하고, 이에 대응되는 고유함수(eigenfunction)을 $|\lambda_k\rangle$라 하자. 그리고 $H^{\otimes n}$ 안에 존재하는 한 상태에서 $|\lambda_k\rangle$가 반복되는 횟수를 나타내는 '빈도수(frequency)' 연산자를 $F_k(A)$라 하자. 여기에 약간의 수학적 과정을 거치면 $\lim_{n \to \infty}[F_k(A)|\Psi\rangle^{\otimes n}] = |\langle\Psi|\lambda_k\rangle|^2|\psi\rangle^{\otimes n}$이 된다. 즉, 동일한 계가 무한히 많아지면 복합계의 파동함수는 고유값이 $|\langle\Psi|\lambda_k\rangle|^2$인 빈도수 연산자의 고유함수로 접근한다. 이것은 매우 놀라운 결과이다. $n \to \infty$의 극한에서 진동수 연산자의 고유함수가 된다는 것은 관측자가 A를 관측하여 α_k를 얻는 횟수의 일부가 $|\langle\Psi|\lambda_k\rangle|^2$임을 의미한다. 이것은 그 유명한 막스 본(Max Born)의 '양자역학 확률법칙'의 가장 직접적인 증명이다. 다중세계의 관점에서 볼 때 이것은 α_k가 관측된 횟수의 일부가 막스 본의 법칙에 어긋나는 세계들이 힐베르트 공간에서 (n→∞의 극한에서) 크기(norm)가 0이라는 것을 의미하며, 다중세계 접근법에서 양자적 확률을 직접적으로 해석할 수 있는 근거를 제공한다. 다중세계에 살고 있는 관측자들 중 n이 무한히 클 때 힐베르트 공간에서의 절대값이 0인 관측자들을 제외한 모든 사람들은 표준 양자역학이 예측한 것과 동일한 빈도수의 결과를 관측하게 된다. 이것은 매우 고무적인 결과지만, 불분명한 구석이 있는 것도 사실이다. n이 무한히 클 때 힐베르트 공간에서 크기가 작거나 0인 관측자가 다른 관측자보다 "덜 중요

하다"거나 "존재하지 않는다"고 말할 수 있는 근거는 무엇인가? 이런 관측자들을 '비정상적(anomalous)'이라거나 '가능성이 적다(unlikely)'고 말할 수도 있다. 그러나 이러한 특성을 힐베르트 공간에서 벡터의 크기와 어떻게 연결시켜야 하는가? 한 가지 예를 들어보자. 위-스핀(spin-up) $|\uparrow\rangle$과 아래-스핀(spin-down) $|\downarrow\rangle$으로 이루어진 2차원 힐베르트 공간에 $|\Psi\rangle = 0.99|\uparrow\rangle + 0.14|\downarrow\rangle$인 상태가 주어져 있다. 이 상태를 관측했을 때 spin-up일 확률은 약 98퍼센트이고 spin-down일 확률은 약 2퍼센트이다. 이제 $|\Psi\rangle$와 동일한 복사본이 n개 존재하는 $|\Psi\rangle^{\otimes n}$을 고려하면, $n \to \infty$일 때 이 벡터의 대부분 항들에서 spin-up과 spin-down의 수는 거의 같아진다. 그러므로 관측자(실험자의 복사본들)의 대부분은 spin-up과 spin-down의 비율이 양자역학의 예측과 맞지 않는다고 생각할 것이다. $|\Psi\rangle^{\otimes n}$을 전개한 항들 중 극히 일부만이 양자역학의 예견대로 98퍼센트의 spin-up과 2퍼센트의 spin-down을 얻게 되고, 오직 이들만이 $n \to \infty$일 때 힐베르트 공간에서 0이 아닌 크기를 갖는다. 어떤 면에서 보면 $|\Psi\rangle^{\otimes n}$을 전개한 항들의 대부분(관측자의 복사본 대부분)이 "존재하지 않는다"고 생각할 수도 있다.

10. 다중세계의 거주자들은 자신이 어떤 세계에 살게 될지 알 수 없다. 이와 같이 '정보의 부족' 때문에 확률이 개입되는 과정을 보여주는 사례가 '잭스터 시나리오'이다. 레프 바이드만(Lev Vaidman)은 다중우주 접근법에서 관측이 마무리된 순간부터 관측자가 그 결과를 읽기 직전의 시간적인 틈 사이에 확률이 개입된다고 주장했다. 그러나 회의론자들은 양자역학, 더 나아가서 과학의 책무는 미래에 일어날 무언가를 예견하는 것이지, 이미 벌어진 일을 확인하는 것이 아니라며 바이드만의 주장에 반대하고 있다. 사실 양자적 확률이 '피할 수 없는 시간지연'에 의존한다는 것은 그리 미덥지 않다. 만일 관측자가 실험이 끝나자마자 즉각적으로 결과를 인지할 수 있다면, 양자적 확률은 끼어들 여지가 없어진다(자세한 내용은 David Albert, "Probability in the Everett Picture" in *Many Worlds: Everett, Quantum Theory, and Reality*, eds. Simon Saunders, Jonathan Barrett, Adrian Kent, and David Wallace(Oxford : Oxford University Press, 2010)와 Peter Lewis, "Uncertainty and Probability for Branching Selves"(philsciarchive.pitt.edu/archive/00002636)을 참조하기 바란다). 바이드만의 주장 및 정보부족에 의한 확률의 개입과 관련된 마지막 이슈는 다음과 같다. 만일 내가 다중우주가 아닌 '유일한 우주'에서 동전을 던진다면 "앞면이 나올 확률은 50퍼센트다"라고 자신 있게 말할 수 있다. 누군가가 그 이유를 묻는다

면 "나올 수 있는 결과는 두 가지인데, 그중 하나만을 볼 수 있기 때문"이라고 말할 것이다. 그렇다면 내가 눈을 감은 채 전자의 위치를 관측하는 경우를 생각해 보자. 나는 감지기에 '스트로베리 필즈' 아니면 '그랜트장군 묘'가 표시되었다는 것을 알고 있지만, 눈을 뜨기 전에는 결과를 알 수 없다. 이때 당신이 다가와서 묻는다. "브라이언 씨, 출력모니터에 그랜트장군 묘라고 나와 있을 확률은 얼마나 될까요?" 나는 동전 문제를 떠올리다가 선뜻 대답을 하지 못하고 망설인다. "글쎄요, 나올 수 있는 결과가 두 가지뿐이라는 게 확실합니까?" 그렇다면 나와 또 다른 브라이언 사이의 유일한 차이점은 모니터에 나타난 결과뿐이다. 나의 모니터에 다른 결과가 나온 경우를 상상하는 것은 내가 아닌 다른 브라이언을 상상하는 것과 같다. 그러므로 모니터에 나온 결과를 모른다 해도, 나(지금 이 말을 하고 있는 나)는 다른 결과를 경험할 수 없다. 이 논리에 의하면 정보부족이 반드시 확률적 사고를 낳는 것은 아니다.

11. 과학자란 항상 객관적인 관점에서 판단을 내리는 사람이다. 그러나 수학의 경제성과 실체에 대한 서술법을 생각할 때, 나는 개인적으로 다중우주 접근법이 맞기를 바란다. 이와 동시에 나는 이론 속에 확률을 도입하기가 어렵다는 점 때문에 '건전한 회의론자'가 되기도 한다. 그래서 나는 다른 접근법도 수용할 준비가 되어 있다. 이들 중 두 가지 접근법이 특히 눈길을 끄는데, 하나는 불완전한 코펜하겐 접근법을 완전한 이론으로 만들기 위한 시도이고, 또 하나는 굳이 이름을 붙이자면 '다중세계가 없는 다중세계이론'이라고 할 수 있다.

첫 번째 시도의 선두주자는 기안카를로 기라르디(Giancarlo Ghirardi)와 알베르토 리미니(Alberto Rimini), 그리고 툴리오 웨버(Tullio Weber)이다. 이들은 슈뢰딩거의 수학이 확률파동의 붕괴를 허용하도록 수정을 가하여 코펜하겐학파의 주장에 힘을 실어주었다. 말로는 간단하지만 결코 쉬운 일이 아니다. 양자역학은 미시영역에서 이미 확실하게 검증된 이론이므로, 수정된 수학체계는 원자나 소립자와 같이 작은 입자의 확률파동에 거의 영향을 미치지 않아야 한다. 그리고 관측장비와 같이 큰 물체가 개입되면 뒤섞인 확률파동이 붕괴되도록 대대적인 수정이 가해져야 한다. 기라르디와 리미니, 그리고 웨버는 이것을 구현하는 수학을 개발한 것이다. 수정된 수학을 적용하면 확률파동은 [그림 8.6]과 같이 관측에 의해 붕괴된다.

두 번째 접근법은 1920년대에 프린스 루이 드브로이(Prince Louis de Broglie)가 최초로 제안하고 수십 년 후 데이비드 봄(David Bohm)에 의해 더욱 개선된 것으로서, 에버렛과 비슷한 수학적 전제에서 출발한다. 즉, 슈뢰딩거의 방정식은 그 대상이 무엇이건 언제 어디서나 양자적 파동의 변화를 관장한다는 것이다. 드브로이-봄 이론에서 확률파동은 다중세계 접근법과 동일한 방식으로 변하지만, 여러 개의 가능한 세계들 중 단 하나의 세계만이 현실로 실현된다는 점이 다중세계와 다르다.

이것을 구현하기 위해 봄은 전통적인 양자역학의 '파동 또는 입자(wave or particle, 전자는 파동이었다가 관측을 시도하면 입자로 변한다)'라는 관점을 과감히 폐기하고, '파동과 입자(wave and particle)'라는 새로운 관점을 채택했다. 드브로이와 봄은 전통적인 양자역학에서 벗어나 입자를 "아주 작고 한 점에 집중되어 있으면서 명확한 궤적을 따라가는 객체"로 간주했다. 이 관점에 의하면 입자는 전혀 모호하지 않은 일상적인 실체로서, 고전적인 입자의 개념과 매우 비슷하다. 그리고 여러 개의 다중세계들 중 입자가 명확한 위치를 갖는 세계만이 유일한 '실제 세계'이다. 이런 경우에 양자적 파동은 여러 개의 실체가 공존하는 추상적인 객체로 남지 않고, 입자의 운동을 유도하는 새로운 역할을 하게 된다. 양자적 파동은 입자를 파동이 큰 곳으로 밀어넣어 그곳에서 발견될 확률이 커지도록 만들고, 파동이 작은 곳에서 멀어지게 하여 그곳에서 발견될 확률이 작아지도록 만든다. 그래서 드브로이와 봄은 양자적 파동이 입자에 미치는 영향을 서술하는 방정식을 추가로 도입했다. 이들의 이론에서는 슈뢰딩거 방정식과 새로 도입한 방정식이 똑같이 핵심적인 역할을 한다(수학에 관심 있는 독자들은 아래의 글을 더 읽어보기 바란다).

드브로이-봄의 접근법은 여러 해 동안 고려할 가치가 없는 이론으로 취급되어 왔다. 새로 도입한 두 번째 방정식이 생소했을 뿐만 아니라, 입자와 파동을 모두 포함시켜서 목록이 두 배로 길어졌기 때문이다. 그러나 최근 들어 기라르디와 리미니, 그리고 웨버가 "코펜하겐 접근법은 두 번째 방정식을 필요로 한다"는 새로운 주장을 내놓으면서 학계의 관심을 끌기 시작했다. 입자와 파동을 이론에 모두 포함시키면 좋은 점이 엄청나게 많다. 무엇보다도 이곳에서 저곳으로 이동하는 물체의 명확한 궤적이 정의되므로, 코펜하겐학파의 학자들이 모든 사람들에게 포기하라고 권유했던 고전적 개념을 되살릴 수 있다. 문제는 이 접근법이 비국소적(non-local)이고(새로운 방정식에 의하면 한 장소에 미친 영향은 다른 장소에 즉각적으로 퍼진다) 특수상대성이론과 충돌을 일으킨다는 점인데, 코펜하겐 접근법도 비국소적이며, 이는 실험을 통해 입증되었으므로 첫 번째 문제는 그리 심각하지 않다. 그러나 특수상대성이론과 관련된 첫 번째 문제는 반드시 해결되어야 한다.

물리학자들이 드브로이-봄의 접근법을 비난하는 이유 중 하나는 이론의 수학적 체계가 분명하지 않기 때문이다. 수학에 관심 있는 독자들을 위해 여기 그 내용을 소개한다.

우선 파동함수가 만족하는 슈뢰딩거의 방정식 $H\Psi = i\hbar \frac{\partial \Psi}{\partial t}$에서 시작해보자. 위치 x에서 입자의 확률밀도(probability density) $\rho(x)$는 표준방정식 $\rho(x) = |\Psi(x)|^2$으로 주어진다. 이제 위치 x에서 속도가 $v(x)$인 입자의 정확한 궤적을 결정한다고 상상해보자. $v(x)$는 어떤 물리적 조건을 만족해야 하는가? 우선은 확률보존법칙을 만족해야 한다. 입자가 한 지역에서 다른 지역을 향해 속도 $v(x)$로 움직일 때, 확률밀도는 $\frac{\partial \rho}{\partial t} + \frac{\partial (\rho v)}{\partial x} = 0$을 만족하도록 조절되어야 한다. 이 방정식을 $v(x)$에 대해 풀면

$$v(x, t) = \frac{-1}{\rho(x, t)} \int \frac{\partial \rho}{\partial t} = \frac{\hbar}{m} \text{Im} \left(\frac{\Psi^* \frac{\partial \Psi}{\partial x}}{\Psi^* \Psi} \right)$$

가 된다. 여기서 m은 입자의 질량이다.

슈뢰딩거 방정식과 함께 드브로이-봄 이론의 핵심을 이루는 이 방정식은 수학적으로 비선형(nonlinear)이지만, 슈뢰딩거 방정식의 선형성에는 아무런 영향도 주지 않는다. 결과적으로 보면 코펜하겐 접근법의 단점을 극복하려다 보니, 파동함수와 비선형적으로 관련된 새로운 방정식이 얻어진 것이다. 그래도 슈뢰딩거 방정식의 위력과 아름다움은 그대로 유지된다.

여러 개의 입자로 일반화시키는 과정도 그리 어렵지 않다. 새로운 방정식의 우변에 있는 파동함수 $\Psi(x)$를 $\Psi(x_1, x_2, x_3, \cdots x_n)$으로 대치시키고 k-번째 입자의 속도는 k-번째 좌표를 미분하면 된다(위의 방정식은 1차원만을 고려한 것이다. 높은 차원에서는 그에 필요한 좌표를 추가하면 된다). 이런 식으로 방정식을 일반화시키면 이론의 비국소성이 분명하게 드러난다. 즉, k-번째 입자의 속도는 다른 모든 입자의 위치에 따라 즉각적으로 변한다(입자의 위치좌표가 파동함수의 변수이기 때문이다).

12. 코펜하겐 접근법과 다중세계 접근법을 구별하는 실험이 하나 있다. 다들 알다시피 전자는 다른 입자들처럼 스핀(spin)이라는 특성을 갖고 있다. 팽이가 자신의 축을 중심으로 회전하듯이, 전자도 이와 비슷하게 회전한다고 생각하면 된다. 팽이와 다른 점은 회전축의 방향이 어느 쪽을 향하건 전자의 회전속도가 항상 동일하다는 점이다. 질량이나 전하와 마찬가지로 스핀 역시 전자가 갖는 고유의 특성

이다. 유일한 변수는 전자의 회전방향이 시계방향인가, 또는 반시계방향인가 하는 것이다. 반시계방향이면 전자의 스핀은 '업(up)'이고, 시계방향이면 스핀은 '다운(down)'이다. 그런데 양자역학의 불확정성원리에 의해 하나의 축에 대한 전자의 스핀이 정확하게 결정되면(예를 들어 z-축 방향의 스핀성분이 100퍼센트 정확하게 알려졌다면) x-축 또는 y-축 방향 스핀성분은 불확실해진다(예를 들자면 x-축 방향 스핀성분의 50퍼센트는 up이고 50퍼센트는 down이며, y-축 스핀성분도 이와 비슷하다).

이제 z-축 스핀성분이 100퍼센트 'up'으로 정확하게 알려져 있는 전자의 x-축 스핀을 측정한다고 가정해보자. 측정결과가 down으로 나왔다면 코펜하겐 접근법에 의해 전자의 스핀 파동함수는 붕괴된다. 즉, 스핀이 up일 가능성은 현실세계에서 완전히 사라져버리는 것이다. 그러나 다중세계 접근법에 의하면 스핀이 down인 상태와 up인 상태가 둘 다 구현되기 때문에 up일 가능성은 완전하게 살아 있다.

둘 중 어느 쪽이 맞는지 판별하기 위해, 다음과 같은 경우를 상상해보자. 당신이 전자의 x-축 스핀을 관측한 후 누군가가 물리적 과정을 거꾸로 되돌렸다(슈뢰딩거 방정식을 비롯한 물리학의 기본 방정식들은 시간 되돌림(time-reversal)에 대해 불변이다. 즉, 모든 물리적 과정은 (적어도 원리적으로는) 거꾸로 되돌릴 수 있다. 자세한 내용을 알고 싶은 독자들은 나의 전작인 《우주의 구조》를 읽어보기 바란다). 시간 되돌림은 전자와 관측장비, 그리고 실험과 관련된 모든 것에 적용된다. 만일 다중우주 접근법이 옳다면 후속관측을 실시했을 때 전자의 z-축 스핀은 처음과 마찬가지로 100퍼센트 정확할 것이다. 반면에 코펜하겐 접근법(기라르디-리미니-웨버의 버전)이 옳다면 다른 답이 얻어질 것이다. 코펜하겐 해석에 의하면 전자의 x-축 스핀을 관측하여 down으로 나온 경우, 스핀이 up일 가능성은 실체의 목록에서 완전히 사라진다. 이런 경우에는 파동함수의 일부가 영구적으로 손실되었기 때문에 시간을 거꾸로 되돌려도 처음의 결과가 재현되지 않는다. 따라서 전자의 z-축 스핀도 100퍼센트 정확하지 않아서 처음과 같은 상태가 복원될 확률은 50퍼센트 정도로 떨어진다. 코펜하겐 접근법이 옳다면 이와 같은 실험을 여러 번 반복했을 때 전자의 초기 z-축 스핀이 up일 확률은 50퍼센트쯤 될 것이다. 실제로는 시간을 되돌릴 방법이 없으므로 이것은 상상 속에서나 가능한 실험이지만, 원리적으로 두 이론 사이의 차이점을 보여주는 좋은 사례라고 할 수 있다.

9장 | 블랙홀과 홀로그램

1. 아인슈타인은 슈바르츠실트가 제안한 극단적인 천체(지금 우리가 블랙홀이라 부르는 천체)가 존재할 수 없다는 것을 일반상대성이론으로 증명하기 위해 일련의 계산을 수행했다. 물론 그의 계산에는 틀린 점이 전혀 없었다. 그러나 아인슈타인은 블랙홀에 의한 시공간의 뒤틀림에 어떤 한계가 있다고 가정했다. 이 가정에 의하면 어떠한 천체도 내파(implosion)될 수 없다(아무래도 아인슈타인은 블랙홀의 존재를 인정할 생각이 처음부터 없었던 것 같다). 그러나 이것은 아인슈타인이 임의로 세운 가정이므로, 블랙홀의 형성을 원칙적으로 봉쇄하지는 못한다. 현대의 과학자들은 일반상대성이론이 블랙홀의 존재를 허용한다는 것을 당연한 사실로 받아들이고 있다.

2. 주어진 물리계의 엔트로피가 최대치에 도달하면(온도가 일정한 수증기) 엔트로피가 더 증가할 여지가 없다. 그러므로 열역학 제2법칙을 좀 더 정확하게 서술하면 다음과 같다. "엔트로피는 주어진 물리계가 허용하는 최대값 이내에서 항상 증가한다."

3. 1972년에 제임스 바딘(James Bardeen)과 브랜든 카터(Brandon Carter), 그리고 스티븐 호킹(Stephen Hawking)은 블랙홀의 진화와 관련된 수학법칙을 연구하다가 열역학 방정식과 매우 비슷하게 생긴 방정식을 발견했다. '블랙홀의 사건지평선의 표면적'을 '엔트로피'로 대치시키고 '블랙홀의 표면에서의 중력'을 '온도'로 대치하면 두 방정식이 자연스럽게 연결된다. 따라서 베켄슈타인의 아이디어가 제대로 적용되려면(그리고 이 유사성이 단순한 우연이 아니라 블랙홀이 엔트로피를 갖고 있음을 시사하는 것이라면) 블랙홀은 0이 아닌 온도를 갖고 있어야 한다.

4. 에너지의 부호가 뒤바뀌는 이유는 분명하지 않지만 에너지와 시간 사이의 긴밀한 관계에서 찾아볼 수 있다. 입자의 에너지는 그에 대응되는 양자장의 진동속도와 관련되어 있다. 속도란 원래 시간에 의존하는 개념이므로, 에너지와 시간이 가까운 관계라는 데에는 의심의 여지가 없다. 그런데 블랙홀은 시간에 지대한 영향을 미친다. 블랙홀로부터 멀리 떨어져 있는 관측자가 볼 때, 사건지평선에 접근하는 물체는 시간이 점점 느리게 흐르다가 사건지평선에 도달하면 시간이 아예 멈춰버린다. 그리고 사건지평선을 통과하면 시간과 공간의 역할이 뒤바뀐다(블랙홀의 내부로 들어가면 반지름 방향이 시간축이 된다). 즉, 블랙홀 안으로 진입하면 '양의 에너지'는 '블랙홀의 특이점을 향해 반지름 방향으로 나아가는 운동'으로 바뀌

는 것이다. 음의 에너지를 가진 입자가 사건지평선을 통과하면 블랙홀의 중심을 향해 떨어진다. 따라서 블랙홀의 외부에 있는 관측자가 볼 때 음에너지를 가진 입자는 블랙홀 안에서 양의 에너지를 가진 것처럼 보이기 때문에, 그 안에서 정상적으로 존재할 수 있다.
5. 블랙홀이 수축되면 사건지평선의 면적도 같이 수축되므로 표면적이 증가한다는 호킹의 주장에 위배되는 것 같다. 그러나 호킹의 면적이론은 고전적인 일반상대성이론에 기초한 것이다. 여기에 양자적 과정을 고려하면 더욱 정교한 결과를 얻을 수 있다.
6. 좀 더 정확하게 말하면 계의 엔트로피는 미시적 상태를 유일하게 결정할 수 있는 yes-no 질문의 '최소 개수'와 같다.
7. 호킹의 계산에 의하면 블랙홀의 엔트로피는 플랑크단위로 표현한 사건지평선 면적의 4분의 1이다.
8. 블랙홀의 미세구조는 아직 확실히 밝혀지지 않고 있다. 4장에서 말한 바와 같이 1996년에 앤드류 스트로밍거와 쿰룬 바파는 "누군가가 중력을 서서히 약하게 만든다면, 특정 블랙홀은 끈과 브레인의 집합으로 변한다"는 사실을 알아냈다. 또한 이들은 기본 구성요소들이 배열될 수 있는 가짓수를 헤아림으로써 호킹의 블랙홀 엔트로피 공식을 가장 확실하게 재현했다. 그러나 이들은 중력이 강한 경우(블랙홀이 생성되는 시기)에 구성요소들이 겪는 일에 대해서는 아무런 설명도 하지 못했다. 그런가 하면 사미르 마투르(Samir Mathur)와 그의 동료들은 블랙홀의 내부가 진동하는 끈으로 가득 차 있을 수도 있다고 주장했는데(그들은 이것을 '퍼즈볼fuzz ball'이라 불렀다), 아직 확인은 안 된 상태이다. 이 장의 끝 부분에 가면(끈이론과 홀로그래피) 이 의문을 해결하는 실마리를 찾을 수 있을 것이다.
9. 좀 더 정확하게 말하면 중력은 자유낙하가 진행되는 영역 안에서 상쇄되며, 이 영역의 크기는 중력장이 변하는 스케일에 따라 달라진다. 중력이 큰 스케일에서만 변한다면(중력이 균일하거나 거의 균일한 경우) 자유낙하운동은 넓은 영역에서 중력을 상쇄시킨다. 그러나 중력이 작은 스케일에서 변하면(예를 들면 당신 몸의 크기) 당신의 다리는 중력을 느끼지 않는데도 머리는 중력을 느낄 수 있다. 특히 블랙홀의 특이점과 같이 중력이 유난히 강한 지점으로 접근할수록 이 차이는 크게 나타난다. 만일 당신이 특이점에 가까이 접근한다면 당신의 몸은 갈가리 찢어질 것이다. 당신의 발을 잡아당기는 중력이 머리를 잡아당기는 중력보다 압도적으로 강하기 때문이다.

10. 1976년에 윌리엄 언러(William Unruh)는 "당신이 공간 속에서 가속운동을 하다가 마주치는 입자의 온도는 당신의 가속도에 따라 달라진다"는 사실을 발견했다. 그런데 일반상대성이론은 자유낙하하는 관측자를 기준으로 삼아 가속도를 계산할 것을 요구한다(《우주의 구조》 3장 참조). 따라서 자유낙하를 하고 있지 않은 원거리 관측자에게는 블랙홀에서 방출되는 복사가 보이지만, 자유낙하하는 관측자에게는 보이지 않는다.

11. 반지름 R인 구의 질량이 $c^2R/2G$를 초과하면 블랙홀이 된다. 여기서 c는 빛의 속도이고 G는 뉴턴의 중력상수이다.

12. 물질이 자체 무게에 의해 안으로 붕괴되면서 블랙홀이 형성되면 사건지평선은 지금 우리가 논하고 있는 경계선 안쪽에 형성된다. 따라서 우리는 아직 이 영역이 가질 수 있는 엔트로피의 최대치에 도달하지 못한 셈인데, 이 점은 간단하게 극복할 수 있다. 사건지평선이 영역의 경계와 일치할 때까지 블랙홀의 내부에 물체를 계속 주입하면 된다. 이 과정에서도 엔트로피는 증가하기 때문에, 영역 안에 투입된 물체의 엔트로피는 그 영역을 가득 채운 블랙홀의 엔트로피(플랑크단위로 나타낸 영역의 표면적)보다 작다.

13. G.'tHooft, "Dimensional Reduction in Quantum Gravity," In *Salam Festschrift*, edited by A. Ali, J. Ellis, and S. Randjbar-Daemi(River Edge, N.J.: World Scientific, 1993), pp.284-96 (QCD161:C512:1993).

14. 앞에서 말한 바와 같이, '피곤에 지친' 광자는 블랙홀의 중력을 이겨내느라 에너지를 소모하여 파장이 길어지고(붉은색 쪽으로 치우치고) 진동수는 작아진다. 그런데 지구의 자전과 공전 등 다른 주기운동과 마찬가지로 빛의 진동수는 시간을 정의하는 수단으로 사용된다. 현재 사용되고 있는 '1초'의 단위는 세슘원자(C-133)가 방출하는 빛의 진동수로부터 정의된 것이다. 따라서 광자가 피곤에 지쳐 진동수가 작아졌다는 것은 (멀리 떨어져 있는 관측자가 볼 때) 블랙홀 근방에서 시간이 느리게 흐른다는 것을 의미한다.

15. 과학의 위대한 발견은 대부분의 경우 한 사람의 노력만으로 이루어지지 않는다. 말다세나의 경우도 마찬가지다. 토프트와 서스킨드, 그리고 말다세나로 이어지는 이 놀라운 발견은 여러 물리학자들의 연구에 힘입은 바 크다. 그 대표적인 인물로는 스티브 굽서, 조 폴친스키, 알렉산더 폴리야코프, 아쇼크 센, 앤디 스트로밍거, 쿰룬 바파, 에드워드 위튼 등이 있다.

수학에 관심 있는 독자들을 위해 말다세나의 이론을 좀 더 구체적으로 서술하면 다음과 같다. 브레인 더미를 이루고 있는 브레인의 수를 N이라 하고, IIB형 끈이론의 결합상수를 g라 하자. gN이 1보다 훨씬 작으면 모든 물리적 현상은 브레인 더미 위에서 움직이는 저-에너지 끈으로 서술할 수 있다. 그리고 이런 끈은 어떤 특별한 4차원 초대칭 등각불변 양자장이론(4-dimensional supersymmetric conformally invariant quantum field theory)으로 서술된다. 그러나 gN의 값이 크면 장이론을 이용한 분석이 매우 어려워진다. 그런데 말다세나가 얻은 결과에 의하면 이런 경우에 브레인 더미의 지평선 근처에서 움직이는 끈으로 서술할 수 있다(이곳의 기하학적 구조는 $AdS_5 \times S^5$로서, '반-드지터 5차원 시공간 5-스피어anti-de Sitter five-spacetimes the five sphere'라 한다). 이 공간의 반지름은 gN에 의해 결정되기 때문에(반지름은 $(gN)^{1/4}$에 비례한다) gN이 크면 $AdS_5 \times S^5$의 곡률이 작아지고, 끈이론에 입각한 계산이 가능해진다(특히 아인슈타인의 중력이론(일반상대성이론)을 수정하면 이 결과를 근사적으로 재현할 수 있다). 그러므로 gN이 작은 값에서 큰 값으로 변하면, 물리학은 4차원 초대칭 등각불변 양자장이론에서 $AdS_5 \times S^5$ 위에서 펼쳐지는 10차원 끈이론으로 변한다. 물리학자들은 이것을 'AdS/CFT(anti-de Sitter space/conformal field theory) 대응'이라 부른다.

16. 말다세나의 논리는 아직 완전히 증명되지 않았지만, 최근 들어 대공간과 경계 사이의 연결고리에 관하여 많은 사실들이 밝혀졌다. 예를 들어 지금까지 발표된 일련의 계산결과들 중 임의의 결합상수에서 어느 계산이 맞는지는 이미 밝혀져 있으며, 이 결과는 결합상수가 큰 쪽으로 확장될 수 있다. 또한 이것은 대공간의 관점을 경계면의 관점으로 (또는 그 반대로) 변환하는 방법을 제공해준다.

17. 엄밀히 말하면 이것은 말다세나의 결과를 조금 변형하여 경계면에서의 양자장이론을 근사적인 양자색역학으로 대치시킨 것이다. 물론 대공간에서도 이와 비슷한 수정이 가해져야 한다. 에드워드 위튼이 알아낸 바에 의하면 고온 경계이론은 내부 대공간의 블랙홀이론에 대응되며, 쿼크-글루온 플라즈마의 전단점성(shear viscosity)은 블랙홀 사건지평선의 특별한 왜곡으로 나타난다. 이것은 어렵긴 하지만 해볼 만한 계산이다.

18. 탐 뱅크스(Tom Banks)와 윌리 피슐러(Willey Fischler), 스티브 셴커, 그리고 레너드 서스킨드는 매트릭스이론(Matrix theory, M-이론의 'M'은 여러가지 뜻이 있는데, 그중 하나가 Matrix이다)에 기초하여 끈이론의 새로운 정의를 시도한 바 있다.

10장 | 우주와 컴퓨터, 그리고 수학적 실체

1. 현재 관측 가능한 우주에 존재하는 질량의 총합은 10^{55}g이지만, 우주 초기에는 온도가 높았기 때문에 에너지는 지금보다 훨씬 컸다. 이 점을 고려하면 지금과 같은 우주를 창조하기 위해 요구되는 질량은 10^{65}g으로 많아진다. 물론 이 방대한 질량을 미세한 영역 안에 욱여넣은 상태에서 출발해야 한다.

2. 특수상대성이론을 아는 독자들은 "절벽에서 아무리 오래 떨어져도 속도가 빛보다 빨라질 수는 없기 때문에 운동에너지가 증가하는 데에는 한계가 있다"고 생각할지도 모른다. 그러나 사실은 그렇지 않다. 속도가 광속에 가까워질수록 당신의 에너지는 계속 증가한다. 특수상대성이론에 의하면 한계가 없다. 질량 m인 물체가 속도 v로 움직이고 있을 때, 상대론적 에너지는 $E=mc^2/\sqrt{1-\frac{v^2}{c^2}}$로 주어진다(여기서 c는 빛의 속도이다). 이 식에서 보다시피 속도 v가 c에 가깝게 접근하면 E는 무한정 커질 수 있다. 한 가지 짚고 넘어갈 것은 이 논리가 당신이 떨어지는 모습을 지면에 서서 바라보고 있는 관찰자의 관점에서 펼친 논리라는 것이다. 당신의 관점에서 보면 당신은 허공에 멈춰 있고, 당신을 제외한 모든 물체들이 반대쪽으로 점점 빨라지고 있다.

3. 지금까지 알려진 사실만 갖고 계산을 수행하면 결과가 크게 들쭉날쭉한다. 본문에서 말하는 '10g'은 다음과 같은 근거에서 계산된 것이다. 인플레이션이 일어나는 에너지 스케일은 플랑크에너지 스케일의 10^{-5}배(10만 분의 1)이며, 플랑크에너지는 양성자의 질량의 10^{19}배에 해당한다(만일 인플레이션이 더 큰 에너지 스케일에서 일어났다면, 우주 초기에 생성된 중력파가 이미 감지되었을 것이다). 우리에게 친숙한 단위로 환산하면 플랑크에너지는 약 10^{-5}g이다(일상적인 기준에서는 작은 양이지만 입자물리학에서는 어마어마하게 큰 양이다). 따라서 인플라톤장의 에너지 밀도는 한 변의 길이가 플랑크길이의 10^5배(10^{-28}cm)인 정육면체 하나당 10^{-5}g이 들어 있는 것과 같다(양자역학의 불확정성원리에 의해 에너지와 길이 스케일은 서로 반비례하는 관계에 있다). 그러므로 직경이 10^{-26}cm인 씨앗에 들어 있는 인플라톤장의 총 질량-에너지는 10^{-5}g/$(10^{-28}$cm$)^3 \times (10^{-26}$cm$)^3$이며, 이 값을 계산한 결과가 약 10g이다. 나의 전작인 《우주의 구조》에서는 인플라톤장의 에너지 스케일을 조금 크게 잡았기 때문에 이 값이 조금 다르게 나와 있다.

4. Hans Moravec, *Robot: Mere Machine to Transcendent Mind*(New York: Oxford University Press, 2000). Ray Kurzweil, *The Singularity Is Near: When Humans Transcend Biology*(New York: Penguin, 2006).

5. Robin Hanson, "How to Live in a Simulation", *Journal of Evolution and Technology* 7, no.1 (2001).
6. 처치-튜링 명제(Church-Turing thesis)에 의하면, 범용 튜링머신(Turing machine)은 다른 튜링머신의 행동을 똑같이 따라할 수 있다. 그러므로 시뮬레이션 안에 있는 컴퓨터(전체 세상을 시뮬레이션하고 있는 모컴퓨터에 의해 가상으로 만들어진 컴퓨터)가 모컴퓨터의 계산을 똑같이 수행한다는 설정은 논리적으로 아무런 하자가 없다.
7. 철학자 데이비드 루이스(David Lewis)는 '양상 실재론(Modal Realism)'이라는 철학을 통해 이와 비슷한 아이디어를 제시했다(On the Plurality of Worlds (Malden, Mass.: Wiley-Blackwell, 2001). 그러나 루이스는 노직 교수와 조금 다른 관점에서 다중우주를 도입했다. 루이스는 조건법적 서술(예를 들어 "히틀러가 전쟁에서 이겼다면 이 세상은 지금과 크게 다를 것이다" 등)의 구체적인 예시를 선호했다.
8. 존 바로우(John Barrow)는 그의 저서 *Pi in the Sky*(New York: Little, Brown, 1992)(국내에서는 《수학, 천상의 학문》(경문사)으로 출간되었다)에서 이와 비슷한 관점을 제시한 바 있다.
9. 7장에서 말한 것처럼, 이 무한대의 크기는 모든 자연수의 집합(1, 2, 3, …)보다 크다.
10. 이것은 그 유명한 '세빌리아의 이발사 역설'의 주방장 버전이다. 원래의 역설은 다음과 같다. 세빌리아에 사는 한 이발사는 스스로 면도를 하지 않는 사람들만 면도를 해준다. 그렇다면 이발사의 면도는 누가 해주는가? 물론 이발사는 남자라고 가정한다. 만일 그가 여자라면 "면도를 안 해도 된다"는 뻔한 답이 존재하기 때문이다.
11. 슈미트후버는 효율적인 작업을 위해 각 시뮬레이션 우주의 시간에 따른 변화를 '열장이음식(dove-tailed manner)'으로 진행시킬 것을 권했다. 즉, 첫 번째 우주는 한 번 만들어진 후 컴퓨터의 모든 시간단계(time-step)에서 업데이트되고, 두 번째 우주는 나머지 모든 시간단계에서 업데이트되며, 세 번째 우주도 그 후의 모든 시간단계에서 업데이트되는 식이다. 이렇게 하면 계산 가능한 모든 우주들은 무수히 많은 시간단계를 거치면서 진화하게 된다.
12. 계산 가능성과 불가능성을 좀 더 면밀하게 분석하다 보면 '극한계산가능함수(limit computable function)'에 도달하게 된다. 이것은 "정확한 계산을 위해 요

구되는 알고리즘이 무한하지 않고 유한한" 함수를 말한다. 원주율 π가 대표적인 사례이다. π는 무리수이기 때문에 아무리 계산해도 끝에 도달할 수 없지만, 컴퓨터는 계속해서 소수점 아래 숫자들을 계산할 수 있다. 그러므로 엄밀하게 말해서 π는 계산이 불가능하지만 극한계산가능(limit computable)하다. 그러나 대부분의 실수는 π와 달라서 계산이 불가능하지도 않고, 극한계산가능하지도 않다.

'성공적인' 시뮬레이션을 위해서는 극한계산가능함수에 기초한 우주도 포함해야 한다. 원리적으로 믿을 수 있는 실체는 극한계산가능함수를 계산하는 컴퓨터의 출력 중 일부에서 구현될 수 있다.

물리학의 법칙들이 계산가능하거나(computable), 극한계산가능하려면 실수에 의존하는 전통적인 체계를 포기해야 한다. 이것은 실수좌표로 표현되는 시간과 공간뿐만 아니라, 물리법칙이 채용하고 있는 모든 수학적 요소에 적용되는 이야기다. 예를 들어 전자기력의 세기는 실수를 따라 변하지 않고 불연속의 값을 따라 변한다. 전자가 이곳 또는 저곳에 있을 확률도 마찬가지다. 슈미트후버는 물리학자들이 지금까지 수행해온 모든 계산이 불연속 기호를 다루는 쪽으로 진화하고 있음을 강조했다. 과학적 연구가 항상 실수에 의존해온 것처럼 보이지만, 실상은 그렇지 않다는 것이다. 지금까지 관측된 모든 수치들도 마찬가지다. 이 세상의 어떤 관측장비도 무한히 정확할 수 없으므로 관측장비들은 항상 불연속의 값들 중 하나를 출력해온 것이다. 이런 점에서 볼 때 그동안 물리학이 거두어온 모든 성공은 결국 디지털 패러다임의 성공이라 할 수 있다. 아마도 진정한 법칙은 계산가능(또는 극한계산가능)할지도 모른다.

"디지털 물리학"을 바라보는 관점은 사람마다 다르다. 그중 몇 가지는 스티븐 울프만(Stephen Wolfman)의 *New Kind of Science*(Champaign, Ill.: Wolfman Media, 2002)와 세스 로이드(Seth Lloyd)의 *Programming the Universe*(New York: Alfred A. Knopf, 2006)에 잘 나와 있다. 수학자 로저 펜로즈는 인간의 마음이 계산 불가능한 과정에 기초하고 있으며, 따라서 우리가 사는 우주에도 계산 불가능한 함수가 포함되어 있다고 주장했다. 그의 말이 맞는다면 우리의 우주는 디지털 패러다임에 속하지 않는다. 자세한 내용을 알고 싶은 독자들은 펜로즈의 저서 *The Emperor's Mind*(New York: Oxford University Press, 1989)와 *Shadows of the Mind*(New York: Oxford University Press, 1994)를 읽어보기 바란다.

11장 | 탐구의 한계

1. Steven Weinberg, *The First Three Minutes*(New York: Basic Books, 1973), p.131.

참고문헌

Albert, David. *Quantum Mechanics and Experience*. Cambridge, Mass.: Havard University Press, 1994.
Alexander, H.G. *The Leibniz-Clarke Correspondence*. Manchester: Manchester University Press, 1956.
Barrow, John. *Pi in the Sky*. Boston: Little, Brown, 1992.
_____, *The World Within the World*. Oxford: Clarendon Press, 1988.
Barrow, John, and Frank Tipler. *The Anthropic Cosmological Principle*. Oxford: Oxford University Press, 1986.
Bartusiak, Marcia. *The Day We Found the Universe*. New York: Vintage, 2010.
Bell, John. *Speakable and Unspeakable in Quantum Mechanics*. Cambridge, Eng.: Cambridge University Press, 1993.
Bronowski, Jacob. *The Ascent of Man*. Boston: Little, Brown, 1973.
Byrne, Peter. *The Many Worlds of Hugh Everett Ⅲ*. New York: Oxford University Press, 2010.
Callender, Craig, and Nick Huggett. *Physics Meets Philosophy at the Planck Scale*. Cambridge, Eng.: Cambridge University Press, 2001.
Carroll, Sean. *From Eternity to Here*. New York: Dutton, 2010.
Clark, Ronald. *Einstein: The Life and Times*. New York: Avon, 1984.
Cole, K. C. *The Hole in the Universe*. New York: Harcourt, 2001.
Crease, Robert P., and Charles C. Mann. *The Second Creation*. New Brunswick, N.J.: Rutgers University Press, 1996.
Davies, Paul. *Cosmic Jackpot*. Boston: Houghton Mifflin, 2007.
Deutsch, David. *The Fabric of Reality*. New York: Allen Lane, 1997.

DeWitt, Bryce, and Neill Graham, eds. *The Many-Worlds Interpretation of Quantum Mechanics*. Princeton: Princeton University Press, 1973.

Einstein, Albert. *The Meaning of Relativity*. Princeton: Princeton University Press, 1988.

_____, *Relativity*. New York: Crown, 1961.

Ferris, Timothy. *Coming of Age in the Milky Way*. New York: Anchor, 1989.

_____, *The Whole Shebang*. New York: Simon & Schuster, 1997.

Feynman, Richard. *The Character of Physical Law*. Cambridge, Mass.: MIT Press, 1995.

_____, *QED*. Princeton: Princeton University Press, 1986.

Gamow, George. *Mr. Tompkins in Paperback*. Cambridge, Eng.: Cambridge University Press, 1993.

Gleick, James. *Isaac Newton*. New York: Pantheon, 2003.

Gribbin, John. In Search of the Multiverse. Hoboken, N.J.: Wiley, 2010.

_____, *Schrödinger's Kittens and the Search for Reality*. Boston: Little, Brown, 1995.

Guth, Alan H. *The Inflationary Universe*. Reading, Mass.: Addison-Wesley, 1997.

Hawking, Stephen. *A Brief History of Time*. New York: Bantam Books, 1998.

_____, *The Universe in a Nutshell*. New York: Bantam Books, 2001.

Isaacson, Walter. *Einstein*. New York: Simon & Schuster, 2007.

Kaku, Michio. *Parallel Worlds*. New York: Anchor, 2006.

Kirschner, Robert. *The Extravagant Universe*. Princeton: Princeton University Press, 2002.

Krauss, Lawrence. *Quintessence*. New York: Perseus, 2000.

Kurzweil, Ray. *The Age of Spiritual Machines*. New York: Viking, 1999.

_____, *The Singularity Is Near*. New York: Viking, 2005.

Lederman, Leon, and Christopher Hill. *Symmetry and the Beautiful Universe*. Amherst, N.Y.: Prometheus Books, 2004.

Livio, Mario. *The Accelerating Universe*. New York: Wiley, 2000.

Lloyd, Seth. *Programming the Universe*. New York: Knopf, 2006.

Moravec, Hans. *Robot*. New York: Oxford University Press, 1998.
Pais, Abraham. *Subtle Is the Lord*. Oxford: Oxford University Press, 1982.
Penrose, Roger. *The Emperor's New Mind*. New York: Oxford University Press, 1989.
_____. *Shadows of the Mind*. New York: Oxford University Press, 1994.
Randall, Lisa. *Warped Passages*. New York: Ecco, 2005.
Rees, Martin. *Before the Beginning*. Reading, Mass.: Addison-Wesley, 1997.
_____. *Just six Numbers*. New York: Basic Books, 2001.
Schrödinger, Erwin. *What is Life?* Cambridge, Eng.: Canto, 2000.
Siegfried, Tom. *The Bit and the Pendulum*. New York: John Wiley & Sons, 2000.
Singh, Simon. *Big Bang*. New York: Fourth Estate, 2004.
Susskind, Leonard. *The Black Hole War*. New York: Little, Brown, 2008.
_____. *The Cosmic Landscape*. New York: Little, Brown, 2005.
Thorne, Kip. *Black Holes and Time Warps*. New York: W. W. Norton, 1994.
Tyson, Neil deGrasse. *Death by Black Hole*. New York: W. W. Norton, 2007.
Vilenkin, Alexander. *Many Worlds in One*. New York: Hill and Wang, 2006.
von Weizsäcker, Carl Friedrich. *The Unity of Nature*. New York: Farrar, Straus and Giroux, 1980.
Weinberg, Steven. *Dreams of a Final Theory*. New York: Pantheon, 1992.
_____. *The First Three Minutes*. New York: Basic Books, 1993.
Wheeler, John. *A Journey into Gravity and Spacetime*. New York: Scientific American Library, 1990.
Wilczek, Frank. *The Lightness of Being*. New York: Basic Books, 2008.
Wilczek, Frank, and Besty Devine. *Longing for the Harmonies*. New York: W. W. Norton, 1988.
Yau, Shing-Tung, and Steve Nadis. *The Shape of Inner Space*. New York: Basic Books, 2010.

찾아보기

2차원 구(two-dimensional sphere) 47
2차원 원환면(torus, two-dimensional) 48
3-브레인(three-brane) 197
$E=mc^2$ 35, 113, 234
global positioning system(GPS) 37
IBM 450, 455
M-이론(M-theory) 191~193, 196, 489
yes-no 질문 401~404

| ㄱ |

가능한 여분차원의 수 254
가리가, 하우메(Garriga, Jaume) 274
가모프, 조지(Gamow, George) 77, 82, 218, 503
가우스, 칼 프리드리히(Gauss, Carl Friedrich) 171
간섭(interference) 318
간섭무늬 318
강입자충돌기(Large Hadron Collider) 21, 164~166
강한 핵력(strong nuclear force) 117, 135
강한 핵력장(strong nuclear fields) 96
개념도구주의(instrumentalism) 277
거울 쌍(mirror pairs) 529
거울대칭(mirror symmetry) 529
거품우주(주머니우주)(bubble universes, pocket universes) 108, 118, 122~123, 125, 273~274, 295, 437
거품우주의 물리적 특성 119, 258
거품우주의 우주상수 258
거품우주의 인플레이션 111
거품우주의 크기 126~127
거품우주의 힉스장 값 119
건드림 접근법(perturbative approach) 184~189, 192~193, 213, 426~428
검증가능성 273
겉보기광도(apparent brightness) 222, 225~227, 231
결어긋남(decoherence) 356~357, 375
결합상수(coupling constants) 185~189, 193, 248, 427~428
경관 다중우주(Landscape Multiverse) 264, 267, 270~273, 279, 281, 283, 287, 293, 442, 466, 471, 475, 489, 495, 501

계산불가능한함수(noncomputable function) 477, 478
계산가능함수(computable function) 477~479, 481~482
고바야시, 마코토(Kobayashi, Makoto) 443
고리양자 중력이론(loop quantum gravity) 394
고유광도(intrinsic brightness) 222, 225~227, 231
고전역학 149, 275, 311, 500
고전역학과 양자역학 500
고전역학의 수학체계 275
고전적 장이론 148
공간에 퍼져 있는 암흑에너지의 양 54, 234
공간의 경계 423
공간의 곡률(curvature of space) 52
공간의 불연속성 482
공간의 에너지 438~439
공간의 유한-무한성 47
공간의 차원 149~151, 192, 196
공간의 팽창 208, 219
공간의 팽창속도 224, 231~232, 235, 273
관측문제 327, 471
관측의 정밀도 64
광자의 수 84, 254
광자의 에너지 228
광자의 진동수 79~80
괴델, 쿠르트(Gödel, Kurt) 481
교차대칭(crossing symmetry) 528

구랄니크, 제럴드(Guralnik, Gerald) 116
구븐, 지말(Guven, Jemal) 442
구스, 앨런(Guth, Alan) 88, 97, 99, 109, 274, 440, 442
구엔델만, 에두아르도(Guendelman, Eduardo) 440
구조적 현실주의(structural realism) 472
국소적 로렌츠 불변성(local Lorentz invariance) 528
굽서, 스티븐(Gubser, Steven) 423
궁극적 다중우주(Ultimate Multiverse) 466~468, 470~472, 474~476, 478, 480~481, 496~498, 502, 506
균일한 음압 92~93, 97
균일한 장이 음압을 생성하는 이유 97
그로스, 데이비드(Gross, David) 270
그리브스, 힐러리(Greaves, Hilary) 373
그린, 폴(Green, Paul) 529
그린, 마이클(Green, Michael) 147, 193
극한계산가능함수(limit computable function) 553~554
글래쇼, 셸던(Glashow, Sheldon) 135~136
기능주의(functionalism) 449
기딩스, 스티븐(Giddings, Steven) 211
기라르디, 기안카를로(Ghirardi, Giancarlo) 544~545
기본입자의 종류 436
끈결합상수(string coupling constant) 186~189, 193
끈경관(string landscape) 257~258, 262,

264, 266, 287, 495
끈기하학(stringy geometry) 172
끈모형 건조(string model building) 266
끈의 진동패턴 144, 146~147, 159, 279
끈이론(string theory)[초끈이론] 12,
　21~23, 119, 133, 137~138, 142~148,
　156~157, 159~175, 182, 186
끈이론의 2차 혁명 193
끈이론의 검증 202
끈이론의 방정식 150, 159
끈이론의 새로운 구성요소 192
끈이론의 실험적 검증 162
끈이론의 이중성(duality) 427
끈이론의 현재상황 137

|ㄴ|
나사(NASA) 32
나카오, 겐이치(Nakao, Kenichi) 443
네온사인(neon signs) 227~228
노아은하(Noa Galaxy) 225, 227, 229
노직, 로버트(Nozick, Robert) 464~468
누벼 이은 다중우주(Quilted Multiverse)
　72~73, 114, 121~122, 124, 128, 202,
　273, 280, 295, 458, 477, 496, 501,
　523, 534
〈뉴욕타임스(New York Times)〉 36
뉴턴, 아이작(Newton, Isaac) 32
뉴턴의 운동법칙(motion, Newton) 94,
　322
뉴턴의 중력법칙 32

뉴트론(neutrons) 96
뉴트리노(neutrinos) 67, 146, 186, 313
니콜라이, 허먼(Nicolai, Hermann) 530
니콜리스, 알베르토(Nicolis, Alberto)
　274

|ㄷ|
다이, J.(Dai, J.) 530
다중세계 접근법(Many Worlds
　approach) 357~359, 361~363,
　366~367, 373, 375, 506, 542
다중우주(multiple universes) 16, 22, 24
더프, 마이클(Duff, Michael) 188
데이비슨, 클린턴(Davisson, Clinton)
　314~316
도이치, 데이비드(Deutsch, David) 373
두뇌 신피질 451
두뇌의 기능 445
두뇌의 연산처리 속도 447
두뇌의 용량 8, 404
두뇌의 정보처리 과정 446
듀얼리티(duality, 이중성) 187, 189~190
듀카스, 헬렌(Dukas, Helen) 134
드 루치아, 프랑크(De Luccia, Frank)
　260~261
드브로이, 프린스 루이(de Broglie, Prince
　Louis) 544~546
드위트, 버나드(DeWitt, Bernard) 530
드위트, 브라이스(DeWitt, Bryce) 310
들로네, 샤를−유진(Delaunay, Charles-

Eugène) 181
등각불변 초대칭 양자 게이지장이론
 (conformally invariant
 supersymmetric quantum gauge
 field theory) 421
디랙, 폴(Dirac, Paul) 469
디키, 로버트(Dicke, Robert) 81, 243
딕슨, 랜스(Dixon, Lance) 168
또 다른 우주(alternate universes) 16,
 19~20, 22

| ㄹ |

라디오파(radio waves) 37
라이프니츠, 고트프리트(Leibniz,
 Gottfried) 467~468
레르체, 볼프강(Lerche, Wolfgang) 529
레이, 로버트(Leigh, Robert) 530
로그(logarithm) 400
로바체프스키, 니콜라이(Lobachevsky,
 Nikolai) 171
로봇(robot) 452
록키어, 조지프 노먼(Lockyer, Joseph
 Norman) 228
롤, 피터(Roll, Peter) 81
루바코프, V.A.(Rubakov, V. A.) 512
루이스, 데이비드(Lewis, David) 553
르메트르, 조르주(Lemaître, Georges)
 30~32, 45~46
리만, 베른하르트(Riemann, Bernhard)
 171

리미니, 알베르토(Rimini, Alberto) 544
리스, 마틴(Rees, Martin) 270, 291
린데, 안드레이(Linde, Andrei) 443

| ㅁ |

마르텔, 휴고(Martel, Hugo) 289
마이크로파 우주배경복사(cosmic
 microwave background radiation)
 80, 83~84, 110~111, 503
마이크로파 우주배경복사의 미세한
 온도차이 111
마이크로파 우주배경복사의 반점 436
마크람, 헨리(Markram, Henry) 451
만유인력법칙(Universal Law of Gravity)
 32
말다세나, 후안(Maldacena, Juan) 11,
 417~419
망막(retina) 447
매터, 존(Mather, John) 112
매트릭스 이론(Matrix theory) 551
맥스웰, 제임스 클럭(Maxwell, James
 Clerk) 95
맥칼리스터, 리암(McAllister, Liam) 95
먼로, 마릴린(Monroe, Marilyn)
 189~190
메가버스(megaverse) 16
메타버스(metaverse) 16
모든 가능한 형태의 여분차원 264
모라벡, 한스(Moravec, Hans) 447
모리슨, 데이비드(Morrison, David) 168
무모론(無毛論, no-hair theorem) 392,

403
무카노프, 비아체슬라프(Mukhanov,
　Viatcheslav) 110
무한공간 57, 280
무한공간 우주모형 20
무한대 나누기 294~295
무한대의 확률 140~141
물리주의(physicalism) 449
물질과 에너지 9, 40~41, 52, 54, 67, 171,
　234~235, 391, 435~436, 444, 504
물질의 기본단위 490~491
물질의 기원 437
물질의 밀도 40, 42, 52, 56, 79, 123, 291
물질의 평균밀도 39, 122
미세구조상수(fine structure constant)
　529
밀어내는 중력(repulsive gravity) 44,
　92~93, 97~100, 106, 217, 235~236,
　251, 262, 514, 533
밀어내는 중력의 원천 217, 251

| ㅂ |

바딘, 제임스(Bardeen, James) 110, 548
바벨의 도서관(La Biblioteca de Babel)
　468
바이드만, 레프(Vaidman, Lev) 543
바파, 쿰룬(Vafa, Cumrun) 168
반-드지터 5차원 시공간 5-스피어(anti-de
　Sitter five-spacetimes the five
　sphere) 422, 551

반중력 93, 437
발생법(emergent strategy) 459~460
방사능 붕괴(radioactive decay) 135
배위공간(configuration space) 540
백색왜성(white dwarfs) 223
뱅크스, 톰(Banks, Tom) 551
버그쇼프, 에릭(Bergshoeff, Eric) 530
버크, 버나드(Burke, Bernard) 82
버클리 주교(Berkeley, Bishop) 472~473
번드리트, G(Bundrit, G) 517
베데, 한스(Bethe, Hans) 80
베버, 툴리오(Weber, Tullio) 544
베셀, 프리드리히(Bessel, Friedrich) 221
베켄슈타인, 제이콥(Bekenstein, Jacob)
　169, 390~393, 403~405
별의 스펙트럼 선 218
별의 에너지원 158
별의 핵융합 250
보르헤스, 호르헤 루이스(Borges, Jorge
　Luis) 468
보스트롬, 닉(Bostrom, Nick) 455~458
보어, 닐스(Bohr, Niels) 309
본, 막스(Born, Max) 319, 542
볼츠만, 루드비히(Boltzmann, Ludwig)
　386
봄, 데이비드(Bohm, David) 544
부소, 라파엘(Bousso, Raphael) 211,
　255
불완전성원리(incompleteness theorem)
　481
불확정성원리(uncertainty principle) 64

찾아보기 | 563

브라우트, 로버트(Brout, Robert) 116
브레인 다중우주(Brane Multiverse) 197,
　273, 281, 471
브레인(branes) 21, 191
브레인과 평행우주 194
브레인세계 시나리오(braneworld
　scenario) 512
브레인의 충돌주기 204
블라우, 스티븐(Blau, Steven) 440
블랙브레인(black brane) 420~422
블랙홀(black holes) 8, 23, 67, 121~123,
　142, 168~171, 277, 381~383,
　390~394
블랙홀의 경계선 67
블랙홀의 무모론(無毛論, no hair
　theorem) 403
블랙홀의 무질서도 169~170, 529
블랙홀의 미시적 구조 403
블랙홀의 부피 411
블랙홀의 양자적 특성 23
블랙홀의 엔트로피 170, 398, 403, 408,
　413, 517, 550
블랙홀의 온도 393, 397~398, 409, 415
블랙홀의 정보수용 능력 405
블랙홀의 중력 409, 420
블랙홀의 중심부 142, 442
블랙홀의 질량 383, 397, 403
블랙홀의 크기 412
블랙홀의 특이점 157
블랙홀의 표면적 393~394
블루브레인 프로젝트(Blue Brain Project)
　450~451
블루진(Blue Gene) 450~451
비트 401
빅 스플랫(big splat) 204
빅 크런치(big crunch) 219
빅뱅의 메아리(빅뱅의 잔해) 79, 82
빅뱅이론(big bang theory) 46, 73,
　206~207, 436~437
빌렌킨, 알렉산더(Vilenkin, Alexander)
　103, 109~110, 293
빛의 색깔 79
빛의 속도 14, 87, 231, 277
빛의 스펙트럼 선 218
빛의 입자 78
빛의 파장 229

| ㅅ |

사건지평선(event horizons) 67, 277
사카이, 노부유키(Sakai, Nobuyuki) 443
상대론적 중이온 충돌기(Relativistic
　Heavy Ion Collider, RHIC) 427, 498
생명체가 살아갈 수 있는 우주의 우주상수
　251
샤포슈니코프, M.E.(Shaposhnikov,
　M. E.) 512
샤플리, 할로우(Shapley, Harlow) 514
샤피로, 폴(Shapiro, Paul) 289
서스킨드, 레너드(Susskind, Leonard)
　11, 256
선, 댐(Son, Dam) 428

선형성(linearity) 329~330, 333~334, 497
센, 아쇼크(Sen, Ashoke) 188
셔크, 조엘(Scherk, Joël) 147
셴커, 스티브(Shenker, Steve) 11
손, 킵(Thorne, Kip) 379
손더스, 사이먼(Saunders, Simon) 373
솔베이 물리학회(Solvay Conference on Physics, 1927) 30, 45
수소 메이저 시계(hydrogen maser clocks) 36
수학과 물리학의 잘못된 분리 472
수학과 실체의 연결고리 506
수학적 우주가설(Mathematical Universe Hypothesis) 474
숨겨진 정보 404, 413
슈뢰딩거 방정식(Schrödinger's equation) 326~329, 332~337
슈뢰딩거 방정식의 선형성 546
슈뢰딩거 방정식의 적용범위 334
슈뢰딩거, 에르빈(Schrödinger, Erwin) 276, 309
슈미트, 브라이언(Schmidt, Brian) 218
슈미트후버, 유르겐(Schmidhuber, Jürgen) 479
슈바르츠, 존(Schwarz, John) 147
슈바르츠실트, 칼(Schwarzschild, Karl) 381
슈퍼노바 코스몰로지 프로젝트팀(Supernova Cosmology Project) 218, 223, 231

스무트, 조지(Smoot, George) 112
스타로빈스키, 알렉세이(Starobinsky, Alexei) 110
스타리네츠, 안드레이(Starinets, Andrei) 428
스타인하르트, 폴(Steinhardt, Paul) 11, 88
스텔, 켈리(Stelle, Kelley) 530
스트로밍거, 앤드류(Strominger, Andrew) 549
슬리퍼, 베스토(Slipher, Vesto) 229
시간의 간격 482
시간의 기원 471
시간의 유연성 121
시거슨, 크리스(Sigurdson, Kris) 274
시공간의 곡률(spacetime curvature) 34, 167, 382
시공간의 기하학적 구조 43, 171
시공간의 차원 150
시공간의의 계량(metric) 512
시뮬레이션 다중우주(Simulated Multiverse) 455~456, 458, 462~463, 472, 477~480, 482~484, 498, 502
시차(parallax) 220~222

| ㅇ |

아귀레, 앤서니(Aguirre, Anthony) 274
아인슈타인 장방정식(Einstein Field Equations) 35
아인슈타인, 알베르트(Einstein, Albert)

찾아보기 | 565

30
아인슈타인의 수학 168
아인슈타인의 유명한 질문 506
아인슈타인의 중력이론 45, 90
알브레히트, 안드레아스(Albrecht,
 Andreas) 88
알퍼, 랄프(Alpher, Ralph) 78, 80~82,
 112, 503
암흑에너지(dark energy) 54, 216~217,
 236, 436, 499, 531
암흑에너지의 실용적인 응용 531
암흑에너지의 양 54, 216~217, 234, 471
암흑에너지의 정체 436
앤더슨, 칼(Anderson, Carl) 469
야우, 싱-퉁(Yau, Shing-Tung) 159, 529
약전자기력(electroweak force) 135, 523
약한 핵력(weak nuclear force) 135, 140
약한 핵력장(weak nuclear fields) 96
얀센, 피에르(Janssen, Pierre) 228
양성자(protons) 67, 78~79 117~118,
 142, 144, 186, 201, 248, 251, 260,
 285, 383, 427, 490, 524, 552
양자 쌍생성(quantum pair production)
 395
양자(quanta) 138~139, 528
양자상태(quantum state) 68, 517
양자색역학(quantum chromodynamics)
 428, 551
양자역학 해석법 310
양자역학(quantum mechanics) 9,
 17~18, 20, 22, 30, 64~66, 77, 88, 96,

135, 136~138, 141~142, 147~148,
157, 161~162, 167~168, 170, 174,
182, 200, 211, 237~238, 258~260,
276~278, 301, 308~314, 316, 320,
322~327, 330, 337, 339~341, 346,
353, 356~358, 360~362, 364,
367~370, 373~375, 379, 394
양자역학적 스핀(spin) 147, 524, 526
양자장(quantum fields) 94, 97,
 138~139, 145, 161, 236~237, 394,
 395, 424, 528, 533, 548
양자장이론(quantum field theory)
 96~97, 104, 135~136, 138~140,
 142~143, 145~148, 158, 161~163,
 168, 228, 238~239, 395, 421~428,
 430~431, 439, 459, 476, 524~527,
 530, 551
양자장이론과 끈이론의 상호관계 138,
 427
양자장이론의 방정식 139, 143
양자장이론의 한계 161
양자적 다중우주(Quantum Multiverse)
 340, 466, 497, 542
양자적 불확정성(quantum uncertainty)
 104, 110, 114, 138, 236~237, 252,
 396, 526
양자적 비정상(quantum anomalies) 150
양자적 신경불안증(quantum jitters) 515
양자적 실체 23, 309, 311
양자적 파동 318, 355, 505, 539~541,
 545

양자전기역학(quantum
　electrodynamics) 139
양자컴퓨터(quantum computer)
　453~454
양자터널(quantum tunneling) 259, 262,
　264, 287, 442~443, 475, 495, 535
양전자(positrons) 395
《애스트로피지컬 저널》(Astrophysical
　Journal) 82
언러, 윌리엄(Unruh, Willaim) 550
에딩턴, 아서(Eddington, Arthur) 36,
　513
에버렛 3세, 휴(Everett, Huge, Ⅲ)
　309~310 313, 322, 328, 336~340,
　354~355, 362~364, 367~368, 370,
　373, 379, 497, 505~506, 539, 545
에스핀월, 폴(Aspinwall, Paul) 168
엔트로피(entropy) 169, 170, 207~208,
　386~394, 397~404, 408, 410, 413,
　415, 417, 425, 429, 461, 517,
　528~529, 531, 548~550
엔트로피가 증가하는 이유 208, 388, 394,
　413
엔트로피를 감소시키는 수단 390
엔트로피와 숨은 정보 398, 402
엔트로피와 온도 392
엔트로피와 정보 사이의 긴밀한 관계 398
엔트로피의 밀도 208, 531
《엘러건트 유니버스(Elegant Universe)》
　9, 12, 133, 147, 150, 211, 529, 530,
　539

엘리스, G.(Ellis, G.) 517
엡스태쇼, 조지(Efstathiou, George) 242,
　289
엥글럿, 프랑수아(Englert, François) 116
여분차원(extra dimensions) 22,
　153~154, 156, 159~163, 166~167,
　188, 190, 193, 200~202, 210~211,
　213, 254~259, 262, 264, 266~267,
　279, 281, 408, 430, 475, 501, 531,
　534~535, 540
여분차원과 미니블랙홀 166~167,
　201~202, 497
여분차원의 가능한 형태 210, 256
여분차원의 거울반사영상 408
여분차원의 기하학적 형태 258
열역학 제1법칙(First Law of
　Thermodynamics) 391, 412
열역학 제2법칙(Second Law of
　Thermodynamics) 207, 383,
　388~390, 393~394, 398, 411, 415,
　429, 548
열역학(thermodynamics) 379, 385,
　392~393, 398
영구적 인플레이션 280, 287, 295, 300,
　308
오브럿, 버트(Ovrut, Burt) 203
오비폴드 특이점(orbifold singularity)
　168
오사, 제니아(Ossa, Xenia) 529
올리비아, 오드(Oliva, Aude) 190
와인버그, 스티븐(Weinberg, Steven)

242, 503
요네야, 타미아키(Yoneya, Tamiaki) 147
우라늄 302
우주론(cosmology) 17, 20, 29, 32, 38,
　42, 47, 52, 55, 61, 70, 73~74, 76~78,
　80, 82~83, 88~89, 93, 96, 100,
　103~104, 106~108, 112, 128~129,
　132, 137~138, 197, 205~209, 227,
　242~243, 257, 267, 270~271, 273,
　287~288, 300~301, 308, 380, 434,
　436~439, 443, 471, 496~497, 508,
　517~520, 522, 531, 534, 538
우주배경복사 관측팀(Cosmic
　Background Explorer Team) 112
우주상수(cosmological constant) 22,
　45~47, 53, 92, 99, 213, 216~219,
　234~237, 239, 241~242, 248,
　251~258, 262, 264~266, 283,
　285~287, 289~292, 303~305, 493,
　502, 513~514, 531, 533~534,
　536~537
우주상수가 0이 아님을 시사하는 초신성
　관측데이터 236
우주상수가 취할 수 있는 값의 영역(범위)
　284~285
우주상수로 야기된 혼란 46
우주상수에 대한 와인버그의 설명 254,
　256
우주상수에 의해 생겨난 음압 99
우주상수의 구체적인 값 234
우주상수의 단위 235

《우주의 구조(Fabric of the Cosmos)》 9,
　133, 147, 208, 236, 356, 547, 550,
　552
우주원리(cosmological principle)
　38~40, 47, 50, 85, 513
우주의 균일성(uniformity of universe)
　50~51
우주의 엔트로피 207
우주의 팽창 45~46, 218, 236, 262
우주적 반복(cosmic repetition) 66
우주지평선(cosmic horizon) 59~60,
　67~68, 70~73, 86, 277~278, 436,
　454, 515~517, 535, 541
운동에너지(kinetic energy) 100, 395,
　438, 521~522, 552
워너, 니콜라스(Waner, Nicholas) 529
원시 플라즈마(primordial plasma) 78
원시원자(primeval atom) 30, 45, 74
원자 18, 52, 79, 119, 135~136, 153,
　167, 228, 237, 239, 278, 311, 314,
　323, 327, 332, 380 391, 449, 454,
　460, 464, 466, 471, 505~506, 527,
　544
원자핵 79, 135, 302, 427, 440
월러스, 데이비드(Wallace, David) 12,
　373
월러스, 알프레드 러셀(Wallace, Alfred
　Russel) 243
위치에너지(potential energy) 100~101,
　395, 523~524, 535
위치에너지 곡선(potential energy

curves) 100~103, 109, 114, 119,
437, 496, 521, 523, 528, 533
위튼, 에드워드(Witten, Edward) 168
윌리 피슐러(Fischler, Willy) 551
윌슨, 로버트(Wilson, Robert) 81~82,
112
윌슨산 천문대(Mount Wilson
Observatory) 31, 46, 200
윌킨스, 데이비드(Wilkinson, David) 81
유니터리성(unitarity) 528
은하(galaxy) 28~29, 32, 40~41, 46, 51,
53, 55, 69~70, 76, 87, 102, 107, 114,
116, 122, 162, 167, 196, 203~204,
216, 220, 222, 223~225, 230, 233,
239, 243, 247, 250~251, 278,
289~290, 291, 294, 298, 300, 383,
409, 439, 490, 499, 509, 513~514,
518, 531~532, 536~537
은하들 사이의 거리 230, 531~532
은하수(Milky Way) 28, 39, 46, 76, 383,
490, 499, 509
은하의 씨앗 290
은하의 중심에 있는 초대형 블랙홀 383,
397, 409
은하의 형성과정 289
은하의 형성에 우주상수가 미치는 영향
250
음압(negative pressure) 92~94, 97~99,
102~104, 106, 273, 440, 521, 533
음압의 정체 93
이나미, 타케오(Inami, Takeo) 530

이시하라, 히데키(Ishihara, Hideki) 443
이원 사면체 공간(binary tetrahedral
space) 501
이원론(dualism) 449
이중슬릿실험(double-slit experiment)
315~316, 319~321, 330, 355
인공적 우주(artificial universes) 23
인류원리(anthropic principle) 242~243,
247~249, 288~289, 292~294, 466,
493, 537
인식론(epistemology) 445
인플라톤장(inflaton field) 96, 98~99,
102, 104, 106~107, 110~111,
114~115, 118, 123, 125~127, 138,
257~258, 273, 437~440, 521~523,
533, 535~536, 552
인플라톤장의 개수 103, 109
인플라톤장의 에너지 106~107, 111, 124,
439
인플라톤장의 요동 475
인플레이션 다중우주(Inflationary
Multiverse) 22, 104, 109~110,
114~115, 120~122, 128, 196, 202,
273~274, 280, 295~296, 301~302,
466, 475, 497, 501, 523, 530, 536
인플레이션 다중우주의 다양성 121
인플레이션 다중우주의 부산물 128
인플레이션 우주론 77, 89, 93, 96, 100,
104, 107, 128, 138, 209, 257, 301,
437~439, 496~497, 508, 518~520,
534, 538

인플레이션 팽창(inflationary expansion)
 89, 102, 104, 106~111, 122, 264,
 287, 520~522
인플레이션 팽창의 영속성 121
일반상대성이론(general theory of
 relativity) 9, 31~32, 35~40, 44~45,
 88, 90~91, 93, 99, 132~133, 136,
 167, 170~171, 205, 218, 236, 238,
 275~277, 279~280, 379, 381, 394,
 431, 468~469, 471, 498, 503~505,
 512~515, 520, 525~527, 529, 539,
 548, 550~551
일반상대성이론과 양자역학 사이의 적대적
 관계 137
일반상대성이론과 양자역학의 조화로운 합
 일 147, 162, 526
일반상대성이론의 가장 극적인 검증 36
일반상대성이론의 방정식 30, 40, 51~52,
 140, 169, 207, 218, 236, 277,
 38~382, 406, 505
일반상대성이론의 세금계산서 44, 46, 53,
 216
일반상대성이론이 예견한 시공간의 왜곡
 37
일정한 양의 곡률(constant positive
 curvature) 47
일정한 음의 곡률(constant negative
 curvature) 49
일정한 제로 곡률(constant zero
 curvature) 49
임계밀도(critical density) 52~54, 290,
 515
입자가속기(particle accelerators) 142,
 144~145, 194, 279, 285, 459
입자들이 질량을 갖는 이유 117
입자의 배열 61, 68~69, 71, 72, 501, 523
입자의 위치 338, 343, 515~516, 524,
 541, 546
입자의 전체적인 확률파동(grand
 probability wave) 368
입자의 질량 117~118, 158, 284, 286,
 303, 500~501, 525, 528, 546
입자의 특성 119, 144, 146, 157~163,
 266, 283, 526~527
입자의 확률파동 344, 540, 544

ㅈ

자기장(magnetic fields) 95~96, 99,
 116~117, 134, 138, 140, 155, 210,
 257, 275, 439
자기플럭스(magnetic flux) 255
자기홀극(magnetic monopole) 443,
 538
자유낙하(free-fall) 406~409, 549~550
잔스트라, 헤르만(Zanstra, Herman)
 207, 208
장(場, field) 94
장의 에너지 100, 552
장의 위치에너지 100
장이 실어 나르는 에너지 100
재가열(re-heating) 521

재규격화(renormalization) 525
저머, 레스터(Germer, Lester) 314
적색거성(red giants) 223
적색편이(redshift) 229~231, 532
전기장(electric fields) 95~96, 134, 210
전기회로 446
전단점성(shear viscosity) 428, 551
전자기파(electromagnetic waves) 79, 96, 138, 504
전자기학(electromagnetism, electromagnetic fields) 95, 135, 182, 275, 529
전자의 양자적 요동 260
전자의 운동을 서술하는 방정식 469
전자의 위치 312, 324, 331~335, 337, 343, 351, 516, 541, 544
전자의 자기쌍극자 모멘트 302
전자의 질량 118, 158, 248, 266, 303, 395, 502, 527
전자의 확률파동 322, 324, 329~333, 342, 346, 355, 361
전자장(electron fields) 96, 139, 439
정보의 갭 399
정보이론에 입각한 우주론 380
정상상태이론(steady state theory) 206~207
제긴, 어긴(Szegin, Ergin) 530
젤마노프, 아브라함(Zelmanov, Abraham) 243
조자이, 하워드(Georgi, Howard) 136
존슨, 매튜(Johnson, Matthew) 274

존슨, 사무엘(Johnson, Samuel) 472~473
주기적 다중우주(Cyclic Multiverse) 204, 208~209, 273, 281, 471, 501
주기적 우주론(cyclic cosmology) 205~209, 308
주머니우주(pocket universes) 108, 522
중력과 관련된 시공간의 고유한 특성 44
중력과 양자역학의 부조화 238
중력과 양자역학의 통일 142, 157
중력상수 250, 500, 512~513, 550
중력에너지 438
중력우물 442
중력의 구멍 382
중력의 매개체 33
중력자(gravitons) 146~147, 200~201
중력장의 요동 141
중력파(gravitational waves) 166, 194, 209, 552
증기기관(steam engine) 385~386
지구와 은하 사이의 거리 224
지구의 중력 34, 219, 234
지구의 중력에 의해 나타나는 시공간의 왜곡 36~37
지터, 빌럼 드(Sitter, Willem de) 218, 514
지평선 문제(horizon problem) 88, 90, 103, 107, 518, 520
질량과 에너지 113, 171, 394, 436, 520

| ㅊ |

처치, 알론조(Church, Alonzo) 481
척도인자(scale factor) 225, 227, 230, 232~233, 532~533
천문관측 39, 129, 166, 206, 228, 239, 277, 281, 528
《철학적 서술(Philosophical Explanations)》 464~465
초기조건(initial conditions) 460, 500~502
초끈이론(superstring theory) 137, 524
초대칭 양자장이론(supersymmetric quantum field theory) 524
초대칭(supersymmetry) 166~167, 241, 421, 524, 533, 551
초신성(supernovae) 223, 225, 227, 231, 234~236, 242, 264, 290, 532
초중력이론(supergravity) 524
추제, 콘라드(Zuse, Konrad) 455, 479
치비소프, 제너디(Chibisov, Gennady) 110

| ㅋ |

카시니 호이겐스 우주선(Cassini-Huygens spacecraft) 36
카츠루, 샤밋(Kachru, Shamit) 211, 256
카터, 브랜든(Carter, Brandon) 243, 548
칸델라스, 필립(Candelas, Philip) 529
칸토어, 게오르크(Cantor, Georg) 538
칼라비, 유지니오(Calabi, Eugenio) 159

칼라비-야우 공간 173, 212~213, 255, 259, 529
칼라비-야우 도형(Calabi-Yau shapes) 159~161, 211, 255
칼란, 커티스(Callan, Curtis) 530
칼로쉬, 레나타(Kallosh, Renata) 256
칼루자, 테오도르(Kaluza, Theodor) 151
칼루자-클라인 이론(Kaluza-Klein theory) 153~156
컴퓨터의 연산능력 453
케르, 로이(Kerr, Roy) 171
케플러, 요하네스(Kepler, Johannes) 245
코리, 저스틴(Khoury, Justin) 203
코크, 존(Cocke, John) 455
코페르니쿠스 원리(Copernican principle) 243
코페르니쿠스, 니콜라우스(Copernicus, Nicolaus) 243, 490
코펜하겐 해석(Copenhagen interpretation) 326~328, 357, 362~363, 375, 547
코프툰, 파벨(Kovtun, Pavel) 428
콜만, 시드니(Coleman, Sidney) 259~261, 523, 542
쿼크(quarks) 117, 139, 143~144, 146, 158, 186, 194, 241, 303, 321, 327, 427~429
쿼크의 질량 303
쿼크장(quark field) 96, 139, 439
크라프, 헬게(Kragh, Helge) 512, 531
클라인, 오스카(Klein, Oskar) 151, 153,

155
클레바노프, 이고르(Klebanov, Igor) 423
클레반, 매튜(Kleban, Matthew) 274
키블, 톰(Kibble, Tom) 116
키케로(Cicero) 205

특수상대성이론(special theory of relativity) 59, 147, 149, 275, 504, 528, 545~546, 552
특이운동속도(peculiar velocity) 518
특이점(singularities) 167~170, 443

| ㅌ |

타운젠드, 폴(Townsend, Paul) 188, 530
태양 28, 33~36, 38, 41, 52, 69~70, 76, 78, 122, 133, 138, 148, 158, 181~182, 223, 228~229, 245~248, 251, 260, 266, 275, 351, 381, 383, 397, 427, 454, 457, 490, 505, 513
터너, 마이클(Turner, Michael) 110
터너, 케니스(Turner, Kenneth) 82
테그마크, 막스(Tegmark, Max) 11, 291~292, 474~475, 480
토포스이론(topos theory) 394
토프트, 헤라르트('tHooft, Gerard) 380, 414, 416, 550
톨만, 리처드(Tolman, Richard) 206~208
통계역학(statistical mechanics) 385~386
통일장이론(unified field theory) 17, 132~136, 156, 176, 256, 443, 505, 524
튜록, 닐(Turok, Neil) 203
튜링, 앨런(Turing, Alan) 481
트리베디, 샌딥(Trivedi, Sandip) 449
트위스터이론(twister theory) 256

| ㅍ |

파동함수(wavefunction) 332, 368, 539~542, 546~547
파리, 에드워드(Farhi, Edward) 442, 542
파인만, 리처드(Feynman, Richard) 169, 379, 505
파크스, 린다(Parkes, Linda) 529
패러데이, 마이클(Faraday, Michael) 94~95, 148, 210
펄무터, 사울(Perlmutter, Saul) 11, 218
펜로즈, 로저(Penrose, Roger) 554
펜지어스, 아노(Penzias, Arno) 81~82, 112
편향된 선택(selection bias) 244~245, 247~248
평범원리(mediocrity principle) 293
평행우주 속의 평행우주 129
평행우주(parallel universes) 15~17, 20~25, 29, 57, 73, 94, 104, 114~115, 120, 129, 157, 161, 182, 193~194, 267, 308, 313, 342, 358, 379, 426, 431, 489
포커, 에이드리언(Fokker, Adrian) 36
포프, 크리스(Pope, Chris) 530

폴리야코프, 알렉산더(Polyakov, Alexander) 423
폴친스키, 조(Polchinski, Joe) 530, 550
표준모형(Standard Model) 528
표준촛불(standard candles) 222~223
푸앵카레 12면체 공간(Poincaré dodecahedral space) 50
프러시안 학회(Prussian Academy) 381
프레드킨, 에드워드(Fredkin, Edward) 455
프리드만, 알렉산더(Friedmann, Alexander) 513
프리보겔, 벤(Freivogel, Ben) 274, 536
《프린키피아(Principia)》 33
플라톤의 '그림자 실체' 422
플랑크 위성(Planck satellite) 165
플랑크길이(Planck length) 143~144, 403, 517, 533
플랑크상수(Planck's constant) 516, 526
플랑크질량(Planck mass) 526, 533
플럭스(flux) 254, 255, 262, 501, 534
플레서, 로넨(Plesser, Ronen) 529
플롭 특이점(flop singularities) 168
피블스, 짐(Peebles, Jim) 81
피소영(Pi, So-Young) 110
피직스 투데이(Physics Today) 310

| ㅎ |

하비, 제프(Harvey, Jeff) 168
하우, 폴(Howe, Paul) 530

하이-Z 슈퍼노바 서치팀(High-Z Supernova Search Team) 218, 221, 233, 252
하이젠베르크, 베르너(Heisenberg, Werner) 65, 169, 309
핵력(nuclear forces) 118~119
핵물리학(nuclear physics) 77, 80
허먼, 로버트(Herman, Robert) 80~82, 112, 503
허블, 에드윈(Hubble, Edwin) 217~218, 229, 514
허블우주망원경(Hubble Space Telescope) 54
헐, 크리스(Hull, Chris) 530
헤라클레이토스(Heraclitus) 205
헤이건, 칼(Hagen, Carl) 116
헬륨(helium, He) 41, 78, 228~229
현실주의(realism) 277
호라바, 페트르(Horava, Petr) 530
호킹, 스티븐(Hawking, Stephen) 110, 165, 169, 393, 403, 548
호킹 복사(Hawking radiation) 394, 396, 408~410
혼돈 인플레이션(chaotic inflation) 521
홀로그래피 다중우주(Holographic Multiverse) 489
홀로그래피 원리(holographic principle) 378, 430
화이트홀(white holes) 442
확률파동(probability waves) 330, 368, 475, 540

확률파동의 복소공액 540
확률파동의 시간에 따른 변화 331, 359
확률파동이 붕괴되는 현상 326
휠러, 존(Wheeler, John) 169, 309, 539
휴메이슨, 밀턴(Humason, Milton) 514
힉스, 피터(Higgs, Peter) 116
힉스장(Higgs fields) 116~117, 119, 258
힌두(Hindu)문명권 205
힐베르트 공간(Hilbert space) 541~542

THE HIDDEN REALITY